EXPOSITION UNIVERSELLE DE 1851.

TRAVAUX

DE

LA COMMISSION FRANÇAISE

SUR L'INDUSTRIE DES NATIONS.

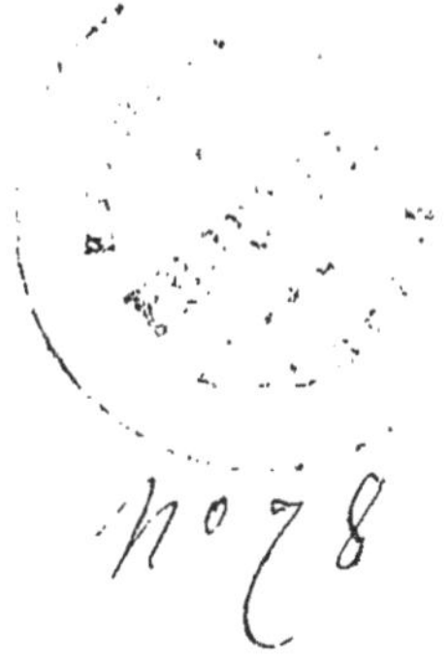

EXPOSITION UNIVERSELLE DE 1851.

TRAVAUX

DE

LA COMMISSION FRANÇAISE

SUR L'INDUSTRIE DES NATIONS,

PUBLIÉS

PAR ORDRE DE L'EMPEREUR.

TOME III.

PREMIÈRE PARTIE.

PREMIÈRE SECTION.

PARIS.

IMPRIMERIE IMPÉRIALE.

M DCCC LVII.

EXPOSITION UNIVERSELLE DE 1851.

TRAVAUX
DE LA COMMISSION FRANÇAISE.

IIe GROUPE.

JURY DE LA 1re PARTIE, 1re SECTION.

V[e], § 1er. MACHINES MOTRICES ET MOYENS LOCOMOTEURS;

§ 2e. VOITURES.

VIe, 1re partie. MACHINES ET OUTILS DES ARTS DIVERS.

IIE GROUPE.

PRÉSIDENT DU GROUPE :

M. LE BARON CHARLES DUPIN,

PRÉSIDENT DE LA COMMISSION FRANÇAISE.

PREMIÈRE PARTIE. — PREMIÈRE SECTION.

JURYS.		PRÉSIDENTS DES JURYS.
Ve..........	Machines locomotives et voitures.	M. le révd Henry Morley.
VIe, 1re partie.	Machines et outils............	M. le général Poncelet.

TABLE

DES MATIÈRES PRINCIPALES

CONTENUES

DANS LA 1re SECTION DE LA 1re PARTIE DU IIIe VOLUME.

V^E JURY.

MACHINES MOTRICES

ET MOYENS LOCOMOTEURS,

PAR M. LE GÉNÉRAL MORIN,

MEMBRE DE L'ACADÉMIE DES SCIENCES, DIRECTEUR DU CONSERVATOIRE IMPÉRIAL DES ARTS ET MÉTIERS.

COMPOSITION DU Ve JURY.

MM. Rév. Henry MOSELEY, Président et Rapporteur, inspecteur des écoles, et précédemment professeur de mécanique au collége royal	Angleterre.
le général A. MORIN, Vice-Président, membre de l'Institut et du Jury central, directeur du Conservatoire des arts et métiers	France.
le chevalier Adam DE BURG, directeur de l'Institut impérial polytechnique, vice-président de la Société des arts et manufactures Luigi CAPELLETO, ingénieur mécanicien le professeur Wilhem ENGERTH	Autriche.
W. FAIRBAIRN, ingénieur mécanicien à Manchester John FARREY, ingénieur consultant, à Londres John HICK, ingénieur mécanicien H. MAUDSLAY, ingénieur mécanicien, à Londres	Angleterre.
Robert MAC-CARTY, ingénieur civil	États-Unis.
Robert NAPIER, ingénieur mécanicien et constructeur de navires à Glasgow	Angleterre.
Charles DE ROSSIUS-ORBAN, vice-président de la Chambre de commerce de Liége	Belgique.

La ve classe du jury avait pour mission d'examiner les machines d'un usage direct, y compris les voitures, les chemins de fer et les applications navales.

Sous ce titre général on avait compris des objets que le jury a subdivisés en six sections, ainsi qu'il suit :

A. Machines et chaudières à vapeur; roues hydrauliques; moulins à vent et autres premiers moteurs ou récepteurs.

B. Parties séparées des machines et échantillons de produits mécaniques.

C. Machines pneumatiques.

D. Machines hydrauliques, pompes, machines à enfoncer ou à extraire les pilots.

E. Machines locomotives pour les chemins de fer, ou pour les routes ordinaires, voitures et matériel des chemins de fer.

F. Machines pour les chemins de fer, matériel permanent de la voie.

G. Machines à peser pour l'usage commercial.

Il ne saurait être question, dans ce rapport, de passer en revue la nombreuse série des objets soumis à l'examen du jury, et je me propose seulement de mettre en évidence les progrès remarquables qui ont été faits dans d'autres pays, et les enseignements utiles que l'industrie française pourrait en tirer.

Sous ce point de vue, notre tâche sera plus facile que celle de beaucoup de nos collègues, car, en général, tout en admirant la belle exécution de la plupart des machines exposées par nos rivaux, nous croyons pouvoir déclarer, sans être taxés d'exagération d'orgueil national, que nous avons vu, dans les produits étrangers soumis à l'examen de la vᵉ classe du jury, peu de machines remarquables ou appelées à faire faire à l'industrie des progrès importants. C'est, au surplus, ce qui résultera avec évidence de l'examen qui va suivre des produits compris dans les principales subdivisions indiquées plus haut.

SECTION A.

MACHINES À VAPEUR FIXES.

Le nombre des machines de ce genre présentées à l'Exposition était fort considérable, et la plupart ayant été exposées par des constructeurs anglais, il a été facile de reconnaître la tendance actuelle des mécaniciens de ce pays.

Généralement, dans les modifications qu'ils ont proposées, ils paraissent avoir eu pour but principal de simplifier le mécanisme, de diminuer le volume, le poids et par conséquent le prix de la machine; quelques-uns ont aussi cherché à conserver à la bielle une longueur convenable pour la régularité du mouvement, sans augmenter la hauteur totale du bâti et de l'arbre du volant.

De là sont résultées une foule de combinaisons de machines généralement à un seul cylindre, fixe ou oscillant, droit ou renversé, dans lesquelles on remarque peu d'idées neuves.

D'autres constructeurs, en assez grand nombre, se sont occupés d'établir des machines rotatives à action directe, dont l'utilité se ferait particulièrement apprécier pour la transmission du mouvement aux hélices des bateaux à vapeur. Outre les dispositifs analogues aux anciennes pompes rotatives, connues actuellement sous le nom générique de pompes américaines, on remarquait certaines machines rotatives, appelées diskengines, dans lesquelles le piston était remplacé par un disque plan monté obliquement sur un arbre, et tournant dans une enveloppe conique par l'action de la vapeur qui affluait sans cesse sur l'une de ses faces et s'échappait du côté de l'autre.

Une machine de ce genre, de la force de 12 à 15 chevaux, est employée à faire mouvoir les presses mécaniques du *Times*, au moyen desquelles on tire par heure 10,000 exemplaires de cet immense journal.

Cette machine, installée depuis peu de temps, maintenue

en très-bon état par les soins du frère même du constructeur qui en était le mécanicien, n'est pas exempte du défaut que l'on peut reprocher à presque toutes les machines à vapeur rotatives proposées jusqu'à ce jour, celui de donner lieu à des fuites de vapeur et à une perte considérable de travail par le frottement.

Malgré sa simplicité apparente, la machine à disque est, au contraire, d'une construction très-complexe, et si délicate à exécuter, que l'on à peine à comprendre qu'elle ait eu quelques succès en Angleterre, où elle avait, à ce que l'on croit, été importée de la Belgique.

Sur l'une des machines à disque se trouvait établi le modérateur de Davy, composé d'une simple boule creuse garnie d'un anneau et articulé entre son centre et sa surface avec une tige mise en communication avec la valve d'introduction, de sorte que, quand cette boule et son anneau incline d'un côté ou de l'autre, la valve s'ouvre ou se ferme. Le centre de gravité de cette boule ne coïncidant pas avec son centre de figure, on conçoit facilement que, dans le mouvement de rotation qui lui est communiqué, la force centrifuge maintienne son anneau dans une position plus ou moins voisine de l'horizontale, selon les variations de la vitesse, ce qui produit le mouvement de la tige et, par suite, celui de la valve. Cet appareil, quoique ingénieux, ne nous paraît pas présenter d'avantage sur le régulateur ordinaire de Watt.

Sans nous occuper en détail des différentes machines de rotation présentées à l'Exposition, nous nous bornerons à dire que, malgré tout le soin d'exécution, tout l'esprit d'invention développé par les constructeurs, aucune ne nous paraît avoir offert la solution de l'important problème que l'on s'était proposé.

Il est remarquable que l'emploi de la détente ne paraisse préoccuper que fort peu la plupart des constructeurs anglais, et que l'économie de combustible qui résulte de l'usage de cette propriété, combinée avec la condensation, n'attire pas davantage leur attention. Ce n'est pas que les avantages économiques qui en résultent soient inconnus aux ingénieurs anglais; ils ont été constatés et reconnus d'une manière trop frappante dans les mines de Cornouailles, dans quelques établissements hydrauliques et dans bien d'autres cas, pour qu'il y ait, à ce sujet, le moindre doute. Il faut donc chercher un autre motif à la préférence que l'on donne généralement, dans ce pays, aux machines à basse pression.

Le bas prix du combustible est une première raison, mais il y en a une autre, c'est la facilité laissée aux propriétaires d'usines de placer leurs machines au centre des établissements et au milieu des habitations. L'absence du contrôle administratif sur l'installation des machines à vapeur a amené cette habitude dangereuse, et, pour en diminuer les conséquences funestes, en cas d'explosion, l'on n'ose employer que des machines à basse pression, que l'on regarde à tort, je crois, comme moins dangereuses que celles à haute pression, et l'on renonce ainsi à l'économie que procureraient de bonnes machines à détente variable et à condensation, analogues à celles que l'on construit en France dans quelques établissements.

Telle est l'explication qui m'a été fournie par mes collègues anglais du jury, auxquels je signalais l'infériorité, sous ce rapport, des machines anglaises exposées, en comparaison des machines faites en France par MM. Meyer, Farcot, Trézel, Bourdon et d'autres constructeurs. Mais il faut reconnaître que, dans les circonstances où ils sont libres d'employer la haute pression et la détente, quelques ingénieurs anglais savent parfaitement en profiter. Nous pourrions citer comme exemple, parmi les machines motrices d'usines, la belle machine à vapeur de la fonderie de l'arsenal de Woolwich, à détente variable et à condensation, construite par le célèbre ingénieur W. Fairbairn.

En terminant ce qui est relatif aux machines à vapeur fixes, je ne crois pas inutile d'appeler l'attention des constructeurs sur une condition importante à remplir quand on veut employer la vapeur avec une détente prolongée et avec condensation.

On sait que le plus grand perfectionnement introduit par Watt dans la machine à vapeur a été l'emploi d'une capacité spéciale, pour y opérer l'injection d'eau froide et la condensation de la vapeur. Par là il a diminué considérablement la condensation de vapeur qui se faisait à chaque nouvelle introduction dans le cylindre, et par suite la consommation de vapeur et de combustible. On a aussi remarqué, depuis longtemps, que le refroidissement dans le cylindre, produit par la communication avec le condenseur, était assez grand pour diminuer l'avantage de la condensation; de sorte que l'expérience, contrairement à ce que l'on serait tenté de penser au premier abord, a montré que les machines à basse pression, qui dépensaient le moins de charbon, n'étaient pas toujours celles où la condensation se faisait le mieux ou le plus complétement.

Des effets analogues se produisent dans l'emploi de la détente, et il en résulte que l'on a trouvé, en général, peu d'avantage, au point de vue de l'économie du combustible, à se servir de la détente quand on employait de la vapeur aux faibles pressions de deux ou trois atmosphères : au contraire, quand on se sert de vapeur à cinq ou à six atmosphères, dont la température est assez élevée et dont la détente, dans ce cas, n'est poussée que jusqu'à la pression d'une demi-atmosphère ou même de deux tiers ou trois quarts d'atmosphère avant la condensation, la perte qui résulte de la condensation est moindre, parce que le cylindre est plus chaud et parce qu'une portion de la vapeur condensée se vaporise de nouveau pendant la détente, ce qui est rendu sensible, dans les détentes prolongées, par l'indicateur de la pression.

Il faut bien remarquer que ce qui précède n'est nullement en contradiction avec les conséquences que l'on tire des observations faites avec l'instrument dont on vient de parler, pour montrer tous les avantages de la détente et ceux d'une bonne condensation; en effet, cet instrument permet d'apprécier le travail moteur développé par la vapeur qui agit sur le piston, et il ne tient pas compte de celle qui est condensée dans le cylindre.

On comprend facilement que l'emploi des enveloppes peu conductrices, celui des doubles cylindres ou chemises, mises en usage, il y a longtemps, par Edwards, dans ses machines à deux cylindres, et remises en vogue dans ces derniers temps, en maintenant le cylindre à une température élevée, s'opposent à la condensation dont nous venons de parler, et doivent produire une économie très-notable de combustible; sous ce rapport, la plupart des machines fixes présentées à l'exposition nous ont paru imparfaites.

Mais il est un autre moyen déjà essayé, pour éviter les effets de la condensation, et qui nous paraît mériter toute l'attention des constructeurs; je veux parler de l'emploi de la vapeur légèrement surchauffée, qui, après sa sortie de la chaudière, passant dans un serpentin ou un tuyau disposé dans le foyer, y acquiert un excès de température, et arrive ainsi dans le cylindre non-seulement à l'état de vapeur sèche, mais encore avec un excès de chaleur suffisante pour réchauffer le cylindre que la détente ou la condensation ont pu refroidir.

L'abaissement de température de la vapeur ainsi surchauffée doit être, il est vrai, assez considérable et assez brusque pour que le cylindre soit réchauffé sans condensation de vapeur, mais, comme la surélévation de température peut se faire sans dépense notable de combustible, on trouverait, dans ce procédé bien appliqué, l'avantage d'utiliser toute la puissance élastique de la vapeur produite.

Plusieurs constructeurs français, parmi lesquels je puis citer M. de Moncheuil, M. Gouin et M. Cavé, ont déjà tenté avec succès l'emploi de ce procédé, qui semble devoir produire d'importantes économies de combustible pour les bateaux à vapeur, et surtout pour les locomotives.

Mais il ne faut pas perdre de vue qu'il est nécessaire de maintenir la température de la vapeur surchauffée dans des limites assez restreintes, afin de ne pas décomposer les matières grasses employées au graissage des organes des machines.

Sans cette précaution, que la faible capacité des vapeurs pour la chaleur rend assez délicate, on s'exposerait à voir augmenter considérablement les frottements et par suite l'usé de la machine. C'est ce qui est arrivé dans une usine importante, où l'emploi assez modéré de la vapeur surchauffée a été récemment introduit, et a produit, dans les premiers jours, une économie qui s'est atténuée graduellement par l'augmentation de frottement et l'usé des garnitures.

L'on voit par ce fait que, si l'on emploie la vapeur surchauffée, il importe beaucoup de n'en élever la température que très-modérément, et d'apporter tous les soins et tous les perfectionnements possibles au graissage des parties frottantes de la machine en contact avec la vapeur.

Nous n'avons parlé que des machines à vapeur fixes exposées par l'Angleterre. Quant à celles que d'autres nations y ont produites, nous n'avons remarqué que deux machines à haute pression, à détente variable et à vitesse constante, imitées, sauf quelques modifications, du système Meyer; l'une vient de Belgique, l'autre d'Autriche.

Quant à la machine à air chaud d'Ericson, elle n'a pu être appréciée par le jury, attendu que les représentants du constructeur, ayant éprouvé, disaient-ils, des difficultés pour faire constater les droits d'inventeur, ils ont cru devoir se refuser à donner aucune explication sur cette machine.

MACHINES À VAPEUR POUR BATEAUX.

Les tentatives de perfectionnement dans la construction de ces machines paraissent avoir eu principalement pour objet la réduction de l'espace occupé et celle du poids de la machine.

M. John Penn, l'un des plus habiles constructeurs anglais, a imaginé, dans cette vue, un dispositif, qui consiste à donner à la tige du piston la forme d'un cylindre creux qui traverse les deux fonds du cylindre à vapeur, et dans l'intérieur duquel la bielle vient s'articuler. Ce dispositif permet, il est vrai, de réduire beaucoup l'espace occupé par la machine, mais, malgré toute l'autorité qui s'attache au nom d'un constructeur aussi célèbre que M. Penn, nous croyons que cet avantage doit être, en grande partie, compensé par l'augmentation de la surface frottante et refroidissante que présente la tige creuse du piston, et par l'accroissement qui en résulte pour le diamètre du piston à vapeur; il faut, de plus, toute la perfection d'exécution des machines construites chez M. Penn, pour que les fuites de vapeur par les énormes *stuffing-boxes* que ce système nécessite n'acquièrent pas de l'importance. Nous ne saurions donc engager nos constructeurs à imiter cette disposition.

La tige creuse du piston, employée par M. Penn, peut être considérée comme une variété du piston elliptique de Hall, ou des pistons annulaires de quelques autres ingénieurs; mais l'absence d'un fourreau prolongé de part et d'autre du piston avait, dans les dispositifs antérieurs, l'inconvénient grave de présenter à l'action de la vapeur des surfaces très-inégales dans les deux courses.

Dans cette machine l'on remarque aussi que l'ingénieur a donné aux pistons des pompes à air une grande vitesse, ce qui lui a permis de diminuer leur surface et de grouper, dans un espace plus resserré, les divers organes de la machine; mais, pour éviter les inconvénients graves des chocs des clapets, il a dû renoncer aux soupapes métalliques.

MM. Mausdlay et fils ont proposé, il y a quelques années, un dispositif de machine à vapeur à piston annulaire, avec bielle logée dans le cylindre intérieur. Ce cylindre étant fixe, l'inconvénient des grandes boîtes à étoupes, du système de M. Penn ne s'y produit pas, mais le refroidissement de la vapeur par la surface intérieure subsiste en entier.

Une autre machine, très-bien disposée, a été exposée par M. Watt, James et compagnie, elle est à basse pression, à cylindres horizontaux, à action directe, et de la force de 700 chevaux, pour un bateau à hélice; sauf une très-belle exécution et une bonne disposition générale, elle ne présente rien de très-remarquable.

Un modèle, fort bien exécuté, d'une machine fixe de ce système, avait été exposé par M. Maudslay, ainsi que divers modèles des machines de bateaux construites par cet habile ingénieur. Cette exposition était complétée par une belle machine monétaire et une bielle pour une machine de 800 chevaux, de la plus belle exécution.

CHAUDIÈRES À VAPEUR.

La construction de cette partie importante d'une usine à vapeur, ne paraît pas avoir fait, en Angleterre, des progrès bien remarquables depuis quelques années, et aucune récompense n'a été accordée pour cet objet.

PRIX COMPARÉS DES MACHINES À VAPEUR

EN FRANCE ET EN ANGLETERRE.

Si la construction de ces puissants moyens de production a fait, en France, des progrès qui permettent à nos mécaniciens de lutter avec l'Angleterre, les prix des fabricants français se sont aussi tellement rapprochés de ceux de leurs rivaux, que, pour les machines similaires, il n'y a pas de différence notable. Ainsi, pour les machines à détente variable, les prix des constructeurs français et anglais sont à peu près les suivants :

FORCE NOMINALE EN CHEVAUX.	PRIX DES MACHINES, PAR FORCE DE CHEVAL, des constructeurs français.	PRIX DES MACHINES, PAR FORCE DE CHEVAL, des constructeurs anglais.
	MACHINES À DÉTENTE VARIABLE SANS CONDENSATION.	
8	950f 1,000	1,075f
10	1,000	1,010
12	910 960	″
16	890 938	″
20	850 900	825
25	820 840	″
30	800 835	700
	MACHINES À DÉTENTE VARIABLE AVEC CONDENSATION.	
10	1,400 *	1,260
15	1,340	1,210
20	1,150	1,090
30	1,000	925
40	900	875
50	870	835
60	″	860
80	″	850
100	″	805

* Toutes ces machines françaises sont à détente variable par l'action du régulateur et à vitesse constante.

MOTEURS HYDRAULIQUES.

L'emploi de la vapeur, si généralement répandu en Angleterre, y a, depuis longtemps, détourné l'attention de la plupart des ingénieurs des perfectionnements dont les moteurs hydrauliques sont susceptibles. C'est à peine s'ils ont suivi les progrès faits en France pour la construction des turbines. On rencontre en effet en Angleterre très-peu de moteurs de ce genre, qui tend cependant à se répandre de plus en plus chez nous. Les ingénieurs anglais sont, en général, peu familiarisés avec les règles pratiques de l'hydraulique, qui se sont beaucoup perfectionnées en France, et même avec l'usage du frein de Prony, qui permet d'apprécier l'effet utile des récepteurs hydrauliques.

Une seule turbine était exposée, et elle a valu la grande médaille au constructeur français, M. Fromont, de Chartres, successeur de M. Fontaine-Baron.

Il ne faut cependant pas passer sous silence un perfectionnement assez important que M. Fairbairn a, depuis longtemps, introduit dans la construction des roues à auget, qui reçoivent l'eau au-dessus de leur sommet par des vannages inclinés, munis de directrices. Cet habile ingénieur, ayant remarqué que, dans ces roues, il arrivait souvent que l'air contenu dans les augets présentait un obstacle à l'introduction de l'eau, a eu l'idée de ménager à chaque auget, du côté du tambour intérieur, une ouverture par laquelle l'air s'échappe. Nous devons ajouter que ce dispositif était connu en France depuis assez longtemps.

Tel est à peu près, à notre connaissance, le seul perfectionnement que la construction de roues hydrauliques ait reçu en Angleterre depuis Smeaton.

MOULINS À VENT.

Parmi les appareils de ce genre, dont un grand nombre existent encore en Angleterre, aucun de ceux qui ont été exposés n'a mérité de fixer l'attention du jury et n'a obtenu de récompense.

En France, des tentatives assez heureuses ont été faites, depuis plusieurs années, par MM. A. Durand et Mulot. Il suffit de les mentionner pour que nos agriculteurs puissent avoir recours à leurs dispositions ingénieuses.

MACHINES À COLONNES D'EAU,

MOTEURS ÉLECTRO-MAGNÉTIQUES ET OBJETS DIVERS.

Aucune récompense n'a été accordée pour ce genre de moteur. Il en est de même des objets divers qui complètent la première section A des produits soumis à la cinquième classe du jury.

SECTION B.

PARTIES SÉPARÉES DE MACHINES

ET ÉCHANTILLONS DE PRODUITS MÉCANIQUES.

Sous ce titre assez vague on avait compris principalement les objets en métal provenant des forges ou des fonderies.

De belles collections de rails, de fers laminés, d'essieux, etc., ont attesté les progrès faits, en Angleterre, depuis quelques années, dans le travail du fer. Mais aujourd'hui nous ne voyons pas que, sous le rapport de la perfection des produits de ce genre, la France ait rien à envier à aucune nation. Le bas prix des produits est le seul avantage que quelques pays aient sur nous, et il tient surtout, soit aux circonstances et aux ressources locales, soit à l'immensité de la production.

....

Il ne sera cependant pas inutile de mentionner les dimensions remarquables de quelques pièces sorties des forges de la maison Derwent-Iron-Company, pour montrer à nos industriels que l'on peut dépasser de beaucoup les limites auxquelles l'on s'arrête ordinairement. Une plaque de tôle laminée, destinée à la construction des bateaux en fer, avait 5^{m},21 de longueur, 1^{m},37 de largeur et 0^{m},028 d'épaisseur. Elle pesait 1269 kilogrammes.

Une autre plaque avait 6^{m},09 de longueur, 1^{m},06 de largeur et 0^{m},016 d'épaisseur.

Un rail de 20^{m}34 de longueur pesait 875 kilogrammes.

Nous devons aussi mentionner spécialement les masses énormes d'acier fondu, exposées par la forge d'Essen, près de Dusseldorf (M. Krupp, propriétaire). Si cette fabrication directe de l'acier fondu peut fournir des produits uniformes et homogènes, elle est appelée à faire baisser considérablement le prix de cette matière première de tant d'industries. Sous ce rapport, il est fort à désirer que des renseignements complets soient recueillis sur l'usine qui a exposé ces beaux produits.

SECTION C.

MACHINES PNEUMATIQUES.

Dans cette subdivision, qui comprenait les machines soufflantes, le jury a remarqué les ventilateurs à aubes courbes de M. Lloyd, tant pour souffler que pour aspirer, et leur a accordé une médaille.

La forme des aubes courbes est empruntée au ventilateur proposé, il y a plusieurs années, par notre collègue M. Combes, membre de l'Institut.

Ces ventilateurs présentent l'avantage de produire moins de bruit que ceux dont les ailes sont planes et plus ou moins inclinées sur le rayon.

Quant à la comparaison entre l'effet utile qu'ils produisent et le travail dépensé pour les faire mouvoir, elle a été faite, à l'aide du dynamomètre de rotation du système que j'ai fait construire, par M. Hatcher, ingénieur adjoint au jury.

L'on a successivement essayé le ventilateur soufflant à aubes courbes et à enveloppe conique de M. Lloyd, et un ventilateur à aubes planes de construction ordinaire. Tous deux refoulaient, dans un réservoir de dimensions connues, l'air, qui en sortait ensuite par un orifice rectangulaire dont on faisait varier l'ouverture. L'excès de pression intérieure de ce réservoir, sur la pression extérieure, était mesuré par un manomètre à eau. On pouvait donc calculer le volume, le poids, la vitesse et enfin la force vive de l'air écoulé, et la moitié de cette dernière quantité exprimait, comme on le sait, le travail moteur strictement nécessaire pour faire sortir cette quantité d'air à la vitesse calculée, ou l'effet utile définitif de l'ensemble de l'appareil.

Mais il convient de faire remarquer que l'emploi d'un réservoir dans lequel on refoulait l'air donnait lieu à une perte de force vive notable à son entrée, et, par conséquent, à une diminution de l'effet utile que les ventilateurs auraient pu produire. Cette observation n'a, d'ailleurs, pour objet, que de bien appeler l'attention sur les conditions dans lesquelles ces expériences ont été faites, car ces conditions ayant été les mêmes pour les deux ventilateurs essayés, la comparaison à établir entre eux n'est pas moins complète.

Le tableau suivant contient, en mesures anglaises, le résultat des observations de M. Hatcher. Nous n'avons pas cru devoir le traduire en mesures françaises, parce que, comme nous venons de le dire, il fournit plutôt des résultats comparatifs que des données absolues sur le produit de ces appareils.

NUMÉROS DES EXPÉRIENCES.	AIRE de l'introduction en pouces carrés.	NOMBRE DE TOURS DU VENTILATEUR par minute.	VITESSES EN PIEDS PAR SECONDE.	PRESSION de l'air dans le réservoir, en pouces d'eau.	PRESSION de l'air dans le réservoir, en livres, par pouces carrés.	AIRE de l'orifice de sortie du réservoir en pouce carré.	VITESSE DE L'AIR, à sa sortie du réservoir, en pieds par seconde.	TRAVAIL DÉPENSÉ MESURÉ EN CHEVAUX.	UNITÉS DE TRAVAIL fournies par le ventilateur, en livres élevées à un pouce par seconde.	DEMI-FORCE VIVE du courant d'air à sa sortie.	RENDEMENT OU RAPPORT entre le travail fourni par le ventilateur et celui mesuré sur la machine.
				VENTILATEUR DE M. LLOYD. Diamètre : 30 pouces.							
1	82. 51	984	128. 9	2. 90	0. 1049	36	112. 9	1. 77	58.423	19. 913	34
2	*Idem.*	1066	139. 6	2. 20	0. 0796	72	98. 9	3. 26	107.622	26. 215	24
3	*Idem.*	1066	128. 9	1. 30	0. 0470	108	75. 5	2. 84	93.847	17. 901	19
4	*Idem.*	1087	142. 4	0. 90	0. 0326	144	63. 4	3. 11	102.681	14. 801	14
5	*Idem.*	1067	139. 6	4. 30	0. 1556	Fermé	″	″	″	″	″
				VENTILATEUR À AILES PLANES LÉGÈREMENT INCLINÉ SUR LE RAYON. Diamètre : 30 pouces.							
1	250. 8	760	99. 6	2. 1	0. 0760	36	96. 4	1. 22	40.389	12. 202	30
2	*Idem.*	722	94. 6	1. 5	0. 0543	72	81. 2	2. 45	80.734	14. 750	18
3	*Idem.*	893	117. 0	2. 5	0. 0305	″	104. 7	4. 55	149.928	31. 780	21
4	*Idem.*	912	119. 5	1. 1	0. 0398	144	69. 8	3. 81	125.609	20. 145	16
5	*Idem.*	893	117. 0	3. 1	0. 1123	Fermé	″	″	″	″	″

La dernière colonne de ce tableau fournit le rapport de l'effet utile de chacun de ces appareils à la force motrice dépensée pour le faire mouvoir, ou leur rendement.

Nous sommes forcé de nous borner à transcrire ce tableau sans pouvoir en tirer de conclusions nettes, même au simple point de vue comparatif, attendu que les vitesses des ventilateurs et les pressions de l'air dans le réservoir n'ayant pas été simultanément les mêmes pour les deux appareils, il a pu en résulter des effets différents pour l'un et l'autre.

Cependant, si nous comparons les deux premières expériences pour lesquelles l'ouverture de l'orifice du réservoir était la même et de 36 pouces carrés, la vitesse de sortie de 112 p. 9 en 1″ pour le ventilateur à aubes courbes, et de 96 p. 4 en 1″ pour le ventilateur à aubes planes, nous trouvons que le rendement du premier serait de 0,34 du travail moteur dépensé, et celui du second 0,30.

Nous attendons, pour exprimer une opinion sur les effets comparatifs des appareils de ce genre, que des expériences entreprises depuis quelque temps au Conservatoire des arts et métiers soient terminées.

SECTION D.

MACHINES HYDRAULIQUES, POMPES, GRUES,

MACHINES À ENFONCER OU À EXTRAIRE LES PILOTS, ETC.

Nous avons encore remarqué dans cette section l'absence de principes assurés, basés à la fois sur la théorie et sur l'expérience, qui se manifeste dans la plupart des machines hydrauliques, et cette critique ne nous est pas personnelle; elle a été exprimée formellement par M. Moseley, président et rapporteur du jury, qui signale la supériorité des études et des connaissances hydrauliques des ingénieurs français sur les étrangers. Sans nous arrêter à ce point de vue, nous examinerons les produits de ce genre qui méritent un intérêt tout spécial.

POMPES À INCENDIE.

Il y avait à l'Exposition un grand nombre de pompes d verses, parmi lesquelles on remarquait une pompe dite canadienne, et celle de deux constructeurs anglais, MM. Shand et Mason, et celles de M. Merryweatter, dont les modèles paraissent le plus adoptés en Angleterre.

En général, les pompes de ces trois systèmes, construites avec beaucoup de soin et même de luxe, nous ont paru beaucoup trop massives, trop lourdes, difficiles à visiter, à réparer et à manœuvrer. Sous tous ces rapports, elles nous semblent inférieures aux modèles le plus généralement en usage en France, qui, par leur simplicité, leur légèreté, se prêtent beaucoup mieux aux exigences du service.

Parmi les pompes françaises, celle de M. Letestu, du modèle de la marine et du modèle plus léger des villes, ont été essayées comparativement avec les trois modèles désignés plus haut, qui avaient des clapets métalliques. Dans cet essai, il n'a pas été possible de faire l'épreuve comparative de l'effet utile et du travail moteur, l'on a été obligé de se borner à l'épreuve à bras, qui a été exécutée au moyen de soldats de la garde royale anglaise, dont la grande taille constituait un désavantage pour la pompe Letestu, sur laquelle ils n'agissaient pas commodément.

L'on a cherché dans ces expériences à reconnaître le temps pendant lequel les pompes pouvaient être manœuvrées par les hommes sans trop de fatigue, la quantité d'eau obtenue par homme, la portée du jet à l'eau claire et ensuite à l'eau mêlée de sable; pour cette dernière expérience, nous avons éprouvé, de la part des exposants anglais, beaucoup de répugnance, parce qu'ils s'attendaient bien à un résultat défavorable pour leurs pompes à clapets métalliques.

Les principales données et les résultats les plus saillants de ces expériences sont consignés dans le tableau suivant :

EXPÉRIENCES SUR LES POMPES À INCENDIE.

NOMS des constructeurs, ou désignation des pompes.	PISTON.		VOLUME engendré par course.	NOMBRE d'hommes employés.	VOLUME d'eau fourni par homme en une minute.	PORTÉE		DURÉE limite approximative de la manœuvre sans excès de fatigue.
	Diamètre.	Course.				à l'eau claire.	à l'eau trouble mêlée de sable.	
	m.	m.	lit.		lit.	m.	m.	′
Canadienne	0,178	0,405	10,5	40	26,7	41,8	17,10	3
Merry-weatter. G^{d} modèle.	0,178	0,205	5,11	24	23,0	45,0	15,7	3
Merry-weatter. P^{t} modèle, dit *Paxton*.	"	"	2,90	12	29,1	36,25	Arrêtée.	3
Chand et Mason...	0,178	0,205	5,11	24	24,6	35,50	*Idem.*	3
Letestu	0,1425	0,182	2,92	10	29,9	36,50	35,4	5

Les résultats de ces expériences montrent que la pompe Letestu a fourni, par homme, plus d'eau que toutes les autres, avec moins de fatigue, puisque les hommes ont pu y travailler cinq minutes de suite sans être trop fatigués, tandis qu'après trois ils devaient toujours cesser la manœuvre aux autres pompes.

Dans l'une des épreuves, les deux pompes de M. Letestu, manœuvrées par 22 hommes, ont fourni plus d'eau que n'en pouvait débiter une pompe anglaise manœuvrée par 24 hommes.

Enfin l'épreuve avec des eaux mêlées de sable, malgré les tentatives faites par les concurrents anglais pour y échapper et en fausser les résultats, a montré, comme on l'avait déjà observé en France, que les pompes à clapets métalliques s'arrêtaient avec la plus grande facilité dès que le sable commençait à y pénétrer, tandis que les pompes à clapets en cuir de

M. Letestu, aujourd'hui dans le domaine public, sont à l'abri de cet inconvénient.

Comme observation générale, nous croyons devoir faire remarquer qu'il y a un grand inconvénient à construire les pompes pour y employer à la fois un grand nombre de bras; outre qu'alors ces appareils ne peuvent être manœuvrés par les premiers hommes venus au secours, ou par des femmes, il y a encore l'inconvénient de l'encombrement ou du défaut d'ensemble. 24 hommes forment un nombre trop considérable, celui de 40 est exagéré; il nous semble que l'on doit se borner à 10 ou 12 hommes.

Puisque nous avons parlé des pompes à clapets en cuir, il ne sera pas hors de propos de faire connaître un fait récemment observé à la manufacture d'armes de Saint-Étienne, et constaté par les soins du directeur de l'établissement.

Une pompe du système Letestu est arrivée à cette manufacture le 31 mai 1852; elle a été déposée dans un local très-chaud, et est restée devant une fenêtre exposée aux rayons du soleil jusqu'au 17 octobre 1852, c'est-à-dire pendant plus de quatre mois et demi, sans avoir été couverte, visitée ni manœuvrée.

Le 17 octobre on l'a mise en jeu : les pistons ont immédiatement agi sur l'eau jetée dans la bâche, et l'eau a été lancée sans aucune difficulté.

Cette épreuve montre que les craintes que l'on avait manifestées sur la dessiccation des cuirs de ces pompes n'étaient pas fondées. Il est, d'ailleurs, si simple de laisser un peu d'eau dans la bâche, qu'il n'y avait pas lieu de se préoccuper de cette dessiccation.

POMPES CENTRIFUGES.

Parmi les machines destinées à élever l'eau, les plus remarquables étaient certainement les pompes centrifuges dont il existait trois modèles différents.

Ces appareils sont construits sur les mêmes principes que

les ventilateurs aspirants, et se composent d'une roue à palettes planes ou courbes, animées d'un mouvement très-rapide, exactement emboîtées, sur les côtés, dans une enveloppe ouverte vers l'axe et vers la circonférence extérieure.

La roue et son enveloppe étant plongées dans l'eau, il se produit un effet analogue à celui du ventilateur. L'action de la force centrifuge repousse vers la circonférence l'eau que la roue contient, et il en résulte une diminution de pression vers l'axe, d'autant plus grande que la roue marche plus vite, et l'eau du réservoir inférieur tend à s'élever dans la roue. Celle-ci refoule l'eau qu'elle expulse dans un tuyau d'ascension, où elle s'élève à une hauteur d'autant plus grande que la vitesse du mouvement est plus considérable.

On voit, par cette simple description, que cette machine peut fonctionner comme pompe aspirante et foulante, et que la hauteur d'aspiration, ainsi que celle de refoulement et la quantité d'eau élevée, dépendent directement de la vitesse imprimée à la roue à aubes.

Il est, d'ailleurs, nécessaire de faire remarquer que, si cette machine doit agir par aspiration, il est indispensable qu'elle soit amorcée, c'est-à-dire que le tuyau d'aspiration soit rempli jusqu'à ce que la roue soit couverte d'eau, ce qui exige l'usage d'une soupape d'arrêt ou de pied, placée à la partie inférieure du tuyau d'aspiration; mais, quand la roue a été mise une première fois en mouvement, si cette soupape d'arrêt et les autres garnitures ne laissent pas échapper l'eau, la pompe reste toujours prête à fonctionner.

La forme des aubes de la roue et celle de son enveloppe exercent une grande influence sur l'effet utile de cette machine. L'eau qui y circule y est, en effet, animée de deux mouvements : l'un de transport général, qui lui est imprimé par la roue, qui l'emporte avec elle, et l'autre de circulation sur les aubes. Il importe qu'à la sortie de la roue la vitesse qui résulte de ces deux mouvements soit la plus faible possible pour éviter la perte de force vive qui en résulterait.

Sous ce rapport, l'usage des aubes courbes adoptées par

M. G. Appold est évidemment préférable à celui des aubes planes. D'une autre part, le mouvement de l'eau s'accélérant du centre à la circonférence, il faut, pour qu'il puisse se faire sans remous et sans tourbillonnement, que les sections de passages soient en raison inverse des vitesses avec lesquelles ils doivent être traversés. On peut, en partie, satisfaire à cette condition par l'emploi d'aubes courbes comprises entre des joues parallèles; mais on y arrive aussi à peu près en donnant aux joues la forme conique, comme l'a fait M. Bessemer, qui emploie des aubes planes dirigées dans le sens du rayon. Enfin, il est facile de comprendre que, pour utiliser toute la pression que la force centrifuge développe à la circonférence de la roue, il convient de laisser celle-ci à peu près libre sur tout son pourtour, en donnant au tuyau d'ascension une assez grande dimension pour que la vitesse de transport y soit faible. La disposition adoptée par M. Gwyne, qui emploie aussi des aubes planes entourées d'un canal étroit qui communique avec un tuyau d'ascension de petit diamètre était donc défectueuse sous tous les rapports.

Nous nous contenterons des indications qui précèdent sur le mode d'action de ces appareils et sur les dispositions générales qui semblent les plus favorables; et, sans entrer dans une discussion théorique de leurs effets et des proportions à adopter, qui ne serait pas à sa place dans ce rapport, nous nous bornerons à faire connaître les expériences que nous avons exécutées à l'Exposition même pour reconnaître l'influence de la forme des aubes et déterminer le rendement des trois principaux appareils de ce genre soumis à l'examen du jury.

Pour les pompes de M. Appold et de M. Gwyne, les expériences ont été exécutées à l'aide d'un dynamomètre de rotation à style et à compteur, construit par M. Clair, du genre de ceux que j'ai fait établir pour mesurer les quantités de travail transmises ou consommées par les machines de rotation. Mais, de plus, afin de mettre plus clairement en évidence l'influence de la forme des aubes et l'avantage des aubes courbes sur les aubes planes, on a successivement placé dans la machine de M. Appold sa roue ordinaire à aubes courbes, une roue de même dimension, à aubes planes inclinées à 45° sur le rayon, et une roue semblable à aubes planes dirigées dans le sens du rayon.

Quant à la machine de M. Bessemer, qui avait des aubes planes dirigées dans le sens du rayon, elle pouvait être jugée d'après les expériences précédentes; mais il a été fait, en outre, par M. Hatcher, une observation directe en déterminant le travail moteur développé par la vapeur à l'aide de l'indicateur de la pression.

Les résultats comparatifs de ces expériences sont résumés dans le tableau suivant.

NUMÉRO des expériences.	VOLUMES d'eau élevés en litres en une seconde.	HAUTEUR d'élévation.	EFFET utile en une seconde.	TRAVAIL moteur dépensé en une seconde.	RENDEMENT ou rapport de l'effet utile au travail moteur.	NOMBRE de tours de la roue en une seconde.	OBSERVATIONS.
POMPE DE M. APPOLD, AVEC SES AUBES COURBES.							
	lit.	m.	km.	km.			
1	159,0	2,590	413,00	717,60	0,588	828	
2	124,0	2,745	340,00	526,00	0,648	718	
3	87,9	5,690	500,00	771,00	0,749	792	
4	97,2	5,690	552,00	807,80	0,685	792	
5	93,5	5,897	551,00	810,00	0,680	788	
6	94,6	5,897	558,00	859,00	0,650	800	
7	32,73	7,970	261,00	697,00	0,375	843	
8	51,50	8,235	424,00	891,00	0,475	876	
POMPE DE M. APPOLD, AVEC DES AUBES PLANES INCLINÉES À 45° SUR LE RAYON.							
1	42,40	5,480	233,00	583,00	0,398	694	
5	55,81	5,480	306,00	698,00	0,434	690	

NUMÉRO des expériences.	VOLUMES d'eau élevés en litres en une seconde.	HAUTEUR d'élévation.	EFFET utile en une seconde.	TRAVAIL moteur dépensé en une seconde.	RENDEMENT ou rapport de l'effet utile au travail moteur.	NOMBRE de tours de la roue en une seconde.	OBSERVATIONS.
POMPE DE M. APPOLD, AVEC DES AUBES PLANES DIRIGÉES DANS LE SENS DU RAYON.							
1	35,87	5,480	197,00	810,00	0,243	720	
2	27,90	5,480	153,00	660,00	0,232	624	
POMPE DE M. GWYNE, À AUBES PLANES DIRIGÉES DANS LE SENS DU RAYON, ET À TUYAU DE CIRCULATION.							
1	22,0	4,17	91,74	487,55	0,190	675	
2	21,2	4,17	89,46	465,50	0,190	608	
Les expériences faites sur la pompe centrifuge de M. Bessemer, à aubes planes dirigées dans le sens du rayon, à l'aide de l'indicateur de la pression, ont donné les résultats suivants * :							
1	63,01	1,027	64,71	"	0,180	60	
2	76,11	1,158	88,83	"	0,130	71	
3	"	0,700	"	"	"	40,05	Il ne coulait pas d'eau; le niveau était maintenu à hauteur du déversoir.
4	67,80	1,100	74,58	"	"	60	
5	64,00	1,000	64,00	"	0,225	60	

* Ces expériences ont été faites après mon départ de Londres. Je les ai empruntées au rapport de M. Moseley, président du Ve jury.

En examinant les résultats contenus dans ces tableaux, on voit que la pompe centrifuge à aubes courbes de M. Appold l'emporte de beaucoup sur toutes les autres sous le rapport du rendement, puisqu'il s'élève, pour cette machine, à 0,65 et même 0,68 du travail moteur dépensé, tandis que les pompes de ce genre à aubes planes dirigées dans le sens du rayon n'ont donné qu'un effet utile de 0,23 du travail moteur, et encore moins quand elles étaient accompagnées d'un canal étroit dans lequel l'eau était obligée de circuler. Il faut remarquer toutefois, en ce qui concerne la pompe de M. Bessemer, que le travail moteur ayant été estimé directement au moyen d'un indicateur de la pression placé sur le cylindre, l'on n'a pas tenu compte de la perte de travail due au frottement des organes de cette machine, fort simple d'ailleurs, et qui transmettait directement le mouvement. L'influence de cette circonstance doit conduire à estimer plus haut qu'on ne l'a fait, dans le tableau ci-dessus, le rendement de cette pompe.

Il résulte de ces expériences que la machine exposée par M. Appold est susceptible de rendre de bons services pour l'élévation des eaux, et, comme, dans le cas où elle serait immergée dans les eaux inférieures, elle n'aurait besoin d'aucune soupape, elle pourrait être avantageusement employée à des épuisements d'eaux troubles ou à des jeux d'eaux artificiels. Mais il faut remarquer qu'elle doit marcher à de grandes vitesses, qu'elle exige un mécanisme destiné à les lui transmettre, et un moteur en rapport avec les effets à produire, tel, par exemple, qu'une machine à vapeur locomobile.

Un modèle de cette machine est installé au Conservatoire des arts et métiers et fonctionne aux jours publics. L'on a eu l'occasion d'y remarquer qu'à l'automne la machine s'engorgeait par suite de la présence d'une grande quantité de feuilles qu'elle aspirait. Il faudrait donc l'entourer d'un grillage qui la mette à l'abri de cet inconvénient.

Nous manquons de renseignements précis sur l'invention de cette ingénieuse machine, qui paraîtrait avoir été connue et appliquée aux États-Unis depuis assez longtemps. On sait d'ailleurs que M. Combes en a fait l'objet de recherches théoriques, et a pris, en 1838, un brevet d'invention pour un appareil analogue. Quoi qu'il en soit, il est juste de reconnaître que M. Appold a fait du principe sur lequel elle repose une application heureuse et remarquable.

PRESSES HYDRAULIQUES.

Cette puissante machine, qui rend actuellement à l'industrie et à l'art des constructions des services de plus en plus étendus, est un frappant exemple des avantages qui résultent du concours de la science et de la pratique. Inventée par l'illustre Pascal, elle était restée longtemps sans application utile par suite des difficultés que l'art avait éprouvées pour s'opposer aux fuites d'eau par les garnitures des pistons, jusqu'à ce que Bramah eût l'idée ingénieuse d'employer pour ces garnitures un cuir embouti annulaire dont la pression sur le piston croît précisément en même temps que les efforts à transmettre par la machine, et s'oppose toujours, par conséquent, à l'échappement du liquide.

Depuis cette époque, la presse hydraulique a cessé d'être un instrument de physique, elle est devenue un appareil industriel, et son usage ainsi que sa puissance se sont développés dans des proportions inespérées.

L'on sait que, dès l'année 1810, les Anglais en avaient tiré un grand parti pour comprimer les fourrages qu'ils étaient obligés d'envoyer d'Angleterre à leur armée de Portugal, et que, depuis cette époque, ce procédé s'était conservé dans leurs ports et principalement à Liverpool pour l'expédition des approvisionnements destinés aux chevaux de leurs colonies. Cet usage s'introduisit aussi dans les ports de France et particulièrement dans celui de Nantes.

L'expédition de Morée et plus tard celle d'Alger nécessitèrent aussi l'usage de la presse hydraulique pour l'approvisionnement de la cavalerie.

Plus tard, vers 1845, l'administration de la guerre, voulant améliorer les presses qu'elle employait en Algérie, après quelques essais peu suffisants, est parvenue à établir, à Alger et à Bone, des ateliers complets de pressage, où le foin si dur de ce pays est réduit, par une seule pression, en balles de 400 kilogrammes ou en deux balles de 200 kilogrammes, d'une densité de 350 à 380 kilogrammes au mètre cube.

De cette augmentation de la densité d'une matière aussi encombrante, que l'on ne pouvait, avec les presses antérieurement employées, amener qu'à celle de 150 kilogrammes environ au mètre cube, il est de suite résulté une diminution de frais dans la proportion de 3 fr. 50 cent. à 10 fr. 30 cent. par tonne.

Si nous avons rappelé ces résultats c'est parce qu'en ce moment même, l'extension de nos réseaux de chemins de fer permet de songer sérieusement à faire venir, pour l'approvisionnement des grands marchés et particulièrement pour celui de Paris, les fourrages des lieux de production éloignés de plus de 400 kilomètres.

A mesure que la presse hydraulique se perfectionnait, l'industrie lui demandait des efforts de plus en plus énergiques, et l'on est parvenu à construire des machines de ce genre capables d'exercer des pressions ou de soulever des poids de 1,000, de 1,500 et de 2,000 tonnes. Mais la matière offre souvent à l'art des obstacles qu'il lui est difficile de surmonter, et, lorsqu'on voulut atteindre ces efforts énormes, l'on ne tarda pas à s'apercevoir que le diamètre intérieur des cylindres et l'épaisseur de ses parois augmentant, les accidents de rupture et les défauts de coulée se multipliaient; l'on reconnut qu'au delà d'une certaine puissance, de 1,200 à 1,500 tonnes environ, il devenait très-difficile de faire des cylindres en fonte qui résistassent aux épreuves ou qui offrissent la sécurité désirable.

Les puissantes presses construites par la compagnie des *Bank-quay-Foundry,* employées à l'érection des tubes gigantesques des ponts tubulaires du détroit de Menay, bien qu'elles n'aient élevé qu'une charge de 1144 tonnes, se sont une fois brisées sous la charge. A Alger un cylindre de presse, de la force de 650 tonnes, s'est fendu longitudinalement après dix-huit mois d'un bon service.

Les constructeurs ont dû alors chercher des moyens de se préserver d'accidents aussi dangereux. Les uns, comme M. Jackson de Manchester, ont tourné extérieurement le cylindre de la presse et l'ont cerclé en fer. Ils sont ainsi parvenus à faire en fonte une presse de la force de 3,000 tonnes. De plus, en plaçant la garniture sur le piston et en diminuant la course totale de cet organe pour les fortes pressions, ils ont restreint à une faible longueur la portion du cylindre soumise à la pression. Cette partie étant en même temps consolidée par la présence du fond, on conçoit comment ils ont pu atteindre des pressions aussi considérables : mais l'on ne peut pas toujours diminuer la course, et il arrive la plupart du temps que la pression maximum correspond, au contraire, à la course totale. Le procédé du cerclage de la fonte avait été essayé par nous, avec un succès complet, à Metz en 1835, pour consolider le récepteur en fonte des pendules balistiques, que l'on remplit de sable fin, et dans lequel on a pu lancer ensuite, sans le rompre, des boulets de tous calibres, dont quelques-uns avaient la vitesse énorme de 720 mètres par seconde.

D'autres constructeurs, utilisant les marteaux à vapeur aujourd'hui si puissants, ont fait des cylindres en fer forgé, ainsi que cela avait été proposé à l'administration de la guerre après la rupture d'un cylindre à Alger. Ils y ont réussi, mais après avoir éprouvé une difficulté inattendue par suite de l'espèce d'écrouissage qu'éprouvait le fer sous la pression de l'eau, ce qui occasionnait une augmentation de diamètre et des fuites autour du piston.

MM. Hick et fils, de Bolton, près Manchester, ont eu recours à un autre moyen fort ingénieux et qui peut être appliqué avec succès. Au lieu de s'attacher à renforcer le cylindre unique d'une presse, ils ont eu l'idée de partager la pression totale à exercer entre quatre cylindres munis chacun d'un piston. Dès lors ils n'ont eu à exécuter, pour les grandes puissances, que des cylindres de dimensions modérées, susceptibles par cela seul d'une plus grande perfection.

Ils ont ainsi fabriqué des presses de puissances considérables, avec lesquelles ils peuvent découper à froid des pièces de fer des plus grandes épaisseurs. C'est ainsi qu'ils ont obtenu les résultats consignés au tableau suivant :

FORCE DE LA PRESSE en tonnes de 1000 kilogr.	DIMENSIONS DES PIÈCES DE FER DÉCOUPÉES.		SURFACE du CONTOUR DÉCOUPÉ.	PRESSION NÉCESSAIRE pour découper un mètre carré de contour.
	Diamètre du trou.	Épaisseur.		
700[t]	0m,200	0m,042	0mq,0085	83,330,000[k]
950	0 ,210	0 ,050	0 ,0105	90,476,190
1250	0 ,210	0 ,065	0 ,0136	91,838,235
1600	0 ,210	0 ,075	0 ,0168	95,238,095
2050	0 ,210	0 ,085	0 ,0178	115,168,540
			MOYENNE.............	95,210,212

Il semblerait résulter de cette comparaison, dont les données ne sont sans doute pas exemptes d'incertitude, que, pour découper des rondelles de fer dans des plaques épaisses, l'effort à exercer par l'outil doit être, en moyenne, d'environ 95,000,000 kilogrammes par mètre carré de surface annulaire découpée. On remarque cependant que l'effort nécessaire, à contour égal, paraît croître plus rapidement que l'épaisseur, aussi ne pouvons-nous donner le chiffre précédent que comme une approximation assez grossière, en attendant que des expériences plus précises soient connues.

Quoi qu'il en soit, la modification introduite par MM. Hick de Bolton nous paraît digne d'intérêt et susceptible d'être employée avec succès, pour la construction des grandes presses.

Un modèle de cette presse existe au Conservatoire des arts et métiers.

Cette disposition, qui laisse libre un certain espace entre les quatre cylindres de la machine, la rend propre à exécuter des essais d'extraction ou de compression des solives de petites longueurs et dispense ainsi de l'emploi d'appareils coûteux.

GRUES.

Parmi les grues du genre ordinaire, on a remarqué un modèle du système employé par le célèbre M. W. Fairbairn, membre correspondant de l'Institut, et dont il a bien voulu faire présent au Conservatoire des arts et métiers. Le corps de cette grue est entièrement en tôle, ce qui lui donne une grande rigidité, avec une quantité de matière fort limitée. L'idée d'employer de la tôle à la construction des grues avait déjà été appliquée par feu M. Lemaître et par M. Durenne, il y a quelques années; mais la forme d'un arc supporté, dans l'intérieur de sa branche verticale, par un pivot, permet de diminuer la quantité de tôle employée, et paraît préférable au dispositif proposé par M. Lemaître.

GRUE HYDRAULIQUE.

L'on a songé, il y a déjà longtemps, à utiliser la compressibilité et la mobilité de l'eau, pour les transmissions, à de grandes distances, des efforts exercés à l'une des extrémités d'un tuyau de communication. C'est ainsi que, sur quelques chemins de fer, avant l'introduction des télégraphes électriques, l'on transmettait des signaux aux diverses stations.

Quelques ingénieurs ont aussi voulu transmettre, par ce moyen, le travail moteur développé par un piston, sur l'une des extrémités d'une conduite, à des distances considérables; mais, dans ce cas, la vitesse de transmission étant nécessairement limitée pour diminuer les pertes de travail par le frottement, les pertes de force vive et les chocs, l'on n'a, jusqu'ici, tiré parti de ce moyen que pour établir à distance une transmission de mouvements lents, tels que ceux des tiges de pompes, des grues, etc.

Limités à ce genre de service, et disposés, dans tous les cas, de manière que les vitesses soient faibles, les étranglements et les coudes étant évités dans les conduites, les appareils dont nous venons de parler peuvent rendre des services, dans les cas où l'on peut facilement établir de grands réservoirs auxquels on emprunte momentanément la quantité d'eau nécessaire.

Ce système, connu en Angleterre sous le nom d'appareil d'Armstrong, commence à être employé avec avantage dans les docks, dans les services des chemins de fer, etc. On vient de l'établir à la gare du chemin de Saint-Germain et Versailles.

Cette disposition nous paraît digne d'être imitée dans des cas semblables, car elle doit produire une grande économie de main d'œuvre et de temps.

Les vérins portatifs, à vis ou autres, sont encore des appareils qui peuvent rendre de grands services dans les ateliers, et remplacer avantageusement les crics, sujets à tant d'accidents.

Ils sont trop connus en France, pour que nous croyions nécessaire d'en parler avec détail, et nous nous bornerons à citer le vérin hydraulique de Thornton, instrument basé sur le principe de la presse hydraulique, et dont le rapport des pistons et celui des leviers sont tels, qu'un seul homme peut soulever une charge de 3,000 kilogrammes à une hauteur de $0^{m}35$ cent. dans une seule course du gros piston, l'effort maximum qu'il doit exercer ne dépassant pas 20 kilogrammes et le nombre de coups correspondant à cette course totale étant de 250 environ. Cette application de la presse hydraulique nous a paru assez heureuse pour mériter d'appeler l'attention des constructeurs. L'on doit toutefois rappeler ici que les fuites inévitables des garnitures ne permettent pas d'employer les vérins pour maintenir des fardeaux élevés, sans qu'ils soient calés ou soutenus sur chantiers.

SECTION E.

MACHINES LOCOMOTIVES,

VOITURES ET MATÉRIEL DES CHEMINS DE FER.

Les progrès qui ont été faits, depuis vingt ans, dans la construction des machines locomotives, se sont propagés si rapidement d'un pays à l'autre, que la France n'a, je pense, rien à envier à ses rivaux au point de vue de la solidité et de l'exécution. Si notre exposition de machines locomotives n'a pas été aussi brillante que celle de l'Angleterre, la raison en est trop simple pour qu'on puisse en être étonné. Le transport de semblables masses et leur installation sont trop dispendieux pour qu'il ait été possible à nos exposants d'en faire les frais après les désastres de 1848.

Dans l'examen des machines exposées par les constructeurs anglais, il est assez difficile de reconnaître quelque idée nouvelle.

La tendance générale porte encore les constructeurs à augmenter les chaudières, la surface de chauffe, et, par suite, le poids des machines, soit pour obtenir de plus grandes vitesses pour les trains de voyageurs, soit pour pouvoir remorquer des charges plus considérables avec les trains de marchandises.

En présence de l'accroissement énorme du trafic qui se fait sur les voies de fer, on comprend facilement que l'on cherche à augmenter le poids et la puissance des locomotives, pour composer les trains d'un plus grand nombre de waggons. Mais, pour les trains de voyageurs, outre que les vitesses actuelles paraissent suffisantes et déja bien assez élevées, si l'on consulte les règles de la prudence, il semble qu'il y aurait à rechercher dans une autre voie l'accroissement de puissance que l'on cherche à obtenir des machines à vapeur. Il est reconnu par les ingénieurs qu'une grande quantité d'eau est encore entraînée à l'état liquide, et ainsi échauffée en pure perte; d'une autre part, la nécessité de laisser les cylindres exposés au contact de l'air occasionne une grande condensation, enfin la résistance que l'échappement de la vapeur par la tuyère fait éprouver au piston, sont des causes de pertes de puissance motrice tellement importantes, que l'on est étonné de ne pas voir les efforts des ingénieurs dirigés avec plus d'activité vers les moyens de les diminuer.

L'emploi de la vapeur convenablement surchauffée nous semble pouvoir être facilement adapté aux machines locomotives, sans modifier notablement leur construction actuelle; en poussant seulement le surchauffage au point nécessaire pour maintenir la vapeur à l'état sec, il ferait disparaître les deux premiers inconvénients.

Enfin, ne serait-il pas convenable de rechercher, pour assurer l'activité du tirage, quelque autre moyen que celui de lancer la vapeur qui s'échappe des cylindres dans la cheminée par un orifice et un conduit étroit, qui occasionne une résistance à l'échappement, telle qu'elle devient parfois égale ou supérieure à la moitié de la pression effective de la vapeur affluente? Si l'on ne pouvait trouver d'autre moyen d'activer le tirage que celui d'un jet de vapeur, ne serait-il pas utile de s'assurer par quelques expériences s'il n'y aurait pas avantage à prendre directement à la chaudière une certaine quantité de vapeur consommée pour cet usage et à laisser échapper librement dans l'air celle qui a agi sur le piston?

Tout ce que l'on gagnerait par un meilleur emploi de la vapeur aurait, outre l'avantage de l'économie de combustible, celui d'obtenir de plus grands effets, de plus grandes vitesses avec des machines d'un moindre poids, plus faciles à diriger, à modérer dans leur marche, et, par conséquent, moins dangereuses et moins destructives de la voie.

Quoi qu'il en soit de ces observations, que l'on nous excusera d'avoir insérées dans ce rapport, nous croyons pouvoir conclure de l'examen des locomotives de chemin de fer présentées à l'Exposition, que les constructeurs français peuvent, sans désavantage, soutenir la comparaison avec l'Angleterre, où l'on semble tout sacrifier à la puissance des machines, soit par l'augmentation de la pression, soit par celle de la surface de chauffe, sans se préoccuper peut-être assez de la complication qui en résulte dans la construction des générateurs et des foyers.

Parmi les machines qui s'éloignent des proportions généralement adoptées, nous avons remarqué plusieurs modèles que l'on nomme *tank-engies*, et dans lesquels la machine et son tender ne forment qu'une seule voiture, qui porte son combustible et son eau.

Ces machines légères sont destinées au service des chemins d'embranchement, sur lesquels la circulation des voyageurs et des marchandises n'est pas assez considérable pour exiger de puissants moteurs. Leur faible poids permet de diminuer les dimensions des rails et la dépense d'établissement de la voie, de sorte que, sous ce rapport, elles peuvent rendre des services pour les chemins d'importance secondaire.

MACHINES LOCOMOBILES.

La construction des machines à vapeur locomobiles destinées à transporter d'un lieu à un autre, selon les besoins accidentels ou périodiques, la force motrice et à la mettre à la disposition des travaux publics ou de l'agriculture, a, depuis quelques années, fixé l'attention des constructeurs anglais.

Cette application importante de la vapeur a été trop négligée chez nous, quoiqu'il soit juste de dire que plusieurs constructeurs ont cherché depuis longtemps à l'introduire.

L'exposition anglaise était riche en machines à vapeur locomobiles spécialement destinées aux travaux de l'agriculture. Toutes ces machines étaient montées sur des trains de voitures ordinaires, portant à la fois la chaudière et la machine, et qui devaient, à l'aide de chevaux, être transportées sur le terrain où leur action était nécessaire.

Dans la plupart de ces machines, les constructeurs se sont

attachés à mettre les appareils de distribution à la portée du mécanicien pour qu'il pût les nettoyer plus facilement, et ils ont été ainsi conduits à placer le cylindre, la boîte à vapeur et les accessoires de la distribution à l'extérieur. Cette disposition nous semble vicieuse pour des machines destinées à l'agriculture ou à des chantiers de construction. Les cylindres et le mécanisme qui en dépendent sont ainsi trop exposés à la poussière, à l'humidité ou à la pluie, se dégradent promptement et exigent trop de réparations. C'est par ces motifs que nous avons préféré et acheté pour les collections du Conservatoire la machine locomobile de MM. Tuxford et fils, dans laquelle le cylindre et tout le mécanisme sont renfermés à l'extrémité de la chaudière, dans une capacité analogue à celle qui, dans les locomotives, forme la boîte à feu. Deux portes permettent d'ouvrir cette espèce de chambre de la machine, d'en visiter et d'en graisser les pièces.

Cette machine est à moyenne pression, de 4 à 5 atmosphères ordinairement, son cylindre a 0^m178 de diamètre, 0^m305 de course, elle fournit, à la vitesse normale, 100 tours en 1', et est de la force de 5 à 6 chevaux; la détente se fait à moitié course.

Depuis près d'un an qu'elle est établie au Conservatoire et qu'elle sert de moteur à diverses machines, elle n'a éprouvé aucune altération, sa marche a toujours été parfaitement régulière.

Le prix de ces machines, livrées avec régulateur et emballées à Bolton, est réglé ainsi qu'il suit :

Force en chevaux	4..........	Prix	$3,700^f$
————	6..........	——	4,375
————	8..........	——	5,000

Nous regardons ce modèle de machine locomobile, comme le meilleur que nous ayons encore vu, et nous croyons que nos constructeurs devront chercher à l'imiter, car il nous semble appelé à rendre de grands services pour les travaux de construction, pour les épuisements, pour les ateliers temporaires. Quant à l'agriculture, déjà, depuis plusieurs années, de semblables machines circulent dans quelques-uns de nos départements, et vont ainsi, de ferme en ferme, battre nos céréales à un prix déterminé par hectolitre.

Nous n'avons pas parlé des machines à vapeur destinées au labour, parce que nous n'avons vu aucune disposition qui permît d'espérer encore une solution prochaine de cette importante question; un seul système nous a paru, pour certains cas, présenter quelques chances de succès, quoiqu'il soit d'une grande complication. Il consiste à amener en travers, et vers le milieu de la longueur des pièces de terre à labourer, une machine à vapeur locomobile et à l'y arrêter.

Cette machine transmet le mouvement à un arbre parallèle à son axe longitudinal, portant un double treuil sur lequel viennent s'enrouler de longues chaînes sans fin, qui tirent, de part et d'autre de la machine, deux charrues à quatre socs. Quand ces charrues sont arrivées auprès de la machine, on change le sens de mouvement; les chaînes sans fin qui passent sur une poulie de renvoi fixée à un piquet, planté à l'autre extrémité du champ, ramènent alors les charrues dont les socs sont relevés à l'aide d'un mécanisme spécial, facile à manœuvrer.

Lorsque les charrues ont ainsi pratiqué chacune leurs quatre sillons, l'on fait marcher à bras, dans le sens transversal, la locomobile, de la largeur de ces sillons et l'on recommence une autre opération.

L'on voit que, dans le cas actuel, l'on a cherché à éviter la grande difficulté qu'on a éprouvée jusqu'ici pour le labourage à la vapeur, je veux dire le transport simultané de la machine motrice et celui des socs ou des outils employés.

Malheureusement l'on n'avait pas encore expérimenté en grand et avec continuité le mode nouveau d'application de la vapeur au labour, et il ne paraît pas assez exempt d'inconvénients pour qu'on puisse en prévoir le succès.

SECTION F.

MATÉRIEL DES CHEMINS DE FER.

La dégradation rapide des rails, les réparations incessantes de la voie, l'altération des traverses en bois, malgré les procédés de conservation proposés et essayés, ont fixé l'attention des ingénieurs de chemin de fer, et de nombreuses tentatives figuraient à l'Exposition.

Il nous serait difficile de les passer en revue, et surtout d'en discuter la valeur, qui ne peut être appréciée que par une expérience prolongée, sur les résultats de laquelle on est loin d'être d'accord. Nous ferons remarquer, d'ailleurs, que cette valeur ne peut être que relative, et qu'elle est influencée par les conditions spéciales à chaque pays. L'abondance ou la rareté du bois, le bon marché ou le prix élevé des fontes et des fers, sont des éléments trop importants, pour qu'il soit possible de formuler une appréciation absolue des meilleurs dispositifs proposés. Cependant l'on sait que, parmi les divers modèles nouveaux proposés pour les rails, l'industrie a distingué celui de M. Barlow, et qu'il est mis en essai, en France, sur quelques-uns de nos chemins de fer.

C'est une question importante dont il faut abandonner la solution au temps et à l'expérience.

SECTION G.

MACHINES DE PESAGE À L'USAGE DU COMMERCE.

Dans cette partie des produits soumis à l'examen du cinquième jury, nous croyons pouvoir déclarer hautement que la supériorité appartient à la France, et que, si des incertitudes trop prolongées, sur le point de séparation qui pouvait distinguer les balances à l'usage du commerce des balances de précision, n'avaient retardé, d'une manière regrettable, le moment où les appareils de pesage de M. Béranger ont été définitivement attribués au cinquième jury, nous aurions pu facilement faire reconnaître leur supériorité sur tout ce qui avait été présenté.

La simplicité, l'exactitude, la facilité de manœuvre, la faculté d'enregistrer les résultats régulièrement et rapidement sans crainte d'erreur, sont des qualités tellement évidentes, réunies dans les appareils de ce constructeur, que l'un de ses plus habiles rivaux, M. Pooley de Liverpool, n'a pas hésité à traiter avec lui, à un prix considérable, de l'acquisition de ses droits d'inventeur. Un semblable hommage, rendu par un rival, doit être, pour M. Béranger, un dédommagement des circonstances qui l'ont privé d'une récompense d'un ordre supérieur à celle qu'il a obtenue. Mais nous regrettons d'avoir à dire que cette injustice involontaire du jury de Londres n'a pu être reparée, et l'aurait sans doute été par le Gouvernement français, dans la distribution des décorations de la Légion d'honneur accordées aux exposants, si la commission française avait été régulièrement consultée. En exprimant ce regret, que nous pourrions étendre à d'autres exposants, nous y ajoutons le vœu que des oublis semblables ne tardent pas à être réparés [1].

Si, de l'ensemble de ce rapport, il ne découle pas, comme de ceux de beaucoup de nos collègues, un enseignement utile pour notre industrie, nous en avons dit la cause en commençant, c'est que, sans prévention et sans exagération d'amour propre national, nous croyons pouvoir dire que, dans la partie des arts mécaniques qui traite plus spécialement des machines motrices et de toutes celles dans lesquelles le bon emploi de la puissance exige le concours de la science alliée à l'esprit d'invention, les ingénieurs français ne le cèdent pas à leurs rivaux, et leur sont souvent supérieurs par suite même

[1] Par un décret, rendu depuis que ce rapport est rédigé, M. Béranger a reçu la décoration de la Légion d'honneur.

des nécessités et des difficultés économiques qu'ils ont à surmonter.

Mais il ne faut pas nous faire illusion sur l'importance que la discussion des saines connaissances théoriques peut avoir, pour nous permettre de lutter avec des rivaux entreprenants et pleins d'ardeur, disposant de ressources et de capitaux considérables, poursuivant avec persévérance et confiance, à l'ombre de la tranquillité publique, des travaux et des essais, que le temps amène graduellement à la perfection. La France, périodiquement bouleversée par des révolutions, qui developpent dans sa population les plus déplorables passions, voit sans cesse sa sécurité troublée, ses travaux interrompus, et quand, par des efforts héroïques, elle cherche à réparer ses erreurs, et parvient, à l'aide des dons précieux de l'intelligence rapide, du goût exquis, qu'elle a reçus de Dieu, à échapper à sa ruine, elle a besoin de reprendre une marche plus active pour reconquérir le terrain perdu et éviter que ses rivaux ne la devancent de plus en plus.

Habiles à observer, à étudier tous les avantages des autres nations, énergiques et résolus dans l'application des moyens à employer pour lutter avec elles, les Anglais ont, depuis quelques années, reconnu sans hésiter la supériorité de la France dans l'enseignement des sciences appliquées à l'industrie et dans les arts du dessin; ils ont vu que c'est en partie à cette supériorité que nous avons dû l'avantage d'avoir pu lutter avec succès contre eux sur le grand champ de bataille industriel de Hyde-Park.

Si fiers qu'ils soient, ils ont reconnu nos avantages sous ce rapport, ils se sont mis à l'œuvre pour nous les enlever, et ils ont jugé, avec raison, que le moyen le plus sûr était de créer, de multiplier un enseignement industriel fondé sur les méthodes appliquées en France, et de généraliser l'enseignement du dessin appliqué à l'industrie.

Sans perdre de temps, sans discussions inutiles, ils ont déjà, depuis 1851, consacré à cette fondation la somme énorme de douze millions cinq cent mille francs, et, dans son récent discours d'ouverture du Parlement, la reine d'Angleterre, n'a pas dédaigné d'engager cette assemblée à donner à cette partie de l'instruction publique le plus grand développement.

En présence de ces efforts, la France ne saurait rester inactive; il importe, il est urgent de développer sur une large échelle l'enseignement industriel et celui des arts du dessin.

L'ancien administrateur du Conservatoire des arts et métiers croirait manquer à ses devoirs de membre du jury français, si, en terminant son rapport, il ne renouvelait avec instance les demandes qu'il a faites, à diverses reprises, pour obtenir que ce bel établissement, que le monde nous envie, devienne le centre, la Sorbonne industrielle, d'où se répandraient sur toute la France les lumières de la science et de l'expérience, pour éclairer notre industrie et former des sujets appelés à soutenir l'honneur de son pavillon.

Il espère que ses collègues se joindront à lui pour insister auprès du Gouvernement, afin que de grandes mesures soient promptement prises pour satisfaire des vœux aussi patriotiques.

FIN.

TABLE DES MATIÈRES.

V^E JURY.

SUBDIVISION UNIQUE.

VOITURES,

PAR M. ARNOUX,

INGÉNIEUR CIVIL,

ADMINISTRATEUR DU MATÉRIEL DES MESSAGERIES GÉNÉRALES DE FRANCE.

COMPOSITION DE LA SUBDIVISION DU Ve JURY.

MM. le comte DE JERSEY, à Londres, Président........	Angleterre.
J. HOLLAND, Vice-Président et Rapporteur, fabricant de voitures, à Londres....................	Angleterre.
C. ARNOUX, ingénieur civil......................	France.
T. HUTTON, fabricant de voitures, à Dublin.........	Angleterre.
O M^c DANIEL..................................	États-Unis.
Antoine PONCELET, ingénieur en chef............	Belgique.

CONSIDÉRATIONS PRÉLIMINAIRES.

Contrairement à ce que nous avons vu, jusqu'à ce jour, dans les Expositions françaises, la carrosserie était l'une des industries les mieux représentées à l'Exposition universelle de Londres; mais l'Angleterre en avait fait principalement les frais. Sur 100 exposants et 125 voitures, elle seule comptait 69 exposants et 97 voitures.

Rien assurément ne prouvait mieux le juste intérêt que les carrossiers anglais attachent à conserver la supériorité méritée dont ils jouissent depuis longtemps.

L'art de la carrosserie ne date réellement que de l'application des premiers moyens de suspension, et ses progrès se lient intimement à l'amélioration des voies de communication. Les voitures destinées au transport des personnes, tout imparfaites qu'elles étaient, au point de vue de la douceur, ont été longtemps d'un usage tout à fait exceptionnel, surtout en ce qui touche les voyages. Les premières voitures publiques, connues sous le nom de coches, n'étaient, on le sait, que de simples chars à quatre roues, sans autre moyen, pour amoindrir l'effet des cahots, que des banquettes grossièrement appendues aux côtés de ces charriots, que couvrait une simple toile.

On comprend qu'avant la séparation de la caisse et du train, c'est-à-dire avant l'époque à laquelle on cessa de faire porter directement la caisse sur les essieux, il n'était possible de rien faire qui satisfît aux conditions de vitesse et de confort, caractères essentiels de ce genre de voiture. Les progrès réels de la carrosserie peuvent dès lors se classer en trois époques parfaitement distinctes, qui datent, chacune, des découvertes successives et peu anciennes, d'ailleurs, des divers procédés de suspension.

Les soupentes en corde, d'abord, puis formées de bandes de cuir, sans aucun ressort, marquent la première époque; les ressorts métalliques en cou de cygne, ou plus exactement en forme de volute, la seconde; la troisième, encore récente, date de la découverte des ressorts droits et à pincettes.

L'emploi de soupentes en corde ne procurait qu'un effet de balancement sans élasticité; les soupentes en cuir qu'on leur substitua, sans changer les conditions de suspension, permirent de régler avec facilité la position de la caisse, au moyen de mains en fer, supportant de petits crics, sur les axes desquels s'enveloppaient ces soupentes.

Jusqu'au commencement de ce siècle, les malles qui transportaient les dépêches et les voitures publiques n'étaient suspendues que de cette manière; pour ces dernières même, la plus forte partie du chargement se plaçait dans une sorte de panier ou magasin en osier, qui reposait directement sur le charronnage de l'arrière-train. Ces voitures, établies en France sous le nom de *turgotines*, produisirent, à leur début, une véritable révolution, et leur durée n'a pas été de moins de cinquante ans.

C'est vers le milieu du siècle dernier qu'ont paru les ressorts métalliques. Ces ressorts, affectant la forme de volutes, sont fixés verticalement sur le train, et c'est sur leur contour que reposent les soupentes. Cette disposition procura la première véritable suspension; on la doit à l'Allemagne, pays des aciers naturels, pour lequel elle a été l'occasion d'une grande vogue, surtout pour les voitures de voyage, remarquables, à cette époque, par une solidité que ne semblait pas comporter leur grande légèreté.

Depuis, l'Angleterre, grâce à ses aciers cémentés plus homogènes et plus propres à la fabrication des ressorts de voitures, s'est fait de la carrosserie une sorte de monopole qu'elle a exploité avec beaucoup d'habileté. C'est à elle, en effet, que l'on doit la plus grande partie des formes variées appropriées aux goûts et aux usages divers, et surtout les dispositions types parfaitement arrêtées de la grande carrosserie.

C'est encore à l'Angleterre, et au besoin de multiplier les places, dans ou sur les voitures publiques, qu'il faut attribuer la découverte des ressorts droits. La position verticale des ressorts en volute, jusque-là en usage, était un obstacle à l'allongement des caisses et le petit nombre de places qu'elles présentaient rendait le prix des voyages trop élevé pour qu'ils pussent se multiplier. Au moyen des ressorts droits, ou à pincettes placés horizontalement, on a pu donner aux caisses des dimensions qui ont triplé le nombre de six à huit voyageurs, que les voitures comportaient à peine jusque-là.

Il se passa plusieurs années, avant que l'usage de ces ressorts s'étendît aux voitures bourgeoises.

Par leurs dispositions, les voitures à deux roues se prêtaient merveilleusement à leur emploi; aussi furent-elles les premières auxquelles on les appliqua.

Comme on était peu familiarisé avec la fabrication de ce nouveau genre de ressorts, on ne put, d'abord, en obtenir qu'une suspension médiocre; mais peu à peu, en leur donnant des formes et des dimensions qui accroissaient leur élasticité, on put en étendre l'usage aux voitures d'un plus grand prix.

C'est ainsi que l'on est successivement entré dans la voie de la suppression totale du train; les avantages que l'on poursuit sont assez grands et assez nombreux pour mériter d'être énumérés; ils consistent principalement : à obtenir des voitures infiniment plus légères, en les débarrassant des flèches et des trains, aussi massifs d'apparence que de fait; à diminuer notablement le prix d'acquisition et les frais d'entretien, par suite d'une disposition plus rationnelle et d'une suspension plus complète des différentes parties de la voiture; à pouvoir employer des roues de devant plus hautes et plus roulantes; à abaisser notablement les voitures, tout en les rendant plus faciles à tourner dans des espaces restreints; enfin, et comme conséquence de la légèreté, à permettre de substituer des chevaux plus légers et plus élégants aux énormes carrossiers dont le poids des voitures à trains nécessite l'emploi.

Il n'était pas possible d'espérer que l'on découvrirait immédiatement des formes appropriées à ces nouvelles dispositions; aussi, toutes les caisses des voitures nouvelles de ce genre ont-elles dû affecter d'abord les coupes anciennes. Cependant il est facile de voir qu'elles tendent chaque jour à se transformer, et l'on pourrait citer de ces voitures nouvellement construites, auxquelles on ne peut refuser une grande distinction.

C'est à cette disposition que nous devons les petits coupés dont tout le monde apprécie l'extrême commodité.

La facilité d'abaisser les caisses était, pour ce genre de voitures, un très-grand avantage; aussi, comme toujours, a-t-on commencé par l'exagérer, mais peu à peu on revient à une hauteur plus convenable. On semble d'accord sur ce point, qu'il faut éviter de traîner les voitures dans la boue ou de les noyer dans les premiers tourbillons de poussière, et qu'il est ridicule de se trouver assis dans une voiture la tête plus basse que celle d'une personne sur ses pieds.

OBSERVATIONS SUR L'EXPOSITION DE 1851.

Cet exposé très-rapide de la transformation et des progrès généraux de la carrosserie nous a paru nécessaire pour appeler l'attention de nos fabricants sur le mode de construction nouvelle qui semble créé pour favoriser leurs succès, j'ai presque dit leur émancipation, tant ils ont été esclaves, jusqu'à ce jour, de l'imitation des formes anglaises.

En même temps, il servira à expliquer comment aucune médaille d'honneur n'a pu être décernée à la carrosserie.

Les instructions du jury portaient que la médaille d'honneur ne serait proposée que pour les produits qui joindraient, au mérite d'une découverte nouvelle et importante, celui d'une parfaite exécution; or aucun exposant ne réunissait ces deux conditions. Tout ce qui a paru en fait de nouveauté pour la carrosserie se bornait à des perfectionnements de détail provoqués, en général, par les dispositions fondamentales que nous venons de signaler.

On devait espérer que l'Exposition de Londres, la première et la seule encore qui ait porté le titre d'universellé, présenterait l'état réel de chaque industrie dans les différents pays, et que, pour la branche qui nous occupe, l'on pourrait, par un heureux échange, mettre à profit les dispositions de détail remarquables que pouvaient offrir toutes les voitures en usage, les habitudes, les climats, la nature des routes, devant naturellement en modifier les formes; cette attente a été trompée, toutes les formes convenables sont copiées sur les types anglais. D'ailleurs, la France, la Belgique, les États de l'Union américaine, ont seuls pris une faible part à l'Exposition, et l'Allemagne presque tout entière a fait défaut.

Faut-il en conclure que cette partie de l'Exposition ait été au-dessous du brillant concours auquel elle figurait? loin de là. S'il n'y avait rien de complétement nouveau, il y avait certainement de fort belles voitures; et il est à croire que, si on pouvait en augmenter le nombre, on n'aurait pas facilement augmenté leur distinction. Il convient, d'ailleurs, de constater que généralement les fabricants de voitures, qui se montraient autrefois peu scrupuleux sur les soins qu'ils apportaient dans leurs travaux, tendent visiblement à introduire, dans tous les détails, des formes plus pures et plus élégantes, et plus de soin dans l'ajustement, la précision des pièces mécaniques. Voilà des progrès auxquels on ne saurait trop applaudir; car c'est en persévérant dans cette voie que l'on obtiendra plus d'harmonie, de grâce et de légèreté, sans nuire en rien à la solidité, la première de toutes les conditions que doit remplir une voiture de luxe ou de fatigue.

TRAVAUX DE LA SOUS-COMMISSION DU Vᵉ JURY.

Au point de vue d'un concours, il eût été désirable de pouvoir établir de grandes divisions par produits similaires, afin de prononcer sur le mérite des concurrents, sans avoir égard à la provenance. Mais, en présence du grand nombre des exposants de la Grande-Bretagne, le sentiment d'une grande supériorité, bien moins encore qu'une pensée toute courtoise, ont fait admettre, par le grand jury, une disposition différente. Sur 19 médailles accordées à la carrosserie, 13 devaient être données à l'Angleterre, et les 6 autres réparties entre les trois nations étrangères qui avaient pris une part à peu près égale à ce concours; c'est dire que la France, la Belgique et les États-Unis durent recevoir chacun deux médailles.

Pour parer à ce que ce mode présentait d'embarrassant, la Commission avait témoigné le désir de décerner des mentions honorables; mais cette faveur, vivement sollicitée, n'a pu être obtenue, quoiqu'elle ait été accordée à d'autres sections. D'après cela, il est devenu presque impossible d'apprécier le mérite comparatif des exposants des différentes nations d'après les récompenses décernées.

En ce moment de transition, deux modes de construction sont en présence dans la carrosserie de luxe et bourgeoise; la voiture à train et la voiture sans train. La première a, depuis longtemps des formes tellement étudiées et arrêtées, que les voitures, lorsqu'elles sortent des mains de bons constructeurs, ne peuvent plus différer que par quelques détails d'ornementation, de plus ou moins bon goût, ou par quelques légères modifications, qui ne touchent pas au mérite fondamental de la construction. C'est une remarque dont cette Exposition a démontré la vérité; car tous les carrossiers qui y ont pris part, pour ce genre de voitures, étaient à bien peu près sur la même ligne. La carrosserie nouvelle, au contraire, dont les formes, destinées à devenir un jour essentiellement différentes des anciennes, sont encore incertaines, réclame des recherches de goût et des études qui nous paraissent au moins aussi dignes d'encouragements que de simples imitations, quelque heureuses qu'elles soient.

Quoique le système à trains compte encore beaucoup de partisans, et soit presque exclusivement adopté pour les voitures d'apparat, il est incontestable que les avantages présentés par leurs rivales assurent à celles-ci un plein succès dans un avenir qui ne peut être éloigné. Un tel succès arrivera d'autant plus promptement, que, par une combinaison plus heureuse des ressorts, on sera parvenu à supprimer complétement, dans ces voitures, une légère trépidation, qui va toujours en décroissant; trépidation dont les soupentes garantissent complétement les voitures à trains.

Ainsi, sans méconnaître le mérite qui a présidé à la construction des voitures de luxe à double suspension, que nous appellerons encore la grande carrosserie, il eût été désirable, selon nous, que l'on tînt plus de compte des efforts d'imagination et de goût que réclame la carrosserie nouvelle pour arriver à la perfection de sa devancière. Le nombre de médailles attribuées à ces deux classes, comparé au nombre des exposants, prouvera qu'il en a été autrement, et que l'ancienne carrosserie a recueilli la plus large part des récompenses[1].

[1] Dans la première catégorie, 13 exposants ont obtenu 7 médailles; dans la seconde, 33 exposants en ont obtenu également 7.

Nous avons divisé les voitures en quatre catégories; dans une cinquième nous avons réuni les objets détachés :

La première comprend les voitures à deux fonds ou à un seul, mais de grandes dimensions, montées sur trains, à flèches droites ou cintrées;

La deuxième, les voitures du même genre ou plus légères, mais sans trains;

La troisième, les voitures de fantaisie;

La quatrième, les voitures spéciales et les traîneaux;

La cinquième se compose des objets divers.

VOITURES À FLÈCHES DROITES OU CINTRÉES

ET À DOUBLE SUSPENSION.

Sur 19 voitures de ce genre, 2 appartenaient à M. Hutton, qui n'a pu prendre part au concours en raison de sa qualité de membre du jury, et 1 à M. Mussard, arrivée trop tard pour être admise. Il restait, dès lors, 16 voitures ainsi réparties :

Angleterre..	15 voitures appartenant	à	12 exposants;
Belgique ...	1 ———————	à	1

7 médailles ont été décernées, savoir :

A l'Angleterre, 6.

N° 811 du catalogue général [1], Briggs (G.) et Cie de Londres. — Coupé à flèche droite. Cette voiture, simple et de bon goût, quoique un peu lourde, est d'une exécution irréprochable.

N° 828. Davies de Londres. — Forme coupé, arrondie sur le devant, avant-train à deux chevilles, marchepied se déployant en ouvrant la portière; voiture bien faite et plus heureuse que la berline du même exposant, qui, d'ailleurs, fait des efforts pour perfectionner les formes.

[1] On a suivi ici l'ordre naturel des chiffres.

N° 862. Hallmarke, Aldebert et Hallmarke de Londres. — Calèche-briska, pouvant voyager; voiture solide et bien exécutée; c'est de la même maison que sort le petit phaéton, en forme de coquille, qui, par son originalité, attirait l'attention, et dont le train était d'une exécution heureuse et bien étudiée.

N° 874. Hooper (G.) de Londres. — Petit coupé à flèche très-légère, paraissant uniquement destinée à obtenir la double suspension; voiture très-bien exécutée et pleine de distinction, mais extrêmement délicate.

N° 938. Peters et fils, de Londres. — Très-bonne calèche bien exécutée; quoique sans exagération de recherches, soignée dans toutes ses parties.

N° 996. Wyburn, Meller et Turner, de Londres. — Coupé de luxe, garniture riche et bien faite, exécution supérieure; la peinture rose et argent était d'un effet moins heureux que prétentieux, et nuisait à la perfection du charronnage.

A la Belgique, 1.

N° 118. Jones frères, de Bruxelles. — Phaéton, charmante voiture sous tous les rapports, présentant les formes les plus heureuses, sans affectation; garniture de bon goût et bien appropriée au genre. Le même carrossier, sous le même numéro, a exposé une calèche-briska aussi fort méritante.

Les deux voitures de M. Hutton, quoiqu'on puisse leur reprocher d'être un peu lourdes, n'en étaient pas moins d'une excellente et consciencieuse exécution, qui les eût fait honorablement classer, si M. Hutton, membre du jury, n'avait pas été hors de concours.

La calèche de luxe de M. Mussard, arrivée fort tard, de Paris, méritait qu'on ne se montrât pas plus rigoureux à son égard qu'on ne l'a été pour des exposants qui, dans d'autres classes, malgré de plus grands retards, n'en ont pas moins été admis au concours et ont reçu les médailles que méritaient leurs travaux. Au dire de ses concurrents eux-mêmes, la calèche de M. Mussard était, sous tous les rapports, l'une des voitures les plus distinguées de l'exposition.

Je suis certain d'être agréable à M. Holland, rapporteur, en extrayant de l'une de ses lettres le passage suivant :

« J'estime ne donner à M. Mussard que le témoignage qui « lui est dû, en déclarant que sa calèche est d'un très-beau « travail dans toutes les parties principales, et conséquemment « digne des plus grands éloges. Le fini de cette voiture est une « solide recommandation en sa faveur. »

Parmi les noms que le jury a regretté de ne pouvoir citer honorablement se trouvent surtout ceux de MM. :

N° 880. Horne (W.), de Londres. — Deux coupés avec avances arrondies renfermant plusieurs innovations de détail fort heureuses. Ces voitures sont de bonne exécution.

N° 982. Thrupp (C. J.), de Londres. — Coupé formant landaulet. Voiture peu gracieuse, d'une forme prétentieuse, mais de très-bonne construction.

N° 988. Vezey (R. et E.), de Londres. — Calèche très-élégante et bien exécutée.

Ces trois constructeurs, quoique moins heureux, ont prouvé qu'ils pouvaient rivaliser avec leurs concurrents.

VOITURES SANS TRAINS.

36 voitures de cette catégorie figuraient au Palais de cristal, sous les noms de 33 exposants. Elles sont ainsi réparties :

Angleterre..	24	voitures appartenant à	23	exposants.
Belgique....	4	——	3	
France.....	3	——	3	
États-Unis...	1	——	1	
Prusse.....	2	——	1	
Autriche...	2	——	2	

7 médailles ont été décernées, savoir :

A l'Angleterre, 4.

N° 872. Holmes, Herbert et Arthur, de Derby. — Phaéton élégant et de bon goût.

N° 950. Robinson et Cie, de Londres. — Phaéton avant-train à deux chevilles patentées; disposition ingénieuse, mais compliquée; excellente carrosserie, forme distinguée.

N° 956. Rock et fils, de Hastings. — Voiture à transformation formant berline-briska et calèche découverte par la modification ou l'enlèvement de la partie supérieure. Cette voiture est étudiée dans ses détails, elle renferme plusieurs procédés ingénieux, et offre un grand mérite d'exécution.

N° 968. Silk et Brown, de Londres. — Calèche-briska, l'une des voitures les plus belles et les plus remarquables de l'Exposition par les recherches pleines de goût qu'elle renferme. MM. Silk et Brown ont également exposé, sous le même numéro, un phaéton de luxe d'une grande distinction et irréprochable d'exécution. Quelques détails d'ornementation sont un peu trop chargés.

A la Belgique, 1.

N° 122. Van Aken, père et fils, d'Anvers. — Cabriolet à quatre roues, siége à deux places. Voiture sagement faite.

A la France, 1.

N° 490. Dumaine, de Paris. — Berline de bonne construction, coupe élégante, garniture bien faite.

Aux États-Unis, 1.

N° 466. Riddle (E), de Boston. — Berline forme coupé avec avance arrondie. Voiture bien construite, confortable et ne manquant pas d'élégance, sculpture un peu lourde; garniture bien faite.

Ici encore nous devons citer le nom de M. Mussard, mais avec plus de regrets.

Son petit coupé exposé sous le n° 657 avait été reconnu, lors de la visite de la Commission, d'une exécution supérieure; il renfermait, en outre, plusieurs applications fort heureuses d'idées nouvelles; ces applications dénotaient tellement un esprit de recherches et de progrès, qu'elles furent l'objet de beaucoup d'attention de la part des carrossiers et même de demandes d'autorisation pour faire usage de ces procédés. Par l'effet d'une déplorable erreur, le nom de M. Mussard a échappé, et il n'a pas reçu la médaille qu'il avait deux fois méritée. Il est malheureux que la séparation du grand jury n'ait pas permis de réparer cette erreur.

Parmi les noms que le jury eût volontiers signalés, dans cette classe, nous devons citer MM. :

N° 946. Hervey, de Londres. — Vog-lort irlandais à six places et à deux roues, dont la caisse est munie d'une vis qui permet de régler la charge. Voiture bien construite dans son genre.

N° 962. Stranks (R. H), de Londres. — Landau. Voiture bien exécutée et remarquable par l'abaissement de la capote, rendue beaucoup moins disgracieuse que d'usage.

N° 989. Walkers et Gilder, de Londres. — Petit coupé avec avance arrondie, bonne voiture, très-douce et bien soignée.

VOITURES DE FANTAISIE,

OU NE POUVANT ÊTRE CLASSÉES DANS LA GRANDE CARROSSERIE.

46 voitures exposées se répartissent ainsi :

Angleterre..	32	voitures appartenant à	27	exposants.
États-Unis..	5	———	3	
France.....	2	———	2	

Belgique . . .	2 voitures appartenant à	2 exposants.
Prusse.	1 ———	1
Zollverein . .	1 ———	1
Hambourg. .	1 ———	1
Inde.	1 ———	1
Canada	1 ———	1

3 médailles ont été décernées

A l'Angleterre, 1.

N° 802. Andrews, de Southampton. — Petite voiture de parc, jolie et bien exécutée.

Aux États-Unis, 1.

N° 361. Watson (G. W.), de Philadelphie. — Phaéton d'une légèreté et d'une exécution fabuleuses. Il ne suffit pas, pour aller aussi loin, d'avoir des bois et des fers de qualité toute supérieure, il faut un mérite de fabrication incontestable. C'est une voiture d'étude, en ce qu'on peut la regarder comme la limite du possible en fait de légèreté.

A la France.

N° 50. Belvalette frères, de Boulogne-sur-Mer. — Voiture de chasse d'une construction si bien entendue, qu'elle semble jetée au moule et capable de résister à toute espèce de fatigue.

Un autre nom devrait être cité honorablement, c'est celui de MM. :

N° 17. Dick et Kirschten, d'Offenbach. — Cabriolet-tilbury à quatre roues, voiture élégante, gracieuse et légère.

Deux des voitures les plus distinguées de cette catégorie appartenaient à MM. Holmes, Herbert et Arthur, qui ont reçu la médaille dans la deuxième catégorie.

VOITURES SPÉCIALES. — TRAINEAUX.

19 voitures et 9 traîneaux.

Angleterre. .	17	voitures appartenant à	13	exposants.
États-Unis. . .	2	traîneaux appartenant à	2	
et Canada . .	4	———	3	
Russie.	2	———	2	
Turquie. . . .	1	———	1	.

Une seule médaille a été décernée à M. Ward (J.), de Londres, pour une petite voiture de malade, exposée sous le N° 997. La voiture, par elle-même, n'avait rien de bien remarquable, si ce n'est des cercles de roues en caoutchouc vulcanisé. Autant cette application de caoutchouc à des roues de voitures ordinaires avait paru irrationnelle, autant elle est heureuse pour ce genre de voitures spéciales destinées à ne porter qu'une personne et à parcourir des galeries et même des appartements.

Sous le n° 898, M. Kinross (W.) et Cie, de Stirling, en Écosse, a présenté un omnibus de grande dimension, muni d'un procédé d'enrayage à pédale, que le cocher met en mouvement avec le pied lorsqu'il arrête ses chevaux, ou lorsque la voiture descend une rampe. C'est une idée fort utile, en ce qu'elle est propre à ménager les jambes des chevaux de ces sortes de voitures, dont les temps d'arrêts brusques et répétés sont une source incessante de fatigue.

Quelques voitures irlandaises à deux roues présentaient aussi un procédé ayant pour but d'avancer ou de reculer la charge, quelle que soit la position des places occupées et le nombre des personnes qui se trouvent dans la voiture. Parmi celles-ci, le procédé le plus remarquable était celui de la voiture exposée sous le n° 826.

Il ne serait certainement pas impossible de trouver un moyen simple d'appliquer cette idée aux voitures de transport à deux roues, si nombreuses chez nous, et il est beaucoup de cas pour lesquels ce serait une disposition heureuse, surtout si le mouvement s'obtenait avec facilité.

Comme voitures nouvelles, quelques cabs ont paru à l'Exposition; l'un d'eux était à deux chevaux, ce qui semblerait indiquer l'intention d'en faire une voiture de luxe. Or nous reconnaissons volontiers aux cabs l'avantage d'user les vieux chevaux de luxe sans danger, d'être roulantes et d'un accès facile; mais, quelque bien faits qu'ils soient, nous ne croyons pas qu'ils deviennent jamais autre chose que des voitures de place ou de remise.

OBJETS DIVERS.

Nous avons peu de chose à dire des traîneaux. Les seuls qui puissent être cités sont les n°s 338 et 70 venant du Canada; le premier surtout était d'une forme gracieuse et d'un travail soigné.

Les objets divers se rattachant à la carrosserie étaient au nombre de 15, roues, essieux, ressorts, vélocipèdes, etc.

Les roues ne présentaient rien de bien remarquable, que le mérite d'une bonne construction. — Une roue russe avait la jante d'une seule pièce; c'est la reproduction d'un tour de force plutôt qu'une chose utile, car l'assemblage d'une pareille roue est difficile sans compromettre sa solidité.

Un modèle d'essieu de sûreté, au moyen d'un double essieu creux, a paru trop lourd et d'une trop grande complication pour devenir usuel.

On a pu remarquer aussi un mode de ressort dont chaque feuille portait, dans son milieu et sur toute la longueur, une sorte de côte emboutie pour augmenter la roideur et diminuer ainsi la quantité d'acier employé; cette idée mériterait d'être soumise à l'expérience.

On sait qu'en Angleterre les voitures à transformations ne sont pas aimées; on n'y connaît, dans ce genre, que le landau et le briska. Les landaus passent de mode, ce qui est dû à leurs formes anguleuses et disgracieuses quand la voiture est ouverte. La calèche avec avance, si appréciée en France et dans le midi de l'Europe, où notre carrosserie s'exporte, n'est pas goûtée de l'autre côté du détroit; nous sommes tout prêts à reconnaître que l'avance présente quelque chose d'inachevé qui réclamerait les méditations de nos carrossiers. Nous avons vu que MM. Rock et fils avaient présenté de très-jolies voitures dont le dessus s'enlevait complétement jusqu'à la ceinture. La voiture couverte a meilleure grâce qu'une calèche avec son avance; mais, découverte, ses formes sont de beaucoup moins élégantes que celles des calèches découvertes, et l'on n'a pas, lorsque l'on est surpris par la pluie, la ressource d'une capote qui se relève.

Comme calèche avec avance, celle de M. de Longueil, exposant français, sous le n° 814, présentait un type très-convenable de carrosserie courante, sans luxe, mais d'une construction nette et bien entendue.

C'est à l'éloignement des Anglais pour la voiture à transformation que M. Hayot doit certainement de n'avoir pas fixé d'une manière plus particulière l'attention du jury. Son char-à-bancs, se décomposant en deux tilburys couverts ou non couverts, pouvait bien laisser un peu à désirer comme exécution, mais, comme idée nouvelle et comme voiture de campagne, il méritait d'être mentionné.

Beaucoup de voitures citées avaient des marchepieds s'ouvrant et se repliant sous la cave par le jeu de la portière; tous étaient des imitations plus ou moins heureuses de celui de M. Blaise, ouvrier français, à qui cette disposition valut une médaille à l'Exposition de 1849.

L'usage des petits coupés, dont l'un des principaux avantages est de tourner sur eux-mêmes et d'être attelés d'un seul cheval, exigeait que l'on cherchât à rapprocher les essieux afin de les rendre plus roulants. Deux systèmes étaient en présence : l'un consistait dans la reprise des avant-trains à deux chevilles, idée déjà ancienne, mais que l'on a perfectionnée; l'autre, dans la simple avance de la cheville ouvrière. — Les deux procédés raccourcissent suffisamment le train; mais le plus simple et le plus solide est incontestablement le dernier, qui n'offre pas la délicatesse et le prompt ferraillement de l'avant-train à deux chevilles, les pièces fussent-elles garnies de cuir.

VUES D'AVENIR.

De ce qui précède, ne paraît-il pas résulter que, pour ce qui concerne les formes anciennes avec trains à simple ou à double suspension, nos carrossiers ne peuvent mieux faire que d'imiter l'Angleterre, où ce système est porté à la perfection; tandis qu'au contraire la carrosserie nouvelle, c'est-à-dire sans flèche, offre un vaste champ à l'esprit de conception et au goût qui les distinguent? Le moment est donc venu, selon nous, où ils doivent, en s'appliquant à étudier les ressources de cette nouvelle disposition, saisir, à leur tour, l'initiative, et mettre à profit notre supériorité dans cette industrie, où la pureté et l'élégance des formes jouent un si grand rôle. La carrosserie, qui occupe beaucoup d'états différents, est certainement l'une des branches dans lesquelles l'art s'allie le mieux au travail; nul meuble, nul appartement, ne réclame à un plus haut degré les soins minutieux qui augmentent le confort dans des espaces si restreints; nul n'a besoin d'une attention plus suivie dans la fabrication, d'une entente plus harmonieuse dans les formes.

A ces considérations, ajoutons que, grâce aux progrès de notre industrie, grâce au bon goût et à l'habileté de nos ouvriers, rien ne nous manque aujourd'hui pour que notre carrosserie arrive au premier rang.

Nos bois de construction, de frêne surtout, ont étonné nos voisins par leurs qualités.

Nos fers au bois, de Franche-Comté, du Périgord, du Berri et des Pyrénées, tiennent le premier rang.

De tributaires que nous étions pour les aciers, nos fabriques luttent aujourd'hui avec les plus avancées.

Nos cuirs sont les plus beaux du monde.

Notre passementerie sert incontestablement de modèle à

l'Angleterre elle-même, et s'expédie partout où l'on recherche le beau.

Nos reps et nos draps ne craignent aucune concurrence.

Nos couleurs et nos vernis se perfectionnent chaque jour, et bientôt, il faut l'espérer, ils ne laisseront plus à désirer.

Enfin nos ouvriers garnisseurs sont recherchés par les carrossiers anglais qui établissent des voitures de luxe.

Il est cependant deux points, secondaires si l'on veut, mais essentiels pour les voitures de prix; nous devons les signaler à l'attention sérieuse de nos constructeurs. C'est d'abord le fini des différentes pièces de quincaillerie qui entrent dans la voiture, soit comme ornement, soit comme utilité. Il est incontestable que tous ces mille petits objets sont mieux soignés, mieux ciselés, mieux polis, chez les Anglais; c'est, en second lieu, ce quel'on appelle l'achèvement, qui demande toute l'attention minutieuse d'ouvriers habiles : de pareils soins, il faut bien le dire, ne se rencontrent pas suffisamment chez nous.

Loin de nous la pensée de ne voir le mérite que dans l'apparence; nous pensons, au contraire, qu'une voiture ne doit rien laisser à désirer à toutes les phases de sa fabricaton. Deux voitures terminées peuvent, en apparence, présenter le même fini, et pourtant être d'un mérite et d'un prix bien différents; mais nous voulons dire qu'il ne faut pas rabaisser la valeur d'une bonne et heureuse construction en négligeant de lui donner tout le fini qu'elle comporte.

On peut certainement faire, et l'on fait en effet, de la carrosserie à tous prix, mais nous pouvons affirmer qu'en ce qui concerne la voiture soignée, à mérite égal, nos prix sont notablement inférieurs à ceux des Anglais. S'il nous a été difficile, jusqu'ici, de soutenir, au point de vue des formes et de la perfection, la concurrence anglaise, on voit que le moment est arrivé de prendre notre place. Comme preuve du juste espoir que nous concevons, nous citerons une carrosserie importante et toute nouvelle, celle des chemins de fer, dans laquelle la supériorité de la fabrication française est incontestée.

. . . .

On a pu, jusqu'à un certain point, comprendre l'engouement qui portait certains de nos nationaux à payer 30 et même 50 p. 0/0 de plus, leurs voitures, uniquement parce qu'elles sortaient des mains de carrossiers anglais; qu'ils consentent, désormais, à donner un prix égal aux nôtres, et bientôt ils verront que leur préférence, si elle persistait, ne serait plus qu'une duperie et un acte peu méritoire. Le développement que prend l'exportation prouve que bien des étrangers partagent notre avis et rendent déjà justice à nos produits.

NOTE ADDITIONNELLE

SUR

L'EXPORTATION PROGRESSIVE DE LA CARROSSERIE FRANÇAISE,

PAR M. LE BARON CHARLES DUPIN.

Notre honorable collègue, M. Arnoux, a parfaitement raison d'appeler l'attention nationale sur le développement que prend l'exportation de notrecarrosserie. J'en offrirai, dans un moment, la démonstration.

CARROSSERIE D'ANGLETERRE.

Un fait remarquable est celui-ci : les voitures de toute espèce, construites dans les trois royaumes et vendues à l'étranger, n'ont pas été jugées d'une valeur assez considérable pour figurer dans les Tables officielles dites de Porter, sur le revenu, le commerce et la navigation, qu'on imprime chaque année, après les avoir présentées au Parlement.

Cependant, en consultant les comptes officiels des finances (*Finance accounts*), j'ai trouvé le chiffre total de la valeur déclarée pour toute espèce de voitures exportées; le voici :

En 1850........................ 1,524,375 francs.
1851........................ 1,581,100

Évidemment ces chiffres ne sont pas en proportion avec la célébrité dont jouit ce genre d'industrie britannique auprès des peuples étrangers.

CARROSSERIE FRANÇAISE.

En remontant seulement à 1829, l'exportation française des voitures de tout genre n'était évaluée qu'à 186,911 francs.

L'année suivante, en 1830, l'exportation s'élevait à 227,506 fr.

En 1841, l'exportation des voitures s'élevait à 497,457 francs.

Enfin, d'après le dernier état des mouvements du commerce français, pour 1852, l'exportation de nos voitures de toute nature est portée à 1,159,339 francs.

Elle a, par conséquent, plus que *doublé* dans l'espace de neuf ans, et plus que *sextuplé* dans l'espace de vingt-trois ans.

Voilà certainement de très-beaux résultats. Si nos meilleurs carrossiers veulent profiter des conseils profondément judicieux qui leur sont adressés par M. Arnoux, ils donneront un nouvel essor à leur belle industrie. Alors les nations étrangères payeront un tribut de plus en plus large au bon goût de la France, ainsi qu'à la perfection toujours croissante de ses produits.

Espérons que l'Exposition universelle de 1855 fera briller dans tout son jour les talents si remarquables de nos habiles carrossiers.

FIN.

TABLE DES MATIÈRES.

VI^E JURY.

MACHINES ET OUTILS

PROPRES AUX MANUFACTURES;

PAR M. LE GÉNÉRAL PONCELET,

MEMBRE DE L'INSTITUT DE FRANCE.

COMPOSITION DU VIe JURY.

MM. le général PONCELET, Président, membre de l'Institut, ex-Commandant de l'École polytechnique....	France.
le Rév. R. WILLIS, Vice-Président et Rapporteur, professeur à Cambridge........................	Angleterre.
Luigi DE CRISTOFORIS, vice-président de la Chambre de commerce de Milan, membre de l'Institut scientifique de Bologne........................	Autriche.
Filipo CORRIDI, directeur de l'Institut technologique de Florence............................	Toscane.
Benjamin FOTHERGILL, ingénieur mécanicien à Manchester................................ Charles GASCOIGNE-MACLEA, ingénieur mécanicien à Leeds......................................	Angleterre.
Guilherme KOPKE, ingénieur mécanicien..........	Portugal.
John PENN, ingénieur mécanicien à Greenwich..... Georges RENNIE, ingénieur mécanicien à Londres... T. R. SEWELL, fabricant de dentelles..............	Angleterre.
Samuel WEBBER, ingénieur civil.................	États-Unis.
le professeur W. WEDDING, membre du bureau de commerce de Berlin.........................	Zollverein.

ASSOCIÉS.

MM. A. BARCLAY, brasseur à Londres................. Robert DAVISON, ingénieur civil à Londres........ MERCER, imprimeur de calicot..................	Angleterre.
DOLLFUS (Émile), manufacturier, membre de la Société industrielle de Mulhouse.................... PAYEN, membre de l'Institut de France...........	France.
le Dr VARENTRAPP, professeur de chimie...........	Zollverein.

AVANT-PROPOS.

La catégorie des machines, à laquelle se réfère le titre de la VIe classe du Jury, est immense. Pour l'embrasser d'un seul coup d'œil et tracer un tableau même rapide de ses progrès depuis 1815, ainsi que l'indique le programme de M. le président de la Commission française, il faudrait non-seulement posséder un esprit encyclopédique, mais encore une variété de connaissances théoriques et pratiques qui ne peuvent s'acquérir que par de longues études et la fréquentation assidue des ateliers.

C'est, en effet, ce que la Commission royale de Londres avait parfaitement senti, quand elle désigna, pour représenter l'industrie anglaise dans la VIe classe, six personnes choisies parmi les savants, ingénieurs ou constructeurs de la Grande-Bretagne, les plus distingués dans chacune des branches qui se rapportent aux nombreuses subdivisions de cette classe, où malheureusement, et sans doute par la force même des choses, la France et les divers autres États industriels obtenaient, chacun tout au plus, un membre pour veiller à l'exacte et équitable répartition des récompenses, applicables à près de 800 variétés de machines et outils qui embrassaient, en quelque sorte, tous les arts manufacturiers.

C'est ce qu'a très-bien compris également le savant Rapporteur du Jury de cette même classe, M. le professeur Willis, qui, pressé d'ailleurs par le temps et privé de documents de tous genres, s'est borné, dans un trop petit nombre de pages, à faire ressortir le mérite respectif des concurrents, principalement sous le rapport de l'exécution matérielle des divers outils et machines exposés, dont, en réalité, bien peu pouvaient être considérés comme offrant un véritable cachet de nouveauté, d'invention ou de perfectionnement. A ce point de vue, l'excellente Notice de M. Willis ne laissait rien à désirer, et, pour éviter un double emploi en soi-même fâcheux, il n'y aurait eu rien de mieux à faire que de la traduire dans notre langue, en lui conservant le caractère de stricte impartialité et de justice distributive dont l'auteur fait preuve envers les exposants des diverses nations; sauf, peut-être, à y joindre un supplément qui fît connaître, pour la France en particulier, l'état où se trouvait dès lors l'industrie relative à la construction des machines, qui n'a été que fort imparfaitement représentée à l'Exposition universelle de Londres, et dont le récent et remarquable développement chez nous n'a pu ainsi être convenablement apprécié par le public étranger à notre pays ou peu au courant des nombreux et déjà anciens Rapports des divers jurys de nos précédentes Expositions nationales.

L'art seul de construire les machines a fait, depuis 1815, des progrès si marqués, il s'est tellement spécialisé dans chacune des branches de l'industrie manufacturière, qu'il devient comme impossible d'en suivre les ramifications diverses autrement qu'en les passant successivement en revue, tout au moins à partir du XVIIIe siècle, que les Anglais ont, à juste titre, nommé le *siècle de l'invention*. En effet, le genre d'outils, le mode d'exécution qui convient à l'une de ces branches, n'est nullement approprié aux besoins d'aucune des autres, quelle que soit, en apparence, l'affinité qui subsiste entre elles, et, sous ce rapport, on ne saurait donner une idée tant soit peu exacte du point de perfection auquel est arrivée une machine, sans entrer dans quelques détails sur le but industriel et le fonctionnement de ses principaux organes.

A cet égard, et en se restreignant même aux machines exclusivement destinées à travailler, façonner les métaux, que l'on comprend ordinairement sous la dénomination de *machines-outils*, quel immense champ de découvertes fécondes n'y aurait-il point à parcourir pour arriver, par exemple, du laminoir d'*Aubry Olivier* (XVIe siècle), du balancier monétaire de Nicolas Briot (1645), de la machine à raboter et aléser le fer de Nicolas Focq, de Maubeuge (1750), des cylindres cannelés estampeurs de Chopitel, d'Essonne (1751), pour arriver, dis-je, par une succession graduée de perfectionnements, de ces premières ébauches aux machines si puissantes et si parfaites que nous offrent aujourd'hui les immenses ateliers de l'Angleterre, largement imités par les nôtres depuis l'époque si remarquable de 1820?

Ce que nous disons des machines à travailler les métaux

pourrait s'appliquer également à celles qui servent à donner des formes variées au bois et à la pierre; à comprimer, diviser, pulvériser, hacher et moudre les matières inertes, végétales, animales ou minérales; à épurer, préparer diversement ces substances, notamment les matières textiles, qui réclament une multitude d'ingénieuses combinaisons mécaniques pour les peigner, les tordre ou filer, pour les ourdir et les tisser en nappes tantôt pleines, tantôt à jours, tantôt unies et diversement brochées, brodées ou imprimées.

Il est évident qu'un tel ensemble d'instruments ou d'outils, soumis de nos jours aux règles d'une géométrie et d'une mécanique délicates, précises et souvent approfondies, ne pouvait être embrassé avec un esprit d'examen et de critique historique convenable dans le cadre étroit qui nous était prescrit, à moins de se restreindre beaucoup, même dans les choses essentielles, ou de se borner à reproduire servilement et sans contrôle les notices incomplètes, les jugements parfois erronés çà et là publiés sur la venue et le perfectionnement de tant de précieuses acquisitions mécaniques. D'autre part, l'extrême variété, l'incompatibilité même de nature et d'origine ou de but des objets compris dans la VIe classe de l'Exposition universelle de Londres, en réclamant une diversité pareille de connaissances pratiques ou théoriques qui ne sauraient être le partage d'un seul, rendaient la tâche du rapporteur français à peu près impossible au point de vue précité, se bornât-il, comme il l'a fait, à de simples généralités pour ce qui concerne des branches d'industrie telles que les filatures mécaniques de la laine et du coton, dont l'histoire, aujourd'hui rendue vulgaire par un grand nombre de publications nationales ou étrangères, intéresse, il est vrai, plus spécialement l'honneur et l'amour-propre anglais, du moins quant aux premiers développements de ces industries.

La part considérable que la France a prise, dès l'origine, à la découverte, au perfectionnement des machines qui servent à fabriquer automatiquement les tissus divers et à filer la soie, le lin ou le chanvre; la part non moins grande qu'elle a prise aux progrès de plusieurs autres branches essentielles de la mécanique des outils et des machines, progrès dont il m'avait été donné, par devoir et par goût, d'étudier de plus près les différentes phases à partir de 1815; ces considérations, ces circonstances, jointes à des encouragements on ne peut plus flatteurs, ont été pour moi un puissant motif d'oser entreprendre seul et mener à fin une œuvre où il ne s'agissait de rien moins, en s'appuyant de documents souvent obscurs ou mensongers, que d'étudier, approfondir, puis exposer à un point de vue en même temps historique, critique et technique, sinon toutes, du moins les principales et plus intéressantes découvertes ou inventions relatives aux outils et machines manufacturières; entreprise, je le répète, téméraire, chanceuse même dans ses résultats, et où d'ailleurs j'ai été soutenu par l'intérêt qui s'attache de nos jours aux progrès des divers arts mécaniques.

Toutefois, je dois l'avouer avec une entière franchise, l'espoir d'être utile aux hommes de labeur, et l'accomplissement d'un devoir impérieux de reconnaissance envers le pouvoir et les hommes éminents qui ont bien voulu me confier l'honorable mission de présider le Jury de la VIe classe à Londres, m'y ont plus vivement encore incité, sans que, pour cela, je me fisse illusion sur mon insuffisance à bien des égards et sur la longueur, la difficulté des études qu'il me faudrait entreprendre pour atteindre un but devant lequel tant d'hommes plus compétents et mieux placés avaient jusque-là reculé. Heureux si mon exemple peut en encourager d'autres à me suivre dans cette voie et à en faciliter l'accès, soit en rectifiant les erreurs involontaires qui ont pu m'échapper, soit en complétant, par un examen plus approfondi encore, beaucoup de passages qui, dans ce travail, touchent à l'origine même de nos industries et de nos sociétés! Car, en consacrant pour la postérité les noms, les exemples et les travaux d'hommes qui résument quelquefois en eux les progrès accomplis dans la durée entière d'un siècle, l'histoire des arts mécaniques chez les peuples intéresse peut-être bien plus leur repos et leur prospérité à venir que l'histoire des actes politiques, militaires ou législatifs dont ils s'honorent à juste titre : cette histoire, d'ailleurs, est susceptible des mêmes épurations et perfectionnements successifs appliqués, de nos jours, aux différentes chroniques qui se rattachent en général à l'existence et aux lois des sociétés.

Quand on réfléchit, notamment, à la part si minime jusqu'ici accordée dans les Rapports des jurys d'Exposition aux inventeurs des arts mécaniques, presque tous condamnés à vivre dans l'obscurité et la misère pendant leur courte apparition au milieu d'un monde qui ne les comprend pas et les repousse, tantôt par la crainte, plus ou moins fondée, d'une fâcheuse mais inévitable concurrence et, par suite, d'un abaissement quelconque dans le profit et le travail des mains-d'œuvre; tantôt par un irrésistible penchant de l'orgueil humain, qui redoute toute supériorité intellectuelle et novatrice, si elle ne se fait humble et modeste jusqu'à la servilité; tantôt aussi par une appréhension du charlatanisme, qui, de nos jours malheureusement, vient trop souvent se substituer au naïf et imprévoyant désintéressement des vrais inventeurs; lorsque l'on songe surtout combien d'obscurités, de lacunes, de préjugés et d'injustices systématiques ou involontaires sont répandus sur l'histoire de ces hommes dont les œuvres, ignorées du public, ont été mises à profit par d'autres plus favorisés de la fortune ou des circonstances, et auxquels, trop souvent encore, un habile savoir-faire a pu tenir lieu de talent et de génie; en se rappelant enfin jusqu'à quel point nos hommes d'État et nos écrivains de tous genres ont quelquefois poussé l'ingratitude, le dédain et l'oubli envers ces véritables et pacifiques bienfaiteurs des modernes civilisations, on ne peut se défendre d'un sentiment profond d'amertume, qui vous fait ardemment désirer de voir enfin déchirer le voile dont est encore entouré le berceau des plus récentes, des plus utiles découvertes, et de revendiquer pour la patrie la belle et noble part qui lui revient dans l'histoire des progrès spécialement accomplis par la mécanique industrielle, dont l'influence sur les diverses branches de fabrication et des arts ne paraît point encore suffisamment appréciée ou comprise de nos jours.

Tel est plus particulièrement aussi, au point de vue moral et humanitaire, le sentiment qui m'a instinctivement entraîné d'abord, puis bientôt soutenu, à ébaucher à la hâte, sinon à parfaire comme je l'eusse désiré, cet exposé historique d'une étendue en apparence si considérable par l'ensemble et la variété des sujets, mais, je le redis, manquant, en réalité, des développements indispensables dans plusieurs parties, et qui à cet égard, et par le but même qu'on s'y propose, n'offre qu'un bien faible spécimen de la rude tâche que s'étaient autrefois imposée les membres de notre Académie des sciences, je veux dire les Réaumur, les Duhamel, les Nollet, les Lalande, les Vaucanson, les Vandermonde, les Diderot, les d'Alembert, les Laplace, les Delambre et tant d'autres illustrations scientifiques dont il sera fait mention, dans le cours de cet écrit, à propos de plusieurs de nos industries mécaniques. En réunissant ainsi dans un même faisceau ou corps d'ouvrage historique tous les faits qui peuvent concerner principalement l'invention des machines et des outils, mais surtout les inventeurs, si souvent oubliés même dans les traités spéciaux, je crois, à défaut d'un autre genre de mérite, avoir rendu des services durables non-seulement aux industries qui s'y rapportent, mais aussi aux hommes qui, appelés à les réglementer et diriger ou à les juger et encourager, manquaient, dans une matière aussi épineuse, de données établies sur des documents suffisamment authentiques, étrangers aux passions du moment ou aux menteuses traditions d'ateliers; documents et données dont malheureusement l'absence se fait non moins sentir dans les branches d'industrie qui reposent sur la mécanique des moteurs, mais, plus généralement encore, sur les applications de l'hydraulique, de la pneumatique, de la physique et des appareils qui en dépendent.

Ne l'oublions pas d'ailleurs, les exemples valent mieux

que les préceptes dans les arts mécaniques comme dans les arts libéraux, et la comparaison des procédés nouveaux avec les anciens devient la source la plus féconde des progrès futurs, par l'enchaînement inévitable de ce qui est ou sera à ce qui a été; l'esprit, ainsi que la nature, ne *marchant jamais par sauts,* même dans les inventions mécaniques, si souvent attribuées au hasard par l'ignorance ou l'envie, comme nous en verrons plus d'une preuve dans cet écrit.

A l'égard de l'importance propre que peut avoir, aux yeux des philosophes et peut-être à ceux des gouvernements, cette étude historique, il suffit ici de rappeler brièvement que l'émancipation de la race humaine date de l'invention des premiers outils ou instruments; que si les Grecs reconnaissants, après avoir rendu un culte presque divin aux promoteurs des arts mécaniques, en ont bientôt perdu le souvenir et ont négligé, dédaigné même d'en suivre les nobles, les fécondes traces, dans un esprit de perfectionnement progressif, cela tient surtout au changement survenu dans leur état politique et leurs mœurs à l'époque où, adoptant les barbares usages des peuples de l'Orient, ils eurent, comme eux, recours à la violence pour se procurer des ilotes ou esclaves chargés des pénibles fonctions mécaniques qu'accomplissent aujourd'hui, avec plus de régularité sinon plus de perfection, nos moteurs inanimés et nos machines : exemple trop bien suivi par les Romains, leurs spoliateurs et imitateurs ignorants, vivant de l'industrie des nations plus avancées, héritant de leur luxe et de leurs arts, mais manquant de bas et de hauts-de-chausses jusqu'à l'époque où les Gaulois, alors réputés barbares, vinrent leur en procurer de tout faits, et leur en montrer l'utile et indispensable usage sous le rapport de la santé et des mœurs.

Il ne faut pas trop oublier, non plus, que la renaissance des lettres et des arts dans notre moderne Occident est contemporaine de l'invention de la boussole, de la poudre à canon, des horloges à poids, à ressorts ou pendules, de l'imprimerie mécanique à types mobiles, des tours à combinaisons et même de la puissance motrice de la vapeur d'eau, qu'une science plus avancée et plus moderne a rendue l'esclave obéissante, universelle, de nos volontés et des besoins de nos industries, sans faire rougir ni gémir l'humanité, sans blesser la morale ni la religion des peuples.

N'oublions pas enfin qu'aujourd'hui même, et au milieu des plus récents progrès, l'imitation, la copie servile, dans les œuvres de l'esprit ou des arts, sont principalement l'apanage des populations à esclaves, ou que dominent le dédain du progrès et le préjugé inconcevable partagé maintenant encore par quelques esprits chagrins ou arriérés, que le travail manuel et les inventions mécaniques dégradent le génie et les nobles instincts de l'homme; comme si le génie ne s'appliquait qu'aux œuvres immatérielles, comme si le pinceau et le burin, la règle et le compas, le ciseau et le marteau, dont vivent en s'honorant les artistes de divers genres, pouvaient enlever quelque chose au mérite de leurs admirables et quelquefois sublimes conceptions; comme si, enfin, l'invention et la perfection en toutes choses, même dans les arts mécaniques, ne supposaient ni exercice de la pensée, ni effort de l'imagination, ni ce sentiment intime et persévérant de l'accord qui doit exister entre les formes, les proportions, les mouvements, et les moyens matériels d'exécution, les effets à produire ou le but final à atteindre.

Sans aucun doute, on ne doit accorder qu'un mérite assez restreint aux copistes, aux imitateurs et aux applicateurs d'idées déjà théoriquement ou pratiquement connues, j'ajouterai même aux importateurs d'une branche entière d'industrie mécanique ou artistique d'un pays dans un autre. Mais si cette importation, cette imitation est accompagnée de perfectionnements qui exigent un nouvel effort de l'esprit, une sorte d'inspiration du génie, ou encore si elle suppose dans son adaptation à d'autres usages, à d'autres besoins, des combinaisons mécaniques spéciales et délicates; si au mérite de la difficulté vaincue se joint, dans l'application d'un procédé industriel, le mérite, plus positif encore, de son adoption par le public ou d'une utilité généralement constatée, alors le dédain des lettrés, des savants et des artistes exclusifs envers de semblables productions devient souverainement injuste; et tel est aussi le sentiment intime, d'apparence quelquefois sévère mais au fond très-consciencieux, qui m'a guidé dans les jugements que je me suis permis de porter sur tout ce qui concerne les inventions dans les arts mécaniques.

A l'égard des modernes Expositions des produits de l'industrie, dont les résultats devront nécessairement nous occuper, dans cet ouvrage, au point de vue spécial de ces mêmes arts, je dirai que, aux yeux des esprits réfléchis, ce sont d'immenses bazars où l'on honore trop souvent le possesseur au détriment du producteur, où l'on préfère la beauté, le fini des formes extérieures, à l'excellence des combinaisons intimes, la quantité à la qualité des produits, en un mot, les apparences aux réalités, et le chiffre, la statistique du personnel et du matériel des établissements aux progrès même accomplis dans le mode de fabrication. Tout cela paraîtra dans l'ordre naturel des choses, si l'on a égard aux tendances des gouvernements et des intérêts sociaux, ainsi qu'aux résultats inévitables des incertitudes attachées aux jugements des hommes. Quant aux artistes ingénieux, modestes ou ignorés, qui entretiennent la vie dans les ateliers par mille combinaisons; quant aux hommes isolés et obscurs qui, par leur génie, font naître les industries elles-mêmes, on commence enfin à y songer, et grâce à une généreuse et puissante impulsion, ils cesseront bientôt de se vendre, de se laisser ravir leurs services et le fruit de leurs laborieuses veilles, pour en enrichir certaines spécialités exclusivement commerciales.

D'un autre côté, les Expositions de l'industrie, celles surtout qui établissent un concours entre toutes les nations, remplissent un autre but, ont une autre portée que de glorifier les uns et d'abaisser les autres : elles éclairent les gouvernements et les peuples sur leurs intérêts réciproques; elles les rapprochent par ce qu'ils offrent de plus précieux au point de vue artistique ou commercial, et en favorisant les échanges d'idées, en détruisant peu à peu des préventions et des préjugés invétérés de nation à nation, elles deviennent le plus sûr garant de la paix et du bonheur à venir. Enfin, les Expositions, en général, excitent l'émulation des artistes et des chefs d'industrie, en leur faisant apercevoir plus nettement le but et, souvent aussi, en leur indiquant les moyens de l'atteindre; mais il n'en faut pas moins regretter que tant de gens intéressés s'appliquent à en fausser le caractère, en trompant le public et les jurys mêmes sur la véritable origine des découvertes ou améliorations et sur le mérite comparatif ou la valeur absolue des produits exposés.

Espérons-le fermement, si désormais la munificence des gouvernements ou des individus permet encore des Expositions universelles, dans l'esprit de libéralisme encyclopédique et cosmopolite qui caractérise notre époque, si le prodigieux et continuel développement des arts mécaniques chez tous les peuples n'oblige pas à en ajourner indéfiniment la réalisation matérielle; espérons, dis-je, qu'on saura éviter d'aussi fâcheux inconvénients, soit par une plus grande subdivision encore des différentes classes de machines manufacturières, soit par la multiplication même des juges compétents dans chacune des spécialités dont, aujourd'hui déjà, leur prodigieux ensemble se compose.

PREMIÈRE PARTIE

COMPRENANT

LES MACHINES ET OUTILS

PRINCIPALEMENT EMPLOYÉS

A LA FABRICATION DES MATIÈRES NON TEXTILES.

Ire SECTION.

MACHINES ET OUTILS

SERVANT À PRÉPARER ET TRAVAILLER LES MÉTAUX EN GRAND, PRINCIPALEMENT LE FER.

Pour cette importante et vaste matière, je suivrai, autant qu'il me sera possible, l'ordre chronologique des faits et des progrès accomplis dans l'invention, l'exécution ou l'application des principales machines; mais le temps m'ayant manqué pour recueillir, comme je l'aurais désiré, tous les documents indispensables relatifs aux noms, dates, descriptions, brevets ou patentes, je réclamerai l'indulgence du lecteur pour les erreurs, omissions ou interversions qui pourraïent en être la conséquence bien involontaire, et que je considère, tout autant que personne, comme étant plus particulièrement regrettables et fâcheuses dans un sujet aussi fondamental.

CHAPITRE Ier.

ÉTAT ANCIEN, PRÉCÉDANT L'ANNÉE 1815.

§ Ier. — Influence de l'horlogerie et de ses moyens géométriques de précision. — Introduction du fer et de l'outillage mécanique dans la construction des grandes machines. — *Camus* et *Ferdinand Berthoud*, *John Kay* et *Arkwright*, *Smeaton* et *Rennie*.

Il y a bien des siècles déjà que le fer et le cuivre sont entrés comme partie intégrante dans la constitution des machines, et que, à leur tour, les machines ont servi à préparer ces métaux pour les convertir ensuite en outils divers ou en pièces détachées servant d'organes de transmission, etc.; mais, jusqu'à ces derniers temps, on n'avait guère songé, sauf pour l'horlogerie et les plus petits mécanismes, à construire les machines entièrement en fer ou en cuivre. On se rappelle l'époque, assez récente, où les horloges en bois de Nuremberg possédaient une vogue, une faveur, pour ainsi dire, exclusives, qu'aujourd'hui même elles n'ont pas entièrement perdues dans nos campagnes, où l'on recherche, avant tout, l'extrême bon marché, nullement acquis encore au cuivre et au fer, malgré les progrès mécaniques accomplis dans leur fabrication et qui permettent de livrer à des prix fabuleux les rouages multiples et dégrossis d'une montre avec assortiment de platines et de supports de platines.

C'est évidemment dans les ateliers de la grande et de la petite horlogerie qu'il faut rechercher l'origine de la plupart des moyens mécaniques de construction qui, de nos jours, ont tant agrandi le domaine des machines en fer et en fonte. On peut même dire, sans trop s'avancer, que les horloges à automates de nos vieilles cathédrales présentent, en fait d'organes de transmission et de transformation du mouvement, beaucoup d'ingénieuses et originales conceptions aujourd'hui utilisées dans les grandes machines, mais demeurées longtemps stériles, et qui ne supposaient d'ailleurs aucun des procédés actuels, si parfaits, si expéditifs d'exécution, répandus dans nos ateliers de serrurerie. A ce point de vue comme à celui de l'outillage en général, on peut dire que l'*Essai sur l'horlogerie* du célèbre Ferdinand Berthoud offre, pour l'époque où il a paru (1786), des enseignements précieux, et dont le complément indispensable, au point de vue de la précision qu'apportent avec elles les sciences mathématiques, se trouve dans le Traité (1752) non moins estimable et toujours apprécié de l'académicien Camus sur le tracé géométrique des engrenages cylindriques ou coniques [1].

[1] *Éléments de mécanique*, t. II, liv. x. Je cite ces deux ouvrages préféra-

Partout, en effet, nous trouvons l'horlogerie associée aux premières tentatives faites en vue de substituer le fer au bois dans les machines, et l'on se rappelle parfaitement que c'est à l'horloger John Kay, à Warrington, qu'Arkwright dut principalement ses succès dans l'application des machines à la filature automatique du coton. Mais ce n'était là encore qu'une tentative établie sur une bien faible échelle, et qui réclamait, pour se généraliser et s'étendre aux diverses autres branches d'industrie, une plus large production du fer et de la fonte, des moyens d'outillage autrement parfaits, autrement puissants que ceux que l'on possédait en 1769, où l'illustre ingénieur Smeaton faisait la première application de la fonte aux rouages de la forerie de canons dans l'usine de Carron en Écosse, et même en 1775, où Arkwright employa les premières roues d'angle et les premières poulies en fonte à courroies sans fin dans les filatures de coton de Cromford et de Belper. D'après le savant ingénieur M. Georges Rennie, ce ne fut guère en effet avant la construction des célèbres moulins d'Albion, en 1784 et 1785, que la fonte de fer commença en Angleterre à être appliquée à toutes les parties des machines, et feu Rennie père aurait été le premier à finir correctement, à la lime et au ciseau, les dents de roues destinées à agir sur des cames épicycloïdales en bois[1].

blement à quelques autres très-recommandables d'ailleurs, parce que, à mon sens, ce sont aussi ceux qui ont le plus contribué à introduire la précision géométrique des formes dans les ateliers. Je pourrais, en effet, offrir ici de remarquables exemples de jeunes ouvriers qui, entraînés par leur goût instinctif, se sont d'abord faits horlogers, et sont devenus horlogers ingénieux et habiles, au moyen des œuvres de Berthoud, si admirables de clarté et de simplicité, puis constructeurs de machines et ingénieurs mécaniciens fort inventifs, dès leur entrée dans les ateliers de grande fabrication. Il me suffira de mentionner le célèbre et très-regrettable M. Pecqueur, dont la perte récente a privé la France d'un de ses plus modestes, de ses plus honorables et plus féconds artistes.

[1] Voyez la préface de la 3e édition de Robertson Buchanan : *Essays on mill work, etc.*; publiée en 1841, à Londres, par John Weale, avec additions de Georges Rennie, t. II, p. xx.

§ II. — Premières tentatives concernant e travail mécanique du fer appliqué aux machines. — *Nicolas Focq, Chopitel* et *Caillon, Watt* et *Boulton, Rennie, Woolf, Maudslay, Stephenson.*

En réalité, il faut rechercher la véritable et première origine des progrès accomplis dans l'application en grand du fer aux machines, et de son travail par des procédés purement mécaniques, dans les tentatives que l'on dut faire, soit en Angleterre, soit même en France, pour exécuter avec un certain degré de perfection les immenses cylindres des machines atmosphériques de Newcomen ou des pompes employées aux épuisements de mines; ces cylindres ne permettant pas l'usage de toute autre substance que le fer ou la fonte, cela explique comment le nom du mécanicien Focq, de Maubeuge, se trouve placé en tête de ceux qui ont réalisé des moyens automatiques un peu puissants pour raboter et aléser ce métal, si rebelle au travail manuel de la lime, du ciseau et du burin. Encore, vu l'état peu avancé des fonderies de fer à l'époque de 1750, où Focq construisait en France les premières pompes à feu et d'épuisement, proposait-il de composer les grands cylindres de ces machines de plusieurs pièces ou douves, en fer forgé, réunies par des cerceaux, précisément comme le furent dès la plus haute antiquité les tonneaux à contenir les liquides chez les Gaulois et les Germains.

Quoique les arsenaux de l'artillerie de terre et de mer eussent anciennement offert, en Europe et même en Asie, l'exemple de la manière dont on pouvait forger et fondre, forer et tourner les fortes pièces métalliques, par des procédés qui devaient peu différer d'ailleurs de ceux que l'illustre Gaspard Monge a consignés dans un ouvrage devenu célèbre par la date de 1793, néanmoins cet exemple n'avait guère été mis à profit, comme on l'a vu, dans les ateliers de construction de machines avant l'époque de 1775 à 1780, qui correspond précisément à celle où Watt et Boulton à Soho, près de Birmingham, les frères Périer, à Paris, s'occupèrent à leur tour, quoique avec des succès bien divers, à construire les machines à vapeur et les grandes pompes d'épuisement. Mais, pour que l'application du fer aux diverses autres machines prît son entier développement, il fallait que le besoin s'en fît plus vivement sentir encore par les immortelles découvertes de l'ingénieur écossais relatives aux machines à vapeur à basse pression et à double effet, destinées, non plus simplement à élever l'eau du fond des mines, mais à servir de moteur universel, à faire mouvoir *automatiquement,* c'est-à-dire sans recourir à l'emploi direct de la force, de l'adresse ou de l'intelligence de l'homme, toute espèce de machines employées dans l'industrie et les arts, notamment les machines à carder, à filer, à tisser la laine et le coton, dont, sans cela, les progrès et le développement prodigieux en Angleterre eussent été maintenus dans de bien étroites limites.

C'est là, c'est à Soho, dans les ateliers du savant et ex-raccommodeur d'instruments de physique à l'université de Glasgow, qu'il faudrait aller chercher le type primitif et la réalisation en grand de ces belles et puissantes machines-outils à aléser, forer, tourner le fer et la fonte, que nous admirons aujourd'hui, et qui se répandirent peu de temps après dans les ateliers des Rennie, des Woolf, des Maudslay, des Stephenson, etc., dont les travaux honorèrent et enrichirent la Grande-Bretagne, pendant que la France et l'Europe presque entière étaient plongées dans les horreurs de la guerre civile et des invasions étrangères.

On ne saurait, en effet, considérer comme un indice suffisant des progrès accomplis chez nous, à cet égard, vers la fin du siècle dernier ou le commencement de celui-ci, les quelques fortes machines-outils que Jacques-Constantin Périer rapporta de ses voyages en Angleterre et introduisit dans plusieurs forges et dans les fonderies ou arsenaux du Gouvernement[1], non plus que les perfectionnements divers apportés

[1] On doit à ce célèbre constructeur, membre de l'Institut, ainsi qu'à ses frères, la première introduction en France des machines de Watt, à simple et à double effet, dont on a vu pendant longtemps le beau spécimen dans l'ancienne machine de Chaillot, tout près de laquelle ces mêmes ingénieurs

dans nos ateliers monétaires et autres aux balanciers estampeurs, aux laminoirs, découpoirs et emporte-pièces que le mécanicien Droz, de la Monnaie de Paris, sur la demande de Watt et Boulton, introduisit, à son tour, dans les ateliers de Soho (1783 à 1790), où ils servirent à frapper une énorme masse de billons en cuivre; machines sur lesquelles d'ailleurs je me propose de revenir au fur et à mesure que l'occasion favorable s'en présentera.

J'en dirai, *à fortiori*, autant des simplifications ou améliorations quelconques que subirent les petites machines automates à fabriquer les chaînes de Vaucanson, les cylindres cannelés et étireurs des filatures de coton, décrites dans l'*Art du tourneur* de Plumier (1749) et de Bergeron; les ingénieuses et usuelles machines d'horlogerie citées dans l'ouvrage de Berthoud, notamment la petite machine à diviser et à fendre les roues, inventée par Taillemard, perfectionnée par son élève-Hulot, celle à tailler les fusées de montre de Le Lièvre et Gédéon Duval, etc. J'en excepterais à peine la machine-outil

établirent, sous les auspices de la Ville de Paris, des ateliers munis de *tours parallèles*, de foreries à *engrenage* et *chariot*, de tours à *fileter les vis*, d'*alésoirs à engrenages* et *manége*, etc., qui servirent à construire les pompes à feu du Gros-Caillou, sous la direction de M. de Bétancourt, les moulins de l'île des Cygnes de la même ville, et beaucoup d'autres machines employées dans l'exploitation des mines, notamment celles d'Anzin. C'est là aussi que furent établies, pendant la Terreur, les machines à forer les canons décrites dans l'ouvrage déjà cité de Monge, ainsi que les premiers cylindres en fonte employés à laminer la tôle dans les forges du Creusot, ceux de Romilly pour fabriquer les feuilles de cuivre de la marine et de Saint-Denis, près Paris, pour laminer les grandes tables de plomb, etc. (*Bulletin de la Société d'encouragement*, t. XVIII, p. 135; notice de M. Jomard, de l'Institut.)

Malheureusement on ignore les dates et la nature précise des travaux de Constantin Périer, dont la connaissance eût fourni des indications précieuses sur les inventions principales de Watt et des autres ingénieurs anglais ses contemporains relatives à la fabrication si importante des grandes machines-outils. Les éloges ou notices biographiques publiés, en 1818, par MM. Delambre et de Prony, dans les *Recueils de l'Institut*, ne sont guère plus explicites que l'intéressante notice de M. Jomard, empruntée en partie à feu Girard, de l'Institut, qui avait vu fonctionner les anciens ateliers de Chaillot. On y lit seulement que c'est de 1778 à 1783 que Constantin Périer entre-

plus puissante que le mécanicien Caillon, de Paris[1], employait, en 1806 et 1809, à dresser les pièces droites de fer, à y pratiquer des rainures, des languettes et moulures de diverses longueurs, et qui présentait des perfectionnements réels sur celle dont Nicolas Focq[2], l'entrepreneur des machines à feu de Charleroy et de Condé, s'était servi en 1751 pour travailler intérieurement les corps de pompe de la célèbre machine de Marly, à l'aide d'un outil, en forme de croissant à deux tranchants, de 8 à 11 centimètres de largeur, opérant dans les deux sens, et maintenu dans un chariot ou support mobile à vis de serrage, qui, glissant entre deux fortes tiges horizontales en fer, recevait le mouvement rectiligne alternatif d'une corde sans fin passant sur des poulies de renvoi et une grande roue à gorge en bois, dont l'arbre portait lui-même un grand secteur denté en fer, secteur auquel un mouvement de va-et-vient très-lent était donné par un équipage à lanterne, roue et pignon, manivelle et volant, simplement conduit à bras d'homme, mais qui n'en jouissait pas moins du caractère automatique.

prit successivement cinq voyages en Angleterre pour y visiter les grands ateliers de construction des machines; qu'il en rapporta les pièces principales de la pompe à feu de Chaillot; qu'à côté de cette grande machine il en établit une autre, objet d'un mémoire présenté à l'ancienne Académie des sciences, et par laquelle il élevait de l'eau dans un bassin supérieur, d'où, en tombant sur des roues à augets, elle servait à faire marcher les tours, les machines à percer, marteaux, soufflleries, *enfin toutes les parties d'un grand atelier de construction.* Ce système, emprunté sans doute à Darnal, chanoine d'Alais, dont l'idée, brevetée en 1780, a mérité les éloges de l'abbé Bossut (*Hydrodynamique*), montre bien l'état où en étaient, à cette époque, les arts mécaniques en France. Mort en 1818, Constantin Périer fut remplacé dans la section de mécanique de l'Académie des sciences, par M. Charles Dupin, la même année 1818 : selon son panégyriste, l'illustre de Prony, *Périer n'a jamais parlé que de ce qu'il savait, et n'a jamais fait que ce qu'il avait appris à faire.*

[1] T. VIII, p. 214, du *Bulletin de la Société d'encouragement.* Pour la description de cette machine, voy. le tome VI, p. 190, du *Traité complet de mécanique appliquée aux arts,* par M. Borgnis (Paris, 1819).

[2] *Histoire de l'Académie des sciences,* rapport manuscrit de MM. d'Ons, Camus, Nollet, séance du 30 juin 1751 ; t. VII du *Recueil des machines approuvées par l'Académie,* p. 175.

Pour apprécier la supériorité de la machine de Caillon sur celle de Focq, il suffira de remarquer : 1° qu'elle était constituée d'un outil monté sur un support ou chariot à écrou glissant à coulisses le long d'un banc de tour ordinaire, au moyen d'une longue vis horizontale et parallèle à ce banc, tournant sur elle-même, tantôt dans un sens, tantôt dans l'autre ; 2° qu'elle pouvait être mise en action par un moteur quelconque capable d'imprimer une rotation continue et uniforme à un premier couple de poulies supérieures et de cordes sans fin communiquant le mouvement à un second couple de poulies inférieures montées sur un chariot d'embrayage mobile ; 3° enfin, que l'ouvrier placé près de l'outil vers la fin de la course manœuvrait à la main, et sans déplacement, cet embrayage au moyen d'un levier et d'une tringle de renvoi, en même temps qu'il faisait avancer, au besoin, l'outil ou burin, à l'aide d'une petite vis directrice, contre la pièce à dresser ou à rainer. Du reste, il s'en fallait de bien peu, comme on le verra plus tard, pour que cette ingénieuse combinaison de poulies d'embrayage ne pût opérer d'une manière entièrement automatique, ainsi que cela a lieu aujourd'hui dans les grandes machines à raboter le fer.

Je devrais citer ici, à plus juste titre encore, à cause de l'ancienneté de leur date et de l'importance actuelle de leur application aux grandes forges, les cylindres cannelés que le maître serrurier Chopitel, de Paris, employait, en 1752, à laminer et profiler les barres de fer [1], si cette machine, comme les deux précédentes, constituait en réalité par elle-même autre chose que des faits isolés, se rattachant à des branches de fabrication distinctes sur lesquelles j'aurai bientôt à revenir, et qui, par des motifs ou des circonstances difficiles à saisir, paraissent n'avoir exercé aucune influence appréciable sur l'état de notre industrie métallurgique ; à l'inverse de ce qui

[1] *Histoire de l'ancienne Académie des sciences*, année 1752 ; rapport approbatif de MM. Camus et de Montigny. C'est par une erreur inconcevable que M. Borgnis a reporté à 1780 l'invention de Chopitel, dans le t. VI, p. 134, de son *Traité des machines employées dans diverses fabrications*.

est arrivé dans la Grande-Bretagne sous l'impulsion des ingénieurs ou constructeurs célèbres dont nous avons déjà cité les principaux noms.

§ III. — Transformation des anciens procédés mécaniques de fabrication et de préparation du fer en grand. — *Smeaton*, *Wilkinson*, *Walker*, *Henry Cort* et *Purnell*, *Roebuck*, *Bramah*, *Watt* et *Boulton*.

Remarquons-le, en effet, le mouvement industriel si prodigieux accompli en Angleterre, à partir de 1780, dans la fabrication des grandes machines et des outils mécaniques n'aurait pu s'y propager, malgré le génie de Watt et de ses émules, si la production même du fer et de la fonte, brute ou coulée, avait dû rester enfermée dans ses primitives limites, déjà néanmoins si fort reculées par l'industrieuse et savante Allemagne; grâce à des perfectionnements, à un agrandissement de moyens mécaniques que la France du Nord et de l'Est s'empressa d'adopter ou d'imiter dans le dernier siècle, à l'exclusion, pour ainsi dire, des anciens procédés métallurgiques, tout à fait comparables aux impuissantes méthodes catalanes ou arabes, dont les antiques souffleries à outres ou de cuir ont été remplacées, au commencement du XVIIe siècle, par des trompes [1], aujourd'hui encore employées dans les contrées méridionales de l'Europe.

En effet, même dans la méthode allemande, la fonte de fer, obtenue dans des hauts fourneaux de 5 à 7 mètres seulement de hauteur et traitée dans des feux d'affinerie décou-

[1] Selon un ancien auteur, Grignon (Paris, 1755), cité dans le *Manuel sur la métallurgie du fer*, par Karsten, cette ingénieuse machine, si admirable pour sa simplicité, aurait été inventée, en 1640, par un ingénieur italien dont, comme presque toujours, on ignore le nom : la somme de connaissances physiques que suppose cette curieuse machine hydraulique rend, d'ailleurs, assez peu probable la haute antiquité que quelques personnes lui attribuent. Parmi les auteurs qui ont décrit, dans ces derniers temps, les forges du Midi de la France avec le plus de soin, je citerai M. T. Richard qui a publié à leur sujet un intéressant et savant ouvrage in-4°, imprimé à Paris en 1838.

verts, d'une très-faible capacité, était convertie en barres et en plaques minces sous des martinets à bascule et des marteaux à soulèvement latéral, pesant à peine 500 kilogrammes, menés par des cames à grosses bagues en fonte de fer, et que soutenaient des *ordons* ou systèmes de charpente, munis eux-mêmes de *rabats* ou *renvois*, tandis que l'enclume et sa boîte ou *chabote* en fonte étaient établies sur un grillage à pilotis, composé de grosses pièces de bois de chêne remplissant, à leur tour, la fonction de *ressorts-repousseurs* pour diminuer les pertes de temps, de travail ou de force vive. On s'y servait encore de petites grues de manœuvre en bois et à moufles, isolées ou combinées dans l'étendue entière de l'atelier et tournant sur autant de pivots verticaux en fer; de machines soufflantes et pistons en bois avec garniture pareille de liteaux frotteurs, munis de repoussoirs à ressort : ces machines, dont les plus anciennes, à charnières, de forme pyramidale, employées dès 1620 dans le Hartz et inventées, dit-on, par un évêque de Bamberg[1], avaient été, dans les derniers temps, remplacées à leur tour par des caisses prismatiques ou cylindriques à pistons, toujours construites en bois, ainsi que leur grosse tige verticale, que soulevaient des cames en fer, simples ou doubles, dont le tracé, purement géométrique, fut perfectionné finalement par le savant et célèbre ingénieur Baader, de Munich, le même qui s'était précédemment occupé de l'amélioration des anciennes souffleries à cuve ou à eau, originaires de l'Espagne, et à qui l'on doit, ainsi qu'à l'ingénieur des mines M. de Bonnard, à feu O'Reilly, etc., les premiers renseigne-

[1] L'ouvrage ancien d'où je tire cette citation, peut-être hasardée et empruntée elle-même à l'écrivain allemand Schluter, ne me permet pas d'appliquer un nom à un perfectionnement qui a cela de remarquable, qu'il fait, pour ainsi dire, le pendant d'une autre importante invention du XVIIe siècle, celle du rouet à filer, que certains auteurs allemands attribuent également à des artistes de leur pays, l'un séculier, l'autre ecclésiastique, sans indiquer les sources contemporaines où ils ont puisé de tels renseignements : c'est là malheureusement de l'érudition traditionnelle, dont jusqu'ici on ne s'est pas fait faute dans l'histoire obscure des inventions mécaniques.

ments exacts sur les progrès mécaniques accomplis dans les forges de la Grande-Bretagne[1].

Tous ceux qui ont visité les usines du continent avant ou peu d'années après le retour de la paix générale, en 1815, peuvent se rappeler l'ancien état de choses que je viens d'essayer de décrire, et qui s'applique non-seulement à la France, mais aussi à l'Allemagne, où la métallurgie du fer, cette base fondamentale de toutes les modernes industries, avait néanmoins fait assez de progrès pour devenir la seule véritablement classique en Europe vers la fin du XVIIIe siècle.

C'est, comme nous l'avons dit, de 1780 à 1800, où Watt s'occupait de la construction des machines à vapeur à simple ou à double effet, que se fit en Écosse et en Angleterre cette immense transformation, à laquelle les célèbres ingénieurs Smeaton, Wilkinson, Walker, Henry Cort et Purnell[2], Roebuck de Carron, Bramah, Watt et Boulton, eux-mêmes, prirent directement ou indirectement une très-grande part, consistant principalement, comme on le sait, dans la substitution de la houille au bois, à l'aide de fours à réverbère; dans la construction de grandes machines soufflantes cylindriques, en fonte, à simple ou à double effet, à un ou à deux cylindres, par imitation des systèmes analogues de machines à vapeur; dans l'emploi, pour le cinglage des plus grosses loupes, du marteau

[1] *Beschreibung und Theorie des englischen Cylinder-gebläses, etc.*, par Joseph Baader; Munich, 1805; *Annales des mines*, t. XVII. Voyez aussi le n° 6, an III, et le n° 73, an XI, du même recueil, ainsi que le tome I des *Annales des arts et manufactures.*

[2] C'est à ces deux artistes que la Grande-Bretagne est principalement redevable de la nouvelle méthode d'affiner, puddler, cingler et étirer le fer au laminoir, substituée à l'ancienne méthode allemande : la patente de Cort porte la date de février 1784, celle de Purnell est postérieure de trois années (juin 1787) : *Annales des arts et manufactures* d'O'Reilly, an VIII, t. I, p. 164. D'après le même recueil, les soufflets en fonte auraient été introduits dans les forges anglaises dès 1780, probablement à Carron en Écosse, par Smeaton, qui, pour régulariser l'écoulement de l'air, employait quatre cylindres ou pistons, mus par autant de bielles, balanciers et manivelles à directions alternées. Je regrette infiniment de n'avoir pu m'étendre davantage

frontal ou à soulèvement par la tête, à panne de rechange en croix, coulé d'une seule pièce avec son manche et ses tourillons que supporte un simple chevalet en fonte, marteau qui, pesant de 2 à 3 000 kilogrammes, devint capable de remplacer, par l'action directe de la gravité ou de son poids, les effets de ressort des anciens rabats et renvois, mais dont néanmoins l'enclume fut soutenue par d'épaisses couches superposées et recroisées de solives en bois servant de matelas élastique contre les effets du choc; enfin, dans le remplacement des anciens marteaux et martinets à percussion servant à étirer progressivement, à l'aide du choc, les longues barres de fer, rectangulaires ou arrondies, par des laminoirs en fonte dure, avec cannelures graduées ou décroissantes, pour forger également les loupes et les réduire en barres de diverses formes ou échantillons dans leurs passages, successifs et alternatifs, au travers des ouvertures ou lunettes formées par celles de ces cannelures qui se correspondent exactement sur chaque couple de cylindres, remplissant, ainsi que dans le système de Chopitel, la fonction de véritables filières continues, où néanmoins le tirage direct et longitudinal des barres de fer est supprimé et se trouve remplacé par le simple frottement des cannelures contre ces barres.

sur la part qui a été prise, dès 1755, par cet illustre ingénieur dans l'établissement des premières et puissantes machines appliquées aux moulins de l'Angleterre, et parmi lesquelles il faut comprendre les moteurs hydrauliques, dont il avait étudié expérimentalement les propriétés dans des ouvrages bien connus et traduits dans notre langue par feu Girard, de l'Institut. Qu'il nous suffise ici de rappeler que ce célèbre édificateur du phare d'Eddystone devint, par l'ensemble de ses savants et nombreux travaux, le type, le modèle de cette illustre pléiade d'ingénieurs civils dont s'enorgueillit la Grande-Bretagne. Quant à Roebuck, le directeur ou propriétaire des fonderies de Carron en Écosse, on sait qu'il fut, pour plusieurs objets, l'associé de James Watt, avant même que ce grand ingénieur le devînt du non moins célèbre fabricant de quincaillerie de Birmingham Boulton, dont il fit, dit-on, la première connaissance à cette même usine de Carron.

§ IV.—Historique relatif aux anciennes machines à laminer, rogner et fendre les métaux en feuilles ou en verges. — *Aubry Olivier, Chopitel, Jean-Pierre Droz, Jumain et Poncelet, Colon et Degrand, Wilkinson, W. Bell* et *Fayolle.*

Les droits de chaque inventeur n'étant pas assez bien définis et établis jusqu'à présent pour qu'on puisse appliquer des noms et des dates certaines aux plus anciennes tentatives mécaniques faites en vue de perfectionner la fabrication du fer, je me bornerai à rappeler ici, sans prétendre établir aucune comparaison entre des moyens aussi différents par le but et la grandeur des dimensions: 1° que le laminoir à préparer les lames métalliques minces employées à divers usages est une invention toute française, attribuée à Aubry Olivier, mais certainement réalisée dès le XVIe siècle, dans un moulin établi sur la Seine, à Paris, par un nommé Antoine Brulier ou Brucher; 2° que le mécanicien et graveur Jean-Pierre Droz, de la même ville, imagina (1783 à 1787) non-seulement de se servir de cisailles circulaires ou continues, à biseaux d'acier, avec équipage de roues dentées, qui, en leur imprimant des vitesses égales et contraires, servent à rogner les côtés des lames métalliques employées à la fabrication des flans monétaires, mais aussi d'appliquer au laminoir à étirer ces mêmes lames des engrenages latéraux, à pas croisés ou compensateurs, de manière à faire marcher, de quantités rigoureusement égales, le cylindre supérieur, mobile verticalement avec ses coussinets en cuivre ou *empoises* maintenues, au moyen d'un ingénieux système de vis à engrenages solidaires, dans un parallélisme en quelque sorte parfait à l'égard du cylindre inférieur fixe, l'axe du cylindre mobile et celui des pignons qui lui correspondent offrant un accouplement à articulations libres, très-simple, qui lui permet de changer de position sans qu'il en résulte aucune gêne pour l'exact engrènement des pignons[1]; 3° qu'enfin Chopitel, déjà mentionné, avait dès 1751

[1] Rapport de M. de Prony à l'Institut de France, au nom d'une commission dont Périer et Berthoud faisaient partie : brochure imprimée à part, en

ou 1752, établi à Essonnes, près de Paris, d'assez forts cylindres lamineurs, mus en sens contraire par deux roues hydrauliques, dont l'un était parfaitement uni et l'autre cannelé pour profiler des plates-bandes, des tringles de fer, meneaux de croisées et autres ouvrages de serrurerie, mais dont, comme on l'a dit, l'utile exemple ne paraît pas avoir été suivi par les maîtres de forges de notre pays, grâce peut-être à l'insuffisante publicité accordée à cette heureuse conception par l'ancienne Académie des sciences, dont néanmoins les savants commissaires étaient loin de contester le mérite pratique[1].

L'idée de substituer des outils circulaires à action continue aux anciens marteaux agissant par le choc, avec une grande perte de temps et de force vive, constitue en effet, par elle-même, une invention capitale, non-seulement au point de vue des théories mécaniques, mais aussi sous le rapport pratique et économique du travail et de la production accélérée du fer, dont l'introduction dans les forges anglaises, par Cort et Purnell, a malheureusement été accompagnée des inconvénients qui résultent du manque de corroyage inhérent à l'action rapide du marteau frontal, des cylindres cannelés, ébaucheurs et étireurs.

L'usage des grands laminoirs à fabriquer les feuilles d'acier ou les tôles de fer a d'ailleurs été introduit dans nos contrées

l'an XI, par Baudoin. Voy. aussi *le Moniteur* du 2 fructidor an X et le t. VI du *Traité de M. Borgnis.*

[1] Voyez dans les archives manuscrites du secrétariat de l'Institut le rapport déjà cité de ces commissaires, rapport terminé par ces lignes dignes de remarque, et qui paraissent attester que Camus et de Montigny avaient bien saisi toute l'importance de ce nouveau procédé de fabrication du fer en barres : « Le sieur Chopitel se propose de profiler du fer *dessus et dessous* en « faisant les contre-parties entaillées dans le cylindre supérieur; ce qui ne « peut pas manquer d'avoir le même succès, pourvu que les cylindres n'aient « aucun mouvement horizontal, et c'est une nouveauté.... » L'usine d'Essonnes offrait d'ailleurs deux roues hydrauliques, l'une faisant marcher des marteaux, l'autre une machine à *tailler les limes*, déjà approuvée par l'Académie et *privilégiée.* Enfin les commissaires reconnaissaient que, loin de perdre en qualité, le fer, doux mais médiocre, avait acquis du nerf et l'apparence fibreuse qu'il eût obtenue de son passage à la filière d'archal.

dès l'année 1791[1] par MM. Jamain et Poncelet de Sedan (Ardennes), d'après un système où les cylindres, de $0^m,55$ à $1^m,95$ de longueur, réglés, quant à l'écartement, par de simples vis surmontées de roues à chevilles ou à mains, étaient mus séparément par de grandes roues hydrauliques à engrenages, au moyen desquelles ils marchaient d'un pas égal et en sens contraire; ce qui semblerait indiquer qu'on n'avait pas jusque là adopté dans nos forges l'usage des vis de réglage solidaires et des commandes latérales de pignons dentés, non plus que celui du volant régulateur ou emmagasinateur de travail mécanique, déjà proposé en 1758 par l'Anglais Keane Fitzgerald[2], dans un but, il est vrai, un peu différent, puisqu'il ne s'agissait là simplement que d'entretenir et régulariser les effets de l'action motrice intermittente dans un appareil à rouages dentés servant à transformer le mouvement rectiligne alternatif des tiges de pistons en mouvement circulaire continu : système auquel, comme on sait, on a depuis substitué celui de la manivelle à bielle, emprunté au rouet à pédale des fileuses ou à la meule du rémouleur, mais dont, en réalité, l'ancien et si remarquable principe ne fut appliqué en grand qu'en 1779, par Wasbrough de Bristol, bientôt suivi de Watt, qui, après avoir employé provisoirement la *mouche* au lieu d'une manivelle, finit, à l'expiration de la patente de ce malencontreux ingénieur (1793 à 1794), par adopter le système actuellement en usage dans les machines à vapeur, dont la manivelle et la bielle sont liées à la tige du piston par le balancier, muni de son ingénieux parallélogramme articulé.

Je ne citerai que pour mémoire les brevets pris en France, en 1806 et 1811, par M. Colon, à Paris, et M. Degrand, à Marseille[3], pour des laminoirs et des fenderies ou cisailles continues à lames circulaires multiples, nommées *espatards*, et employées à la fabrication des tôles, des fers en verges, etc. : car il

[1] T. II, p. 1, du *Recueil des brevets expirés.*

[2] *Transactions philosophiques de la Société Royale de Londres* (1758), p. 727.

[3] T. VI, p. 243, et t. XIII, p. 246, du *Recueil des brevets expirés.*

ne s'agissait là, en réalité, que de l'application en grand des idées de Chopitel et de Droz, combinées avec celles des ingénieurs Cort, Purnell ou de leurs successeurs, reproduites, sans doute, et perfectionnées d'après des patentes américaines ou anglaises dont il me serait impossible de citer les dates et les noms d'auteurs. Mais, puisqu'il est ici question de machines à travailler les métaux par l'action continue des cylindres, on me permettra de citer plus particulièrement quelques grandes machines de cette espèce qui furent mises en usage dans le dernier siècle ou au commencement de celui-ci, et sur lesquelles il m'a jusqu'ici été impossible de m'arrêter.

Telle est notamment la machine à cylindres cannelés que Wilkinson employa, vers 1812, dans les forges de Bradley[1] pour ébaucher, étirer le fer en longues et fortes barres; machine qui, à défaut d'autres documents plus précis, semblerait démontrer que ce procédé de fabrication n'était point encore arrivé à l'état de simplicité et de continuité que nous lui connaissons aujourd'hui, encore bien, chose digne de remarque, qu'on y soit revenu, dans ces derniers temps, pour la fabrication des rails de chemin de fer. Ainsi, par exemple, la grande cisaille à couper les loupes et lopins était mue par une grosse came pleine, en forme de cœur, déjà adoptée dans les soufflerie pour produire l'ascension uniforme du piston, et dont, comme on le verra dans un autre chapitre, Vaucanson avait le premier fait usage pour régulariser l'enroulement du fil de soie sur les bobines. Pareillement, la machine à dégrossir les loupes, composée de forts cylindres cannelés, recevait, de secteurs dentés et d'une longue bielle à manivelle, un simple mouvement oscillatoire ou de va-et-vient circulaire, qui, en compensation de ses graves défauts, dispensait de recourir à l'usage direct du volant et faisait éviter le passage, si pénible, de la loupe par-dessus le cylindre supérieur, pesant près de 5 000 kilogrammes et portant,

[1] *Annales des arts et manufactures* d'O'Reilly : *Mémoire de Dobson*, t. XLIII, p. 254, ou *Borgnis*, t. VI, p. 126. S'agit-il là des laminoirs objet de la patente délivrée en 1792 à Wilkinson (John), maître de forges à Broseley?

aux extrémités, des caisses à *grenaille* au moyen desquelles on pouvait, à volonté, augmenter la pression sur les loupes. Enfin, les cylindres cannelés, destinés à l'étirage des barres d'un moindre échantillon, étaient simples et non point doubles comme aujourd'hui, et le cylindre supérieur, mené directement par des systèmes de roues dentées, était maintenu par des chapeaux en fonte, remplissant la fonction d'empoises ou coussinets, serrés à vis contre le cylindre inférieur, fixe et uniquement conduit par frottement; on n'y aperçoit, en un mot, ni engrenages latéraux, ni coussinets en cuivre, ni boîtes de sûreté contre la rupture des cylindres, etc.; boîtes qui ne furent introduites dans les forges que beaucoup plus tard, vers 1820, si je ne me trompe.

Je citerai encore, comme exemple de l'application des laminoirs au travail des métaux vers l'époque qui nous occupe (1812), la machine de l'ingénieur anglais W. Bell [1], qui ne diffère des précédentes qu'en ce que les cylindres portent des cannelures remplissant la fonction de ciseaux continus et tranchants, d'emporte-pièce, etc., servent à découper des bandes métalliques en lames de couteaux ou de rasoirs, en clous, etc.; mais cette machine de Bell, d'assez faible dimension, n'offre, sauf l'usage spécial auquel elle est employée, aucun perfectionnement qui mérite d'être cité sous le rapport du dispositif général des commandes.

Enfin, il importe non moins, au point de vue historique, de ne pas oublier une autre application fort importante des laminoirs à la fabrication des grandes tables de plomb, d'une date déjà fort ancienne, et dont l'honneur paraît revenir entièrement à l'Angleterre. Cette machine, introduite en France vers 1728 par Fayolle, plombier de Paris, qui la faisait fonctionner au moyen d'un manége, est comprise au nombre de celles qui, à cette époque, ont été approuvées par l'ancienne Académie des sciences. Elle a, de plus, été décrite avec un

[1] *Repertory of arts and manufactures*, t. VII, 2ᵉ série. Voy. aussi le tome XII du *Bulletin de la Société d'encouragement*, p. 102. Il s'agit là probablement de la patente délivrée à l'ingénieur William Bell, de Derby, le 9 mars 1805.

soin particulier dans un mémoire publié en 1781 par M. Remond de Saint-Albin, lu à la *Société des arts de Paris*, mémoire dans lequel on apprend qu'il existait dès 1706 environ deux mille ouvriers à Londres, et dix mille dans toute l'Angleterre, occupés au laminage des grandes tables de plomb à l'aide de machines de ce genre, mises en action par des roues hydrauliques. C'est du moins ce qu'on peut conclure d'un article de l'ouvrage de M. Borgnis[1], où l'on trouve la description de l'une de ces machines anglaises, mais qui nous laisse ignorer le nom de l'inventeur et du recueil d'où cette description a été extraite.

Les regrets, à cet égard, seront d'autant plus vifs, qu'il a été fait depuis 1700 très-peu de changements aux machines à laminer le plomb, et que le régulateur ingénieux dont elles sont munies a été, comme nous le verrons plus loin, appliqué depuis, avec quelques modifications, aux grands laminoirs à travailler le cuivre ou le fer, et qu'il offre sans doute le premier exemple, non-seulement de cylindres supérieurs à empoises mobiles mis en équilibre au moyen d'une bascule à contre-poids alors établie vers le haut de l'atelier, mais aussi d'un système ingénieux pour régler à volonté l'écartement de ces cylindres par rapport aux cylindres inférieurs fixes; ce qui s'opère à l'aide de fortes vis verticales de pression, surmontées de roues d'engrenage solidaires, conduites par un arbre horizontal placé au-dessus des chapeaux qui couronnent les montants du laminoir; arbre terminé, à ses extrémités, par des vis sans fin engrenant dans des pignons qui font mouvoir, de part et d'autre, les quatre roues dentées servant de tête aux vis de pression déjà mentionnées. Ajoutons que, dans cette machine, le mouvement était donné à la table horizontale de plomb, reposant sur une série de rouleaux en bois parallèles, ainsi qu'au cylindre inférieur, à l'aide d'un manchon à gorge muni d'un levier et de chevilles d'embrayage agissant

[1] T. VI, p. 140, du *Traité complet de mécanique appliquée aux arts.* (Machines de fabrication.)

alternativement sur deux grandes lanternes verticales en bois, que conduisaient des roues dentées établies sur l'arbre d'une même roue hydraulique : système qui n'a, d'ailleurs, avec celui de Droz d'autre analogie que l'emploi de vis de pression ou de serrage verticales, servant à diriger les empoises du cylindre supérieur, par la combinaison d'écrous dentés mus solidairement au moyen d'une grande roue horizontale dans l'une des machines et d'un arbre horizontal à double vis sans fin dans l'autre.

§ V. — Anciennes machines à dresser, tourner et aléser les métaux. — *Samuel Bentham, Bramah, Billingsley,* MM. *Bouquero* et *Maritz.*

Je dirai peu de chose, ici, des tours et alésoirs employés dans les anciens ateliers à travailler les grosses pièces métalliques, parce que les documents authentiques, comme on a dû s'en apercevoir, manquent ou se réduisent aux quelques indications très-rapides fournies par l'ouvrage déjà cité de M. Rennie, et que ces mêmes machines-outils ont reçu, postérieurement à 1820 ou 1825, des perfectionnements très-importants, sur lesquels nous aurons à revenir d'une manière spéciale dans les chapitres suivants.

Les machines de Focq et de Caillon nous ont déjà offert précédemment l'exemple de supports d'outil glissant entre des guides fixes, ou le long de tiges, de vis directrices, parallèles à la pièce à travailler. Peut-être, comme le veut M. Rennie, en trouverait-on la pensée originale ou le principe essentiel dans d'autres petites machines, françaises ou anglaises, antérieures d'une ou de deux années à l'époque de 1751, où Nicolas Focq s'en servait pour raboter les cylindres en fer de ses pompes ; mais cela est d'une minime importance, et nous devons admettre, avec ce savant ingénieur, que la patente de sir Samuel Bentham, de 1793, comportait une disposition de support glissant plus ou moins analogue à celle des machines à dresser dont il s'agit ; que la patente de Joseph Bramah, prise en 1802, concernait des moyens plus parfaits encore de rainer et polir des surfaces métalliques ; que, dès 1794, ce célèbre ingénieur avait inventé le *support glissant* ou *à traîneau* (*slide rest*) des *tours parallèles*, nommé improprement peut-être chez nous *équipage à chariot*, et dont le dessin original, soigneusement conservé et transmis par feu Francis Bramah, son fils, avait été exécuté anciennement par le célèbre Henry Maudslay père, à qui, selon M. James Nasmith, on doit, sinon l'idée première, le principe, du moins l'introduction dans les ateliers de l'Angleterre, de ce puissant agent de progrès et de perfectionnements mécaniques[1]. Nous devons admettre encore que le même Joseph Bramah avait aussi employé, dès 1811, un outil tournant pour dresser ou planer les pièces de fer; que Billingsley[2], bien qu'il eût pris, en 1802, une patente pour aléser les grands cylindres en fonte, verticaux, fixes, au moyen d'un porte-outils annulaire, susceptible de tourner sur lui-même, tout en cheminant parallèlement à l'axe, et dirigé d'ailleurs par une double crémaillère verticale, n'est pas le premier qui ait employé une machine de ce genre dans les ateliers de construction de l'Angleterre; qu'enfin les alésoirs horizontaux, *qui ont aussi leurs avantages*, avaient longtemps auparavant été mis en usage par Smeaton, Wilkinson, Walker, Darby, Boulton et Watt, notamment à Butterley et dans d'autres grandes forges anglaises : la machine verticale ayant été vé-

[1] Pour toutes les indications historiques empruntées à M. G. Rennie, voy. la dernière édition de l'ouvrage de Buchanan, t. II, p. XXXIX et suiv., et p. 401, *Note* de M. J. Nasmith, relative aux machines-outils.

[2] C'était un ingénieur en instruments établi à Birkenshaw, près Bradford (Yorkshire), et qui transmit les droits de sa patente à un M. John Starger, l'un des propriétaires des forges de Bowling, voisines de la même ville. Cet ingénieux artiste avait remarqué et critiqué le vice des alésoirs horizontaux, alors en usage, sous le rapport des flexions ou déformations éprouvées par les cylindres en fer ou en fonte; inconvénients sur lesquels on en est venu à fermer de nouveau les yeux, aujourd'hui où l'on emploie, dans la navigation et les usines, des machines à vapeur à cylindres horizontaux, inclinés et oscillants, de très-grande dimension. Voyez sur l'alésoir vertical de Billingsley, le t. II (1803), p. 323, du *Repertory of arts*, ou le tome VI, p. 179, de l'ouvrage de l'ingénieur Borgnis, qui, sans indication de date précise, cite auparavant la machine à alésoirs fixes et cylindres tournants inventée par M. Breithaupt, de Cassel.

ritablement employée dans les ateliers de construction beaucoup plus tard, ainsi que nous le verrons en rendant compte des progrès accomplis dans ces derniers temps, soit en Angleterre, soit en France.

A l'égard de l'équipage à chariot ou à traîneau dont Bramah a doté les tours parallèles en 1794, son véritable mérite consiste, non dans l'idée, déjà ancienne, de le faire glisser le long d'une forte tige parallèle à l'axe du tour, d'autant que le dessin original transmis par feu Maudslay ne comporte en lui-même aucun moyen automatique de produire ce glissement, mais bien dans l'appareil, aussi ingénieux qu'élégant, qui en surmonte la pièce principale ou glissante, et dont le principe essentiel, imité et modifié de diverses manières depuis, consiste principalement dans un ensemble de pièces, de châssis et supports en fer, mobiles, à coulisses, au moyen de vis à manivelles, qui permettent de donner à l'outil la position et le degré d'avancement convenables par rapport à l'objet à travailler sur le tour.

Enfin, il ne faut pas perdre de vue qu'il existait dans nos arsenaux d'artillerie, et cela dès avant l'époque de 1793, des machines verticales ou horizontales servant à forer, à aléser les gros canons en fer ou en bronze, ainsi que des machines horizontales à percer les flasques d'affûts en fonte, munies de forts outils dont la tige, supportée ou conduite par de véritables *chariots,* en bois ou en fer, portés sur des galets à coulisses ou rails directeurs, recevait, en avant et parallèlement à l'axe, une impulsion, naturellement très-lente, d'un treuil à chevilles, d'une grosse vis à manivelle ou d'un simple contrepoids de recul, etc., pendant qu'un mouvement rotatoire purement automatique était imprimé à la pièce ou à l'outil, au moyen d'un système d'engrenage ou de cordes sans fin et de poulies de renvoi disposé et réglé de manière à éviter le broutement et l'échauffement du tranchant de l'outil, etc.

Malgré la grossièreté des moyens d'exécution alors mis en usage, on n'en doit pas moins reconnaître qu'ils ont pu servir d'indications précieuses ou d'acheminements utiles pour l'établissement de machines-outils plus parfaites. C'est à cet unique point de vue que je citerai ici la machine à percer horizontalement les flasques d'affûts en fonte, établie, vers 1794, à l'arsenal d'artillerie de Metz par M. Bouquero, officier de l'arme, alors attaché à cet arsenal; machine dont le porte-foret ou chariot mobile, construit tout en fer, fonctionnait encore utilement en 1825 et offrait, eu égard à l'époque de son établissement, un intérêt non moindre que celui que peuvent inspirer les machines contemporaines de l'ingénieur Maritz de la fonderie de Strasbourg et celle du célèbre Bramah, toutes deux destinées à tourner sphériquement les corps métalliques, notamment les globes d'épreuve en bronze de l'artillerie.

CHAPITRE II.

INTRODUCTION DES MACHINES ANGLAISES DANS LES FORGES ET LES ATELIERS DU CONTINENT, AU RETOUR DE LA PAIX GÉNÉRALE.

§ I. — Indications historiques, principalement relatives à l'état des ateliers de construction et des grandes forges vers 1825. — MM. *Dufaud, de Gallois, Boigues, Frèrejean, de Wendel, Manby* et *Wilson, Edwards, Calla père, Saulnier, Hallette, etc.*

C'est vers les années 1817 ou 1818 seulement que l'ingénieur Dufaud, dans les usines de MM. Paillot, Labbé et Boigues, à Grossouvre, près Fourchambault; MM. Blumenstein et Frèrejean, à Vienne (Isère); M. de Wendel, à Hayange (Moselle); M. Mertian, à Montataire, près Creil (Oise), tentèrent d'introduire en France le système expéditif de fabrication anglaise du fer, dans l'application duquel ils ne tardèrent pas à être suivis par l'ingénieur de Gallois, à Janon, près Saint-Étienne, qui s'appropria plus complétement encore la méthode, ainsi que par M. Renault, à Raismes, près Anzin, et par plusieurs autres grands industriels dont les beaux établissements marchaient, comme celui de Fourchambault, à l'aide de puissantes machines à vapeur.

Mais ce ne fut véritablement qu'à partir de 1825 que nos principaux maîtres de forges s'empressèrent, à l'envi, d'améliorer ou plutôt de changer radicalement leur ancien outillage mécanique, soit par eux-mêmes, soit par le concours de MM. Manby et Wilson, à Charenton, près Paris, de M. Waddington, à Saint-Remy, soit par d'autres ingénieurs et constructeurs anglais établis dans notre pays, où se propagea dès lors avec une rapidité vraiment surprenante, mais non sans de bien lourds sacrifices pécuniaires, l'application du fer et de la fonte aux grandes et aux petites machines.

Dans cette application, on vit aussi figurer au premier rang les anciens établissements de MM. Calla père et Saulnier; ceux, plus récents, de MM. John Collier, Edwards, l'habile successeur à Chaillot des frères Périer, Aitken et Steel, Dietz, Laborde, Pihet frères, etc., tous établis à Paris et dont les ateliers de construction rivalisèrent avec les ateliers, non moins intéressants et remarquables, de MM. Hallette à Arras, Casalis et Cordier à Saint-Quentin, André Kœchlin à Mulhouse, Risler et Dixon à Cernay, Nicolas Schlumberger à Guebwiller, Humbert à Wesserling (Vosges), et beaucoup d'autres qui, avec les précédents, se livrèrent plus spécialement à la construction des machines à vapeur, des moulins, des grandes presses, des machines de filatures, etc. D'aussi excellents modèles ou exemples, joints aux utiles publications de nos habiles dessinateurs et graveurs, MM. Le Blanc et Armengaud, ainsi qu'à toutes celles de notre célèbre et populaire Société d'encouragement, commencèrent à imprimer à l'industrie française une impulsion qui se fit sentir même dans nos fonderies et arsenaux de terre ou de mer, jusque là demeurés si fort en arrière, quoiqu'on y comptât les Maritz de Strasbourg, les Abadie de Toulouse, les Hubert de Rochefort[1], etc.

L'Allemagne et la Belgique ne tardèrent pas à suivre ce

[1] On doit principalement à M. Edwards, de Chaillot, les améliorations introduites, dès avant 1825, dans les fonderies de Douai et de Ruelle, ainsi que dans plusieurs autres établissements des artilleries de terre ou de mer.

mouvement, si même elles ne le précédèrent en quelques points : témoin l'immense établissement fondé à Seraing, près Liége, par feu Cockerill, qui, entre autres perfectionnements mécaniques, imagina de soulever le gros marteau à cingler les loupes au moyen d'un mentonnet placé au-dessous du manche, entre l'enclume et la chaise de support des tourillons, de manière à faciliter la manœuvre des grosses loupes et des fortes pièces de fer, etc. Ce grand établissement, bientôt imité d'ailleurs (1825) par M. Annonay dans les forges de Couvin, devint le modèle de plusieurs de ceux qui furent successivement créés, transformés et améliorés dans la Prusse Rhénane, la Westphalie, le grand-duché de Bade, etc., où s'étaient fait également sentir, depuis 1801, les progrès accomplis dans le pays de Liége par MM. Jamain et Poncelet pour le laminage des tôles. Il nous suffira de citer les belles forges de Dilling, près Sarre-louis, destinées principalement à la fabrication des fers-blancs et qui, sous l'intelligente et active direction de M. Defrance, ingénieur français, parvint à lutter victorieusement contre la concurrence étrangère, en renouvelant et perfectionnant tout à la fois, comme l'avait fait lui-même M. de Gargan, successeur de M. de Wendel à Hayange, le système des moteurs hydrauliques et des machines de fabrication de l'usine.

Malgré cette transformation radicale opérée dans les grandes forges, on n'en a pas moins continué à se servir des anciens marteaux et martinets, dont les manches, ordons et rabats ont été exécutés en fer et fonte dès avant 1830, dans la plupart des forges, où, visant plus à la qualité qu'à la quantité, on n'a point encore abandonné l'affinage au bois, qui, d'après les résultats de l'expérience et de la pratique, paraît préférable à la méthode anglaise quand il s'agit d'obtenir des fers forts, plutôt nerveux que fibreux, résistant bien à la forge et au marteau à bras, comme cela est de toute nécessité pour les aciers destinés à la fabrication des outils agricoles et autres, tels que les socs de charrue, les faux, les lames de sabre ou de scie, les divers ciseaux, limes, etc.

C'est ce dont, notamment, on a eu un remarquable et récent

exemple à l'Exposition universelle de Londres, où MM. Atkin et fils, de Birmingham, ont présenté de très-beaux modèles de martinets qui eussent appartenu à la VIe classe du Jury, si les exposants sous le patronage desquels ils paraissaient dans la XXIIe classe n'avaient tenu bien moins à faire preuve d'invention mécanique qu'à démontrer au public que leurs magnifiques produits en outils d'acier avaient été fabriqués d'après les anciens procédés, et pouvaient, sous ce rapport, rivaliser avec ceux de la France et de l'Allemagne, dont on admira également un bon spécimen de grands laminoirs en acier fondu et poli exposé par M. Krupp (Hesse grand-ducale), à qui il a valu une médaille de premier ordre.

L'introduction du marteau frontal, des cylindres ébaucheurs ou étireurs, etc., dans nos forges n'est pas la seule modification qu'elles aient subie, au point de vue mécanique, de 1820 à 1830. Pour remuer, transporter facilement les grosses pièces de fonte ou de fer que l'on y fabriquait, il a fallu recourir à ces grandes grues pivotantes, à engrenages et chariots mobiles sur des rails supérieurs, généralement en usage depuis 1825 dans les fonderies comme dans les forges, et qui permettent à la charge de *rayonner* dans tous les sens, à une distance plus ou moins grande de l'axe central, d'où le nom de *radiales* donné aux diverses machines fondées sur un principe analogue. Pour couper, à chaud ou à froid, les plus grosses barres de fer, pour rogner les plus épaisses feuilles de tôle, on dut se servir de puissantes cisailles mises en action par de forts leviers oscillants, à came ou excentrique, à manivelle, bielle et volant. Enfin, pour fabriquer les grandes feuilles de tôle, on dut également mettre en usage de puissants laminoirs à vis de pression solidaires et à empoises mobiles, soutenant parallèlement le cylindre supérieur, au moyen d'un système de bascules à contre-poids, établies ici sous la plate-forme en fonte de fer, à *grille* ou rainures longitudinales, qui en supporte les montants, susceptibles ainsi d'être déplacés, serrés à vis et écrous le long de ces rainures, quand le changement des cylindres l'exige.

On remarquera, d'autre part, qu'à l'époque de 1825, qui nous occupe, nos grandes usines d'Imphy, de Romilly, de Pont-l'Évêque, à laminer le cuivre pour la marine; celles de Clichy-la-Garenne, près Paris, et autres servant à laminer les grandes tables de plomb; enfin les usines de Delcanville et de Fromelennes pour la fabrication des plus grandes feuilles de zinc, n'étaient nullement restées en arrière des progrès ou transformations remarquables qu'avaient subis, au point de vue mécanique, les usines à fabriquer le fer.

Non-seulement les laminoirs, exécutés entièrement en fonte dure et empoises en cuivre avec une remarquable précision, y reçurent les plus grandes dimensions, mais encore ils furent munis des plus ingénieux appareils pour régler, dans les opérations successives, la marche ou l'écartement parallèle du cylindre supérieur mobile par rapport au cylindre inférieur à empoises fixes, au moyen de fortes vis verticales de serrage, surmontées de pignons dentés, solidairement conduits par d'autres roues à engrenages ou d'autres vis horizontales situées dans le prolongement l'une de l'autre, unies par une griffe d'embrayage au milieu du chapeau, et remplissant à l'égard de la tête des précédentes la fonction de vis sans fin, qui rappelle l'ancien système anglais; sauf qu'ici la marche ou l'écartement des cylindres est réglée à la main, au moyen d'une aiguille à cadran placée à l'une des extrémités du chapeau. C'est là, du moins, le dispositif que j'ai vu fonctionner en 1825 dans la manutention du plomb dirigée par M. Régny, à Clichy, près Paris, et qui était employé alors à laminer de fortes tables de ce métal, pesant jusqu'à 3 500 kilogrammes, ayant 2^{m},6 de largeur et réduites de 54 à 27 millimètres d'épaisseur en moins de deux heures au moyen d'une machine à vapeur de la force de vingt chevaux, faisant mouvoir directement, tantôt dans un sens, tantôt dans l'autre, le cylindre inférieur, et, par simple frottement, celui du haut, ayant 0^{m},60 de diamètre et 2^{m},75 de longueur comme le précédent, et muni d'un manchon d'embrayage à double griffe qui offre, ainsi que toutes les autres parties du mécanisme, des perfectionnements réels par rapport aux anciennes machines anglaises à engrenages en bois, imitées, comme on l'a vu, au commencement du siècle précédent, par le plombier Fayolle, de Paris.

Indépendamment des beaux laminoirs dont il vient d'être parlé, et dont la construction, due aux ateliers de l'ingénieur Edwards, à Chaillot, montre bien l'état de perfection où en était arrivée la fabrication des grandes machines en fer dans notre pays à l'époque de 1825, la manutention du plomb, à Clichy, comportait également un banc d'étirage à froid d'assez forts tuyaux de ce métal au travers d'une filière d'acier annulaire, et que sollicitait une longue et forte chaîne à plaques recroisées, dirigée horizontalement dans l'axe du banc ou de la filière, passant sur des poulies de renvoi, dont la dernière, fixée au sommet d'une haute tour, recevait la branche verticale de la chaîne chargée d'un lourd contre-poids de tirage.

C'était avec des moyens plus ou moins analogues que s'effectuait autrefois, à chaud ou à froid, le tirage des fils de cuivre ou de fer au travers de filières d'acier fortement trempées, par l'action de tenailles ou pinces à ressort établies sur plusieurs rangs, et dont les chaînes allaient s'enrouler respectivement sur l'arbre ou le tambour d'une roue hydraulique, quand les tenailles elles-mêmes n'étaient pas douées d'un mouvement alternatif de relâche et de reprise, laissant sur les fils de multiples, de fâcheuses empreintes; mouvement que produisaient de grossiers moyens de transmission par cames, leviers, tringles et varlets oscillants. Mais, dès le dernier siècle, M. Mouchel, l'aïeul du fabricant de l'Aigle que nous connaissons pour avoir perfectionné chez nous, avec MM. Mignard et Billinge, la *tirerie* des fils d'acier et de fer les plus fins, et pour avoir imaginé (1807) un ingénieux appareil servant à redresser ces mêmes fils; feu Mouchel, dis-je, aurait, le premier, opéré le tréfilage sur de larges et grosses bobines ou sortes de tonnes, en bois plein, de $0^m,50$ environ de diamètre, qu'on voyait encore fonctionner en France vers

1826 dans plusieurs localités, notamment à Grandvillars (Haut-Rhin), chez M. Migeon, où une roue à augets, d'une puissance de cinquante chevaux environ, conduisait, au moyen d'engrenages, à raison de vingt tours par minute, vingt bobines pareilles, rangées par couples, au-dessus de longues tables parallèles ou bancs de tirage, dont chaque paire de bobines, montées à frottement doux sur un arbre horizontal commun, en était simplement entraînée par des tiges ou bras latéraux appuyés contre les saillies de tringles, à coulisses et ressorts pousseurs, traversant chacune des bobines parallèlement à l'axe, en leur servant ainsi de moyen de débrayage.

Dans cette machine, assez imparfaite, comme on voit, les trous de filière étaient pratiqués, en grand nombre, sur une plaque d'acier verticale appuyée contre des galets ou roulettes et avancée, à la main, au fur et à mesure de l'enroulement du fil sur la bobine, qui, par la négligence des ouvriers, se faisait généralement assez mal. On chercherait vainement ici les moyens de perfection, un peu délicats, il est vrai, qui ont été imaginés par Vaucanson et ses successeurs pour enrouler régulièrement et automatiquement les fils de soie sur les bobines, etc., et je ne me rappelle pas qu'ils aient davantage été appliqués à une fort belle machine, tout en fer et fonte, exposée en 1851 dans le Palais de Cristal, à Londres, par MM. Richard Johnson et frères, de Manchester. Il va sans dire d'ailleurs que, aujourd'hui, la préparation des plus gros fils de fer ou de cuivre destinés à la tréfilerie s'opère au moyen de cylindres cannelés à ouvertures circulaires décroissantes, suivant la méthode employée avant 1817 par l'ingénieur anglais Sheffield pour la fabrication des fils de laiton; opération qui, exécutée à chaud, doit toujours être suivie, dans les numéros élevés, du tirage à froid et à la filière en acier trempé, que M. Brokedon, de Londres, a, comme on sait encore, remplacé, vers 1818, par des filières en pierre dure, du moins pour les fils de passementerie.

§ II. — Perfectionnement de l'outillage mécanique des ateliers de construction, dans l'intervalle de 1820 à 1830. — MM. *Fox*, de Derby, *Woolf* et *Edwards*, *Lewis*, *Nasmith*, *Sharp* et *Roberts*, *etc.*, *Calla père*, *Saulnier* et *Glavet*.

Le rapide coup d'œil que nous venons de jeter sur les machines à tirer ou à tréfiler montre assez qu'à l'époque de 1825 les différentes branches d'industrie métallurgique n'avaient pas encore toutes subi l'importante transformation qui venait de s'opérer dans les usines employées à forger, laminer, étirer le fer, le cuivre, le zinc et le plomb. On en sera peu étonné, si l'on considère le faible développement comparatif qu'avait acquis alors l'application des fils métalliques aux arts. Quant aux ateliers spécialement consacrés à la construction des grandes machines en fer et en fonte, ils avaient, comme nous l'avons dit, reçu une vive impulsion dans l'intervalle de 1820 à 1830, et c'est véritablement à partir du milieu de cette période que l'on a vu ce genre d'ateliers se peupler généralement de machines-outils anglaises à travailler les métaux, machines parmi lesquelles je citerai d'abord, comme les plus importantes par l'universalité de leur usage, les tours parallèles à support d'outil ou équipage à chariot, dont l'ingénieuse combinaison de vis servant à régler la position du burin est attribuée, comme on l'a vu, au célèbre Bramah; les tours parallèles à bancs, jumelles et poupées fixes ou mobiles tout en fonte, dont le porte-outil plein, muni d'une simple vis d'appui transversale, a été, sans doute peu après 1794, employé dans les ateliers de Soho et de Londres, où il était dirigé, guidé le long de tiges, de coulisses ou de rails, régnant dans la longueur entière du banc, au moyen de crémaillères dentées ou de vis elles-mêmes parallèles, mises en action, soit à la manivelle, soit automatiquement, comme le très-habile et ancien ingénieur anglais Fox l'aîné, de Derby, en a offert postérieurement un modèle à plusieurs fins, à roues de rechange, extrêmement remarquable, mais aussi fort compliqué[1]. Tels sont encore les tours à fileter les pas de vis du même artiste, et ceux, beaucoup plus simples, de James Nasmith, de Manchester; les tours également automatiques à tailler les grandes vis à filets carrés, dont l'outil est conduit parallèlement par une même vis ou par des engrenages différentiels, tours dont il existait de beaux modèles en France plusieurs années avant 1825; enfin, les grands alésoirs horizontaux à tourner, polir intérieurement les cylindres en fonte, fixés d'une manière inébranlable, au moyen de chaînes, et dont le porte-outil annulaire, à burins gradués, tournant et glissant avec une extrême lenteur, le long d'un noyau creux également fixe, est conduit parallèlement, suivant l'axe même du cylindre, au moyen d'une crémaillère intérieure à contre-poids de recul. Ce système, qu'on voyait fonctionner en 1823 dans l'établissement de MM. Manby et Wilson, à Charenton, près Paris, était déjà anciennement em-

[1] Ce tour a été décrit, longtemps après qu'on s'en fût servi en Angleterre et en France, par M. Armengaud aîné, dans le tome XLI, p. 213, du *Bulletin de la Société d'encouragement* (année 1842). Déjà M. Pihet, de Paris, avait introduit, en 1826, dans ses ateliers du faubourg Saint-Antoine un puissant tour parallèle à chariot, et il fut bientôt suivi par M. Thiébaut aîné, qui se servit du grand tour à fileter de Fox, ainsi que par MM. Debergue et Spréafico, Gengembre, Saulnier, Calla, tous habiles constructeurs à Paris, dont le dernier imagina, en 1829, de faire mouvoir par un engrenage intérieur le grand plateau circulaire servant à fixer les fortes pièces à tourner ou aléser (*Publications industrielles* de M. Armengaud aîné, t. II, p. 153). Déjà aussi, en 1825, j'avais vu les ateliers d'armes de Saint-Étienne munis de douze tours *automates* employés à arrondir extérieurement les canons de fusils et de pistolets, selon un profil ou *gabarit* déterminé; machines qui, peut-être, sont les mêmes que MM. Rennie, de Londres, avaient fournies à notre Gouvernement, et dont ils construisirent, un peu plus tard sans doute, de semblables pour les Gouvernements d'Égypte et de Turquie. Enfin, il n'est pas non plus sans intérêt, au point de vue historique, d'ajouter que j'ai également vu fonctionner, en 1825 et 1826, dans l'arsenal de Rochefort, dirigé par le savant ingénieur feu M. Hubert, et dans la fonderie maritime de Nevers, anciennement établie par Monge, de fort beaux tours parallèles à chariot, servant à *riper* et tailler les plus fortes vis en fer. D'après cela, il paraît certain que c'est plusieurs années avant 1824 ou 1825 que les tours à chariot automatiques ont été introduits en France.

ployé en Angleterre, comme on l'a vu; mais on lui a préféré depuis en France, sans doute d'après Caillon, une ingénieuse combinaison de vis conductrice à engrenages différentiels réalisée par MM. Woolf et Edwards, et dont les mouvements solidaires étaient empruntés au moteur même de l'outil[1].

C'est aussi à dater de la même époque (1825 à 1830) que l'on vit introduire dans nos ateliers de construction ces ingénieuses et élégantes machines automatiques à drille ou à forer verticales, ordinairement adossées à un mur ou à une forte colonne, comme en offraient un bel exemple, dès 1826, les ateliers de M. Humbert à Wesserling (Vosges); machines que met en mouvement un équipage de roues d'angle ou de courroies motrices sans fin, à poulies étagées, pour changer, au besoin, la vitesse de leur arbre, tournant sur lui-même, avec une extrême rapidité, au-dessus d'une table en fonte, à jours et à vis de serrage, servant de support à la pièce à travailler. Cette table, tantôt mobile verticalement, comme dans les petits ateliers, à la catégorie desquels appartenait celui de Wesserling, mais alors susceptible d'être fixée à une hauteur quelconque au-dessous de l'outil, au moyen d'une crémaillère à levier de Lagarouste, tantôt, comme dans les belles machines anglaises des Lewis, des Nasmith et Gaskell, de Manchester, postérieures peut-être, mais aussi préférées à celles qu'on voyait, en 1823, fonctionner à l'aide d'un porte-outil mobile à crémaillère et à fourreau dans l'usine de MM. Manby et Wilson, à Charenton, la table dont il s'agit, véritable plate-forme à jour, était fixée à une hauteur invariable au-dessus du sol, mais pouvait, au besoin, tourner sur elle-même ou glisser le long de guides en fer : l'arbre central du foret, enveloppé également d'un fourreau et terminé vers le haut par une vis à pas serrés guidée par un chapeau glissant entre deux tiges verticales fixes, cet arbre, dis-je, était alors,

[1] On peut voir dans le tome II, p. 11 (janvier 1823), du *Bulletin de la Société d'encouragement* de Paris la description d'un alésoir à engrenages et à vis horizontale conductrice dont M. Edwards se servait depuis plusieurs années déjà dans l'ancienne et célèbre usine de Chaillot.

à son tour, susceptible d'être abaissé graduellement, au moyen d'une roue remplissant la fonction d'écrou, et dont la manœuvre était soumise à l'ouvrier par un petit arbre vertical à manivelle inférieure[1].

A ces dernières machines-outils, propres à James Nasmith, on doit ajouter : les anciens et puissants tours de cet habile ingénieur, dont les plateaux circulaires verticaux, à jours multiples et vis de serrage, servent de supports pour maintenir et cintrer les grandes roues dentées ou autres grosses pièces que l'on veut arrondir et dresser extérieurement ou intérieurement; les machines automates à mortaiser verticalement les rainures de calage ou d'embrayage des mêmes roues; celles à manivelles, bielles et volants de Sharp et Roberts; les machines à fendre et tailler, au moyen de fraises tournantes, les roues dentées ainsi que les fortes têtes ou pans d'écrous de Nasmith et de Lewis; enfin les grands alésoirs verticaux à engrenages et vis conductrices intérieures du même James Nasmith, qui avaient, comme on l'a vu, été précédés en Angleterre de celui de Billingsley, patenté en 1802.

Est-il bien nécessaire de rappeler ici qu'un bon nombre de ces belles machines et des précédentes trouvent leurs types divers dans les anciens et ingénieux tours en l'air, à pointes et à poupées fixes ou mobiles, à excentriques et mandrins, à guillocher, etc., tours sur lesquels Delahire (1719), de la Condamine et Grandjean (1733), Plumier et Morin (1749), enfin Bergeron, Desormeaux et beaucoup d'autres ont successivement écrit; que ces types se retrouvent aussi dans les platines circulaires à diviser, dans les instruments servant à refendre et arrondir les dents de roues, des Taillemard, des Petit-Pierre, des Frédéric Japy, de Beaucourt; enfin dans cette variété d'outils à fraises tournantes et à burin employés à tailler les petites pièces d'horlogerie, depuis que ce dernier et ancien ingénieur essaya, vers 1785, de créer dans le Haut-

[1] Pour ces machines-outils et les suivantes, consultez l'ouvrage déjà cité de Buchanan, avec *additions* de M. Rennie, pl. 22 à 70, t. I et II.

Rhin les établissements d'ébauches de montres déjà cités [1], aujourd'hui devenus si vastes, et dont les produits, considérablement perfectionnés et développés depuis par les habiles héritiers de son nom, furent si peu ou si mal appréciés, en 1851, du Jury de la Xe classe, à l'Exposition universelle de Londres.

Comme exemple des perfectionnements que la construction et la composition des machines avaient reçus chez nous avant l'année 1830, on me permettra de citer les engrenages différentiels ou planétaires, que feu Pecqueur appliqua vers 1818 aux mécanismes d'horlogerie, et qui reçurent depuis d'utiles applications aux machines de filature; le tour excentrique à l'aide duquel cet ingénieux artiste, élève des Molard et des Vaucanson, parvint à établir, avec une précision pour ainsi dire mathématique, les grandes coquilles de sa machine à vapeur à rotation immédiate; les tours parallèles à chariot, à vitesse variable et à diverses fins, que M. Calla, l'élève du savant de Bétancourt, dota du nom de *tours universels* [2]; les machines à diviser et tailler les dents des roues en fonte, d'un autre élève de Louis Berthoud, M. Saulnier, mécanicien de la Monnaie de Paris; enfin et surtout, parce qu'elles n'ont rien emprunté aux modèles venus de l'Angleterre, les élégantes et très-simples machines par lesquelles MM. Glavet, qui eurent également pour guide M. Savart, l'ingénieux et célèbre facteur d'instruments de précision aux Écoles de Mézières et de Metz, parvinrent à tailler automatiquement, avec une rare perfection et une économie jusqu'alors inconnue, les dents des larges roues cylindriques ou coniques qu'ils furent appelés à construire, en grand nombre, pour les moulins de la Moselle et des départements circonvoisins, plusieurs années même

[1] Voy. plus particulièrement son brevet du 17 mars 1799, t. II, p. 22, du *Recueil des brevets expirés*, où se trouve décrite sa machine à fendre les petites roues, etc., etc.

[2] Ce tour, présenté à l'Exposition française de 1827, a été décrit à la p. 419 du t. XXIX du *Bulletin de la Société d'encouragement* de Paris, à une époque où l'on connaissait fort peu encore les tours parallèles en France.

avant l'époque d'avril 1829, où ils décrivirent leur machine dans un brevet d'invention [1] dont l'extrême clarté peut servir de modèle, et qui se fait principalement remarquer par l'abandon complet des anciennes machines à fraises ou outils tournants, auxquels ils substituèrent un simple burin, susceptible de diverses inclinaisons, guidé d'ailleurs par une directrice avec vis et repoussoir à ressort, tracée d'après le profil de la dent à tailler; le tout monté sur un support ou châssis à coulisses, animé d'un mouvement rectiligne alternatif que lui imprime un équipage à bielle et manivelle recevant directement l'action continue d'un moteur quelconque.

CHAPITRE III.

DÉVELOPPEMENT ET PROGRÈS DES APPLICATIONS ET DU TRAVAIL MÉCANIQUE DU FER, À PARTIR DE 1830.

§ Ier. — Agrandissement de l'outillage des ateliers de construction et, plus spécialement, des grandes machines à planer les métaux.—MM. *B. Hick, Clément, Fox, Nasmith*, etc., en Angleterre; *de Lamorinière, Mariotte, Cavé, Decoster*, en France.

Malgré les heureux perfectionnements dans l'outillage mécanique mentionnés en dernier lieu, et dont il me serait impossible ici de multiplier davantage les citations ou les exemples, il s'en faut de beaucoup que la construction des grandes machines à travailler et façonner le fer ait pris, à l'époque de 1830, le développement qu'elle devait atteindre un peu plus tard, lorsque l'établissement des navires en fer, des bâtiments à vapeur, des chemins à rails et des locomotives, des ponts fixes en fer ou en tôle, etc., eut acquis chez nous, comme en Amérique et en Angleterre, ces immenses proportions dont, à partir de 1831 ou 1832, nous avons été et sommes encore les témoins et enthousiastes admirateurs. C'est alors seulement que l'on vit mettre en œuvre dans les

[1] Voy. le t. XXXIX, p. 359, du *Recueil des brevets expirés*.

vastes ateliers de fonderie et de construction de nos voisins d'outre-Manche, les Rennie et les Maudslay de Londres, les Penn de Greenwich, etc., ces grandes et belles machines outils inventées, successivement perfectionnées par les mécaniciens anglais déjà cités, aux noms desquels il faut ajouter celui de MM. Benjamin Hick et fils, constructeurs mécaniciens à Bolton, à qui l'on doit, déjà anciennement, d'ingénieuses *machines radiales* automatiques à forer verticalement, et dont la volée horizontale, soutenue par une forte vis, est susceptible d'être abaissée ou élevée au travers d'un écrou tournant horizontalement sur un support à colonne évidée; de non moins ingénieux et très-simples mandrins coniques à vis directrices, servant à exécuter les rainures des boîtes ou arbres de roues; de puissantes machines verticales à aléser les grands cylindres en fonte, dont le porte-outil, conduit par des crémaillères intérieures, rappelle le système de Billingsley, etc.; enfin des machines à dresser les faces planes des mêmes cylindres dont MM. Clément de Londres, Fox de Derby, Nasmith et Gaskell, Collier, Lewis, Hetherington, tous établis à ou près Manchester, s'étaient aussi occupés, d'une manière spéciale et avec le plus grand succès, dès avant 1832 ou 1833[1].

Les grandes machines anglaises à dresser ou planer les surfaces métalliques, sur lesquelles nous n'avons rien dit jusqu'à présent, parce qu'elles ne furent que tardivement introduites dans nos ateliers, offrent des formes assez variées, quoique tendant au même but : il me suffira de donner une idée des principales d'entre elles, en commençant par celles de J. Nasmith, qui ne sont pas les plus anciennes peut-être, mais les plus simples de toutes, et indiquent assez bien la marche et le progrès des idées dans cette branche d'industrie.

D'abord constituées d'une plate-forme horizontale fixe, d'un outil monté verticalement sur un chariot à galets en fonte, dont la gorge triangulaire roulait sur des rails parallèles, ces

[1] Pour toutes ces indications et les suivantes, voy. l'ouvrage souvent mentionné de Buchanan, édité par M. Georges Rennie.

machines offraient d'assez faibles dimensions et le jeu de l'outil était ainsi fort peu assuré; mais cet habile ingénieur et son associé M. Gaskell ne tardèrent pas à les abandonner pour y substituer une machine qui rappelle les anciennes scieries à chariot horizontal porte-pièce, doué d'un mouvement rectiligne alternatif, sauf qu'ici le recul, comme l'avance, s'opère automatiquement, et que le chariot lui-même, surmonté de sa plate-forme à vis de serrage, glisse sur rainures et languettes au moyen d'un tirage horizontal à chaîne et à tambour, tandis que l'outil, dirigé verticalement et monté sur un support à vis directrice horizontale dans le genre de ceux des tours à la Bramah, à fileter, etc., d'ailleurs actuellement immobile au-dessus de la pièce à dresser, burine cette pièce dans toute sa longueur et pendant la marche en avant, puis se replie en basculant et traînant pendant la marche en arrière, où, cessant complétement d'agir, il reçoit en dernier lieu, d'un rochet ou cliquet latéral faisant tourner la vis directrice ci-dessus, un déplacement transversal et horizontal qui, répété à chaque alternative du mouvement, lui fait parcourir petit à petit, et d'une manière purement automatique, tous les points de la surface à dresser.

Ajoutons que, dans ces machines perfectionnées de Nasmith, le châssis rectangulaire horizontal, ou *boîte à vis*, véritable support du chariot ou porte-outil ordinaire, est lui-même susceptible de monter et baisser parallèlement à la plate-forme inférieure, en glissant à coulisse le long de forts montants extérieurs, fixes, en fonte, au moyen d'une dernière et grosse vis verticale traversant un chapeau à écrou en son milieu et réglée, une fois pour toutes, à la main, d'après l'épaisseur des pièces à planer ou à dresser.

Dans la machine plus parfaite encore, mais aussi plus compliquée, de MM. Fox, de Derby, dont l'aîné avait déjà construit, en 1821, des planeuses à dresser les pièces de $3^{m},02$ de longueur sur $0^{m},55$ de largeur et $0^{m},31$ d'épaisseur, pour les métiers à tulle, la vis centrale dont il vient d'être parlé a été remplacée par un couple de vis extrêmes à mouvements solidaires[1], rappelant celui des larges laminoirs à tables de plomb, dont il importe tant d'assurer l'horizontalité ou le parallélisme, et déjà usités en France vers 1824 ou 1825, comme on l'a vu. D'ailleurs le mouvement est ici donné au moyen d'une poulie fixe et de deux poulies folles à courroies sans fin, l'une parallèle, l'autre croisée, à vitesse rétrograde, partant toutes deux de l'étage supérieur du bâtiment et munies respectivement d'une griffe à embrayage spontané, à contre-poids et bascule, réglée, au moyen de cliquets, par la marche même du chariot, que conduisent des rouages dentés et une crémaillère, au lieu de la chaîne enroulée à un bout sur un gros tambour dont Smith faisait d'abord usage. Enfin, l'avance de l'outil, qui dans la grande planeuse de Fox peut recevoir diverses inclinaisons pour buriner les pièces latéralement, s'opère ici, selon les cas, ou à la main, au moyen d'une simple manivelle, ou automatiquement, au moyen d'une roue à rochet, avec bielle, cliquets et contre-poids qui fonctionnent en même temps que l'embrayage à griffe.

Une autre grande machine à planer du système Fox, encore plus compliquée dans quelques-unes de ses dispositions, et dont la construction fort élégante est antérieure à 1833, a été attribuée à l'ancien et très-habile ingénieur M. Clément, de Londres[2]. Elle se distingue principalement des précédentes en ce qu'elle porte deux burins, dont l'un agit pendant l'allée et l'autre pendant le retour de la pièce à dresser, de manière à éviter le temps perdu durant la marche à vide du chariot, auquel Fox, néanmoins, donnait, dans sa machine à outil simple basculant, un mouvement de retour accéléré dû à

[1] Cette machine, décrite à la p. 153 du t. XXXIII du *Bulletin de la Société d'encouragement* de Paris, l'avait été auparavant dans les *Transactions des Sociétés d'encouragement* de Londres et de Berlin.

[2] T. XXXIII, p. 153, et t. XLI, p. 278, du *Bulletin de la Société d'encouragement* de Paris. Pour pouvoir affirmer que les machines dont on parle dans ces deux notices, publiées à plus de huit ans d'intervalle, sont bien de M. Clément, il faudrait recourir au t. XLIX, p. 157, des *Transactions de Société d'encouragement* de Londres, que je n'ai pas sous la main, et qui renferme, tout au moins, l'indication des premières idées de M. Clément.

un agrandissement convenable de la poulie motrice à cordons croisés, située à l'étage supérieur du bâtiment. La planeuse attribuée à M. Clément offre d'ailleurs un caractère particulier de solidité et de précision dans l'ajustement et la combinaison des divers rouages, en fer ou en fonte, qui produisent l'avance spontanée et horizontale du porte-outil, le mouvement vertical parallèle de la boîte à vis directrice, enfin celui de la plate-forme ou chariot à coulisse et crémaillère centrale, qui soutient la pièce à dresser, pouvant recevoir jusqu'à $5^m,30$ de longueur sur $1^m,80$ de largeur. Remarquons, de plus, que l'habile artiste dont il vient d'être parlé s'était servi de petites machines à raboter dès l'année 1820, où il s'occupait de la construction de métiers à tisser les étoffes [1], c'est-à-dire à une date contemporaine, si ce n'est antérieure, à celle où, comme on l'a vu, M. Fox lui-même introduisait dans ses ateliers l'usage des premières machines à dresser les petites pièces de fonte ou de fer, dont s'étaient, de leur côté, servis, dès la même époque, MM. Rennie, de Londres, et probablement beaucoup d'autres constructeurs de la Grande-Bretagne, qui à cet égard, et d'après ce qu'on a vu encore, avaient été devancés en 1809 par le mécanicien Caillon, de Paris. D'ailleurs, ce ne fut guère avant 1831 ou 1832 que la grande machine à planer de M. Fox a été introduite en Belgique, à Berlin et à Paris, où elle fonctionnait dans les ateliers, de M. Pihet, alors établis au faubourg Saint-Antoine, pour la construction des grandes machines en fer et en fonte.

Peu après cette dernière époque, vers 1834, M. de Lamorinière, savant ingénieur de la marine française, qui dirigeait alors les ateliers de la célèbre manufacture de glaces de Saint-Gobain, imagina de faire dresser les grandes tables de fonte de cet établissement par une machine dont le porte-outil, monté sur un fort chariot, était tiré par une chaîne sans fin et passait sur des poulies de renvoi établies aux deux extrémités de

[1] Voyez la préface ajoutée par M. G. Rennie à la dernière édition, déjà plusieurs fois citée, de l'ouvrage de Robertson Buchanan.

la plate-forme porte-pièce; ici immobile comme dans la primitive et petite machine à raboter de Nasmith, mais où les montants du chariot porte-outil, au lieu d'être établis sur de simples galets roulants, d'une marche assez peu assurée, étaient coulés d'une seule pièce en fonte, sur de lourdes semelles ou patins débordant de part et d'autre ces montants, le long desquels pouvait glisser, parallèlement ou horizontalement, à l'ordinaire, la boîte à vis directrice de l'outil, dont, par des combinaisons aussi simples qu'ingénieuses, l'avance était réglée automatiquement à la fin des allées et venues du même chariot. Néanmoins ce ne fut guère avant 1837, et sur le refus de l'habile ingénieur Cavé, qui alors tenait à l'emploi exclusif des crémaillères dentées au lieu de chaînes sans fin, qu'un autre constructeur mécanicien de Paris, feu Mariotte, exécuta, sous la direction ou d'après les idées de M. de Lamorinière, deux semblables machines à planer, qu'il lui avait commandées pour les arsenaux de la marine française, mais dont le système fut, depuis, perfectionné ou amélioré par M. Decoster et divers autres habiles artistes ou ingénieurs français dont nous aurons bientôt à mentionner les travaux d'une manière plus spéciale.

§ II. — Perfectionnement des divers agents et moyens mécaniques employés dans les grands ateliers de construction et de fabrication. — MM. *Maudslay*, *Benjamin Hick*, *E. Clark* et *W. Fairbairn*.

En même temps que les usines de l'Angleterre se peuplaient, à partir de 1831 ou 1832, des puissantes machines à tourner, aléser, buriner et dresser les grandes pièces de fer, dont nous avons tenté précédemment de donner au moins une rapide idée, on y vit aussi employer ces énormes grues roulantes à double volée, se faisant mutuellement équilibre par des contre-poids mobiles, et dont on doit l'ingénieuse combinaison à MM. Maudslay, de Londres [1]; ces larges chariots à treuil, mobiles le long des rails supérieurs parallèles, à

[1] T. XXXIII, p. 190, du *Bulletin de la Société d'encouragement* de Paris.

l'aide desquels on peut promener, transporter, d'une extrémité à l'autre des plus longs ateliers, des fardeaux pesant plusieurs tonnes ou milliers de kilogrammes, et qui sont, en grand, la reproduction des petits cabriolets mobiles, en bois, naguère encore mis en usage dans nos fonderies de canon; ces gigantesques presses hydrauliques en fer et fonte qui, de l'état modeste où les avait laissées leur premier constructeur, Joseph Bramah, lorsqu'il s'en servit en 1805 pour comprimer des feuilles de papier sortant de son ingénieuse fabrication mécanique à la *forme,* parvinrent progressivement à celui où on les a vues à l'Exposition universelle de Londres, soit dans la presse hydraulique, si remarquable, de M. Hick, coulée d'une seule pièce, mais à quatre cylindres pour éviter les ruptures du fond, et exerçant des efforts de plusieurs centaines de tonnes, capables de percer, à froid et à l'emporte-pièce, des rondelles de 20 centimètres de diamètre dans des plaques de fer de 3 à 4 centimètres d'épaisseur, soit dans la presse, plus colossale encore, de la fonderie Bank, à Warrington, dont la direction, quant aux plans et à l'exécution, fut confiée par M. R. Stephenson à l'habile ingénieur Edwin Clark, et qui servit à soulever des masses d'un à deux milliers de tonnes constituant les différentes travées du célèbre pont tubulaire de Conway. C'est alors, enfin, que l'on fit usage pour la première fois de ces puissantes machines à river, sans percussion, les fortes tôles de fer, au moyen d'une presse à genou ou doubles leviers articulés, que conduit une courroie sans fin, des engrenages et un galet excentrique poussant un autre galet fixé à l'articulation commune de ces leviers, dont l'un tourne autour d'une rotule contre un appui inébranlable, tandis que l'autre pousse horizontalement la tige du poinçon à river, etc.; machine établie, ainsi que ses deux supports d'appui, sur un solide chariot en fonte, susceptible d'être transportée, sur rails, aux divers points de l'atelier, et dont la conception ingénieuse et la construction avaient été réalisées dès 1835 [1] par

[1] C'est seulement en mars 1838 que M. Fairbairn s'est fait breveter en

M. William Fairbairn, de Manchester, le célèbre élève des Rennie, des Penn, des Atkinson, chez qui il avait travaillé en 1812 et en 1813.

Jusque-là, en effet, même dans le grand établissement de MM. Maudslay, à Londres, qui avaient construit pour l'Amirauté anglaise de belles machines à percer en un seul coup des tôles de deux ou trois trous se répérant à chaque reprise, de manière à obtenir des rangées parfaitement droites et équidistantes, on avait constamment employé l'étampe et le marteau à bras pour enfoncer péniblement les rivets à têtes coniques, en fer, qui, traversant ces mêmes trous, servaient à relier entre elles les tôles accouplées deux à deux, pour en constituer les grandes chaudières des machines à vapeur. On doit aussi à M. W. Fairbairn, associé à M. Lillie, d'avoir ramené, le premier, aux justes et élégantes proportions que nous leur voyons aujourd'hui les arbres de commande, les poulies de renvoi ou engrenages de transmission intérieure, demeurés jusqu'en 1818 ou 1820 si lourds, si encombrants, et par conséquent si onéreux, même dans les filatures ou *factories* de la Grande-Bretagne. On ne s'y était point encore avisé, en effet, d'accélérer le mouvement dès les premiers mobiles, pour être en mesure de réduire d'autant les efforts ou résistances dans tous les suivants, selon un principe de mécanique anciennement connu, il est vrai, mais dont l'application aux manufactures par M. Fairbairn y produisit une véritable révolution : d'abord, à cause de l'économie et de la perfection qu'elle apporta avec elle dans la substitution des petits arbres en fer tourné aux gros arbres carrés, etc.; ensuite, en raison de l'épargne du travail moteur consommé par les gênes et frottements; enfin, par la grande uniformité des divers mouvements, conséquence nécessaire de la parfaite symétrie, du parfait centrage de ces immenses et longues pièces de filatures.

France pour cette première machine à river, qu'il parvint encore à perfectionner plus tard, comme on le verra ci-après.

C'est également ce célèbre mécanicien qui construisit les puissantes roues hydrauliques, en fer et en tôle, dont il couvrit, pour ainsi dire, l'Europe entière, à partir de 1825, et dont on a si fort admiré en France le spécimen dans les belles filatures de MM. Gros et Odier, à Wesserling, de M. Nicolas Schlumberger, à Guebwiller, etc., bien moins, sans doute, pour leurs colossales dimensions que pour leur légèreté relative et l'art ingénieux avec lequel l'auteur avait su y distribuer les efforts et les résistances, tout en demeurant fidèle au principe par lequel il savait convertir directement le mouvement si lent de ces roues à augets en un autre de 200 à 300 révolutions à la minute appliqué aux arbres de couche de l'usine, réduits à 6 ou 8 centimètres de diamètre.

Qu'on me permette d'ailleurs de faire remarquer, au sujet du même principe, que son application aux filatures s'est généralisée chez nous à une époque contemporaine, à peu près, de celle (1832) où M. Fourneyron parvenait à y introduire la turbine qui porte son nom, turbine précédée et suivie d'une quantité d'autres, soit en France, soit en Allemagne, où elles furent accueillies avec un égal empressement, non pas tant pour la prétendue économie de force motrice qu'elles amenaient avec elles qu'en raison de leur extrême vitesse et de l'occasion qu'elles offraient de remplacer les anciens et lourds moyens de commande par des dispositions infiniment plus légères et plus économiques. Quant à l'Angleterre, où l'on avait su de bonne heure mettre à profit ce même principe de mécanique, les turbines et autres machines motrices à rapides évolutions n'ont point obtenu, à beaucoup près, une égale faveur, et l'on continue aujourd'hui même à s'y servir des anciens moyens, moins sujets peut-être à des dérangements fâcheux, et dont il est plus facile de régler, de régulariser la vitesse de régime ou de travail uniforme.

Les travaux de M. W. Fairbairn se lient tellement aux progrès de la mécanique pratique, surtout à ceux de la construction des machines, que je ne puis me dispenser de rappeler encore qu'il fut un des premiers, en 1835, à exécuter, dans ses grands ateliers de Manchester et de Londres, des bâtiments à vapeur dont les coques, entièrement en fer et en tôle, purent sans danger affronter les vagues de l'Océan. Cette initiative hardie, celle surtout que suppose l'exécution plus récente des ponts tubulaires de Conway et Britannia, devaient, en effet, appartenir à l'ingénieux mécanicien qui avait entrepris, conjointement avec le savant M. Hodgkinson, tant et de si précieuses expériences sur la force des barres de fer et des tôles rivées ou assemblées diversement, expériences dont il a offert une dernière et remarquable application à la grue de grande portée, en arceau creux de décharge, exposée aux regards du public dans les galeries du Palais de Cristal de Hyde-Park à Londres. En contemplant ces ingénieuses et puissantes créations, on ne saurait être surpris de voir M. Fairbairn succéder à M. Brunel père dans la place de correspondant pour la section de mécanique que cet homme de génie avait laissée vacante au sein de notre Académie des sciences.

§ III. — Nouveaux progrès accomplis dans la construction des machines à laminer et forger le fer. — MM. *H. Burden, Deverell, Cavé, Bourdon, J. Nasmith, Schneider, Mertian, Petin* et *Gaudet, Flachat*, etc.

Pour suffire à l'immense consommation de fer dont je viens d'offrir une bien imparfaite idée, il fallait recourir à des moyens de plus en plus puissants de production et de manipulation, parmi lesquels je me contenterai de citer les souffleries à air chaud des hauts fourneaux, l'emploi de la flamme perdue des différents feux d'affinerie pour alimenter, avec une économie de combustible devenue aujourd'hui si notable, jusqu'aux machines à vapeur employées à faire mouvoir les marteaux et laminoirs, eux-mêmes agrandis, fortifiés au point de pouvoir produire ces rails de 20 à 30 mètres de longueur, ces épaisses et immenses feuilles de tôle, pour chaudières, que l'on vit figurer à l'Exposition universelle de Londres dans l'une des salles réservées aux machines, et qui, par un sentiment d'orgueil national facile à comprendre, mais auquel je n'ai pu entièrement applaudir, ne furent pas jugées par le conseil des présidents de jurys dignes de recevoir une distinction de première classe, comme n'offrant que des produits faciles à réaliser dans toutes les forges de la Grande-Bretagne.

Pour suppléer au travail si lent du cinglage des loupes au marteau frontal, on a employé, à partir de 1841, en Angleterre, diverses machines dans lesquelles la simple pression ou compression est substituée au choc, qui tend toujours à déchirer la loupe avant l'instant où ses différentes parties sont à peu près soudées : telle est notamment la machine à rotation immédiate de Henry Burden, directeur des forges de Troy, près Glasgow, dans laquelle la loupe, introduite par la section la plus large du vide annulaire compris entre deux cylindres verticaux cannelés et excentriques, va continuellement en s'amincissant, tout en roulant, jusqu'à la section la plus étroite, où elle est progressivement entraînée par la rotation du cylindre intérieur[1].

Cette machine, que j'ai vu construire, comme essai, dans les ateliers de M. Mertian, à Montataire, n'a pas, dit-on, fourni des résultats très-avantageux; mais il en est autrement des leviers oscillants compresseurs, à mâchoires, employés en France dans beaucoup de localités, où, à dater de 1845, ils ont été introduits et exécutés avec succès par MM. Guillemin, Flachat et autres ingénieurs ou constructeurs distingués. Toutefois, il s'agissait là encore, si je ne me trompe, d'organes marchant à la manière ordinaire, au moyen d'un moteur en quelque sorte étranger, tandis que, plusieurs années auparavant, on s'était servi, soit en Angleterre, soit en France, de marteaux et de pilons mus directement par l'action de la vapeur appliquée au piston d'un cylindre fixe placé immédiatement au-dessus ou près de l'outil.

Watt, assure-t-on, avait déjà anciennement eu l'idée, en elle-même capitale, de cette application directe de la vapeur aux outils, et l'Anglais W. Deverell, en 1806, M. Cavé, en 1836, MM. Schneider au Creusot, J. Nasmith et Gaskell,

[1] T. XLII, p. 24 et 197, du *Bulletin de la Société d'encouragement* (1843).

près Manchester, en 1841; enfin, MM. Potel, Jourjon, Clair et Huau, en 1846 et 1847, se sont fait successivement patenter ou breveter[1] pour des marteaux, des leviers presseurs, des emporte-pièces et pilons cingleurs ou forgeurs, basés sur le même principe, mais comportant des combinaisons, des modifications ou perfectionnements divers.

MM. Petin et Gaudet en particulier, dans leurs magnifiques forges de Rive-de-Gier, ont employé, avant et depuis 1847, des marteaux à vapeur, munis de pannes et étampes concaves, pour souder, corroyer, en les ramassant, les mises ou faisceaux cylindriques de grosses pièces en fer pesant brut jusqu'à 25 ou 30 000 kilogrammes; des plates-formes tournantes pour porter les enclumes et les chabotes des marteaux de plus faible échantillon destinés à faciliter le forgeage sans déplacement de la pièce[2]; enfin des laminoirs cannelés pour ar-

[1] T. XLVI, p. 246 et 537, et t. XLVII, p. 347, du *Bulletin de la Société d'encouragement* de Paris (1848). Le temps me manque pour vérifier les noms et les dates mentionnés dans ces différents et intéressants articles ou notices; mais je ne puis me dispenser de rappeler que l'invention du marteau-pilon est généralement attribuée en France à M. Bourdon, directeur des forges du Creusot, où M. le général Piobert l'a vu fonctionner dès 1841; que le brevet de MM. Schneider porte véritablement la date du 19 avril 1842, antérieure de quelques mois à celle de la patente de M. Nasmith, inscrite dans les catalogues anglais sous la date du 9 juin de la même année 1842; qu'enfin, je tiens d'un témoin oculaire dont personne ne récusera la véracité et la compétence, M. l'ingénieur Ferry, professeur à l'École centrale des arts et manufactures de Paris, que le marteau-pilon fonctionnait déjà dans l'établissement du Creusot, quand le célèbre ingénieur anglais eut occasion de le visiter et d'en témoigner sa satisfaction à l'inventeur; ce qui ne doit pas empêcher d'applaudir à la récompense de premier ordre que lui a décernée le Jury de la VIe classe pour l'ensemble de ses belles et utiles conceptions mécaniques.

[2] *Publications industrielles* de M. Armengaud, V^{e} vol., p. 402. D'après un fait cité par M. le général Piobert dans le t. XIII, p. 1083, du *Compte rendu de l'Académie des sciences*, il existait dans l'ancienne commanderie de l'ordre de Malte située près Verdun un ancien canon en fer forgé de 3^{m},15 de longueur, 0^{m},40 à un bout et jusqu'à 0^{m},55 à l'autre; mais quelle perte de temps, quelle fatigue et quel déchet de matière ne devait pas entraîner la fabrication d'une pareille pièce à une époque encore si peu avancée dans l'emploi des plus puissants agents mécaniques!

rondir et forger, sans soudure, les bandages de roues aciérés des locomotives de chemin de fer.

Sans le pilon ou mouton à vapeur, que l'ingénieur James Nasmith sut, dès 1845, appliquer par des combinaisons délicates autant qu'ingénieuses à l'enfoncement des plus forts pilots; sans la possibilité d'élever une aussi lourde masse en fer (4 à 6 000 kilogrammes) à des hauteurs de 3 à 4 mètres au-dessus de l'enclume, et de l'arrêter en un point quelconque de sa chute par un simple mouvement de leviers à main ou à pédale, supprimant instantanément l'afflux de la vapeur sous le piston souleveur; sans ces moyens puissants, dis-je, il eût été extrêmement long et pour ainsi dire impossible de parvenir à forger et souder correctement ces colossales pièces en fer, pesant, tout forgées, jusqu'à 160 quintaux métriques, et destinées à former les arbres de couche des roues à rames ou à hélices dont on se sert, depuis plus de quinze ans, pour faire mouvoir les bâtiments à vapeur transatlantiques. C'est aussi à dater de cette même époque que nous avons vu nos grands ateliers de construction en fer et en fonte, ceux de MM. Pihet et Cavé notamment, se pourvoir successivement des puissants outils mécaniques dont jusque-là on avait, pour ainsi dire, exclusivement fait usage en Angleterre, mais que nos habiles et ingénieux artistes ne tardèrent pas à perfectionner, ou du moins à modifier de manière à les approprier utilement au but à remplir dans chaque cas spécial, comme on vient d'en voir un exemple si remarquable pour les machines à corroyer les grandes pièces de fer.

§ IV. — Derniers perfectionnements des machines à river. — MM. *Schneider, Lemaître, Fairbairn* et *Garforth.*

C'est notamment ainsi que MM. Schneider, du Creusot, ont essayé, en 1844, de rendre la machine à river de M. Fairbairn sinon portative, du moins transportable, en appliquant directement la tige du piston à vapeur au balancier qui sert à faire mouvoir l'étampe mobile, sans intermédiaire d'engrenages, excentriques, etc. C'est encore ainsi que M. Lemaître, ingénieur constructeur à la Chapelle-Saint-Denis, près Paris, a converti les anciennes machines verticales à percer les tôles en machines à river[1], dont l'étampe mobile, mise toujours en action par un balancier horizontal auquel la tige du piston à vapeur est directement appliquée, offre cet avantage de maintenir la pression mutuelle des tôles contre l'étampe fixe tout le temps nécessaire à leur perçage ou rivage, au moyen d'un second balancier faisant agir une espèce de virole, de canon vertical, qui enveloppe extérieurement l'outil mobile et se trouve, comme lui, desservi par un piston à vapeur dont la soupape d'admission est manœuvrée à la main par l'ouvrier au moyen d'un système de tringles articulées, distinct de celui de l'autre cylindre à vapeur, dont, suivant l'auteur encore, la soupape doit être ouverte brusquement, afin d'*ajouter la percussion à la simple pression.*

Au surplus, quel que soit, sous le rapport mécanique, le mérite de ces dispositifs et de ceux par lesquels M. Lemaître prépare les rivets et conduit sur place les tôles au moyen d'un chariot supérieur à moufles roulant sur chemin de fer, nous ne pensons pas que les machines à river de cet habile constructeur doivent, du moins au point de vue de la célérité, de la force et de la simplicité, obtenir la préférence sur la puissante machine en fonte, à genou poussé par une excentrique à came et volant, que MM. Fairbairn père et fils, de Manchester, ont exposée dernièrement (1851) à Londres, et qui peut opérer sur deux ou trois rivets à la fois, non plus que sur la machine à un seul rivet, d'une constitution plus simple encore, et également exposée dans le palais de Hyde-Park par MM. Garforth, de Dinkinfield, près Manchester; machine dans laquelle le piston à vapeur est immédiatement appliqué à la tige horizontale de l'outil à estamper les têtes arrondies du rivet, en un seul coup et à raison de 5 ou 6 par minute, selon l'auteur.

Nous le pensons d'autant moins que, dans l'une et l'autre

[1] T. XLIV du *Bulletin de la Société d'encouragement*, p. 146, avril 1845.

de ces dernières machines, le service s'opère avec une extrême facilité à l'aide de grues qui tiennent les feuilles de tôle librement suspendues entre les étampes, fixe et mobile, de la machine. Toutefois, nous croyons aussi n'être que juste envers nos compatriotes en affirmant que les soins donnés à la grande chaudronnerie en France depuis nombre d'années par M. Lemaître et autres, ceux que réclament notamment les chaudières des machines à moyenne et haute pression, des locomotives, etc., rendent cette fabrication notablement supérieure à celle de nos voisins de la Grande-Bretagne.

CHAPITRE IV.

ÉTAT ACTUEL DES GRANDS OUTILLAGES MÉCANIQUES.

§ Iᵉʳ. — Concours relatif à la description des machines-outils en France. — MM. *Pihet, Cavé, Laborde, Saulnier, Hallette, Calla, Stehelin, André Kœchlin, Meyer,* etc.

La Société d'encouragement de Paris, appréciant la haute utilité qu'il y avait à répandre dans nos ateliers la connaissance des grands outillages mécaniques, au moment où l'on s'occupait si vivement en France de l'établissement de la navigation transatlantique, proposa, en janvier 1839, pour sujet de prix à décerner en 1840, la description des machines employées à cet objet dans les différents établissements, afin de pouvoir la publier promptement par la voie du Bulletin. Déjà, il est vrai, ce vœu avait été partiellement rempli par diverses publications importantes, notamment par celle de MM. Dufrénoy, Élie de Beaumont, Coste et Perdonnet, qui avaient fait connaître, en 1837, l'état de quelques-unes des machines-outils employées à tourner, aléser et dresser les métaux dans les ateliers de MM. Fox à Derby, Fairbairn et Lillie, Sharp et Roberts à Manchester, Fawcett et Preston à Liverpool, etc.; mais ces documents, précieux à l'époque de leur apparition, ne pouvaient plus suffire en 1840, surtout au point de vue de l'exécution matérielle des machines.

Le concours ouvert par la Société d'encouragement, bien que fermé seulement en 1842, ne produisit pas tous les résultats qu'on devait en attendre; néanmoins il fit connaître un bon nombre de belles machines déjà mises en usage dans les établissements de MM. Pihet, Cavé, Laborde, Saulnier, Hallette, etc., parmi lesquelles on remarque surtout celles du second de ces habiles constructeurs, comprenant une puissante machine radiale à forer verticalement, une grande planeuse à outil mobile, simple ou double, conduite, par pignons, le long d'une ou de deux crémaillères fixes, ainsi que d'autres machines, non moins remarquables, à mortaiser, à aléser, tourner et raboter verticalement l'intérieur ou l'extérieur des cylindres et des grosses pièces de fonte, etc., qui toutes se distinguent de leurs similaires anglaises par des simplifications et des combinaisons de détail ou d'ensemble souvent heureuses, et que M. Cavé avait eu par lui-même la patriotique pensée de porter à la connaissance du public[1]. Ces machines, en effet, faisaient partie de l'outillage mécanique employé dans ses ateliers à la construction des grands bâtiments à vapeur dont le Gouvernement lui avait concédé, dès 1840, la commande, en partage avec d'autres puissants établissements français, ceux de MM. Schneider au Creusot, Hallette à Arras, Pauwels à Paris, Bennett à Marseille, Stehelin et Huber à Bitschwiller, etc., dont les ateliers, convenablement outillés à cette époque, s'acquittèrent d'une manière satisfaisante d'une aussi honorable tâche, conjointement avec l'usine maritime d'Indret.

D'autre part, les rapports lucides autant que modestes et consciencieux publiés dans les *Bulletins* des années 1842 et suivantes *de la Société d'encouragement*, par M. Calla fils, sur l'organisation, l'outillage et les travaux remarquables de ces divers établissements ainsi que de plusieurs autres appartenant à MM. Cochot, Gâche, Mazeline, André Kœchlin,

[1] La plupart de ces machines se trouvent décrites dans les t. XLI et XLII du *Bulletin de la Société d'encouragement* (années 1842 et 1843).

Meyer, etc., moins importants peut-être au point de vue que je viens d'indiquer, mais auxquels, à dater de 1825 ou 1826, on était redevable en France d'une initiative hardie et remarquable sous le rapport de la légèreté et des perfectionnements réels apportés à la construction des locomotives et des bateaux à vapeur naviguant sur nos fleuves et rivières rapides, initiative à laquelle s'était également associé M. de La Rochejacquelein en tentant de construire sur la Loire des bateaux en fer du plus faible tonnage; d'une autre part, les rapports du jury de 1846 sur les produits de notre industrie nationale, notamment celui, si remarquable et si désintéressé, de l'ingénieur de Lamorinière, le même à qui l'on doit la substitution des outils à chariot mobile au porte-outil fixe des grandes machines anglaises à planer les métaux dont on se servait, pour ainsi dire, exclusivement avant 1837, et qui exigeaient le double d'espace en longueur, une dépense de force et de temps considérable, malgré l'accélération imprimée dans son retour au chariot porte-pièce : ces rapports et ces notices, dis-je, ont jeté un vif éclat sur les efforts persévérants de nos mécaniciens à s'approprier, en les perfectionnant et simplifiant, les procédés et instruments de nos voisins, avec lesquels nous commençâmes alors à entrer sérieusement en lutte pour la confection de beaucoup de ces précieuses machines-outils, qu'on leur achetait toutes faites auparavant, et dont l'introduction dans nos ateliers, on ne saurait trop le répéter, n'y amena pas seulement l'économie de la main-d'œuvre, mais, ce qui est peut-être plus précieux encore, une très-grande perfection, je veux dire la régularité et la rigoureuse précision des formes qu'apportent toujours avec eux les procédés automatiques.

Ajoutons que les descriptions communiquées, un peu tardivement, à la Société d'encouragement de Paris par MM. Laborde et Armengaud, descriptions mentionnées avec éloges dans le rapport de M. Calla, ont également contribué à répandre en France la connaissance de plusieurs des belles machines anglaises déjà citées; que M. Legey se fit remarquer, au même concours, pour des projets de petites machines à planer, rainer, etc.; qu'enfin MM. Bréguet et Boquillon [1] adressèrent également les dessins d'une machine perfectionnée à tailler, en petit, les engrenages hélicoïdes inclinés à 15° sur l'axe, dont l'ingénieur anglais White avait présenté, à l'Exposition française de 1801, le premier modèle exécuté par un outil à fileter les pas de vis, et qui, dans ces derniers temps, fut perfectionné par le très-habile mécanicien Farcot, de Paris, après avoir été complétement modifié par feu Olivier dans un modèle en grand déposé au Conservatoire des arts et métiers de cette ville; modèle où le savant professeur de géométrie descriptive à l'École centrale des arts et manufactures s'était proposé de tailler ce genre d'engrenage d'après des conditions géométriques qui avaient primitivement pour but de substituer, en partie du moins, le simple roulement des dents au glissement tangentiel des surfaces hélicoïdes ordinaires. Ce genre d'engrenage, en effet, aujourd'hui souvent employé dans les ateliers de filature, offre, en compensation d'une énorme consommation de travail en frottement, tout comme la vis sans fin elle-même, un parfait et invariable engrènement, très-précieux, il est vrai, dans les petites machines de précision, mais qu'il faut nécessairement proscrire dans toutes celles qui sont soumises à de puissants efforts, et où, visant principalement à l'économie de la force motrice, on ne craint pas de recourir à un axe ou à une roue d'angle intermédiaires, quand il s'agit de communiquer le mouvement rotatoire entre deux autres axes non situés dans un même plan.

§ II. — Tribut apporté à ce concours par les ingénieurs anglais. — MM. *Rennie*, *Nasmith*, *Maudslay*, *Fox*, *Lewis*, *Hick*, *Sharp* et *Roberts*, etc.

La justice veut qu'après avoir autant insisté sur le désintéressement et la libéralité de nos ingénieurs et de nos artistes,

[1] Voyez le rapport de M. Calla, inséré t. XLII, p. 331, du *Bulletin de la Société d'encouragement*.

nous ne perdions pas de vue que M. Georges Rennie, de Londres, se montra, en quelque sorte, jaloux pour son pays de répondre dès le commencement de l'année 1841 à l'appel de notre Société d'encouragement, en faisant graver, à la suite de l'ouvrage déjà si souvent cité de Buchanan, la plupart des ingénieuses machines-outils employées dans les ateliers de la Grande-Bretagne; machines dont nous n'avons donné précédemment qu'une trop légère idée, et au nombre desquelles on voit figurer la machine à raboter de Nicolas Focq, celle à terminer la denture des larges roues en fonte de MM. Glavet, qui non seulement s'en servirent dans leurs ateliers, ce dont on a paru douter, mais en fabriquèrent aussi pour d'autres constructeurs; enfin, la machine à percer les tôles de M. Cavé, dans laquelle le piston d'une machine à vapeur est directement appliqué au système articulé ou à genou du balancier à poinçon ordinaire, muni d'un volant. Ces inventions ont ainsi pris rang et date parmi celles des premiers et principaux constructeurs anglais, les Bramah, les Nasmith, les Fox, les Lewis, les Hick, les Sharp et Roberts, les Maudslay, les Fairbairn. Néanmoins, on doit vivement regretter que les travaux et les noms de plusieurs autres ingénieurs ou artistes français, tels que MM. Caillon, de Lamorinière, etc., n'aient pas figuré dans cette honorable nomenclature, et que les utiles publications de M. Rennie, qui renferment d'ailleurs tant de documents précieux, accompagnées d'un texte explicatif et d'une intéressante Note sur les outils par l'un des ingénieurs cités, M. James Nasmith, de Manchester, n'aient pas indiqué avec un peu plus de développement et de précision les auteurs et l'époque des principaux perfectionnements apportés aux grandes machines à travailler les métaux dont on a si généreusement publié la description; et cela, de manière à éclairer un peu mieux la marche historique des progrès accomplis dans cette vaste et importante branche de l'industrie britannique. Nul, en effet, plus que le fils et le continuateur de l'ancien et célèbre ingénieur Rennie, n'était apte à nous faire connaître par quelles phases successives les ateliers de construction ont dû passer, avant de se peupler de ces auxiliaires automates qui, bien plus peut-être que le bas prix du fer et de la houille, ont assuré la suprématie de l'Angleterre; comment, à force de persévérance dans les tentatives de perfectionnements, de hardiesse et d'esprit de suite dans les entreprises et l'exécution matérielle, enfin d'ordre et de discipline dans l'administration et la tenue des ateliers, où chaque ouvrier limeur, tourneur, ajusteur et monteur a, pour ainsi dire, sous la main et à sa portée la machine-outil qui lui convient; comment, dis-je, ce noble et puissant pays a pu acquérir l'immense prospérité industrielle et financière que nous lui connaissons, et dont nos heureux émules et rivaux ont le droit d'être fiers.

Les regrets que je viens d'exprimer relativement aux publications de M. Rennie, dont les planches ont été gravées à Londres avec une remarquable correction par des artistes tels que MM. Lowry, Lekeux et Gladwin, ces regrets ne doivent pas empêcher de reconnaître la grandeur du service qu'elles ont rendu et pourront rendre encore aux ateliers de construction de machines des divers pays. Ce service, je n'hésite pas à le mettre sur la même ligne que ceux, non moins importants, qui furent dus aux publications antérieures des Robertson-Buchanan (1814) et des Tredgold (1824) en Angleterre, dont les estimables travaux firent mieux connaître et apprécier le jeu, la constitution et les conditions de solidité des mécanismes ou organes essentiels, bien qu'accessoires, des machines, ainsi qu'à celles des Lanz et des Bétancourt (1808) et des Borgnis (1816 à 1820) en France, qui s'attachèrent plus particulièrement à la classification des principaux organes de transmission ou de transformation du mouvement et à la classification descriptive des machines elles-mêmes. Ces publications, auxquelles il faudrait joindre toutes celles déjà citées et quelques autres plus ou moins spéciales, telles que les *Bulletins de la Société industrielle de Mulhouse*, etc., ces publications contribuèrent, sous des formes diverses et par des moyens différents, à répandre de généreux enseignements et de vives clartés dans une branche d'industrie fondée sur les règles précises, souvent approfondies, de la mécanique et de la géométrie, devenues, depuis tantôt deux siècles, la base pour ainsi dire fondamentale de toutes les autres, celle à laquelle elles doivent principalement leurs plus récents et profitables progrès.

§ III. — Spécialité dans la fabrication des machines-outils en Angleterre. — MM. *Whitworth*, *Sharp*, *Shanks*, etc.

On remarquera que les constructeurs anglais dont les inventions ont été décrites dans l'ouvrage de M. G. Rennie se sont, pour la plupart, spécialisés dans la fabrication des grandes machines-outils, du moins à partir de l'époque de 1835, où l'usage a commencé à s'en répandre, à se généraliser même, dans les ateliers de la Grande-Bretagne. Aux noms des ingénieurs ou artistes distingués que nous avons déjà cités il faudrait en joindre beaucoup d'autres qui se livrèrent avec succès, et sur une échelle dont nous n'avons qu'une bien faible idée en France, à ce genre important de fabrication, où, depuis 1839 ou 1840, figurent en premier ordre, pour la variété et le grand nombre des produits, M. Shanks, à Johnston, près Glasgow, et pour le fini, la précision et le bon choix des moyens de transmission ou de transformation de mouvement, l'habile et très-ingénieux M. Whitworth, de Manchester, artiste dont les tours automates, les machines à planer, à dresser, à buriner les métaux sur différentes faces, jouissent depuis plusieurs années déjà, en France comme en Angleterre, d'une vogue justement méritée.

En particulier, le grand tour et la grande planeuse de M. Whitworth, dont on trouve une excellente description dans le supplément à l'ouvrage de M. Rennie (1842), offrent, en raison de leur nouveauté, plusieurs combinaisons dignes d'intérêt. Je me bornerai, quant au tour, à appeler l'attention sur les moyens ingénieux par lesquels l'auteur parvient à assurer le caractère automatique au chariot porte-outil, glissant le long d'un banc en fonte évidée, à jumelles et vis directrice ou motrice, quoique ce banc, muni de sa poupée à pointe mobile, soit, au besoin, susceptible d'être déplacé longitudinalement et fixé sur une large plate-forme inférieure à rainures parallèles; l'auteur opérant, à cet effet, la transmission de mouvement de l'une à l'autre extrémité du système, je veux dire du mandrin du tour à la vis directrice du chariot, au moyen de longs arbres de couche parallèles, munis de rouages dentés et de pignons glissant, à fourreau, sur ces arbres lors du déplacement horizontal du banc.

La grande machine à planer de M. Whitworth offre des particularités non moins remarquables, et dont la principale consiste en ce que le chariot porte-pièce est conduit par une forte vis longitudinale à filets carrés tournant fixement sur elle-même; mais au lieu d'agir simplement sur un écrou, contre des mentonnets ou une portion de crémaillère à dents obliques établis sous l'une des entretoises du chariot mobile, comme il y en a eu, je crois, des exemples antérieurs, cette vis opère, de part et d'autre, sur deux petites roues verticales également établies sous une entretoise, et que l'auteur nomme roues à *anti-friction,* parce que leurs rebords dentelés, en s'engageant dans les intervalles des filets de la vis dont elles reçoivent la pression longitudinale, parallèle et motrice du chariot, sont tellement tracés et disposés que, sous la simple action tangentielle du frottement des dents, ces roues peuvent tourner librement autour de leurs axes respectifs, par lesquels le chariot est poussé, le long de ses glissières latérales, de manière à réduire ainsi, dans une énorme proportion, la dépense de travail qu'entraînerait le frottement direct et tangentiel des filets, en l'absence de cet ingénieux artifice, que l'auteur avait déjà appliqué, plusieurs années auparavant, au chariot des mull-jennys, et pour lequel il avait été patenté en 1835.

Une autre particularité remarquable de la machine à planer de M. Whitworth, c'est qu'elle possède deux outils *à retournement automatique* dans un fourreau très-solide : système également patenté et qui est mis en action, au commencement ou à la fin de chaque course du chariot, par un encliquetage analogue à celui qui en opère ordinairement le retour, c'est-à-dire au moyen d'une combinaison de cordelles sans fin et de poulies de renvoi fort ingénieuse, mais aussi passablement compliquée, et qui empêchera peut-être de l'adopter généralement, malgré la suppression des temps perdus, la diminution des frottements et les simplifications qui en résultent pour le système d'embrayage et de débrayage des poulies et des roues motrices de la machine.

Au surplus, M. Whitworth ne s'est pas borné à construire de grands outils mécaniques; il s'est aussi occupé d'établir des tours à pieds ou pédales, avec un système de roues de rechange ou quadrature complète, ainsi qu'une variété de machines, nommées *limeuses*, servant à dresser sur différentes faces les petites pièces de fer ou de fonte; machines dont le porte-outil, glissant dans des coulisses ou rainures rectilignes, est animé d'un mouvement alternatif au moyen d'une combinaison de bielles, manivelle, excentrique et volant, telle que tantôt le retour à vide de l'outil, alors basculant, se fait d'un mouvement accéléré; tantôt, selon le système de prédilection de l'auteur, l'outil, restant fixe, devient susceptible de retournement sur lui-même à chacune des allées et venues d'un chariot que conduit lentement une vis munie de cliquets d'embrayage, etc. Quel que soit d'ailleurs, sous le rapport de l'exécution et de la fécondité des combinaisons mécaniques, le mérite de ces machines, destinées surtout aux petits ateliers de construction, on peut craindre, comme pour la précédente, de leur voir reprocher une trop grande complication; remarque qui s'applique notamment aux machines construites et disposées à plusieurs fins, telles que le sont précisément celles dont il s'agit ici.

§ IV. — Spécialité dans la fabrication des machines-outils en France. — MM. *Calla, Decoster, Huguenin* et *Ducommun, Mesmer*, etc.

Dans notre pays, où le besoin des machines-outils à travailler le fer et la fonte s'est fait plus tardivement sentir qu'en Angleterre, ce n'est guère avant 1844 que nos mécaniciens se sont livrés avec un peu de suite et de développement à cette importante branche de fabrication. Parmi eux se font principalement remarquer MM. Calla et Decoster à Paris; M. Mesmer à l'usine de Graffenstaden, près Strasbourg, où l'on continua longtemps à fabriquer les excellents instruments de précision de Quintenz et Rollé, perfectionnés par l'éminent horloger Schwilgué de Schelestadt; enfin MM. Stehelin à Bitschwiller, Huguenin et Ducommun à Mulhouse, ainsi que quelques autres constructeurs de machines remarquées aux Expositions françaises de 1844 et de 1849. C'est à dater de cette même époque que nos ateliers de chemins de fer, de la marine, etc., se sont munis, sur une assez grande échelle, des plus fortes machines-outils de chaque espèce, dont jusque-là M. Pihet, mais surtout M. Cavé, leur avaient livré quelques échantillons ou modèles, précieux, il est vrai, en ce qu'ils témoignaient de l'habileté et de l'aptitude de ces artistes, mais dont la cherté relative n'était nullement en rapport avec les besoins qui tendaient à naître. C'est alors aussi que l'on vit s'établir chez nous, avec une sorte de profusion jusque-là inconnue, des tours, des machines à planer, à forer, à poinçonner ou percer, dont les plates-formes et supports divers furent coulés en fonte de fer, pour ainsi dire, d'un seul jet ou d'une seule pièce, dans les plus grandes dimensions, pesant des centaines, des milliers de quintaux, machines capables de travailler, tourner sur toutes les faces; les massifs et puissants arbres de couche dont il a été ci-dessus parlé; les chaises, bancs ou châssis de support même de ces tours, et autres fortes pièces ayant jusqu'à 12 mètres et plus de longueur; les roues et essieux coudés des plus fortes locomotives; les plates-formes circulaires pivotantes, servant à retourner sur eux-mêmes, à changer la direction de ces énormes remorqueurs des longs convois de chemins de fer, etc.

Si à toutes les machines-outils destinées à ces importantes constructions, l'on joint de fortes grues fixes ou roulantes; des machines à planer de 2 à 3 mètres et plus de largeur, dont l'outil, à chariot mobile d'après le système de Lamorinière, est conduit par crémaillère à l'instar de celui de M. Cavé, ou à vis d'après M. Whitworth; d'autres machines à dresser d'une moindre dimension, à outil fixe; enfin une série de puissantes machines à mortaiser dont l'outil a jusqu'à 0m,75 de course verticale et des alésoirs horizontaux capables de finir les plus forts cylindres de machines à vapeur, on aura, en particulier, une idée assez exacte des grands ateliers de fonderie et de fabrication d'outils mécaniques de M. Calla fils, que, par suite d'un redoublement de commandes, ce très-habile et honorable constructeur a dû transporter entièrement à la Chapelle-Saint-Denis, près Paris, à dater de l'année 1849. On rencontre d'ailleurs dans l'un de ces mêmes ateliers un ensemble de petites machines anglaises à outils glissants dont les ouvriers se servent pour dresser, travailler sur toutes les faces des pièces de faible échantillon, même les surfaces métalliques circulaires, concaves ou convexes.

Ces dernières machines offrent, comme toutes les précédentes, le caractère de la plus grande solidité et fixité, joint à un judicieux emploi de ressources mécaniques dans le dispositif des porte-outils basculants et des moyens divers de transmission. Quoique les limeuses dont il s'agit, principalement disposées d'après le système anglais, où l'outil, simplement basculant, revient à vide d'un mouvement accéléré, ne soient pas pour M. Calla un objet spécial de commerce ou de fabrication, nous croyons cependant devoir faire observer que dans l'une d'entre elles ce retour accéléré de l'outil est obtenu par une combinaison ingénieuse de rouages planétaires conduisant une excentrique à bielle, dont l'idée, empruntée à certains organes de la filature automatique, n'a d'utilité pratique qu'en ce qu'au rude et inégal frottement des curseurs à mentonnets d'excentriques glissant dans les fentes longitudinales pratiquées aux bielles des machines similaires de Whitworth elle substitue le frottement plus doux, mais aussi plus bruyant, des engrenages ordinaires en fer ou fonte.

L'exposé qui précède, s'il était simplement limité aux puissants ateliers de M. Calla, ne donnerait qu'une idée incomplète du point où en est arrivée en France la fabrication des machines outils de moyenne et petite dimensions, celles qui intéressent le plus peut-être aujourd'hui le progrès de notre industrie mécanique. C'est pourquoi on me permettra d'ajouter quelques mots touchant les ateliers de ce dernier genre que M. Decoster possède dans la rue Stanislas, à Paris, et qui, autrefois consacrés d'une manière pour ainsi dire exclusive à la construction des machines à filer le chanvre et le lin, ont offert, depuis l'Exposition de 1844, une collection aussi variée que remarquable de machines, fixes ou locomobiles, de diverses dimensions, servant à tourner, planer, rainer, mortaiser et dresser sur toutes les faces les pièces en fer et fonte : tels sont notamment d'ingénieux et solides étaux-limeurs; des machines à forer, radiales ou à colonne fixe, avec plate-forme ou tables-supports, mobiles à la fois dans le sens vertical et horizontal, munies d'une mordache à coulisse et à vis servant au centrage direct des pièces; telles sont enfin d'autres machines à dresser les languettes, avec outil à retournement, à biseauter, chanfreiner les longues feuilles de tôle des chaudières à vapeur. Ces diverses machines, où le porte-outil, mobile par glissement, est conduit tantôt par bielle et excentrique, tantôt par crémaillères ou chaînes sans fin, ont pour caractère principal, sinon l'entière nouveauté dans les moyens de solution, du moins l'élégance, le bon marché, le fini et la bonne disposition de l'ensemble comme des détails.

Les longs tours automates, à support glissant pour soutenir et empêcher la vibration de pièces rondes ayant jusqu'à 6 mètres de longueur et seulement de 3 à 4 centimètres de diamètre, destinées aux arbres de couche ou de transmission intérieure des usines; les burins à crochets servant à exécuter les angles et congés de renfort de ces mêmes pièces; les ingénieux paliers graisseurs à boîtes et disques rafraîchissants, servant à alimenter continuellement d'huile les tourillons et les appuis des mêmes arbres disposés horizontalement, et auxquels M. Decoster fait exécuter pendant des semaines entières, sans renouvellement de cette huile, de 600 à 1 800 révolutions à la minute (notamment pour les ventilateurs) : ces machines ou appareils sont, à coup sûr, de véritables et utiles perfectionnements, mais ils donnent à craindre que leur habile auteur ne se laisse entraîner un peu trop loin dans l'application aux usines du principe introduit, comme on l'a vu, par M. Fairbairn dans les factories anglaises. En effet, il semble difficile, *à priori,* d'accorder à notre intelligent et fécond mécanicien constructeur, qu'en vue de réduire à 3 ou 4 centimètres la grosseur des arbres de couche, et, proportionnellement, la dimension des différentes poulies et courroies de transmission, il soit utile d'accélérer autant la vitesse angulaire dès les premiers mobiles, lorsque l'on se voit ensuite obligé de ralentir considérablement celle des derniers, voisins de l'outil, comme cela se présente notamment dans les alésoirs et les grands tours. L'économie et la simplicité qui résultent de l'emploi de petites poulies étagées pour faire varier la vitesse à volonté, la réduction appréciable des frottements et tensions de courroies dans les différentes parties de la machine, pourront difficilement conduire à l'entier abandon des anciens moyens de transmission; du moins, c'est là une question que l'expérience et la pratique des ateliers parviendront seules à résoudre d'une manière définitive.

Au surplus, en insistant plus particulièrement sur les récents travaux de MM. Calla et Decoster, parce qu'ils se sont spécialisés dans un genre de fabrication que nous voudrions voir se généraliser davantage encore en France, nous ne perdons pas de vue la remarque déjà faite au commencement de cet article, que les Expositions de 1844 et de 1849 ont révélé les noms de beaucoup d'autres ingénieurs ou artistes qui, à

Paris et dans les départements, se sont livrés avec succès à la construction des machines à travailler les métaux, machines dont, il faut l'espérer, l'Exposition universelle de 1855 mettra en plus parfaite évidence encore le mérite des combinaisons et des effets automatiques. Mais cela ne doit pas nous empêcher de reconnaître ici avec une entière franchise, tout en le regrettant pour l'amour-propre national, le phénomène qu'on a vu se produire chez nous avec une si grande puissance de moyens et de développement dans l'outillage des grands ateliers de construction des chemins de fer, des forges et des arsenaux maritimes, ne s'est point, à beaucoup près, fait sentir avec la même intensité dans les établissements de serrurerie divers qui se consacrent à de plus petites fabrications, et c'est, comme on le verra, principalement dans le Midi de la France que se laisse apercevoir le manque presque absolu de machines-outils servant à économiser la main-d'œuvre, tout en faisant mieux et plus vite.

§ V.—Des machines-outils exposées en 1851 à Londres.—MM. *Whitworth, Sharp, Benjamin Hick, Shanks*, etc.

Les succès incontestables obtenus depuis quelques années par nos constructeurs dans la spécialité des machines à travailler automatiquement le fer et la fonte, doivent nous faire regretter vivement qu'ils se soient abstenus de venir exposer dans les vastes galeries du Palais de Cristal, à Londres, au moins un spécimen de leurs produits les plus remarquables, et dont, selon ce qui précède, la belle exécution ou le caractère de nouveauté et de perfectionnement eussent offert quelques chances, sinon de lutter victorieusement, du moins de briller avec un certain éclat à côté des admirables machines anglaises du même genre, qui n'avaient, pour ainsi dire, de rivales qu'elles-mêmes, attendu que, à cet égard, la France, l'Allemagne et l'Amérique, presque entièrement absentes, semblaient, par le fait même, se retirer du concours et reconnaître la suprématie de la Grande-Bretagne, représentée par une profusion vraiment étonnante de machines à tourner, fileter, fendre et diviser, aléser, forer, mortaiser, buriner, limer et dresser les métaux sur toutes les faces.

A le bien prendre néanmoins, les grandes planeuses à outil mobile imaginées par M. de Lamorinière, exécutées, perfectionnées par des artistes aussi habiles que MM. Mariotte, Cavé, Decoster, Calla et autres mécaniciens français distingués, ne paraissent pas devoir le céder aux machines analogues, mais à outils fixes, auxquelles, sans doute, les constructeurs anglais ne continueront pas longtemps à donner une préférence exclusive. Il en est ainsi encore des grands alésoirs verticaux de nos ingénieurs, des machines à tailler les dents de roues, des étaux, limeurs chanfreineurs, etc., qui se distinguent de leurs similaires anglais par une moindre complication, une plus grande simplicité dans les organes mécaniques de transmission, enfin une notable épargne de fer, entraînant, comme conséquence nécessaire, un maniement, un entretien plus facile des machines, et, à certains égards, une réduction de prix toujours désirable quand elle n'est point achetée au détriment de la solidité et de la durée, lesquelles, à leur tour, ne doivent pas être en elles-mêmes assez absolues pour faire craindre, un jour, de remplacer les vieilles machines par de plus parfaites, ce dont malheureusement on n'a que trop d'exemples chez nous et ailleurs.

L'épargne du fer est, on peut le dire, à un point de vue général, le caractère distinctif des machines exécutées dans notre pays; et ce fait, dont on aperçoit *à priori* le motif, s'y reproduit d'une manière analogue, quant à l'épargne du combustible, dans les machines purement destinées à servir de moteurs. Or c'est là un véritable progrès, fondé sur les règles approfondies de la saine mécanique, dont l'application nous a permis déjà de lutter en quelques points avec l'Angleterre, et dont l'avenir fera de plus en plus sentir l'importance, à mesure que s'accroîtront la consommation du combustible et celle du fer.

Pour en revenir maintenant à l'Exposition universelle de

Londres et à la catégorie des machines qui, concernant spécialement le travail du fer ou de la fonte, sont surtout remarquables par la variété, le grand nombre et le fini de l'exécution, je ferai observer qu'appartenant pour la plupart aux mécaniciens et ingénieurs anglais dont nous avons précédemment fait connaître les inventions et les travaux antérieurs à 1851, ces machines n'ont, à l'exception de quelques-unes de M. Whitworth, rien offert qui présentât un caractère absolu de nouveauté; et c'est aussi là le jugement qu'en ont porté le public connaisseur et le Jury de la VIe classe. Ce qui distingue particulièrement d'ailleurs les admirables machines de M. Whitworth, c'est moins encore la beauté et le brillant des formes extérieures que la précision, pour ainsi dire mathématique, des ajustements et des parties actives ou frottantes, telles que boîtes de roues, coussinets, tourillons et articulations diverses.

On aura une idée du degré auquel l'auteur a poussé cette précision, et de son intelligence dans l'application des principes de la mécanique, par deux seuls exemples, dont le premier consiste : 1° dans une belle collection métallique de lunettes ou bagues annulaires graduées, servant à calibrer les arbres de machines d'après un système propre à l'auteur, et qui permettrait d'en opérer le remplacement ou la commande sans déplacement des pièces; 2° d'une série d'épaisses plaques ou tables de fonte *à dresser,* qui rappellent celles, en marbre, dont les fabricants d'instruments de mathématiques se servent pour vérifier la rigoureuse exactitude des surfaces planes : tables dont le dressage est si parfait que, placées l'une sur l'autre, elles adhèrent avec une force comparable à celle de la pression atmosphérique sur leur face extérieure, quand on cherche à les détacher dans un sens vertical ou perpendiculaire, tandis que, au contraire, elles ne font éprouver, pour ainsi dire, aucune résistance de frottement ou d'engrènement des parties quand on les soumet à un effort agissant dans le sens même de leur plan de superposition.

Le second exemple est relatif au tour automate à double

effet dont M. W. Fairbairn s'est servi tout récemment pour finir les arbres cylindriques, à longue portée et de petit diamètre, du plus colossal établissement de filature de la Grande-Bretagne, et par conséquent du monde entier[1]: dans ce tour, une double paire d'outils agissait pour chaque paire dans des directions parallèles, mais diamétralement opposées, et tendant par là même à former deux couples de forces, où les efforts respectifs de flexion et de vibration se neutralisent en quelque sorte rigoureusement, continuellement, pendant que les supports glissants de ces outils, conduits rectilignement au moyen de vis à pas contraires, partant du milieu de la pièce à tourner, vont en s'éloignant lentement et symétriquement de part et d'autre de ce milieu, pour se rapprocher graduellement des poupées extrêmes du tour.

Parmi les machines-outils à travailler les métaux qu'on voyait figurer à l'Exposition de Londres, les plus intéressantes par leur nouveauté ou l'importance, la généralité de leur récente application aux ateliers de petite fabrication, étaient sans contredit ces mêmes outils glissants (*slide-tools*) dont nous avons déjà parlé, les uns limeurs et burineurs dans divers sens, les autres mortaiseurs, coupeurs et perceurs dans la direction verticale, tous animés d'un mouvement de va-et-vient au moyen de manivelles ou d'excentriques agissant sur des bielles articulées, tantôt pleines, tantôt évidées et à galets curseurs, dont elles reçoivent un mouvement de retour

[1] L'usine de Saltaire, près Bradford. Dans l'ouvrage publié par M. Fairbairn en 1854, à Londres, chez John Weale, sous le titre : *On application of cast and wrought iron, etc.*, ouvrage dédié à sir David Brewster, on apprend que l'usine ventilée, chauffée à la vapeur dans toutes ses parties, entièrement construite à l'épreuve du feu, pour M. Salt, est uniquement destinée à la fabrication des étoffes d'alpaga, et contient 1 200 métiers à tisser mécaniques, conduits par une force de 1 200 chevaux-vapeur, et produisant, par année, au delà de 8 000 kilomètres de longueur de cette même étoffe. Les arbres de transmission divers qui servent à donner le mouvement aux métiers dont il s'agit, variant entre 5 et 35 centimètres de diamètre, faisant de 60 à 250 révolutions par minute, ont une longueur totale qui dépasse 3 000 mètres et pèsent au delà de 600 tonnes.

accéléré, etc.; outils dont je me suis efforcé de faire connaître les propriétés essentielles, et dont MM. Sharp, Parr et Curtis, Smith, Whitworth et autres, ont montré de très-beaux échantillons, sur lesquels je ne me propose nullement d'insister, non plus que sur les diverses catégories de machines-outils qui déjà ont été décrites ou mentionnées, au point de vue historique et général du travail et de la fabrication du fer; mais je renverrai aux chapitres suivants de la IIe section les indications relatives aux plus importantes de celles sur lesquelles il m'a été impossible de m'arrêter jusqu'ici, dans la crainte d'interrompre par trop la marche des idées : telles sont, notamment, les machines servant à travailler, façonner les petits objets métalliques, ou certains outils, certaines pièces détachées qui entrent dans la constitution des machines employées à diverses fabrications.

IIe SECTION.

MACHINES ET OUTILS

EMPLOYÉS DANS DES INDUSTRIES DIVERSES.

Ce titre comprenant une grande variété de machines et d'outils, simples ou composés, qui appartiennent à des procédés d'arts souvent étrangers les uns aux autres, et constituent tantôt des pièces détachées de grandes machines, tantôt de petites machines travaillant isolément et pouvant se suffire à elles-mêmes, il m'a été impossible de suivre constamment ici, pour l'ensemble ou même pour chaque groupe, la marche d'exposition, essentiellement historique, précédemment adoptée, et que justifiait d'ailleurs l'influence considérable, capitale même, que la fabrication et le travail du fer par machines ont exercée, dans ces derniers temps, sur les divers autres arts mécaniques. Cette circonstance peut d'ailleurs servir d'excuse et d'explication à l'étendue des développements accordés à la première Section de ce rapport; étendue bien plus apparente que réelle au fond, si l'on songe à la multiplicité, à la diversité et à la complication même des machines qui y entrent, et qui ne sont pourtant pas les seules dont se compose l'art de travailler, de façonner les métaux.

Dans la présente Section, aussi bien que dans les deux suivantes, qui comprennent une plus grande variété encore de machines et d'outils, je serai obligé de me restreindre davantage, s'il est possible, et de procéder par nature ou groupes distincts de machines, classées plutôt d'après le caractère mécanique des opérations qu'elles exécutent que d'après le genre de fabrication ou de produits manufacturés. Dès lors, aussi, je ne saurais suivre constamment l'ordre qui serait le plus propre à appeler l'intérêt et l'attention du lecteur sur l'enchaînement des diverses parties, au point de vue des progrès accomplis dans chaque branche d'industrie et de la marche chronologique des idées ou des inventions.

Il arrive, en effet, presque toujours ici qu'un même outil, une même machine s'appliquant à un grand nombre d'industries distinctes, on serait conduit à des répétitions continuelles si l'on voulait suivre la méthode d'exposition purement technologique, par art ou nature de produits, et ce n'est que pour les branches d'industries les plus importantes, formant de véritables et grandes spécialités dont nous aurons encore des exemples dans cette première Partie, qu'il nous sera permis d'en agir ainsi de manière à contenter les esprits réfléchis et philosophiques. *A fortiori*, serait-on entraîné à des longueurs intolérables et à une étendue de travail impossible, si l'on prétendait, en dehors de ces conditions, donner une indication, même sommaire et rapide, des opérations mécaniques les plus essentielles relatives à chaque art ou fabrication, c'est-à-dire à chaque nature de substances ou de produits manufacturés, tout en rappelant d'ailleurs les imprescriptibles droits que les inventeurs ont pu s'acquérir aux éloges et à la reconnaissance de la postérité.

CHAPITRE Ier.

MACHINES SERVANT À ESTAMPER, EMBOUTIR ET DÉCOUPER À FROID LES PETITES PIÈCES MÉTALLIQUES.

§ Ier. — Marteaux, moutons, balanciers, employés dans les ateliers monétaires et autres.— *Aubry-Olivier, Nicolas Briot, Castaing, Jean-Pierre Droz, Watt* et *Boulton, Gengembre. Fugère, Westermann*, etc.

L'usage des leviers, du plan incliné, du coin, de la vis même, simples ou combinés entre eux pour opérer sur les corps par une action lente et continue, remonte probablement à l'origine même des sociétés; il en est ainsi encore des marteaux, des pilons et des moutons, qui, procédant par une action vive et en quelque sorte instantanée, sont seuls capables des efforts énergiques et accumulés que réclament la déformation permanente, l'écrouissage des métaux à chaud ou à froid, et leurs diverses transformations plastiques ou artistiques. La tâche des derniers siècles aura été, surtout, d'en multiplier et perfectionner les applications aux divers arts, d'en accroître l'énergie d'action, ou de leur en substituer d'autres d'un maniement, d'une construction plus simples et plus faciles : tels sont le balancier à vis et l'ingénieuse presse hydraulique, dont le principe, d'abord indiqué par Pascal et par Hook, a été, comme on l'a vu, réalisé par Bramah dès la fin du XVIIIe siècle grâce aux puissantes ressources que lui offraient les récents progrès des arts métallurgiques en Angleterre.

Nous avons dit, par anticipation, ce qu'étaient devenus ces derniers et énergiques moyens de compression et de soulèvement des corps, et comment, par une ingénieuse combinaison de leviers articulés ou à *rotules* nommés, improprement peut-être, *leviers funiculaires* et dérivant tous, au fond, de l'ingénieux principe du *genou*, dont la découverte remonte sans doute à une époque déjà ancienne [1], comment, dis-je, on était parvenu dans ces derniers temps, et cela sans trop accroître la part des résistances nuisibles ou passives, à augmenter considérablement la puissance des machines à poinçonner ou percer le fer, à river entre elles les feuilles de tôle, par une opération qui constitue véritablement un estampage à froid. Nous avons vu aussi comment à ces ingénieuses et élégantes machines on avait, plus tard encore, substitué la simple et directe pression de la vapeur contre un large piston ou contre

[1] La théorie de cet instrument, qui doit être rangé au nombre des machines simples ou élémentaires, a été donnée pour la première fois, si je ne me trompe, dans les *Éléments de statique* de M. Poinsot (3e édition, pag. 279 et préface, 1821), dont l'attention a été appelée par M. Rouby, ancien professeur de mathématiques spéciales au collége Charlemagne, sur cet ingénieux instrument, qui passait alors pour être, depuis un certain temps, utilement employé dans les arts mécaniques. J'en ai vainement cherché quelque trace dans les ouvrages technologiques ou encyclopédiques, où le mot *genou* est généralement appliqué au système de suspension articulé des boussoles marines et des graphomètres. Ramelli, il est vrai, décrit, chapitre 166 de son grand ouvrage, un instrument d'un genre analogue, fort ingénieux, *entièrement construit en fer,* avec son châssis et ses étais, destiné, chose peu recommandable en soi, à rompre les barreaux en fer

l'articulation intermédiaire d'un système à genou ou à leviers funiculaires. Il ne s'agit pas de revenir ici sur ces puissants appareils, ni sur ceux, non moins énergiques, où des effets analogues sont produits par l'action des laminoirs ou des anciens marteaux, mais bien sur la variété de machines dont on se sert dans divers ateliers pour confectionner à froid, sans recourir à la lime ou au burin, les pièces métalliques de faibles dimensions ou certains instruments, certains outils plus ou moins simples, plus ou moins complexes, employés dans diverses autres branches de fabrication.

En particulier, l'estampage et l'emboutissage, qui consistent à donner par le choc et la pression une forme déterminée, et le plus souvent régulière ou artistique, à certaines matières, telles que le fer, le cuivre, l'étain, etc., le bois, le papier, le cuir même, n'offrent qu'une bien faible variété d'outils, qui se réduisent, en majeure partie, à ceux que nous venons d'indiquer, et auxquéls il faut joindre les petits laminoirs et le balancier à vis. L'histoire, encore obscure, de ce genre d'outils ou d'opérations est, presque tout entière, dans les progrès qu'a reçus l'art du monnayage, sur lequel on possède néanmoins de curieux mémoires ou rapports des savants membres de l'Institut Prony (an XI) et Mongez (an 1821); écrits précieux qui, malheureusement, ne pouvaient comprendre les

d'un *treillis* ou d'une croisée de prison, au moyen d'une simple manivelle à vis sans fin dont la roue est montée transversalement sur le milieu de l'arbre d'une forte vis ordinaire mais double et à *pas* ou filets contraires pour chacune des moitiés, de sorte que la rotation commune de ces filets fait rapprocher entre eux les écrous extrêmes, munis latéralement ou extérieurement de manettes articulées avec un couple de leviers obliques qui, en se rejoignant aux extrémités supérieures ou opposées sous un très-petit angle, s'arc-boutent contre le barreau en fer qu'il s'agit de faire fléchir ou rompre. Mais on trouve une application du genou beaucoup plus simple, plus directe, et ayant pu servir de type à toutes celles qui nous ont précédemment occupés, dans un brevet d'importation pris en France, le 31 octobre 1810, par M. Learenwerth à Paris, pour une machine à découper la tôle en forme de clous; machine probablement d'origine anglaise ou allemande, et qui doit remonter aux environs de 1790.

plus récents perfectionnements et applications des machines ressortant de cet art et de ceux qui, y ayant un rapport plus ou moins intime, exigent toutefois un moindre degré de précision et de perfection artistique.

Laissant ici de côté des descriptions ou dissertations inutiles dans une matière aussi généralement connue, je rappellerai brièvement : que le monnayage et l'estampage, en général, à l'aide de coins, d'étampes, de matrices, tantôt fixes, tantôt mobiles ou tenues à la main, se faisaient anciennement au marteau à bras ou au martinet desservi par des manéges et des roues hydrauliques, instruments qu'on employait également pour forger les barres de fer, rondes ou profilées d'une manière quelconque; que le marteau ou martinet automate fut bientôt remplacé par le mouton, avec lequel, grâce à l'empire exercé par la routine, les jurandes et les maîtrises, on voyait encore battre la monnaie à Paris vers la fin du dernier siècle, comme l'attestent d'ailleurs les belles expériences de Coulomb sur l'application de l'homme aux machines; que néanmoins, dès 1553, sous Henri II, on employa en France, le laminoir d'Aubry-Olivier, ainsi que des découpoirs emporte-pièces et une sorte de presse à cylindre pour préparer, redresser les flans monétaires; qu'en 1615, sous Louis XIII, Nicolas Briot, célèbre graveur et monnayeur de Paris, perfectionna ces procédés et y ajouta le balancier à vis, mais qu'ayant été repoussé par l'Administration d'alors, il porta son industrie en Angleterre, où elle servit à frapper la monnaie de Cromwell; que ce ne fut guère avant 1643, sous Louis XIII encore, et par les encouragements de l'illustre chancelier Séguier, que ce mode de fabrication fut prescrit et adopté à l'exclusion des anciens procédés au marteau; mais que ce serait plus tard, vers 1685, que ces mêmes machines et celle à marquer la tranche, proposée par Castaing, auraient été mises à l'essai avec un peu de suite en France, quoique bientôt abandonnées de nouveau à cause de leur complication, ou plutôt, sans doute, à cause de l'imperfection des moyens mécaniques d'exécution de cette époque;

qu'enfin, après être restées stationnaires pendant tout le XVIIIe siècle, ces divers procédés finirent par prospérer en Angleterre, notamment à Birmingham, grâce aux ingénieux perfectionnements apportés par le mécanicien graveur Droz, de Paris, non-seulement au découpoir et aux laminoirs, comme on l'a vu, mais encore à la construction du balancier découpeur et monnayeur, dont il aurait aussi inventé les mains automates, servant à porter les flans, préalablement arrondis, entre le coin supérieur et la matrice de la machine, puis à les en chasser après le frappage : de plus, c'est à lui également qu'on serait redevable du mécanisme servant à faire ouvrir et fermer les pièces dont l'ensemble constitue ce qu'on nomme la *virole brisée*, virole que Castaing faisait jadis enlever simplement et péniblement à la main par le monnayeur[1].

L'art monétaire et, l'on peut ajouter, l'art d'estamper, d'emboutir les pièces métalliques en général resta stationnaire en France, s'il n'y rétrograda même, dans l'intervalle de 1791 à 1803, parce que l'on n'avait pas su ou voulu mettre à profit les découvertes de Jean-Pierre Droz. A cette dernière époque, en effet, les procédés furent, après un concours public dont le prix a été décerné à l'ingénieur Gengembre, de Paris, entièrement renouvelés ou perfectionnés dans les ateliers monétaires de France, d'où les machines à balancier, à viroles

[1] Ces indications historiques sont tirées des écrits mentionnés ci-dessus; nous avons consulté également une curieuse note du célèbre Guyton de Morveau, alors administrateur des monnaies, insérée dans le tome IV, p. 296, du *Bulletin de la Société d'encouragement* de Paris (1805), dont le tome XXXII, p. 9, contient d'ailleurs un extrait du Mémoire de Mongez. D'autre part, si l'on parcourt l'*Essai sur les monnaies anciennes et modernes*, publié à une époque (1792) antérieure de plusieurs années à celle de ces divers écrits, on y verra que, selon l'abbé Rochon, Antoine Brucher serait l'auteur des laminoirs et emporte-pièces dont se sont servis pendant longtemps les orfèvres de Paris, et qu'au dire de Leblanc (*Traité des monnaies*, 1690), Nicolas Briot, l'auteur du balancier à vis, aurait réellement inventé la *virole brisée* pour imprimer la tranche des médailles et monnaies, que Castaing n'aurait ainsi fait que perfectionner, et dont un certain Bernier se serait positivement servi, sans beaucoup de succès, en 1693. Enfin Rochon, qui avait précédemment visité Soho, revendique pour Boulton la trémie

pleines et brisées, etc., furent successivement répandues à Utrecht, à Turin, à Gênes, à Florence, à Rome, sous le Consulat et l'Empire, et l'on doit sans doute placer le même M. Gengembre, devenu l'ingénieur mécanicien de la Monnaie de Paris, au nombre de ceux qui contribuèrent le plus, par la suite, à continuer et à propager cette importante réforme dans nos ateliers.

Il est certain que c'est à dater de cette époque que l'usage du balancier de percussion, à vis et filets multiples, commença à se répandre dans les diverses branches de fabrication et même dans nos arsenaux d'artillerie, où il fut employé, de bonne heure, à découper et percer d'un seul coup les tôles fortes et autres pièces métalliques épaisses pour écrous, rondelles, etc. Quant aux applications variées que le balancier a reçues dans les arts comme moyen d'estampage ou d'emboutissage, ce ne serait pas ici le lieu de s'y appesantir, et il me suffira de rappeler le parti qu'en a su tirer l'industrie pour fabriquer, souvent dans une seule opération, une infinité de pièces en métal, petites ou minces, telles que boutons d'habits, anneaux, chapes de boucles, agrafes, patères et autres objets d'ornements de quincaillerie ou d'orfévrerie, dans la production desquels Paris semble avoir été dépassé, sinon précédé, par la célèbre Birmingham. Mathieu Boulton, dont l'é-

alimentaire, cylindrique et verticale, attribuée à Droz, et servant à recevoir les flans monétaires d'abord empilés, puis soumis, un à un, au balancier; trémie jusque-là attribuée à cet artiste, dont l'abbé Rochon paraît connaître, mais apprécier assez peu les inventions, prétendant même que le mécanisme à placer automatiquement les flans sous le balancier se trouvait décrit dans un Mémoire présenté en 1727 par Buisson à l'ancienne Académie des sciences, assertion que je n'ai pu jusqu'ici vérifier. A la lecture du livre de Rochon, on comprend d'ailleurs qu'il a été, en majeure partie, la cause du long Rapport de Prony à l'Institut et de la présentation que Droz a faite de ses titres d'inventeur au suffrage éclairé et impartial de la Classe de mathématiques. Le mérite des inventions et des perfectionnements introduits par Droz dans l'art monétaire ont, d'ailleurs, été reconnus solennellement par le jury de l'Exposition de l'an x (1802), composé des hommes les plus compétents, en lui décernant la médaille d'or pour ses services comme artiste et comme mécanicien.

tablissement, comme on l'a vu, fut bientôt confondu avec celui de Watt à Soho, y avait en effet, dès 1788, introduit ce genre de fabrication, qui s'opérait principalement au mouton, concurremment avec celle des monnaies, frappées au moyen de huit balanciers montés par Droz, et dont les remarquables produits se répandirent en quelque sorte dans toutes les contrées du globe, y compris même la France, où ils pénétrèrent, de 1791 à 1795, sous le nom des frères *Monneron*. Toutefois, au lieu d'être ici manœuvrés à la main, en agissant directement sur des tiraudes ou des boucles placées au delà des boules massives du levier supérieur, comme cela avait lieu constamment en France, et comme cela se pratique encore aux Monnaies de Paris et de Londres, pour les médailles frappées à un nombre plus ou moins grand de coups, les balanciers de Watt et Boulton, *dont la vue était soigneusement interdite au public*, recevaient de l'action d'une puissante machine à vapeur, et à raison de 60 coups par minute, le mouvement automatique nécessaire, que surveillaient, dirigeaient de simples enfants, et dont les combinaisons de détail ou d'ensemble, indirectes et assez compliquées, appartiennent probablement à Boulton ou à quelqu'un de ses contre-maîtres; combinaisons ignorées jusqu'à ces derniers temps, et qui continuent à être employées à l'Hôtel des monnaies de Londres. En effet, au lieu de recevoir directement l'action de la machine à vapeur au moyen de quelqu'une des transmissions ou mécanismes déjà en usage, on se servait d'une capacité spéciale, alternativement pleine ou vide de vapeur venant de la chaudière à eau, pour mettre en action le piston d'un cylindre horizontal d'une sorte de machine atmosphérique qui, dans ses alternatives de plein et de vide, faisait mouvoir un équipage de tringles, varlets et balanciers oscillants servant à imprimer au balancier supérieur de la vis monétaire, ou plutôt à son arbre prolongé et muni d'un bras horizontal, des oscillations rapides, dont l'amplitude s'élevait de 60 à 80°.

Cet appareil a, d'ailleurs, été remplacé depuis, par l'ingénieur anglais Hague, au moyen d'une disposition plus simple appliquée à l'Hôtel monétaire de Rio-Janeiro, et qui consiste dans un cylindre horizontal placé sur une colonne à la hauteur de la tête de la vis à monnayer, cylindre dans lequel le vide est fait à l'aide d'une pompe d'exhaustion, mise en mouvement par la machine à vapeur, etc.[1].

Pour apprécier jusqu'à quel point l'usage du mouton et du balancier estampeurs s'était développé à Birmingham, il suffira de rappeler que John Taylor, l'inventeur des boutons dorés, en fabriquait pour une somme de 20 000 francs par semaine, production dont aujourd'hui même, sans doute, on n'a point d'exemple chez nous, où la quantité est presque toujours remplacée par la qualité et la perfection des produits. Néanmoins l'application artistique et économique de l'estampage s'est étendue, dans ces derniers temps, en France à une infinité d'objets, ornements ou ustensiles, sous l'habile impulsion de MM. Japy à Beaucourt, de M. Fugère à Paris et de M. Westermann à Metz, dont les procédés mécaniques ont reçu divers perfectionnements, parmi lesquels je citerai en particulier celui qui consiste à transmettre directement l'action d'un moteur quelconque à la tête de la vis à balancier ordinaire par le frottement, la friction alternative d'un disque à axe horizontal, doué d'un mouvement rotatoire continu, contre un autre disque horizontal surmontant la tête de cette vis et que le précédent, dont l'arbre est articulé à cet effet, suit dans son mouvement de descente verticale, tandis qu'il s'en détacherait pour se relever brusquement pendant le mouvement ascensionnel de recul produit par la réaction de la matière estampée, etc.

Je ne saurais, d'ailleurs, entrer dans plus de détails sur les combinaisons ingénieuses et inédites de cette machine, dont une simple idée m'a été offerte par M. H. Resal, jeune ingénieur des mines fort distingué. Quant aux premiers brevets relatifs à l'emboutissage, en France, des divers métaux,

[1] *Encyclopedia metropolitana*, tome VIII, page 614; Londres, 1845.

ils ont été pris : en 1813, par M. Lalouët-Puissant, pour la fabrication des boutons; en 1825, par M. Gomme, à Essert, pour la fabrication des casseroles; en 1833, par M. Varlet, de Thionville, pour divers objets en fer battu étamé et obtenus d'une seule pièce, mais avec matrices de rechange.

Le principal inconvénient des marteaux et du mouton pour le frappage correct des monnaies ou autres objets qui exigent la rectitude de forme, c'est d'abord le manque de précision dans la direction du mouvement qui précède ou accompagne le choc, direction parfaitement assurée dans le balancier à vis et à tiraudes, tel qu'il a été perfectionné par Droz; c'est aussi que la pression sur le flan n'y est point maintenue assez longtemps après les premiers instants du choc, et s'y trouve suivie d'une réaction, de contre-coups et de trépidations dus à la grande liberté de jeu de ces anciens outils le long de leur glissière; tandis que dans le balancier à vis, au contraire, l'énorme frottement qui agit le long des filets de cette vis pendant la rétrogradation du coin percuteur augmente la durée de la compression, rend les contre-coups pour ainsi dire impossibles, ou du moins peu sensibles, les choses étant tellement calculées que l'énergie de la réaction élastique du métal soit entièrement épuisée lorsque la vis est parvenue au haut de sa course. Quant au balancier découpeur et emporte-pièce, où cette réaction ne peut pas exister par le fait de la matière, on sait que, notamment dans les anciens arsenaux d'artillerie de terre, elle a lieu par l'interposition de ressorts qui, agissant sur les boules du balancier supérieur, limitent en même temps l'amplitude de sa course ascensionnelle,

Toutefois, la vivacité, la brusquerie du choc, qui se fait surtout apercevoir dans les pilons et les marteaux, est aussi dans le balancier un grave défaut, qui amène souvent la rupture des coins monétaires, des poinçons et des matrices; défaut qu'on ne pourrait tenter de corriger sans en faire naître d'autres : par exemple, en accroissant dans une proportion considérable la masse ou l'inertie des boules qui servent à emmagasiner le travail moteur pendant la descente verticale de l'outil, dont le mouvement est d'ailleurs fort adouci par le frottement de la vis; ou bien en augmentant, selon une proportion non moins embarrassante pour le service, la longueur des leviers au bout desquels ces mêmes boules sont appliquées, et qui devraient être renfoncés pour empêcher leur trop grande réaction élastique, etc.

De toute manière, les pertes de travail moteur ou de force vive[1] occasionnées par les frottements très-rudes de la vis, la résistance même de l'air sur les bras et les boules du balancier, enfin les déformations ou vibrations moléculaires imprimées aux différentes parties, avant, pendant ou après le choc, ces pertes ont dû faire abandonner de bonne heure de semblables moyens de solution. Mais ce ne sont point là les seuls inconvénients des anciennes machines monétaires à choc : la tendance à la rotation que produit, en particulier, la vis du balancier, dans son application à la tête du coin, donne lieu sur le métal estampé à un effet de torsion et de glissement transversal moléculaire, à la vérité, considéré par les uns comme avantageux au monnayage, mais par d'autres, en plus grand nombre, comme lui étant extrêmement nuisible; ce qu'explique, en effet, le point de vue différent auquel chacun s'est placé en adoptant ou repoussant l'usage de la virole brisée pendant le frappage.

[1] La théorie et l'évaluation complète de ces pertes de travail, tant dans le balancier à vis de percussion que dans les presses à coins, les machines à pilons et à marteaux, ont été données pour la première fois dans le *Cours de mécanique appliquée aux machines* professé à l'école de l'artillerie et du génie, à Metz, dans les années 1825 et suivantes. Ces théories, ainsi que les formules qui en dérivent et qui comprennent aussi l'évaluation approximative des pertes de travail dues au frottement des engrenages cylindriques ou coniques, ont, depuis, été généralement adoptées, dans leurs conséquences ou données principales, par les divers auteurs de Traités de mécanique appliquée aux machines, parmi lesquels je citerai plus particulièrement MM. Navier, Coriolis, Morin, Belanger, le Dr Moseley, T. Richard, Weisbach, etc.

§ II. — Presses monétaires continues, à levier, rotules, etc.; petites machines à forger. — MM. *Uhlhorn, Thonnelier, Taylor, Maudslay fils, Ryder et Schmerber.*

Les remarques précédentes, que j'ai tâché de rendre aussi courtes que possible, étaient indispensables d'ailleurs pour expliquer les motifs qui, dans ces derniers temps, ont fait rechercher des moyens de remplacer, dans les machines à estamper ou à poinçonner, la percussion par la simple pression, dont les presses à river les tôles nous ont offert de si beaux exemples dans la Section précédente (Chap. III); moyens qui consistent principalement, soit dans l'application directe de la vapeur aux outils, tentée, dit-on, anciennement par Watt, et qui peut bien être la même que nous avons vue employée à la fabrication des monnaies au balancier, soit dans l'emploi de l'appareil à genou ou leviers articulés, interposé entre la tige du coin ou du poinçon, guidée verticalement dans des coulisses, et l'obstacle supérieur ou coussinet fixe de la rotule qui reçoit et supporte finalement les effets de la compression.

Quel que soit l'inventeur ou le premier applicateur de ce dernier principe aux machines à estamper qui marquent l'ère d'un véritable progrès mécanique, il ne paraît guère possible de refuser à M. Heinrich Uhlhorn, de Grevenbroich, près Aix-la-Chapelle, l'honneur d'en avoir fait usage le premier (1827) dans ses remarquables presses monétaires à manivelle, bielle et volant, dont l'action continue est transmise directement, du moteur à l'arbre de l'excentrique, au moyen de courroies et de poulies d'embrayage. Ces presses, aujourd'hui adoptées dans la plupart des ateliers monétaires du Continent, ont été imitées avec succès, en 1834, par M. Thonnelier, le successeur des Gengembre et des Saulnier à la Monnaie de Paris, lequel introduisit, dans le dispositif du modèle qu'on avait vu fonctionner depuis près de huit ans à Munich, diverses modifications ou simplifications qui, tout en réduisant l'espace occupé par la machine Uhlhorn et en lui donnant plus d'assiette ou de stabilité, avaient, en outre, pour but d'appliquer au système les mains mécaniques de feu Droz, afin de frapper les flans en virole brisée, ainsi que le réclamaient les usages jusque-là adoptés par l'Administration française dans la fabrication de nos monnaies en or ou en argent.

Plus tard, une presse commandée dans ces conditions par cette même Administration à M. Uhlhorn fut livrée à l'Hôtel monétaire de Paris en 1845, et finalement acquise, après diverses modifications de détail dans l'appareil de virolage et de dévirolage automatiques; mais, après toute comparaison faite entre la manière de fonctionner de la presse Thonnelier et celle d'Uhlhorn, qui s'écartait un peu de nos habitudes, notamment par l'emploi d'un fort levier à oscillation horizontale obligeant la matrice à tourner légèrement sur elle-même au moment du choc, on finit par adopter la presse Thonnelier, dont l'Administration française fit construire successivement 16 modèles de diverses proportions dans les beaux ateliers de M. Cail, à Chaillot, aujourd'hui encore chargé de la direction mécanique de l'Hôtel des monnaies à Paris, où cet habile constructeur est constamment représenté par M. Armand, jeune et intelligent artiste chargé de l'entretien et de la réparation, sur place, des machines. Or, la tâche la plus délicate et la plus difficile à remplir vient incontestablement de l'usure assez prompte des rotules et coussinets du genou, construits néanmoins en acier fortement trempé, mais qui, reposant sur une assez petite étendue de leur périphérie, subissent, sous l'influence d'une énorme pression, un frottement très-rude, qu'il serait peut-être difficile d'éviter ici en essayant de changer le glissement direct en simple roulement, par un tracé convenable des surfaces en contact. Il résulte, en effet, de ce frottement, non pas seulement une consommation plus ou moins appréciable de travail moteur, mais, ce qui est plus grave, la production, dans les articulations, d'un jeu qui, s'agrandissant sans cesse par l'usé des surfaces, favorisé d'ailleurs par l'élévation de la température, met, au bout d'un certain temps de fatigue, dans l'impossibilité d'obtenir, pour les monnaies, des empreintes aussi nettes, des reliefs et des creux aussi prononcés; circonstances que l'on attribuerait mal à propos exclusivement à l'usure même des coins, construits, comme les rotules, en acier fortement trempé, et qui ne sont soumis d'ailleurs qu'à de simples pressions normales.

Ces défauts, faciles à reconnaître dans les monnaies frappées à une certaine époque du service d'une même machine, se rencontrent incontestablement dans toutes les presses monétaires jusqu'ici essayées, quoiqu'à des degrés moins prononcés dans les anciens systèmes à balancier et à mouton, dont les effets de percussion, moins variables, sont principalement dangereux sous le rapport de la rupture, toujours rare, il est vrai, des coins, des poinçons ou des matrices. La raison en est facile à saisir d'après ce qui a été dit ci-dessus, et si l'on observe que le frottement ne joue, dans ces derniers outils, de rôle que pour accroître la liberté de jeu et le défaut de direction du mouton dans ses guides ou coulisses, tandis que dans les presses à vis, la réaction, au moment du choc, se trouvant reportée sur une plus grande étendue de surface des filets, l'usure et surtout le jeu y croissent d'une manière régulière et peu sensible avec la durée du service. D'ailleurs, afin d'éviter les effets du contre-coup, on ne manque pas aujourd'hui d'appliquer au système de la vis et du coin une bascule souterraine à contre-poids, qui maintient, pendant la montée ou la descente, les filets de cette vis constamment appliqués contre la surface inférieure de ceux de l'écrou.

D'après cela, on ne saurait donc être surpris de voir l'ancien balancier à vis continuer à servir au frappage des médailles artistiques à relief prononcé, lequel, à défaut de la continuité et de l'économie dans l'action motrice, donne, en revanche, aux empreintes un degré de perfection que la presse monétaire à genou ne saurait jusqu'ici atteindre. Peut-être enfin que les inconvénients inhérents à ces dernières presses conduiront nos artistes mécaniciens et nos chefs d'ateliers à y substituer un système réunissant l'accélération du travail à la durée ou permanence des formes et des impressions, qui en effet, dans la presse Thonnelier ou Uhlhorn, dépendent non-seulement de l'usé, mais aussi de la compressibilité naturelle des parties agissantes.

A cet égard, il me semble que l'on pourra un jour, sinon revenir à la vis et au mouton des anciens ateliers monétaires, du moins mettre à profit les récentes découvertes relatives à l'application directe de la vapeur aux outils à choc ou pression simple; ce qui serait peut-être revenir aux anciennes idées de Watt, imparfaitement réalisées, il est vrai, dans les presses à balancier de Soho et de Londres. Peut-être aussi doit-on regretter que l'on ait un peu trop négligé chez nous, dans ces mêmes ateliers, les moyens micrométriques ingénieux imaginés par Droz pour assurer le rigoureux parallélisme des cylindres lamineurs, que l'on obtient aujourd'hui facilement au moyen de simples cales ou coins poussés par des vis de réglage et agissant contre les coussinets empoises de ces cylindres. Enfin, il est bon de faire observer que la faible longueur des lames actuellement destinées à la fabrication des flans sous l'emporte-pièce a fait supprimer leur tirage au moyen de la chaîne à pince ou tenaille, encore en usage à l'Hôtel des monnaies à Londres, et que les ouvriers anglais nomment le *serpent;* machine qui entre les mains de M. Mesmer, l'habile ingénieur de l'établissement de Graffenstaden, a reçu divers perfectionnements qui en font un instrument d'un usage général pour les ateliers où l'on tient à une rigoureuse précision. Il suffira ici de dire que le tirage s'opère au moyen d'une chaîne sans fin du système *Galle,* par un procédé d'accrochement ou de prise de la pince très-simple et très-ingénieux, comparativement à celui des bancs de tirage des anciennes tréfileries, l'équipage du cylindre d'acier lamineur étant d'ailleurs maintenu et réglé par des vis et des manettes ou sortes de leviers avec une précision et une fixité remarquables [1].

[1] *Publication industrielle* de M. Armengaud aîné, tome VI, page 286, pl. 22 (1848). On trouve dans le même volume, page 289, la description d'une autre ingénieuse machine à estamper les flans des monnaies, les jetons, etc., imaginée par feu M. Bovy, de Genève, construite par M. Carlier,

Quoi qu'il en soit de ces différentes réflexions, il est regrettable que MM. Cail et Thonnelier se soient contentés d'adresser un dessin de leur machine à l'Exposition de Londres, au lieu d'un modèle fonctionnant, qui eût permis au Jury de la VIe classe d'en comparer la disposition à celle du beau spécimen de presse à virole brisée que M. Uhlhorn y avait envoyé, et à l'idée originale duquel il a été accordé une grande médaille par le Conseil des présidents.

Une presse en fonte à action intermittente, d'après l'ancien système à balancier, parfaitement exécutée, a été également exposée par M. J. Taylor, de Londres, et une autre, de plus grande dimension, mais à action continue, l'a été encore par MM. Maudslay fils et Field, d'après un principe qui se rapproche beaucoup de celui de M. Uhlhorn, sauf que le mécanisme puissant du genou y est remplacé simplement par un système de bielle à galet excentrique et profil circulaire, qui, s'il entraîne à d'énormes pertes de travail en frottement de glissement, offre aussi l'avantage d'une grande diminution de prix, et explique comment ces presses ont leur principal écoulement dans l'Amérique du Sud, en concurrence avec celles de nos propres constructeurs.

Enfin M. Ryder, de Bolton, partant d'un principe analogue, a exposé une petite machine à estamper les barres métalliques, munie de cinq enclumettes à repoussoirs en liége élastique, susceptibles d'être haussées ou abaissées verticalement dans leurs chabotes au moyen de vis à oreilles inférieures, et que surmontent cinq marteaux, rangés sur une même file, dont les tiges verticales sont mises en action par autant de rotules à galets excentriques recevant le mouvement continu d'un arbre à volant commun, etc.; mais ce dispositif offre évidem-

à Paris, dans laquelle deux forts cylindres lamineurs sont munis, à leurs pourtours, de matrices ou poinçons qui se correspondent parfaitement pendant la rotation des cylindres, et offrent des ajustements, des moyens de précision très-remarquables, qui font regretter que la mort de l'inventeur l'ait empêché de donner suite aux applications industrielles de la machine, ne serait-ce qu'à la fabrication des monnaies en cuivre.

ment les mêmes défauts que le précédent quant aux frottements, et sans doute aussi quant à l'intensité de la pression, beaucoup moindre que celle des presses à genou.

Cette machine à forger que M. Ryder avait déjà répandue dans les petits ateliers de serrurerie de l'Angleterre, à l'époque de 1842, est l'un de ces outils mécaniques que nous voudrions voir adopter partout en France, où il rendrait de très-grands services à nos ateliers de serrurerie et de quincaillerie, puisque, indépendamment de la continuité de son action, il permet de multiplier, pour ainsi dire à volonté, le nombre des coups en un temps donné.

Inspiré par cette utile pensée, M. Schmerber, de Tagolsheim (Haut-Rhin), a imaginé, vers 1847, un autre ingénieux système de marteaux-pilons à cames et ressorts en *caoutchouc volcanisé* qui sert aussi de repoussoirs pour accélérer le travail ou l'ascension des pilons et faire éviter une trop grande déperdition de force vive dans leurs chocs multipliés. Cette machine, également construite en fer et fonte, dans des propor tions très-variées, avait déjà rendu d'utiles services dans plusieurs établissements de France et d'Allemagne, notamment dans ceux de MM. Japy frères, à Beaucourt, où elle sert à emboutir, à chaud et en première ébauche, des plats, casseroles en fer, etc., qu'on repasse ensuite, toujours à chaud, dans une ou plusieurs presses à balancier, auxquelles un ouvrier de l'établissement, dont je regrette de ne pouvoir citer le nom, serait parvenu à appliquer le système moteur par disques frictionnants, mentionné plus haut, et qui imprimerait à la machine le caractère de continuité automatique dont elle était précédemment dépourvue.

Remarquons, au surplus, que, dans les petites machines de MM. Schmerber et Ryder, la compressibilité et l'élasticité naturelles du liége ou du caoutchouc jouent un rôle qui, au point de vue de la durée et de l'économie, aurait peut-être besoin d'être sanctionné par un beaucoup plus long usage; la même chose peut se dire aussi des presses Uhlhorn et Thonnelier, d'ailleurs munies de cliquets, d'échappements à désembrayage, qui les obligent à s'arrêter brusquement quand un obstacle se présente à la libre action de l'outil.

En se reportant à l'époque, antérieure, je crois, à 1800, où Constantin Périer tentait, conjointement avec Droz, de remplacer le balancier, dont ce dernier avait néanmoins si bien perfectionné les détails, par la presse hydraulique de Bramah, presse qui en était encore, pour ainsi dire, à sa naissance, et dont l'action, à la fois si lente et si délicate, devait être d'une application bien difficile au battage des monnaies, en se reportant, dis-je, à l'année 1800, on ne peut qu'être vivement surpris de la marche pénible et embarrassée que, à certaines époques, l'esprit humain suit dans la route du progrès industriel. Or, telle est la puissance et la fécondité d'un nouveau principe scientifique, que lorsqu'une fois il a été saisi par l'esprit des artistes dans une seule de ses applications possibles aux machines, il donne lieu à des développements aussi multipliés et variés qu'inattendus : c'est ce dont notamment on a eu un remarquable exemple dans l'ingénieux mécanisme du genou funiculaire, dont l'utilité pratique, en quelque sorte révélée par la presse Uhlhorn établie vers 1827 à l'Hôtel monétaire de Munich, a, depuis, conduit à tant d'heureuses combinaisons mécaniques dans les puissantes machines à river, à percer, etc., que nous avons déjà eu plus d'une fois l'occasion de citer.

Tel est aussi, je pense, le sort brillant réservé à une autre savante conception due à M. Dick, de Philadelphie, objet d'une patente datée d'octobre 1847, et qui a été réalisée à divers points de vue, depuis cette époque, dans les ateliers de construction de M. Matteawon, à New-York, sous le nom générique, mais discutable sans doute, de presses à *anti-friction;* presses dont divers modèles faisaient partie des objets que l'Amérique du Nord est venue offrir à l'admiration du public dans les galeries du Palais de Cristal, à Londres.

Nous avons fait remarquer, en effet, l'énorme déperdition de travail occasionnée par la percussion et le frottement dans l'ancien balancier à vis; mais bien que cette déperdition soit, en majeure partie, évitée dans la presse à genou, il s'en faut, comme on l'a vu aussi, qu'elle le soit entièrement, eu égard au jeu, au glissement relatif inévitables dans les articulations ou surfaces d'appui des rotules, dont les tracés géométriques ne paraissent pas avoir été assujettis à des règles géométriques bien définies par MM. Uhlhorn et Thonnelier. A plus forte raison, en est-il ainsi des machines à estamper de MM. Maudslay, Ryder et Schmerber, où l'on fait usage, soit de longues cames à soulèvement brusque, soit d'excentriques circulaires à frottement ou à glissement étendu. Dans le but d'éviter ces inconvénients, M. Dick se sert uniquement, pour transmettre la pression d'un bout à l'autre de la machine, d'une succession de disques, de galets en fer et acier, pleins, très-solides, tournant autour d'autant d'axes horizontaux tantôt fixes, tantôt susceptibles de céder à la pression par le glissement de leurs porte-coussinets le long de coulisses verticales pratiquées aux montants du châssis-support. Ces disques ou galets, composés, les uns, de cylindres à tourillons ou de secteurs à couteaux arrondis d'un profil circulaire, les autres, de cames doubles et opposées, en S, ou d'excentriques tracées, dans une portion plus ou moins grande de leur contour extérieur, suivant la forme de la développante du cercle, ces pièces, dis-je, réagissent entre elles par leurs contours entièrement lisses, sans glissement relatif, à simple roulement et en s'entraînant, dans leur rotation autour des axes correspondants, en vertu même de leur frottement tangentiel : les pressions ou réactions normales étant d'ailleurs transmises, d'axe en axe, depuis une extrémité jusqu'à l'autre de la machine, que terminent toujours des secteurs à oscillations d'amplitude limitée, et correspondant respectivement, l'un à une pièce ou coussinet d'appui fixe, l'autre au coussinet mobile ou à la pièce qui doit transmettre directement l'effort vertical à l'objet qu'il s'agit de comprimer, percer, découper ou estamper.

D'après cette imparfaite esquisse, et si l'on se rappelle que le tracé en volute, ou développante du cercle, a la propriété de répartir la pression d'un axe à un autre suivant des directions invariables, en passant à des distances fixes et assez petites de ces axes, on comprendra sans peine que l'arbre horizontal auquel est directement appliqué le moteur, la manivelle, et qui correspond tantôt à un simple galet circulaire, tantôt à une double came interposée entre deux secteurs ou excentriques à développantes, entraînés par simple frottement, sans glissement relatif, etc., on comprendra, dis-je, sans peine que cet arbre moteur, essentiellement fixe, étant sollicité par un couple d'actions et de réactions normales, parallèles, symétriques et de sens contraire, il ne peut en résulter qu'un frottement insensible sur ses tourillons : cette remarque, qui s'applique, *à fortiori*, aux tourillons des arbres, libres de céder aux résultantes de pressions normales, peut s'étendre également aux pivots ou couteaux des secteurs extrêmes, d'un rayon très-petit par rapport au leur propre.

Néanmoins, malgré tout ce que cette combinaison à galets et secteurs roulants, qui en rappelle d'autres déjà connues, offre d'ingénieux quant à la réduction des frottements, et ce qu'elle fournit d'indications, de ressources précieuses, dans une infinité de circonstances, il ne faut pas perdre de vue qu'elle a, comme la presse hydraulique, le cric et la vis elle-même, simple ou combinée avec des rouages, l'inconvénient d'une manœuvre d'autant plus lente que la pression doit y être plus énergique relativement à l'effort moteur, et cela, conformément au principe qui veut que les efforts exercés soient, pour chaque petit déplacement du système, *en raison inverse des chemins respectivement parcourus* dans le sens de leur direction propre. Il faudrait, d'ailleurs, de tout autres dispositions pour agrandir le champ de la machine, ou l'étendue des excursions de l'outil, autant que le réclament certains travaux, et que cela a lieu naturellement dans les presses qui viennent d'être à l'instant même citées; presses que celle-ci ne saurait, en conséquence, toujours remplacer, notamment quand il s'agit de matières très-compressibles. C'est aussi pourquoi nous avons rangé spécialement l'invention originale de M. Dick dans la classe des machines qui, devant proprement servir à estamper, emboutir, poinçonner, etc., les pièces métalliques d'une assez faible épaisseur, n'exigent aussi qu'une assez faible amplitude de course et un temps relativement peu considérable.

CHAPITRE II.

INSTRUMENTS ET OUTILS DIVERS; PETITES MACHINES SERVANT À LES FABRIQUER AUTOMATIQUEMENT.

---

§ Iᵉʳ. — Pièces détachées de machines, exposées à Londres. — MM. *Dandoy, Maillard, Léopold Muller, Spear* et *Jackson, Scrive, Hache-Bourgeois, Miroude*, etc.

La fabrication des outils, instruments et pièces métalliques diverses, pour lesquels la France a été si longtemps et continue encore à être tributaire de l'Angleterre et de l'Allemagne, malgré les progrès accomplis depuis 1815 par un grand nombre d'établissements, cette fabrication, dis-je, n'intéresse le Jury de la VIᵉ classe de l'Exposition, et plus spécialement l'objet de ce chapitre, qu'en tant que ses produits peuvent être envisagés comme formant par eux-mêmes une partie constitutive des machines ou qu'ils sont obtenus par des procédés purement automatiques. C'est à ce titre, principalement, que les membres de ce Jury ont eu à se préoccuper de la belle collection d'outils en acier de MM. Dandoy, Maillard, Lucy et Cie, de Maubeuge, comprenant des lames de scies, droites ou circulaires, des broches de filature et autres pièces détachées de machines, dont, depuis un certain nombre d'années déjà, l'intelligente et remarquable fabrication est généralement appréciée dans notre pays, où l'on commence également à mettre à profit les perfectionnements apportés par M. Léopold Muller, de Thann, à la construction des broches à engrenages de roues d'angle avec dents obliques, dont les Anglais nous avaient déjà donné un exemple dans leurs modernes mull-jennys, mais dépourvu des qualités éminentes qui distinguent les broches de M. Muller. Ces broches, en effet, sont susceptibles d'être arrêtées, à la main, avec une facilité comparable à celle que présente l'ancien mode de transmission par ficelles, sans pour cela suspendre le mouvement de l'engrenage, au moyen d'un ingénieux système de ressorts à boudins agissant par pression contre une petite couronne conique en cuir embouti, dont le frottement sur la saillie correspondante de la broche suffit pour entraîner celle-ci par simple adhérence et sans opposer un obstacle notable à la main de la fileuse, qui doit interrompre le mouvement de l'ailette pour rattacher les fils.

Les broches et ailettes des métiers à filer en gros le coton ont reçu, d'ailleurs, de l'industrie anglaise divers perfectionnements, dont MM. Masau et Colin, Lardy et Lewis, ont offert de très-remarquables exemples à l'Exposition de Londres : les principaux consistaient à faire passer le fil dans une branche évidée de l'ailette pour le soustraire à l'action de l'air, à mettre cette ailette en équilibre par l'addition d'une seconde branche pleine faisant corps avec la première, munie, à sa partie inférieure, d'une plaque à ressort servant à comprimer sur elles-mêmes les différentes spires du coton, enroulées autour du noyau de la bobine, d'après une loi mathématique de superposition et de juxtaposition que ce n'est nullement ici le lieu d'exposer, et qui constitue, dans le métier dit *banc à broches,* l'un des plus grands progrès qu'ait reçus, en dernier lieu, le système automatique de la filature du coton.

Parmi les outils si remarquables de la collection exposée par MM. Maillard et Dandoy, qui appartiennent spécialement à la construction des machines, nous devons mentionner particulièrement de belles et grandes lames de scies droites ou circulaires, des tarauds et filières à main, pour tailler les pas de vis et d'écrous, etc.; outils dont l'exécution ne laissait rien à désirer et pouvait soutenir parfaitement la comparaison avec ce qui avait été exposé de mieux dans la partie anglaise, soumise au Jury de la XXIIe classe, à laquelle aurait dû également appartenir, du moins en majeure partie, la collection d'outils aciérés qui nous occupent.

Depuis l'époque où M. Poncelet, de Liége, suivi bientôt des frères Coulaux, de Molsheim (1819), de M. Mongin, de Paris (1823), etc., se livrèrent en France à la fabrication des scies droites ou circulaires, les procédés mécaniques de laminage, de battage et dressage n'ont pas cessé de grandir et de s'améliorer parmi nous; et, sauf les perfectionnements récents et économiques que vient de recevoir dans les ateliers de MM. Spear et Jackson de Sheffield, récompensés par une grande médaille (XXIᵉ Jury), la fabrication des lames circulaires à l'aide d'une machine où les faces planes de la scie viennent, par des mouvements de rotation et d'oscillation combinés, présenter successivement toutes leurs parties à l'action d'une couronne polissante, sauf ces perfectionnements, il y a lieu de croire que nos procédés mécaniques de fabrication ne sont pas restés trop en arrière de ceux des autres pays, quoiqu'ils n'aient point encore reçu, peut-être, tout le développement commercial désirable.

Quant aux tarauds à main de MM. Maillard et Cⁱᵉ, j'en parle surtout pour faire remarquer que nos arsenaux étaient depuis fort longtemps dotés des plus puissants outils de cette espèce; que leur perfectionnement n'a cessé depuis 1823, où la Société d'encouragement de Paris fonda un prix à ce sujet, de préoccuper vivement nos artistes et ingénieurs les plus distingués, parmi lesquels je citerai MM. Lenseigne, Waldeck, de Lamorinière, Mariotte, etc., qui imaginèrent des mécanismes à plusieurs burins ou taillants mobiles, à diamètre variable ou expansion, dont l'ingénieux dispositif aurait fort bien pu soutenir le parallèle avec le magnifique outil, du même genre, exposé par M. Whitworth dans le Palais de Cristal, à Londres.

Le Jury de la VIᵉ classe a eu encore à récompenser par une médaille de prix deux autres collections non moins dignes d'attention et concernant la fabrication des plaques et rubans de cardes employés dans les filatures de laine, de coton, etc., pour redresser les fibres de ces matières textiles, rubans dont sont garnis, intérieurement ou extérieurement, les tambours et chapeaux cardeurs, savoir: celle de MM. Scrive frères, de Lille, les heureux et habiles concurrents de M. Hache-Bourgeois, de Louviers, dans cette importante fabrication, qui depuis nombre d'années ont acquis une juste célébrité en France et à l'étranger, célébrité qu'ils doivent principalement à la substitution de procédés purement automatiques au boutage à la main, etc.; puis celle de MM. Miroude frères, de Rouen, non moins importante, plus variée, plus étendue peut-être, en ce qu'elle s'applique à des besoins nouveaux, tels que le cardage des étoupes, des frisons, etc., qui exigeait aussi des procédés différents de fabrication mécanique et un outillage que MM. Miroude ont beaucoup perfectionné dans un atelier de construction annexé à leur bel établissement. Enfin, le Jury a également décerné la médaille de prix à M. Roswag, de Schelestadt, pour de magnifiques spécimens de toiles ou tissus en fil de fer, d'acier et de cuivre, d'une finesse extrême, et qui se sont substitués pour un grand nombre d'usages aux anciens blutoirs et tamis employés dans diverses fabrications, notamment dans la meunerie, la fabrication du papier, etc.; tissus pour lesquels la famille Roswag n'a cessé, depuis 1778, de travailler, en améliorant, variant ses produits d'année en année, de manière, sinon à ne souffrir aucune rivalité en Europe, du moins à égaler les produits similaires de la Grande-Bretagne, avec lesquels ceux de ces habiles fabricants ont partagé la médaille de prix.

Les perfectionnements apportés à la fabrication des tissus métalliques et des cardes ont dû nécessairement être précédés ou accompagnés du perfectionnement de la fabrication des différents fils métalliques tirés à la filière et de l'amélioration même de la qualité du fer doux, des aciers et des filières. J'ai donné ailleurs une idée de l'état de cette fabrication au point de vue mécanique, et je n'ai, pour le surplus, qu'à renvoyer au rapport du XXIe Jury.

Ce qui vient d'ailleurs d'être dit des succès européens de M. Roswag peut également s'appliquer à MM. Scrive et Miroude, dont, si je suis bien informé, les produits sont même appréciés par les constructeurs de machines et filateurs anglais, à cause de la qualité des matières, de la parfaite régularité du boutage mécanique des dents et de la préparation on ne peut mieux soignée des plaques ou rubans en cuir, etc.

Pour ne pas laisser trop incomplètes ces indications relatives aux outils de machines qui sont l'objet d'une fabrication spéciale, il nous faut citer aussi les rouleaux et cylindres cannelés de filatures, qui ont principalement valu à MM. Dandoy et Maillard une médaille de prix également accordée par le Jury de la VIᵉ classe; les peignes de métiers à tisser la soie, etc., à lames métalliques, minces, parallèles et si prodigieusement multipliées, que l'on fabrique aujourd'hui avec tant de succès, même en Italie, comme l'a montré un très-bel échantillon présenté par Mᵐᵉ veuve Cuyère, de Florence; les différents peignes continus ou sans fin, et à plusieurs rangs de dents pour aligner, redresser les fibres de la laine, du coton, du chanvre, etc., dont M. Harding-Cocker, de Lille, a exposé de nombreux et beaux échantillons, récompensés également par la médaille de prix, et qui se trouvaient accompagnés de leurs pièces accessoires, tels que *gills* avec vis directrices, parallèles et accouplées pour métiers continus à filer le lin, etc.; les outils à lames d'acier effilées servant à tondre les draps fortement tendus, et qui, d'abord droits, oscillants et connus sous le nom de *forces*, prirent ensuite, sous l'heureuse inspiration ou impulsion de MM. Lewis et Davis en Angleterre, Douglas, Abraham Poupart et John Collier en France, la forme hélicoïdale, à rotation continue, sous laquelle on les a vus présentés par M. Troupin de Verviers, dans le département belge de l'Exposition universelle de Londres, etc., etc.

Nous devrions citer encore divers autres instruments ou outils rangés dans la catégorie des machines appartenant à la VIᵉ classe, tels, par exemple, que l'appareil à régulariser le repiquage des meules de M. Touaillon; instruments et outils qui, par l'étendue de leur application à l'industrie manufacturière, sont devenus l'objet d'une fabrication spéciale, sinon courante. Mais il faut nous restreindre, même en ce qui concerne les perfectionnements les plus utiles, si l'on considère l'étendue des matières qui nous restent à parcourir dans cette seule Section. Peut-être même trouvera-t-on que j'ai déjà dépassé le but, eu égard à l'importance relative d'objets qui, intéressant beaucoup moins l'histoire des découvertes mécaniques que les progrès de la fabrication proprement dite, m'ont, trop longtemps sans doute, écarté du sujet principal de ce chapitre; sujet que je me hâte de reprendre dans le paragraphe ci-après, formant, comme on ne manquera pas de s'en apercevoir, une suite immédiate à celui qui concerne les machines à embouter, estamper, etc., employées dans la fabrication même des outils dont il vient d'être parlé.

§ II. — Machines servant à fabriquer, à froid et automatiquement, les maillons, agrafes, clous, cardes et capsules métalliques. — *Vaucanson* et *Galle*; MM. *Hue*, *Frey* et *Stoltz*, *Papavoine* et *Châtel*, exposants à Londres.

On connaissait, dès avant 1815, quelques machines ou essais de machines de cette espèce, opérant essentiellement à froid sur des fils ou petites lames métalliques ductiles, coupées, estampées, embouties, pliées de diverses manières dans une ou plusieurs *passes* ou opérations mécaniques distinctes, qui se succèdent à des intervalles très-courts et consécutivement, tantôt sur la même pièce, tantôt sur des pièces différentes, à l'aide de divers outils et organes de mouvement. La plus ancienne et la plus célèbre de toutes est, sans contredit, la machine de Vaucanson, déjà citée, et qui sert à fabriquer les petites chaînes d'engrenage, dont les maillons, en fil de fer, sont malheureusement trop extensibles et déformables sous les efforts variables de traction ou de tension qu'ils subissent, pour qu'on ait pu continuer à s'en servir comme mode de transmission du mouvement et des forces dans les machines de filatures. C'est pourquoi on leur a substitué, dans ces derniers temps, d'autres chaînes plus solides et non moins régulières, parmi lesquelles j'ai eu aussi l'occasion de citer celles du graveur Galle, de l'Institut, composées de deux rangées de plaques en fer, minces, oblongues et parallèles, découpées à l'emporte-pièce et réunies par des goupilles cylindriques à rivets, goupilles qui, à des intervalles égaux, doivent occuper les vides correspondants de deux platines ou couronnes annulaires parallèles, découpées, percées de même en une succession de passes ou d'opérations distinctes, pour constituer ensuite, de leur ensemble, une véritable roue d'engrenage, à l'égard de laquelle la chaîne sans fin joue, en quelque sorte, le rôle de lanterne à fuseaux.

M. Hue, habile mécanicien horloger de Paris, a exposé à Londres une autre ingénieuse petite machine à faire les agrafes, constituée de plaques de cuivre, beaucoup plus solides que celles en fil de fer : cette machine se rapporte à la même catégorie de fabrication, sauf que le travail s'y effectue d'un mouvement purement automatique, en une seule passe, au moyen d'une manivelle faisant mouvoir un levier emporte-pièce, des laminoirs estampeurs, etc., qui découpent intérieurement et extérieurement, percent, ébarbent, redressent et replient nettement les plaques et crochets d'agrafes dans une succession continue et très-rapide (350 par minute) d'opérations appliquées à un bande plus ou moins longue de cuivre laminé.

La machine de M. Hue, récompensée par une médaille de prix, est d'une invention toute récente (1849), et elle n'a, je crois, été précédée par aucune autre du même genre, quelle que soit l'apparente analogie qu'elle offre avec la machine, déjà ancienne, à fabriquer les capsules d'amorces fulminantes, dont il sera parlé plus loin, et qu'on a tenté de perfectionner dans un modèle déposé, en 1851, au Palais de Cristal. Ce modèle, peu satisfaisant sous le rapport de la netteté de l'exécution, de l'épargne même de la matière qu'il sert à transformer en capsules au moyen d'une seule passe, consiste à découper en rondelles la bande ou lame mince de cuivre rosette introduite dans la machine par un laminoir alimentaire; puis à emboutir ces rondelles en creux, suivant la forme cylindrique voulue, tout en y ménageant un rebord, tantôt lisse, tantôt découpé, pour éviter le déchirement irrégulier de la matière.

On peut rapporter encore à cette catégorie plusieurs petites machines exposées à Londres, et qui ont attiré l'attention toute spéciale du Jury de la VIe classe, sinon à cause de leur entière nouveauté, du moins en raison de leur excellente exécution et des perfectionnements qu'elles offrent pour la fabrication mécanique et à froid des clous en fil de fer à tête plate, dits *clous d'épingle, clous de Paris;* machines dont l'une, exposée par M. Frey, et les deux autres par M. Stoltz, habiles mécaniciens de Paris, sont remarquables pour la célérité et l'extrême précision avec lesquelles les fils, de diverses grosseurs, s'y trouvent coupés de longueur, taillés en facettes planes à la pointe, et refoulés par simple pression ou par choc à la tête, en vertu d'une succession rapide de mouvements automatiques obtenus au moyen d'un mécanisme à cames ou ondes que précèdent des laminoirs alimentaires, suivis de pinces à griffes, de presses à fouloirs ou de marteaux à choc, dont les organes essentiels de mouvement rappellent ceux de la célèbre et ancienne machine à fabriquer les bandes ou rubans de cardes, représentée à l'Exposition universelle par un seul et petit modèle appartenant à MM. Papavoine et Châtel, de Rouen, modèle qui a suffi pour montrer qu'on était en état de fabriquer de toutes pièces de semblables machines dans notre pays.

Dans cette machine vraiment automatique et servant à fabriquer les cardes d'une manière continue, par une succession non interrompue de passes, on voit la bande, le ruban de cuir, parfaitement dressé ou laminé et fortement tendu entre ses extrémités, se mouvoir horizontalement ou verticalement, d'une manière intermittente, dans un plan rigoureusement vertical et en avant du mécanisme ingénieux qui fait cheminer à chaque fois, de la longueur nécessaire, le fil de fer horizontal et parallèle destiné à la formation de la dent, fil amené, puis serré à un bout, par l'appareil alimentaire, en même temps qu'il est coupé et saisi en son milieu à l'aide d'une pince horizontale mobile par avances et reculs alternatifs; bientôt ce fil est replié carrément à ses bouts, en fer à cheval, à l'aide d'une fourche repoussoir qui reste en arrière pendant que la pince fait pénétrer les pointes, ainsi repliées, dans deux trous souvent microscopiques, et préalablement percés dans la bande ou plaque de cuir fort par deux poinçons d'acier extrêmement fins, déliés, solidaires et parallèles, poinçons dont les mouvements d'avance ou de recul précèdent immédiatement celui qui sert ensuite à enfoncer dans le cuir les deux branches horizontales de la dent ou crochet de carde, finalement bouté, c'est-à-dire soutenu, buté en avant du cuir et replié brusquement en arrière sous l'angle rigoureusement voulu : le tout avec une rapidité que l'œil ne saurait saisir, et en moins de temps qu'il n'en faudrait pour prononcer un seul mot, c'est-à-dire à raison de 200 à 300 dents à la minute.

Dans cette merveilleuse machine, d'ailleurs, les divers mouvements s'accomplissent sans bruit, avec continuité et douceur et une agilité comparable à celle des doigts de la main la mieux exercée, au moyen d'un jeu de cames ou d'excentriques analogue à celui des machines précédentes et d'un grand nombre de très-anciens et très-curieux métiers ou *mécanismes* automates destinés à accomplir, pour ainsi dire simultanément, un grand nombre d'opérations en réalité distinctes et successives.

§ III. — Données historiques relatives aux machines automates à fabriquer les cardes. — MM. *Amos Whittmore* et *Dyer* de Boston, *Parr* et *Curtis*, *Walton*, en Angleterre; *Ellis* et *Degrand*, *Scrive*, *Calla*, *Saulnier jeune*, *Hoyau*, etc., en France.

Les machines à fabriquer les cardes sont d'origine américaine, du moins en tant qu'on les considère dans leur premier état de perfection où M. Amos Whittmore, près de Boston, les avait amenées, en 1795, dans sa fabrique de cardes à laine et à coton. Jusque-là on possédait bien en Angleterre et en France (Rouen) quelques machines à couper les fils, à faire ou à plier les crochets séparément; mais le boutage se faisait et continua à se faire pendant longtemps encore à la main. Même en 1799, où Amos s'associa, en Angleterre, avec M. Sharp, de Londres, pour ce genre de fabrication mécanique, il fut reconnu que la machine ne pouvait s'appliquer qu'aux plus grosses cardes à mains, et nullement à celles, de numéros très-élevés, employées dans les filatures mécaniques de coton. De retour en Amérique, l'inventeur introduisit dans sa machine de nouveaux perfectionnements vainement tentés par d'autres; et c'est seulement en 1811, qu'étant parvenu à en construire de plus parfaites, il se décida à en envoyer un modèle fonctionnant à son compatriote l'honorable M. Dyer, alors établi à Londres, et avec lequel il prit une patente ou brevet de perfectionnement, qui donna naissance, en 1813, à une fabrique de cardes mécaniques à Manchester, où elle subit divers perfectionnements et simplifications qui devinrent, de la part de M. Dyer et de ses successeurs, MM. Parr et Curtis, associés à M. Walton, l'inventeur des rubans de cardes en caoutchouc, l'objet de divers autres patentes prises en 1814, 1825, etc.[1].

Il est très-remarquable qu'en même temps que la machine américaine à fabriquer les cardes était importée en Angleterre par M. Dyer, elle le fut aussi, à un mois près, en France par M. Degrand, de Marseille, qui s'associa peu après avec M. Jonathan Ellis, de Boston, pour la fabrication automatique de plusieurs bandes de cardes à la fois et de cardes dites *à l'anglaise*, dont les crochets sont rangés en lignes diagonales (t. XX du *Recueil des Brevets*, p. 328, années 1812 à 1815). Je ne saurais d'ailleurs indiquer d'une manière précise la voie par laquelle M. Degrand, aujourd'hui octogénaire comme M. Dyer, s'est procuré les renseignements qui forment la base de ses brevets d'importation, appuyés, dit-on, d'un mo-

[1] Nous devons ces précieux renseignements historiques à l'obligeance de M. Miroude, fabricant de cardes à Rouen, déjà plusieurs fois honorablement cité, et à M. Bernard-Fleury, habile fabricant tréfileur de Gondriellers (Orne), qui les a reçus directement de M. Walton, lequel, à son tour, les tient de la bouche même de M. Dyer, aujourd'hui âgé de plus de quatre-vingts ans.

dèle de machine fonctionnant, ainsi que de dessins venus directement d'Amérique, et qui servirent à M. Leblanc, actuellement filateur de laine, alors chef d'atelier des associés Degrand et Ellis, à en établir à grand'peine quelques autres, dont les éléments essentiels, si l'on en juge par les brevets d'importation mentionnés ci-dessus, ne différaient pas autant qu'on pourrait le croire des moyens mécaniques de solution aujourd'hui mis en œuvre dans les machines de ce genre, où cependant on commence à faire intervenir, au lieu d'ondes fermées, des ressorts repoussoirs pour activer le mouvement rectiligne alternatif des divers organes.

Parmi les personnes qui se sont plus spécialement occupées, chez nous, de la fabrication des machines à cardes depuis leur première introduction en France, je citerai d'abord MM. Scrive, Cohin, Calla, Lolot, etc., qui, à partir de 1815, se sont fait successivement breveter pour des modifications et perfectionnements plus ou moins importants concernant le dressage des cuirs, le tirage du fil de fer, l'exécution et finalement le boutage mécanique des dents ou crochets, de diverses formes et grosseurs, appropriés aux différents usages, aux différentes matières textiles. Je citerai ensuite M. Hoyau, mécanicien de Paris, à qui l'on doit aussi une machine à faire les agrafes de corsets en une seule passe[1], et qui a décrit en 1825, dans le *Bulletin de la Société d'encouragement,* une machine de sa fabrication qui semblerait indiquer qu'on n'en était point alors à construire chez nous les machines plus compliquées et plus parfaites où le boutage s'opère en même temps que la formation des crochets et le placement du cuir, s'il n'était parfaitement certain, d'une part, que M. Calla père s'était servi longtemps avant 1825 de pareilles machines construites par lui dans le système américain; d'autre part, qu'à cette même époque, l'horloger mécanicien Pierre Saulnier en avait fabriqué un bon nombre, quatorze, destinées à marcher par roues hydrauliques à Neuilly

[1] *Bulletin de la Société d'encouragement,* t. XXVI, p. 321 (1827).

et à Liancourt, près Clermont (Oise), où l'un des ducs de La Rochefoucauld, bienfaiteur de ce pays, avait introduit la fabrication des rubans de cardes depuis nombre d'années déjà, probablement à son retour d'Amérique, en 1801.

L'invention de la machine automatique qui vient de nous occuper doit compter au nombre des plus utiles que l'on connaisse, en raison des immenses progrès qu'elle a fait faire à la filature de la laine et du coton, où elle place le nom d'Amos Whittmore à côté de ceux de Paul-Louis, de Hargreaves et de Highs, d'Arkwright, de Crampton, de Kelly et de Cartwright. Aussi serais-je heureux d'avoir pu contribuer à réhabiliter la mémoire d'un génie créateur non moins digne de l'estime et de la reconnaissance des hommes que l'auteur, si peu connu, du premier métier à fabriquer les bas, le Rév. William Lee, pour qui l'Angleterre revendique, à d'aussi justes titres, la priorité d'invention.

§ IV. — Données historiques relatives aux machines automates à fabriquer les clous, les capsules, etc. — *Jacob Perkins, Joseph Read* et *James White*, en Amérique et en Angleterre; *Degrand, Learenwerth, Daguet, Lemire* et *Japy, Deboubert, Bouché* et *Livelot, Tardy* et *Piobert, Humbert* et *Dupré, Petit-Pierre, Perceval* et *Glavet*, en France.

L'histoire des machines à fabriquer automatiquement les clous ne comporte pas le même degré d'intérêt que celle de la machine à bouter ainsi les cardes, non-seulement pour l'ancienneté de date et l'originalité de la conception, mais encore pour son importance industrielle et la généralité de ses applications. Néanmoins, les difficultés inhérentes au découpage, à l'estampage de pièces aussi fortes, attestées par de nombreuses et vaines tentatives, les développements que tend journellement à prendre ce genre d'industrie chez nous, méritent l'attention du Gouvernement et des économistes non moins que des mécaniciens de profession. Il convient, d'ailleurs, de distinguer la manière de fabriquer grossièrement les clous à l'américaine ou à l'anglaise, à froid ou à chaud, par le moyen de cisailles emporte-pièces ou de laminoirs cannelés, dans le genre de ceux de Bell, opérant sur de simples lames ou feuilles de tôle plus ou moins épaisses, d'avec celle dont nous avons précédemment donné un aperçu, et qui consiste à les découper dans du fil de fer épointé et frappé ensuite, à la tête, par des mouvements automatiques distincts, mais accomplis dans une seule passe et non plus dans la série d'opérations mécaniques successives que réclamaient les patentes délivrées, dans les États-Unis d'Amérique, à Jacob Perkins (1795) et à Joseph Read (1811); mode de fabrication d'ailleurs pratiqué fort en grand à Birmingham, en Angleterre (1809), à Grætz, en Hongrie, et en France (1819), à Clairvaux (Jura), où il a été établi avec beaucoup de succès par MM. Lemire père et fils, d'après des procédés qui avaient été précédemment l'objet de divers brevets délivrés à M. Degrand, de Marseille (1809), à M. Learenwerth, de Paris (1810), et à MM. Lemire eux-mêmes (1817); brevets auxquels on pourrait joindre celui accordé, dès 1806, aux frères Japy, à Colmar, non-seulement pour tailler les vis à bois, mais aussi pour frapper les têtes de clous en fil de fer.

Ces dernières machines, servant à fabriquer, au moyen d'un mouvement rotatoire et continu quelconque, les clous d'épingle ou pointes de Paris, sont, à ce qu'il paraît, d'origine toute française; et, comme il arrive presque toujours, elles doivent leurs perfectionnements successifs et souvent même leurs organes essentiels, ceux qui les rendent entièrement usuelles et automatiques, à un grand nombre de mécaniciens, ingénieurs, fabricants ou constructeurs, en tête desquels se place le célèbre ingénieur américain James White, breveté en mars 1811[1], lorsqu'il résidait à Paris, dans l'hôtel de Bretonvilliers (île Saint-Louis), et dont la machine, encore imparfaite sans doute, saisissait le fil de fer verticalement entre deux disques circulaires crénelés, le coupait, le frappait à la tête et le taillait en sifflet à la pointe, le tout en une seule passe comme dans les machines de MM. Frey et Stoltz. Quant aux brevets de

[1] Tome XII, page 188, du *Recueil des brevets expirés.*

perfectionnements dont la machine à pointes de Paris a été successivement et plus spécialement l'objet en France, il me suffira d'indiquer ceux de MM. Daguet (1816), Laroche et Mounier (1822), Bruyset (1825), etc., à Paris, ainsi que ceux de MM. Maillot fils (1822) et Chevenier (1823), à Lyon; brevets suivis de beaucoup d'autres, et dont il serait intéressant de pouvoir étudier les phases diverses de perfectionnements, si l'espace ou le temps me le permettait.

La fabrication mécanique des petites capsules d'amorces fulminantes des fusils de chasse ou de guerre à piston date de 1819, où elle fut importée d'Angleterre en France par l'arquebusier Deboubert : ces capsules exigeaient d'abord quatre ou cinq passes successives au balancier; ces passes, réduites bientôt à deux par MM. Bouché, de Soissons, et Livelot père, de Paris (1824 à 1826), furent enfin réduites à une seule, du moins pour les capsules de chasse sans rebord, dans une grande fabrique montée dans Paris par M. Tardy, aidé des conseils de son camarade et ami M. Piobert, alors capitaine d'artillerie : là, des rangées de machines verticales à matrices et poinçons étaient conduites par un arbre de couche supérieur et horizontal, à volant, qui recevait d'un moteur quelconque un mouvement rotatoire continu, immédiatement transformé, au moyen d'excentriques à bielles, en mouvements alternatifs imprimés aux tiges verticales des poinçons évidés intérieurement et servant à découper les flans dans des lames de cuivre régulières, amenées par les cylindres fournisseurs de la machine, en même temps que les rondelles ainsi obtenues étaient embouties, refoulées par un mandrin fixe inférieur; le tout dans une seule opération, à la suite de laquelle les capsules, accumulées les unes au-dessus des autres dans l'intérieur du poinçon-matrice, s'échappaient spontanément par la partie supérieure de sa cavité cylindrique.

Cette ingénieuse combinaison, bientôt adoptée par tous les fabricants de capsules à Paris, le fut également en Allemagne, notamment à Prague, où elle a été introduite par MM. Cellier et Bellot; elle devint plus tard le point de départ de MM. Tardy et Blanchet pour l'établissement mécanique des capsules de guerre, dont les machines nécessitaient primitivement trois passes successives, réduites finalement, en 1840, à une seule, dans la capsulerie impériale de Paris, par le capitaine d'artillerie Humbert, qui, en 1842 et 1843, est parvenu à fabriquer le nouveau genre de capsules destinées au fusil de guerre, plus épaisses que celles des fusils de chasse et munies de six oreillettes, d'abord au balancier à tiraudes ou à bras, puis, un peu plus tard, par un mouvement en lui-même continu, au moyen d'une machine à vapeur faisant aller à la fois dix excentriques à bielles et poinçons, qui produisaient chacune, par minute, plus de 70 capsules régulières et toutes terminées.

Ajoutons que la fabrication mécanique des capsules de fusils de chasse est contemporaine, sinon antérieure, à celle de plusieurs objets métalliques également évidés et emboutis d'une seule pièce au moyen de balanciers estampeurs ou des presses, à bielle et excentrique, déjà cités pour la plupart, et auxquels ils nous faut joindre les presses qui servent à fabriquer les capsules de plomb ou d'étain destinées à recouvrir les bouchons de bouteilles; ces machines, dont l'ingénieuse combinaison par repassements successifs d'un poinçon à un autre est due à M. Dupré, de Paris, ont été décrites dans le *Bulletin de la Société d'encouragement* pour 1839, t. XXXVIII. Dans ces machines, qui rappellent par leurs dispositions essentielles celles à capsules defusils, on se sert pareillement d'une simple excentrique à galet circulaire pour faire marcher les treize poinçons, de diamètres décroissants, qui y entrent; ce qui entraîne, comme on l'a vu, une énorme dépense de travail en frottements directs ou tangentiels.

Pour terminer ce qui concerne la fabrication mécanique et automatique des outils ou autres pièces détachées des machines, il nous resterait à citer les tentatives faites, à différentes époques, pour l'établissement de divers instruments et appareils plus ou moins complexes ou ingénieux créés dans de telles vues; mais cette énumération, quelque rapide et incomplète qu'on la suppose, serait encore trop étendue pour trouver place ici. C'est pourquoi je me bornerai à rappeler que la machine à tailler les limes a, en particulier, exercé le génie et la patience des plus habiles artistes, parmi lesquels je ne puis me dispenser de citer le mécanicien Petit-Pierre, de Paris (1812), dont la tentative, précédée de celle de M. Perceval (1802), fut suivie de beaucoup d'autres qui ne paraissent pas avoir obtenu, jusqu'à présent du moins, une réussite bien certaine, malgré d'heureuses combinaisons que j'ai eu moi-même occasion d'admirer dans une machine de cette espèce construite antérieurement à 1820 par les frères Glavet, mécaniciens distingués de Metz, déjà mentionnés pour leur ingénieuse machine à terminer les dents de roue.

Aux machines à tailler les limes, si peu répandues et dont le succès industriel est au moins douteux, il faudrait joindre, d'ailleurs, toutes les petites machines et les mécanismes qui servent, dans les ateliers de serrurerie, à fraiser, percer, estamper, tourner, tailler, limer, sous différentes faces ou formes, les pièces métalliques, les outils qui entrent dans la constitution des grandes machines et des ateliers de construction, dont nous avons à peine dit quelques mots dans la première Section de ce travail. Parmi ces petites machines et ces mécanismes, on devrait ranger tout d'abord les machines à canneler les cylindres de filature et les pignons d'horlogerie; celles à diviser et fendre les dents de roues de MM. Petit-Pierre[1] et Japy, machines déjà récompensées à l'Exposition de 1802; puis les étaux à griffes et à coquilles sphériques de M. Paulin Desormeaux[2], et tant d'autres outils ou instruments servant à fabriquer diverses pièces détachées des grandes machines, dont j'ai fait une énumération rapide au commencement de ce chapitre, pour me conformer aux vues qui ont fait rejeter dans la VIe classe divers produits en cuivre, en fer ou acier, devenus, je le répète, l'objet d'une fabrication courante, ne

[1] *Bulletin de la Société d'encouragement*, t. IX, p. 137 (1810).
[2] *Ibid.* t. XXIX, p. 283 et pl. 434.

possédant aucun caractère particulier ou mécanique de nouveauté, et ressortant, à cet égard, bien plus des Jurys des XXIe et XXIIe classes, relatives aux objets de quincaillerie, dont ils auront été distraits par erreur ou confusion, sans doute.

CHAPITRE III.

MACHINES SERVANT À DÉPLACER, À COMPRIMER LES CORPS, ETC., DE MANIÈRE À EN RÉDUIRE LE VOLUME, À EN EXTRAIRE LES LIQUIDES OU À EN RAPPROCHER LES PARTIES PRIMITIVEMENT DÉSUNIES.

§ Ier. — Coup d'œil rapide sur les machines d'équilibre, de force et de propulsion des anciens ou des modernes. — *Ctésiphon, Ctésibius, Archimède* et *Vitruve*, chez les anciens; *Fontana, Corburi* et *Perrault, Vauban* et *Gribeauval, d'Arcy, Antoni, Lambert, Robins* et *Hutton, Perronet, de Cessart, Smeaton, Rennie, Coulomb, Brunel*, etc., chez les modernes.

Quand on se prend à examiner les vénérables ruines des monuments de l'Égypte, de la Grèce et de Rome, on ne peut s'empêcher de reconnaître que les anciens possédaient, en majeure partie, les ressources mécaniques nécessaires pour déplacer et soulever les plus lourds fardeaux, ressources incomplétement, sans doute, décrites ou indiquées dans l'antique et célèbre ouvrage de Vitruve, puis transmises de siècle en siècle jusque dans le moyen âge, où elles servirent à élever ces monuments gothiques si prodigieusement élancés, et au sommet desquels on vit se balancer des cloches, *mutes*[1] ou *bourdons*, pesant jusqu'à 15 et 20 000 kilogrammes.

Le levier, la poulie, le plan incliné, la vis, comme je l'ai

[1] Cette expression, qui appartient au vieux langage messin et qui signifie, dit-on, *meute* ou *émeute*, me fournit l'occasion de rappeler un très-ingénieux appareil de suspension, à galets de frictions mobiles, inventé et appliqué dans le siècle précédent par feu M. Jaunez, dont il sera bientôt parlé, à la plus grosse des cloches de la cathédrale de Metz; appareil qui consiste en deux couples de trois secteurs en fer et à oreillettes extrêmes, entre les portions circulaires et convexes desquels roulent sur eux-mêmes les tourillons de la cloche, comme sur de véritables coussinets, sauf qu'ici

déjà fait observer, auxquels succédèrent beaucoup plus tard les roues dentées elles-mêmes, mal à propos, sans doute, attribuées à Ctésibius, d'Alexandrie, l'inventeur des horloges à eau, ou clepsydres à rouages, et des pompes à double piston, aspirantes et foulantes; les diverses combinaisons de ces mêmes machines simples ou éléments de machines, tels que treuils, cabestans, vindas, moufles, crics, chèvres ou grues de diverses sortes; toutes ces machines, dis-je, étaient parfaitement connues des anciens et généralement employées par eux dans les travaux d'art qui réclamaient d'énergiques efforts. Il y a tout lieu de croire, notamment, que les moyens mécaniques pour élever les blocs de pierre au sommet des pyramides d'Égypte, des propylées de Thèbes et de Memphis, pour dresser et transporter ces immenses obélisques, colonnes ou statues qui en ornaient les temples, différaient assez peu de ceux mis en usage dans les derniers siècles, à Rome, à Saint-Pétersbourg, à Paris, etc., pour ériger des monuments analogues. Je me contenterai de citer l'antique obélisque relevé par Fontana, dans la première de ces villes, au moyen de quatre immenses leviers et de quarante cabestans; la statue de Pierre le Grand, dont le prodigieux socle ou piédestal fut érigé dans la seconde, par l'Italien Corbari, à l'aide de simples leviers et de vis; enfin, la majestueuse colonnade du Louvre, édifiée par le célèbre traducteur de Vitruve, Perrault, architecte, ingénieur, peintre et médecin, et dont les tympans de couronnement du fronton, formés d'un seul bloc comme

le secteur vertical, qui supporte directement la charge des tourillons, et les secteurs horizontaux ou latéraux, qui s'opposent, de part et d'autre, à leur déplacement transversal, reliés entre eux, dans leurs lentes oscillations, par un ingénieux système articulé et à balancier supérieur, convertissent directement le frottement de glissement qui aurait lieu sur ces coussinets, rendus fixes, en frottement de simple roulement, ou de seconde espèce, sur les tourillons à couteaux des secteurs respectifs; ce qui réduit dans une forte proportion la fatigue des hommes appliqués à quatre systèmes de tiraudes suspendus aux extrémités du couple de balanciers supérieurs de la cloche, de sorte que, pour l'entretenir en branle, ils n'ont plus, en quelque sorte, qu'à vaincre la résistance de l'air et celles inhérentes au jeu du battant.

les colonnes monolithes du temple de Diane, à Éphèse, transportées et mises debout par Ctésiphon, ont plus de 17 mètres de longueur et des dimensions transversales qui leur supposent un poids de beaucoup supérieur à 100 000 kilogrammes; outre que ces prodigieux tympans ont dû être élevés verticalement, à une hauteur d'au moins 25 mètres au-dessus du sol, par des moyens d'autant plus remarquables qu'ils sont plus simples et plus ingénieux.

Dans tous ces travaux d'ailleurs, nos ancêtres, comme les architectes de l'Égypte, de la Grèce et de Rome, ne faisaient intervenir que la force physique de l'homme, rarement celle des animaux, et l'on a dernièrement été à même d'en prendre une idée saisissante lors de l'érection, à Paris, de l'obélisque de Louqsor, érection due au savant ingénieur maritime Lebas, qui, après quelques essais infructueux d'application de la machine à vapeur et des rouages modernes, finit par recourir aux cabestans, au plan incliné et à un ingénieux système de chèvres construites en puissants bois de charpente, pivotant autour de leurs pieds d'assemblage, et servant de supports, l'un vertical et fixe, l'autre incliné et mobile, pour reporter graduellement l'action des cordages et des cabestans au point d'attache extrême du fardeau, sous une direction moins oblique à celle de l'axe de l'obélisque, qui, d'autre part, pivotait, sur son socle ou piédestal granitique autour de l'une des arêtes horizontales et garnies de sa base, comme point d'appui ou charnière de rotation.

A coup sûr, les anciennes machines, simples ou composées, mentionnées ci-dessus ont été améliorées depuis, perfectionnées même, quant à la disposition et à la construction matérielle des pièces métalliques; mais elles n'en sont pas moins, aujourd'hui encore, exécutées en majeure partie en bois, dans nos chantiers civils, militaires et maritimes, où elles servent à soulever et mouvoir avec une facilité remarquable les plus lourdes pièces, telles, notamment, que les mâts, gouvernails et ancres des plus grands vaisseaux de commerce ou de guerre, en comparaison desquels les galères des anciens étaient de véritables pygmées, bien que certaines d'entre elles portassent jusqu'à trois rangs de rames étagés, tandis que d'autres étaient munies de roues à ailettes ou rames tournant au moyen de manéges à rouages intérieurs, comme les navires employés par Thémistocle pour vaincre à Salamine et par Scipion l'Africain pour détruire la puissance maritime de Carthage.

A l'égard des engins à traîner, soulever les fardeaux, dont la manœuvre lente est aujourd'hui encore effectuée à bras dans nos chantiers de construction, ils n'ont subi aucune transformation essentielle au point de vue des combinaisons mécaniques, comme on a pu s'en convaincre à l'Exposition de Londres, où l'on aura sans doute remarqué quelques treuils, cabestans ou vindas qui se rapportent à cette catégorie de machines. A moins qu'on ne veuille comprendre au nombre des instruments ou appareils servant aux manœuvres de force ces magnifiques grues pivotantes ou radiales, avec engrenages et chariot à rails supérieurs, en tôle ou en fonte; cette colossale presse hydraulique qui a servi à soulever les immenses travées du pont tubulaire de Conway, etc.; machines dont il a déjà été parlé, et qui offrent un contraste si frappant avec les grues, les roues à chevilles et à tambour qu'on voyait naguère encore se hisser, menaçantes, au sommet de nos grands édifices, de nos puits de mines et de carrières, ou si péniblement manœuvrées à l'aide des pieds, des mains, dans nos ports et arsenaux maritimes, où cet exercice était imposé comme punition aux plus infâmes fauteurs du crime. A moins encore qu'on prétende opposer aux lourds et pénibles moyens de locomotion des anciens quelques-uns de ceux dont on voit aujourd'hui faire usage dans l'intérieur de nos manufactures et de nos ateliers, tels que les chemins à rails, à coulisses ou ornières en fer, les *tire-sacs* de moulins et appareils mécaniques analogues servant à élever temporairement les hommes et fardeaux divers aux étages supérieurs des moulins, des filatures, etc., par une action continue empruntée à la force du vent, des cours d'eau et de la vapeur, réglementée, modérée et rendue inoffensive par des freins à cliquets d'arrêt et de recul ou de simples mécanismes d'embrayage et de désembrayage, dont nous aurons à nous occuper plus tard, et à la manœuvre desquels suffit aujourd'hui la main d'un enfant, armée d'un faible cordon de sonnette à renvois de mouvement, qui lui permet d'arrêter, de suspendre la charge à un instant quelconque de sa chute, pour la faire remonter vivement l'instant d'après; à moins enfin qu'on ne veuille tenir compte aux modernes de tous les moyens mécaniques, de tous les appareils ingénieux à l'aide desquels ils ont su épargner la vie et la santé des hommes, dans les mêmes circonstances et dans une infinité d'autres plus importantes encore, mais qu'il serait trop long ou peut-être hors de propos de signaler ici.

Pour être entièrement juste envers les ingénieurs de notre époque, il faudrait également citer différents mécanismes qui jouent un rôle essentiel dans les machines de force ou de manœuvre : tel est le puissant levier, à déclic et rochet, de Lagarouste, instrument dont, il est vrai, l'invention remonte déjà au commencement du siècle dernier, mais qui a reçu dans le nôtre tant d'applications utiles, ne serait-ce que pour faire mouvoir ces treuils à cliquet que nous voyons aujourd'hui servir à élever les plus lourdes pierres de taille au sommet des édifices, à faire cheminer horizontalement le chariot des scieries, dont le mécanisme moteur est connu sous le nom de *pied de biche*, etc. On ne saurait non plus mettre en oubli certaines machines d'équilibre et à poids mobiles, telles que les grandes portes d'écluse des ports maritimes, les lourds et immenses ponts tournants servant à traverser les canaux, les élégants et savants ponts-levis, en fer et fonte, que nos ingénieurs militaires ont substitués, à partir de 1815, aux vieux ponts-levis à flèches et bascules en bois des forteresses ou châteaux gothiques, et parmi lesquels on me permettra de citer ceux des capitaines du génie Derché, Delille, Bergère, Poncelet, etc., fondés sur des principes très-divers, et qui ne manquent pas d'un certain caractère d'invention ou d'originalité dans la conception.

Comme exemples de la fertilité des ressources mécaniques que les modernes ont su mettre en œuvre dans leurs grands travaux civils, je rappellerai principalement les artifices et appareils de force employés par Smeaton pour l'édification du phare d'Eddystone, etc., par Brunel dans la construction du tunnel sous la Tamise, et, plus particulièrement, ceux à l'aide desquels les plus lourdes pièces de bois furent, dans les chantiers de Woolwich, de Chatham, etc., déchargées, hissées, amenées et installées sur les chariots de scieries par des moyens purement automatiques, dont auparavant feu Rennie avait déjà offert d'utiles exemples. Mais on ne saurait citer les travaux de Smeaton, de Brunel et de Rennie sans saisir en même temps l'occasion de parler de ceux des Perronet et des de Cessart, leurs illustres prédécesseurs ou émules en France, à qui sont dus de puissants moyens de soulever, transporter les plus lourds fardeaux, ainsi que de non moins puissantes et ingénieuses machines à draguer, à receper les pieux sous l'eau, etc.; machines qui reportent forcément l'attention sur celles, également dignes d'intérêt, que l'ingénieur Hubert a créées en vue de curer, en quelque sorte automatiquement, les bassins maritimes de Rochefort, ou pour servir à l'exécution des manœuvres de force dans l'intérieur des ateliers et chantiers de construction de ce port.

Par suite encore, je me trouve conduit à mentionner les très-simples et très-utiles machines employées dans les récents travaux de fortification à Vincennes et à Paris pour l'élévation des terres, soit au moyen de grandes poulies à cordes, où les hommes agissaient uniquement par leur poids, soit au moyen d'appareils à plan incliné, à écoperches, à bourriquets, à manége, etc. : ces modestes appareils, en effet, ont rendu des services très-appréciés au point de vue de l'économie des finances de l'État. Par des motifs analogues, je citerai aussi les procédés, ingénieux autant que puissants, proposés par M. Triger pour refouler l'eau au fond des mines ou des puits de fondation, procédés récemment mis en usage en France et en Angleterre, et qui rappellent le savant et admirable appareil inventé par Coulomb à l'aide duquel on peut effectuer les travaux de fondation sous l'eau sans recourir à aucun épuisement, et qui, réalisé dans ces derniers temps par M. Cavé, a servi pour fonder les premières piles du barrage du Nil.

Enfin, je ne saurais non plus passer sous silence ni les grandes machines à dépoter ou drainer imaginées par l'ingénieur Mary pour assainir la ville de Paris, en en refoulant au loin, pour les utiliser, les eaux fétides et stagnantes, ni l'ensemble des machines ou combinaisons mécaniques dont M. de Montricher s'est servi pour l'érection de l'aqueduc de Roquefavour, où l'on a vu de modernes et puissantes roues hydrauliques verticales à aubes courbes, établies sur la Durance, élever, le long de rampes douces, jusqu'au faîte de l'édifice et promener sur des rails horizontaux d'un pont de service latéral ou provisoire tous les blocs de pierre, qui venaient, comme spontanément et animés de la seule volonté de l'ouvrier, se poser sur des chariots et échafaudages, s'élever, glisser, s'abaïsser au droit des cintres, et s'y ranger à la place rigoureusement assignée par la science des constructions; procédés bien différents, sans doute, de ceux des anciens, qui prodiguaient si impitoyablement les sueurs de l'homme dans leurs impérissables travaux d'art.

Que sont, d'autre part, les catapultes, les balistes à ressorts funiculaires, les scorpions, les tours bélières et les tortues à lourds chariots roulants employés par les anciens dans les siéges, tours chantées par Homère et Virgile sous le poétique nom du *cheval* de Troie; que sont, en un mot, tous les antiques moyens de destruction utilisés, sans doute pour la dernière fois, par l'impitoyable Tamerlan, le dévastateur de contrées jadis si industrieuses, si riches et si fertiles; que sont, dis-je, tous ces lourds, gigantesques et pourtant si lents appareils de siége ou de guerre, auprès de nos modernes engins d'artillerie, d'une constitution à la fois si simple et si puissante, puisée dans la prodigieuse force expansive de la poudre à canon, dont on a tant abusé à l'origine de sa découverte ou de ses premières applications en Europe, mais que les Vauban, les Vallière, les Gribeauval, ont su utiliser avec tant d'art dans les derniers siècles? On sait d'ailleurs que les D. Bernoulli, les d'Arcy, les Mattei, les Grobert, les Antoni, les Lambert et les Robins commentés par le grand Euler, enfin et plus près de nous encore, les Hutton, les Marescot, les Mouzé, les Gillot, etc., ont, à leur tour, réglementé cette même force dans ses effets mécaniques ou physiques, tandis que les Lagrange, les Poisson et les Piobert l'ont soumise aux lois d'une rigoureuse analyse et de calculs approfondis, appuyés, fortifiés de faits révélés par d'ingénieuses expériences, dues pour la plupart aux hommes précédemment cités, et parmi lesquels je désignerai plus spécialement encore, à cause de l'étendue et de la persévérance de ses recherches, M. le général Piobert, secondé, en dernier lieu, par de savants collaborateurs, tels que MM. Morin et Didion.

Peut-être n'aurions-nous rien dit de ces derniers travaux, ainsi que de quelques-uns des précédents, ressortant plus particulièrement de l'art des constructions civiles, militaires ou maritimes, déféré aux Jurys des Ve, VIIe et VIIIe classes, si, d'une part, les machines de force, de propulsion et d'équilibre ne constituaient, dans l'ordre historique, un complément indispensable à plusieurs de celles qui font l'objet des paragraphes ci-après, notamment aux grandes presses à vis, à levier, à cabestan, à moufles, etc., et si, d'autre part, les mécanismes ou appareils qui s'y rapportent n'avaient été rangés parmi les produits divers soumis à l'examen du VIe Jury, et confondus presque toujours avec des machines, des outils d'un autre genre, appartenant néanmoins au même exposant ou au même atelier de fabrication, et qui sont entrés forcément, comme éléments de conviction, dans les appréciations des membres de ce dernier Jury pour décerner les récompenses.

C'est à ce titre, et par ce motif encore, qu'on me permettra, pour en finir avec ce parallèle entre les ressources ou moyens mécaniques des anciens et des modernes, de faire remarquer ou plutôt de rappeler que l'idée de prépondérance et de supériorité qui s'attache involontairement aux machines de force des Grecs et des Romains, par exemple à ces grues à grappins dont Archimède, le plus grand des géomètres et des ingénieurs de l'antiquité, se serait servi pour attirer, élever les galères de Marcellus au haut des remparts de Syracuse, que cette idée, dis-je, vient d'une illusion de nos sens et de notre esprit, quand on voit d'aussi faibles efforts en prise avec des résistances comparativement énormes, vaincues, il est vrai, mais, en revanche, déplacées avec une lenteur extrême, dont presque toujours, imbus que nous sommes des notions de la statique élémentaire, nous ne songeons pas à tenir compte, comme il serait indispensable de le faire, en vertu d'un principe fondamental de mécanique-dynamique aujourd'hui vulgaire et qui paraît avoir entièrement échappé aux anciens, si ce n'est peut-être à Aristote; principe plus particulièrement révélé par Descartes et Galilée, et qui constitue, à proprement parler, la supériorité de la mécanique de notre époque sur celle des temps passés.

Pour tout dire, en un mot, les Grecs et les Romains n'avaient rien de comparable aux machines que nous possédons, dont le caractère distinctif est d'épargner le travail, la fatigue de l'homme; et si, en fait d'inventions vraiment originales, on leur doit la plupart des organes élémentaires qui entrent, comme parties constitutives, dans toutes nos machines et plus spécialement dans celles où les conditions statiques de l'équilibre apparaissent comme principe nécessaire; d'un autre côté, les modernes ont pour eux une foule d'admirables découvertes mécaniques où les forces, énergiques et vives, accompagnant et entretenant perpétuellement le mouvement des corps, cessent de jouer le rôle en quelque sorte passif, inerte, où les anciens, Aristote toujours excepté, les avaient principalement employées avant l'époque des Kepler, des Galilée, des Descartes, des Leibnitz, des Huygens, des Newton, des Bernoulli, des Euler, des D'Alembert, des Lagrange, des Borda, des Carnot et de leurs illustres successeurs.

§ II. — Anciens pressoirs à vis, à simple ou à double effet. — MM. *Jaunez*, de Metz; *Reuillon*, de Mâcon; *Isnard*, de Strasbourg, et *Achard*, de Berlin.

La partie industrielle et manufacturière de la mécanique paraît avoir entièrement échappé aux anciens; du moins, fut-elle négligée par les gouvernements, les philosophes et les savants de l'Égypte, de la Grèce et de Rome, qui la dédaignaient, l'abandonnaient aux prisonniers, aux ilotes et aux esclaves du foyer domestique. On ne peut donc être surpris qu'il n'en soit presque rien parvenu jusqu'à nous, et que nous ignorions complétement même l'application qu'ils ont pu faire des machines simples, de la vis et du levier notamment, au pressurage, à l'extraction du suc des fruits divers, ainsi qu'à la réduction, en général, de certaines substances animales ou végétales compressibles à un moindre volume; supposé toutefois qu'ils aient eu recours à de semblables procédés mécaniques dans leurs exploitations agricoles ou autres, et qu'ils ne leur aient pas préféré des moyens plus simples, plus directs ou plus primitifs encore,

La presse, considérée dans la variété infinie de ses usages et de ses applications aux arts, est, sans contredit, la machine qui a le plus exercé le génie d'invention des modernes, et elle embrasse dans ses ramifications, ses moyens essentiellement distincts de solution, un si grand nombre de machines dignes d'intérêt et d'admiration, qu'il serait comme impossible d'en donner, dans le petit nombre de pages que nous pouvons lui consacrer, une idée un peu satisfaisante, soit quant aux dispositions principales, soit quant au mode de construction, qui a nécessairement dû suivre le progrès même des idées mécaniques et l'introduction successive du fer dans la fabrication des machines et des outils, dont ce qui précède nous a déjà offert de si remarquables exemples, spécialement relatifs à la variété des presses à choc ou à action continue employées au travail des métaux.

Quoique l'antiquité ait probablement fait un usage fort restreint de la vis et du levier au pressurage des fruits de la vigne et de l'olivier, il n'en est pas moins vrai que le moyen âge nous a légué ou simplement transmis quelques puissantes machines de cette espèce, parmi lesquelles je ne puis me dispenser de citer le gigantesque pressoir féodal ou domanial à vis, constitué d'un grand nombre de fortes pièces de charpente en chêne, superposées, juxtaposées les unes par rapport aux autres, pour en constituer un énorme levier horizontal et supérieur du second genre, nommé *bascule,* et qui, suspendu à l'un de ses bouts sur un tourillon en fer, vient peser non loin de là sur le plancher, également horizontal et grillagé, qui recouvre les marcs du raisin, et que surmonte un autre grillage de petites solives ou *méaux,* recroisées, superposées horizontalement, pour recevoir directement l'action verticale du levier-bascule, tandis que l'extrémité opposée de cette bascule reçoit comme écrou, et avec une suffisante liberté de jeu, une longue et forte vis triangulaire, en bois, portant à la partie inférieure un lourd coffre chargé de pierres, etc., que des hommes, appliqués à des barres horizontales à manége établies à une hauteur convenable au-dessus du sol ou de la cave du contre-poids, font tourner tantôt pour soulever la bascule ou *dépresser,* tantôt pour élever le coffre à poids lui-même à une certaine distance du fond du puits, de manière à le suspendre, à l'en détacher continuellement, et à le faire agir ainsi plus ou moins fortement sur l'extrémité supérieure libre de la bascule.

L'ancien pressoir dont il s'agit, si simple quoique si ingénieux et si puissant, et dont l'inventeur paraît ignoré aujourd'hui, ce pressoir, dis-je, exigeait un grand emplacement et de grandes pièces de chêne que nos forêts, de plus en plus épuisées, avaient peine à fournir aux vignerons. En outre, l'action énergique de la bascule ne s'y transmettait aux marcs de raisins que dans une direction d'abord légèrement inclinée par rapport aux meneaux et aux madriers compresseurs. L'ancienne Société royale des sciences et arts de Metz songea, en 1784, à proposer un prix pour l'auteur du meilleur mémoire ou de la meilleure machine ayant pour objet le remplacement du système à bascule en charpente, par un appareil moins encombrant et moins coûteux. Le prix fut décerné, en 1786, à M. Jaunez père, alors maître charpentier de cette ville, devenu depuis son ingénieur-architecte, et dont le manuscrit fut publié, aux frais de la Société royale, dans une brochure imprimée en 1788, à Paris; brochure aujourd'hui fort rare, non-seulement bien écrite et bien pensée, mais encore pleine d'indications, de calculs ou d'appréciations qui montrent, pour l'époque, un grand fond de savoir et des études théoriques ou expérimentales consciencieuses.

Dans le nouveau pressoir Jaunez, à coffre horizontal maintenu par des étriers extérieurs en chêne, et dont les parois fixes étaient formées de madriers permettant au jus de s'écouler librement sur trois des faces verticales, le raisin se trouvait comprimé énergiquement, sur la quatrième, par un plateau ou sorte de piston contre lequel agissait une forte vis en bois horizontale, traversant des écrous fixes pratiqués à une grosse pièce de charpente, et que faisaient tourner, à l'extrémité opposée au coffre, des hommes appliqués à une grande roue verticale à chevilles, dont le moyeu, formant la tête de la vis et muni d'un tourillon en fer à oreille, reposait, par un fort coussinet, sur une traverse parallèle à la première, mais établie sur un chariot à roulettes mobiles le long d'ornières longitudinales, etc.; dispositif qu'on a vu reproduire dans d'autres machines, s'il n'a lui-même été emprunté au chariot porte-foret des anciennes fonderies de canon.

Les calculs établis par M. Jaunez, dans le mémoire précité, sur la puissance des anciens pressoirs à bascule, lui ayant appris que la charge maximum, après les dernières tailles données au raisin, pouvait s'élever au delà de 45 000 kilogrammes répartis sur une surface d'environ 5 mètres carrés, il a été conduit, par de nouveaux calculs où il tient compte des divers frottements dans sa propre machine, à proportionner les dimensions des différentes parties aux effets mécaniques à produire, et à remplacer, lors des dernières pressions, la roue à chevilles du pressoir à coffre par l'action des hommes sur un levier à Lagarouste appliqué à une crémaillère continue montée sur la couronne extérieure de cette roue. Beaucoup plus tard (année 1809 et suivante)[1], quand la serrurerie eut fait quelques progrès chez nous, et que le nouveau pressoir à coffre commençait à se répandre dans le pays Messin, M. Jaunez, qui a eu le rare privilége de vivre plus que octogénaire, avec toutes ses facultés, rehaussées par un caractère aussi honorable que respecté, ayant jugé à propos de disposer le coffre de son pressoir verticalement et de supprimer la manœuvre pénible du levier à Lagarouste, se servit, pour réduire l'influence des frottements, d'une vis à filets carrés en fer, à écrou en cuivre, d'un diamètre naturellement réduit, et surmontée d'une couronne dentée horizontale pareille, engrenant de part et d'autre dans de petits pignons que faisaient mouvoir deux roues extérieures verticales, munies de chevilles à main et conduites aussi par manivelles aux premiers instants du pressurage, où elles servaient alors de volants et accéléraient notablement le travail moteur.

Cette disposition, qui comportait un double fond, l'un plein, l'autre grillagé, était, à coup sûr et à plusieurs égards, plus avantageuse que l'ancienne; mais il n'en est pas moins vrai que le mécanisme des grands pressoirs de vendange à coffres horizontaux ou verticaux, à vis, manivelle ou roues à chevilles servant de volant, était une très-utile et ingénieuse conception, dont la connaissance, libéralement répandue dans le Mâconnais, la Touraine et à Paris même, où des dessins et un modèle furent déposés par l'auteur au Conservatoire des arts et métiers, a pu servir à d'autres pour y introduire certains perfectionnements plus ou moins appréciables ou motivés. Tels sont notamment ceux qui ont valu à M. Revillon, de Mâcon, pour un pressoir horizontal à double fond et à double piston[2]: en 1824, un brevet qualifié d'invention ; en 1827,

[1] *Mémoires de l'Académie royale de Metz*, 1830 ; rapport du capitaine d'artillerie Munier.

[2] Voy. le tome XL, page 351, du *Recueil des brevets expirés* et le tome XXVII, page 13, du *Bulletin de la Société d'encouragement de Paris*.

une médaille d'argent de la part du jury de l'Exposition française, et, en 1828, des éloges décernés par M. Molard aîné, au nom de la Société d'encouragement, qui avait vainement jusque-là proposé un prix pour le perfectionnement des pressoirs à vendanges, et semblait oublier dans cette circonstance, ainsi que son honorable rapporteur, qu'elle avait déjà précédemment accordé[1] à M. Isnard, de Strasbourg, de semblables éloges pour une combinaison de presse analogue, mais plus ingénieuse peut-être, également à coffre horizontal, à double fond et à deux pistons montés sur une tige commune à vis, et que faisaient marcher, d'un mouvement continu, des manivelles appliquées de part et d'autre de l'arbre horizontal d'une vis sans fin; de telle sorte qu'il y avait à la fois pression d'un côté et dépression au côté opposé, ce qui, pendant la marche même de la machine, permettait d'enlever, replacer le sac ou panier à claies verticales contenant les pulpes de betteraves dont on voulait extraire le jus, et faisait ainsi gagner la moitié du temps, sans réclamer une force supérieure à celle du pressoir à vendange.

Cette disposition, réalisée et mise en usage dans les fabriques de sucre de betteraves de MM. Blaize et Maitrot à Nancy, offrait, comme on voit, des combinaisons tout à fait nouvelles, qui l'éloignaient beaucoup plus du pressoir Jaunez que de celui à double fond de M. Revillon, et néanmoins le même rapporteur, en rendant compte précédemment de la presse Isnard, n'avait pas négligé de revendiquer les droits justement acquis à l'auteur du premier pressoir à coffre horizontal, désigné, il est vrai, sous un nom (Jannez) d'autant plus inexact et trompeur qu'un prix lui avait été décerné autrefois par la Société royale de Metz, et non, comme le dit M. Molard, par celle de Nancy, ville à laquelle il était réellement étranger.

Dans un Mémoire également bien écrit, mais peut-être moins

[1] Tome XII (1813), pag. 155 et 197, et tome XIII, p. 81, du *Bulletin*. Le brevet d'invention relatif à la presse continue et à double effet de M. Isnard date du 17 août 1813 (voy. le tome VII, p. 243, du *Recueil des brevets expirés*).

savant que celui de M. Jaunez, l'auteur de la première des presses continues à double effet et vis en fer, M. Isnard, nous apprend que le célèbre Achard, de Berlin, et ses successeurs ou imitateurs avaient employé au même usage des presses à vis en bois et à levier du second genre, d'abord trop petites ou trop faibles, manœuvrées par deux hommes, puis de gigantesques presses beaucoup plus énergiques décrites dans son grand ouvrage, mais qui ne réussirent pas. Enfin il nous avertit que les tentatives faites en vue de se servir de pressoirs à crémaillères ou cric, à cabestans, à moufles, etc., et même des presses hydrauliques récemment introduites en France par MM. Périer et de Bétancourt (1797), presses dont, comme on sait, la construction fut améliorée par le mécanicien Gengembre seulement en 1819, M. Isnard, dis-je, nous avertit que ces diverses tentatives n'avaient pas jusque-là donné des résultats bien avantageux dans leur application à l'extraction du jus de betteraves : or on en peut dire autant des presses continues à cylindres de MM. Olivier, Clément et Burette[1], postérieures à la précédente, mais qui, étant fondées sur des principes tout différents, méritent que nous y revenions plus tard, à l'occasion de celles qui ont un but similaire.

En général, les presses ou pressoirs à leviers, à vis, et les machines d'un genre analogue, en bois, en fer ou fonte, employées sur une plus ou moins grande échelle dans diverses branches de fabrication, et qu'il serait comme impossible d'énumérer ici, ces presses étaient fort imparfaites encore plusieurs années même après l'époque de 1815, et elles n'ont subi que très-tard, dans leur exécution matérielle, les améliorations résultant des progrès et du développement successif de nos arts mécaniques, dont l'influence se laisse aujourd'hui apercevoir même dans les campagnes et exploitations agricoles les plus éloignées des centres industriels. Quant aux grandes et puissantes presses servant spécialement à l'extraction des li-

[1] Tome XVIII, page 301, du *Bulletin de la Société d'encouragement* (année 1819).

quides, elles ont reçu, depuis l'époque si mémorable de 1820 à 1825, des modifications ou changements aussi variés dans leurs combinaisons que remarquables dans leur mode puissant d'exécution, et, pour ce motif, il ne serait pas permis de les passer entièrement sous silence dans ce Chapitre.

§ III. — Des presses hydrauliques appliquées à l'extraction des jus ou liquides et à la réduction du volume des corps fortement compressibles. — MM. *Hallette*; *Cordier*, de Béziers; *Cazalis* et *Cordier*, de Saint-Quentin; *Crespel-Dellisse*, *Chapelle*, *Pihet* et *Thilorier*, en France; MM. *Gallowy* et *Bowmann*, *Maudslay* et *Field*, de Londres; *Joel Spiller*, de Chelsea, en Angleterre.

Je citerai d'abord l'application heureuse qui a été faite par M. Hallette, d'Arras, de la presse hydraulique à l'extraction continue de l'huile, au moyen d'un double corps de pompe ou de deux pistons presseurs à tige commune horizontale, agissant alternativement et de part et d'autre contre la matière contenue dans deux caisses ou coffres horizontaux, à peu près comme dans la presse à double effet de M. Isnard, sauf qu'ici le mouvement est donné aux plateaux compresseurs au moyen de l'eau successivement injectée dans les grands corps de pompe par les petites pompes alimentaires de la machine, que met en jeu un même balancier supérieur et oscillant. Cette presse, employée, à partir de 1824, aux huileries des départements du Nord et de la Somme, a obtenu de la Société d'encouragement de Paris, en 1826[1], un prix de la valeur de 2 000 francs, pour les combinaisons heureuses de détail ou d'ensemble qui la rendaient à la fois plus économique, plus puissante que celle de MM. Gallowy et Bowmann, de Londres, d'après le rapport du célèbre ingénieur des mines Garnier, chargé de constater sur place les bons effets de la presse Hallette. Un autre concurrent, l'ingénieur Cordier, de Béziers, déjà avantageusement connu pour ses

[1] Tome XXV, page 338, et t. XXVI, p. 33, du *Bulletin de la Société d'encouragement*.

pompes à double effet servant à l'élévation de l'eau dans les villes, avait aussi présenté à ce concours, fondé depuis un assez grand nombre d'années, une presse hydraulique à colonnes, mais à un seul plateau ou piston agissant verticalement, par conséquent beaucoup plus économique, plus simple[1], et qui pouvait s'adapter immédiatement à tous les anciens et petits pressoirs à une seule ou à deux vis en usage dans le midi de la France; motifs pour lesquels la Société d'encouragement accorda à cet habile constructeur une médaille d'argent, faible récompense, sans doute, pour un artiste aussi éminemment inventif, mais qui en était alors, en quelque sorte, à ses premiers débuts.

Malgré les progrès incontestables révélés par les résultats du concours de 1826 dans l'établissement des presses hydrauliques appliquées aux exploitations agricoles, on ne saurait affirmer, même aujourd'hui, que le problème de cette application ait reçu une solution satisfaisante, non-seulement à l'égard des grands pressoirs de vendange, qui continueront, sans doute, pendant longtemps encore à être établis à vis et en charpente, d'après des systèmes plus ou moins perfectionnés, mais aussi à l'égard des grands pressoirs à huile, pour lesquels on n'a pas cessé en France, et même en Angleterre, de se servir du système à choc ou à coin et pilons soulevés par des cames; pressoirs seuls employés autrefois dans les huileries à manége, à roues hydrauliques ou ailes de moulin à vent, dont on voyait un si grand nombre dans les environs de Lille, et qui généralement opéraient le pressurage des tourteaux à chaud, dans de petites capacités en bois ou en fonte isolées et à tronc pyramidal renversé, où ces tourteaux étaient respectivement soumis au choc d'autant de pilons séparés : les modifications essentielles subies par ce genre de presse consistant simplement dans la substitution des boîtes à tourteaux, distinctes, par des rangées horizontales de sacs à

[1] Voyez la description de cette presse, tome XXVII, page 219, du *Bulletin de la Société d'encouragement.*

graines broyées ou à pulpe, séparés par des coins en bois diversement dirigés, et reportant l'action verticale du choc dans la direction longitudinale du coffre horizontal qui les contient et qui est bridé, à ses extrémités, au moyen de forts étriers en fer.

Ces presses, exécutées depuis nombre d'années, avec tous les soins et les ressources mécaniques désirables, par des constructeurs tels que MM. Maudslay et Field à Londres, Cazalis et Cordier à Saint-Quentin, Hallette père à Arras, etc., présentent une énergie et une simplicité d'action jointes à une facilité de travail que la presse hydraulique à coffre horizontal remplacerait bien imparfaitement, soit quant aux efforts exercés, soit quant à l'économie, en travail moteur, qu'on lui attribue quelquefois en négligeant les diverses causes de réduction occasionnées par les déformations, les frottements des parties solides ou liquides en mouvement, etc. Les accidents survenus, notamment, aux presses horizontales à double effet, d'une grande capacité et dont de longs et forts étriers en fer ont souvent peine à maintenir les extrémités unies, la fréquence et la difficulté des réparations provenant des difficultés même inhérentes à la fonte et à l'exécution d'aussi puissantes machines, justifient suffisamment cette manière de voir, et explique pourquoi, aujourd'hui encore, on a recours, dans l'industrie dont il s'agit, à d'autres agents peut-être en eux-mêmes moins énergiques, plus encombrants, mais aussi mieux appropriés à la nature de chaque fabrication; car il en est des différents modes de pressurage comme des moteurs hydrauliques ou à vapeur, etc., qui doivent varier suivant les circonstances ou les effets dynamiques à produire, et dont aucun ne peut être considéré, *à priori,* comme un instrument de travail parfait et universel.

L'un des plus graves défauts de la presse hydraulique appliquée au pressurage des matières élastiques fortement réductibles de volume est, sans contredit, la lenteur de son action dans les premiers instants du travail, où elle n'a, en quelque sorte, aucune résistance à vaincre. On obvie à cet inconvénient dans les presses à main en changeant rapidement de bras de levier ou de diamètre du corps de pompe d'injection; mais ce changement est inapplicable aux presses qui doivent être mises en action d'une manière continue, par des moteurs quelconques. C'est pour se soustraire à cet inconvénient que M. Crespel-Dellisse, habile fabricant de sucre de betteraves, a mis à profit, vers 1836, dans ses presses hydrauliques à extraire le jus des pulpes, construites par M. Hallette, d'Arras, un ingénieux mécanisme servant à régulariser l'action motrice ou le jeu des pompes alimentaires aux divers instants du travail; mécanisme un peu compliqué, qui déjà avait été appliqué à des presses du même genre importées en France par M. Spiller, de Chelsea (1824), et dont une description très-complète, très-claire, se trouve insérée au t. XXXVI, p. 140, du *Bulletin* de notre Société d'encouragement, laquelle, aujourd'hui même, n'a pas cessé de s'occuper avec sollicitude et prédilection d'un sujet aussi important pour notre industrie agricole et manufacturière.

Pour en finir avec la presse hydraulique, il nous reste à dire un mot des applications qu'on en a faites à la compression des matières sèches et encombrantes à bord des navires, telles que les foins, les cotons, etc.; matières qui, étant également réductibles à de très-petits volumes, 1/4 ou 1/5 du volume primitif, entraînent forcément une grande perte de travail moteur et de temps, employés aux premiers instants à vaincre, en quelque sorte inutilement, les résistances passives de la machine. Cette perte, à peine sensible dans les presses à estamper, découper, percer des matières solides, soulever même des fardeaux sous des efforts à peu près constants aux diverses époques du travail, se fait déjà sentir à un degré appréciable dans les machines à comprimer les étoffes et les papiers secs ou sortis fraîchement des cuves de fabrication, papiers auxquels, on s'en souvient, Bramah fit, en 1795, la première application de son énergique appareil hydraulique de compression, qui ne tarda guère, ainsi qu'on l'a vu encore dans diverses occasions, à être imité, perfectionné en France, où, de son côté, le célèbre Joseph Montgolfier, d'Annonay, aurait, dès 1796, appliqué le principe de Pascal à la construction de semblables presses, sans connaître la réalisation qui en avait été faite en Angleterre presque au même moment[1].

Il y a déjà fort longtemps que l'on s'est servi en Amérique de grandes presses à levier et à vis couplées pour comprimer les balles de foin et autres marchandises encombrantes; je me contenterai de renvoyer, à cet égard, aux *Mémoires sur l'Agriculture* publiés en 1841, à Paris, par mon compatriote M. de Valcourt l'aîné (p. 327, pl. XXXIII), ouvrage plein de renseignements utiles et écrit avec une bonne foi antique. Mais j'appellerai plus spécialement l'attention sur un écrit, de beaucoup antérieur, du même mécanicien[2], mort presque nonagénaire, et qui s'était autrefois occupé du perfectionnement des presses simples à balles de coton de la Nouvelle-Orléans, en vue de les convertir en presses continues à double effet et à action régulatrice ou constante, en substituant à l'ancien plateau horizontal et compresseur mobile le long de vis verticales de même pas trois plateaux à écrous pareils, également mobiles parallèlement entre eux, le long de quatre vis en fer munies de trois rangs ou étages séparés de filets carrés, symétriquement disposés et dirigés en sens alternativement contraires dans une même vis : de cette simple et ingénieuse disposition il résulte, comme on voit, que quand l'intervalle compris entre l'un des couples de plateaux parallèles augmente pour desserrer la balle de coton interposée et déjà liée, l'autre se resserre en même temps, et ainsi de suite alternativement, par un mécanisme en vertu duquel la vitesse de rapprochement ou d'écartement des plateaux est doublée, et qui rappelle celui des vis différentielles ou micrométriques, généralement attribué en France à feu M. de Prony. Ce système qui, dans les idées de l'auteur, avait aussi pour but de réduire les frotte-

[1] Voyez tome XIII, pag. 91 et 105, du *Bulletin de la Société d'encouragement* (1814), la notice du baron de Gérando sur cet illustre académicien; consultez aussi la page 239 du tome XXVI du même recueil.

[2] Tome XIX, page 27, du *Bulletin* précédemment cité (1819).

ments, était d'ailleurs conduit par des chevaux attelés à un manége dont l'arbre, surmonté de tambours à cordes agissant alternativement dans un sens ou dans l'autre sur des fusées régulatrices à axes verticaux, transmettait simultanément l'action motrice aux quatre vis, à l'aide de roues d'engrenage établies à leurs sommets respectifs, et qui faisaient de l'ensemble un mécanisme fort ingénieux sans doute, mais aussi bien compliqué et exigeant un grand espace.

Nous voyons encore par ce dernier écrit de M. de Valcourt, qui nous reporte à une époque antérieure à 1814, que l'on avait dès lors tenté à la Nouvelle-Orléans de se servir, pour comprimer les balles de coton, de presses hydrauliques venant d'Angleterre, où déjà elles étaient employées au pressurage du foin et autres marchandises encombrantes. Or, ce fut seulement en 1830, lors de l'expédition de l'Algérie, que notre administration militaire eut recours à de semblables moyens pour comprimer des balles de foin destinées à cette expédition, et l'on peut voir par une note de M. Morin, insérée au t. XXII, p. 441, des *Comptes rendus de l'Académie des sciences* (1846), qu'après avoir employé, en 1830, sept petites presses hydrauliques à colonnes de 150 000 kilogrammes de force, construites par M. Chapelle, de Paris, et qui, expédiées à Alger, Bône et Philippeville, y donnèrent des balles de 60 à 70 kilogrammes, pesant au plus 150 kilogrammes au mètre cube, cette même administration en commanda successivement trois autres d'une force double à MM. Pihet, de Paris, en 1844, et bientôt six d'une puissance de 650 000 kilogrammes à MM. Fawcett et Preston, à Liverpool, où, après maints essais encore, on parvint enfin à obtenir des balles de foin à la densité prescrite, de 400 à 500 kilogrammes au mètre cube, pesant de 180 à 250 kilogrammes. Ce résultat, il est vrai, n'était point atteint en une simple pressée, qui eût exigé des courses de piston triples ou de près de 5 mètres de hauteur, mais bien au moyen d'un pressurage préalable, indiqué par M. Morin et consistant à empiler le foin verticalement, au-dessus du fond mobile d'un chariot de service muni de deux treuils à déclic sur lesquels venaient s'enrouler des cordes transversales de serrage, qui permettaient, tout d'abord, de réduire au tiers le volume, en rames, de la matière avant son arrivée sur le piston de la presse hydraulique, où la balle, munie de planchettes longitudinales et liée transversalement au moyen de bandelettes en cuivre jaune et de boulonnets, conservait, après l'expansion, une densité de 442 kilogrammes, équivalente à celle de certains bois, qu'on n'avait pas jusque-là obtenue, même en Angleterre, du moins en une seule course de piston, et qu'on n'atteignait en Algérie, à l'aide de presses de 300 000 kilogrammes, que pour des balles de 60 kilogr. environ, balles qu'il fallait ensuite réunir par trois et soumettre à une nouvelle pression, ce qui entraînait à des dépenses considérables.

Je suis entré dans ces détails pour montrer, non pas seulement ce que l'on pouvait espérer, en 1846, de la presse hydraulique appliquée au pressurage de matières aussi élastiques et foisonnantes que le foin, mais encore pour donner la mesure de l'étendue des progrès accomplis depuis cette époque par M. Benj. Hick dans la construction des gigantesques presses déjà citées comme ayant été exposées à Londres en 1851; construction dont le principal mérite réside moins, en effet, dans la puissance absolue de ces machines que dans les difficultés inhérentes au coulage parfait des corps de pompe et à l'exécution de leurs ajustements, garnitures, etc., pour les rendre capables de résister, sans fuites et sans ruptures, à des pressions équivalentes à plusieurs atmosphères.

Je ne puis, à ce sujet, me dispenser de mentionner les progrès accomplis depuis un certain nombre d'années dans la construction des pompes à comprimer les fluides gazeux en général et l'air atmosphérique en particulier, dans des capacités closes, soit pour les condenser, les réduire, en une seule opération, à l'état liquide et solide, comme dans les ingénieuses pompes à deux ou trois pistons combinés sur un même balancier, ou à mouvement rotatif avec fusée compensatrice, pompes dont le très-remarquable et nouveau principe valut à M. Thilorier, en 1829 et 1830, le prix de mécanique de l'Académie des sciences[1]; soit pour rendre ces mêmes gaz capables de servir ultérieurement de moteurs, d'agents hydrofuges ou propres à alimenter la combustion des foyers et becs d'éclairage, sous des pressions correspondant souvent à un très-grand nombre d'atmosphères : ces applications ou combinaisons diverses, en raison même de la multiplicité des récentes tentatives dont elles ont été l'objet de la part de nos artistes ou ingénieurs, témoignent des progrès accomplis dans cette importante branche de construction des machines, laquelle se rattache de la manière la plus intime, par le but et les principes, à l'établissement même des presses hydrauliques.

§ IV. — Des presses continues rotatives, spécialement destinées à l'extraction des sucs et des liquides. — MM. *Olivier, Clément* et *Burette, Fouache, Robinson* et *Russell*, etc.; *Nillus, Mazeline* et *Bessemer*..

Je passe maintenant à d'autres combinaisons ou appareils mécaniques dans lesquels le pressage ou pressurage s'opère d'un mouvement purement rotatoire, et devient ainsi susceptible d'une continuité qui n'existe véritablement dans aucune des machines qui viennent de nous occuper.

Nous avons déjà indiqué, sans nous y arrêter, les presses de MM. Olivier, Clément et Burette, composées de deux cylindres ou sortes de laminoirs en pierre, en fonte ou en bois creux, entre lesquels passe et se comprime la pulpe de betteraves, placée sur des feuilles de tôle, sur des toiles de coutils ou sur un grand tambour en tôle, remplissant également la fonction de toile sans fin, criblé de trous pour laisser échapper le jus et qu'alimentait une trémie placée au-dessus[2]. Ces presses, dont la seconde, celle de M. Clément, avait déjà servi à Rambouillet avant l'année 1819, donnèrent naissance à quelques autres, fondées sur un principe analogue, mais beaucoup plus

[1] Tome XXIX, pag. 114 et 345, du *Bulletin de la Société d'encouragement.*

[2] Tome XVIII, pag. 301 et 306, du *Bulletin de la Société d'encouragement.*

parfaites, et parmi lesquelles on distingue celle que M. Pecqueur construisit, à son tour, pour les fabriques de sucre de betteraves, presse dont on trouve une complète description dans le t. XXXVII, p. 41, du *Bulletin de la Société d'encouragement* (février 1838).

Cette dernière presse se distingue, en effet, de toutes les précédentes, en ce que la pulpe, amenée d'une manière continue de la râpe à la trémie, en est extraite au moyen d'une ingénieuse combinaison de piston allongé, évidé vers le bas, glissant dans un fourreau en talus, échancré latéralement, et qui, en aspirant cette pulpe et la saisissant à chaque oscillation, la repousse dans une capacité entièrement close, sauf à la partie supérieure, où elle est attirée et comprimée entre deux cylindres lamineurs horizontaux, tournant en sens contraire, recouverts de leurs toiles métalliques en cuivre jaune, qui permettent au jus de s'écouler à l'intérieur, et de là au dehors, tout en s'opposant au passage de la pulpe, dont les cylindres sont immédiatement débarrassés au moyen d'une espèce de lames de couteaux, de racloirs, qui la rejettent également au dehors de la machine.

Pour apercevoir le mérite d'une semblable combinaison, où le râpage des betteraves, à l'aide de cylindres à grande vitesse munis de lames dentées parallèles à l'axe, le refoulement immédiat de la pulpe dans une capacité entièrement close, enfin le pressurage entre des cylindres horizontaux, s'opèrent pour ainsi dire simultanément et continûment, il faut remarquer que le jus des divers fruits ou racines s'altère promptement au contact de l'air atmosphérique, qu'il en résulte une déperdition inévitable de sirop ou de sucre, et que cette déperdition constitue le principal inconvénient des moyens mécaniques jusque-là adoptés. C'est pour éviter cet inconvénient que le chimiste allemand Schutzenbach[1] a, dans ces

[1] *Bulletin de la Société d'encouragement*, tome XXXVII, page 438, et t. XLV, p. 149, 151 et 152, où M. Dumas, l'illustre président de cette Société, fait connaître, par de généreuses paroles, l'état présent de cette importante branche d'industrie et pressentir le brillant avenir qui lui est réservé.

derniers temps (1838), soumis à l'action desséchante de la chaleur les racines de la betterave, préalablement découpées en petits morceaux, ensuite pulvérisées au moyen de machines qui rappellent celles dont on se servait déjà sous l'Empire, et dont on se sert probablement encore aujourd'hui, pour fabriquer le café de chicorée et de carottes; procédé qui entraîne une consommation au moins égale, si ce n'est supérieure, de force mécanique ou calorifique, mais dont l'auteur espérait surtout retirer un plus grand poids de matière sucrée, avec la faculté précieuse de pouvoir ajourner indéfiniment la fabrication du sirop, par le simple sacrifice des pulpes auparavant employées à l'engraissage des bestiaux.

Ces rapides réflexions, qui ne seront pas, je l'espère, considérées comme sans intérêt et étrangères à l'objet qui nous occupe, suffiront pour faire comprendre l'importance des puissants procédés, mécaniques ou physiques, aujourd'hui appliqués dans les colonies à l'extraction de la bagasse des cannes à sucre : ces procédés constituent, comme on sait, l'un des plus beaux titres de MM. Derosne et Cail à l'estime et à la reconnaissance de nos colons de la Guadeloupe et de la Martinique, en raison des nombreux perfectionnements que ces habiles ingénieurs ont introduits dans la construction des divers appareils servant, soit à extraire mécaniquement le jus des cannes encore vertes et la mélasse du sucre réduit à l'état de cassonade, soit à cuire, évaporer et concentrer le sirop à l'abri de tout contact de l'air, dans d'immenses capacités sphériques, en cuivre rosette, dont le Jury de la VIᵉ classe a eu à récompenser la belle exécution et l'ingénieuse disposition mécanique par une médaille de premier ordre, également accordée à MM. Pontifex et Wood, de Londres, pour un appareil analogue, mais moins parfait peut-être, dans ses principaux ajustements.

Dans l'origine, nos colonies des Indes occidentales se servaient, pour extraire le vesou de la canne à sucre, d'une machine composée de trois cylindres verticaux en bois, cannelés à leur pourtour et entre lesquels les tiges étaient introduites et repliées à la main, non sans danger pour le malheureux esclave, pendant qu'un mouvement rotatoire, d'ailleurs fort lent, était imprimé au cylindre du milieu par un manége à bœufs ou à chevaux. C'est, à ce qu'il paraît, seulement quelques années avant 1817 que l'on commença à se servir, dans les mêmes colonies, de moulins dont les cylindres, au nombre de trois, posés horizontalement les uns au-dessus ou à côté des autres, furent exécutés en fonte de fer, qu'on tirait directement, et à grands frais, des forges de l'Angleterre, et l'on doit à MM. Foache père et fils, du Havre, d'avoir cherché à affranchir notre pays de ce tribut onéreux, en y introduisant en franchise, sous les auspices du Gouvernement, un modèle de ces machines destiné à la Martinique, et dont la description, immédiatement insérée au *Bulletin de la Société d'encouragement,* t. XVIII, p. 334 (novembre 1819), servit ensuite à nos maîtres de forges pour en fabriquer d'autres. Dans ce modèle, les cylindres inférieurs, à axes parallèles, compris en un même plan horizontal et d'environ $0^m,70$ de diamètre sur $1^m,30$ de longueur, étaient entièrement lisses, tandis que celui qui les surmontait, en s'y appuyant de part et d'autre, était seul cannelé et recevait l'action directe du moteur, action en vertu de laquelle les cannes à sucre, introduites à la main par l'arête de contact de ce cylindre avec l'un des deux autres, étaient écrasées, broyées, une première fois, puis conduites par un support directeur vers l'arête opposée de son contact avec l'autre cylindre inférieur, où elles étaient de nouveau écrasées, en laissant, à chaque fois, écouler le vesou dans une bâche située au-dessous de ces mêmes cylindres.

Cette courte description suffira pour montrer, non pas seulement que les grandes machines en fonte servant à extraire le vesou des cannes à sucre sont très-anciennes et d'origine tout anglaise, mais encore que, sauf l'agrandissement des proportions, l'addition d'un puissant volant et de divers accessoires, tels que pompe servant à aspirer le vesou, etc., ce genre de machines n'a pas subi de bien notables modifications dans le colossal et puissant laminoir dont on a admiré un beau spécimen exposé à Londres par MM. ROBINSON et RUSSELL, et qui, marchant momentanément par l'action de la vapeur, a été jugé digne de la *médaille de prix*, en raison de la beauté, de la grandeur de l'exécution et de divers perfectionnements de détail, que ne comportaient pas au même degré les modèles de moulins d'un genre analogue, mais d'autres formes, exposés concurremment par les mécaniciens anglais COLLINGE, GRAHAM, WEST et Cie.

Toutefois, si l'on s'en rapportait à certains documents, on serait tenté de croire que ce n'est pas là le dernier mot du perfectionnement.

D'abord, il convient de rappeler que M. Nillus, habile constructeur du Havre, a imaginé, au commencement de 1841 [1], des machines de cette espèce où cinq cylindres horizontaux fonctionnaient simultanément pour écraser les cannes à sucre; disposition pour laquelle M. James Robinson, de Londres, s'était fait peu auparavant (2 décembre 1840) patenter en Angleterre, en portant jusqu'à six le nombre des cylindres broyeurs ou lamineurs, dont l'arrangement était d'ailleurs différent de celui de M. Nillus, qui bientôt fut suivi dans la même voie par M. Mazeline, autre constructeur distingué de la ville du Havre, travaillant, comme lui, pour nos colonies, lesquelles continuèrent pendant quelque temps encore à se pourvoir en Angleterre, sans doute à cause du bon marché. D'ailleurs, à l'Exposition universelle de Londres, où nos fabricants se sont abstenus de figurer, l'absence de machines à plus de trois cylindres semblerait assez indiquer que l'on en est finalement revenu à la combinaison la plus simple, moyennant un agrandissement convenable du poids ou de la puissance de ces cylindres.

Ensuite, on connaît en France la tentative assez récente qui a été faite par M. Bessemer, habile mécanicien de Londres, pour couper par petits bouts, écraser et pressurer consécutivement la canne à sucre, au moyen d'une machine à double caisse

[1] *Publication industrielle* de M. Armengaud aîné, tome II, page 256 (1841).

horizontale, percée de trous et à double piston mis directement en mouvement, par l'action d'une machine à vapeur oscillante, dans un cylindre pareillement horizontal, interposé entre les deux caisses; presse dont le principal dispositif rappelle, d'une part, celle à double effet de M. Isnard, d'une autre, la pompe foulante à alimentation continue des presses à cylindres de M. Pecqueur; à cela près qu'ici les pistons, en entrant dans chaque caisse, coupent les cannes à sucre, introduites une à une dans une ouverture pratiquée à la paroi supérieure de cette caisse, et les y refoulent au fur et à mesure que les petits bouts s'y accumulent. Une pareille presse, munie de quatre caisses et de deux tiges de pistons accouplés, mus par le même cylindre à vapeur, donnerait, d'après l'ouvrage anglais de John Léon, cité par M. Payen[1], un effet utile équivalent à celui des grands moulins à trois cylindres ci-dessus et un rendement en jus équivalent lui-même à celui des meilleures presses hydrauliques connues. Cependant rien n'étant venu, à ma connaissance, confirmer ces prévisions, et M. Bessemer n'ayant pas jugé à propos d'exposer, en 1851, sa presse, à Londres, conjointement avec d'autres machines servant également à la fabrication du sucre de canne, il convient de suspendre tout jugement jusqu'à de plus amples informations.

§ V. — Presses centrifuges à essorer, dites hydro-extracteurs. — MM. *Pentzoldt, Caron, Loubereau, Derosne* et *Cail, Rolhfs, Decoster*, etc., en France; MM. *Seyrig, Manlove* et *Alliot, Bessemer, Rotch, Finzel*, etc., en Angleterre.

La machine de l'ingénieur Bessemer étant à mouvement rectiligne alternatif, quoique à double effet et continu, nous a un peu écartés de l'objet du dernier paragraphe, destiné spécialement aux presses rotatives; j'y reviens immédiatement, en ajoutant à ce qui précède quelques mots relatifs à d'ingénieuses et simples machines de cette espèce fondées sur un principe très-distinct et qui, dans ces derniers temps, ont donné une impulsion nouvelle à des industries déjà anciennes,

[1] Tome XXXI, page 782, des *Comptes rendus des séances de l'Académie des sciences* (décembre 1850).

en substituant l'action de la force centrifuge à celle de la chaleur ou des autres agents mécaniques antérieurement connus, tels que tordage, laminage et pressurage entre des cylindres, des plateaux, etc., dans les diverses opérations qui consistent à expulser les liquides des tissus et des matières pulvérulentes, où ils sont plus ou moins fortement retenus en vertu de l'action capillaire.

Ce progrès est attribué par l'honorable rapporteur du VIe Jury, M. Willis, aux artistes de l'Angleterre, et plus spécialement à M. J.-G. Seyrig, de Londres, qui s'est fait, il est vrai, délivrer, sous la date du 16 février 1838[1], une patente pour un nouveau procédé de séchage des tissus à l'aide d'une machine à rotation rapide. Mais cette patente est primée par le *brevet d'invention* qui a été délivré en France, sous la date du 2 août 1836, à M. G. Pentzoldt, fabricant de Paris, pour une machine rotative à axe vertical, bientôt convertie par lui-même en une machine semblable à axe horizontal (brevet de 1837), mieux appropriée à l'essorage des étoffes; cette machine, que son ingénieux auteur en 1838[2], puis MM. Caron, Laubereau et d'autres ont successivement modifiée ou perfectionnée les années suivantes, consiste essentiellement dans l'emploi d'un vase rond, simple, à claire-voie ou doublé au

[1] Je lis dans la table des brevets pour 1836 *G. Petzoldt;* dans le *Bulletin de la Société d'encouragement de Paris* (1850), *Pentzoldt*; enfin dans les *Comptes rendus de l'Académie des sciences* (1838) et dans le t. III (1843) des *Publications industrielles* de M. Armengaud aîné, je lis encore *Pentzoldt*. J'adopte cette dernière version comme la plus probable de toutes; et si j'ai insisté sur ce point, c'est uniquement pour montrer l'une des mille difficultés qu'on éprouve à écrire sur ces sortes de matières, et me faire ainsi pardonner les erreurs tout à fait involontaires et en petit nombre, j'espère, qui auraient pu m'échapper dans l'orthographe des noms propres, indépendamment de celles qui concernent les dates, les lieux, etc., etc.

[2] Tome VII, page 972, des *Comptes rendus des séances de l'Académie des sciences* (3 décembre 1838). L'auteur ou ses associés, MM. Levesque et Collet, en voulant lui imprimer de trois à quatre mille tours à la minute, ne paraissaient pas, à cette époque, avoir atteint complétement le but industriel qu'ils s'étaient imposé.

moyen d'une enveloppe extérieure, etc., dans lequel sont enfermés les tissus à essorer, et qu'on fait tourner avec une très-grande rapidité, autour de son axe horizontal ou vertical, à raison de 1 000 à 1 800 tours par minute; ce qui donne lieu, de la part de la force centrifuge, à une pression qui, selon les principes de la mécanique, croît proportionnellement au carré de la vitesse angulaire et au diamètre de la circonférence décrite par chacune des molécules liquides entraînées dans la rotation commune.

Cette utile machine, nommée *hydro-extracteur,* d'autant plus ingénieuse qu'elle est plus simple, cet appareil, pour bien dire, est aujourd'hui généralement employé dans l'industrie de différents pays, où il n'a pas tardé à être suivi d'une nouvelle application du même principe au séchage des fécules et à la séparation du sucre cristallisé d'avec la mélasse; application dont MM. Manlove, Alliot et Seyrig, Bessemer, Rotch et Finzel, dans la partie anglaise de l'Exposition universelle de Londres, ont offert de très-beaux spécimens, avec lesquels ceux d'un genre analogue exposés par M. Bezault, dans la partie française, et M. Vangoethem, dans la partie belge, pouvaient soutenir une comparaison avantageuse, quant au mérite des dispositifs ou de l'exécution.

Ajoutons que M. Decoster, de Paris, a introduit tout récemment (1854) dans les presses centrifuges un ingénieux système d'embrayage à levier et cônes différentiels ou alternes, au moyen duquel on peut, par le déplacement latéral de la courroie motrice ou sans fin, accélérer graduellement, à volonté et avec douceur, la vitesse du vase rotatif, sans risquer, comme il arrive quelquefois, de projeter la matière au-dessus des rebords supérieurs à chaque reprise du mouvement, généralement accompli dans dix ou douze minutes.

Dans un modèle de presse centrifuge exécuté en 1850 par les grands ateliers de MM. Derosne et Cail, à Paris, d'après le système, déjà ancien, de MM. Rolhfs et Seyrig[1], l'accéléra-

[1] *Bulletin de la Société d'encouragement,* tome XLIX, pag. 461 et 463.

tion graduelle du mouvement du vase ou tambour était obtenue par un moyen également remarquable, quoique moins avantageux peut-être, et qui consistait à transmettre l'action motrice de l'arbre de couche horizontal supérieur, à poulie d'embrayage, à l'axe vertical du vase rotatoire, à l'aide de deux cônes s'entraînant réciproquement, par le simple contact et le frottement résultant de la pression exercée par un ressort latéral à lames d'acier sur l'arbre de couche dont il s'agit et dont le cône, fixe sur cet arbre, était simplement exécuté en fonte polie, tandis que celui de l'axe vertical du vase, remplissant les fonctions de pignon, se trouvait revêtu d'un cuir, afin d'augmenter la résistance naturelle des surfaces au glissement : cette résistance, moins absolue néanmoins que celle des engrenages, pouvait céder à l'action d'un changement, d'une reprise trop brusque du mouvement, dont l'accélération était simplement graduée ici au moyen d'un rouage appliqué à la manœuvre de la courroie motrice, sans fin, poussée alternativement, par le surveillant, de la poulie folle sur la poulie fixe d'embrayage; celle-ci n'obéissant d'ailleurs au frottement de la courroie qu'en raison de l'étendue, en largeur, des surfaces mises successivement en contact par la volonté même de l'ouvrier. Or, ce système, par empiétement graduel de la partie frottante du cuir, paraît assurer d'une manière moins certaine la continuité de l'accélération que ne le fait le système à cônes différentiels de M. Decoster. De plus, les irrégularités naturellement inhérentes à la machine rotative de MM. Rolhfs et Seyrig exigent qu'un rebord intérieur soit appliqué à la partie supérieure du tambour, afin d'empêcher la matière de s'échapper en cas d'accélérations brusques, rebord qui paraîtrait, comme je l'ai fait observer, n'être point aussi nécessaire dans l'autre.

CHAPITRE IV.

MACHINES À LAVER, ESSORER, BATTRE, FOULER, FEUTRER LES ÉTOFFES ET FABRIQUER LE PAPIER.

§ Ier. — Courtes indications relatives à l'objet de ce chapitre, et, plus spécialement, aux machines à fabriquer le papier. — MM. *Robert* et *Didot* (*Saint-Léger*), *Fourdrinier*, *Donkin* et *Bramah*, *Leistenschneider*, *Zuber* et *Rieder*, *Canson*, *Ranglet*, etc.

Malgré tout l'intérêt que comportent en elles-mêmes les machines comprises sous le titre de ce Chapitre, je me vois obligé, faute de temps, de renoncer à la satisfaction d'offrir un tableau, même raccourci, des remarquables transformations et perfectionnements qu'a subis cette classe de machines depuis la fin du dernier siècle, où l'on commença à s'en occuper, en France et en Angleterre, avec un esprit de suite et des succès qui ont exercé une très-grande influence sur les progrès de nos divers arts textiles, notamment sur cette branche importante qui concerne l'apprêt des étoffes, des tissus et des papiers, dont je dirai seulement quelques mots au commencement de la Section ci-après, concernant les machines à moirer, à lustrer ou à calandrer. Le temps, je le répète, m'a manqué pour en recueillir les documents indispensables, épars dans un grand nombre de collections et de traités, où malheureusement il règne ici, comme pour les autres classes de machines, une obscurité déplorable, en quelque sorte calculée et volontaire, sur les dates, les noms et la nature précise de chaque perfectionnement ou invention. J'aurais eu, je l'avoue, une véritable satisfaction d'amour-propre national et d'orgueil à prouver notamment, et pièces en main, non pas seulement que la machine à fabriquer automatiquement le papier continu est, comme cela a déjà été dit vaguement, née en France, sous les auspices d'un Didot, qui en désespoir de cause, et sans doute faute d'ouvriers assez habiles ou d'autres éléments indispensables de succès, l'a fait connaître en Angleterre vers 1801, lors du retour de la paix avec ce pays, en y transportant un modèle en petit, pour lequel il prit une patente sous le nom d'un M. Gamble, qui en a bientôt passé les droits à M. Fourdrinier, de Londres, comme M. Ure le reconnaît dans son *Dictionnaire des arts et manufactures*, p. 928 (3e éd., 1843); mais j'aurais voulu surtout convaincre les lecteurs impartiaux et compétents que les principaux, les véritables éléments mécaniques de succès, ceux, en un mot, auxquels on est redevable de cette importante branche de fabrication, sont incontestablement compris dans le brevet accordé, en janvier 1799, à M. Louis Robert, mécanicien à Essonne, près Paris. On y voit, en effet, le réservoir à vanne alimentaire de réglage, d'où la pâte, continuellement agitée par un moulinet, est déversée en lame mince sur une toile métallique sans fin, que conduisent, de part et d'autre, de longues chaînes à la Vaucanson passant sur des rouleaux extrêmes et intermédiaires, munis d'appareils de tension. On y voit aussi cette toile sans fin laissant échapper l'eau dont la pâte liquide est imprégnée, convertir celle-ci en une espèce de feutre humide qu'un couple de rouleaux en bois, tournants et recouverts de drap, de tissus appropriés, enlèvent, happent, en quelque sorte, ou enroulent au fur et à mesure de la fabrication, etc. [1].

Il ne faut, certes, pas un grand fond d'intelligence du mécanisme des machines pour reconnaître là non pas seulement le germe, mais le principe fondamental de la machine à fabriquer le papier continu. J'ajoute que le Gouvernement français, en accordant à l'auteur, au milieu des embarras financiers d'alors, une très-forte récompense pécuniaire, un honorable encouragement, qui l'eût mis à même de continuer et de parfaire son œuvre dans des circonstances plus favorables, ce Gouvernement, dis-je, a montré qu'il avait parfaitement compris la portée et la valeur de l'invention du mécanicien Robert pour les progrès futurs de cette branche importante

[1] Tome V du *Recueil des brevets expirés*, pag. 18, pl. 4 et 5.

de notre industrie nationale. Que M. Fourdrinier, aidé de l'habileté, du génie inventif même, d'un artiste aussi distingué que M. Bryan Donkin, de Londres, ait mieux réussi en 1805, avec les éléments de succès offerts par le brevet français, traduit en patente anglaise, il n'y a rien là qui doive nous surprendre, et qui ait autorisé à oublier les droits du véritable inventeur de la machine dans l'exhibition qui en a été faite, sous la simple forme d'un dessin, dans les galeries de Hyde-Park, à Londres, où l'on a vu en même temps, M. Fourdrinier montrer une petite machine servant à imprimer de longues et étroites bandes de papier employées dans les fabriques de vases en terres cuites, machine dont, au surplus, il sera de nouveau question dans la section suivante.

D'autre part, on ne doit pas davantage s'étonner que le Jury de la VIe classe ait récompensé par une grande médaille la persévérance avec laquelle l'habile M. Donkin, l'auteur du mécanisme à couper transversalement les longues bandes de papier continu, etc., exposé dans cette même galerie, a conduit à bien, par une foule d'ingénieux et utiles perfectionnements, la conception primitive, déjà si remarquable, de Louis Robert, et dont MM. Varrall, Middleton et Elwell, autres habiles constructeurs, à Paris, de machines à fabriquer le papier continu, se sont en quelque sorte chargés de revendiquer les droits pour l'honneur de notre pays, tout en prouvant que nous étions, en 1851, complétement en mesure de lutter pour la fabrication délicate de ce genre de mécanismes contre les plus célèbres constructeurs de l'Angleterre.

J'ajoute, en terminant cette trop courte et insuffisante notice, que l'on n'a pas moins lieu d'être surpris du silence gardé par les auteurs de Traités de technologie à l'égard des tentatives qui ont été faites, vers 1805[1], par le célèbre Bramah pour fabriquer automatiquement les papiers, soit au moyen de formes plongeantes et oscillantes, imitant le travail à la

[1] *Bulletin de la Société d'encouragement*, tome XII, page 83 (avril 1813); extrait, fait par M. Daclin, du VIIIe volume du *Repertory of arts*.

main, soit au moyen d'un tambour creux, revêtu de toile métallique, tournant et enlevant la pâte par sa superficie, au milieu de la masse liquide qui en contient les fibrilles disséminées et désagrégées. Ce dernier système, que M. Ferdinand Leistenschneider, du département de la Moselle, breveté en 1813 et 1816, fabricant constructeur à Poncey (Côte-d'Or), a le premier, je crois [1], cherché à imiter ou à perfectionner en France, n'a pas tardé non plus à être adopté par MM. Zuber et Rieder, de Rixheim (Haut-Rhin), qui l'ont perfectionné avant ou après 1825, tandis que MM. E. Montgolfier, à Annonay (1812 et 1824), M. Berte, breveté en 1811, MM. Berte et Grevenick, à Sorel (brevet d'importation de 1815), à l'aide de machines construites par feu Calla père; enfin, et subséquemment, M. Didot-Saint-Léger, à Jean-d'Heurs, M. Canson, à Annonay, cherchaient, de leur côté, à réaliser les conceptions primitives et originales de Louis Robert, qui avaient déjà acquis en 1820, par le concours des artistes anglais et français, un admirable degré de précision et de perfection.

Quant aux perfectionnements subis par ces différentes machines depuis l'époque précitée de 1820, on sait qu'ils consistent principalement dans l'application des cisailles continues de Bryan Donkin (1831), servant à couper latéralement les longues feuilles de papier au fur et à mesure de leur fabrication; dans le mécanisme à faire le vide sous le cylindre de la machine rotative de Bramah, mécanisme imaginé par John Dickenson (1830), après l'époque (1824 à 1826) où, dit-on, M. Canson, d'Annonay, avait fait, avec un égal succès, l'application des pompes aspirantes à une machine du système Robert à toile sans fin, antérieurement construite par M. Donkin, et qui servait principalement à fabriquer les papiers forts; enfin, dans l'appareil à *rattraper* les pâtes échappées, entraînées avec l'eau au travers des mêmes toiles, par MM. Ranglet et Viau (1840 à 1842).

A ces perfectionnements divers il faudrait encore en ajouter

[1] *Bulletin de la Société d'encouragement*, tome XII, page 170.

quelques autres, dont le plus important, sans contredit, consiste dans les cylindres métalliques, ou rouleaux creux, servant à sécher le papier au moyen d'un courant de vapeur d'eau, au fur et à mesure de sa fabrication, système sans doute imité de celui qu'on suivait dans l'impression des toiles peintes, déjà employé en 1820 par M. Crompton en Angleterre, et que M. John Willis, l'associé de M. Donkin, aurait grandement perfectionné, d'après la patente anglaise qui lui a été spécialement délivrée en 1830 pour cet important objet, si l'on en croit le Dr Ure, qui semble ignorer ou oublier, comme cela sera encore mieux établi dans l'un des paragraphes du chap. Ier de la Section ci-après, que l'on s'était servi d'appareils d'un genre tout au moins analogue, pour le séchage rapide des étoffes humides, même avant l'année 1815. C'est ce que constatent, en effet, de la manière la plus authentique les brevets délivrés en France en 1814 à M. Rawle, de Rouen; brevets sur lesquels, malgré leur extrême importance, il serait hors de propos d'insister ici, si ce n'est pour faire observer que, sans le perfectionnement capital du séchage par un circuit de vapeur, on ne verrait point aujourd'hui la pâte des chiffons sortant des cuves hollandaises de fabrication et traversant la machine de Louis Robert se convertir à la minute, pour ainsi dire indéfiniment, en une longue et large bande de papier, séchée, rognée, puis découpée en feuilles, sinon lustrées, du moins convenablement dressées, comme en offrent d'admirables exemples les grands établissements de cette espèce qui couvrent, depuis tantôt trente ans, notre continent européen, dévancé par la riche Angleterre et par l'active, l'industrieuse Amérique du Nord.

IIIe SECTION.

MACHINES A CALANDRER, IMPRIMER ET MOULER PAR COMPRESSION.

Ces machines ayant entre elles, au point de vue mécanique, une certaine analogie d'action et de composition, puisqu'il s'agit, au fond, de presses diversement disposées ou combinées, j'ai cru devoir les grouper dans une même Section, malgré la diversité apparente des industries auxquelles elles se rapportent, et cela avec d'autant plus de motifs, qu'elles sont, pour ainsi dire, simultanément employées dans les arts qui ont pour but le dressage, le lustrage, le gaufrage et l'impression des tissus ou papiers divers, y compris l'impression typographique, dont les rouleaux imprimeurs, les planches, les formes stéréotypées, les clichés, les matrices, les poinçons, les caractères mobiles eux-mêmes, sont souvent obtenus par des procédés mécaniques de moulage et de foulage très-expéditifs, fondés, à leur tour, sur l'usage de divers genres de presses.

CHAPITRE Ier.

PRESSES À ROULEAUX SERVANT À L'APPRÊT ET À L'IMPRESSION DES ÉTOFFES, DU PAPIER, ETC. (PRINCIPALEMENT AVANT 1815).

§ Ier. — Rapide coup d'œil sur les divers genres de presses, et, plus spécialement, sur les presses à calandrer. — *Paulet, de Nîmes; Vaucanson, Andrew Gray, et M. Ch. Dolfus, de Mulhouse.*

Pendant longtemps, la France avait été tributaire de l'Angleterre pour le lustrage et le moirage des étoffes, auxquels nos habiles voisins employaient de grands rouleaux ou cylindres presseurs, accouplés à l'aide de brancards chargés d'une masse de plus de 40,000 kilogrammes et roulant, sur la plate-forme horizontale où l'étoffe était étendue et repliée à diverses reprises, d'un mouvement de va-et-vient rectiligne que lui imprimait un système de poulies mouflées, mis en action par un cabestan à bras ou à manége[1]. Cette colossale machine, dont le Gouvernement français avait vainement, en 1740, tenté de répandre l'usage chez nous, en en faisant venir à Paris un modèle, et qui ne fut adoptée par la ville de Lyon que beaucoup plus tard, lorsqu'elle put se procurer un habile moireur de Londres, cette machine, dis-je, avait l'inconvénient fort grave d'exiger la manœuvre pénible et fréquente des masses qui constituaient la charge du chariot, quand il devenait nécessaire de modifier l'énergie de la pression pour l'accommoder à la résistance des fibres ou nervures de l'étoffe. C'est principalement pour obvier à cet inconvénient qu'elle a été remplacée, en 1769, par une combinaison beaucoup plus parfaite et plus simple, imaginée par Vaucanson, auquel l'industrie des soies est redevable de tant d'ingénieuses découvertes, et qui devint sans doute le type de toutes les calandres servant à lustrer ou moirer les étoffes, du moins en tant qu'il s'agisse d'un simple couple de cylindres horizontaux lamineurs entre lesquels passe et repasse la pièce diversement pliée, repliée sur elle-même, doublée de coutil et convenablement tendue ou soutenue aux deux bouts, tandis que la pression mutuelle des cylindres est réglée à volonté, et pour ainsi dire instantanément, par un système de romaine, de bascule horizontale à poids curseurs, chargés sur le plateau ordinaire d'une balance à suspension mobile, et qui, au moyen d'un équipage de tringles et de leviers, etc., force le cylindre inférieur ou presseur à se maintenir constamment soulevé contre l'autre pendant leur entraînement mutuel[2].

[1] Cette machine se trouve décrite dans l'interminé et l'interminable ouvrage, in-folio, de Paulet, de Nîmes, sur la fabrication des étoffes de soie, dont les premières parties seules ont paru sous les auspices de l'ancienne Académie des sciences. Elle est également décrite dans le *Traité de mécanique* de M. Borgnis (*Machines servant à confectionner les étoffes*, pl. 40, p. 297).

[2] *Mémoires de l'Académie des sciences*, année 1769. Le dessin de cette machine et de ses accessoires se trouve rapporté dans la pl. 40 de l'ouvrage de M. Borgnis (*Machines à confectionner les étoffes*, p. 297).

On reconnaît ici à certains égards, et sauf l'ingénieux appareil de la romaine, etc., dont on a fait depuis un si fréquent usage dans l'industrie manufacturière, l'ancien régulateur des laminoirs employés, comme on l'a vu, dès 1700 en Angleterre pour la fabrication des tables de plomb; d'autant que, d'après les idées de Vaucanson, réalisées dans un modèle adressé à la ville de Tours par le gouvernement de Louis XV, un appareil à détente, analogue à celui de ces laminoirs, devait, au bout de douze révolutions accomplies, faire tourner en sens contraire le cylindre supérieur, pour recommencer une nouvelle passe de l'étoffe, et ainsi de suite. Mais il ne paraît pas que cette calandre ait été de sitôt adoptée par l'industrie des soies, à laquelle Vaucanson l'avait primitivement destinée; car on se servait naguère encore à Lyon, pour le moirage de certaines étoffes, de la lourde et barbare machine anglaise à chariot muni de son lent et pénible va-et-vient à manége. Déjà aussi Vaucanson avait rendu à la riche cité de Lyon un autre service en tentant, dès 1747, de substituer aux anciens laminoirs vénitiens à vis de pression jumelles employés à l'aplatissement et au lustrage des *damasquettes,* étoffes de soie chargées de riches dorures, un système fort ingénieux, où les vis de serrage se trouvaient remplacées par un double équipage de leviers combinés, chargés de poids curseurs et agissant, de part et d'autre du cylindre presseur, de manière à permettre de graduer à volonté et de multiplier, sans recourir à de trop lourds contre-poids, la charge que ce cylindre supporte à chacune de ses extrémités[1], conformément au principe appliqué un peu plus tard, par Vaucanson, dans la calandre à moirer les étoffes de soie mentionnée ci-dessus, mais en dédoublant l'équipage de chaque système de leviers.

Enfin, il est peut-être utile de faire remarquer que, indépendamment de l'ancienne machine à moirer au moyen d'un

[1] *Traité complet de mécanique appliquée aux arts*, par M. Borgnis (*Machines à confectionner les étoffes*, p. 299). Le temps ne me permet pas de remonter aux sources où l'auteur a puisé ses renseignements, d'ailleurs fort circonstanciés, mais non accompagnés de dessins.

chariot à rouleau, les Anglais se sont servis jusque dans ces derniers temps[1] de machines à caisse chargée de poids pour repasser le linge uni, enveloppant à plusieurs reprises deux rouleaux en hêtre animés d'un mouvement de va-et-vient entre deux planchers horizontaux, l'un fixe, servant de chemin, l'autre mobile en dessus, portant la caisse, que sollicitent aux deux bouts les attaches d'une chaîne horizontale passant sur la gorge d'une poulie supérieure verticale, qui tournait, tantôt dans un sens, tantôt dans l'autre, au moyen d'un pignon à axe articulé, de manière à recevoir, sous diverses inclinaisons, le mouvement rotatoire uniforme d'un système denté conduit par la manivelle à volant de la machine; tandis que le petit pignon, cheminant dans le même sens, parcourt alternativement le dehors ou le dedans d'une crémaillère à chevilles implantées, latéralement à l'anneau de la poulie à gorge et à chaîne, suivant une forme cylindrique circulaire, interrompue en un point pour les passages alternatifs du pignon : mécanisme ingénieux dont, comme on le verra, l'idée fondamentale se retrouve dans plusieurs autres machines, mais dont il me serait impossible d'indiquer ici avec certitude le véritable auteur, quoiqu'on attribue assez généralement cette idée à Vaucanson.

Quant aux perfectionnements successivement introduits en France et en Angleterre[2] dans les machines à calandrer en général, notamment dans celles qui servent à lustrer les étoffes de coton pour les préparer à l'impression coloriée, il serait trop long et peut-être très-difficile d'en suivre exacte-

[1] *Bulletin de la Société d'encouragement*, t. XX, p. 287, année 1821.

[2] On peut voir dans l'ouvrage de l'ingénieur Andrew Gray, intitulé : *The experienced mill wright*, 2e édit., p. 62, pl. 37, le point où étaient parvenus en Angleterre, au commencement de ce siècle, les moulins à calandres employés au lustrage des étoffes; moulins que faisaient mouvoir des roues hydrauliques, dont l'action était, pour ainsi dire, appliquée directement au pignon d'un cylindre intermédiaire en fonte polie, entraînant, par frottement, l'étoffe et le rouleau presseur superposé, en bois dur également poli, dont l'écart, par rapport au précédent, était simplement réglé au moyen de vis verticales en fer, agissant isolément sur les empoises ou coussinets ex-

ment les traces. Il me suffira ici de dire qu'ils consistent principalement à avoir remplacé les anciennes chaises de support en bois par des chaises en fonte de fer, beaucoup plus stables, en même temps que l'on multipliait les rouleaux presseurs, enrouleurs, etc., ainsi que les passages de l'étoffe, tendue au moyen de tringles tirées par des cordons à poulies et à contre-poids de tension. Les rouleaux presseurs ou lamineurs, en particulier, étant construits tantôt à la manière anglaise, en rondelles de papier, de carton mince, collées, superposées et fortement pressées, à peu près comme les rondelles en cuir des pistons de pompes inventés par Bélidor; tantôt en pièces de bois dur, rapportées, assemblées de diverses manières, pour empêcher les déformations, et qu'on polissait ensuite, comme les cylindres en papier ou en carton; tantôt enfin, en cuivre, tourné et poli de même, pour donner le lustrage par une énergique compression, accompagnée quelquefois du glissement ou traînement relatif des cylindres, afin d'imiter l'action des anciennes machines ou instruments à glacer les étoffes, le papier ou le carton, par un mouvement de va-et-vient imprimé à un polissoir en pierre dure, etc.; tout consistant finalement à disposer l'appareil de manière qu'il puisse opérer avec continuité, à simple ou à double effet, c'est-à-dire sur une ou deux pièces d'étoffes à la fois, sans qu'il en résulte d'accidents pour les ouvriers obligés d'engager le bout de chaque nouvelle pièce entre les cylindres lamineurs de la machine.

Ces derniers et récents perfectionnements, imaginés par

trêmes de ce cylindre. Quant au rouleau horizontal inférieur, aussi en bois, il avait probablement pour objet de guider, de soutenir l'étoffe et son doublier, dans leur retour continu vers le cylindre presseur, ce que Gray n'indique pas : la seule chose essentielle à constater ici, c'est que, si les ingénieurs anglais ont songé, dès le commencement de ce siècle ou à la fin du dernier, à appliquer l'action des moteurs inanimés aux laminoirs à calandres, dont le bâti était, à cette époque, comme chez nous, construit encore en charpente, du moins leurs dispositions mécaniques essentielles n'offraient aucune supériorité caractéristique sur celles employées vers la même époque en France.

M. Charles Dolfus, de Mulhouse, ont été, en effet, réalisés dans l'établissement de MM. Witz et Blech, à Cernay[1], lesquels ont joint, de plus, à leur machine un mécanisme à plier l'étoffe calandrée, quand elle ne doit pas simplement être enroulée sur une bobine *ensouple,* ou un cylindre à frein et contre-poids de tension, pour être soumise ultérieurement à d'autres opérations, notamment à l'impression en couleurs.

Le calandrage des étoffes a pour effet non-seulement d'en refouler les fibres sur elles-mêmes, de manière à en constituer une surface parfaitement unie et brillante, mais aussi de les dresser et étendre par le laminage, afin d'éviter le retrait ultérieur, les plissures, etc., et d'obtenir, en définitive, une impression correcte des indiennes, soit à la planche plane ou plate, soit au rouleau gravé en creux ou en relief.

Or, avant de parler des machines qui servent à ce dernier objet, il est bon de rappeler dès à présent : 1° que la calandre à deux simples rouleaux lamineurs et contre-poids à bascule a été appliquée à des usages variés, sous le nom de *foulard,* de *presse à essorer,* à extraire des étoffes enroulées sur un cylindre ou repliées sur elles-mêmes la plus grande portion du liquide qu'elles contiennent avant leur séchage définitif à l'étuve ou sur des cylindres creux en cuivre et à circulation continue de vapeur; 2° que la calandre a même été employée (1820 à 1825) comme machine servant à comprimer les substances pulvérulentes ou pâteuses, telles que le pulvérin de la poudre à canon, renfermées alors, par couches minces, entre deux fortes toiles continues ou sans fin, qui, après leur passage isolé sur deux séries distinctes de rouleaux de renvoi conducteurs et tendeurs, se réunissaient en avant des cylindres lamineurs, où leur compression mutuelle donnait lieu à des plaques, des galettes très-dures et cohérentes; 3° que l'impression à la planche plane, gravée en relief ou en creux sur

[1] *Bulletin de la Société industrielle de Mulhouse,* nouvelle édition, t. IV, p. 320; *Rapport* de M. Joseph Kœchlin, et p. 239, *Description de la calandre* (octobre 1830).

blocs de bois, pratiquée de temps immémorial dans l'Indo-Perse et la Chine, sans doute au moyen du marteau ou maillet à main[1], a précédé de plusieurs siècles, même chez nous, non pas seulement l'impression continue des étoffes au rouleau ou à la calandre, mais aussi celle dite en *taille-douce,* essentiellement intermittente comme la première, et dont la feuille mince de cuivre, placée sur une planche de bois horizontale servant de chariot et diversement guidée ou soutenue à ses extrémités, d'ailleurs encrée ou coloriée à chaque reprise, puis recouverte du papier et de sa garniture en flanelle, carton, etc., passe entre deux forts cylindres lamineurs en bois dur et poli, comme dans la calandre à cabestan de Vaucanson; sauf qu'ici la pression s'opère par simple réaction, au moyen de cales élastiques en carton superposées aux coussinets-empoises du rouleau supérieur, qui entraîne l'autre par simple frottement tangentiel, sans glissement ou traînement; 4° enfin, que l'application des rouleaux lamineurs à l'impression en taille-douce ou à la planche plate en cuivre, dont l'invention, relativement moderne ainsi que les laminoirs à platiner les métaux, est postérieure elle-même de plusieurs siècles[2] à la presse typographique, généralement aujourd'hui

[1] Il ne me paraît pas d'ailleurs démontré que la gravure sur bloc de bois ou composition métallique, dont les imprimeurs allemands se sont récemment et avant nous, je pense, servis comme de *clichés* dans leurs ouvrages de mécanique, pour imprimer, typographiquement et en blanc, des figures sur fond noir, ait été connue ou employée par les anciens; c'est-à-dire avant l'époque, assez récente, de l'impression des étoffes par les planches dites à *surface,* et dont les parties en relief ou saillantes reçoivent seules, en effet, la couleur, à l'exclusion des creux.

[2] Cette presse en fer, à montants jumelles, doubles rouleaux presseurs et à collets, ne doit pas remonter au delà du commencement du XVIIe siècle (1615), où Nicolas Briot perfectionna le laminoir et en fit connaître l'usage en Angleterre (Ch. I, § 1, de la 2e Sect.); ce qui conduisit, sans doute, à la première application qu'on y ait faite aussi des presses en taille-douce (*double-necked rolling-press*) à l'impression des calicots, etc., comme on le voit par la patente accordée en 1676 à un fabricant anglais du nom de William Sherwin.

attribuée à Gutenberg (1440 à 1460); presse dont le principal caractère, comme on sait, consiste dans l'emploi d'une platine ou plateau presseur horizontal, nommé *manteau*, abaissé parallèlement, au-dessus du papier et de la *forme* à caractères, au moyen d'une vis verticale, jadis si péniblement manœuvrée à levier et à bras. Cette ancienne presse, d'une énergie alors fort restreinte, exige, en effet, des efforts d'autant plus considérables que l'étendue de la surface pressée l'est elle-même davantage; ce qui, indépendamment du manque de continuité dans le mouvement et l'action motrice, joint à la difficulté des *raccords*, repérages ou reprises, quand il s'agit de l'appliquer à de longues pièces d'étoffes, constitue proprement l'un des plus graves inconvénients de ce genre de machine, qui en revanche, comme on le verra, offre l'avantage d'une plus rigoureuse précision, d'une plus grande pureté dans les résultats obtenus.

Me proposant de consacrer un chapitre spécial à l'examen rapide des principaux perfectionnements qu'a subis, au point de vue mécanique, la typographie proprement dite, incontestablement le plus précieux et le plus important de tous nos arts industriels, je n'ai pas à m'y arrêter davantage ici; et je dois seulement faire observer par avance, et d'une manière générale, que la typographie, qui a une si étroite connexité avec l'impression même des tissus, a dû fournir à celle-ci quelques-uns de ses éléments de succès, de même que, à son tour, elle aura emprunté à sa cadette quelques-unes des ingénieuses découvertes qui y ont été faites depuis le dernier siècle : telle est, notamment, la substitution des presses continues à formes cylindriques aux anciennes presses intermittentes à vis et platine ou à forme plane, munies de caractères tantôt mobiles, tantôt stéréotypés, et que l'on n'aurait peut-être jamais songé à implanter, à courber suivant le contour d'un cylindre imprimeur, vu les nombreuses difficultés à vaincre, si l'on n'avait, en quelque sorte, assisté au triomphe, à l'immense succès de l'impression automatique des tissus; impression en elle-même fort délicate, et déjà en voie de progrès à l'époque de 1790, où l'Anglais Nicholson commença à s'en occuper avec d'assez faibles chances de succès.

Quoique l'impression intermittente des étoffes à la planche plane ait précédé de longtemps celle aux cylindres ou rouleaux gravés diversement, etc., je n'en commencerai pas moins par l'examen des machines relatives à ceux-ci, tant pour ne pas trop interrompre la filière des idées que parce que les machines à planches planes n'ont reçu que beaucoup plus tard leurs derniers perfectionnements, longtemps même après ceux apportés aux presses typographiques à mouvement automatique continu.

D'ailleurs, je ne saurais, dans un travail aussi rapide et incomplet, prétendre établir la filiation rigoureuse des idées, la similitude parfaite d'intentions mécaniques, sinon d'exécution matérielle, qui existent entre les différentes branches des arts ressortant spécialement de l'objet de cette IIIe Section, quels que soient le puissant intérêt qui s'y rattache et les lumières qui pourraient en jaillir pour les progrès réciproques de ces mêmes arts.

Enfin, c'est à mon grand regret encore que je me vois obligé de glisser légèrement sur une infinité d'autres rapprochements non moins essentiels, et peut-être tout aussi dignes d'intérêt au point de vue mécanique : par exemple, sur ceux qui concernent la catégorie de machines à l'aide desquelles on est parvenu, dès le siècle précédent, à gaufrer de diverses manières, à chaud ou à froid, les étoffes et les papiers secs ou humides; genre bien passé de mode aujourd'hui, où il est restreint en quelque sorte au timbrage à sec des papiers, au gaufrage de certains velours de laine, etc., mais qui naguère constituait l'objet d'une branche assez importante de fabrication, dans laquelle l'impression était opérée au moyen de rouleaux lamineurs à tailles profondes, produisant des dessins à relief très-prononcé, privés de toute espèce de couleur et dont, pour ce motif sans doute, le mécanisme a fort peu attiré l'attention des écrivains technologues, quoique ses perfectionnements successifs aient dû exercer une influence quelconque sur les progrès mécaniques de l'art du graveur et de l'imprimeur en toiles peintes, etc.[1].

Il est, en effet, évident *à priori* que, au point de vue purement théorique, les presses à moirer, à gaufrer, à produire des dessins en relief quelconques sur les étoffes, le papier, le cuir même, forment, avec les presses à lustrer et colorier ces diverses matières, une catégorie de machines qui, ayant entre elles la plus grande analogie quant au but et aux moyens mécaniques, ne sauraient être scindées d'une manière absolue, autrement que d'après les procédés d'arts et les manipulations accessoires appropriées à la nature de chaque matière, à la forme et à la destination particulière des produits. Or cette observation pourrait tout aussi bien s'étendre, comme on l'a vu, à la classe entière des machines qui ont pour objet spécial l'estampage, le moulage, en général, des métaux, des bois, des matières pulvérulentes ou plastiques quelconques, lesquelles exigent souvent des moyens de compression plus énergiques et plus rapides encore.

[1] Il semble, en effet, que la plupart des auteurs qui ont écrit sur les diverses branches de l'industrie manufacturière, en général peu versés dans les mathématiques, n'aient pas assez fait attention à la corrélation intime qui unit entre elles un grand nombre de machines employées à des fabrications différentes, mais appartenant, au fond, à la même famille, sous le rapport des organes et des opérations mécaniques. Il semble aussi qu'on ait oublié, un peu trop quelquefois, la part de succès qui revient au perfectionnement même de ces organes dans la production économique et accélérée des objets manufacturés. Supposez, par exemple, qu'ayant découvert toutes ces riches couleurs et préparations qui sont aujourd'hui l'honneur des sciences chimiques, on en soit réduit encore aux pénibles manipulations, aux organes mécaniques imparfaits du milieu du dernier siècle, il serait arrivé, tout au plus, que, à l'abri de prohibitions onéreuses au consommateur, nous eussions égalé, surpassé même, si l'on veut, l'art des coloristes chinois, indous ou persans ; mais, à coup sûr, on ne fût nullement parvenu à cette immense production de riches tissus qui permet aux populations industrielles de notre Occident de repousser la concurrence de la Perse et de l'Inde, d'y écouler nos propres marchandises en raison de leur extrême bon marché, et cela quand bien même on eût arraché à nos campagnes la masse entière des vigoureux habitants qui les fertilisent.

II. — Anciennes machines à cylindres, servant à l'impression continue des longs tissus. — *Roland de la Platière* et *Bonvalet, W.* et *Th. Bell, Slater, Walker* et *Taylor, William Nicholson*, etc.

L'impression des étoffes par procédés mécaniques est devenue, de nos jours, l'une des plus importantes branches d'industrie de la France et de l'Angleterre. Dès avant 1780, comme on peut le voir par les écrits de Roland de la Platière sur *l'Art de fabriquer les étoffes de laine et de coton*[1], nos ateliers possédaient des machines à rouleaux imprimeurs, marchant d'une manière régulière et continue, au moyen de manivelles conduites à bras d'homme, et qui étaient de deux espèces très-distinctes. La plus ancienne, destinée aux étoffes légères avec couleurs amenées à un état presque fluide, était composée de quatre cylindres horizontaux en bois, superposés verticalement les uns aux autres, tous recouverts de drap ou tissus de laine, exactement appliqués, sauf le rouleau imprimeur, qui, directement conduit par manivelle, recevait en relief les dessins divers, formés au moyen de fils ou sortes de clous en cuivre implantés sur son contour extérieur, surmonté du rouleau *fouleur* ou *presseur*, dont l'enveloppe de flanelle, non moins bien appliquée, était spécialement ici destinée à faciliter le foulage sur l'étoffe comprimée entre ce cylindre et le rouleau imprimeur, qui surmonte, à son tour, un troisième cylindre remplissant la fonction de rouleau *distributeur* ou *colorieur*, chargé qu'il est de la couleur empruntée au rouleau *fournisseur*, le plus fort et le plus bas de tous, baignant dans une cuve qui contenait, à l'état liquide, cette même couleur. Tous ces cylindres, au reste, se conduisaient par leur contact et leur frottement mutuels, sous la pression de simples clefs ou coins chassés latéralement entre les supports des coussinets, susceptibles de glisser le long de jumelles verticales, doubles et à charnières inférieures, pour le démontage des cylindres,

[1] Tome III de la *Collection, in-folio, des Arts et Métiers, de l'ancienne Académie des sciences.*

pendant que l'étoffe, sortant de l'ensouple, tendue, sans plis, disposée en zigzags autour d'une série de petits rouleaux en bois polis, parallèles et rangés à la file dans un même plan horizontal, était attirée constamment entre le cylindre fouleur ou presseur et le cylindre imprimeur, d'où cette étoffe s'échappait vers la partie supérieure, en enveloppant les barres d'un asple ou tourniquet, à axe horizontal, soumis à un contre-poids de tension.

L'autre machine, due à M. Bonvalet père, d'Amiens, beaucoup plus puissante que la précédente, ayant pour objet l'impression en couleur, avec figures en relief, des pièces de laine rase, préalablement soumises à l'action d'une forte presse à vis pour en resserrer le tissu, cette machine, dis-je, était conduite également par une manivelle munie d'un volant à trois bras armés de grosses lentilles de plomb, et qui faisait aller, d'une manière continue, un système de rouages dentés, de vis sans fin et de lanternes, tout en fer, montés latéralement à la chaise de support en charpente du couple unique de gros cylindres servant ici à imprimer l'étoffe, et remplissant, à son égard, le rôle de véritables rouleaux calandreurs, dont celui de dessus, en bois, recouvert de drap, de flanelle élastique, produisait le foulage des dessins gravés en creux sur l'autre, le plus bas, composé d'une épaisse feuille de cuivre repliée à chaud sur elle-même au moyen d'étampes, de mandrins ou coquilles cylindriques en bois, soumis à l'action d'une forte presse. Cette feuille, d'ailleurs soudée et forgée, après avoir reçu la forme d'un manchon à rebords extrêmes, était soutenue et conduite diversement par un autre manchon en fonte de fer plus petit, excentrique au précédent, également ouvert à l'un des bouts, tournant sur colliers, etc., mais dont l'intérieur était chauffé à l'aide de barres de fer rougies ou de petits foyers suspendus, ainsi que leur cheminée en tôle, au moyen d'étriers en fer prenant leur appui au dehors, d'après le système imaginé par un fabricant d'Amiens, nommé Flesselle, que Roland de la Platière nous dépeint comme doué, ainsi que Bonvalet, d'un grand esprit de perfectionnement : l'un ou l'autre appareil chauffeur était, ainsi que dans l'ancien procédé intermittent ou à planche plane, indispensable pour ramollir et faire pénétrer dans l'étoffe l'espèce de pâte ou de mastic constituant la couleur, que, grâce au mouvement lent de la machine, l'ouvrier avait le temps d'appliquer, par bandes parallèles à l'axe, sur la partie supérieure du cylindre imprimeur, qui, tout en tournant sur lui-même, trempait et se rafraîchissait continuellement dans l'eau d'une cuve inférieure refroidissante.

Quant à l'énorme pression qui devait être exercée, de la part du rouleau supérieur sur le rouleau imprimant, pour fixer et faire pénétrer la couleur amollie sur l'étoffe de laine, elle s'opérait, comme dans certains laminoirs, au moyen d'une grosse vis verticale agissant sur le palier-support horizontal des coussinets, lui-même mobile à l'aide de vis jumelles et latérales de réglage. Il est peu nécessaire, sans doute, d'ajouter que la pièce d'étoffe, d'abord enroulée par l'un de ses bouts sur une bobine ensouple en bois, allait, après son passage à travers des cylindres lamineurs, s'envelopper, comme dans la machine précédente, sur le contour d'un asple ou tourniquet à contre-poids de tension, placé à la partie supérieure de l'atelier, pour laisser le libre passage aux ouvriers.

Telle est, en effet, la lourde et colossale machine que Bonvalet père [1] mettait en œuvre, plusieurs années avant 1780, pour imprimer en relief et à chaud les tissus de laine que le premier, à partir de 1756, il avait appris à fabriquer au

[1] On peut voir dans les t. XIV, p. 133, et t. XV, p. 242, du *Bulletin de la Société d'encouragement* (1816 et 1817) que, à un demi-siècle de là, un teinturier de Paris, appelé *Bonvallet* et non Bonvalet, a obtenu de cette Société, sur les conclusions du célèbre Roard, une médaille d'argent pour des procédés d'impression d'étoffes de laine destinées à recouvrir les meubles et offrant des dessins coloriés en relief. Malheureusement, le rapporteur, qui parlait au nom de M. Mérimée et de Guyton de Morveau, en insistant beaucoup, comme chimiste, sur la solidité et le genre des couleurs, ne nous a rien dit des procédés mécaniques mis en usage, et qui devaient offrir de l'analogie avec ceux de l'ancien Bonvalet, d'Amiens, ou ceux aujourd'hui généralement employés pour le même objet.

moyen de la presse à manteau ou à planche plate ordinaire, non sans des sujétions très-grandes dans le raccord exact des dessins et une lenteur de production qui a vraiment lieu de surprendre, puisque l'on n'obtenait ainsi journellement, ou par douze heures de travail, que de 1 000 à 1 200 mètres d'étoffe peinte, en relief, à une seule couleur. Or, ce résultat, selon Roland de la Platière, ne fut guère accru par l'emploi de la presse à rouleau continu, qui, débarrassée de son manchon-support, etc., servait aussi, à ce qu'il paraît, à gaufrer, imprimer en relief, à sec et à chaud, les velours d'Utrecht, les moquettes et tissus analogues, au moyen de deux cylindres fouleurs agissant, en dessus et en dessous du cylindre imprimeur, sur deux pièces d'étoffe à la fois.

Quant à la machine dont il a été question d'abord, et qui servait à l'impression des velours de coton et des calicots ou indiennes, l'auteur ne nous apprend absolument rien, ni sur le nom de l'inventeur, ni sur l'ancienneté de sa date, ni sur aucune des particularités dont était accompagnée la distribution de la couleur sur le rouleau imprimeur, ni enfin sur le chiffre de la production journalière, beaucoup plus considérable, sans nul doute, que celle de la machine de Bonvalet. Toutefois le regrettable laconisme dont Roland use à l'égard de la machine à quatre rouleaux, son caractère pratique même, qui ne laisse aucune incertitude sur les dispositifs de détail et les accessoires, portent à supposer que ce n'était pas là le premier essai, tenté en France, des presses continues à imprimer les étoffes, et que l'on y était familiarisé de longue date, probablement même avant 1770, avec leur mode automatique de fonctionnement, tout imparfait qu'il puisse aujourd'hui nous paraître.

D'après le scrupule, souvent trop empressé, avec lequel Roland de la Platière a constamment cité les inventions anglaises dans ses ouvrages encyclopédiques, on ne saurait inférer de son silence sur l'origine de ces dernières machines, dont le rouleau imprimeur portait simplement des figures en relief, que ces machines eussent été importées de la Grande-

Bretagne, bien que, vers l'époque même de 1780, la France fût réellement tributaire de ce pays pour la plupart des machines employées dans la filature accélérée, mais non encore parfaitement automatique, de la laine et du coton. A la vérité, M. Baines, l'auteur d'une histoire anglaise des manufactures de coton, publiée sans date précise (probablement en 1835), attribue gratuitement à un Écossais du nom de Bell l'invention des machines à imprimer les étoffes au cylindre, invention qu'il place avec raison sûr la même ligne que le métier continu et la mule-jenny à renvider et filer le coton, sous le rapport de la substitution du travail automatique des cylindres imprimeurs à celui des anciennes presses à planches planes, si péniblement manœuvrées à la main ou à bras. Mais cet auteur est le seul, je crois, qui ait parlé de cet inventeur, qu'il ne faut pas confondre sans doute avec le William Bell déjà cité (Ch. Ier, § IV, de la première Section) à l'occasion des laminoirs à estamper les petits objets métalliques (1805)[1].

L'assertion de Pope, l'auteur d'un *Manuel des découvertes* publié en Angleterre, assertion quelquefois citée et relative à MM. Walker et Taylor, qui auraient obtenu en 1772 une patente pour une machine à imprimer au rouleau en bois, gravé en creux, cette assertion est peut-être plus dénuée encore de certitude; sans quoi on ne pourrait s'expliquer le si-

[1] William Bell, d'abord bijoutier-tabletier à Birmingham, obtint, il est vrai, en 1779, une patente pour un moyen d'imprimer des figures sur métal à l'aide de petits rouleaux ou cylindres gravés, probablement conduits à la main et qui n'avaient ainsi qu'un rapport fort indirect avec l'impression des étoffes; mais la citation de Baines peut fort bien se rapporter, au contraire, à un certain Thomas Bell, de Mosney (comté de Lancastre), imprimeur de calicots à la planche de cuivre plate (*copper plate printer*), à qui il fut en effet délivré, en juillet 1783 et 1784, des patentes pour une nouvelle méthode servant à imprimer une ou plusieurs couleurs à la fois *(5 or more colours all at one and the same time)* sur des étoffes de diverses natures, sans que les recueils de patentes anglaises contiennent aucune indication relative à l'emploi de rouleaux imprimeurs, dont, comme on l'a vu, on se servait en France longtemps avant 1780, du moins à une seule couleur. D'ailleurs, Baines lui-même indique seulement l'année 1785 comme étant celle où, pour

lence de M. Baïnes et celui du savant Dr Ure, qui se garde bien de nous entretenir de cette ancienne machine, non plus que de celles à plusieurs couleurs, dont l'invention pourrait, à première vue, être attribuée aux patentés Bell et Slater. Il faut, en effet, descendre jusqu'à l'année 1790, dans la nombreuse liste des patentes anglaises, c'est-à-dire à Nicholson, pour acquérir une idée un peu nette de l'état des choses en Angleterre relativement aux machines automates à imprimer les étoffes aux rouleaux en cuivre ou en bois, gravés en creux ou recouverts de formes composées de types métalliques mobiles, sur lesquelles nous reviendrons d'ailleurs dans le chapitre relatif aux presses typographiques. Pour le moment, il nous suffira de faire observer que ce système de presses continues à rouleaux, proposé dans la patente de William Nicholson, est fondé sur trois principes différents, dont le seul qui puisse ici nous intéresser concerne l'impression continue des étoffes entre deux cylindres : l'un supérieur, très-gros et drapé, servant à donner la pression par un moyen non indiqué, mais qui probablement n'avait aucun rapport avec celui de la calandre de Vaucanson; l'autre inférieur, plus petit, portant des dessins en creux ou en relief, sur cuivre ou sur bois, et recevant la couleur d'une manière qui n'offre, mécaniquement parlant, aucun perfectionnement réel sur la machine à impri-

la première fois, le procédé de l'impression au rouleau en cuivre, gravé en creux ou en taille-douce, aurait été appliqué à Mosney, près Preston, dans l'établissement de MM. Livesey, Hargreaves, Hall et Cie, devenu célèbre par sa grande extension et sa ruine arrivée en 1788. Enfin, il y a tout lieu de croire que les machines à cinq couleurs et plus dont parle la patente de T. Bell, aussi bien que la machine analogue de John Slater, imprimeur de calicots dans la même localité (Mosney), se rapportaient véritablement à une succession de presses distinctes, à vis ou à calandre, placées à la suite les unes des autres, et que l'étoffe, glissant sur une table horizontale, ou conduite, soutenue par des rouleaux intermédiaires, aurait traversées d'un mouvement intermittent, mais progressif, et accompagné de moyens plus ou moins parfaits de repérage ou de raccord des différentes couleurs; mais, à coup sûr, il ne s'agissait là nullement des machines à rouleaux imprimeurs multiples que nous connaissons aujourd'hui, et dont il sera dit un mot ci-après.

mer les indiennes décrite en 1780 par Roland de la Platière. De plus, on n'y aperçoit aucun des moyens employés dans celle-ci pour tendre, dresser l'étoffe, etc.[1].

Il paraîtrait, d'après cela, que, du moins sous le rapport des machines à une seule couleur, on n'était guère plus avancé en Angleterre vers 1790 qu'en France à l'époque de 1780, si même on l'était autant sous le rapport des combinaisons mécaniques; mais ce qui semblera plus surprenant encore, c'est que les patentes délivrées à des ingénieurs tels que Henry Maudslay et Joseph Bramah, dans les années 1805, 1806 et 1808, ne contiennent, au sujet des machines à rouleaux imprimeurs simples ou multiples, que des notions excessivement vagues et confuses[2]: il faudrait, sans doute, descendre jusqu'aux années 1810 et 1811, par exemple à la patente de William Fothergill, pour acquérir quelques notions exactes sur les moyens de fabrication des rouleaux en cuivre gravés destinés à l'impression des étoffes; mais il ne s'ensuit nullement que l'on puisse contester aux Anglais leur supériorité, dès lors acquise, dans cette féconde branche d'industrie, sous le rapport des manipulations, d'une plus parfaite entente du jeu et de la construction des machines, d'une plus grande intelligence manufacturière, enfin d'un plus grand développement d'affaires commerciales. Toutefois, et pour être complétement juste envers eux, il faudrait aussi faire une part, sans doute très-large, à leurs succès incontestés, et déjà fort anciens, dans l'art d'apprêter et de teindre les étoffes, ainsi que dans la fabrication, accélérée et mécanique, des cylindres de cuivre gravés en creux ou en taille-douce (*copper plate rolling*).

[1] *Repertory of arts and manufactures*, t. V, p. 145, publié seulement en 1796.

[2] Voyez notamment la patente délivrée le 15 octobre 1806 à Joseph Bramah, dans le t. X (2e série), p. 329, du *Repertory of arts*, etc., qui contient cette patente dans toute son étendue, mais sans figures.

§ III. — Premiers perfectionnements, en France, des presses automates à rouleaux imprimeurs. — *Ébingre, Chaumette* et *Hoffmann, Lefèvre* et *Oberkampf, Risler* et *Rawle.*

Avant d'arriver à l'époque où l'impression au rouleau a reçu la plus forte impulsion, il nous faut franchir l'intervalle désastreux qui sépare entre elles les années 1780 et 1800, afin de recueillir la trace des progrès accomplis chez nous dans cette branche d'industrie au point de vue mécanique, dont le perfectionnement paraît être principalement dû à l'initiative de M. Ébingre, imprimeur sur étoffes à Saint-Denis, près Paris, à qui il a été délivré, le 16 juillet 1800, un brevet d'invention de cinq ans, pour une machine servant à imprimer les *fonds sablés* sur toiles de coton[1]. Cette machine, exécutée partie en bois d'assemblage et partie en fer pour le mécanisme, diffère des précédentes en ce que le cylindre imprimeur, formé d'un alliage de zinc et d'étain, d'un diamètre de 88 millimètres, est muni d'une infinité de petites pointes en fil de laiton, *grippées* dans la fonte, saillantes et espacées également, tandis que ce cylindre est conduit directement par une roue dentée, engrenant latéralement dans une lanterne à manivelle, dont, par un cordon sans fin, à poulie de renvoi, l'arbre met en mouvement un rouleau placé vers le haut des montants, où la toile, déroulée au fur et à mesure d'un ensouple inférieur placé de l'autre côté de la machine, non loin de l'arbre à manivelle, est continuellement enroulée et attirée, après avoir traversé l'intervalle compris entre le cylindre imprimeur et le cylindre presseur, convenablement garni, drapé et chargé sur ses coussinets ou collets, au moyen d'une bascule à leviers et contrepoids latéraux, dans le genre de celle imaginée par Vaucanson pour les calandres.

Mais ce n'est pas là l'unique différence que la machine Ébingre présentait avec l'ancienne presse à rouleaux décrite

[1] Tome II du *Recueil des brevets expirés*, p. 63.

par Roland de la Platière : le cylindre distributeur ou colorieur, d'un assez fort diamètre et garni de drap, existait seul et servait en même temps de cylindre alimentaire, par sa rotation dans la cuve à couleur, où la partie la plus basse se chargeait d'une couche plus ou moins épaisse et régulière de cette même couleur, dont l'excédant était continuellement enlevé et réparti avec égalité à l'aide d'un *frottoir* ou *racle* latérale en bois arrondi, également muni de drap et monté à l'extrémité d'un châssis à levier mobile autour d'un boulon placé à son extrémité la plus basse, de manière à pouvoir rapprocher à volonté, au moyen de vis de serrage, la racle du cylindre fournisseur, lui-même susceptible d'être élevé ou abaissé par des vis verticales de réglage.

Il est peu nécessaire d'insister sur le mérite et les avantages de la bascule à contre-poids et du frottoir, qui servent à régler la pression sur les rouleaux imprimeurs et la répartition de la couleur sur le cylindre distributeur. Ce genre d'appareils, abandonné aujourd'hui, ne doit pas être confondu avec un autre déjà fort anciennement employé dans l'impression à la planche plane en cuivre ou en taille-douce pour enlever la couleur superficielle ou excédante au fur et à mesure du tirage; ce dernier instrument, en effet, constitue une véritable racle, formée d'une lame mince de ressort ou de scie, en acier, que les ouvriers anglais ont nommée *docteur*, on ne sait trop pourquoi, et dont il est pour la première fois question dans une patente de fabrication délivrée, sous la date du mois d'août 1796, aux nommés Wylde et Ridge, mais que nous voyons seulement figurer dans un brevet d'invention pris en France, le 2 juin 1805, par le sieur Chaumette, de Paris[1].

Dans ce brevet, on propose d'ailleurs plusieurs procédés

[1] *Recueil des brevets expirés*, t. V, p. 217 à 233. L'auteur montre dans son brevet, qui constitue un véritable mémoire, un grand fond d'imagination et de ressources mécaniques, qu'il n'a peut-être pas su mettre à profit par lui-même comme constructeur ou fabricant, mais qui auront certainement profité à d'autres plus heureux ou mieux avisés et outillés. Quoique son nom

mécaniques pour imprimer, à une ou successivement à plusieurs couleurs, au moyen de rouleaux formés tantôt d'une feuille de cuivre gravée en creux ou en taille-douce, tantôt d'une couronne métallique portant des dessins en relief, des plaques cylindriques exactement ajustées, raccordées entre elles sur un tambour en bois ou en mastic; plaques d'ailleurs fondues, polytypées ou stéréotypées d'après le procédé décrit par F.-J. Hoffmann, de Schelestadt (Bas-Rhin), dans un autre brevet de février 1792 [1], où ce procédé se trouve déjà indiqué comme pouvant servir à l'impression des tissus et des cartes géographiques, au moyen de formes, de planches métalliques, planes il est vrai, et non pas courbes, comme le veut M. Chaumette.

Ce dernier industriel, d'ailleurs, propose de substituer au frottoir fixe d'Ébingre un rouleau de drap ou brosse cylindrique tournante, chargée de répandre sur un gros tambour distributeur la couleur qu'il reçoit d'un cylindre en métal, taillé en hélice, plongeant dans la cuve à couleur, et qui, pour ce motif, porte le nom de *barboteur*. De plus, dans cette machine, le rouleau imprimeur, muni de sa gravure en relief, est accompagné, du côté opposé au barboteur, d'un autre rouleau essuyeur à mouvement intermittent, quoique progressif dans le même sens, et garni, à son pourtour, d'éponges sèches qui servent à le nettoyer de tout ce qui a pu le salir pendant le pressage.

J'insisterai moins encore sur le système par lequel M. Chaumette propose de substituer au cylindre presseur, ordinairement placé au-dessus du rouleau imprimeur, un grand tambour ou une longue table à roulettes servant de chariot, etc., mobile à l'aide des engrenages de la machine, parce qu'il ne

n'ait jamais été cité par les auteurs anglais ou français, il n'en est pas moins digne de remarque que la date de 1805 est précisément celle que Baines, dont il sera fait mention plus loin, assigne aux premiers essais d'impression des toiles au rouleau muni de figures métalliques en relief dans l'une des principales et plus anciennes fabriques du Lancashire.

[1] *Recueil des brevets expirés*, t. II, p. 135 et 142.

me paraît pas démontré que les idées de l'auteur, toutes plus ou moins ingénieuses et qui offrent quelque analogie avec les idées antérieures de Nicholson, aient été utilisées dans les machines servant à l'impression des tissus, des papiers de tenture, etc.

Enfin, il est à peine nécessaire d'ajouter ici que dans un brevet d'invention de quinze ans, portant la date du 26 février 1808[1], M. Risler père, de Mulhouse, présenta un autre projet de machine destinée à imprimer les étoffes à trois couleurs, au moyen de rouleaux formés de caractères entièrement mobiles et distribués sur la partie inférieure du rouleau presseur, etc.; projet sans doute peu arrêté dans ses détails, mais qui n'en contient pas moins une idée féconde et originale relativement aux machines à plusieurs rouleaux, et qui, tout au moins, tend à prouver que l'on commençait alors à se préoccuper vivement en France, sans bien les connaître d'ailleurs, des progrès que cette branche d'industrie avait faits récemment en Angleterre sous le rapport des procédés mécaniques, rapides et relativement économiques, dont il sera question plus loin : car on ne saurait disconvenir qu'il s'était établi, à partir de la paix éphémère de 1802, des relations sinon patentes, du moins secrètes et actives, entre les deux pays, malgré les rigoureuses prohibitions qui entravaient réciproquement alors le développement de leurs industries manufacturières.

Toutefois, je ne pense pas qu'il soit permis d'en conclure que l'idée de la machine à trois rouleaux soit née plutôt en Angleterre qu'en France, et je n'admettrais même pas le fait, sans des preuves très-fortes, relativement à une autre machine à cinq rouleaux qui a été l'objet d'un brevet d'invention de dix ans accordé en France, le 15 novembre 1814, à M. Rawle, de Déville, près Rouen, brevet qui, s'il cachait sous son titre effectif une véritable importation, devrait tout au plus être considéré comme une notification, en quelque sorte officielle,

[1] *Recueil des brevets expirés*, tome X, page 89.

des progrès accomplis chez nos voisins dans la construction des machines à imprimer les étoffes à plusieurs couleurs ainsi que de tous leurs ingénieux accessoires mécaniques, sur lesquels je n'insiste pas ici, pour y revenir après d'une manière un peu plus spéciale; me contentant de faire observer que le même M. Rawle, constamment domicilié à Déville, près Rouen, avait déjà pris, en novembre 1809, deux brevets de quinze ans pour des perfectionnements apportés aux machines à carder et à filer le coton, et que, dans l'année 1814, il s'était fait aussi délivrer un brèvet pour un procédé, clairement décrit et exposé, concernant la fabrication des cylindres, gravés en creux ou en relief, destinés à l'impression des tissus; genre de fabrication où nous étions, à ce qu'il paraît, demeurés fort en arrière par rapport aux Anglais[1].

La clarté, toute française, avec laquelle ces différents brevets sont rédigés, le fait même de la résidence de M. Rawle en France à l'époque de 1809, et le singulier mutisme des technologues anglais, me portent, je l'avoue, à attribuer une assez grande part d'invention, dans les machines à rouleaux imprimeurs multiples, à nos compatriotes, qui en effet ont rarement manqué d'initiative sous le rapport des idées, mais dont trop souvent aussi ils ont négligé de tirer un parti avantageux, faute de ressources matérielles.

Quant à la date précise et aux circonstances qui auraient accompagné, en Angleterre, la tentative de machines du genre de celles dont il vient d'être parlé, notamment des machines à deux rouleaux ou couleurs appliquées à la fois ou consécutivement, elles ne paraissent pas être bien connues; car on ne saurait admettre, sans en posséder de preuves plus convaincantes, que ces machines remontent à la fin du dernier siècle, et, plus spécialement encore, que la découverte en soit due à M. Adam Warkinson, de Manchester[2]. En effet, ce

[1] Tome XII, p. 263, et t. XI, p. 89, du *Recueil des brevets expirés.*

[2] *Traité de l'impression des tissus* (1846), par M. Persoz, t. II, p. 361. Malgré les observations ci-dessus et toutes celles que, au point de vue historique ou critique, nous pourrons encore avoir à faire sur des points de fait

nom ne figure pas dans la liste des patentes délivrées en Angleterre pour cet objet ni pour aucun autre, et nous avons vu plus haut, dans une note, combien l'impression sur rouleaux, gravés en creux ou en relief, était encore peu avancée au commencement de notre siècle, même dans cet industrieux pays, où plus de quarante patentes relatives à l'impression des tissus, octroyées entre les années 1805 et 1815, prouvent assez, ce qui au reste est parfaitement connu, que les inventeurs, ingénieurs ou constructeurs anglais ne sont nullement dans l'habitude de négliger de semblables moyens d'assurer leurs droits, je ne dis pas à la priorité, mais à la propriété d'une idée, si peu importante qu'elle puisse d'ailleurs paraître.

En réalité, et si je ne me trompe, aucun livre, aucun recueil, anglais ou français, publié avant 1808, n'avait parlé des machines à plusieurs rouleaux imprimeurs, et le mystère dont le perfectionnement de l'impression automatique des étoffes, même à une seule couleur, avait été entouré vers 1800, continua longtemps encore à subsister chez nous, au profit de quelques grands et anciens établissements, tels que celui de M. Oberkampf à Jouy, près de Versailles; établissement dont la création, remontant à l'année 1756, avait pris sa source dans les progrès déjà accomplis à cette époque dans la fabrication des toiles peintes par des procédés où les planches planes, en bois et en cuivre, jouaient le principal, sinon l'unique rôle; procédés bien importants sans doute, quoique imparfaits, et dont la France aurait emprunté les éléments essentiels à la Suisse, notamment à Zurich et à Neuchâtel, qui

pour lesquels nous différons d'avis avec l'estimable auteur de ce savant et utile ouvrage, il n'en a pas moins, à mes yeux, acquis un titre réel à la reconnaissance de notre industrie, en raison des efforts qu'il a faits pour rendre aux vrais inventeurs la part de justice qui leur est due, et qu'on leur refuse trop souvent dans les ouvrages de technologie. Espérons que son exemple pourra en amener d'autres par la suite, ou que, du moins, on fera quelques tentatives, chez nous ou ailleurs, pour ne pas laisser trop dans l'ombre les titres des inventeurs aux hommages et à la reconnaissance de la postérité.

les transmirent à Mulhouse, où Oberkampf s'était formé, comme simple ouvrier, dans la maison Kœchlin, Schmaltzer et compagnie, fondée en 1746 par Jean Kœchlin, la même qui fut récompensée à l'Exposition française de 1806 d'une médaille d'or, en témoignage du développement qu'avait pris alors son impression de toile au rouleau, impression dont les écrits authentiques de Roland de la Platière ne permettent pas d'admettre l'entière nouveauté même en 1800, où elle subit dans la fabrique de Jouy une sorte de révolution qui ne tarda guère à se répandre au dehors.

Parmi les autres grands établissements qui suivirent des premiers cette impulsion, on doit principalement citer celui de MM. Gros, Davillier et Roman, à Wesserling, où dès 1803 l'on se servait, avec le plus grand succès, des récents perfectionnements apportés à la partie mécanique de cette importante branche de fabrication. On peut voir dans l'excellent Traité de M. Persoz sur l'impression des tissus, ouvrage déjà plusieurs fois cité, et dont le mérite a été justement récompensé en 1846 par notre Société d'encouragement [1], de quelle obscurité fâcheuse, de quelles incertitudes déplorables, au point de vue historique des progrès mécaniques, est entourée cette même révolution, accomplie simultanément peut-être en France et en Angleterre, et dont on paraît ignorer le véritable caractère, qui réside soit dans l'accélération du travail des anciennes presses résultant d'un meilleur système de construction, soit dans les procédés expéditifs de fabrication et de gravure des rouleaux. Quelques écrivains de notre pays affirment, en effet, sans en apporter de preuves contemporaines, imprimées ou écrites, qu'elle aurait pris naissance dans l'établissement même de M. Oberkampf, tandis que d'autres, sur de simples souvenirs, prétendent qu'elle y a été opérée, du moins quant à l'installation des nouvelles machines, par un mécanicien anglais du nom de *Handrès*, arrivé en France

[1] Voyez la préface du Ier volume, p. XVIII, et les p. 350 et suiv. du t. II de cet ouvrage.

probablement à l'ouverture de la paix d'Amiens, machines dont les premiers et remarquables produits n'auraient ainsi guère pu apparaître dès 1800, comme cela est pourtant de notoriété publique à l'égard de ceux que M. Oberkampf livrait en si grand nombre au commerce sous le nom de *mignonnettes*, si je ne me trompe, et dont l'impression, à une seule couleur, ne réclamait que des perfectionnements assez simples, apportés aux anciennes machines françaises, et tels qu'en contient, par exemple, le brevet délivré à Ébingre dans cette même année 1800.

L'auteur, M. Dolfus Gontard, qui nous a dévoilé si tardivement l'apparition de l'Anglais Handrès dans les ateliers de M. Oberkampf, sans d'ailleurs nous en indiquer la date précise, est l'un de nos fabricants les plus distingués et les plus anciens dans cette branche d'industrie. A ce titre, il avait le droit de faire remarquer que le sieur Ébingre, ancien fabricant d'indiennes à Saint-Denis, et dont, il faut bien se le rappeler, le brevet date de février 1800, avait été précédemment employé dans la manufacture de Jouy, et s'aida depuis du talent d'un serrurier mécanicien, homme de génie, nommé Lefèvre, qui, jusqu'alors n'ayant encore fourni que quelques cylindres aux fabriques des environs de Paris, se mit bientôt en état de construire des machines entières à rouleau, non-seulement pour son associé, mais aussi pour toutes les principales maisons de la France et de la Suisse, parmi lesquelles on doit compter en tête celle déjà citée de Wesserling, dont, comme on l'a vu, les impressions d'indiennes au rouleau datent de 1803. Ce mécanicien, pour qui nos plus anciens établissements de toiles peintes ont conservé un souvenir de reconnaissance qui les honore, mort dans le désespoir par trop d'ambition et d'amour-propre, dit-on, ce bienfaiteur de nos fabriques d'indienne, cet ingénieux artiste enfin, aurait-il, comme on le suppose, enlevé son mystérieux secret à l'Anglais Handrès, par lui-même ou par l'intermédiaire de son premier associé Ébingre et de ses amis? C'est pénible à croire et difficile, sans doute, à démontrer! La date assignée au brevet authentique de ce dernier et, comme on l'a vu, le caractère tout français de sa machine ne permettent pas de croire qu'il ait eu besoin de s'approprier des idées étrangères à notre propre pays. Quant aux machines construites par Lefèvre, pour lesquelles il s'était abstenu de prendre un brevet, elles offraient, dans les mécanismes accessoires relatifs à l'outil ou rouleau imprimeur, des différences essentielles avec la machine d'Ébingre. A la vérité, il s'agissait toujours, comme on peut le voir par la pl. 7 (T. II, p. 353) de l'ouvrage cité de M. Persoz, d'une paire de romaines, de bascules simples à contre-poids donnant la charge au gros cylindre presseur, etc.; mais ici : 1° le rouleau imprimeur, en cuivre, était gravé en creux, comme celui de Bonvalet; 2° l'auge à couleur, son cylindre fournisseur *uniquè* et le support horizontal de la racle à lame d'acier, placés sur un système parallélogrammique articulé à doubles leviers ou châssis horizontaux parallèles, qu'unissaient des tringles verticales à vis de réglage, pouvaient être rapprochés ou écartés, à volonté, du rouleau imprimeur, non-seulement dans le sens vertical, mais aussi dans le sens horizontal, au moyen d'autres petites vis de rappel agissant isolément sur l'auge à couleur ou sur la racle; 3° enfin, la pièce d'étoffe, toujours tendue en passant sur de petits rouleaux de renvoi ou des pièces de bois arrondies, fixes et placées entre les ensouples enrouleurs et dévideurs, cette pièce, au lieu de porter directement sur le cylindre presseur, garni simplement d'un tissu de laine, s'y trouvait accompagnée d'un drap sans fin, passant sur d'autres rouleaux de conduite, supérieurs mais distincts des premiers; ce drap, quelquefois nommé *blanchet*, servant, ainsi que le *doublier* déjà employé dans les anciennes calandres, à garantir plus efficacement l'étoffe contre les diverses chances d'accidents et les difficultés de son installation à demeure sur le contour du cylindre presseur.

Ces perfectionnements de détail, très-ingénieux et sans contredit de la plus haute importance pour la conduite ou le réglage de la machine, ces perfectionnements, auxquels nos industriels furent promptement initiés, grâce au mécanicien Lefèvre, ont-ils été réellement empruntés aux machines soi-disant anglaises de la manufacture de Jouy? Voilà, je le répète, le point de la difficulté, et il ne pourra être levé ou résolu, en toute justice, tant que les savants technologues de la Grande-Bretagne ou de notre propre pays n'auront pas découvert, à ce sujet, quelque écrit imprimé, brevet, patente ou autre document authentique, datant d'une époque antérieure ou contemporaine à celle de 1801 ou 1802. Jusque-là, tout au moins, on devra s'abstenir d'aucun jugement, par trop favorable ou sévère, envers la mémoire d'Ébingre et de Lefèvre, et il sera permis d'admettre qu'à la France appartiennent les premières tentatives d'application et de perfectionnement des machines à imprimer les étoffes d'une manière automatique et continue, à l'aide de rouleaux munis de dessins, en creux ou en relief, gravés ou montés sur bois et sur des feuilles de cuivre. L'Angleterre, d'ailleurs, possède assez de gloire et de richesses acquises dans la fabrication des divers tissus, pour n'avoir rien à envier ni à emprunter, en fait d'inventions, à d'autres pays, sous le rapport de l'impression automatique et continue de ces mêmes tissus.

On peut admettre encore que, dès l'époque précitée, on savait dans nos grandes usines à cours d'eau, telles qu'il en existait dans les Vosges et les environs de Paris, de Rouen, de Beauvais, etc., remplacer le travail à la main ou à la manivelle parl 'action des roues hydrauliques, sans pour cela contester en aucune manière aux Anglais la supériorité qu'ils ont conquise, dès le commencement de ce siècle, par une application persévérante et féconde de la puissance de la vapeur, dont le plus important privilége, comme on sait, est de s'accommoder, pour ainsi dire, à toutes les circonstances et à tous les lieux.

Enfin, en revendiquant pour notre propre pays l'initiative de l'impression automatique au rouleau en bois ou en cuivre, gravé soit en creux, soit en relief, c'est-à-dire à *surface,* selon l'appellation anglaise, à laquelle nous avons substitué, improprement peut-être, pour certains cas, celle de *plombine,* d'*hémétine,* etc., en faisant, dis-je, cette revendication, il est juste aussi de reconnaître les immenses progrès que nos voisins ont fait faire à ce système d'impression, mais plus particulièrement aux procédés mécaniques de fabrication des rouleaux en cuivre, autrefois gravés au poinçon à main, et dont le mécanicien Lefèvre perfectionna chez nous et régularisa vers 1802 ou 1803 l'application à l'aide d'un tour ingénieux, servant à diviser exactement le rouleau, ou plutôt à diriger, dans chacune de ses positions successives, le poinçon, serré chaque fois par une vis contre ce rouleau [1]; procédé d'une grande précision, mais fort lent, et dont les mains-d'œuvre diverses s'élevaient chez nous, longtemps même après 1815, à des prix d'autant plus exorbitants, que les frais de premier établissement n'en pouvaient être couverts par une vente suffisante des produits; sauf, peut-être pour les étoffes à une seule couleur, du genre de celles dont nous avons déjà parlé comme ayant fait vers 1800 et 1801 la fortune de la maison Oberkampf, au moyen de machines non encore perfectionnées sans doute par le mécanicien Handrès, et dont les rouleaux devaient être, comme on l'a vu, simplement munis de dessins en creux ou en relief, très-petits, régulièrement espacés et indéfiniment multipliés, à l'aide du poinçon à main ou de procédés plus ou moins analogues.

CHAPITRE II.

PERFECTIONNEMENT DES MACHINES À IMPRIMER EN COULEUR LES ÉTOFFES, LES PAPIERS, ETC., À PARTIR DE 1814 OU 1815.

§ Ier. — Perfectionnement de la fabrication et de la gravure des cylindres en cuivre par procédés mécaniques. — *Joseph Perkins* et *Lockett, Droz* et *Gengembre, White, Haussmann, Bradbury* et *Burton.*

C'est aux circonstances mentionnées en dernier lieu, sans aucun doute, bien plus encore qu'à l'esprit original et inventif des mécaniciens de la Grande-Bretagne, que l'on doit principalement attribuer le succès des imprimeurs de calicots de ce

[1] Ouvrage cité de M. Persoz, t. II, p. 281.

pays et leur supériorité incontestée sur les nôtres dans les époques antérieures même à 1825, succès dont MM. Baines et Ure s'accordent à attribuer, sans hésitation, le principal mérite au graveur Joseph Lockett, de Manchester, lequel, dès 1808, aurait mis à profit le principe de la gravure sur acier ou par cliché, que Jacob Perkins, célèbre ingénieur des États-Unis d'Amérique, avait imaginé et appliqué antérieurement à la reproduction des types servant à la fabrication des billets de banque, fabrication dont une part d'honneur doit revenir aussi, comme on l'a vu dans la deuxième Section, à MM. Droz et Gengembre, employés à la Monnaie de Paris dès le commencement de ce siècle[1]. Ce procédé, personne ne l'ignore, consiste à graver en creux les dessins sur des surfaces en acier doux, qui, durci ensuite par une trempe convenablement dirigée pour éviter la déformation du dessin ou de la taille en creux, sert ensuite à multiplier indéfiniment la planche, ou, plus spécialement ici, les rouleaux en cuivre, par un laminage, une sorte d'estampage très-souvent répété, au moyen d'un rouleau type, obtenu lui-même au *poinçon molette* ou à la *molette roulante*, imaginée aussi par Perkins, selon les auteurs déjà cités, mais perfectionnée en Angleterre vers 1820, puis finalement importée en France en 1822 par les frères

[1] Malgré cet accord de sentiment entre MM. Baines et Ure quant à la date de 1808, il n'en est pas moins vrai que le célèbre et habile graveur de rouleaux en cuivre Lockett, qui a rendu de si grands services à la ville de Manchester dans son immense fabrication des toiles peintes, n'a réellement pris qu'en 1825 une patente pour la gravure des cylindres en creux, tandis que Jacob Perkins lui-même n'a reçu qu'en octobre 1819 celle qui lui assura en Angleterre des droits à l'invention de la gravure sur acier par estampage des clichés, coins, matrices, etc.; procédé, je le répète, longtemps auparavant pratiqué en France dans diverses industries d'ailleurs fort circonscrites dans leurs applications. Peut-être aussi les auteurs cités n'ont-ils pas assez tenu compte des perfectionnements que le constructeur anglais (*copper forger*) William Fothergill, de Greenfield, exposa dans une patente prise en septembre 1811, et qu'il appliqua aux cylindres creux, en feuilles de cuivre, repliées, soudées sur elles-mêmes, à la manière des rouleaux imprimeurs de Bonvalet.

Haussmann, de Colmar[1]. Dans cet estampage continu ou périodiquement renouvelé, le rouleau type, fortement pressé, est petit à petit enfoncé dans les empreintes successives et de plus en plus profondes qu'il forme à la surface extérieure du cuivre, empreintes dont la netteté, la régularité parfaites exigent une précision pour ainsi dire mathématique non-seulement dans la forme individuelle des figures, ce qui est facile par le travail au poinçon, mais aussi dans les distances ou écartements des parties similaires du dessin, et surtout dans la rigoureuse proportion des diamètres.

Ces simples indications doivent suffire pour montrer la facilité et l'économie des nouveaux procédés de fabrication des cylindres à dessins en relief ou *à surface* que dès cette même année 1808, si l'on en croit Baines et Ure, M. Lockett aurait substitués à l'ancienne gravure au burin, laquelle aurait également fait place un peu plus tard à la gravure au guilloché, inventée, dit-on, par White en 1810, mais depuis longtemps aussi employée à Paris et à Genève pour la fabrication des boîtes de montres, et qui ne tarda guère à recevoir sa première application industrielle à Wesserling, dans les ateliers d'impression au rouleau de MM. Gros, Davillier, etc., selon ce que nous apprend M. Persoz. Un pareil genre de gravure ne saurait d'ailleurs s'appliquer aux dessins irréguliers artistiques ou de fantaisie, pour lesquels la gravure à l'eau forte, dont Baines attribue l'application spéciale aux rouleaux à l'ingénieur John Bradbury, de Manchester (patente de 1821), et l'extension, le perfectionnement pratique, à John Lockett, doit nécessairement être employée seule ou conjointement avec celle au poinçon, réservée aux dessins de fond qui se reproduisent en grand nombre et avec régularité sur l'étoffe. Enfin, ce même auteur attribue, sans preuves à l'appui, à un nommé James Burton, employé dans la maison Peel et Cie, à Church, en 1805, la combinaison ou réunion des

[1] *Bulletin de la Société industrielle de Mulhouse*, n° 104 (1848), p. 275 et 276.

anciens rouleaux en bois, gravés en relief, avec les rouleaux en cuivre gravés en creux, dans une même machine, qui, pour ce motif, aurait été nommée *mule-machine* ou machine bâtarde, comme les Anglais disent *mule-jenny* et non pas *mull-jenny*, en parlant de la machine à chariot servant à filer le coton[1].

A ces remarquables perfectionnements dans la fabrication, pour ainsi dire toute mécanique et automatique, des rouleaux, joignons la prodigieuse multiplication, dans les ateliers d'impression de Manchester, d'une même étoffe ou d'un même dessin fort souvent emprunté à nos artistes, mais dont nous ne produisons comparativement qu'un assez petit nombre d'exemplaires pour notre commerce intérieur ou extérieur, et on se rendra parfaitement compte des motifs qui ont porté les Anglais à faire usage avant nous de la gravure à la molette, au cliché et au guilloché pour la confection des rouleaux en cuivre, dont l'usé est bien plus rapide qu'on ne pourrait se l'imaginer d'après la contexture élastique et supposée uniforme des étoffes ou garnitures en laine soumises à l'impression, aussi bien que d'après l'extrême finesse, la mollesse apparente même des couleurs.

On comprend également pourquoi, ne craignons pas de le répéter après tant d'autres, malgré la lenteur relative des progrès mécaniques accomplis chez nous, nous ne sommes pas, économiquement parlant, demeurés trop inférieurs à nos rivaux dans une branche de fabrication où l'habileté et la fécondité de nos artistes suppléent à l'insuffisance des débouchés par un cachet de nouveauté, d'élégance et de bon goût qui s'attache à leurs admirables productions, et dont les heureux effets ne se fussent peut-être pas autant laissé apercevoir si nous eussions adopté hâtivement, et trop exclusivement, ces méthodes expéditives et fécondes de la riche cité de Manchester, notamment celles qui se rapportent aux machines à rouleau servant à imprimer à la fois cinq, six et au delà de dix couleurs; machines admirables sans doute, et dont l'invention

[1] *History of the cotton manufacture*, p. 267 à 271.

semble appartenir tout entière aux Anglais, auxquels elle évite ainsi la multiplicité, la lenteur des tirages successifs d'une même étoffe, sous des machines et des cylindres distincts. En revanche, de telles combinaisons donnent lieu, surtout pour l'impression à *surface*, et en raison même de la réduction alors obligée du diamètre des divers rouleaux, non pas seulement à des difficultés de raccord, de rentrage ou de *rapports* des diverses couleurs appartenant à une même figure, difficultés peut-être plus grandes encore dans les anciennes machines à une seule couleur, mais aussi à la déformation, beaucoup plus rapide, des rouleaux et des figures, ainsi qu'aux difficultés de coloriage et d'impression résultant de l'excessive courbure des mêmes rouleaux, qui fort souvent n'ont guère plus de 5 à 6 centimètres de diamètre, et ne sauraient dès lors offrir ni une très-grande variété ni une très-grande étendue de dessins.

Aussi les machines de cette espèce à plus de deux ou trois couleurs sont-elles rarement employées en France, même quand il s'agit d'imprimer aux rouleaux gravés en taille-douce, etc., d'un prix relativement élevé, et qui ne produisent jamais des dessins aussi nets, aussi bien limités. Ceci et beaucoup d'autres remarques qu'on trouve dans les ouvrages spéciaux expliquent d'ailleurs, par avance, le motif pour lequel on a cherché à découvrir d'autres moyens d'imprimer automatiquement les figures à surface ou à relief détachées du rouleau et imitant plus ou moins les anciens procédés à la main et à la planche, moyens dont les perfectionnements divers seront l'objet de l'un des paragraphes suivants.

§ II. — Perfectionnements divers apportés aux machines à rouleaux imprimeurs simples ou multiples. — MM. *Rawle* et *Ure*, *Silbermann*, *Bisler*, *Huguenin* et *John Dalton de Mottram*.

Il est impossible de suivre dans les ouvrages anglais, du moins dans ceux qu'il m'a été donné de consulter, la trace des progrès accomplis dans la Grande-Bretagne à l'égard de l'établissement et de la construction de ce genre de machines.

L'historien des manufactures anglaises de coton, M. Baines, nous laisse en 1835, je crois, avec une seule planche *illustrée,* comme on dit, représentant, en perspective, la machine à un seul rouleau imprimeur, avec son bâti, sa chaise de support entièrement en charpente, son volant et ses rouages extérieurs en fonte, conduits par des courroies sans fin, motrices, à tambour et poulies de renvoi. Le docteur Ure, dans la troisième édition et le supplément de son *Dictionnaire des arts et manufactures,* publié en 1843 et 1845, nous donne deux vues ou élévations latérales des machines à quatre couleurs, telles qu'elles venaient récemment, dit-il, d'être mises en fonction dans les fabriques du Lancashire (voir p. 221), machines entièrement montées sur un bâti en fonte avec leurs équipages de rouleaux, conduits solidairement par des rouages distincts et séparés. Mais ces dessins, dont l'origine n'est point indiquée, non plus que le nom du constructeur ou de l'inventeur, ces dessins reproduits fidèlement depuis dans d'autres ouvrages technologiques, pourraient bien, à leur tour, avoir été extraits, avec leur texte explicatif, de quelqu'un de nos brevets encore peu connus, et, à cet égard, ils ne sauraient, à mes yeux, être considérés comme représentant l'état réel des choses en Angleterre à l'époque de 1843.

Quant aux nombreuses patentes de ce pays, d'une obscurité si fâcheuse comme on l'a vu, il n'y a pas à s'en préoccuper, et il faudra attendre qu'un ingénieur dirigé par un patriotisme éclairé et un amour sincère de la vérité vienne, comme M. G. Rennie l'a fait pour les machines-outils à travailler les métaux, nous ouvrir les arcanes des ateliers de Manchester et de Londres où se fabriquent et s'impriment les étoffes diverses, pour que nous puissions acquérir une idée un peu juste des progrès mécaniques qui y ont été accomplis depuis 1815. Mais la crainte, chimérique sans doute, des imitations, contrefaçons, etc., empêchera peut-être longtemps encore les écrivains anglais de nous dévoiler historiquement les faits et les découvertes qui se rattachent à cette importante fabrication, dont les prétendus mystères commencent, il est vrai, à ne plus en être pour beaucoup de personnes, mais dont la trop tardive divulgation aura pour résultat fâcheux d'affaiblir, en les obscurcissant, les droits des inventeurs anglais à l'estime et à la reconnaissance de la postérité.

Je ne pousserai pas plus loin ces réflexions critiques et historiques, qu'il serait pourtant intéressant d'approfondir, et je me contenterai de rappeler, en peu de mots, la part que nos mécaniciens ont prise aux progrès accomplis dans ces derniers temps pour l'exécution des machines à un ou à plusieurs rouleaux imprimant simultanément.

A l'égard des machines à imprimer les longues pièces d'étoffes au moyen de cylindres munis de figures en relief, fondues ou stéréotypées, d'une étendue plus ou moins grande et formées d'alliages métalliques, comme l'avaient proposé Nicholson et Hoffmann à la fin du dernier siècle, machines que MM. Ébingre, Chaumette et Risler ont tenté de réaliser, par des combinaisons ingénieuses à une ou plusieurs couleurs, au commencement de celui-ci, ces machines ou *plombines* ont reçu en France plusieurs perfectionnements empruntés, dit-on, à l'Angleterre[1], et dont le principal consiste à remplacer l'unique cylindre fournisseur à brosse d'Ébingre par un drap sans fin passant sur deux rouleaux en bois horizontaux et parallèles, l'un supérieur, voisin du cylindre imprimeur auquel la toile fournit la couleur, l'autre inférieur et près duquel sont établis les rouleaux drapés, répartiteurs, preneurs ou plongeurs, superposés à la manière ordinaire. Mais cette disposition, où le drap sans fin, pressé latéralement par un rouleau de tension, distribue la couleur au rouleau imprimeur par son extrémité cylindrique la plus haute, offrait peu d'avantage sur l'ancien appareil colorieur, et l'on a disposé les choses, dans certaines de nos fabriques, de manière que la distribution s'opère par une partie libre et horizontale du drap sans fin comprise entre deux rouleaux de renvoi à même hauteur, et embrassant, par sa partie concave, infléchie et

[1] Tome II, p. 339, de l'ouvrage cité de M. Persoz.

toujours tendue, une certaine portion de la surface du rouleau imprimeur : combinaison ingénieuse dont l'idée a probablement été empruntée au châssis fournisseur ou colorieur des anciennes presses à planche plate, mais dont on paraît ignorer l'auteur ou l'initiateur; tout comme on ignore aussi le nom de celui qui, dans les machines à cylindres en cuivre gravés en creux, a pareillement aussi imaginé de se servir du *doublier* et du *drap sans fin*, peut-être empruntés aux presses à calandrer, où depuis si longtemps (1802 au moins) ils accompagnent l'étoffe autour du tambour presseur, afin de la soustraire aux différentes chances d'accidents pendant ou après son passage sous le rouleau imprimeur.

Ajoutons que M. Silbermann, habile artiste de Strasbourg, a proposé, en dernier lieu, de remplacer l'impression avec figures en relief par une autre qui repose essentiellement sur l'usage de pièces détachées, mobiles au travers de la planche ou du cylindre, et successivement coloriées, refoulées ou pressées en arrière de l'étoffe, etc.[1]; système qui, perfectionné depuis encore, paraît avoir reçu tout récemment en France d'utiles applications à l'impression des tissus.

Pour ce qui est des projets de machines à rouleaux imprimeurs multiples, avec plaques métalliques, stéréotypées ou mobiles, j'ignore absolument, comme je l'ai déjà dit dans une précédente occasion, quel genre d'application ils ont pu recevoir dans notre pays ou ailleurs. Qu'est devenue notamment la machine de M. Risler, de Mulhouse, dans laquelle, comme on l'a vu, un grand tambour fouleur, ici véritablement foulé, de 4 mètres de diamètre au moins, pour éviter les fâcheux effets de l'obliquité ou de la courbure, était flanqué latéralement de trois petits rouleaux imprimeurs, munis séparément de leurs équipages à cuvette et cylindre fournisseur ou distributeur, équipages susceptibles de glisser dans des coulisses horizontales fixes, au moyen de vis de serrage servant à régler la pression du rouleau imprimeur contre ce

[1] Voyez l'ouvrage cité de M. Persoz, t. II, p. 337 à 340.

même tambour, tournant fixement dans ses collets? Aucun des ouvrages sur la matière venus à ma connaissance ne nous l'a appris, et j'ignore même si l'idée fondamentale de ce système, mise à profit quelque part, aura jamais été indiquée ou mentionnée par les auteurs.

Quoi qu'il en soit, je ne crains pas de le dire, par l'originalité même de la conception et la simplicité, la symétrie de la combinaison des rouages dentés coniques, à axes rayonnants, servant à communiquer directement l'action de l'arbre moteur du tambour à ceux des divers rouleaux imprimeurs ou fournisseurs, aussi bien que par l'heureuse disposition des plaques stéréotypées et serrées entre elles à vis, le long de tringles fixes, en fer, distribuées au pourtour de chacun des cylindres imprimeurs, la machine de l'habile constructeur du Haut-Rhin était loin de mériter un pareil oubli; d'autant plus qu'elle pourrait bien, quelqu'un de ces jours, nous revenir d'Angleterre, d'ailleurs tout améliorée et munie des éléments dont, il est vrai, elle était dépourvue en 1808, et qui seraient indispensables pour multiplier à volonté le nombre des cylindres imprimeurs, sans agrandir davantage le diamètre du tambour fouleur : il suffirait, en effet, d'utiliser, comme cela a déjà eu lieu à l'égard des machines à rouleaux en cuivre, la partie inférieure de ce grand tambour pour y placer de nouveaux équipages de cylindres colorieurs et imprimeurs, en adoptant les principales dispositions des machines à une couleur du mécanicien Lefèvre, dont, comme on l'a vu, le caractère essentiel consiste dans l'emploi d'un système à bascule inférieure, pouvant s'appliquer tout aussi bien aux plombines avec figures en relief qu'aux machines à rouleaux gravés en creux.

Mais il ne paraît pas qu'on ait franchi d'un seul bond l'intervalle qui sépare les conceptions primitives de M. Risler de celles aujourd'hui généralement adoptées pour ces dernières machines, et il a fallu d'abord passer par la machine à rouleaux multiples et à vis simples de serrage, qu'on trouve décrite dans le brevet cité de M. Rawle, à qui reviendrait, tout au moins, l'honneur de l'avoir perfectionnée et fait connaître dès 1814 dans notre pays.

Cette dernière machine, sur laquelle nous avons promis de revenir, et dont malheureusement la description paraît avoir été tronquée dans le t. XI du *Recueil des Brevets expirés*, consiste en un système de supports en fonte, à cinq rouleaux imprimeurs, dont les quatre premiers, gravés sur cuivre en creux, sont munis séparément, en avant et en arrière, d'une *racle* et d'une *contre-racle* en lames d'acier, inclinées, sur chaque rouleau, d'un angle assez petit, que l'expérience seule détermine; racles qu'accompagnent, de part et d'autre, des vis d'approche et de réglage, pour en faire varier l'inclinaison, etc.; racles, enfin, dont l'une sert à enlever la couleur aux parties cylindriques et lisses de chaque rouleau imprimeur, l'autre à nettoyer ce même rouleau après le passage de ses différentes parties sous le gros tambour presseur ou fouleur, drapé à l'ordinaire et dépourvu de tout système supérieur de romaine ou de bascule à poids, telles qu'en comportaient les calandres de Vaucanson et les anciennes machines françaises d'Ébingre et de Lefèvre. Ce tambour, fixé en effet à une hauteur invariable au moyen de grosses vis verticales agissant, de part et d'autre, sur ses collets ou coussinets à coulisses, serait incapable par lui-même de répartir également la pression entre les différents rouleaux imprimeurs, placés vers le bas de son contour, et il faut nécessairement recourir, pour opérer le serrage de ces mêmes rouleaux, à des moyens particuliers et distincts, qui, dans la machine de M. Rawle, consistent en de fortes vis appliquées à des tiges glissant le long de fourreaux-guides, dirigées normalement à la surface du tambour fouleur, et faisant marcher simultanément l'équipage à cuvette, à cylindre fournisseur, etc., dont chaque vis ou rouleau imprimeur est munie, à l'aide de petits supports latéraux fixés à chacune d'elles; mais les plans, fort incomplets, annexés au brevet du sieur Rawle ne permettent pas de deviner le moyen qu'ils pouvaient offrir de faciliter le raccord des figures entre elles, ou ce qu'on nomme ordinairement les *rap-*

ports des rouleaux, dont le déplacement latéral indispensable, pour devenir possible, eût tout au moins exigé le pivotement des guides ou fourreaux sur leurs appuis.

Cette combinaison, très-simple en apparence et, à cela près peut-être, très-bien disposée pour le but qu'on s'y était proposé, avait pourtant cet inconvénient, que les différentes vis de serrage devaient exercer une action trop rude, trop directe et, pour ainsi dire, invincible sur les rouleaux imprimeurs, nonobstant les inégalités inhérentes au tambour, au drap fouleur, etc. Aussi a-t-on cherché à y porter remède dans la machine même de M. Rawle, du moins à l'égard de celui des rouleaux imprimeurs à surface, c'est-à-dire muni de figures à relief, en faisant opérer la vis correspondante sur un ressort à boudin, susceptible, il est vrai, de perdre assez promptement son énergie et son élasticité, tout comme les vis à serrage direct, elles-mêmes, sont susceptibles de se desserrer sous les vibrations continuelles des différents rouages.

Tout cela, au surplus, ne paraît pas démontrer qu'à l'époque de 1814, à laquelle correspond le brevet qui nous occupe, la construction des machines rotatives à plusieurs rouleaux imprimant simultanément fût encore parvenue à un état de perfectionnement bien avancé sous le rapport des combinaisons de détails et d'ajustements, toujours les plus délicates au point de vue pratique ou industriel.

Quant aux machines à quatre couleurs, publiées trente ans plus tard, dans le grand dictionnaire anglais du Dr Ure, elles offrent, sans contredit, un degré beaucoup plus avancé de perfection, et l'on a su y mettre à profit l'expérience antérieurement acquise dans l'établissement des machines automates les plus simples. En effet, les équipages à cuvette, rouleau imprimeur, etc., sont, du moins pour la partie inférieure du gros tambour fouleur, portés sur des systèmes de leviers articulés, munis de romaines ou bascules à contre-poids, qui rappellent celles de la machine Lefèvre, à une seule couleur, dont il ne paraît pas, d'après ce qui précède, qu'on ait, soit en France, soit en Angleterre, cherché à faire une exacte application aux machines à plusieurs rouleaux imprimeurs avant l'époque de 1814. Des modifications non moins essentielles ont d'ailleurs été également appliquées au système des racles et contre-racles dans la machine à quatre couleurs dont il s'agit, où ces racles sont, en réalité, munies de petites romaines, d'une action beaucoup plus douce que celle des vis de serrage. Enfin, pour ce qui est des dispositions générales de l'une et l'autre de ces machines à rouleaux multiples, elles diffèrent assez peu entre elles pour qu'on puisse considérer la plus ancienne des deux comme ayant servi de type primitif ou de point de départ à la plus moderne, c'est-à-dire à celle que, d'après le même M. Ure, on employait vers 1843 dans certains ateliers d'impression du Lancashire[1].

On voit, en effet, dans la machine de M. Rawle l'étoffe enveloppant partiellement, vers le bas, le gros tambour fouleur, être munie d'un doublier en toile et d'un drap sans fin, dont elle se rapproche d'abord à son arrivée sur la machine, où elle est tendue, sans plis, autour du rouleau ensouple placé à la partie supérieure de cette machine, etc., pour s'en

[1] On pourra lire dans un excellent article sur l'impression des étoffes, publié sous les initiales R. de Tr. dans le *Dictionnaire technologique* de M. C. Laboulaye (Paris, 1847, p. 2063), la description d'une machine à trois rouleaux imprimeurs, en creux ou en relief, disposée à double fin, c'est-à-dire servant à volonté, soit pour gaufrer, soit pour colorier les étoffes de diverses natures; machine pour laquelle M. Thomas Greig, de Rose-Bank (Lancaster), s'est fait délivrer, à la date du 10 novembre 1835, une patente qu'on trouve également publiée, en anglais, dans le tome X, p. 57, du *Newton's London journal* (nouvelle série), et qui montre que l'on employait déjà à cette époque une bascule à contre-poids, inférieure, pour soulever directement, à l'aide d'une tige verticale, le rouleau imprimeur le plus bas contre le tambour fouleur, construit en carton et surmonté, pour le gaufrage, d'un autre cylindre lamineur, en fonte, servant à faire disparaître les empreintes laissées sur le précédent à la suite d'une excessive pression, opérée à chaud et par un circuit de vapeur traversant les rouleaux imprimeurs. Le serrage des rouleaux latéraux ou à hauteur de l'axe du tambour s'y opérait d'ailleurs encore, comme dans la machine de Rawle, d'une manière directe, c'est-à-dire au moyen de vis de serrage horizontales.

séparer ensuite en se rendant, vers le haut, sur de petits rouleaux en bois, guides ou étendeurs, puis finalement sur des cylindres métalliques creux, sécheurs, après son passage sur les différents rouleaux imprimeurs. Or ce système, il est bon de le remarquer pour l'ordre historique, se retrouve aussi dans les machines à fabriquer les papiers continus, à apprêter, lustrer les étoffes au moyen de calandres plus ou moins analogues à celles qui ont été perfectionnées en 1838 par M. Charles Dolfus, de Mulhouse.

Au surplus, il ne faut pas croire que nos constructeurs de machines à imprimer au rouleau les étoffes à une ou plusieurs couleurs soient restés stationnaires à dater de 1814; le grand nombre de brevets accordés en France depuis cette époque suffirait seul pour démontrer qu'il n'en a point été ainsi, quand bien même l'excellent traité de M. Persoz ne nous apprendrait pas les succès déjà anciennement obtenus par M. Risler pour la fabrication et le perfectionnement des machines à une couleur du système Lefèvre : cet habile constructeur, en effet, y aurait le premier appliqué une romaine ou bascule inférieure de serrage, à triple levier, analogue à celle de la plus ancienne des calandres de Vaucanson, et cette bascule aurait, en même temps, été accompagnée par M. Risler d'un couple de racles, dans le genre de celles de Rawle, d'Ébingre ou de Lefèvre, appliquées de part et d'autre du cylindre en cuivre imprimeur, qui recevait indirectement la pression d'un petit rouleau en fer interposé entre ce cylindre et le tambour fouleur. D'ailleurs, la machine Risler, à bâti ou supports en fonte, et qui a quelque rapport avec celle de Rawle par la disposition de l'ensouple enrouleur, placé à l'extrémité supérieure d'un appendice aussi en fonte, surmontant l'équipage du tambour presseur qui porte les traverses fixes pour le tendage de l'étoffe, cette machine offrait dans les vibrations de son système de leviers, dans la rude impression de son rouleau intermédiaire ou auxiliaire, ainsi que par sa complication et son poids, des inconvénients qui lui ont fait préférer depuis, en France, la presse bien plus parfaite et plus simple, également à une seule couleur, construite par M. Huguenin, de Mulhouse; presse où les équipages à leviers articulés, doubles ou triples, de Lefèvre et de Risler sont remplacés par une simple tige verticale, agissant sur le système de la cuvette et de ses rouleaux par une forte romaine ou bascule souterraine, à contre-poids variable, portant cette même tige de soulèvement, qui sert ainsi à faire appuyer, avec une force réglable à volonté, le cylindre imprimeur contre le tambour fouleur, ici véritablement pressé, de bas en haut, et d'ailleurs muni, en dessus, de fortes vis verticales de réglage, disposées à peu près comme dans la machine décrite dans le brevet de M. Rawle.

On sait aussi, d'après l'ouvrage cité de M. Persoz, que les machines à trois ou quatre couleurs, dont les dernières ont valu, lors de l'Exposition française de 1844, une distinction de premier ordre à la maison Huguenin et Ducommun, sont fondées sur des principes entièrement analogues, et ont reçu de leurs auteurs divers perfectionnements ingénieux qui leur ont fait accorder la préférence sur les machines anglaises du même genre : ces perfectionnements consistent, entre autres, dans des moyens de rapprocher ou éloigner alternativement du tambour presseur chacun des cylindres gravés, à l'aide de détentes et de vis de rappel, à aiguille et cadran indicateurs, servant à régler avec la plus grande précision les rapports que doivent conserver entre eux ces rouleaux imprimeurs, ainsi que la marche même de la machine, susceptible de plusieurs degrés de vitesse pour faciliter l'établissement ou le tâtonnement de ces rapports.

Des machines à rouleaux imprimeurs multiples, portés, comme on l'a vu, au delà de dix dans certains établissements anglais, sans doute par un agrandissement convenable du tambour fouleur ou une plus forte réduction encore du diamètre des rouleaux imprimeurs, on serait passé, en dernier lieu, à d'autres machines, à une seule couleur, il est vrai, qui opèrent l'impression simultanément, soit sur les deux côtés d'une même pièce d'étoffe, soit sur un seul côté de deux pièces distinctes, au moyen d'une combinaison qui offre de l'analogie avec les calandres à double effet de M. Ch. Dolfus, de Mulhouse. C'est ce dont on a pu voir un beau spécimen exposé en 1851, à Londres, par M. Dalton (John), de Mottram en Longdame, qui s'en dit l'inventeur, mais dont le principal mérite consiste en réalité dans la substitution, au rouleau imprimeur ordinaire, d'un cylindre recouvert en gutta-percha, dont les figures en relief sont obtenues par une sorte de cliché du genre de ceux qui seront mentionnés dans l'un des chapitres suivants : cette matière, par sa compressibilité naturelle, dispenserait, suivant l'exposant, de recourir au drap sans fin, au blanchet de garde et de foulage, jusqu'alors exclusivement employés dans l'impression des étoffes.

On sait d'ailleurs que cette même substance, ainsi que le caoutchouc durci ou non durci, diversement préparé, *volcanisé*, etc., commence depuis quelques années à être employée à divers usages dans les machines, non-seulement pour la composition des formes ou types d'imprimerie, mais aussi comme nappes et courroies d'une étendue plus ou moins considérable, servant à remplacer les courroies sans fin, les draps de foulage et les garnitures des tambours fouleurs dans les machines d'impression diverses.

§ III. — Presses continues sur papiers de tenture ou tissus, avec brosses, couleurs ombrées, compartiments, etc. — MM. *Spœrlin* et *Zuber, Rieder, W. Newton, Hertzik, Léon Godefroy, Alfred Thomas*, etc.

L'impression sur rouleau, employée pour les pièces de coton d'une grande longueur, n'a pas tardé à être imitée dans la fabrication des papiers peints ou de tenture, qui jusque-là se faisait à la planche plane (bloc de bois gravé en relief), que l'ouvrier appliquait successivement à la main sur des feuilles collées les unes au bout des autres, soumises à des pressions bien moins énergiques, mais également accompagnées d'un mode convenable de pointage ou repérage à pointes.

C'est, à ce qu'il paraît, à MM. Zuber qu'est due cette importante application, introduite à partir de 1827 dans leur bel établissement de Mulhouse, quelques années avant l'époque où M. W. Newton, ingénieur à Londres, fut patenté (1830) pour une machine ayant un but analogue, et dans laquelle on voit des cylindres gravés, des cylindres distributeurs ou fournisseurs, un grand tambour recouvert de drap et muni, à sa circonférence, de rouleaux de pression convenablement distribués pour assujettir le papier, enfin des cylindres sécheurs, des bobines ensouples ou rouleaux en bois servant à dérouler à un bout et enrouler à l'autre la bande de papier imprimée sous une tension convenable; on y voit, dis-je, tout cet ensemble fonctionner dans des conditions analogues à celles des anciennes machines à imprimer les étoffes, sauf les simplifications qui résultent de l'application successive, et à des époques distinctes, des différentes couleurs, application que précèdent nécessairement le collage du papier à l'amidon et le coloriage des fonds à la cuve ou à la *brosse;* ce dernier consistant essentiellement dans l'emploi d'un rouleau imprimeur qui, au lieu d'être gravé en relief, est recouvert d'un drap, d'une peluche de laine, etc., plongeant dans la cuve alimentaire à couleur, etc.

MM. Zuber et, avant eux, à ce qu'il paraît, leur parent et associé, M. Michel Spœrlin, de Vienne, ont d'ailleurs, comme on sait, imaginé l'auge à compartiments remplis de couleurs parfaitement dégradées, qui permettent d'exécuter les teintes droites ou courbes, fondues insensiblement les unes dans les autres, et qu'on obtenait seulement par l'application successive de couleurs fondues au pinceau ou de teintes plates superposées selon l'ancien procédé d'impression des papiers de tenture[1]. Mais ce ne fut guère avant l'époque de 1829 que MM. Zuber, en collaboration avec M. Amédée Rieder, leur associé, étant parvenus à fabriquer des feuilles de papier de 9 mètres de longueur sur toutes largeurs, au moyen du système Leistenschneider, de Poncey, perfectionné comme on l'a vu (Section II,

[1] *Bulletin de la Société d'encouragement,* t. XXX, p. 487; t. XXXI, p. 93, et t. XXXVI, p. 242.

Chapitre IV), et approprié par eux à la nouvelle destination, réussirent à créer dans leur établissement de Rixheim cette vaste fabrication de papiers de tenture artistiques qui furent admirés d'abord à l'Exposition française de 1834, puis à celle de Londres en 1851, et ne connurent guère de rivaux en Europe. A l'époque de 1840, MM. Zuber ont d'ailleurs tenté d'imprimer au rouleau, et, pour ainsi dire, au sortir de la pâte des cuves de fabrication, des papiers recouverts sur les deux faces d'un dessin microscopique en encre délébile, qui obtinrent, à cette même époque, l'une des récompenses décernées par la Commission ministérielle, chargée de l'examen des procédés relatifs au lavage du papier timbré et à la fabrication des papiers de sûreté.

Il est sans doute peu utile, au point de vue mécanique où nous nous sommes placés, de s'étendre sur les applications qui ont été faites à l'impression des étoffes du système de l'auge à compartiments et couleurs fondues inventé par MM. Spœrlin et Zuber. J'en dirai tout autant des machines à rouleaux servant à imprimer, à la fois, un nombre quelconque de bandes de diverses longueurs ou couleurs, droites ou en zigzags, et pour lesquelles notamment M. Hertzik, à Paris, s'était fait délivrer un brevet de cinq ans en septembre 1824: ces machines rotatives, à rouleaux cannelés fort simples, par leur parfaite analogie avec celles qui comportent des cylindres à figures en relief ou en creux, mériteraient peu de nous arrêter ici. Enfin je passerai sous silence, quoiqu'à regret, les ingénieux appareils par lesquels MM. Léon Godefroy, Alfred Thomas, Vérité et Moisset, Chapuis, Jourdan, etc., sont parvenus, en France, à obtenir des impressions sur étoffes dans le genre fondu ou à dégradation insensible de teintes diversement coloriées, teintes généralement appliquées par bandes rectilignes, parallèles, serpentantes, à l'aide de cuves à couleurs liquides et à petits augets séparés, munis d'orifices d'écoulement, d'où les couleurs s'échappent avec des vitesses variables à volonté, ou périodiquement ralenties et accélérées. Quant aux machines par lesquelles on est enfin parvenu à imprimer les étoffes à la planche plane, sinon avec uniformité comme dans les machines à rouleaux imprimeurs, du moins d'une manière continue et progressive, quoique intermittente, je ne serais nullement autorisé à les passer ici sous silence, quelle que soit l'étendue déjà accordée aux machines relatives à l'impression des toiles peintes. Mais on me permettra auparavant d'insister sur quelques remarques essentielles pour lesquelles il ne m'a pas été possible de le faire jusqu'à présent, et qui, sans application directe aux machines ou appareils à larges dessins et à teintes plus ou moins artistiques dont il vient d'être parlé en dernier lieu, ont, au contraire, une très-grande importance pour les machines dont nous aurons plus tard à nous occuper.

Le peu que j'ai dit précédemment du jeu et des effets simultanés des rouleaux imprimeurs multiples, à dessins et contours parfaitement circonscrits et limités, doit faire comprendre que la difficulté d'imprimer correctement les longues bandes de papier ou d'étoffes à plusieurs couleurs tient, en réalité, beaucoup moins à la difficulté même de réglementer la distribution de ces couleurs et le degré de pression avec lequel les cylindres imprimeurs doivent agir sur la pièce et le tambour qui la supporte, qu'à établir entre les mouvements de ces divers cylindres, leurs diamètres, la forme et les distances mutuelles de leurs figures, des rapports assez précis ou assez rigoureusement calculés pour qu'une couleur, arrivant juste à la place qui lui est assignée par la disposition générale du dessin, n'empiète jamais sur ses voisines ou sur les contours qui doivent les limiter extérieurement. Or, les inégalités mêmes de tension de l'étoffe et de tirage des cylindres, fussent-ils conduits par des engrenages sans jeu et très-fins, suffisent seules, évidemment, pour amener de pareils résultats dans le procédé mécanique d'impression qui nous occupe. Ajoutons que la racle postérieure n'enlève pas toujours proprement les couleurs sur les parties lisses ou saillantes des cylindres gravés en creux, et que l'écrasement, l'épâtement de ces couleurs déjà déposées sur l'étoffe, par les rouleaux successifs, sont autant de causes d'imperfection dans ce genre de fabrication; et voilà précisément pourquoi on a cherché, en Angleterre et en France, à remplacer les machines à rouleaux simples ou multiples par d'autres où l'impression s'opère à la planche plane, avec toutes les chances possibles d'exactitude dans le raccord des figures entre elles ou leur rentrage. D'ailleurs, ces difficultés n'existent pas pour les cylindres à une seule couleur, convenablement gravés et exécutés.

§ IV. — Des presses à planches planes et à action intermittente, mais progressive, pour l'impression des tissus. — MM. *Kirkwood*, *Watt* et *Despouilly*; *Perrot*, de Rouen, et *Miller*, de Manchester.

Dans le système primitif, à planches planes, où jusque dans ces derniers temps on n'était point parvenu à substituer l'action continue des moteurs inanimés à celle des bras de l'homme, la perfection des résultats dépendait de l'exactitude même dans l'application successive des couleurs, du mode de repérage des planches le long de l'étoffe, ou de la régularité de l'avancement et du tirage extérieur de celle-ci par bobines, contre-poids, chaînes sans fin, etc., après chacun des coups de presse. Ceux-ci, appliqués normalement ou perpendiculairement à la surface de l'étoffe, ne pouvaient, en effet, par eux-mêmes, amener aucun des inconvénients dont il vient d'être parlé, et qui tiennent plus particulièrement à la petitesse du diamètre des rouleaux imprimeurs; inconvénients sur lesquels nous avons déjà suffisamment insisté, et qui n'ont point été entièrement évités par les divers artifices, tels que presseurs à ressorts de boudin ou de caoutchouc, garnitures diverses en gutta-percha, etc., etc., employés soit en France, soit en Angleterre, où, comme on l'a vu, on fait peut-être abus des machines à rouleaux imprimeurs multiples.

On doit, à ce qu'il paraît, les premières tentatives d'amélioration des presses à cylindres lamineurs et planches plates ou feuilles minces de cuivre à un imprimeur en taille-douce d'Édimbourg, du nom de Kirkwood (Robert), lequel s'est fait délivrer, en février 1803, une patente pour une presse à cabestan et à doubles cylindres lamineurs, avec table mobile sur chariot et coulisses, portant la feuille à imprimer, etc., machine où le cylindre horizontal inférieur, non garni et offrant une double troncature, mais tournant toujours dans le même sens, donnait lieu, lors du tirage, à des intermittences d'action, pendant lesquelles le chariot, amené lentement en arrière après chaque pression, mettait la planche sous la main de l'ouvrier imprimeur, qui avait tout le temps nécessaire pour l'encrer, la colorier, puis la repousser avec son chariot au delà des rouleaux lamineurs, de manière à leur faire produire un nouveau tirage, et ainsi de suite alternativement[1].

Cette remarquable presse, dont je ne donne ici qu'un grossier aperçu, est aussi indiquée, quant à l'idée principale, dans le brevet incomplet, comme on l'a vu, délivré en novembre 1814 à M. Rawle, de Rouen, avec cette circonstance que le rouleau inférieur n'offre plus qu'une seule troncature, et opère ainsi pendant une portion plus considérable de sa révolution. On peut voir enfin dans l'ouvrage de M. Persoz (t. II, p. 340) ce qu'est devenu aujourd'hui, entre les mains du constructeur Huguenin-Cornetz, ce genre de presse à action intermittente, qui se trouve munie d'une auge à couleur, d'une racle horizontale à bascule ou abattage, d'un doublier et d'un drap sans fin embrassant le dessous du cylindre presseur ou fouleur, lesquels servent l'un et l'autre, comme d'habitude, à soutenir et conduire l'étoffe sur les rouleaux de renvoi, bâtons dirigeurs, tendeurs, etc., avec des intermittences et un mouvement dont la marche, l'avance, est réglée, à chaque fois, par un rochet à déclic et étoile qui dans sa rotation, également intermittente, est lié à la marche même du chariot porte-planche et du rouleau tronqué inférieur, de manière à obtenir une exactitude convenable dans les raccords des dessins résultant de chacune des alternatives de la presse, etc. Mais cette machine, comme on l'aperçoit assez, ne jouit nulle-

[1] *Repertory of arts*, t. III, p. 245 (2e série, 1803).

ment du caractère automatique, quoiqu'elle produise des résultats extrêmement précis et corrects.

L'impression des étoffes à la planche plane, avec figures en relief, a aussi donné lieu à une combinaison plus automatique que la précédente, dans laquelle la pièce d'étoffe, munie de son doublier, etc., posée transversalement et glissant par un mouvement interrompu, mais progressif, sur la face supérieure d'un fort établi, convenablement garni de tissus compressibles, reçoit successivement la pression d'un bloc fixé à la face horizontale et inférieure d'un manteau de presse en fonte, susceptible d'être élevé le long de coulisses verticales par l'action d'une tiraude à poulie de renvoi, conduite par manivelle, et que l'ouvrier peut laisser retomber ou descendre, ainsi que le manteau de la planche, avec la lenteur ou la rapidité nécessaire, à chacune des opérations distinctes dont se compose un coup de presse ou une reprise complète; pendant la durée de laquelle l'ouvrier, agissant sur un levier à rochet et déclic, fait avancer, par une autre combinaison de poulies de renvoi et de petites chaînes à la Vaucanson, tout le circuit de l'étoffe, de son doublier et du drap sans fin, d'une quantité rigoureusement égale à la largeur de la planche ou du dessin, à peu près comme dans la machine précédente.

Il y a néanmoins, entre les presses dont il s'agit, cette différence très-grande, qu'ici la planche, avant d'être abaissée jusqu'à la surface de l'étoffe, alors immobile pour recevoir l'empreinte, doit être préalablement coloriée en dessous, au moyen d'un *châssis* muni d'un drap exactement tendu, porté sur un chariot à coulisses ou roulettes, mobile dans le sens transversal, parallèle à la pièce d'étoffe, et qui, dans sa position d'arrière, reçoit d'une cuve la couleur, répartie également à sa surface au moyen d'une brosse, puis est immédiatement reconduit sous la planche, pour en être légèrement pressé; après quoi le chariot, retiré brusquement en arrière, donne au manteau de la presse le temps de fonctionner sur l'étoffe. Cette machine, en elle-même très-simple, et dont les industriels anglais attribuent l'invention à un individu du nom de Watt, lequel, chose insolite dans son pays, n'aurait jamais été patenté, cette machine, dis-je, a reçu de M. Despouilly divers perfectionnements ou applications qui ont rendu des services aux fabriques des environs de Paris (*Persoz*, t. II, p. 327); mais je ne l'ai mentionnée, ainsi que la précédente, que comme un acheminement utile à celles qui vont suivre.

M. Perrot, de Rouen, connu déjà pour les perfectionnements qu'il avait apportés en 1830 aux machines à plusieurs rouleaux imprimeurs, ne tarda pas (1835) à doter l'industrie d'un grand nombre d'ingénieuses presses servant à imprimer les étoffes à trois et à quatre couleurs, au moyen de planches planes gravées en relief, presses qui furent bientôt aussi appliquées à l'impression des tissus de laine et des papiers de tenture. La perrotine automate, notamment, à trois couleurs, entièrement construite en fer et en fonte, est une machine fort compliquée, et qui, sous ce rapport, n'avait peut-être pas acquis, lors de son apparition en 1835, toute la perfection désirable; c'est pourquoi je ne saurais en donner ici qu'un aperçu fort incomplet, dans lequel je m'efforcerai principalement de faire apprécier les idées vraiment originales qui ont servi de point de départ à leur ingénieux auteur[1].

Qu'on imagine trois petites tables planes, fixes, ayant, en longueur horizontale, la largeur même de l'étoffe, dont une inférieure horizontale, et les deux autres debout ou verticales, formant avec la première une sorte de banc en forme de *pi* grec renversé ⊔, muni de petits rouleaux d'appui ou de renvoi à ses quatre saillants tronqués; supposez les trois faces de ce banc embrassées par une pièce de drap sans fin ou *blanchet*, sorte de matelas continu et mobile destiné, comme dans les machines à rouleaux imprimeurs, au foulage de l'étoffe et de son doublier contre les reliefs de la gravure; supposez que, de là, le blanchet s'élève obliquement vers un gros rouleau supérieur à vis de tension, en passant intermédiairement sur de petits rouleaux de renvoi munis d'aiguilles saillantes pour em-

[1] *Bulletin de la Société d'encouragement*, t. XXXVIII, p. 433, année 1839.

pêcher le resserrement, le glissement du drap, et entre des barres fixes, horizontales, qui en redressent et maintiennent la surface dans un état de tension convenable; supposez, en outre, que la pièce à imprimer, enroulée sur un ensouple ou bobine inférieure au rouleau de tension, vienne s'y réunir et appliquer au droit des mêmes barres, qui la redressent et l'étendent uniformément sur ce drap ou blanchet; qu'elle glisse, chemine ensuite autour des trois tables d'impression, en passant sur les divers rouleaux de renvoi, tous animés d'un égal et commun mouvement rotatoire progressif, mais avec des intermittences correspondant à la durée périodique de la pression simultanée des planches, préalablement chargées de couleur et opérant dans des directions respectivement perpendiculaires aux faces mêmes de ces tables; en se représentant, dis-je, ces différents organes, ces mouvements divers de l'appareil, on aura une idée générale de la machine qui porte spécialement le nom de M. Perrot, si, d'ailleurs, on admet que l'action intermittente des planches et le glissement correspondant du doublier et du drap sans fin se répètent consécutivement jusqu'au bout de la pièce à imprimer. On en acquerra une idée un peu plus complète encore, si l'on suppose que les planches dont il s'agit, l'une horizontale, les deux autres verticales, soient portées et dirigées respectivement par des chariots à glissières, que mettent en mouvement des boutons de manivelles poussant des bielles à fourches, fermées à un bout, où elles agissent, en pressant seulement, de manière que leur action cesse dans le mouvement de recul, opéré au moyen de simples ressorts de rappel à boudins.

Quant à la mise en couleur des planches, elle a lieu, après leur retraite en arrière, par un appareil extrêmement ingénieux, dans lequel des rouleaux alimentaires plongeant et tournant dans des cuvettes horizontales fixes, adaptées à chacune des trois tables de la presse, transmettent, à l'ordinaire, par un frôlement tangentiel, la couleur aux rouleaux distributeurs, qui, conjointement avec des brosses fixes, en imprègnent uniformément des châssis rectangulaires oscillants, revêtus de draps exactement tendus sur des platines de fond parallèles aux tables et aux planches respectives : celles-ci, en effet, animées d'un second mouvement d'avance et de recul indépendant de celui qui produit l'impression du tissu, se munissent, par pression, de la couleur uniformément répandue sur les châssis correspondants, transportés, dans ce but, sous ces planches respectives, le long de coulisses parallèles, à l'égard desquelles les platines de fond constituent, en quelque sorte, de véritables tiroirs.

Ces différents déplacements s'accomplissent, d'ailleurs, avec une harmonie parfaite et aux instants convenables, les tiroirs des châssis colorieurs étant animés, comme les planches elles-mêmes, de mouvements d'avance ou de recul intermittents, rendus solidaires par un système articulé à bielles, tringles et varlets de renvoi, qui agissent à l'extrémité d'un balancier à bascule; système que dirige finalement une excentrique ou onde ovale, convenablement tracée et montée sur un arbre à volant latéral, conduisant directement l'une des trois manivelles à chariots porte-planches d'impression, tandis que les deux autres sont menées par des arbres horizontaux parallèles au premier, mais sans excentrique ni volant, attendu que leurs mouvements sont rendus solidaires avec celui de ce même arbre au moyen de pignons et de roues d'engrenages extérieurs au bâti de la machine, elle-même mise en action continue par une manivelle ordinaire ou des courroies sans fin à poulies d'embrayage, etc., appliquées à l'arbre du volant.

Depuis l'apparition de cette curieuse et intelligente machine, à laquelle M. Perrot lui-même a joint des auges à compartiments et une quatrième table ou planche d'impression, qu'on pourrait évidemment multiplier davantage encore en en agrandissant le polygone autour d'un axe central, depuis, dis-je, cette utile apparition, qui a rendu, dès 1835 ou 1836, tant de services à notre industrie d'étoffes peintes, les remarquables principes qu'on y aperçoit n'auront pas manqué d'être mis à profit par les mécaniciens ou constructeurs de machines plus ou moins analogues.

. . . .

D'un autre côté, M. James Capple Miller, de Manchester, renchérissant sur les idées et les conceptions de M. Perrot, s'est fait délivrer, en août 1839, une patente pour un métier automate à quatre couleurs ou planches d'impression, dont l'application paraissait, à première vue, impossible dans le système de combinaisons mécaniques adopté par son devancier. Le principal mérite de ce métier consiste spécialement dans certaines simplifications apportées au mécanisme général : par exemple, d'avoir rangé verticalement, les unes au-dessus des autres, les quatre planches ou blocs d'impression gravés en relief, et qui, unis entre eux par des liens à ressorts expansibles, sont montés sur un gros équipage à chariot roulant le long de rails horizontaux, tantôt pour les rapprocher, dans leur position la plus basse, d'autant de petites tables verticales ou supports à caisses qui, fixes et rangés aussi les uns au-dessus des autres, sont respectivement entourés de nappes mobiles chargées des couleurs qu'elles reçoivent de rouleaux distributeurs, etc., tantôt pour en écarter ces mêmes blocs d'impression pendant que, tout en glissant le long de leurs guides verticaux, ils s'élèvent sous l'action d'un système de leviers, de bascules à chaînes de tirage, jusqu'à la hauteur d'une table commune et unique d'impression, contre la face plane de laquelle glissent, à leur tour, l'étoffe et son doublier, conduits, avec intermittence, par des rouleaux de renvoi, des cylindres fouleurs, tendeurs ou sécheurs, seulement immobiles aux instants où le chariot porte-planches ou blocs revient sur lui-même et refoule à la fois les quatre couleurs sur l'étoffe; ce qui se répète périodiquement, à des intervalles exactement réglés par la marche de la machine [1].

J'ignore absolument quel a été le sort industriel réservé aux ingénieuses conceptions de M. Miller dans la Grande-Bretagne ou ailleurs; mais ce qu'il y a de certain, c'est que, malgré les

[1] *Supplément au Dictionnaire des arts et manufactures* du docteur Ure, p. 44 (année 1845). Voy. aussi la page 242, t. XXI, du *Newton's London Journal* (nouvelle série).

progrès déjà accomplis et qui pourront s'accomplir encore dans cette branche de la mécanique appliquée, on n'en continuera pas moins d'imprimer au moyen des anciennes presses à planches plates, manœuvrées à vis ou à cabestans, toutes les étoffes et les papiers d'une étendue limitée, qui réclament une certaine précision ou perfection dans le mode d'exécution, de superposition et d'ajustement des dessins à un nombre plus ou moins grand de couleurs. Car on a dû comprendre que si la machine de M. Perrot est, en majeure partie, exempte des défauts inhérents aux presses à rouleaux, elle ne peut l'être entièrement sous le rapport des inégalités de tirage et déformations des tissus, dans leur glissement longitudinal sur les tables fixes, etc. Aussi ne saurait-on être surpris de voir que pour certains tissus ou papiers dont les dessins offrent une grande complication, jointe à une extrême délicatesse, on ait eu recours, dans ces derniers temps, à l'encadrement et à l'exacte tension de ces tissus dans des châssis à côtés mobiles, soumis ensuite à l'impression de planches planes en pierre ou lithographiques, impression dont il nous reste à parler, et qui est, en effet, susceptible de réunir à une certaine précision et facilité dans le dessin une modicité de prix que n'atteignent pas au même degré la gravure sur cuivre et l'impression en taille-douce.

Pour juger des difficultés inhérentes à la juxtaposition exacte des couleurs sur un même dessin, on ne peut mieux faire que de consulter un intéressant article publié à la page 1394 du tome XIX (1844) des *Comptes rendus de l'Académie des sciences de l'Institut,* où sont rapportés les ingénieux artifices mis en usage à l'Imprimerie impériale par M. Derenémesnil, chef d'atelier des presses lithographiques, pour colorier mécaniquement, à échelle réduite et par des tirages successifs, la belle carte géologique de France de MM. Élie de Beaumont et Dufrénoy, de manière à arriver, dans les résultats, à une coïncidence des contours, à une exactitude, pour ainsi dire, mathématiques, et que n'avaient pu jusque-là atteindre des artistes aussi habiles que MM. Engelmann, Kæppelin, etc.

Quant aux presses en taille-douce, je ne sache pas que l'on ait jusqu'à ce jour fait aucune tentative mécanique sérieuse en vue de remplacer le travail de l'homme par celui des moteurs inanimés, et le motif en est facile à apercevoir si l'on veut réfléchir à la nature délicate de l'opération, qui consiste dans l'encrage de tailles plus ou moins profondes, ainsi qu'à la perfection artistique et scientifique que presque toujours on s'y propose, perfection qui réclame toute l'intelligence d'ouvriers d'ailleurs très-attentifs et très-habiles. Mais il n'en est pas tout à fait ainsi, à ce qu'il paraît, de l'impression lithographique et, en général, de toutes celles où l'encrage, le coloriage, s'opèrent, au rouleau, sur des planches planes d'une étendue relativement assez petite.

§ V. — Des presses lithographiques. — *Aloys Senefelder* et *Mitterer ;* MM. *de Lasteyrie* et *Engelmann, Roussin* et *Brisset, Derenémesnil, Schelicht, Cloué, Quinet, de Lamorinière, Benoist* et *François, Perrot,* etc.

Depuis l'époque de 1816, où Aloys Senefelder, l'inventeur de la lithographie[1], MM. de Lasteyrie et Engelmann, qui la perfectionnèrent et l'introduisirent avec un si grand succès en France, notamment à Paris et à Strasbourg, depuis cette époque, dis-je, l'art ne paraît pas avoir fait de très-grands progrès au point de vue mécanique : il s'agit toujours de presses dans le genre de celle inventée vers 1805 par le professeur Mitterer, de Munich, et décrite dans l'ouvrage de Senefelder (1819), presses manœuvrées à bras, d'une manière

[1] Senefelder avait obtenu en Angleterre, dès juin 1801, une patente pour l'impression sur papier et tissus divers, dont l'énoncé ne contenait aucune autre spécification, qui n'a été mentionnée ou inscrite dans aucun recueil anglais ou français de l'époque, et à laquelle l'inventeur, alors domicilié à Londres, n'avait pu donner aucune suite utile, fructueuse, propre, en un mot, à attirer l'attention du monde artistique ou industriel : les circonstances, le lieu même et le faible intérêt commercial que pouvait alors offrir un art aussi nouveau, suffisent pour expliquer l'indifférence du public anglais envers l'inventeur de la lithographie. Ce ne fut, en effet, que beaucoup plus tard, en février 1819, qu'il se fit délivrer un brevet en France :

analogue à celle des presses en taille-douce, sauf 1° que le cabestan ou moulinet est monté sur un arbre en fer horizontal, autour duquel s'enroule la sangle de tirage du chariot, à coulisses parallèles, qui porte la pierre ou plutôt la caisse, le *coffre,* en bois ou en fer, destiné à la recevoir, à la contenir au moyen de garnitures, d'éclisses, de crémaillères, etc.; 2° qu'une racle, un *râteau* horizontal en bois, immobile et placé, transversalement à la pierre ou au chariot, sous un fort levier presseur d'abatage vertical nommé *porte-râteau,* et que met en action une pédale munie d'un système de bascule propre à accroître l'énergie de la pression, remplace ici le cylindre supérieur des presses en taille-douce, de façon à agir uniformément et progressivement sur tous les points du tympan, en cuir, monté sur châssis à charnières, et qui recouvre la feuille de papier. Ce cylindre, ordinairement en bois et qui exige, à cause de l'étendue physiquement appréciable de sa surface en contact avec la planche, une si grande force de pression, ne saurait évidemment être employé ici sans danger, ni dans des conditions aussi avantageuses, à cause de la nature des empreintes et de la fragilité des pierres : voilà pourquoi cette pression verticale a été remplacée dans la lithographie par celle qui accompagne le frottement longitudinal du râteau sur le tympan, pendant que le chariot porte-pierre, que soutient, vis-à-vis de ce râteau, un gros cylindre en bois inférieur, se meut suivant la direction rectiligne de ses rails ou guides horizontaux parallèles.

Le frottement dont il s'agit, très-lent et très-rude, opéré,

là néanmoins, il faut bien le dire encore, cet homme à jamais célèbre, après avoir été promptement atteint, devancé même dans l'exercice de son art, finit ses jours dans un état fort voisin de la misère, occupé de nouvelles tentatives de perfectionnements non moins utiles, mais pour lui tout aussi infructueux, et au moyen desquels il se proposait de remplacer la pierre lithographique par du carton, et les lourdes presses alors en usage, par d'autres facilement portatives, sans doute pour répondre à des objections plus ou moins fondées ou à des besoins plus ou moins sentis, et que jusqu'à présent il a été impossible de satisfaire.

ainsi que la pression, sur une très-petite étendue de surface, fait, comme on sait, pénétrer progressivement dans la feuille de papier l'encre lithographique formant à peine relief sur le plan supérieur de la pierre; l'idée d'y employer une racle en bois, si naturelle et si simple en apparence, mais si ingénieuse et si remarquable au fond, est probablement due à Senefelder, et l'on en sentira tout le mérite si l'on réfléchit, d'une part, que l'élasticité de cette racle lui permet de mieux se plier aux inégalités de la pierre ou du dessin, d'une autre, que, sous l'effort normal ou vertical qu'elle subit et transmet, la pression sur chacun des éléments en contact se distribue, en réalité, avec une énergie qui croît en raison inverse de leur nombre et de leur étendue individuelle. Aussi, malgré diverses tentatives dont il sera parlé ci-après, la presse lithographique a-t-elle conservé de nos jours ce précieux caractère ou principe fondamental, bien qu'il soit acheté au prix d'une énorme déperdition de travail moteur, en frottements divers, et qu'il n'ait pas encore reçu peut-être dans ses moyens d'application une solution véritablement satisfaisante, telle que la pression fût répartie parallèlement, uniformément, dans l'étendue entière des surfaces agissantes [1].

Quant aux modifications ou perfectionnements de détail subis par les mêmes presses, il me serait impossible d'en

[1] Je dois à l'obligeance et au zèle éclairé de M. Sainte-Preuve, ancien professeur de physique à l'Université, la communication d'un intéressant petit ouvrage in-12 publié en 1818, à Dijon, par M. Mairet, dans lequel on voit une presse lithographique, entièrement exécutée en bois, dont le chariot porte-pierre se meut simplement dans des coulisses horizontales, sans rouleau intermédiaire, pour soutenir les efforts de la pression et diminuer les frottements; tandis que le porte-râteau *levant*, mobile autour d'une charnière horizontale à noix, s'y trouve muni tantôt de deux vis verticales de pressage, servant à abaisser parallèlement la racle fixée entre les jumelles du sommier, tantôt d'un boulon central servant d'axe à cette racle, et qui lui permet de s'appliquer exactement sur la pierre; disposition conservée aujourd'hui dans presque toutes les presses lithographiques. Enfin la pierre reposait sur un lit de sable dont était garnie la caisse du chariot, portant, à l'un de ses côtés, les charnières du châssis, muni, comme aujourd'hui encore, du cuir à tympan, etc.

rendre un compte exact, d'autant qu'ils sont dus au concours d'un grand nombre d'habiles artistes, français ou étrangers, dont les titres de priorité seraient très-difficiles à établir. Il me suffira de faire remarquer que non-seulement ces changements ont eu pour but principal de faciliter et diriger l'installation de la pierre sur la plate-forme garnie du chariot, et entre les rebords de la caisse, aujourd'hui en fonte, qui la contient, de manière à en mieux assurer la position dans le sens vertical et horizontal; mais que ces changements ont eu aussi pour objet d'accroître la puissance même de la machine, au *fur* et à mesure que les progrès de l'art permettaient l'agrandissement des dessins ou de l'échantillon des pierres lithographiques, en nécessitant ainsi de plus grands efforts de pression et de plus longs, de plus lourds sommiers ou porte-râteau, qui furent désormais formés de châssis, de jumelles en fer, entre lesquelles le râteau en bois ordinaire, convenablement soutenu et fortifié en son milieu, eut la faculté de pivoter légèrement, pressé à un bout par un ressort d'abaissement, et sollicité, à l'autre, par l'extrémité supérieure de la tige à crochet et vis de réglage, qui opère la pression par l'intermédiaire du système de leviers à pédale de serrage déjà employé, mais ci convenablement disposé et renforcé.

C'est ainsi notamment que MM. Roussin[1] et Brisset ont,

[1] Le brevet de M. Roussin (Jean-Charles), mort à Paris dans un âge peu avancé, porte la date du 27 novembre 1838 (t. XLIII, p. 411 de la *Collection des brevets expirés*); il contient une indication très-claire de la disposition et des avantages du nouveau porte-râteau tournant, de son système de pédale à bascule de serrage, verrou d'arrêt, etc. En proposant, dans la dernière partie de ce brevet, de supprimer le tympan en cuir, et de remplacer le râteau ordinaire en bois, mobile autour d'un boulon horizontal et central, par un petit rouleau presseur également en bois de 8 à 11 centimètres de diamètre, recouvert de feutre, l'auteur espérait réduire de beaucoup la fatigue de l'imprimeur appliqué au cabestan de la presse; mais il est douteux que cette combinaison ait obtenu aucun succès, et nous en avons suffisamment indiqué les motifs.

Tout en reconnaissant le mérite des perfectionnements apportés postérieurement par M. Brisset aux presses dont il s'agit, il est juste de faire remarquer que M. Busser, un de ses élèves, a su y introduire récemment

depuis un certain temps, remplacé l'ancien équipage des porte-râteaux à bascule en bois, avec cordes, poulies de renvoi et lourds contre-poids, d'une manœuvre si pénible, si bruyante ou ébranlante, manœuvre à laquelle certaines combinaisons d'équilibre des ponts-levis eussent si bien convenu, par un porte-râteau en fer, disposé comme on vient de le dire, et tournant horizontalement au-dessus de la pierre, recouverte du papier, du garde-main, du cuir ou d'une simple feuille de zinc; le tout supporté par le chariot, muni, à l'ordinaire, d'un contre-poids de recul. D'ailleurs, l'arbre vertical fixé extérieurement à la chaise de support de ce chariot, et autour duquel s'opère la rotation horizontale du sommier, est surmonté d'une vis élévatoire à oreilles ou tourniquet à main, servant à régler la hauteur du râteau au-dessus des différentes pierres, dont la grosseur est très-variable, comme on sait. De plus, cet arbre offre, un peu au-dessus de sa base, une articulation qui lui permet une certaine liberté de jeu ou d'inclinaison, limitée latéralement par un ressort, d'appui ou de retenue, formé d'une bande d'acier verticale, qui dans son état naturel, notamment pendant la rotation du sommier, maintient l'extrémité opposée de celui-ci convenablement élevée au-dessus de la pierre, tandis que, pendant l'action du râteau sur cette

de nouveaux éléments de succès, consignés dans un brevet de perfectionnement portant la date de septembre 1851, et qui consistent principalement dans un ingénieux mécanisme de leviers et varlets tournants, en fer, qui servent à relier l'axe vertical de rotation du porte-râteau au système de la pédale à bascule et contre-poids releveur, etc., de manière que le pressage ait lieu en même temps aux deux extrémités des jumelles, et non plus seulement à celle qui est opposée à l'axe dont il s'agit, formée, dès lors, d'une seule pièce ronde en fer, susceptible de s'élever et de s'abaisser, le long de guides ou fourreaux, par le jeu de la pédale, sans que désormais il soit nécessaire d'y pratiquer aucune articulation à ressort pour le redressement spontané du râteau, la hauteur de réglage de celui-ci au-dessus de la pierre étant toujours obtenue par les moyens ordinaires, si ce n'est que les deux parties filetées de la tige à crochet de pressage, directement soumise à l'action de la pédale, sont liées ici par un écrou à pas contraires, dont la rotation détermine leur rapprochement ou écartement mutuel, selon le sens où l'on tourne la clef.

pierre, il est soumis à la pression ou tension provenant du système de la pédale de tirage et d'abatage de ce même râteau [1].

Ces ingénieuses dispositions, qui ne laissent pas que d'offrir une certaine complication en vue de satisfaire aux exigences multiples des presses lithographiques à grand format, sont précisément celles que j'ai pu récemment admirer dans le bel atelier de l'Imprimerie impériale que dirige M. Derenémesnil, atelier où elles sont appliquées aux presses construites par M. Brisset pour l'impression des cartes géologiques coloriées déjà mentionnées ci-dessus. Mais ici le chariot, au lieu d'être disposé à la manière ordinaire, porte un fort cadre en fer nommé *châssis à repérer*, dont l'idée, attribuée à Senefelder, avait reçu quelques perfectionnements de MM. Engelmann et Brisset, consistant dans des règles ou traverses mobiles en cuivre, munies d'aiguilles d'acier servant de points de repère pour accrocher carrément la feuille de papier à chaque tirage, comme cela a lieu dans la frisquette des presses typographiques : les repères, tracés à l'avance sur les différentes pierres destinées aux retirations successives des couleurs, étaient alors mis en rapport avec ceux des bandes transversales de cuivre, en agissant directement sur la pierre au moyen de vis de réglage horizontales, traversant les côtés du châssis fixe en fer qui lui sert d'encadrement [2].

Ce mode de repérage, suffisant pour la mise en couleur des dessins lithographiques ordinaires, cessait de l'être pour l'impression des cartes géologiques, et c'est alors que M. Derenémesnil imagina de nouveaux perfectionnements susceptibles d'une précision pour ainsi dire mathématique, ayant pour but d'opérer le repérage par le simple déplacement de la feuille de papier. A cet effet, le châssis d'encadrement a été muni, à son bord antérieur, de lames de cuivre, à charnières, qui portent les pointes à repérage de la feuille de papier, ser-

[1] *Dictionnaire des arts et manufactures*, p. 2348, t. II, Art. signé A. R.
[2] *Ibid.* p. 2357.

rée entre ces lames et protégée, aux distances convenables, par d'autres lames minces, à pincettes, servant de garnitures, collées à demeure sur ces feuilles, et contenant les trous de repérage, qui correspondent respectivement à chacune de ces pointes dont, par une heureuse combinaison de vis micrométriques établies sur l'un des côtés perpendiculaires du châssis d'encadrement, les grandes lames à charnières précitées sont susceptibles d'être déplacées en deux sens rectangulaires, de manière à amener la feuille de papier à la position qu'elle avait précisément occupée dans l'un des tirages ou coloriages précédents. D'ailleurs, la presse chromolithographique ainsi organisée porte à l'ordinaire, sur le côté du cadre opposé à celui des pointes de repérage, un châssis d'abatage mobile sur charnières horizontales qui est destiné à recouvrir, maintenir dans sa position, pendant la durée du tirage, la feuille de zinc polie qui, elle-même, recouvre la feuille de papier amenée à la place exacte qu'elle doit occuper sur la face supérieure de la pierre.

Au nombre des tentatives mécaniques, déjà anciennes, faites en vue de sortir de la voie tracée par Senefelder et ses successeurs immédiats, je citerai plus spécialement les efforts par lesquels, en 1824 ou 1825, l'ingénieur maritime de Lamorinière chercha à remplacer la presse à râteau fixe par une autre, munie également d'un sommier ou levier d'abatage presseur, en bois, avec contre-poids éleveurs et pédale de serrage; presse dans laquelle le râteau est placé sous un petit chariot ou traîneau susceptible de glisser le long de fortes tiges-jumelles horizontales en fer, qui constituent ici le sommier, à l'aide d'une simple manivelle montée sur l'arbre du moulinet d'enroulement de la sangle ordinaire de tirage[1], etc. Cette combinaison, qui rappelle, à peu de chose près, l'idée fondamentale de la machine à raboter le fer, du même ingénieur (Chap. III, § 1er, Section Ire), bien qu'elle ait reçu d'utiles applications vers l'époque précitée, ne paraît pas avoir été adoptée par les im-

[1] Tome XXV, p. 301, du *Bulletin de la Société d'encouragement.*

primeurs lithographes, vu les nombreuses sujétions qu'elle présente, et je ne sache pas non plus que l'usage ait davantage consacré un autre genre de presses à sommier ou porte-râteau entièrement fixe, d'une constitution beaucoup plus simple, et dans lesquelles le serrage du râteau est directement produit par une vis de pression verticale traversant ce sommier, établi, comme chapeau, au-dessus de deux montants ou supports verticaux jumelles embrassant le chariot manœuvré à la manière ordinaire. Ce système, d'après l'auteur de l'article cité du *Dictionnaire des arts et manufactures*, aurait été appliqué pour la première fois, vers 1810, par M. Schelicht, de Manheim, aux presses lithographiques à couteau fixe, puis ensuite utilisé dans divers ateliers de Londres, et enfin simplifié, perfectionné en 1835, dans ses moyens d'exécution, par M. Quinet, habile lithographe de Paris, qui a eu l'idée d'articuler le châssis de suspension du râteau de manière à en constituer une sorte de butoir à action spontanée, dépendant uniquement de la marche même imprimée au chariot porte-pierre, dépourvu de tout autre moyen de pressage et conduit à la manière ordinaire.

C'est ainsi encore que M. Cloué, de Paris, dans un brevet de perfectionnement du 24 avril 1826, a imaginé de remplacer le moulinet ou cabestan à bras par un équipage de roues dentées, mues simplement à la manivelle, pour faire marcher l'arbre horizontal autour duquel est enroulée la sangle de tirage du chariot porte-pierre, dont le recul était également produit par un fort contre-poids, tandis que le serrage du râteau sur cette pierre résultait de la mise en action d'une roue excentrique, liée à un levier très-court, servant à remplacer la pédale ordinaire, etc.

Je citerai encore la presse à cylindres imaginée, en 1828, par MM. Benoist et François, mécaniciens à Troyes, en vue de concourir au prix fondé par notre Société d'encouragement, pour le perfectionnement de la manœuvre, si pénible, des anciennes presses lithographiques à cabestans, qu'il s'agissait de rendre, autant que possible, indépendantes de l'action de l'homme, qui jusque-là y avait été généralement appliquée. Les commissaires, en accordant des éloges et un prix de 1 200 francs à l'auteur de cette presse, où la pierre, posée sur un chariot à roulettes mû par engrenage, passait entre deux cylindres en bois, servant, l'un de support, l'autre de rouleau presseur, enveloppé d'un blanchet ou drap sans fin, dirigé vers un troisième rouleau supérieur, etc.; ces commissaires font observer que M. Lenormant avait déjà, en 1817, eu l'idée d'une presse à cylindre en fer agissant d'une manière directe sur le cuir, tandis que, vers 1827, M. Brisset, l'un des concurrents, avait exécuté pour divers établissements des presses lithographiques d'une autre espèce et à double effet, donnant à la fois une épreuve à droite et une à gauche, sans avoir besoin de ramener en arrière le chariot. Dans son rapport, M. Mérimée[1] montre aussi que, à l'époque de 1828, l'art devait à M. Knecht, lithographe à Paris, divers perfectionnements concernant la gravure sur pierre, etc.; mais le sujet de prix, remis au concours les années suivantes, indique assez qu'aucune des machines adressées à la Société n'avait satisfait complétement aux conditions du programme[2]; ce qui ne prouve nullement, sans doute, que l'art lithographique, considéré en lui-même, n'eût fait, à l'époque dont il s'agit, aucun progrès sous le rapport chimique, artistique ou des manipulations.

[1] Tome XXVII, p. 354, du *Bulletin*, et pour la description, présentée par M. François, associé au mécanicien Benoist, t. XXVIII, p. 80.

[2] Je ne crois pas pouvoir me dispenser d'ajouter à ce qui précède que, postérieurement au concours dont il vient d'être parlé, la Société d'encouragement a décerné à M. Engelmann, en 1830, une médaille d'or pour la construction, très-élégante, d'une presse lithographique à engrenages, porte-râteau fixe et vis de réglage supérieure, entièrement en fer ou fonte, et dont le caractère principal consiste dans le soulèvement du rouleau de pression inférieur, contre les brancards du chariot porte-pierre, au moyen d'une pédale à bascule et contre-poids qui agit à la fois et parallèlement sur deux forts leviers horizontaux servant respectivement de supports aux tourillons extrêmes de ce rouleau. Le prix élevé de cette presse et d'autres motifs que je ne prétends pas apprécier auront sans doute mis obstacle à son adoption par les imprimeurs lithographes de Paris. (*Bulletin de la Société d'encouragement*, t. XXX, p. 201.)

Toutefois, si entre les mains habiles d'artistes doués d'un esprit aussi inventif que MM. Engelmann, Julien, Tudot et Lemercier, honorés, en 1848, d'une médaille de 3 000 francs par la même Société, les progrès ont été appréciables au point de vue de l'impression lithographique, imitant les dessins au crayon, à l'estompe et au pinceau, pour laquelle ce procédé a totalement remplacé la gravure à l'eau forte et au burin, on ne saurait conclure des termes dont s'est servi le rapporteur, que, sauf des exceptions très-rares, dont il sera fait mention ci-après, il en fût ainsi des impressions où la netteté, la précision des traits, des hachures ou des contours du dessin sont des qualités indispensables; les personnes qui lisent les ouvrages consacrés à la géométrie descriptive ou à la description des machines se sont trop souvent aperçues, en effet, de l'infériorité relative de ce genre de lithographie par rapport à la gravure sur cuivre ou en taille-douce, du moins aux époques antérieures de quelques années à celle dont il s'agit.

Dans le concours de 1840 relatif au papier timbré, dont nous avons déjà parlé à une autre occasion, la lithographie, qui fut si habile à transposer, imiter et, par conséquent, falsifier les actes imprimés ou manuscrits, en se fortifiant de toutes les ressources de la mécanique et de la chimie, s'est montrée tout à fait impuissante à produire des vignettes, filigranes et dessins plus ou moins microscopiques, en encre, à la vérité, délébile, et dont la netteté, la régularité des lignes ou contours, ne permissent pas de les contrefaire, du moins par portions définies et limitées. Or, cela explique comment, après bien des années d'efforts stériles quant au but spécial du concours, sinon quant aux progrès de l'art en lui-même, l'administration supérieure des finances fut contrainte de renoncer à des projets qui avaient leur source peut-être moins dans la crainte des falsifications et du lavage des papiers timbrés que dans le désir, bien légitime, de s'éclairer sur les découvertes qui avaient récemment été faites dans les arts mécaniques, chimiques ou calligraphiques qui s'y rapportent.

Cependant, pour ne pas être trop injuste ou ingrat envers la lithographie et les lithographes, je dois ajouter que, depuis l'époque où nos artistes ont consenti soit à se servir du compas et du tire-ligne pour tracer directement les figures sur la pierre, soit à imiter, d'après les plus habiles lithographes de Vienne et de Munich, le travail de la gravure à l'eau forte et au burin par des procédés chimiques ou mécaniques appropriés à la nature de cette pierre, ils sont parvenus à lutter avantageusement contre l'impression dite en *taille-douce* dans le dessin même des cartes et des figures géométriques, qui exigent la plus grande précision, et l'on me permettra d'en citer quelques exemples, indépendamment de celui de la carte géologique déjà mentionnée précédemment, lequel se rapporte plus spécialement au genre colorié : ces exemples, que j'ai maintenant même sous les yeux, montrent bien tout le parti à tirer du dessin sur pierre et le secours qu'il peut apporter à la typographie proprement dite. Je rappellerai d'abord, en raison de leur date, les belles planches, intercalées ou non dans le texte, que l'on doit aux habiles artistes de la ville de Metz : à M. Pierron, l'un de nos plus anciens lithographes, attaché depuis 1825 à l'École d'application de l'artillerie et du génie; à M. Dembour, ancien graveur et fabricant d'imageries; enfin à M. Nouvian et à M. Dupuy [1], aux leçons duquel cette savante cité est particulièrement redevable d'une pépinière de dessinateurs en tous genres qui bientôt se répandirent dans des contrées plus favorisées sous le rapport de l'industrie.

Ensuite, je citerai les nombreuses, très-remarquables et correctes planches lithographiées dont, sous une direction habile autant qu'éclairée, l'Imprimerie impériale orne à si peu de frais, depuis 1848, la grande collection des *Brevets*

[1] Voyez notamment les *Cahiers lithographiés* de l'École précitée, ainsi que les *Mémoires sur divers appareils chronométriques et dynamométriques* publiés en 1838 par M. Morin (Lamort, imprimeur de l'Académie royale de Metz). On trouverait difficilement dans les ouvrages scientifiques de l'époque qui ont paru à Paris, et même à l'étranger, des dessins linéaires lithographiés d'une manière aussi parfaite.

publiée par le ministère de l'agriculture et du commerce, sous l'empire de la nouvelle législation. Ces planches, produit d'un travail courant, sont encore surpassées, sous le rapport du fini et de la beauté de l'exécution, par beaucoup d'autres dessins gravés sur pierre, notamment par la carte du royaume Lombard-Vénitien, entreprise dans ce grand établissement national, d'où sont sortis des artistes tels que MM. Erhard et Ernest Meyer, qui, en collaboration de M. Gillot, imprimeur lithographe également établi à Paris, ont, sous le nom de gravure *paniconographique,* en relief, offert un admirable spécimen de carte topographique figurée, pouvant véritablement lutter avec tout ce que la gravure sur cuivre a produit de plus parfait en ce genre difficile, jusqu'ici le désespoir des amateurs de lithographie.

On m'excusera d'avoir abordé ces observations critiques, en apparence étrangères au but de ce travail, mais qui paraîtront, au contraire, s'y rattacher de la manière la plus intime, si l'on veut bien se rappeler que j'entends ici parler de cette branche de l'impression lithographique dont la beauté consiste essentiellement dans la pureté et la rigoureuse exactitude des formes, inséparables de la précision même des procédés mécaniques. A ce point de vue, ce serait, je le répète, peut-être trop compter sur les progrès ultérieurs de la lithographie, que de se préoccuper des moyens de suppléer à l'intelligence et à l'adresse de l'homme par des procédés purement automatiques, dans le vain espoir d'accroître les bénéfices en multipliant indéfiniment les produits; et ceci, pris en toute rigueur, s'applique sans doute à tous les arts où l'on vise à un certain degré de précision et de perfection artistique.

D'après ces différentes réflexions, on ne saurait être surpris de voir que, depuis les récompenses accordées en 1827, par la Société d'encouragement, aux mécaniciens occupés du perfectionnement des presses lithographiques, il se soit écoulé près de vingt et un ans avant que cette Société ait eu à se prononcer sur des tentatives de ce genre dues au même M. Perrot, déjà cité pour d'autres travaux, et dont l'esprit inventif s'est exercé sur tant de problèmes difficiles de la mécanique industrielle.

En accordant, dans sa séance du 15 mars 1848, une récompense de second ordre à cet habile ingénieur, pour un mécanisme servant à faire mouvoir automatiquement les rouleaux d'encrage, les tampons de mouillage et les diverses autres parties de sa presse lithographique, dont la pierre, posée à l'ordinaire sur un chariot, est animée d'un mouvement de va-et-vient, très-lent pendant le tirage, deux fois plus rapide lors du retour à vide de la planche, la Société d'encouragement a voulu, tout à la fois, rendre hommage au génie de l'inventeur, montrer le degré de confiance qu'il lui inspirait, et l'utilité qu'elle attribuait, à priori, à sa nouvelle machine, dans laquelle quatre rouleaux nettoyeurs ou sécheurs agissaient, successivement et automatiquement, par des procédés mécaniques qui rappellent, en quelques points, ceux déjà adoptés par l'auteur dans ses presses à planches planes destinées à l'impression des étoffes, mais offrant dans la machine actuelle une plus grande complication encore et des combinaisons plus difficiles à bien faire saisir[1].

C'est pourquoi je me contenterai de rappeler que le chariot horizontal porte-pierre est mis en mouvement par une chaîne sans fin, à poulies de renvoi ou motrices; qu'il passe sur des rouleaux dont l'un, central, soutient le brancard contre les effets de la pression produite par un fort cylindre fouleur; que les coussinets de ce cylindre, maintenus en équilibre sur les mentonnets d'une bascule à leviers coudés et contre-poids inférieurs, sont soulevés par elle à chacun des retours à vide du chariot; qu'il en est à peu près de même de l'équipage des rouleaux encreurs ou colorieurs, distributeurs et sécheurs, à mouvement très-rapide, et dont la chaise de support est périodiquement soulevée à l'aide d'une bascule à contre-poids lors des passages de la pierre ou du chariot; que ce dernier soulèvement est opéré au moyen d'une bielle verticale mise en action

[1] Tome XLI, p. 306, du *Bulletin de la Société d'encouragement*, année 1850.

par un système de leviers oscillants, muni d'un galet directeur roulant sur le contour d'une onde ou came fermée, tournant uniformément autour d'un axe transversal, parallèle à ceux des divers cylindres ou rouleaux, et recevant, par engrenage, le mouvement de l'axe moteur parallèle de la machine, etc.; qu'enfin ces dispositions, les dernières surtout, rappellent, en quelques points, les moyens de solution déjà adoptés par l'auteur dans la *perrotine*, et ceux beaucoup moins parfaits, sans doute, qu'on rencontre dans la presse à cylindre des mécaniciens de Troyes, dont il a déjà été parlé.

Quoique jusqu'à présent la presse lithographique de M. Perrot n'ait guère été appliquée qu'à des usages fort restreints, tels que l'impression des cartes à jouer, des papiers de musique, etc., on ne peut se refuser à y reconnaître un caractère d'originalité et de fécondité dans les ressources mécaniques qui doit faire regretter que notre ingénieux compatriote n'ait pas jugé à propos de la soumettre, fonctionnant, aux regards du public à Londres, où elle aurait figuré avantageusement à côté des presses lithographiques, beaucoup plus simples, sinon plus utiles ou plus savantes, de MM. Lacroix, de Rouen, et Brisset, de Paris; presses dont celle de ce dernier constructeur, entièrement construite en fer, a, comme on l'a vu, pour principal caractère une grande perfection dans les ajustements, jointe à beaucoup de solidité, conditions qui la rendent particulièrement précieuse pour les tirages à grand format, lesquels exigent un haut degré de précision et une pression considérable.

Peut-être que le Jury de la VIe classe, mis à même d'apprécier le mérite théorique, la nouveauté des combinaisons adoptées par M. Perrot, et se rappelant, avant tout, les services rendus antérieurement à l'industrie par cet habile artiste, se serait-il départi, en faveur de cette nouveauté même, de la rigueur qu'il a montrée envers toutes les presses lithographiques exposées, presses parmi lesquelles il a néanmoins distingué celles de M. Sharwood, à roue de calandre et à rouleau fouleur; de MM. D. et J. Greig, avec levier latéral de pressage et compteur enregistrant le nombre des feuilles imprimées; de M. CLURE, à feuille de zinc recouvrant le tympan en cuir, etc.

Dans la partie anglaise se trouvaient aussi les presses à planches de cuivre ou à taille-douce du même M. Greig, et celle à mouvement continu ou cylindres lamineurs de M. FOURDRINIER, servant à imprimer, par machine à vapeur, des bandes de papier d'une longueur pour ainsi dire indéfinie (4 200^{m}), fabriquées avec des vieux cordages de navires, et que cet habile industriel emploie à recouvrir d'impressions, à la vérité peu délicates, les vases de faïence et de porcelaine, ainsi que j'ai eu déjà précédemment l'occasion d'en faire la remarque.

CHAPITRE III.

DES PRESSES TYPOGRAPHIQUES.

§ Ier. — Des presses à bras ou à platine, anciennes et modernes. — *Gutenberg*, *Faust* et *Schœffer;* lord *Stanhope*, *Clymer* et *Wells;* MM. *Frapié*, *Giroudot*, *Thonnelier* et autres en France.

La typographie proprement dite, je n'hésite pas à le répéter, peut, à juste titre, être considérée comme la première et la plus noble de toutes les industries, non pas seulement parce qu'elle s'adresse à la pensée de l'homme et qu'elle est un précieux instrument de civilisation, mais aussi parce qu'elle est devenue, grâce aux consciencieux travaux des très-habiles et savants imprimeurs des siècles derniers, un art de goût et de précision, tout comme la sculpture, l'architecture et l'horlogerie.

Le principal mérite de Gutenberg et de ses associés, Faust et Schœffer, ainsi que de leurs infatigables successeurs, fut, sans aucun doute, d'avoir scrupuleusement reproduit, à l'aide de procédés mécaniques et avec une profusion, une exactitude dont on n'avait pas jusque-là d'exemples, les ouvrages des anciens, qui allaient s'altérant, se perdant de siècle en siècle, et qui illuminèrent bientôt, mais cette fois sans retour, le monde moderne à peine sorti des langes de la barbarie, comme ils avaient édifié et glorifié l'antiquité religieuse ou païenne. Il ne faut pas trop oublier que ces illustres novateurs n'atteignirent un si noble but qu'en s'efforçant de perfectionner, progressivement et sans aucun relâche, pendant une longue suite d'années, la confection des types mobiles, leur ajustement pour ainsi dire mathématique dans la forme d'assemblage ou châssis en fer qui les maintient unis et serrés à l'aide d'éclisses, de coins de bois, de manière à n'en faire qu'un seul tout ou bloc, substitué aux anciennes et grossières planches d'imageries, de cartes à jouer, etc., rarement composées de pièces, de types distincts, toujours gravées à la main, par des procédés divers, sur le bois, l'étain, etc. Il ne faut pas non plus perdre de vue que les tables en bois, en marbre plan et poli, servant à dresser, à aligner par la base cette multitude de caractères ou nouveaux types métalliques mobiles; que le manteau, la platine supérieure horizontale, qui, dans leur descente verticale et parallèle, effectuée sous l'action d'une vis à levier, viennent presser en tous ses points la feuille de papier placée sur la forme déjà encrée; qu'enfin, les faces extrêmes et latérales de ces caractères quelquefois microscopiques, mais surtout celles des platines fixes et mobiles qui les soutiennent ou les pressent pendant le tirage, avaient elles-mêmes besoin d'être planées, dressées avec une précision pour ainsi dire mathématique, jusque-là, certes, sans aucun antécédent dans les arts, et qui à dater du xve siècle, où vivait et travaillait Gutenberg, aura pu servir d'exemple aux fabricants d'instruments de géométrie, d'astronomie, etc., dont aujourd'hui même les ateliers sont munis, sans exception, de la *table,* du *marbre à dresser.*

En considérant l'immense difficulté d'exécution inhérente à la perfection géométrique de tous ces éléments matériels, si délicats, de la typographie, pour une époque où l'on possédait à peine les outils nécessaires, on ne peut être surpris que l'illustre inventeur de cet art y ait employé tant d'années d'une vie studieuse, agitée et passée souvent dans le mystère d'une élaboration rendue pénible par les insuccès, l'inexpérience des ouvriers d'alors, la jalousie des concurrents, etc. C'est là, malheureusement, l'histoire, toujours obscure et pleine de luttes, du plus grand nombre des créateurs de nos arts mécaniques, sans en excepter Watt lui-même, et tant d'autres que ce ne saurait être ici le lieu de citer, et qui, moins célèbres peut-être, ont cependant rendu de véritables services à l'humanité. Nous n'avons pas, d'ailleurs, à nous préoccuper des progrès et des perfectionnements amenés par la succession des siècles, dans la typographie, au point de vue technique, artistique ou économique; sujet traité avec un rare talent de rédaction, d'esprit critique et de recherches, par notre collègue, M. Ambroise Firmin-Didot, rapporteur du Jury de la XVIIe classe, auquel nous renverrons, à cet égard, le lecteur pour nous renfermer ici strictement dans le cercle des idées mécaniques.

Les presses dont on se servait avant et immédiatement après la découverte de l'imprimerie étaient, comme je l'ai dit, incontestablement fondées sur le principe de la vis verticale, manœuvrée par un levier ou *barreau* implanté transversalement à son arbre, non loin de sa tête, et muni, à cet effet, d'une véritable *lanterne d'embarrage;* mais il est fort douteux que la forme, le châssis à caractères mobiles et son marbre à dresser fussent dès lors établis, comme cela eut lieu beaucoup plus tard, sur un chariot à coulisses horizontales, lié par des cordes ou lanières à l'arbre pareillement horizontal d'un treuil conduit à manivelle par le pressier; que la vis elle-même et la platine du manteau fussent spontanément relevées par une bascule à contre-poids, de manière à éviter les pertes de temps et les fâcheux effets du jeu des filets à l'instant de la réaction; qu'enfin on se servît, avant le XVIIIe siècle, de l'ingénieux mécanisme à châssis double, en fer, articulé au bout du chariot à *coffre* porte-forme ou marbre, mécanisme composé : 1° d'un tympan inférieur, aujourd'hui en tissu fin et serré, jadis en parchemin, etc., exactement tendu dans son châssis à pinces, muni de vis et de pointes de repérage, en cuivre, pour la retiration des feuilles convenablement humectées et ajustées sur ce tympan; 2° d'une *frisquette*, autre châssis articulé à l'extrémité supérieure ou opposée du précédent, sur lequel le carton mince dont elle est formée se rabat après l'apposition de la feuille de papier, pour la maintenir contre le tympan et la préserver des maculages marginaux, au moyen d'un découpage à jour, qui ne gêne en rien le jeu, la touche des caractères.

Il y a, je le redis encore, tout lieu de croire que ces ingénieux perfectionnements et quelques autres dont les modestes inventeurs paraissent ignorés n'existaient nullement dans les plus anciennes presses typographiques, d'une assez faible énergie, exigeant presque toujours deux coups de la platine ou du manteau, successivement appliqués à des portions différentes de la même feuille; presses exécutées presque entièrement en bois, quoique parfois sur colonnes ou *jumelles* en fer, en bronze, etc. Ce ne fut guère avant le commencement de notre siècle que les presses à bâti, platine et table entièrement en fonte, d'une stabilité à toute épreuve, inventées en 1795 par l'illustre lord Stanhope, les remplacèrent généralement avec des avantages bien marqués sous le rapport de la précision, de la facilité et de l'énergie du tirage ou de la pression, si considérablement accrue au moyen d'une ingénieuse combinaison de leviers, de varlets à tringles de renvoi, fondée sur le principe de statique dont on doit la première et précieuse remarque à Galilée. Cette combinaison, en réduisant l'amplitude de la course et la vitesse de la platine mobile, accrut sensiblement celles du levier principal ou barreau à main, dont l'axe vertical, à pivot et collet, fut placé en dehors des montants courbes du bâti en fonte, et dispensa désormais de recourir au second coup de presse dans les tirages ordinaires; source d'une augmentation de fatigue et de perte de temps pour les ouvriers travaillant à la pièce ou au mille de feuilles imprimées. Toutefois, et sauf la substitution de la fonte au bois, la machine de lord Stanhope, conservant précieusement le chariot à manivelle et à coulisse, le tympan, la frisquette, etc., ne différait pas autant qu'on pourrait le croire de celles qui avaient servi à imprimer tant de beaux ouvrages en Allemagne, en France, en Angleterre, etc., du moins si l'on ne veut pas s'en rapporter uniquement au simple coup d'œil, et qu'on pénètre un peu plus avant dans l'examen des fonctions les plus délicates du mécanisme.

Quant à la presse, en forme de *lyre,* de l'Américain Clymer, de Philadelphie, dite *colombienne,* et dont l'invention, l'application pratique, remontent seulement à l'année 1818, on sait assez que, à part les ornements superflus dont on l'avait surchargée, elle n'offrait avec celle à la Stanhope de différence bien essentielle que dans la substitution d'un levier horizontal d'abatage ou presseur à la vis à filets carrés jusque-là mise en usage, et qui assurait la direction horizontale de la platine mobile d'une manière plus précise, plus invariable, si je ne me trompe, que ne le faisaient les appuis latéraux servant à diriger, dans la presse Clymer, la grosse tige carrée verticale, ou refouloir, articulée à son sommet, près du levier de la bascule supérieure d'abatage; combinaison déjà employée dans d'autres industries, comme on l'a vu, sauf qu'ici le supplément de pression est obtenu, non par une pédale, mais bien par un système de varlets, de leviers et de tringles imité de la presse à la Stanhope [1].

Le succès pratique, le mérite essentiel de ces ingénieuses presses doit évidemment être attribué, en majeure partie, aux

[1] Tome XVII, p. 239, du *Bulletin de la Société d'encouragement.* Lorsque j'écrivais ce passage rapide, et trop écourté sans doute, relatif aux presses typographiques à platines, fondées sur le principe des leviers articulés, je n'avais pas connaissance d'une intéressante notice sur ce sujet qui a paru en 1823 dans la collection allemande de la Société d'encouragement de Berlin (*Verhandlungen des Vereins, etc., in Preussen,* p. 54 à 69); notice où, entre autres, on cite, d'après le professeur Fischer, de Hartford, dans l'Amérique du Nord, la presse à *genou* et *rotules* du mécanicien Wells, comme étant une des meilleures existant alors aux États-Unis. En nous avertissant que cette presse avait aussi été employée avec succès dans différentes parties de l'Allemagne, et en insistant particulièrement sur sa description et sa théorie, l'auteur de la notice nous montre toute l'importance

progrès dans l'art de couler et de travailler les pièces en fer ou en fonte, progrès accomplis par nos rivaux d'Angleterre et d'Amérique dans l'intervalle de 1790 à 1815 : la preuve en est qu'à dater de 1820, où nos constructeurs de machines commencèrent à être convenablement outillés, les imprimeries françaises furent successivement, et d'année en année, munies de presses à la Stanhope, exécutées avec la précision désirable par des artistes tels que MM. Frapié, Giroudot, Gaveaux, Thonnelier et quelques autres à Paris, qui ne tardèrent pas à essayer diverses combinaisons, à introduire divers perfectionnements de détail dans le mécanisme des presses typographiques empruntées à l'Angleterre, presses dont les unes, à vis et à platine, comme celles que je viens de citer, étaient forcément et péniblement manœuvrées à bras d'hommes, et les autres, plus modernes encore, à cylindre et à action continue, étaient mues, d'une manière en quelque sorte automatique, par la machine à vapeur, que nos mécaniciens commençaient à construire avec non moins de succès et des

qu'il attachait à l'ingénieuse invention du genou, dont, comme on l'a vu, les applications à l'industrie sont aujourd'hui si multipliées ; mais il nous laisse ignorer la date à laquelle le professeur Fischer écrivait, et, ce qui eût été plus *intéressant* encore, celle où l'ingénieur Wells avait été patenté en Amérique. Seulement, il nous avertit qu'un mécanisme d'un genre analogue, fondé sur l'emploi des leviers couplés ou combinés, avait été appliqué dès l'année 1811 par M. Revedomsky aux nouvelles presses monétaires de Saint-Pétersbourg ; de plus, en montrant l'analogie de principe existant entre la presse russe et celle du mécanicien allemand Ulhorn de Grœvenbroich, il ne manque pas de faire remarquer que ce dernier artiste ignorait l'existence des machines de Saint-Pétersbourg et d'Amérique, lorsqu'il consigna ses propres idées à l'égard des presses à genou dans une patente allemande, postérieure, sans doute, de plusieurs années à 1811 ou même à 1819.

Tout ceci, au surplus, pourra servir de complément à ce qui a été dit (Chap. Ier de la Sect. II) concernant l'application, sinon l'invention originale du genou ; car il se peut qu'elle remonte à une époque antérieure même à 1780. Enfin, je ne crois pas inutile d'ajouter qu'au moment de relire cette note en dernière épreuve, j'apprends du savant professeur Willis, de Cambridge, que Watt avait dès ses premières patentes (1780 à 1784) appliqué le mécanisme du genou à la manœuvre des tiroirs de sa machine à vapeur.

perfectionnements divers, je dis plus, avec des combinaisons nouvelles, très-économiques, et qu'aujourd'hui même nos maîtres, les constructeurs anglais, ne dédaignent plus autant de mettre à profit dans leurs admirables travaux mécaniques.

§ II. — Aperçu historique concernant l'invention et le perfectionnement des presses mécaniques continues, à cylindres rotatifs, dans l'intervalle de 1790 à 1815. — *William Nicholson, Donkin* et *Bacon, Frédérick-Kœnig* et *Bauer, Cowper* et *Applegath*, en Angleterre.

Quoique, dans l'état de perfection où la presse Stanhope avait été amenée en 1820, il n'y eût, en apparence, qu'un pas à faire pour remplacer le travail, si pénible, de l'homme appliqué au barreau ou à la manivelle du chariot par l'action d'un moteur quelconque; qu'il fût même possible d'imiter le jeu du tympan et de la frisquette, si ce n'est le service de pose et d'enlevage des feuilles avec toutes les conditions inhérentes au repérage des trous et des pointes, lors de la retiration du verso de ces mêmes feuilles; néanmoins, il ne paraît pas qu'on y soit de longtemps parvenu, si même on l'a fait sous des conditions suffisamment pratiques et économiques. Dans le fait, la première idée réalisable de rendre les presses automatiques fut fondée sur un tout autre principe, tiré de la machine à rouleau servant à imprimer les toiles peintes : William Nicholson, l'éditeur du *Journal philosophique* anglais, a, comme on l'a vu dans les chapitres précédents, imaginé le premier de substituer, dans cette industrie, les cylindres recouverts de types mobiles aux anciens rouleaux imprimeurs en bois, gravés ou munis de dessins métalliques en relief implantés à leur surface, tels qu'il en avait été employé jusqu'en 1790. Mais, au point de vue typographique, le principal mérite de l'innovation de Nicholson consistait dans les moyens mécaniques par lesquels il proposait d'opérer, pour ainsi dire automatiquement, l'impression, sur papier ordinaire, de formes à caractères mobiles, groupés, serrés en nombre plus ou moins grand, tantôt autour d'un cylindre tournant sur lui-même d'un mouvement continu, surmonté d'un rouleau encreur, et pressé en dessous par un tambour fouleur drapé convenablement, et sur lequel l'ouvrier plaçait, une à une, à la main, les feuilles de papier immédiatement amenées et imprimées entre ce tambour et le rouleau porte-types, d'une assiette peu assurée sans doute; tantôt rangés, serrés les uns contre les autres dans une forme plane ordinaire, reposant sur un marbre au milieu d'une longue et solide table horizontale, qu'un chariot à brancards, muni de deux forts rouleaux, l'un encreur et l'autre fouleur ou presseur, parcourait d'un mouvement lent et alternatif, pendant les intermittences duquel l'ouvrier devait trouver le temps nécessaire pour placer la feuille de papier, sa frisquette et son tympan, puis les enlever dans l'ordre inverse, après le tirage, pour recommencer une nouvelle opération, et ainsi de suite alternativement.

Nicholson avait aussi proposé de placer la forme plane sur une table à chariot mobile, dans le genre de celle des presses en taille-douce, passant alternativement, à l'un de ses bouts, sous un fort cylindre encreur, toujours alimenté par un auget et un petit rouleau fournisseur, à la manière des anciennes machines à imprimer le calicot; puis, à l'autre bout, sous un rouleau presseur et fouleur établi, comme le précédent, au-dessus de la table mobile, que soutenait immédiatement, et par-dessous, un dernier rouleau lamineur animé d'un égal mouvement tangentiel, au moyen des rouages de la machine. Mais, lors de sa patente de 1790, l'auteur n'avait pas su, dans l'application, réaliser convenablement l'idée des rouleaux à types mobiles, ni l'emploi du mécanisme, assez compliqué, à l'aide duquel il se proposait de placer, d'enlever automatiquement les feuilles de papier avec leur garniture, et la gloire de cette réalisation, si importante au point de vue de l'impression typographique, était réservée à des hommes doués d'une plus grande persévérance ou d'un plus puissant génie mécanique d'invention.

En particulier, la première de ces tentatives, celle du rouleau imprimeur, eût exigé que les types métalliques reçussent une forme pyramidale précise, par des procédés délicats, qui restaient à découvrir, ou mieux encore, qu'ils fussent stéréotypés en une seule masse et courbés d'après les indications de Hoffmann ou d'autres en France, postérieures seulement de quelques années à 1790, afin de permettre à leur ensemble de s'opposer efficacement à l'action de la force centrifuge, dont l'énergie, à vitesse égale, croissant en raison inverse du diamètre, nécessitait, comme dans les grandes presses verticales d'Applegath qu'on a vues fonctionner à Londres en 1851, un agrandissement considérable du cylindre imprimeur; enfin, il fallait aussi et surtout découvrir, dans les divers systèmes proposés par l'auteur, un mode d'encrage et des appareils à guider, soutenir dans leur marche, les feuilles isolées du papier, beaucoup plus parfaits, mieux appropriés au but, que ceux des presses à rouleaux alors en usage pour l'impression continue des étoffes. Ces presses n'ont acquis, en effet, que longtemps après 1801 un caractère de précision convenable pour ce genre de produits, mais insuffisant sans aucun doute pour la typographie, malgré les avantages inhérents à l'emploi du doublier, du drap sans fin ou blanchet; à ces appareils, d'ailleurs, il eût fallu joindre, substituer l'équivalent de la frisquette ou garde-marge, dont aujourd'hui même il serait peut-être fort difficile de faire une exacte application aux presses typographiques à formes planes ou cylindriques mues automatiquement[1].

On ne saurait donc, en toute rigueur, faire remonter l'invention de ce dernier genre de presses jusqu'à William Nicholson, dont les essais infructueux témoignent seulement du pressant besoin qu'on éprouvait, en 1790, de s'affranchir des anciennes conditions, si lentes et si peu économiques quand il s'agit du tirage des journaux quotidiens. Or, on peut, jus-

[1] Cela, néanmoins, a été tenté à l'égard de la machine de Nicholson, à brancards conduisant deux rouleaux, l'un encreur, l'autre fouleur, mentionnée ci-dessus, et dont le perfectionnement a été, en 1831, l'objet d'une patente délivrée à M. Robert Winch, de Londres. (*Encyclopédie anglaise de Luke-Hebert*, t. II, p. 352.)

qu'à un certain point, appliquer les mêmes réflexions aux procédés non moins imparfaits par lesquels MM. Donkin et Bacon tentaient, en 1813, d'envelopper les faces planes d'un prisme quadrangulaire de formes ordinaires d'imprimerie, pressées successivement par les quatre faces arrondies et convexes d'un autre prisme à arêtes rentrantes, situées aux intersections respectives de quatre petits rouleaux à bases circulaires, prisme qui tourne, ainsi que le précédent, autour d'axes horizontaux parallèles.

Laissant donc de côté ces ébauches, auxquelles il serait facile, comme on l'a vu, d'en opposer d'autres purement françaises et tout aussi peu concluantes, on est forcément conduit, avec le docteur Ure [1], à attribuer la véritable et première réalisation des presses typographiques automates et continues à l'horloger Frédérick-Kœnig, de Saxe, qui abandonna complétement le système des rouleaux à types imprimeurs, pour se rapprocher de celui des formes planes, mobiles, à rouleaux presseurs fixes, système également proposé par Nicholson dans sa patente de 1790, mais dénué, ainsi qu'on l'a vu, de tout caractère de réussite. La biographie de Kœnig, fort obscure, comme celle de tous les inventeurs, nous laisse d'ailleurs ignorer la date de ses premiers essais, date que certaines personnes font re-

[1] *Dictionary of arts, manufactures, etc.*, 3° édition, p. 1034. Il est à remarquer que, en citant cet ouvrage, je ne prétends nullement attribuer à son auteur toutes les opinions ou indications qui y sont rapportées, sans mention aucune des sources auxquelles il a dû puiser. Ainsi, notamment, l'article qui concerne l'impression typographique est une sorte de reproduction abrégée de celui qu'on trouve dans le recueil intitulé : *The ingeneer's and mechanic's encyclopædia*, par Luke-Hebert, ingénieur civil (Londres, 1836, t. II, p. 344 et suiv.), qui, à son tour, l'a extrait du 3° vol., p. 138 (1828), du *Quarterly Journal of sciences*, où M. Cowper, l'associé de M. Applegath, a lui-même rendu compte des progrès accomplis dans une branche d'industrie qui leur doit en partie ses perfectionnements. Malgré ces circonstances regrettables à mon point de vue, je continuerai, dans l'impossibilité de recourir pour le moment aux textes originaux, à renvoyer le lecteur à l'ouvrage dont M. Ure s'est fait l'éditeur responsable, parce qu'il est bien connu en France, grâce à de nombreux extraits reproduits dans notre langue. Malheureusement, ces renseignements sont insuffisants pour donner

monter à 1793, d'autres à 1804, et qui, en réalité, correspondrait aux années 1810 et 1811, où cet ingénieur, pour mettre à exécution son difficile et coûteux projet, fut obligé de s'adresser au célèbre imprimeur T. Bensley, de Londres, et à M. R. Taylor, l'un des éditeurs du *Philosophical magazine*, qui tous deux fournirent des fonds à Kœnig, alors assisté de M. Bauer, mécanicien allemand, lequel n'avait guère tardé à le suivre en Angleterre.

La première patente de l'auteur date bien du 28 mars 1810; mais la machine elle-même n'aurait commencé à fonctionner régulièrement qu'en 1811, et elle aurait eu simplement pour but, dans cet ancien état, de faire marcher automatiquement une presse ordinaire à platine horizontale. Toutefois Kœnig, ayant conçu quelque temps après l'idée d'enrouler le papier sur un cylindre fouleur à grand diamètre, au moyen de cordonnets sans fin, se fit délivrer successivement, en octobre 1811 et en juillet 1813, deux nouvelles patentes, qui malheureusement ne paraissent pas plus que celle de 1810 avoir été publiées, sinon mises à profit, en Angleterre; et ce ne serait, d'après l'ouvrage cité de M. Ure, que peu avant sa dernière patente, de décembre 1814, que Kœnig serait parvenu à compléter son automate à deux cylindres presseurs en

une idée exacte des transformations successives que le Saxon Kœnig a fait subir à sa machine; et, en attendant qu'on lui élève une statue, il serait au moins aussi utile pour sa mémoire qu'on voulût bien imprimer ses patentes de 1810, 1811, 1813 et 1814, dont, à ce qu'il paraît, il aurait cédé le privilége à M. Bensley lors de son départ d'Angleterre, vers 1818; supposé, toutefois, qu'on puisse en retrouver les originaux au *Patent office* ou au *Rolls chapel* à Londres. Quoi qu'il en soit, il résulte des déclarations de M. Cowper que les dernières machines de Kœnig comportaient réellement un système de cordons sans fin, conducteurs des feuilles de papier, système bientôt appliqué aux presses à rouleaux munis de caractères stéréotypés que MM. Cowper et Applegath essayèrent de substituer à la machine de Kœnig, dans des patentes qui datent non de 1815, comme on le prétend, mais bien de 1818, avec un succès dont il est permis de douter, même pour cette dernière époque, puisque ces deux habiles ingénieurs ne tardèrent pas à revenir aux dispositions adoptées par leur prédécesseur, en y mettant, il est vrai, à profit les divers perfectionnements auxquels ces premières tentatives les

bois, sous lesquels une forme plane et horizontale, munie de ses types ordinaires ou parallélipipédiques, et placée sur un chariot à roulettes, passait et repassait alternativement, recouverte d'une mince couche d'encre, qu'elle recevait d'un vase cylindrique à refoulement de piston, et de rouleaux lamineurs en fonte, étagés par couples, qui la transmettaient ensuite à d'autres rouleaux égalisateurs, parallèles aux précédents ainsi qu'aux cylindres presseurs, mais animés à la fois d'un mouvement de rotation sur eux-mêmes et d'un va-et-vient longitudinal : à ces rouleaux mélangeurs succédaient finalement les véritables rouleaux encreurs, dont l'un étalait la matière, grasse et poissante, sur une table horizontale placée à la suite ou de chaque côté de la forme typographique, en couches excessivement minces, tandis que l'autre, recouvert de cuir, en tournant également sur lui-même, l'y ramassait pour la distribuer régulièrement sur les caractères.

Ces indications succinctes, peu intelligibles sans doute, en l'absence de tout dessin, tendent seulement à montrer que l'encrage mécanique, si perfectionné depuis par Applegath et Edward Cowper, constitue véritablement l'une des plus délicates opérations des presses automates, où, après avoir essayé les rouleaux *toucheurs* revêtus d'un cuir doux, sans coutures

avaient alors conduits. Enfin, on peut voir dans une réclame, sans nom d'auteur, en date du 26 août 1826, insérée à la p. 257, t. VI du *Mechanic's magazine*, que l'on a prétendu dénier à Kœnig l'honneur d'avoir, le premier, imaginé le système de cordons dont il s'agit, système qui aurait déjà été mis en usage dans des machines à régler le papier des livres de compte. Mais comme l'origine et l'existence antérieure de telles machines ne sont pas suffisamment indiquées, il n'est pas possible d'admettre la véracité d'assertions aussi tardives et dénuées de preuves. J'en dirai tout autant d'une remarque consignée dans les ouvrages anglais : que Kœnig aurait emprunté ce même système aux machines à imprimer les étoffes ; car il faudrait auparavant découvrir le nom de l'auteur et la date exacte de l'invention du *blanchet*, ou drap sans fin, qu'on y emploie, et dont l'idée pourrait fort bien avoir été empruntée aux premières tentatives de Kœnig pour imprimer typographiquement à l'aide du cylindre presseur ; ce qui revient, au fond, à supposer que Lefèvre et Handrès auraient importé cette même idée non de l'Angleterre, mais indirectement de l'Allemagne. (Voir p. 160 et suiv. de ce Rapport.)

apparentes, d'après Stanhope, on les enveloppa d'une toile grossière enduite d'une couche de mélasse et de colle forte, dont la combinaison, attribuée à M. Harrild (1810), fut perfectionnée ensuite par M. Bryan Donkin, qui, dans ses essais de presses continues mentionnées ci-dessus, parvint à les remplacer définitivement par d'autres plus élastiques, plus réguliers encore, les mêmes dont M. de Lasteyrie se serait servi dès 1816 en France, où, après avoir été, vers 1819, perfectionnés par le pharmacien chimiste Gannal sous le rapport de la composition, ils furent généralement substitués aux anciennes balles ou tampons à main, jusque-là seules mises en usage dans toutes les imprimeries typographiques.

Quant à la manière dont les feuilles de papier étaient soumises à l'impression dans les machines de Kœnig, il n'est pas parfaitement certain qu'elles fussent d'abord saisies et entraînées, autour des cylindres presseurs ou fouleurs, au moyen de cordonnets, de rubans doubles, à circuits rentrants et sans fin, correspondant respectivement aux diverses marges du papier ou de la forme, remplissant un rôle analogue à celui du doublier et du blanchet des machines à imprimer les étoffes, ou mieux encore, de la frisquette garde-marge des presses typographiques, rubans enfin dont le mouvement continu autour de chacun des cylindres fouleurs aurait dès lors été assuré par le mécanisme même de la presse. Des témoignages contemporains d'un très-grand poids n'en font, en effet, aucune mention ; ils affirment seulement que les feuilles étaient directement placées une à une, à la main et à des intervalles convenables, sur le contour supérieur des cylindres, doués d'un mouvement de progression rotatif, mais intermittent, auquel se joignait un mouvement pareil d'exhaustion correspondant au passage de la forme sous leur partie inférieure; ils nous apprennent encore que cette forme, munie de types et encrée comme on l'a dit, était posée sur un chariot horizontal à roulettes, animé d'un va-et-vient rectiligne, et que conduisait un pignon denté, engrenant extérieurement dans une crémaillère double ou rentrante raccordée, à ses bouts, par des portions circulaires également dentées, autour desquelles le pignon moteur tournait en s'abaissant et s'élevant alternativement, ainsi qu'on en avait déjà un exemple dans les anciennes machines à calandrer les étoffes (Chap. Ier, p. 138). Enfin ils mentionnent explicitement, dans un dernier passage, l'emploi d'un plan flexible et mouvant pour conduire les feuilles de papier au tambour imprimeur.

Ces renseignements, qui résultent d'un examen rapide et insuffisant de la manière de fonctionner des presses dont il s'agit[1], ne sauraient nous empêcher d'admettre avec les historiens anglais, comme un fait incontesté, 1° que, dès 1814, Kœnig avait établi des presses à double effet ou à deux cylindres fouleurs qui, agissant de part et d'autre de l'appareil à encrer, permirent de tirer, par heure, jusqu'à 1 100 feuilles dans les ateliers du journal anglais le *Times*, probablement en *blanc* ou d'un seul côté; 2° que, dans le courant de l'année 1815, Kœnig aurait, pour la première fois seulement, réalisé et fait construire pour M. T. Bensley une dernière machine qui imprimait jusqu'à 750 feuilles par heure, non plus en blanc, mais des deux côtés, en les faisant passer successivement de l'un des cylindres sur l'autre, au moyen de l'ingénieux système de rubans margeurs et parallèles dont il vient

[1] *Bulletin de la Société d'encouragement*, t. XIV, p. 30, t. XV, p. 56, et t. XVIII, p. 69, années 1815, 1816 et 1819. Ces notices, sans figures, écrites à des époques aussi éloignées les unes des autres, et qui paraissent empruntées au célèbre Pictet, de Genève, du moins en partie (*Bibliothèque universelle, etc.*, dates contemporaines), ces notices, dis-je, donneraient une idée assez satisfaisante de l'état de perfectionnement relatif et de progrès des machines de Kœnig et de Bauer aux époques correspondantes, si elles, avaient mentionné les mécanismes servant à la prise et au transport des feuilles autour des cylindres ainsi qu'au registre; en supposant toutefois que ces machines en fussent dès lors pourvues, ce dont il paraît bien difficile de douter d'après les déclarations des auteurs anglais cités dans la précédente note et celle de M. Ambroise Firmin-Didot, qui, dans son intéressant *Essai sur la typographie* inséré au t. XXVI de l'*Encyclopédie moderne*, p. 910, 1851, affirme avoir vu fonctionner en 1814, chez M. Bensley, la presse à deux cylindres, à retiration et cordons conducteurs, en S couchée horizontalement.

d'être parlé; véritables guides sans fin, qui, se repliant en diagonale et tangentiellement entre les cylindres, retournaient naturellement chaque feuille, déjà imprimée sur l'un des côtés, et la reportaient sur le second cylindre fouleur, où elle était de nouveau imprimée sur l'autre côté.

Toutefois le *registre*, c'est-à-dire le repérage ou rentrage exact des deux impressions sur chacun des côtés d'une même feuille, de manière à faire coïncider exactement les pages recto et verso, aurait laissé encore beaucoup à désirer dans cette ingénieuse et primitive machine, et ce ne fut qu'un peu plus tard, par les efforts réunis de MM. Cowper et Applegath, d'abord dirigés sans grand succès dans la voie suivie par Nicholson, Donkin et Bacon, c'est-à-dire en se servant de cylindres entourés de formes courbes stéréotypées, que le but dont il s'agit put être convenablement atteint, à l'aide d'un couple de tambours conducteurs, dits *cylindres de registre*, parallèles et de moyenne dimension, placés un peu au-dessus, dans l'intervalle des cylindres fouleurs, et qu'enveloppèrent des circuits de doubles rubans sans fin, réunis, superposés, deux à deux, à l'intérieur de la machine, où ils maintinrent, par pression et frottement, les feuilles de papier comprises dans leur intervalle, mais entièrement séparés et distincts au dehors, où ils furent dirigés par de petites poulies de renvoi établies le long de la route qu'ils devaient suivre avant de se rejoindre, c'est-à-dire depuis leur sortie du second cylindre fouleur, où, en se séparant, ils abandonnent la feuille, tout imprimée, à un petit rouleau guide *délivreur*, jusqu'à leurs rentrées respectives sur le premier cylindre que précèdent d'autres petits rouleaux *preneurs*. L'ingénieux mécanisme de ceux-ci a d'ailleurs été organisé diversement depuis, mais toujours de manière que les feuilles, posées l'une après l'autre et à la main sur le *margeur* ou plan supérieur incliné à l'horizon, où se fait latéralement le service de la machine, fussent successivement entraînées dans les courants ou circuits parallèles des cordons, qui, après la double impression des feuilles, les déposent, également une à une, sur la seconde table, placée à l'autre bout de la machine, d'où un enfant les reçoit à son tour et les empile dans le même ordre, au fur et à mesure de leur abandon par le rouleau délivreur.

Il est bien entendu, d'ailleurs, que les deux gros cylindres fouleurs et les deux formes à types, placées sur un même chariot horizontal, marchent, pendant leur touche ou contact mutuel et momentané, d'un mouvement tangentiel rigoureusement égal, et qu'il en est ainsi pareillement des rubans sans fin margeurs ou conducteurs des feuilles de papier; résultat auquel on arrivait primitivement par une complication extrême de roues dentées, latérales ou extérieures au bâti, remplacées aujourd'hui, comme on le verra, par des transmissions d'une commande beaucoup plus douce et plus régulière quant à l'exactitude du registre. Sans insister pour le présent, je me contenterai de constater : 1° que dans les machines d'Applegath et de Cowper, substituées définitivement, depuis 1823 ou 1824, à celles de Kœnig et de Bauer, même dans les ateliers d'imprimerie de M. Bensley et du *Times* à Londres, le retournement des feuilles s'opérait réellement entre des tambours, alors en fonte, placés, comme je l'ai dit, au-dessus et dans l'intervalle des cylindres fouleurs; 2° que la transmission de mouvement entre ces divers cylindres s'effectuait consécutivement, au moyen de roues d'engrenages en fer, extérieures, allant de l'une des extrémités à l'autre de la machine ; 3° que le système d'encrage double, placé à ses deux bouts, avait dès lors été perfectionné par M. Applegath, en donnant à certains rouleaux étaleurs des directions obliques par rapport au sens même du mouvement alternatif des tables, et d'où résulte un glissement longitudinal propre à répandre uniformément l'encre typographique dont s'imprègnent, en dernier lieu, les rouleaux droits véritablement encreurs; 4° que, dans la presse de M. Cowper, le pignon servant à imprimer le va-et-vient à ces tables et aux formes typographiques, au lieu d'osciller et d'agir extérieurement à une double crémaillère pleine, comme dans la machine de Kœnig, tournait autour d'un axe vertical fixe et intérieurement aux branches parallèles d'une crémaillère évidée, soutenue, guidée dans ses allées et venues par un système parallélogrammique de leviers articulés, qui lui permettait d'osciller, sur un plan horizontal, longitudinalement et transversalement à l'axe du chariot[1], ce qui simplifia beaucoup le mécanisme; 5° que les cylindres fouleurs, au lieu d'éprouver, comme dans la machine de Kœnig, un mouvement d'ascension lors du passage des formes typographiques, conservaient, ainsi que les tambours de registre, une position invariable dans leurs coussinets à vis de réglage, tandis que, à l'inverse, les rouleaux encreurs et étaleurs étaient susceptibles d'osciller verticalement et librement dans leurs chapes respectives.

Au surplus, MM. Cowper et Applegath, dont les premières patentes datent d'une époque où Kœnig avait probablement déjà quitté Londres, ont introduit dans les presses automates de ce célèbre ingénieur divers autres changements ou perfectionnements de détail qu'il me serait impossible d'indiquer avec une parfaite certitude, et auxquels nos artistes ne sont pas demeurés étrangers, comme on le verra un peu plus loin, après que nous aurons jeté un rapide coup d'œil sur les produits, d'un genre plus ou moins analogue, exposés en 1851, à Londres, par des industriels qui appartiennent, pour ainsi dire, exclusivement à l'Angleterre.

§ III. — Des diverses machines typographiques exposées, en 1851, à Londres. — MM. *Middleton, Napier* et *Waterlow, Cowper, Holm, Hopkinson* et *Cope, Clymer* et *Dixon*, etc., dans la partie anglaise; MM. *Baranowsky, Bauchet-Verlinde, Sörensen*, dans les autres parties.

C'est avec les perfectionnements et changements qui viennent d'être mentionnés en dernier lieu, mais principalement en quadruplant le nombre des formes typographiques, des

[1] Voyez les endroits précédemment cités des t. XV et XVIII du *Bulletin de la Société d'encouragement.* La note insérée à la page 69 de ce dernier volume mentionne l'imprimerie d'un M. *Cooper*, à Londres, comme possédant une presse à vapeur, encore en construction, qui renfermait (1817 ou 1818) la simplification dont il s'agit. Ai-je eu tort d'attribuer cette simpli-

margeurs, etc., de chacun des côtés d'une presse à doubles ou à quadruples cylindres fouleurs, auxquels les feuilles de papier arrivaient par des courants de cordons verticaux descendants et ascendants, que MM. Cowper et Applegath sont parvenus, dit M. Ure, à établir vers 1835, pour le journal le *Times*, des machines capables d'imprimer jusqu'à 4200 feuilles doubles en une heure, c'est-à-dire quatre fois autant qu'en produisait l'ancienne machine de Kœnig et de Bauer en usage dans cet établissement. Or, ce chiffre fut plus tard dépassé encore, et porté de 10 à 11 mille par heure, dans la colossale presse à huit cylindres verticaux que M. Applegath composa pour le même journal, et dont on a vu à l'Exposition de 1851 un remarquable spécimen déjà cité, mais fonctionnant à quatre cylindres fouleurs seulement; modèle construit dans les ateliers de M. T. Middleton, et dont l'exposant, M. Ingram, se servait pour imprimer, sous les yeux du public, le journal *Illustrated London news*, à raison de 4 à 5 mille exemplaires par heure, tirés en blanc ou sur un seul côté.

Dans cette machine, on remarque principalement un grand tambour cylindrique recouvert extérieurement de formes stéréotypées courbes maintenues à vis sur les montants, et à la disposition symétrique desquelles se prêtent admirablement les journaux à hautes pages divisées par colonnes de petite justification. Ce grand tambour vertical, à formes multiples, comprenant nécessairement plusieurs compositions identiques, et dont le nombre est relatif à l'accélération qu'on veut imprimer à la production des exemplaires, ce tambour, dis-je, tourne autour d'un axe central et vertical au moyen de grandes roues horizontales de commande, l'une inférieure, l'autre supérieure, fixées sur son arbre et agissant sur des pignons dentés, qui entraînent, dans leur rotation rapide, les

fication à M. Cowper, l'ingénieur? N'est-il pas probable, au contraire, qu'il y a eu erreur dans l'orthographe du nom de la part du savant Pictet, l'auteur original de la notice, qui l'aura écrite de souvenir et quelque temps après son retour de Londres?

4 ou 8 rouleaux fouleurs tangentiels, à bâtis verticaux très-solides, recevant successivement les feuilles à imprimer d'autant de tables à rouleaux et cordons preneurs placées à la partie supérieure de ces mêmes bâtis, supportant en outre, sans confusion, les équipages correspondants des roues, cylindres fouleurs, poulies de renvoi et cordons sans fin qui servent à conduire, par un mécanisme aussi compliqué que remarquable, les feuilles toutes blanches et humides de la partie supérieure de chacun de ces bâtis jusque sur la surface verticale extérieure des cylindres fouleurs, munis de leurs blanchets : le mouvement rotatoire uniforme de ces cylindres est tellement calculé, d'ailleurs, par rapport à celui du tambour imprimeur revêtu de ses formes stéréotypées, qu'il n'existe, dit-on, à leur surface agissante ou de touche aucune inégalité de vitesse, aucun glissement tangentiel appréciables, si ce n'est, sans doute, pour des yeux exercés et attentifs, qui s'apercevraient très-bien, par le déplacement relatif des longues colonnes du *Times*, que les feuilles ne viennent pas toujours s'appliquer sur les formes, dans le temps et suivant les positions strictement voulus. Quant à la retiration et au registre, on comprend qu'ils doivent se faire dans des conditions comparativement peu avantageuses.

Je n'entrerai ici dans aucun détail, soit quant au système d'encrage à rouleaux verticaux extérieurs, fixes ou oscillants, soit quant à la manière de régler la pression des rouleaux fouleurs sur les tambours imprimeurs, au jeu des cordons et des rouleaux preneurs ou délivreurs, etc. [1]; il me suffit d'en avoir dit assez pour laisser entrevoir toute la complexité et le mérite de la conception de M. Applegath, dont le spécimen déjà cité n'a pourtant pas semblé au Jury de la VIe classe doué d'un caractère de perfectionnement, d'invention ou de nouveauté assez saillant pour mériter une récompense de premier ordre à l'exposant, M. Ingram, simple représentant,

[1] Voyez l'*Essai*, déjà cité, *sur la typographie*, par M. Ambroise Firmin-Didot, t. XXVI de l'*Encyclopédie moderne*, 1851, p. 914.

il est vrai, de l'auteur ou de M. Middleton, ingénieur mécanicien très-habile de Londres, qui jouit d'une grande réputation pour les perfectionnements qu'il a par lui-même apportés aux diverses presses typographiques à vapeur.

Malgré les progrès récemment accomplis en France dans la construction des machines à imprimer les journaux quotidiens ou hebdomadaires, dont il sera dit un mot dans le paragraphe ci-après, je doute que nos artistes aient rien produit d'aussi colossal, sinon d'aussi ingénieux ou d'aussi parfait, et l'on n'en sera nullement surpris si l'on songe à l'incroyable publicité du *Times*, ce géant de la presse quotidienne. L'impression typographique à la vapeur devait, en effet, non-seulement prendre naissance, mais se développer rapidement dans l'officine d'un pareil journal, où, en vue d'atteindre l'extrême limite du bon marché et de la célérité, qui seuls permettent de porter les faits et les idées du jour à la connaissance du grand nombre et des classes les plus pauvres de la société, on ne devait pas craindre autant et l'on ne craint pas toujours assez de suivre l'exemple des fabricants d'almanachs anecdotiques des bons vieux temps, trop peu soucieux de ménager la vue, cet organe si délicat et pourtant si puissant, le plus précieux, peut-être, après celui qui sert de siége même à la pensée.

On n'en doit pas moins reconnaître que les efforts tentés dans cette voie, d'abord plutôt économique qu'artistique, ont été l'origine d'une véritable révolution opérée dans l'art typographique, où, sans renoncer entièrement aux presses à bras de Stanhope pour les ouvrages tirés à un petit nombre d'exemplaires et avec un certain luxe inséparable ici de la précision, on se sert généralement aujourd'hui des presses automates et continues, à cylindres horizontaux, d'un système plus ou moins analogue à celui de l'ingénieur Kœnig, sans prétendre dépasser la limite de vitesse qui permet d'obtenir de sept à huit cents feuilles, recto et verso, par heure; limite au delà de laquelle les vibrations de toutes les parties, les difficultés du service de la machine, l'influence même de la force centrifuge sur les feuilles de papier et les cordons sans fin qui les entraînent autour des rouleaux divers, rendent toute perfection de touche, d'encrage et de registre impossible.

Un bon nombre de machines typographiques ont été exposées au Palais de Cristal, à Londres, parmi lesquelles le Jury de la VIe classe a principalement distingué les presses à cylindres horizontaux de MM. Napier, Waterlow et fils; le modèle exposé par M. Cowper; la machine à platine horizontale, impression verticale et chariot, dite presse *scandinave*, du système Holm, présentée par MM. Hopkinson et Cope, presse marchant, il est vrai, automatiquement, mais avec la lenteur qu'exige le service à la main du tympan et de la frisquette, ainsi que l'enlevage et la pose, une à une, des feuilles de papier.

Ces différentes machines, dont les dernières ont au moins l'avantage de ne pas fatiguer autant les caractères que les presses à cylindre et de fournir un tirage et un registre généralement plus corrects, étaient accompagnées, dans la partie anglaise, d'une quantité d'autres petites presses typographiques, à main ou à bras, telles que celles de MM. Clymer et Dixon; de MM. Hopkinson et Cope, avec encrage au rouleau ordinaire; celles enfin de MM. Cowslade et Lovejoy, E. et W. Ulmer, à encrage purement automatique.

On y voyait aussi diverses presses à copier, dont la plus ancienne, due à l'illustre Watt, perfectionnée ensuite par Bramah, l'auteur même de la presse hydraulique, n'a pour ainsi dire pas cessé, jusqu'à nos jours, de préoccuper les imprimeurs autographes anglais et français; puis des presses à timbres secs ou humides, dont le plus curieux modèle, peut-être, à types multiples imprimant et tournant sous des actions manuelles indépendantes, existe à l'atelier du timbre, à Paris, où le soin des perfectionnements et l'entretien mécanique ont été, pendant longtemps, confiés à notre ingénieux et habile artiste, M. Grimpé, auquel on doit divers perfectionnements appliqués, soit à la gravure mécanique des rouleaux à imprimer les toiles, soit à la construction d'une très-jolie et petite machine à cylindres horizontaux lamineurs, encriers, rouleaux fournisseurs et distributeurs, pour l'impression en encre ordinaire de dessins à étoiles véritablement microscopiques; machine que l'auteur, en concurrence avec MM. Zuber, Knecht et autres, destinait à empêcher les faux en écriture, les contrefaçons et le lavage des papiers timbrés, mais qui arrivait trop tard au concours, déjà plusieurs fois mentionné, ouvert de 1840 à 1844 par notre administration financière. Je citerai, enfin, les presses à découper, numéroter, empiler et compter automatiquement les billets de chemin de fer, de théâtre, etc., dont MM. Church et Goddard, de Birmingham, dans la partie anglaise, M. Baranowsky, de Paris, dans la partie française, ont offert des modèles d'autant plus remarquables, que celui de ce dernier exposant remplit la condition, plus difficile qu'on ne le croirait au premier abord, d'être absolument exempt de toute chance d'erreur.

A la rigueur, on peut encore ranger au nombre des machines d'impression : 1° les ingénieux instruments à régler, rayer uniformément le papier à registre, de M. Shaw, de Dublin, et, plus particulièrement, celui de M. Bauchet-Verlinde, de Lille, qui a disposé sa machine à cylindre de manière que la feuille ne la quitte que complétement rayée des deux côtés; 2° la machine fort curieuse, mais non encore éprouvée, de M. Sörensen, de Danemark, pour composer et distribuer mécaniquement les types d'imprimerie. Toutes ces machines ou instruments, quoique pleins d'intérêt au point de vue de l'art typographique, ne se rattachent que d'une manière fort indirecte au sujet de ce paragraphe, et nous croyons d'autant moins devoir nous y arrêter, qu'ils seront mentionnés dans le rapport du XVIIIe Jury de l'Exposition universelle. A l'égard des machines de M. Sörensen en particulier, nous ferons cependant remarquer qu'elles ne sont pas les premières, soit en France, soit ailleurs, où l'on ait tenté d'opérer la composition, la mise en forme et, ce qui est beaucoup plus difficile, la distribution subséquente des caractères d'imprimerie, par des procédés purement automatiques; procédés dont les principaux inconvénients sont de réussir rarement sur les types mobiles déjà oxydés ou salis par l'encre, et de n'être, par cela même, guère plus expéditifs que ceux où l'on opère exclusivement à la main.

§ IV. — Perfectionnements divers accomplis ou tentés dans la construction des presses typographiques accélérées, à partir de 1820. — MM. *Kœnig* et *Bauer*, en Allemagne; *Hoe*, à New-York; *James Smith*, *Cowper* et *Applegath*, *Church*, etc., en Angleterre; *Selligue* et *Amédée Durand*, *Thonnelier*, *Giroudot*, *Gaveaux*, *Rousselet* et *Normand*, *Dutartre* et *Marinoni*, en France.

On sera, sans nul doute, surpris et on regrettera vivement, au point de vue historique, que, dans l'énumération rapide ci-dessus des presses typographiques, à platine ou à cylindre, exposées en 1851 à Londres, on n'en ait vu figurer aucune qui soit absolument étrangère à la Grande Bretagne. On ne doit évidemment encore attribuer l'absence de nos mécaniciens à ce mémorable concours, et de ceux des États-Unis d'Amérique, de l'Autriche, du Zollverein et de la Belgique, qu'à la difficulté et aux frais de transport d'aussi lourdes et encombrantes machines. Il est bien certain, notamment, que MM. Kœnig et Bauer, les inventeurs des presses automates, de retour dans leur patrie, avaient fondé, pas plus tard qu'en 1819, un établissement considérable de ces machines aux environs de Wurzbourg, dans un couvent que leur avait cédé le Gouvernement, et qu'en octobre 1822 ils avaient entièrement terminé une presse à cylindre, en fer et en fonte, qui n'exigeait que quatre hommes pour être mise en action; circonstance qui laisse supposer l'extension ultérieure de cette branche de fabrication dans toute l'Allemagne, et sur laquelle je me propose de revenir un peu plus tard.

On n'ignore pas non plus les succès obtenus depuis quelques années par M. R. Hoe et Cie, à New-York[1], dans la construction des presses automates accélérées, où des tambours

[1] *Appleton's Dictionary of machines, etc.* New-York, 1852, t. II, p. 483 et suiv.

horizontaux, creux, d'environ 1 m. 60 cent. de diamètre, portent en saillie des formes stéréotypées, occupant le quart de leur circonférence extérieure, environnée d'un certain nombre (quatre) d'appareils distincts à rouleaux encreurs, preneurs et fouleurs, répartis à des intervalles réguliers sur le pourtour du même tambour, dont les formes courbes vont successivement, et après leur encrage respectif, imprimer en blanc des feuilles de papier que des pinces automates, fixées à ce tambour d'après un système déjà ancien et que nous ferons mieux connaître plus loin, saisissent, aux instants convenables, sur les tables à marger, pour en envelopper immédiatement les rouleaux fouleurs, munis de leurs systèmes, également distincts, de circuits parallèles, à cordons conducteurs, et qui, en effleurant de très-près ces tables, se meuvent tangentiellement à la nappe cylindrique des formes à caractères.

Une autre machine, à large cylindre presseur horizontal et à registre, des mêmes constructeurs, sert à la retiration des feuilles, ainsi obtenues en blanc, au moyen de formes planes mobiles à l'ordinaire. Enfin, indépendamment de ces presses automates, capables, dit-on, d'imprimer dix mille exemplaires à l'heure, et dont quelques-unes fonctionnent, depuis plusieurs années déjà, dans les ateliers du journal *la Patrie,* M. Hoe en a construit beaucoup d'autres dans un système plus simple et qui se rapproche davantage de celui des presses à doubles cylindres de Cowper, tout en conservant, à un degré éminent, le caractère de célérité qui plaît et convient tant à la jeune Amérique, quoiqu'il soit trop souvent la source de bien des inconvénients.

Quant à la France, elle n'a certes pas été la dernière à entrer en lice; on sait quelle sensation y a produit, au commencement de 1815, la première nouvelle de l'apparition en Angleterre des presses automates typographiques, et avec quelle sollicitude pour le progrès industriel de notre pays la Société d'encouragement de Paris s'est hâtée, non-seulement de porter à la connaissance du public, par son *Bulletin,* les diverses tentatives faites à Londres, à ce sujet, par MM. Kœnig, Bauer et Cowper, mais aussi de fonder en 1818, pour l'*application de la machine à vapeur aux presses typographiques*, un prix de 2 000 francs, dont le programme semble, il est vrai, indiquer que cette utile et patriotique Société songeait bien plus à la propagation de la machine à vapeur, jusque-là en effet trop peu répandue en France, qu'à l'extrême difficulté inhérente au perfectionnement, au complet changement qu'il était nécessaire d'apporter au mécanisme même des presses en usage, pour les rendre véritablement automatiques ou susceptibles d'une application économique de la force motrice.

Le fait est que rien, en France, ne pouvait faire présager la prompte solution d'un aussi important et difficile problème; car le brevet d'invention pris en 1808 par le nommé Sartorius de Cologne [1], pour une machine à engrenage et cylindres lamineurs ou fouleurs, imitée des presses en taille-douce, n'offrait, malgré quelques idées heureuses, guère de chances de réussite, et celui qui avait été délivré en 1815 à M. John Gilbert Burks, à Paris [2], n'était probablement que la reproduction de la patente anglaise de MM. Donkin et Bacon, avec les récents perfectionnements que ces habiles artistes avaient apportés à leur ingénieuse mais imparfaite machine à *prisme imprimant*, dont le système d'encrage par rouleaux de gélatine était sans contredit la partie la plus utile et la plus remarquable. D'ailleurs, Kœnig et Bauer n'ont, à ma connaissance, pris aucun brevet d'importation en France, ce que je considère comme extrêmement préjudiciable à la gloire de leurs noms et à l'histoire des progrès de la mécanique pratique; et c'est seulement le 24 juin de 1818 que M. Applegath (Auguste) a obtenu, chez nous, un brevet d'importation de dix ans [3], qui a suivi de très-près les patentes an-

[1] *Recueil des brevets expirés*, t. XIV, p. 229.
[2] *Ibid.*, t. XII, p. 227.
[3] *Ibid.*, t. XVI, p. 243, pl. 27 et 28.

glaises de cet ingénieur et de son associé le mécanicien Edward Cowper, de Londres.

En jetant un coup d'œil sur les planches et le texte de ce brevet, on peut se convaincre que la presse typographique à doubles rouleaux fouleurs ne possédait pas encore, tant s'en faut, le degré de simplicité et de perfection qu'elle a acquis un peu plus tard, même chez nous. Je n'en veux pour preuve, d'une part, que les quatre gros tambours conducteurs ou à registre placés au-dessus et intermédiairement aux rouleaux fouleurs, dont Applegath agrandissait outre mesure l'intervalle pour faciliter le service intérieur des feuilles imprimées sur les deux côtés; d'autre part, que cette longue série de roues d'engrenages se conduisant consécutivement d'une extrémité à l'autre de la machine, et que n'accompagnait point encore le système d'encrage à rouleaux étaleurs obliques, quoique ceux des encriers extrêmes offrissent déjà l'ingénieuse combinaison du rouleau alimentaire oscillant, ou à distribution par attouchements alternatifs. Quant à l'appareil servant à entraîner, une à une, les feuilles déposées sur le margeur à toile sans fin douée d'un mouvement intermittent, il était déjà à peu près tel que nous le voyons aujourd'hui encore fonctionnant dans toutes les anciennes presses à deux cylindres fouleurs du système de Cowper et Applegath, où ce mouvement est produit au moyen d'un secteur denté latéral, à contre-poids de recul, retenu brusquement par des courroies, dont les secousses, jointes aux vibrations occasionnées par le jeu et les frottements des engrenages multiples, ne pouvaient qu'être très-nuisibles à l'exactitude du registre et de la touche des cylindres fouleurs sur les formes typographiques. D'ailleurs cet appareil alimentaire ou preneur devait offrir quelque analogie avec celui qui mettait en action le plan flexible et mouvant dont M. Pictet, de Genève, parle dans sa notice, de 1818, sur les machines à imprimer de l'ingénieur Kœnig.

Il est peut-être inutile d'ajouter que la machine d'Applegath, telle qu'elle est décrite dans le brevet d'importation de

1818, comportait déjà des moyens de faire varier la position des poulies de renvoi des cordons conducteurs du papier et la hauteur des tambours extrêmes où s'opère le renversement des feuilles, de manière à en assurer la marche ou l'exactitude de registre, d'autant que la dernière machine de Kœnig offrait, sans aucun doute, des moyens de réglage analogues. Pour ce qui est de l'époque à laquelle Cowper et Applegath parvinrent à réduire leur machine à l'état de simplicité où nous l'avons d'abord envisagée d'après les ouvrages anglais, il ne paraît pas que cela ait eu lieu avant l'époque de 1823 ou 1824, à partir de laquelle les imprimeurs et mécaniciens anglais déjà cités, ainsi que MM. Church, Cartwright (Edward), Rotch, Taylor, J. Smith, etc., s firent, comme à l'envi, breveter, soit en Angleterre, soit en France, pour des presses à imprimer de diverses natures et combinaisons.

D'après cela, on ne doit pas être surpris que le concours prématurément ouvert par notre Société d'encouragement, dans des conditions aussi difficiles, n'ait pas produit tous les résultats qu'elle en avait espérés, même en 1822, où M. Amédée Durand, de Paris, l'inventeur d'un moulin à vent automate, et feu M. Selligue, horloger mécanicien français, aussi habile artiste que minéralogiste distingué, alors établi à Genève, avaient pourtant déjà été brevetés pour des machines de cette espèce (1819 et 1821). On ne saurait surtout être étonné que ces deux et uniques concurrents ne fussent pas en parfaite mesure de remporter le prix, malgré tout ce que pouvaient contenir d'ingénieux leurs machines, qui s'écartaient beaucoup d'ailleurs du système de solution dont il vient d'être parlé[1]. Ainsi notamment de longues chaînes, remplaçant les doubles crémaillères de Kœnig et de Cowper, servaient à donner le va-et-vient horizontal au chariot qui portait la

[1] Il se peut que M. Selligue, lors de son séjour à Genève, ait mis à profit les renseignements recueillis par M. Pictet dans sa visite aux ateliers d'imprimerie de Londres; mais, certes, on n'en saurait conclure, avec quelques auteurs allemands, que les machines décrites par cet artiste dans le tome XXII, p. 139, du *Recueil des brevets expirés* et le tome XXIII,

forme à caractères dans la presse Selligue, où la pose des feuilles se faisait à la main sur l'un des deux gros tambours, tandis que ces doubles chaînes étaient employées à faire mouvoir le rouleau fouleur lui-même, dans la presse de son compétiteur, à tympan incliné, muni, haut et bas, d'un double rang de pinces à deux branches ou fourchettes pour saisir, entraîner, une à une et automatiquement, les feuilles à imprimer, au moyen d'un mécanisme ingénieux mais compliqué, dont, peut-être bien, ce genre de machines n'avait pas jusque-là offert d'exemple [1].

En réalité, ce ne fut qu'en octobre 1823 que le prix a pu être décerné à M. Selligue, alors de retour à Paris, où six de ses presses, mues par une machine à vapeur du système de l'Américain Oliver-Evans, fonctionnaient, depuis plusieurs mois déjà, dans l'imprimerie de M. Chaigneau fils, à raison de 600 feuilles par heure, recto et verso [2]. Ces machines, auxquelles l'auteur a apporté successivement des simplifications, changements ou perfectionnements dont les derniers sont consignés dans un brevet peu intelligible de 1829 [3], se placèrent, non sans peine, au rang des presses à journaux, en offrant ce caractère particulier, qui fut aussi celui de la machine à double cylindre importée par M. J. Smith, que les rouleaux presseurs, d'un fort diamètre et imprimant successivement les feuilles sur chacun des côtés, étaient aussi rapprochés que

p. 159, du *Bulletin de la Société d'encouragement* fussent de pures reproductions des patentes anglaises de Kœnig, dont, au surplus, Selligue a eu le grand tort de ne pas faire la plus petite mention dans ses écrits, imité en cela par le rapporteur de la Société d'encouragement.

[1] *Bulletin de la Société d'encouragement*, t. XXI, p. 383 et 387.

[2] *Ibid.*, t. XXII, p. 272, et t. XXIII, p. 153 à 160.

[3] *Recueil des brevets expirés*, t. XXVIII, p. 70. On trouve aux pages 157 et 369 du même volume d'autres tentatives de presses continues, par M. Selligue, en 1824, et, en 1828, par M. Hirsch, imprimeur à Bordeaux, qu'avait précédé M. Pinard, de la même ville, en 1822 : dans toutes, les marbres ou formes typographiques étaient établis sur de grands disques horizontaux tournants; mais il ne paraît pas que ces colossales machines aient obtenu aucun succès dans l'application. (Voyez, pour cette dernière, le tome XXV, p. 50, du *Recueil des brevets expirés*.)

possible; disposition qui réduisait considérablement l'espace occupé par les premières machines Selligue, où désormais la double crémaillère reprit sa place accoutumée pour opérer le mouvement des formes à caractères, tandis que les rouleaux fouleurs eux-mêmes, réduits à des secteurs excentriques pour rapprocher davantage encore les axes, furent accompagnés d'appareils propres à guider et introduire les feuilles, une à une, dans la machine, avec registre, etc.

A partir de cette même année 1823, où le concours ouvert par la Société d'encouragement de Paris avait été trop hâtivement fermé encore, nos imprimeurs et mécaniciens continuèrent, par des sacrifices souvent onéreux, à se préoccuper du perfectionnement des presses typographiques à mouvement automatique : telle est notamment la machine fort compliquée, à doubles rouleaux presseurs, crémaillères à chariot, chaîne sans fin motrice, volant, etc., que MM. Firmin Didot père et fils ont décrite dans un brevet de septembre 1824. Mais ce ne fut guère avant 1829 que des ingénieurs mécaniciens de Paris, aussi habiles que M. Giroudot, suivi bientôt de M. Thonnelier, se sont décidés à se rapprocher du système à doubles rouleaux presseurs et couple de tambours-registres en bois, très-légers, servant au retournement des feuilles, d'après les derniers perfectionnements appliqués, par les ingénieurs anglais Applegath et Cowper, à ce genre de machines. Grâce à une excellente construction, ces mécaniciens et leurs élèves ne tardèrent pas à affranchir nos imprimeurs de feuilles périodiques d'abord, puis, un peu plus tard, ceux des ouvrages de librairie nommés *labeurs*, du tribut onéreux qu'ils avaient jusque-là payé aux fabricants de Londres.

C'est alors qu'on a vu, dans les presses dont il s'agit, isoler les engrenages des tambours de registre de ceux des cylindres fouleurs, qui se commandèrent mutuellement et directement au moyen de deux grandes roues dentées établies sur le prolongement de leurs arbres respectifs, en dehors et à une certaine distance du bâti à chariot; les chaises en fonte, isolées, de ces prolongements recevoir, à l'une des extrémités du bâti, l'arbre du pignon moteur, à volant et manivelle ou poulie d'embrayage, d'où le mouvement se distribua aux différentes parties mobiles de la machine; des excentriques situées sur le prolongement de cet arbre ou de celui de la grande roue voisine, donner, de part et d'autre du chariot, à l'aide de bielles, de varlets et de longues tringles latérales inclinées, le va-et-vient vertical intermittent et parallèle, aux rouleaux alimentaires ou preneurs des encriers extrêmes; les rouleaux broyeurs remplissant la fonction de réservoirs et accompagnés de racles tangentielles à vis de réglage, comme dans les machines à imprimer les étoffes, recevoir le mouvement rotatoire continu d'équipages latéraux distincts, à poulies graduées et cordons sans fin, commandés par les arbres adjacents et respectifs des cylindres fouleurs, etc.

C'est alors aussi que les rouleaux encreurs ou toucheurs, parallèles et voisins de ces mêmes cylindres, ont été accompagnés d'autres rouleaux distributeurs ou étaleurs, dirigés obliquement sur les tables d'encrage, en bois d'acajou, montées de part et d'autre des marbres, des formes à caractères, tandis que des procédés très-simples et très-ingénieux, également dus, à ce qu'il paraît, à Cowper et Applegath, servirent à opérer automatiquement la prise des feuilles de papier sur la table à marger, munie de taquets ou points de repérage convenables, non plus simplement à l'aide du va-et-vient, à mouvement intermittent brusque, qu'imprimait à la toile sans fin le secteur denté à contre-poids de recul dont il a été parlé, mais bien au moyen d'une petite bascule mise en jeu par des cames ou excentriques latérales, à soulèvements et abaissements intermittents, et dont le rouleau horizontal en fer, occupant transversalement toute la largeur de la table ou du cylindre preneur, fut armé de renflements, de disques, nommés *boules,* qui tournèrent, en s'abattant, sur le bout antérieur du papier, pour l'entraîner dans le circuit des doubles cordons margeurs.

C'est alors, enfin, que l'on parvint à établir le registre ou repérage des mêmes feuilles sur les tambours en bois conducteurs, ainsi qu'à tendre, assujettir et *excentrer* convenablement les surcharges des cylindres fouleurs, composées de cartons, de blanchets en laine recouverts d'une toile mince, et à les mettre en rapport avec les deux formes d'imprimerie, les tambours conducteurs et l'appareil à boules ou preneur, dans des conditions d'exactitude vraiment surprenantes, et cela au moyen de vis de rappel ou de tension appliquées à des tiges-supports, à des tringles habilement disposées et propres, non-seulement à assurer la position des blanchets, la marche des cordons sans fin sur leurs poulies et rouleaux de renvoi, en fer ou en cuivre, mais aussi à donner à l'un des tambours conducteurs ou de registre la hauteur qui lui convient pour régler dans chaque cas, pendant la marche même de la machine, le retard ou l'avance du retournement des feuilles de papier à leur arrivée sur l'autre cylindre; ce qui s'opéra au moyen d'un petit tourniquet supérieur à main faisant mouvoir solidairement des vis verticales qui soutinrent, de part et d'autre, les coussinets à coulisses du premier de ces cylindres; disposition spécialement adoptée par M. Thonnelier, et qu'on voit aujourd'hui appliquée à toutes les presses mécaniques du même genre.

Quoique le brevet de cinq ans pris en France par M. Giroudot, à la date du 11 septembre 1829, porte le titre d'*invention* et de *perfectionnement*.[1], il serait difficile d'y reconnaître ce qui peut appartenir en propre à l'auteur, d'autant que le texte explicatif et les dessins imprimés dans la collection officielle des brevets, sont incomplets, tronqués à beaucoup d'égards, et manquent de la clarté et de la franchise nécessaires. Ainsi, par exemple, doit-on à M. Giroudot l'idée de la grande came ou onde fermée, extérieure et latérale, qui, sur l'arbre du cylindre fouleur voisin de la table à marger, met en action la tringle horizontale à boules, servant à la prise mécanique des feuilles de papier, au moyen d'un levier coudé latéral oscillant, armé d'un galet directeur roulant sur

[1] Tome XXVIII, page 270, du *Recueil des brevets expirés.*

le contour ondulé de cette came; système dont un modèle, construit par Gaveaux père pour les ateliers de MM. Didot, à Paris, offre un perfectionnement très-essentiel, consistant à éloigner ou rapprocher le galet curseur de son centre d'oscillation, de manière à pouvoir avancer ou retarder facultativement et sans arrêter la machine, l'instant de la prise des feuilles sur la table à marger? Doit-on, d'autre part, attribuer à M. Giroudot la simplification remarquable qu'on aperçoit dans les deux seules élévations que comportent les dessins annexés à son brevet de 1829, et qui consiste dans la suppression complète des roues dentées conductrices des tambours en bois de registre, ici forcément remplacées par de petites sangles sans fin, de rives, parallèles aux cordons ou guides des feuilles de papier? Cette disposition, en effet, aujourd'hui généralement adoptée en France dans les machines à deux cylindres écartés, n'offre, sous le rapport du glissement des sangles et de l'exactitude du registre, aucune des difficultés qu'on pourrait redouter à première vue, si l'on n'avait point égard à la légèreté, à la grande mobilité de ces tambours, dont la marche, ainsi mise en rapport intime avec celle des cordons sans fin margeurs et des cylindres fouleurs, est d'ailleurs assurée au moyen de vis de réglage appliquées aux poulies de tension ou de renvoi de ces petites sangles extrêmes?

Dans l'impossibilité de recourir aux patentes originales de Cowper et Applegath, je ne hasarderai aucun jugement au sujet de ces perfectionnements [1], non plus que de plusieurs

[1] Il est bien certain, néanmoins, que la perspective de la machine à deux cylindres de ces ingénieurs, telle qu'elle se trouve reproduite et calquée dans tous les ouvrages technologiques anglais et français depuis plus de vingt-cinq ans, en y comprenant même l'*Illustrated catalogue of the great exhibition 1851*, n'a pas cessé de nous montrer les tambours de registre munis de leur paire de roues d'engrenage en fer, et il n'y a en cela rien qui doive nous surprendre, d'après les habitudes bien connues des constructeurs de la Grande-Bretagne, et la perfection qu'ils savent apporter dans la taille et la division mécanique des dentures.

autres relatifs, soit au contenu du brevet de M. Giroudot, soit à celui de l'intéressant Mémoire présenté, en 1832, par M. Thonnelier à la Société d'encouragement de Paris [1]. Je me contenterai de faire remarquer que les machines dont il s'agit tombèrent, par le fait de ces publications, dans le domaine public à partir des années 1832 et 1834, où leurs habiles successeurs firent subir à ces mêmes machines des transformations et changements divers, dont il me serait bien difficile, sans le secours du dessin, de donner une indication précise, et qui, aux Expositions françaises de 1834, 1839, 1844 et 1849, auront, en partie, motivé les récompenses honorifiques décernées à MM. Gaveaux père et fils, Dutartre, Normand, etc., pour des machines destinées la plupart à l'impression des journaux ou recueils périodiques.

Telles sont, notamment, les machines à doubles cylindres dites *à réaction*, tirant jusqu'à 4 000 exemplaires ou feuilles simples à l'heure, recto et verso, et dont, à partir de 1840, M. Normand, breveté pour cette importante modification, a fourni *le Siècle, la Presse, le Constitutionnel, les Débats.* Telle est aussi la colossale machine à gros cylindres que M. Dutartre a livrée au journal *la Semaine,* et qu'on retrouve aujourd'hui encore dans les ateliers de MM. Didot frères, imprimant sur les deux côtés, à raison de 800 à l'heure, des feuilles d'une dimension double, ornées, au recto, de vignettes, de sujets illustrés, obtenus à l'aide de clichés intercalés dans des formes d'une dimension proportionnée. Par ces heureuses combinaisons, nos constructeurs avaient complétement arrêté l'importation des presses de Cowper et Applegath, qui ne pouvaient s'appliquer aux journaux ordinaires qu'en doublant et quadruplant la composition.

M. Normand, en particulier, qui continuait à suivre la voie dans laquelle s'étaient primitivement engagés MM. Gaveaux et Rousselet aîné, multiplia les cylindres de son système à réac-

[1] Tome XXXI, page 114, du *Bulletin,* où l'on trouve aussi, page 109, le rapport lumineux qui a été fait par feu Francœur sur la machine Thonnelier, du système Cowper et Applegath.

tion, où chacun de ces cylindres, après avoir imprimé les feuilles en double, au recto et sur une seule composition, en tournant sur lui-même dans un certain sens, tourne aussitôt en sens contraire, de manière à imprimer le verso sur la même composition et par le retour du chariot ou de la forme nouvellement encrée : chacune de ces feuilles de papier, conduite du cylindre fouleur à un tambour régulateur en bois ou de registre spécial par un ingénieux circuit de cordons, marchant, ainsi que le tambour, toujours dans le même sens et dirigés, aux points de prise, de passage ou de croisement, par d'autres rouleaux à oscillations intermittentes, fixés à l'extrémité de leviers coudés basculant au moyen d'ondes, de cames excentriques, chacune de ces feuilles, dis-je, contient deux exemplaires résultant d'une seule et même composition ou d'un simple cylindre fouleur; de sorte qu'une machine à deux, trois ou quatre cylindres en fournirait quatre, six ou huit dans le même temps [1].

Les premières presses de ce système, à quatre cylindres, datent de 1848 : l'une, par M. Normand, brevetée en janvier 1848, continue depuis cette époque à fonctionner sans transformation au journal *le Constitutionnel;* l'autre, par M. Gaveaux fils, brevetée en octobre de la même année et

[1] Le système à *double effet* ou rotation alternative, considéré dans son application à un seul cylindre, est déjà fort ancien : il a été, en novembre 1826, l'objet d'un brevet d'importation (t. XXII, p. 238), délivré au sieur Middendorp (J. G.), qui, associé avec M. Gaultier-Laguionie, mécanicien de Paris, obtint, du jury de l'Exposition nationale de 1827, une médaille de bronze, motivée sur la nouveauté du principe à l'aide duquel on obtenait un tirage, en blanc, de 2 000 feuilles à l'heure, par une machine à encriers extrêmes, rouleaux preneurs oscillants à boules et doubles margeurs munis de pointes à repérer, fixées à une tringle à ressort, basculant par un mécanisme de leviers, livrant enfin les feuilles à des circuits de cordons conducteurs. Quant au chariot porte-forme ou marbre, il était établi, dès lors, sur quatre roues à gorge ou grands galets en fonte, roulant sur des rails inférieurs, et il recevait, par une crémaillère à rouage, manivelle et galet excentrique glissant le long de coulisses verticales fixées au chariot, un mouvement de va-et-vient imparfait et très-rude, emprunté sans doute aux machines allemandes ou anglaises.

fournie au journal *la Presse*, a été transformée depuis par M. Marinoni (Hippolyte), habile constructeur de presses mécaniques à Paris, momentanément associé en 1850 à M. Normand, lequel ne tarda pas à renoncer au système à quatre cylindres, tandis que son jeune compétiteur n'a cessé dès lors d'en améliorer le dispositif et d'en diminuer les inconvénients, sous le rapport de l'étendue en hauteur et en longueur; inconvénients, au surplus, dont les presses de Cowper et Applegath à quatre cylindres, anciennement établies dans les ateliers du *Times*, étaient loin d'être exemptes, et qui ont motivé leur remplacement par les presses à tambours verticaux dont il a déjà été parlé.

A ce genre de machines se rattachent d'ailleurs deux presses typographiques de l'Imprimerie impériale à Paris, dont la plus ancienne, dite *sauteuse*, à deux cylindres oscillant verticalement, mais à rotation continue, construite par M. Gaveaux sur le système Rousselet, de 1833 à 1834, offre un gros tambour à registre ou retournement, placé au-dessus dans l'intervalle des précédents, et qu'accompagnent d'autres petits tambours conducteurs des feuilles; machine à laquelle M. Perin, jeune et intelligent chef de l'atelier mécanique de ce grand établissement, a fait, dans ces dernières années, subir une utile modification, en ajoutant un système de margeur et preneur mécaniques à l'un des cylindres fouleurs, de manière à obtenir un tirage double, mais seulement en blanc; tirage dont jusque-là le besoin se faisait particulièrement sentir à l'Imprimerie impériale, malgré l'emploi d'un assez grand nombre de presses à simple cylindre tirant aussi en blanc ou sur un seul côté de la feuille[1].

[1] Ce même établissement doit aussi à M. Perin quelques utiles modifications apportées aux appareils à satiner les feuilles de papier déjà imprimées, établis en 1840 par M. Desenne, alors chef de service, appareils où ces feuilles, placées à l'ordinaire entre des cartons lisses, sont empilées au-dessus des brancards d'un chariot roulant sur des rails à plaques tournantes, et destiné à conserver indéfiniment la pression, après le passage de la pile sous de puissantes presses hydrauliques, au moyen d'étriers en fer verticaux, le long desquels glisse un chapeau horizontal maintenu fortement

Quant à la presse à réaction et trois cylindres fournie par M. Normand au même établissement, c'est un très-beau spécimen des machines à imprimer les journaux qui fonctionnent depuis un certain temps (1849) dans les ateliers du *Moniteur* et des *Débats*, etc., à raison de 5 000 exemplaires à l'heure, et dont la combinaison, fort différente de celle de l'ancienne machine du *Times* à quatre cylindres horizontaux fouleurs et oscillants, mériterait bien d'être décrite ici dans ses principaux organes ou modes d'opérer, si je n'avais déjà beaucoup insisté sur ce qu'offre d'essentiel ce genre de combinaisons, qui ne manqueront pas de se reproduire perfectionnées à l'Exposition universelle de 1855. Il me suffira, d'une part, de remarquer que, à produit égal, il y a une différence notable en faveur de nos constructeurs français, puisque le registre se fait du même coup, sans être contraint de marger les feuilles à deux reprises, comme cela a lieu encore dans les machines anglaises; d'autre part, de rappeler que les machines à trois ou quatre cylindres fouleurs, qui ont spécialement pour but d'accélérer l'impression des feuilles périodiques tirées à un grand nombre d'exemplaires, en faisant épargner ainsi les frais de plusieurs compositions ou d'un agrandissement inévitable de local, présentent, en revanche,

par des clefs, à la position extrême qu'il a prise en s'abaissant parallèlement sous les efforts du piston des mêmes presses. Cette ingénieuse combinaison, imitée depuis 1849 dans d'autres établissements nationaux ou étrangers, a apporté une grande économie dans les procédés de satinage par la presse à vis, dont jusque-là on s'était exclusivement servi à l'Imprimerie impériale, qui possède aujourd'hui jusqu'à vingt chariots de ce genre, employés simultanément. Enfin le même établissement possède aussi des moyens de repérage très-précis, appliqués aux tympans de celles des presses à la Stanhope qui sont destinées à opérer des tirages multiples, et il doit à M. Perin un remarquable appareil à sécher les feuilles de papier sortant des presses typographiques; appareil dans lequel ces feuilles traversent, entre deux toiles sans fin guidées par des rouleaux, un espace clos de toutes parts et rempli d'un air chauffé convenablement. L'expérience d'une année a confirmé la supériorité de ce procédé sur le séchage par le contact presque immédiat du papier contre des surfaces métalliques, qui ne laissent pas à l'humidité le temps nécessaire de s'évaporer sous l'action absorbante de l'air ambiant.

l'inconvénient de fatiguer, d'user promptement les caractères, en raison de la petitesse du diamètre qu'on se voit obligé de donner à ces cylindres, dont l'extrême courbure ne saurait d'ailleurs produire des impressions aussi parfaites, quand bien même le système des encriers et des rouleaux toucheurs aurait toute la perfection, le développement qu'il possède dans les machines à deux cylindres d'Applegath.

L'un des plus graves inconvénients, sans contredit, des grandes presses à journaux, d'ailleurs si compliquées et si coûteuses, c'est l'obligation de produire en une ou deux heures au plus le travail d'une journée entière, puis de demeurer inactives pendant le temps écoulé entre les tirages consécutifs; temps, il est vrai, qui comprend la durée, assez longue, de la mise en train, fatale surtout aux labeurs tirés à un nombre d'exemplaires comparativement restreint. Aussi ne saurait-on être surpris de voir aujourd'hui les ateliers d'imprimerie des journaux et des ouvrages de librairie même encombrés de presses mécaniques de tous systèmes et de toutes époques, la plupart en chômage, et dont les ouvriers, pour être utilisés, ont besoin de changer fréquemment de genre d'occupations ou de machines. Cet état de choses, joint aux modifications incessamment apportées aux divers mécanismes et procédés d'impression, semblerait indiquer une infériorité relative de cette branche d'industrie, qui n'aurait point encore atteint le degré de perfection désirable; mais c'est là, à mon sens, une erreur : le propre des arts en progrès étant de ne pouvoir rester stationnaires sans déchoir, surtout lorsque, par la variété et la spécialité du but, ils doivent s'accommoder à des besoins multiples, à des goûts changeants, rendus, par suite de ces perfectionnements mêmes, de plus en plus difficiles à satisfaire.

En un mot, et c'est le cas plus que jamais de le redire, ici comme dans les autres branches d'industrie, une même machine, quelque parfaite qu'on la suppose, ne saurait convenir à tous les genres de travaux, d'autant que, à en juger d'après le grand nombre de tentatives dues aux plus éminents artistes de France, d'Allemagne, d'Angleterre et des États-Unis d'Amérique, entre lesquels la lutte s'est jusqu'à présent établie, il semble que vitesse et précision, bon marché et perfection des produits soient des qualités à peu près incompatibles, du moins dans une même machine. Ce n'est pas là cependant un motif pour désespérer des efforts que nous voyons journellement dirigés vers le perfectionnement des presses à journaux : spécialité particulièrement digne d'intérêt au point de vue philosophique et politique, et dans laquelle surgissent de loin en loin, même chez nous[1], des essais qui rappellent ceux par lesquels Bryan-Donkin et Bacon, en Angleterre, se proposaient d'imprimer le papier continu ou sans fin, au moyen d'un cylindre revêtu de caractères stéréotypés; système qui ne semble guère convenir toutefois à la composition économique et rapide de ce genre d'ouvrages, dont, fort heureusement, les belles et gigantesques machines qui y sont aujourd'hui appliquées, après tant d'efforts persévérants, n'ont pas trop détourné nos constructeurs du soin d'améliorer les petites presses à un ou deux cylindres, servant à l'impression des ouvrages ordinaires de librairie.

§ V. — Principalement consacré à l'exposé des progrès accomplis dans la construction des petites machines à labeurs, illustrés, etc., avec preneurs à brosses ou à pinces. — MM. *J. Smith*, *Rousselet*, *Normand*, *Dutartre*, *Alauzet*, *Capiomont*, etc., en France; *Kœnig* et *Bauer*, *Sigl* et *Reichenbach*, en Allemagne.

A l'égard des machines spécialement consacrées à l'impression des labeurs et ouvrages de luxe, on peut dire qu'il s'est opéré depuis un certain nombre d'années, en France et en Allemagne, une véritable révolution, dans laquelle on a vu négliger de plus en plus les machines à tambours et cordons conducteurs, malgré des perfectionnements successifs, dont je me suis efforcé de rendre compte et qui constituent véritablement de ces machines de précieux, de parfaits automates, à

[1] M. Giroudot fils a présenté une machine typographique de ce genre à l'Exposition française de 1849 (t. II, page 172, du *Rapport*).

cela près toutefois des soins incessants, inévitables, que réclament la pose et l'enlevage même des feuilles, une à une, pour en surveiller la correcte impression.

Le motif de ce délaissement, sinon de cet abandon absolu, est facile à apercevoir, quand on réfléchit aux dimensions et au prix de semblables machines, où la délivrance des feuilles se fait entre les cylindres fouleurs, sous les rouleaux de registre, et ne permet guère une réduction de l'espace en largeur et en hauteur, sans entraves pour le service, ou sans tomber, pour les divers cylindres, dans des proportions qui compromettent la beauté même et la rectitude de l'impression, ce dont quelques machines déjà anciennes offrent des exemples. Ces considérations peuvent servir d'ailleurs à faire comprendre pourquoi M. Selligue, suivi bientôt de MM. Rousselet, Gaveaux et Normand, ont tenté, à partir de 1829, de supprimer les rouleaux de registre pour diminuer l'intervalle des cylindres fouleurs, en rejetant au dehors de la machine les mécanismes qui servent à la délivrance et au retournement des feuilles de papier, de manière à se rapprocher du système de petites machines importé d'Angleterre en France par feu J. Smith, dont l'imprimerie à Paris, succursale d'une autre de Londres à laquelle Kœnig avait anciennement fourni des presses, était principalement consacrée à la publication des bibles, à partir de 1823, mais peut fort bien avoir fait usage de procédés mécaniques très-distincts de ceux que suppose le brevet du 6 août 1824, déjà mentionné[1] et dont les descriptions, texte ou dessins montrent d'ailleurs une intelligence des fonctions les plus délicates des principaux organes, jointe à un caractère d'originalité et de précision dans les détails, qui ne sauraient appartenir qu'à un esprit parfaitement éclairé et à une machine fonctionnant, je dis plus, perfectionnée, de longue date, par l'auteur. Or, J. Smith, le propriétaire de ce brevet, n'était rien moins que mécanicien, et il nous y laisse complétement ignorer le nom du constructeur ou patenté

[1] Tome XXXIX, page 55, du *Recueil des brevets expirés.*

anglais, selon une habitude déjà ancienne et dont les intérêts mercantiles ne justifient pas suffisamment l'immorale, la décourageante injustice envers les inventeurs et la société, qui, au surplus, paraissent moins disposés de nos jours à en tolérer le fâcheux abus dans les transactions commerciales.

Ce qui caractérise principalement la machine dont il s'agit, indépendamment du rapprochement des deux cylindres fouleurs que conduisent des engrenages extérieurs au bâti, c'est le système particulier des preneurs mécaniques à pinces servant à saisir le papier et à le retenir sur les cylindres fouleurs; c'est le système des rouleaux d'encriers placés aux deux bouts de la machine, mais étagés les uns au-dessus des autres sous le réservoir à encre; c'est enfin le dispositif même du va-et-vient imprimé au chariot porte-forme, et du soulèvement alternatif, au-dessus de ces formes, des cylindres fouleurs, qui, en fonte épaisse, agissent toujours par leur poids propre. Portés sur de forts montants verticaux également en fonte, à coulisses, et que soutiennent, vers le bas, des bascules à ressorts ou à contre-poids repousseurs et souleveurs, ces cylindres sont mis alternativement en action, au passage de chaque forme à caractères, par des systèmes de petits leviers articulés ou genoux tournant, sur rotules, d'une part, à l'extrémité supérieure fixée au bâti de la machine; d'une autre, à l'extrémité inférieure appuyée sur des étriers horizontaux qui tendent à soulever les bascules ou à comprimer les ressorts, de manière à laisser agir, aux instants voulus, chacun des cylindres par son propre poids sur la forme à caractères.

Cet ingénieux mécanisme, dont les genoux sont réunis par une traverse horizontale articulée à ses bouts, et que surmontent des étriers à-coulisse ou fourchette légèrement oblique sur la verticale, poussée de gauche et de droite par l'arbre conducteur à mouvement excentrique ci-après, ce mécanisme, dis-je, se lie de la manière la plus intime à celui du va-et-vient du chariot à crémaillère, pignon d'angle et joint universel de Cardan, originairement adopté, comme on l'a vu, par Kœnig et Bauer, ainsi que le système de soulèvement des cylindres, dont le principe réside ici précisément dans les excursions coniques de l'arbre de ce pignon, qui, agissant comme un véritable galet excentrique à l'égard de la coulisse oblique dont il vient d'être parlé, imprime à son support inférieur le va-et-vient horizontal d'où résultent le redressement et le fléchissement alternatifs des appareils à genoux.

Quant aux preneurs mécaniques à pinces, ils sont montés respectivement sur de petits arbres en fer horizontaux, logés à l'intérieur et parallèlement aux axes respectifs des cylindres fouleurs, dont les tambours creux sont, à cet effet, ouverts longitudinalement, pour le libre passage ou basculement de lames saillantes, sorte de doigts qui constituent les pinces par lesquelles se trouve pressé, aux instants voulus, le papier contre les surfaces d'appui pratiquées à fleur de chacun des tambours ou cylindres. Ce basculement, opéré tantôt dans un sens, tantôt dans l'autre, au moyen d'un mécanisme à rouages dentés intérieurs, emporté dans le mouvement des cylindres, offrait d'ailleurs une grande complication dans cette primitive et ingénieuse machine, où le mouvement était périodiquement imprimé à ce mécanisme au moyen d'une petite manivelle montée sur le prolongement de l'un de ses arbres horizontaux, et dont la manette ou bouton venait glisser latéralement sur des ondes ou guides de diverses courbures et inclinaisons établies, en dehors, sur une pièce verticale oscillante en fonte, fixée à l'un des côtés du bâti de la presse.

Indépendamment du mécanisme des pinces, la machine comportait des circuits de cordons sans fin margeurs, mais simples, pour guider les feuilles de papier diagonalement entre les cylindres fouleurs, ou tangentiellement à la sortie de l'un d'eux, probablement ainsi que cela avait lieu dans les anciennes machines de Kœnig : ces feuilles, posées une à une sur la table à marger, étaient successivement soumises à l'action spontanée des pinces du cylindre voisin, qui les entraînaient en les enroulant contre la surface extérieure, d'où, après une révolution entière accomplie, celles de l'autre cylindre, d'abord renversées, puis basculant, les saisissaient au passage en les enroulant de même à sa surface extérieure, pendant que, soutenues par les cordons diagonaux, elles étaient enroulées, puis bientôt expulsées au moyen d'un autre circuit de cordons délivreurs, agissant à la partie basse et postérieure de ce second cylindre.

Enfin, dans la machine importée par Smith, les systèmes encreurs, placés, comme on l'a dit, de part et d'autre des deux cylindres fouleurs, sont composés de rouleaux étagés et groupés à peu près ainsi que dans la machine de Kœnig et Bauer; c'est-à-dire que, mis en mouvement par de petites crémaillères placées au-dessus du chariot à caractères, ils étaient constitués chacun d'un réservoir supérieur à encre et de quatre rouleaux ou petits cylindres : l'un, fournisseur à rotation intermittente, produite par un rochet à déclic et levier mis en action par un taquet fixé à l'extrémité correspondante du chariot; le suivant, véritable preneur ou pourvoyeur à soulèvement alternatif, par un levier à galet roulant sur un plan incliné fixé pareillement au-dessus de la table à caractères; le troisième, égalisateur ou répartiteur, tournant et oscillant longitudinalement au moyen d'un tourillon à vis; le quatrième enfin, le plus bas de tous, recouvert d'une composition élastique comme le second, et remplissant la fonction de rouleau toucheur à l'égard des formes à caractères, dont il recevait le va-et-vient rotatoire par simple contact ou roulement.

Malgré toutes les peines que je me suis données auprès des plus anciens et plus habiles imprimeurs, typographes ou mécaniciens de Paris, j'ai dû renoncer à l'espoir de découvrir le nom de l'inventeur et du constructeur anglais de cette curieuse machine, qui offre un caractère si différent de celui des presses mécaniques de Cowper et Applegath, et dont aucun des ouvrages de technologie qu'il m'a jusqu'ici été loisible de consulter ne fait la plus petite mention, soit, peut-être, à cause de sa complication, plus apparente encore que réelle, soit pour tel autre motif qu'il m'est impossible de deviner. Mais, par cela même que cette machine nous est venue de Londres, sans nom d'auteur ou de constructeur, sans date de patente ni d'invention, je serais tenté d'admettre, en attendant des preuves contraires, que, précédée d'ailleurs de la machine à un cylindre également à pinces, mais imprimant en blanc ou à pointures, elle aura fait l'objet de quelqu'une des patentes délivrées à Kœnig ou à l'un de ses imitateurs, sinon dans l'intervalle de 1810 à 1815, c'est-à-dire pendant son séjour à Londres, du moins peu de temps après son retour en Allemagne; patente dont le brevet d'importation, délivré à J. Smith en 1824, ne serait ainsi que la simple et correcte traduction en notre langue. J'aurais finalement adopté cette opinion, après de vaines recherches dans les recueils consacrés aux inventions anglaises pour y découvrir une trace quelconque de machines analogues, si les Rapports des jurys allemands sur les Expositions de 1844 et 1854, à Berlin et à Munich, ne m'avaient appris que Kœnig et Bauer, associés à Klosterzell, près de Wurzbourg, comme on l'a vu, avaient, dans ces derniers temps seulement, abandonné les circuits de cordons conducteurs ou margeurs (*frisket-bänder*), pour y substituer un système de preneurs mécaniques qui accompagnent la feuille et la maintiennent contre le cylindre jusqu'à la fin de la pression, système qui doit se confondre avec l'appareil à pinces dont il vient d'être parlé : ce changement, au surplus, aurait été suivi de simplifications et de perfectionnements dans le mécanisme des anciennes presses, qui, à cela près du principe fondamental, en constitueraient, pour ainsi dire, des machines entièrement nouvelles et distinctes [1].

Ces fâcheuses incertitudes, jointes à la circonstance que

[1] *Amtlicher bericht über die Algemeine deutsche gewerbe-aufstellung, in Berlin, im jahre 1844*, 2e partie, 1re Section, page 519. En renvoyant le lecteur au recueil de la Société d'encouragement de Berlin, intitulé: *Verhandlungen des Vereins zur befœrderung des Gewerbfleisses in Preussen, pro 1838*, dont les minutieuses descriptions concernent uniquement des machines à cordons et rouages multiples, le rapporteur ne fait pas, en effet, remonter l'emploi des preneurs mécaniques à pinces dans l'établissement de Klosterzell au

la machine à cylindres et preneurs à pinces est récemment devenue en France, dans ses principaux organes ou moyens de solution, le type et le point de départ de beaucoup d'autres dont les avantages, au point de vue de la précision, de l'économie et de la facilité du travail sont incontestables, ces motifs serviront, j'espère, d'explication et d'excuse à l'insistance que j'ai mise, au début de ce chapitre, à recueillir les traces,

delà de 1843, date postérieure de vingt années environ à celle où l'on s'en était servi en France, et à fortiori en Angleterre. Mais ces précieuses indications ne nous apprennent rien concernant les premières tentatives de Kœnig à ce sujet, tentatives qui, à la rigueur, pourraient bien remonter à l'époque de son séjour à Londres. Je ne considère même pas comme parfaitement démonstratif le silence que son associé et successeur Bauer a gardé relativement aux preneurs à pinces dans un écrit publié, en allemand et en anglais, à l'occasion de l'Exposition universelle de Londres, écrit dont je dois la toute récente communication à l'obligeance de M. Wiebahn, conseiller supérieur de Sa Majesté le Roi de Prusse; car cette notice, postérieure de dix-huit années à la mort de Kœnig, survenue le 17 janvier 1833, ne contient qu'un extrait incomplet des patentes anglaises de ce célèbre ingénieur; extrait où l'on se propose seulement de démontrer l'injustice, le plagiat qui auraient été commis par MM. Bensley, Cowper et leurs adhérents envers les inventeurs et M. R. Taylor, spécialement en ce qui concerne l'invention et la construction des presses à cordons et de leur ingénieux et original système de preneur mécanique, composé, comme on l'a vu, d'une table à marger flexible et mouvante.

Néanmoins, je regrette vivement que la notice de M. Bauer, imprimée en 1851 chez Brockhaus, à Leipsick, et comportant 16 pages grand in-f°, ne me soit parvenue qu'après la composition et la mise en page même des précédents paragraphes de ce chapitre. Les documents véridiques et pleins de sincérité qu'elle renferme m'auraient permis, tout à la fois, d'être plus rapide, plus clair et plus affirmatif quant aux titres imprescriptibles et divers de Kœnig aux hommages de la postérité. Qu'il me suffise ici de faire observer que cette même notice ne contient rien de contraire à ce que j'en ai précédemment écrit, et que les documents qu'elle m'aurait permis de mettre à profit concernent principalement le mécanisme des châssis à frisquettes et des équipages de roues, de secteurs dentés et de cames étoilées dont Kœnig se servait dans ses premières presses automates à platine, à cylindre ou à cônes fouleurs multiples roulant sur une plate-forme circulaire horizontale; presses en elles-mêmes très-ingénieuses, à mouvements intermittents et où ne figuraient point encore (1810 à 1813) les circuits de doubles cordons margeurs.

les documents, souvent contradictoires et imparfaits, relatifs aux premiers travaux de l'ingénieur Frédérick Kœnig et de son associé le mécanicien constructeur Bauer.

M. Rousselet (Edme-Jacques), de Paris, est, je crois, le premier, en France, qui se soit approprié, en les modifiant toutefois, les principales dispositions des presses à doubles cylindres importées par Smith, dans un brevet du 27 mars 1833[1], où, tout en conservant l'équipage inférieur de la machine, on remplace les encriers de Kœnig par des appareils à rouleaux droits et obliques d'Applegath, resserrés entre eux et rapprochés de part et d'autre des cylindres fouleurs, en même temps qu'on substitue aux systèmes de preneurs à pinces une série de petits rouleaux, parallèles entre eux et aux cylindres fouleurs, qui, dans la partie supérieure de la machine, servant à guider et soutenir les cordons sans fin conducteurs du papier, forment par leur ensemble un équipage rentrant sur lui-même, dont l'intérieur est occupé par le service du margeur, des cordons preneurs, etc. Quelques presses seulement furent montées à Paris sur ce système, et feu Rousselet, à qui l'on attribue d'ailleurs l'usage du système de chapelets à galets de friction, interposé entre les ornières à coulisses et le chariot porte-marbre, ne tarda guère à abandonner l'équipage des rouleaux-guides, encombrant par sa hauteur; mais, pour tenir lieu du mécanisme des pinces, il mit en usage un ingénieux système de brosse tournante, utilisé depuis, comme on le verra, dans de petites machines à un seul cylindre tirant simplement en blanc, et où par conséquent on n'a point à craindre que les irrégularités d'action de ces brosses pour entraîner et retourner les feuilles de papier n'amènent des avances ou retards dans le registre, lors de la retiration consécutive de ces feuilles.

Cet ancien constructeur mécanicien, n'ayant d'ailleurs fait usage des brosses tournantes sans doute que pour éviter de tomber dans le système de solution indiqué au brevet

[1] Tome XXXVI, p. 408, du *Recueil des brevets expirés.*

d'importation de J. Smith, s'empressa d'y revenir vers l'expiration de ce brevet, c'est-à-dire en juillet 1837, époque où il introduisit dans la machine, tout en adoptant le mécanisme des pinces, des simplifications et perfectionnements parmi lesquels figure la table à rouleau postérieur et tringle antérieure qu'enveloppe un jeu de cordons servant à conduire les feuilles sous ces pinces, au moyen de taquets placés en arrière. Mais ce n'est guère avant 1840 que cette presse put rendre de véritables services, alors que M. Normand, élève et successeur de Rousselet, pressentant bien son importance à venir, la construisit sur des modèles nouveaux : non-seulement il y appliqua un volant régulateur, des pinces en acier flexible et des taquets de repérage, qui, établis cette fois au devant de la table à marger, et s'abattant au moment de la prise des feuilles, n'avaient aucun des inconvénients attachés aux taquets postérieurs opérant sur des feuilles d'inégales dimensions ou à papier vergé, mais il simplifia l'appareil servant à soulever alternativement les cylindres, en supprimant la fourchette inclinée et la remplaçant par une seule cage d'*excentrique* également reliée aux traverses de l'ancien système à genoux. En donnant, en outre, selon la dimension des engrenages, plus ou moins de pente à la crémaillère qui commande le marbre, il a su éviter l'inconvénient du désengrènement de la roue intermédiaire, de manière à élever l'arbre moteur au niveau du centre de cette roue et à supprimer les fâcheux effets du jeu, qu'on éviterait également en adoptant les engrenages à développantes.

Ces perfectionnements, et quelques autres dont M. Normand n'a cessé de se préoccuper depuis 1840, font de sa machine à double cylindre et à retiration, avec preneurs à pinces, l'une des meilleures de l'espèce, d'autant que, dans ces derniers temps, il y a joint : d'une part, un appareil spécial et oscillant, conduit par une petite chaîne à tringle, à levier et came excentrique, propre à repérer, marger les feuilles avec une précision qui, désormais, assure l'exactitude du registre de la machine; d'autre part, un appareil à *dé-*

charge, fort ingénieusement disposé sur l'un des côtés de la machine, et qui, muni d'un circuit spécial de cordons sans fin, ainsi que d'une table à marger indépendante, placée au-dessus du second cylindre, sert à recouvrir la face déjà imprimée des feuilles en retiration sur ce cylindre d'un égal nombre de feuilles blanches, qui, interposées entre chacune des premières et la surface du cylindre servant d'appui aux cordons directeurs, ont pour but essentiel de les soustraire à des maculages, très-fâcheux pour les labeurs ordinaires, mais particulièrement intolérables dans les ouvrages de luxe, qui doivent contenir au verso des figures, des vignettes obtenues par clichés, etc.

Quoique cette addition d'un système à décharge, d'ailleurs purement facultative, augmente sensiblement les frais d'impression des labeurs; quoique le principe lui-même en ait déjà été appliqué par feu Aristide, ingénieux ouvrier imprimeur de Saint-Denis, qui l'avait réalisé vers 1839, sous des conditions nécessairement plus faciles, dans les presses à un cylindre et à retiration, il n'en est pas moins vrai que M. Normand a rendu un important service aux imprimeurs d'ouvrages de luxe par un perfectionnement dont le titre officiel date de février 1844, et dont les avantages sont constatés par dix années de succès, ainsi que par l'empressement des imprimeurs de Londres et de Paris à en munir les machines à deux cylindres et à pinces mécaniques sortant des ateliers de cet éminent artiste.

Je n'ai pas mentionné, dans ce qui précède, les tentatives faites également par feu Gaveaux (A.-Y.) en vue d'éviter, à l'exemple de Rousselet, l'emploi des preneurs mécaniques à pinces, dans la machine à cylindres oscillants importée d'Angleterre, parce qu'il ne paraît pas que les combinaisons indiquées dans le brevet de perfectionnement (novembre 1836) du premier de ces constructeurs[1] aient été adoptées et maintenues dans la pratique, malgré ce qu'elles pouvaient offrir

[1] Tome XLV, p. 269, de la *Collection imprimée* (1842).

d'ingénieux à certains égards. L'auteur, en effet, s'y servait d'un cours supérieur de petits rouleaux ou poulies de conduite des cordons, aussi bien que de mécanismes à bascule, leviers coudés et excentriques, qui rappellent en quelques points les dispositions antérieurement adoptées par Giroudot dans son brevet de 1829, relatif aux machines à tambour de registre, mais offrant ici, pour l'impression des labeurs, l'avantage de permettre, au besoin et sans grands changements, d'effectuer le tirage en blanc des feuilles à l'aide du premier cylindre, et sans les faire passer directement sur le second ou en retiration; avantage qui, malheureusement, était acheté par une complication de pièces fort onéreuse. Quant au surplus du mécanisme, il n'offrait, comme dans la machine de Rousselet, aucune différence essentielle avec celui qui constitue les parties inférieures de la machine importée par Smith, sauf toujours le système des encriers imité d'Applegath. D'ailleurs, le peu que Gaveaux veut bien nous apprendre, dans ce même brevet de 1836, des presses typographiques de Napier, dont les petits cylindres à rotation double ou triple, suivant la grandeur des feuilles, auraient manqué de registre, ne saurait suffire pour en faire apprécier la nature ou les dispositions essentielles, et, dans tous les cas, ne semble pas conforme à l'opinion de quelques personnes qui attribuent à ce célèbre constructeur de Londres l'invention des cylindres couplés avec preneurs à pinces, d'autant que ses premières patentes, datant seulement de l'année 1828, sont postérieures de plusieurs années au brevet d'importation de l'imprimeur J. Smith.

Pour compléter ces données historiques, relatives aux machines à retiration dont il s'agit et qui, dans des dimensions convenables, peuvent, comme on l'a vu, servir à l'impression des journaux et des labeurs illustrés, je ferai observer que leur construction, déjà si fort améliorée et simplifiée sous la direction habile de M. Normand, l'a été, à d'autres égards, par son élève, M. Alauzet, constructeur de Paris, non moins apprécié par nos imprimeurs, et qui, tout récemment, a remplacé le système de genoux servant à soulever les supports verticaux des cylindres par un ingénieux accouplement d'une roue dentée et d'un galet roulant, ovales ou excentriques et à vis de réglage, établis à la partie supérieure de ces montants, près des coussinets des cylindres imprimeurs; excentriques dont l'action contre le pignon et le galet circulaire inférieurs a pour but de refouler sur eux-mêmes temporairement, et au passage des formes à caractères, les ressorts à boudins, qui, vers le bas des supports, tendent constamment à maintenir les cylindres au-dessus des formes respectives.

D'autres modifications non moins essentielles ont été apportées par M. Alauzet aux machines à doubles cylindres, volant et pinces, soit quant à l'addition d'un système de décharge déjà adopté par M. Normand, soit quant à la disposition des parties inférieures du mécanisme des rouages moteurs, des preneurs mécaniques et des encriers: modifications qui, notamment, ont permis d'appliquer ce genre de machines à l'impression du *Magasin pittoresque* ainsi qu'à d'autres ouvrages illustrés; mais, avant de se prononcer sur leur mérite absolu ou relatif, il sera convenable, en raison de leur nouveauté, d'attendre que la pratique éclairée des imprimeurs ait pu les juger d'une manière définitive, c'est-à-dire sous le rapport de la bonté et de la durée du service.

J'en agirai de même à l'égard des perfectionnements ajoutés par M. Alauzet aux presses à pinces et pointures tirant en blanc, simples ou jumelles; presses pour lesquelles cet habile constructeur avait déjà été honorablement mentionné à l'Exposition de 1849 (t. II, page 173, du *Rapport*), avec une réserve, que je dois reproduire ici, en faveur des droits précédemment acquis par M. Dutartre à la reconnaissance des imprimeurs typographes pour la construction de machines à un cylindre de cette espèce, qui, grâce à leur extrême simplicité, à leur bon marché et à la précision remarquable de leurs ajustements, sont, aujourd'hui encore, généralement préférées non-seulement aux anciennes presses à un cylindre et cordons margeurs de Cowper et Applegath, mais aussi aux machines similaires, à mouvement intermittent, avec preneur à pinces, d'une composition également simple et partant préférable, qui nous étaient venues de l'Allemagne, probablement de Wurzbourg, depuis une époque qui, d'après ce qu'on a vu, ne saurait remonter beaucoup au delà de 1843; presses dont le caractère principal, quoique très-différent de celui des anciennes machines de Kœnig et de Bauer, ne paraît pas moins devoir être considéré comme un perfectionnement, je dis plus, comme une dérivation nécessaire de leurs primitives conceptions, relatives aux presses à un cylindre et action intermittente, tirant de même en blanc ou à pointures.

Ce que les petites machines dont il s'agit offrent de particulièrement caractéristique, si je ne me trompe, c'est le dispositif du chariot porte-forme, monté sur de grandes roues, directement conduit par un système inférieur de bielle et manivelle à grand rayon, portant, en dessus, de petites crémaillères qui impriment à la roue dentée latérale du cylindre fouleur un mouvement circulaire progressif ou dans le même sens, mais intermittent, afin de donner à l'ouvrier margeur ou poseur le temps nécessaire pour soumettre, une à une, les feuilles de papier à l'action des pinces basculant ici, comme dans les élégantes et précises machines de M. Dutartre, par un mécanisme à excentrique et onde continue extrêmement simple, soit en les plaçant immédiatement sur la table à marger, fixe et munie de ses taquets de repère, quand il s'agit d'un premier tirage en blanc; soit en les appliquant directement sur les pointes à repérer de cette table et du cylindre, rendu momentanément immobile, quand il s'agit de leur retiration sur le second côté; opération où les trous laissés par les pointes lors du précédent tirage en blanc servent de guides, à peu près comme dans l'ancien système d'impression à platine, tympan et frisquette tournante.

Quant à la suspension et à la reprise du mouvement du cylindre fouleur, dans cette petite machine perfectionnée du système allemand, elles ont lieu au moyen d'un levier latéral armé, à la partie supérieure, d'une sorte de fourche à demi-dent épicycloïde, qui, animée elle-même d'un mouvement intermittent, imprimé à ce levier par une tringle inférieure ou bielle à excentrique tournante, vient agir sur un bouton latéral et saillant de ce cylindre, tantôt pour le maintenir, pendant la durée entière du retour du chariot porte-forme, dans la position fixe qu'il occupait au moment où sa denture, circulaire et extérieure, échappait à celle de la crémaillère parvenue à l'extrémité de la course précédente; tantôt pour décider le prochain engrènement de cette fourche à demi-dents, ou la marche rétrograde du chariot; et ainsi de suite à chacune des révolutions de la manivelle, marchant, ainsi que le marbre, alternativement à vide et en charge.

A ces remarquables et très-ingénieuses combinaisons il faudrait joindre celle d'un système d'encriers à rouleaux répartiteurs et toucheurs groupés, vers le haut des cylindres, au-dessus de la table à marger, pour acquérir une idée plus complète des dernières presses allemandes; mais, comme nous l'avons vu à l'occasion des machines à pinces et à doubles cylindres, ce dispositif de l'encrier n'a pas prévalu chez nous, quoique la table à étaler et à répartir l'encre y soit représentée par un gros cylindre que frottent, de diverses manières, de petits rouleaux étaleurs et approvisionneurs, d'après le système de construction plus spécialement suivi par Kœnig et Bauer, lesquels, depuis 1840, ont remplacé, dans leurs petites machines, le va-et-vient à crémaillère et pignon excentrique du chariot par l'engrenage *hypocycloïdal* de Lahire, où une roue dentée, armée d'un bouton à manivelle poussant rectilignement une bielle, roule intérieurement à une roue pareille d'un diamètre double. L'établissement aujourd'hui encore connu sous la raison sociale Kœnig et Bauer s'est aussi occupé, dans ces dernières années, de la construction des machines à journaux, avec quadruples et sextuples cylindres; il a conservé et s'est acquis une grande célébrité en Allemagne pour sa supériorité dans ce genre de construction mécanique, supériorité mise en relief aux Expositions déjà citées de Berlin et de Munich, mais qu'ont particulièrement consacrée 420 machines sorties du grand atelier de Klosterzell, dont le but principal paraît être la construction soignée des petites machines à imprimer les labeurs en blanc, avec retiration à pointures [1].

Quel que soit, au surplus, le mérite incontestable de Kœnig et de Bauer, sous le rapport de l'antériorité de leurs tentatives dans la construction des presses mécaniques et des perfectionnements ou modifications, plus ou moins importants, qu'ils ont fait subir à leurs premières idées; quels que soient même les progrès accomplis dans cette branche de construction des machines par les Sigl, les Reichenbach et autres fabricants habiles de l'Allemagne, je ne pense pas que les travaux de nos ingénieux et éminents artistes, les Normand, les Dutartre, les Alauzet, d'une date déjà ancienne, et ceux, plus récents, de leurs élèves ou émules, les Marinoni, les Ca-

[1] Voyez plus particulièrement, au sujet des presses mécaniques allemandes dont il vient d'être parlé, le *Rapport* du Jury sur l'Exposition de Munich, en 1854, Ve groupe des machines, p. 43 et 44, où l'on apprend que les établissements rivaux fondés à Berlin et à Vienne par M. G. Sigl, de Berlin, avaient déjà produit, en 1853, 425 presses mécaniques à imprimer, de divers systèmes et échantillons, répandues en Europe, y compris la France et l'Angleterre, tandis que l'établissement plus moderne de M. Reichenbach, à Augsbourg, en avait, de son côté, construit jusqu'à 125, dont, suivant le rapporteur, M. le conseiller Hermann, le principal avantage sur celles des anciens systèmes consiste dans une réduction d'espace du tiers environ, et à être mise en action par un équipage à chariot porté sur quatre roues dentées à crémaillères que conduit un autre équipage de roues, manivelle à bielle et volant, horizontal. Malheureusement encore, l'absence de toute date, de toute description et de tout dessin ne permet pas de juger ce que de telles machines, comparées à celles de notre pays d'un genre analogue, présentent de spécialement neuf, utile et original dans les organes essentiels; car on ne saurait considérer comme telle la substitution des crémaillères et roues dentées servant de supports et de guides au chariot, aux galets roulant sur des rails ou, mieux encore, aux simples coulisses à glissement direct, dont M. Alauzet et d'autres constructeurs français se servent depuis quelques années dans leurs petites machines, et qui, soutenues par des galets de rives contre la pression du cylindre, assurent beaucoup mieux la direction du marbre, sans, pour cela, donner lieu à un trop grand excès de frottement ou de consommation inutile de travail.

piomont, etc., le cèdent en rien aux travaux de leurs célèbres compétiteurs, dont les petites presses typographiques, en blanc ou à pointures, n'ont pas jusqu'ici obtenu en France la préférence qu'elles y auraient inévitablement acquise si, sous le rapport de la simplicité, de la précision des ajustements et de la célérité ou de la bonté du travail, comme sous celui de l'infériorité du prix, elles possédaient une supériorité incontestable sur les presses françaises du même genre.

Pour montrer jusqu'à quel point nos constructeurs de Paris ont su concilier, dans les petites machines, le bon marché et la simplicité des combinaisons avec le degré de précision et de célérité qui convient à chaque genre d'impression, je citerai, après les exemples de MM. Dutartre et Alauzet, celui de MM. Capiomont et Dureau, successeurs de Tissier, lesquels ont imaginé, pour le tirage en blanc et accéléré des plus grandes et des plus petites affiches, une ingénieuse machine à un cylindre, tournant constamment dans le même sens et muni d'une brosse, à rotation rapide, analogue à celle de feu Rousselet, mais à double effet, pour obliger d'abord le papier saisi, à l'ordinaire, par le mécanisme preneur à pinces, réduit, je crois, au dernier degré de simplicité par M. Dutartre, à se coucher, s'étendre régulièrement sur le contour extérieur du cylindre fouleur, en chassant, par son action incessante, tout l'air interposé, pendant la portion de la révolution où la feuille est soumise à l'impression de la forme mobile sur le chariot; après quoi la brosse, qui continue à tourner sur elle-même sans changement de direction, venant à saisir, à contre-sens, l'extrémité supérieure de cette feuille mise en liberté par le renversement des lames du preneur, la soulève et la dégage de plus en plus du cylindre, de manière à l'en séparer entièrement et à la renvoyer, à la déposer sur le rouleau ou la table à délivrer; sauf à recommencer l'opération sur une nouvelle feuille avancée par l'ouvrier margeur, et ainsi de suite indéfiniment, sous la rotation rapide, continue, du cylindre et des brosses.

On doit, d'ailleurs, à MM. Capiomont et Dureau d'utiles

perfectionnements apportés aux anciennes machines de Cowper et Applegath, dont ils ont muni les cylindres, en fonte, de repaississements excentriques, qui régularisent et facilitent l'installation des garnitures du blanchet, jadis si minutieuse et si lente à cause des glissements et des tâtonnements, en même temps qu'ils ont substitué aux anciens mécanismes à tringles et varlets, à roues d'angle ou cordes sans fin, servant à mouvoir les rouleaux d'encrier preneurs ou toucheurs, un mécanisme à rochet et encliquetage, conduit par des bielles dont le bouton, agissant comme manivelle à des distances variables de l'axe moteur, permet de régler, à volonté, la vitesse et la marche du rouleau oscillant approvisionneur.

Aujourd'hui, en un mot, loin d'avoir rien à envier à l'Allemagne et à l'Angleterre, en fait de machines typographiques et, plus spécialement, de presses dites à *labeurs*, notre fabrication, grâce aux perfectionnements et aux transformations qu'elle a subis depuis 1842, grâce surtout à un notable développement de l'outillage mécanique et des moyens de précision, ne redoute aucune concurrence étrangère, et ses excellents produits n'ont pas tardé à se répandre dans toute l'Europe, même dans les ateliers d'imprimerie de la ville de Londres. Pour s'en rendre compte, il suffit de considérer les succès obtenus en dernier lieu par nos principales imprimeries typographiques de Paris, de Strasbourg et de Tours, en fait d'ouvrages de luxe, illustrés et coloriés au moyen de tirages successifs très-économiques, opérés non plus sur les anciennes presses à platines, mais bien sur les machines à cylindres munis de pinces et à pointures, des artistes que nous avons eu si souvent occasion de citer dans ce qui précède.

CHAPITRE V.

MACHINES À MOULER PAR COMPRESSION, À TRITURER ET À PÉTRIR.

§ Ier. — Presses servant à mouler les types et clichés d'imprimerie, les coins monétaires, les balles de fusil, etc. — MM. *Didot, Herhan, Marcellin-Legrand, Choumara, Tarbé, Laboulaye* et *Derriey*, en France; MM. *Hoffmann, Brockhaus* et *Leonhardt*, en Allemagne; *William Church* et *Johnson*, en Amérique; *Harding, Pullein* et *Johnson*, etc., à Londres.

Pour apercevoir la relation intime qui lie le sujet de ce chapitre aux précédents, il suffit de se rappeler les efforts tentés par Henri Didot, réalisés avec succès et persévérance par son successeur, M. Marcellin-Legrand, pour fonder, à Paris, l'imprimerie polyamatype, dans laquelle on se propose de fabriquer, à la fois, un grand nombre de caractères en refoulant brusquement, par la chute d'une bascule à poids, la matière fondue dans des moules où elle reçoit la forme des lettres; système modifié en quelques points par M. Herhan, mais que M. Didot Saint-Léger a, dès 1820, cherché à rendre plus automatique, d'après un procédé qui a été perfectionné depuis à l'aide d'un piston à coulisse et d'un balancier à vis, imaginés par M. Choumara, ancien officier supérieur du génie, auquel on doit diverses utiles inventions applicables au service militaire. Ces essais de fonderie mécanique ainsi que plusieurs autres tentés avant l'année 1847, notamment celui de M. Tarbé, ne paraissent pas d'ailleurs avoir atteint complétement le but, à cause de la difficulté de lancer convenablement la matière dans les moules sans y laisser de vide, de donner à ce moule lui-même un mouvement qui imite celui de la main de l'homme, enfin, d'obtenir un retirage facile des lettres[1]. Toutefois, M. W. Johnson, aux États-Unis d'Amérique (1828), M. Brock-

[1] *Dictionnaire des arts et manufactures* (1847), p. 1739 et suivantes, article *Fonderie mécanique*, par M. Ch. Laboulaye, savant industriel d'autant plus compétent dans la matière, qu'il est à la tête d'un des plus grands et des plus remarquables établissements de France en fonderie de caractères.

haus, de Leipsick, et M. Laboulaye, directeur de la fonderie générale de Paris, seraient, d'après les honorables rapporteurs du XVIIe Jury, récemment parvenus à obtenir d'excellents résultats par des procédés automatiques où l'injection se fait au moyen d'un piston qui, de l'intérieur du fourneau, chasse vivement la matière fondue dans les moules. D'un autre côté, il ne faut pas oublier que M. Leonhardt (J. E.), dans la partie du Zollverein, M. Hoffmann et M. Brockhaus lui-même, dans la partie saxonne, enfin MM. Harding, Pullein et Johnson, dans le département de l'Angleterre, ont exposé d'intéressantes petites machines de cette espèce au Palais de cristal à Londres; machines dont les dernières, nommées *apyrotypes*, opérant par simple pression, sans choc et sans bruit, avaient été précédées, même avant 1822 ou 1823, par celle de M. William Church, de Boston. Ajoutons que M. Charles Derriey, très-habile et ingénieux fondeur et graveur en caractères à Paris, a lui-même apporté, dans ces dernières années, des perfectionnements remarquables aux petites presses mécaniques à piston intérieur au récipient, avec manivelle et volant, servant à mouler isolément les types ou pièces détachées d'imprimerie, dont l'admirable précision et la finesse des déliés, justement appréciées dans la polychromie et la typographie illustrée, ne redoutent que les contrefaçons, toujours faciles, souvent iniques et sans mérite artistique, de la moderne galvanoplastie, si utile et si précieuse à d'autres égards.

La polytypie, qui consiste à reproduire en métal les gravures sur bois, de petites dimensions, pour servir ensuite de *clichés* dans les formes ordinaires d'imprimerie, d'après le procédé jadis inventé par Firmin Didot, repose sur un principe mécanique analogue, dans lequel un balancier à vis horizontal refoule la planche gravée contre la surface d'une masse métallique à l'état pâteux, qui en remplit les vides de manière à former une matrice en creux, laquelle, par une opération inverse où l'on se sert du mouton à déclic ou à débrayage, nommé *clichoir*, fait obtenir finalement la reproduction, en relief, de la planche primitive. Mais ce procédé assez imparfait a, comme on sait, été remplacé à son tour, dans ces derniers temps, par la galvanoplastie, qui, par une action à la vérité plus lente, fournit immédiatement des clichés en cuivre d'une très-grande exactitude et durée [1].

C'est probablement par des procédés plus ou moins analogues que la compagnie de la gutta-percha, à Londres, a obtenu les formes stéréotypées où cette matière est rendue parfaitement solide, et qu'on a vu également exposées dans les galeries du palais de Hyde-Park. Enfin rappellerai-je que c'est par des procédés mécaniques semblables encore que Perkins obtenait ses clichés à l'aide d'une planche gravée sur acier, et qu'on a imités, depuis, pour la reproduction en quelque sorte indéfinie des cylindres de cuivre servant à l'impression continue des indiennes? Mais on me permettra, sans doute, de rappeler plus particulièrement, à ce sujet, qu'avant Perkins feu Droz, mécanicien et graveur de la monnaie de Paris, dont nous avons, si souvent déjà, eu à mentionner les utiles inventions dans l'un des chapitres de la précédente Section, que Droz, dis-je, avait proposé et mis à exécution un procédé qui offre beaucoup d'analogie avec le précédent, et à l'aide duquel il reproduisait, au balancier à vis verticale, les coins en acier servant au frappage des médailles et des types monétaires, par la trempe et la chauffe alternatives du coin à poinçonner; méthode que l'ingénieur Gengembre a, plus tard, perfectionnée quant aux moyens physiques ou mécaniques d'exécution, mais qu'il n'a point inventée, quoique peut-être encore il en ait fait, avant Perkins, l'application à la fabrication des billets de banque et des gravures à très-bas relief [2].

On me permettra également de rappeler que les machines à estamper de diverses espèces, les laminoirs cannelés à profiler les barres de fer inventés par Chopitel, ceux de William

[1] *Dictionnaire des arts et manufactures* (1847), p. 3030.

[2] Tome XIX, p. 209, du *Bulletin de la Société d'encouragement de Paris*, année 1820. Pour ce qui concerne M. Droz, voyez le mémoire et rapport déjà cité, de M. de Prony, à la classe des sciences mathématiques de l'Institut de France.

Bell, etc., dont nous avons parlé dans la première Section et auxquels il faudrait joindre la machine nommée *presse filière,* par M. Boucher fils, de Chanday (Orne)[1], servant à fabriquer le fil de laiton à l'aide de molettes sans étirage ni filière proprement dite; toutes ces machines, dis-je, offraient autant de procédés mécaniques pour mouler les métaux; procédés considérablement perfectionnés aux États-Unis d'Amérique et en Angleterre, entre autres par M. R. Robert, de Manchester, qui emploie des cylindres à gorge, concaves ou convexes, de différentes formes, mus au moyen d'engrenages dont un volant régularise l'action, pour fabriquer des baguettes métalliques avec moulures destinées à la décoration des appartements, etc.[2].

C'est encore à cette catégorie de machines qu'il faut rapporter le procédé mécanique dont on se sert à l'arsenal de Woolwich, en Angleterre, pour fabriquer les balles de fusil à l'aide de la compression opérée par des laminoirs, à action continue, portant des cavités hémisphériques, qui saisissent et découpent des cylindres de plomb au fur et à mesure de leur étirage par la même machine; méthode qui a pour complément nécessaire l'ébarbage et le polissage des balles dans les tonnes rotatives, et offre, sur les anciens procédés de moulage à chaud, l'avantage d'un accroissement de densité notable et ici très-précieux, en évitant les vides dus au retrait du plomb[3]. Mais, depuis 1842, ces derniers procédés ont été beaucoup simplifiés, perfectionnés par l'ingénieur Napier, attaché au même arsenal, et qui a imaginé des moyens très-ingénieux pour battre et fabriquer à la machine les balles tronconiques en plomb; moyens qui ont aussi été adoptés en France, et modifiés afin de les rendre applicables aux balles de fusil munies de cannelures.

[1] Tome XXXVI, p. 86, des *Brevets expirés* (août 1832).

[2] *Dictionnaire d'Appleton,* publié à New-York, en anglais, t. II, p. 401 à 403 (1852).

[3] *Bulletin de la Société d'encouragement,* t. XLII, p. 491, communication de M. Dumas.

§ II. — Presses diverses servant à mouler les tuyaux en plomb, par compression. — MM. *Lenoble*, *Lagoutte*, *Simon* et *Lambry*, *Hague*, *Moisson-Devaux*, *Daconclois* et *Gruat*, en France; MM. *Burr*, de Shrewsbury, *Crosley* et *Hyward*, de Londres; *Sieber*, de Milan, et *Cornell*, aux États-Unis d'Amérique.

Je citerai, comme un exemple très-remarquable des progrès accomplis, en dernier lieu, dans l'art de mouler les métaux ductiles par des procédés mécaniques, la fabrication, sans soudure, des tuyaux en plomb, d'une assez faible dimension, et servant à la conduite du gaz d'éclairage, dont l'emploi a pris, de nos jours, de si grandes proportions; car, pour ce qui est des gros tuyaux de fontaines et de conduites d'eau, où la fonte de fer a remplacé le plomb, grâce aux progrès accomplis par nos forges depuis 1825, on sait assez qu'ils étaient autrefois formés de tables ou feuilles planes repliées et soudées sur elles-mêmes, tandis que les tuyaux d'un diamètre inférieur, par exemple, de 5 ou 6 centimètres, étaient simplement coulés sous de faibles longueurs, puis ajustés bout à bout comme les tuyaux mêmes de fonte. Mais ce qu'on ignore généralement, c'est que, aux environs de 1787, les tubes de plomb d'un assez fort diamètre commencèrent à être tirés à la chaîne, d'après un procédé d'abord employé par les opticiens pour la fabrication des tuyaux de lunettes, c'est-à-dire en les faisant passer successivement par des filières annulaires, d'un diamètre extérieur de plus en plus petit, et dont l'âme intérieure, de diamètre invariable, était remplie d'un cylindre ou noyau tantôt en fer, tantôt en acier, nommé *mandrin*, et qui servait de point d'appui à la pression résultant de l'étirage ou sorte de laminage à friction longitudinale; procédé auquel M. Lenoble, plombier de Paris, a, depuis (1819 ou 1820), tenté de substituer un foulage postérieur opéré à l'aide d'une vis appliquée à l'axe même du mandrin, et que faisait mouvoir un écrou tournant, sur lui-même, par l'action d'une machine à vapeur de la force de cinq chevaux [1].

[1] *Bulletin de la Société d'encouragement*, t. XX, p. 170. Malheureuse-

A partir de l'époque de 1820, la fabrication des tuyaux en plomb sans soudures a pris une grande extension à Paris, et, d'après le rapporteur du jury de l'Exposition de 1844, ce serait à MM. Lagoutte père et fils et à M. Simon (Jules) que l'on serait principalement redevable du progrès de cette fabrication, ou plutôt de l'introduction de la méthode par pression ou refoulement direct, dans laquelle les tuyaux, d'une longueur indéfinie, « étaient obtenus par l'action d'une presse « hydraulique mise en mouvement par une machine à vapeur « qui pousse le plomb, à l'état de demi-fusion, de bas en haut, « à travers la filière, et le tuyau, à mesure qu'il s'élève, s'en« roule de lui-même sur un moulinet d'un diamètre conve« nable. » Le fait est que c'est seulement en février 1838 qu'il fut délivré à MM. Lambry et Lagoutte un brevet de cinq ans, pour une machine à fabriquer les tuyaux d'après le principe de la pression continue; ce qui ne prouve certes pas que Paris fût depuis longtemps en possession d'un procédé de ce genre, du moins véritablement pratique et tel qu'on en connaît aujourd'hui.

En considérant les progrès déjà accomplis en France, dans l'intervalle de 1806 à 1820, pour la fabrication des types d'imprimerie au moyen de machines à compression, il y a réellement lieu d'être étonné que nous n'ayons pas pris une pareille initiative à l'égard de cette autre branche importante d'industrie, fondée, pour ainsi dire, sur le même principe. Il paraîtrait, en effet, que c'est bien à l'Anglais Burr, de Shrewsbury (patente du 11 avril 1820), que serait due la première idée de l'application, à la fabrication des tuyaux en plomb, d'une presse hydraulique dont le piston vertical, muni d'un mandrin en fer, prolongement extérieur de sa tige, pousse en avant de lui, dans un cylindre épais en fonte, le plomb amené à l'état *pâteux*, et refoulé ainsi dans le vide annulaire compris entre le prolongement de ce cylindre et le mandrin;

ment le rapporteur s'exprime en termes beaucoup trop obscurs pour nous faire connaître les particularités essentielles de la machine.

procédé qui, par une succession d'opérations assez longue, avec intermittences nécessaires pour le chargement de la matière, pouvait donner lieu à la formation de tubes continus ou d'une longueur arbitraire. D'ailleurs, c'est fort peu de temps après (23 mai 1822) que MM. Crosley et Hyward, de Londres, ont pris, en France, un brevet d'importation et de perfectionnement[1] pour une machine à action continue, dans laquelle le métal en fusion, versé dans un cylindre, y est refoulé au moyen d'un piston en fer, à filets de vis serrés, tournant sur lui-même, et cheminant le long des filets pareils pratiqués à une tubulure du cylindre-récipient qui remplit la fonction d'écrou, et contraint le métal, soumis à un réfrigérant extérieur, à s'échapper par un vide annulaire, dont le dispositif, ici très-essentiel, n'est point indiqué; ce qui prouve assez qu'il ne s'agissait là encore que d'un projet dont les difficultés de réussite sautent aux yeux, et dans lequel d'ailleurs le tuyau devait, comme dans les machines ci-dessus, s'enrouler au fur et à mesure de sa production, nécessairement intermittente, sur la circonférence d'un tambour soumis à l'action d'une corde tirée par un poids.

L'appareil de M. J. Hague, décrit dans le tome XXII, p. 73, du *Bulletin de la Société d'encouragement de Paris,* et dont la patente anglaise date de janvier 1828, cet appareil, fondé sur un principe mécanique semblable, mérite le même reproche, quoiqu'on y aperçoive clairement que le mandrin, destiné à former l'âme du tuyau, se trouve fixément maintenu au centre d'une calotte sphérique grillagée; sorte de passoire percée de trous pour le passage du métal liquide, au milieu duquel est également plongé le cylindre à écrou et sa vis à piston.

On comprend, à première vue encore, combien ce système doit entraîner de perte de temps et de travail mécanique, en frottements des filets de vis, résistances diverses occasionnées par le passage de la matière dans les vides du support et du mandrin, enfin par le retirage du piston, le démontage et le

[1] Tome XXXVI du *Recueil des brevets expirés,* p. 108.

rechargement du moule, etc. Aussi les successeurs brevetés de M. Hague, sans renoncer complétement à la vis, la plaçant seulement en dehors du récipient, ainsi que son écrou, ont-ils supprimé les étriers ou supports intérieurs du mandrin, tendant à occasionner des déchirures, pour en revenir simplement au mandrin d'acier établi sur et dans le prolongement du piston. Les efforts mêmes tentés par M. Moisson-Devaux (mai 1827), afin d'assurer la fixité de direction du mandrin, indépendamment de tout moyen d'attache, en le plaçant, à chaque reprise, dans l'âme d'un manchon cylindrique de plomb, coulé à part et refoulé ensuite, à chaud, dans l'intérieur d'un récipient tronconique, ajusté dans la capacité fixe ou cloche de la machine; ces efforts, dis-je, prouvent qu'à cette époque on n'avait pas encore vaincu, du moins chez nous, toutes les difficultés matérielles inhérentes à la question.

M. Sieber père, mécanicien à Milan, avait-il, comme on l'a avancé postérieurement dans un ouvrage bien connu et fort estimé des ingénieurs praticiens[2], été plus heureux en 1826 ou 1828, dans ses tentatives pour appliquer la presse hydraulique à la fabrication des tuyaux en plomb à l'aide du refoulement? Voilà ce qu'on ne saurait admettre sur de simples assertions, tout en reconnaissant volontiers que cette fabrication a reçu postérieurement des perfectionnements appréciables de la maison Kramser et Cie, à Milan.

Pour atteindre le but, en effet, il fallait auparavant assurer le jeu de tous les organes essentiels à la précision ou à la promptitude de la manœuvre; or c'est ce qu'ont fait successivement MM. Lambry et Menzel, dont les brevets se suivent à un mois de date (février et mars 1838) et concernent tous deux les mêmes objets : rejet de la vis et de son écrou en dehors du récipient, sinon emploi de la presse hydraulique; application du mandrin au piston; lunette pour centrer et maintenir l'extrémité antérieure de ce piston pendant le coulage du plomb dans le récipient, ensuite recouvert d'un cha-

[1] *Publication industrielle de M. Armengaud aîné,* t. V, p. 354 (1847).

peau à vis et écrous, auquel M. Duconclois a substitué, plus tard (octobre 1840), un sommier à bascule et charnière, en même temps qu'il renforçait le mandrin, à sa jonction avec le piston, par un raccordement tronconique qui, en favorisant le détachement du bout de tuyau demeuré adhérent au récipient à la fin de chaque reprise ou opération, dispensait de recourir à la lunette de centrage, etc.

En supposant qu'on veuille seulement consulter les preuves contemporaines, écrites ou imprimées, il faudra accorder une grande part de mérite à M. Gruat, de Paris, dont le brevet, du 2 septembre 1842, est remarquable, non-seulement par une consciencieuse clarté, des détails qui annoncent une grande intelligence pratique et prouvent que l'auteur n'en était pas, comme tant d'autres, à ses premiers essais, mais aussi, et surtout, par une originalité de vues et de moyens qui peuvent se résumer ainsi : injection du plomb fondu dans le récipient cylindrique horizontal par un tube latéral à robinet et godet, dispensant des longs et fréquents démontages du chapeau ou du sommier; écrou extérieur tournant sur lui-même, au dehors de l'appareil, par roue dentée et pignon; réchaud de chauffage extérieur au moule ou récipient; plusieurs filières et autant de mandrins parallèles renforcés au droit du piston; contre-partie du moule et du piston de l'autre côté de l'écrou mobile, pour rendre la presse continue ou, plus exactement, à double effet, à cause des intermittences jusqu'ici inévitables dans ce genre de machines; enfin, arrondissement du chapeau et de la filière du côté du récipient, pour faciliter l'écoulement du plomb, au dehors, sous une section équivalente, tout au plus, au neuvième de celle de ce récipient, et donnant lieu à des longueurs de tuyaux, octuples, au moins, de celle de la course du piston.

C'est seulement en 1847 que M. Armengaud nous a offert, dans son excellent recueil, la description d'une presse hydraulique très-puissante, à simple ou à double effet, dont le corps de pompe fixe et le piston mobile, adaptés au bâti même de la machine à mouler, refoulent directement le plomb, introduit probablement à l'avance, soit à l'état liquide, soit à l'état solide, mais ensuite chauffé, selon les idées de M. Moisson-Devaux, dans un récipient remplaçable, à volonté, par un autre d'un plus petit diamètre intérieur et emboîté également dans la cloche extérieure, etc. Ces presses, construites dans les ateliers de M. Cavé, à Paris, et qui seraient capables de fabriquer des tuyaux de 13 à 26 centimètres de diamètre, offrent une disposition verticale, avec diverses particularités qu'il est inutile d'expliquer ici : j'ajouterai cependant, d'après le même recueil, qu'une machine de cette espèce fonctionnant à Milan, et qui paraît avoir servi de modèle à la précédente, aurait reçu la disposition horizontale ou *couchée sur le flanc*[1].

Enfin, dans une communication faite, plus tard encore (février 1851), à la Société d'encouragement, M. Samuel Cornell, de Greenwich (État de Connecticut), a présenté une autre machine, mise en action par une presse hydraulique qui s'adapte très-bien à la fabrication des tuyaux de plomb, quand elle a lieu, comme ici, à simple effet, et dont le caractère principal, un peu compliqué d'ailleurs, consiste dans cette particularité, que, selon les combinaisons doubles, triples ou quadruples de l'auteur, le récipient du plomb, tantôt fixe, tantôt mobile par rapport au piston refouloir, à l'inverse mobile ou fixe d'une manière absolue, se trouve traversé, dans le sens de son axe, par un tube vertical évidé, qui met à une courte et invariable distance l'un de l'autre les supports du mandrin cylindrique et de la *filière*, c'est-à-dire de la lunette circulaire, dont l'intervalle, par rapport à ce mandrin, fixe l'épaisseur du tuyau au fur et à mesure que le plomb s'en écoule ; ce qui a lieu tantôt par l'intérieur du refouloir ou piston alors évidé et portant la lunette, tantôt par le cylindre intérieur servant de réservoir et muni, à son tour, de cette même lunette, que traverse, dans tous les cas, le mandrin, assez court, fixé à la pièce opposée[2].

[1] *Publication industrielle*, t. V, aux endroits déjà cités.

[2] Tome L, p. 63, du *Bulletin de la Société d'encouragement*, notice industrielle de M. Daclin, ancien et honorable rédacteur de ce recueil.

Malgré la facilité qu'offre, par lui-même, cet appareil pour le changement du mandrin et de la filière, dont le diamètre est, au plus, le tiers de celui du récipient cylindrique; malgré la permanence et la fixité incontestables données à la tige de ce mandrin, il faut attendre la réalisation des ingénieuses et multiples combinaisons décrites dans la patente américaine de M. Cornell, pour se prononcer sur leur valeur pratique et économique, dans une branche d'industrie où l'on se servira peut-être longtemps encore de la presse à vis ordinaire, à simple ou à double effet.

§ III. — Machines à mouler les tuyaux de drainage et les briques creuses. — MM. *W. Edwards, J.-G. Deyerlein, Whishaw, Reichenecker, Borie frères, Rondell et Saunders.*

Tous ceux qui connaissent les instruments servant à la fabrication des pâtes d'Italie, dans lesquels un piston refoule la matière molle au travers des ouvertures d'une passoire, quand il s'agit d'obtenir les filets, pleins, du vermicelle, ou au travers d'une filière évidée en anneau, pour obtenir les tuyaux de macaroni, autrefois ouverts par le côté correspondant au support du mandrin, tous ceux-là, dis-je, comprendront la parfaite analogie qui existe entre les procédés mécaniques dont nous venons de nous occuper et ceux de la fabrication d'un aussi précieux et salubre aliment : cette fabrication, antérieure de bien des années au moulage des tuyaux de plomb par refoulement de piston, lui a, sans doute, servi d'abord d'exemple pour en recevoir, à son tour aussi, d'utiles perfectionnements, du moins si l'on en juge d'après les produits actuels de cette branche de l'industrie culinaire; eh bien! une semblable analogie dans les procédés mécaniques existe entre ces deux genres de fabrication et celui, non moins important, qui concerne le moulage des divers tuyaux de poterie; moulage pour lequel la Société d'encouragement de Paris avait fondé, en 1827, un prix, remporté seulement en septembre 1846 par M. Reichenecker, à Ollwiller (Haut-Rhin), qui se servait d'une presse hydraulique isolée pour refouler de haut en bas, à l'aide d'un piston, la pâte d'argile dans un cylindre de fonte vertical, dont le fond, muni d'un véritable ajutage tronconique, portait le mandrin, de forme pareille mais renversée, soutenu, vers l'intérieur, par une tige et une traverse horizontale en lame mince de couteau, permettant au piston fouleur d'arriver sans obstacle jusqu'à la base supérieure et évasée de l'ajutage, lequel formait ainsi une sorte de tuyère à noyau plein, dont la disposition était on ne peut plus heureuse et intelligente, pour faciliter l'affluence, la convergence des molécules ductiles et plastiques du plomb vers le débouché de l'orifice, ou, si l'on veut, pour éviter les effets de contraction brusque et le déchirement de la pâte au sortir de la filière [1].

L'application des tuyaux de drainage à l'agriculture, pour l'écoulement des eaux souterraines, a fait prendre, dans ces dernières années, un développement considérable à cette branche de fabrication, dans laquelle M. Whishaw (Francis), de Hampstead, qui avait été devancé par beaucoup d'autres en Angleterre, notamment en 1785 par William Edwards, en 1810 par J. G. Deyerlein, etc., s'est fait délivrer, le 8 mars 1848, une patente pour un appareil à filières multiples [2], dont les combinaisons mécaniques ne peuvent pas être considérées, tant s'en faut, comme des perfectionnements réels par rapport à celle de M. Reichenecker. D'un autre côté, l'Exposition universelle de Londres contenait une assez grande variété de machines de ce genre, dont la disposition, généralement horizontale, offrait des moyens de pression plus ou moins puissants ou ingénieux, et parmi lesquels je citerai celui de MM. Rondell et Saunders, dans la galerie d'agriculture, qui se sont servis, à cet effet, de l'action continue de deux nappes ou lames rotatives en fer hélicoïdes, dans le genre

[1] Tome XLVI, p. 69, du *Bulletin de la Société d'encouragement.*

[2] *Bulletin de la Société d'encouragement*, t. XLVIII, p. 315. Dans cet article, extrait du *London journal of arts, october 1848*, le patenté est, incorrectement sans doute, désigné sous le nom de *Wischaw.*

de celles de la vis d'Archimède, ou plutôt de la vis hollandaise à nappes libres et isolées du tambour; nappes qui agissent directement sur la pâte introduite par la partie supérieure du récipient, et la poussent longitudinalement ou horizontalement au travers d'une filière à support de mandrin tranchant et arqué. Ce procédé d'ailleurs sert non-seulement à fabriquer des tuyaux plus ou moins longs, mais aussi des briques tubulaires ou à compartiments évidés, dont l'usage commence à se répandre pour la construction des cloisons légères des bâtiments.

Le Jury de la VIe classe a particulièrement distingué et récompensé d'une médaille de prix, dans la partie française de l'Exposition, la machine horizontale de MM. Borie frères, de Paris, destinée plus spécialement à cette dernière fabrication, et où l'on se sert d'une simple crémaillère mue par engrenage, pour faire marcher le piston et pousser la pâte molle au travers d'un assemblage de filières rectangulaires, dont les mandrins en fer, intérieurs, polis et contournés avec beaucoup d'art, sont unis, entre eux et avec les caisses, au moyen d'étriers à lames tranchantes, placés à une certaine distance des filières, de manière à éviter la déchirure des longs tubes ainsi formés, et qui, reçus extérieurement sur des tablettes horizontales mobiles sur rouleaux, sont ensuite découpés transversalement, suivant la longueur assignée à chacune des briques, au moyen de fils de cuivre parallèles adaptés à un châssis d'abatage à charnières horizontales.

§ IV. — Machines automates à fabriquer les tuiles et les briques pleines.— MM. *Hattenberg, Kinsley, Doolittle, Bradley, Cundy et Carville.*

L'Exposition de 1851 contenait aussi, dans la partie anglaise, plusieurs autres machines à fabriquer les briques pleines par des procédés purement automatiques, fabrication dont on s'est constamment préoccupé, soit en France, soit en pays étrangers, depuis l'époque de 1813, où M. Hattenberg, à Saint-Pétersbourg, et M. Kinsley, aux États-Unis d'Amérique[1], se sont servis : le premier, d'une auge horizontale, fermée sur quatre côtés, à double piston-refouloir et à tuyère pyramidale aux deux bouts, pour façonner, alternativement, la pâte molle en prismes continus, déposés sur des plans mobiles et inclinés; le second, d'une tonnelle ou d'un baquet tronconique dans lequel un axe vertical et central, muni d'ailettes en lames de fer courbes, sert d'abord à malaxer la pâte, versée ensuite dans des moules à compartiments ouverts par le haut, que rasent tangentiellement les revers de lames hélicoïdes inférieures, et qui, placés à la suite les uns des autres, sont amenés sous la tonnelle, puis éloignés au moyen d'un chariot horizontal à crémaillères, etc.

Quelques années avant 1819, M. Potter avait essayé, à Paris, le procédé peu économique de rebattre au balancier à vis les briques déjà moulées et séchées à la façon ordinaire; procédé que j'ai vu également appliqué, en 1825, à la fabrication de carreaux, de briques à parquets hexagonales, dans l'établissement de M. Douet, près de Tours, mais où l'on se proposait simplement de donner une dernière façon régulière et plastique à un produit d'un prix relativement plus élevé que celui de la brique ordinaire[2].

La machine américaine, en usage à Washington, communiquée, en 1819, à la Société d'encouragement de Paris[3], et perfectionnée par M. Doolittle, des États-Unis d'Amérique, offre cela de remarquable que la terre non préparée, sans doute pulvérulente, chargée dans une trémie supérieure, à axe vertical, glisse successivement dans des moules établis à la circonférence d'une plate-forme horizontale tournant à déclic

[1] *Bulletin de la Société d'encouragement*, t. XII, p. 173 et 177.

[2] Ce balancier, d'une construction très-soignée, portait un repoussoir à bascule et contre-poids dans le genre de celui qu'on trouve décrit à la p. 72, t. XLVI, du *Bulletin de la Société d'encouragement*, et qui, destiné également à refouler et rebattre les terres, offre divers perfectionnements ingénieux, dus à M. Champion aîné, de Pontchartrain, auquel ils ont valu, en 1846, un prix de 500 francs, décerné par cette Société.

[3] Voyez t. XVIII, p. 361, du *Bulletin*.

ou pied de biche, que rase l'embouchure inférieure de la trémie, et qui transporte les moules, ainsi remplis, d'abord sous un refouloir vertical à levier de charpente, dont l'action sur le plateau est contre-butée par un appui inférieur très-solide, ensuite au-dessus d'un repoussoir vertical, qui expulse la brique du moule pour la déposer sur un second plateau horizontal également à déclic, mais excentrique au premier, et d'où l'ouvrier l'enlève au fur et à mesure : ce deuxième plateau reçoit, comme le précédent, un mouvement progressif intermittent, par un mécanisme à bielles, manivelles et volant, dont l'action continue fait aussi marcher alternativement le fouloir et le repoussoir.

L'intérêt qui s'attache particulièrement à cette machine, assez grossièrement construite d'ailleurs, c'est qu'elle a été reproduite, avec des perfectionnements notables, il est vrai, quant à l'exécution et au dispositif, par M. Bradley, de Wakefield (Yorkshire), dans une machine à action également continue exposée à Londres en 1851, et où l'on voyait des cames ondulées comprimer, soulever alternativement la matière chargée dans des moules à fond mobile, etc.

Enfin, je crois devoir mentionner encore la machine oscillante, à deux plateaux découpoirs, pour laquelle M. Cundy aurait, dit-on, été patenté en Angleterre antérieurement à l'année 1827, non parce que, simplifiée depuis par M. Saint-Amans, elle eût mieux réussi que les précédentes, mais bien parce qu'elle repose sur un principe susceptible d'applications ultérieures, et consistant principalement dans l'emploi de châssis horizontaux en fonte, garnis, en dessous, de lames tranchantes pour découper, suivant la forme parallélipipédique des briques, une large nappe de pâte argileuse fournie par un tonneau de trituration ordinaire, qui la répand, par arasement de lames courbes mobiles, sur une plaque de tôle que supporte un chariot roulant, chargé ensuite de l'amener à pied-d'œuvre ou sous les plateaux découpoirs, dont, à cet effet, l'intérieur vide des cases formées par le croisement des couteaux est garni d'autant de lourds fouloirs, liés à une tige commune et qui se relèvent simultanément avec les châssis découpoirs en fer de la machine [1].

La Société d'encouragement de Paris, qui attachait une grande importance à la solution économique de la question, n'a cessé de s'en préoccuper pendant une longue suite d'années, à partir de l'époque de 1826, où elle avait aussi institué un prix, d'abord trop faible, pour le perfectionnement de la fabrication des briques pleines, mais sans obtenir aucun résultat satisfaisant, parce qu'elle exigeait que la machine fût, à la fois, simple dans sa composition et économique dans ses produits; double condition d'autant plus difficile à remplir qu'un ouvrier fort ordinaire, avec ses servants d'usage, peut mouler à la main, dans de petits châssis en bois, jusqu'à 2 000 briques, par jour de 10 heures; que la main-d'œuvre est peu chère à la campagne; que la principale dépense gît dans les frais de cuisson et de transport; qu'enfin tout travail mécanique ajouté en vue de perfectionner le moulage et de supprimer la dessiccation à l'air libre est à peu près en pure perte et rarement apprécié des maçons, qui doivent noyer dans le mortier ou le plâtre les briques ainsi fabriquées.

Ces réflexions, moins exactement applicables sans doute à la fabrication des tuiles plates ou courbes et des carreaux d'appartement, qui, en compensation d'un plus haut prix, ont aussi un moins vaste débit, ces réflexions expliquent, en général, le médiocre succès des machines à mouler les briques, et serviront d'autant plus à faire apprécier le mérite de l'ingénieuse machine de M. Carville, à laquelle l'Académie des sciences a accordé, en 1841, le prix de mécanique de la fondation Montyon [2], pour divers perfectionnements remarquables et ingénieux apportés aux anciens et imparfaits sys-

[1] *Bulletin de la Société d'encouragement*, t. XXVI, p. 348. Il n'existe point, en Angleterre, de patente pour la fabrication des briques qui porte le nom de *Candy;* il y a là une confusion qu'il m'a été impossible d'éclaircir jusqu'à présent.

[2] *Comptes rendus*, t. XV, p. 39 et 1126. Voyez aussi le *Rapport* sur cette machine, t. XI (1840), p. 921.

tèmes de MM. Hattenberg, Kinsley et Bundy, à tonneau triturer, tuyère d'émission, pistons fouleurs ou découpeurs et chariots à crémaillère, etc.; modifications qui en font une machine entièrement nouvelle, véritablement automatique et surtout fort économique, puisqu'à l'aide d'un cheval et de quatre petits servants elle peut fabriquer par heure jusqu'à 1 500 briques, toutes moulées, pressées, parées, garnies de sable, prêtes, en un mot, à être transportées sous les hangars à sécher.

Ce qui distingue particulièrement des précédentes cette machine, d'une installation d'ailleurs facile, c'est non-seulement le manége à longue barre, en talus, partant du haut de l'arbre vertical armé de lames de fer pour la trituration des terres dans la tonnelle, mais aussi la mise en action de tout le surplus de la machine, au moyen de roues d'angle supérieures et de chaînes sans fin, du système Galle, passant sur des roues à dents ou échancrures cylindriques, régulièrement exécutées en fonte et faisant, à leur tour, mouvoir : 1° les roues étoilées qui conduisent uniformément la grande chaîne horizontale, aussi sans fin, dont les maillons articulés et portant les châssis mouleurs en fonte, accouplés par quatre, vont passer d'abord sous une trémie à sable et cylindre cannelé distributeur, pour dessécher les moules après leur barbotage dans une auge ou mare d'eau inférieure, puis sous la vanne qui règle l'écoulement de la pâte au sortir du tonneau à triturer, puis encore sous un gros et lourd rouleau en fonte servant à comprimer, tasser cette pâte dans les moules, recevant constamment un mince filet d'eau pour empêcher la terre de s'y attacher; puis enfin sous des plaques de lissage en fer, suivies d'une seconde trémie sablière et d'une planche refouloir pour faire sortir, l'une après l'autre, les quatre briques de chacun des châssis mouleurs, ainsi qu'on l'expliquera ci-après; 2° une autre chaîne articulée sans fin, moins longue que la précédente, cheminant parallèlement et horizontalement au-dessous de sa branche supérieure, de manière à l'araser tout en l'accompagnant d'un mouvement égal, chaîne d'ailleurs munie, à sa surface, de plaques en fonte, et soutenue en dessous par une série de rouleaux presque jointifs, tournant librement sur leurs tourillons extrêmes, et qui sont destinés, ainsi que les plaques, à soutenir les briques et leurs châssis sans fond contre l'action de la gravité et du rouleau compresseur, dont il a déjà été parlé; 3° enfin, une troisième petite chaîne articulée horizontale, placée au delà de la précédente, transversalement ou perpendiculairement à sa longueur, et dont la surface supérieure, munie de planchettes en bois mince, rasant également le dessous de la nappe formée par la grande chaîne, est destinée à recevoir les briques au fur et à mesure qu'elles sont expulsées de leurs châssis, par un piston refouleur établi au bas d'une haute tige verticale à bascule et contre-poids souleveurs : cette tige, à mouvement oscillatoire provoqué par des mentonnets fixés à chacun des châssis mouleurs, assure ainsi, d'une manière précise, l'action verticale de ce refouloir, dont le manche, à articulation libre supérieure, suit, pendant un instant très-court, la marche lente du chassis, afin d'éviter toute gêne, tout glissement relatif pendant le foulage, etc. [1].

Cette machine, dont tous les mouvements sont admirablement bien entendus et coordonnés entre eux, qui fonctionne sans bruit et d'une manière véritablement continue, mérite d'autant plus d'intérêt et d'attention, qu'elle n'a cessé de donner d'excellents produits depuis le grand nombre d'années où elle marche, avec la régularité et l'économie désirable, dans un établissement situé près d'Alais (Gard), que j'ai eu l'occasion de visiter en 1852. A coup sûr, si elle avait pu être présentée en 1851, sinon en grandeur effective, du moins en modèle, à l'Exposition universelle de Londres, elle aurait, comparativement à d'autres dont il a déjà été parlé, obtenu les suffrages unanimes du Jury de la VIe classe, suffrages d'autant

[1] Voyez la description de cette machine dans le t. XL, p. 150, du *Bulletin de la Société d'encouragement*, qui a aussi accordé à son auteur un prix dans la séance du 23 mars 1842.

mieux mérités que son modeste auteur, M. Carville, est aussi l'inventeur d'un nouveau et ingénieux système de four, en briques réfractaires et à combinaisons, qui a obtenu dernièrement l'approbation de l'Académie des sciences de Paris[1].

§ V. — Appareils divers pour le moulage, la trituration et le pétrissage des pâtes. — MM. *Grant* et *Bruce*, en Angleterre; *Baudry*, *Selligue*, *Rollet*, *Lembert*, *Besnier-Duchaussois* et *Boland*, en France.

Avant de terminer ce sujet, je rappellerai, comme chose utile à enregistrer en passant, que les sapeurs de nos régiments du génie ont appris, depuis 1820, à exécuter rapidement, au mouton à tiraudes et à l'aide de formes, de châssis très-solides, le moulage ou battage des briques destinées, en temps de guerre, à la construction rapide des fours, et dont la terre, presque sèche ou pulvérulente comme on en rencontre partout dans les champs en culture, reçoit du choc une cohésion assez grande pour permettre le transport et la mise en œuvre des briques, sans autre préparation. Je rappellerai, en outre, que les presses hydrauliques dont on se servait dès 1815 en Angleterre, et peu après en France, pour comprimer les galettes dures des poudres de guerre; que les presses continues à cylindres ou calandres, avec *doublier* en forme de toile sans fin, déjà mentionnées à une autre occasion, qu'on leur a bientôt substituées, et que j'ai vues fonctionnant encore en 1825, à la poudrerie du Bouchet, près Essonne et Corbeil, furent remplacées à leur tour, depuis quelques années, par le foulage continu de très-lourdes meules verticales en fonte, revêtues de bronze poli et tournant circulairement autour d'arbres verticaux animés d'un mouvement rotatoire et translatoire d'une lenteur extrême, afin de donner au pulvérin le temps de tasser et d'acquérir la densité nécessaire à la confection des poudres fines de chasse en grains irréguliers, lissés ensuite dans des tonnes. Enfin je ferai remarquer que tous ces procédés ou machines rentrent évidemment dans la classe de

[1] *Comptes rendus*, t. XXXVII, p. 842 (5 décembre 1853).

celles qui nous occupent, et offrent aussi leur degré d'intérêt et d'importance pratique ou mécanique.

On ne doit pas non plus oublier que la fabrication, le moulage des diverses pâtes sèches employées à la nourriture des hommes, telles que vermicelles, macaronis et biscuits de mer, réclament, avant leur moulage ou découpage, une assez forte compression au moyen de rouleaux, de cylindres lamineurs ou de cônes, les uns lisses, les autres cannelés, pour les étaler, allonger et condenser au degré nécessaire. Or, ces instruments sont mis en action par des machines fort remarquables, dont le perfectionnement a plus spécialement occupé les mécaniciens Grant et Bruce, en Angleterre, MM. Baudry, Selligue et Rollet, en France [1], et dont on a vu quelques spécimens dans les compartiments américains et anglais du Palais de cristal à Londres. Ces machines comprennent d'ailleurs, comme appendice indispensable pour la première préparation des pâtes, un pétrisseur mécanique qui, dans le système un peu compliqué de M. Rollet [2], se compose de palettes, de fourches verticales tournant sur elles-mêmes, pendant que l'auge inférieure qui contient la pâte, munie de galets, tourne simultanément autour d'un arbre vertical et parallèle à ceux des agitateurs.

Les pétrisseurs mécaniques, dont on s'est tant et depuis si longtemps préoccupé dans l'un et l'autre pays pour remplacer les malheureux geindres de boulangers, sont, comme on sait, mis en action tantôt par manivelles dans les petits établissements, tantôt par la puissance de la vapeur dans les plus grands, notamment dans ceux de la marine. On sait aussi que, dans les boulangeries ordinaires et les manutentions civiles ou militaires, les pétrisseurs, généralement cylindriques, oblongs et fermés hermétiquement à couvercle, sont traversés horizontalement par un arbre muni de lames saillantes, diversement

[1] Tome XLI, p. 137, du *Bulletin de la Société d'encouragement.*

[2] Auteur d'un grand *Traité* ou *Mémoire sur la meunerie* (1846), auquel nous aurons à renvoyer plusieurs fois dans la Section suivante.

inclinées ou courbées, qui coupent, soulèvent et laissent retomber alternativement la pâte, d'une hauteur de 80 centimètres au plus. On sait enfin que ces pétrisseurs, imaginés et employés pour la première fois, en 1811, par M. Lembert, à Paris, avec des palettes en bois, simplement droites, mais obliquement dirigées[1], ont reçu, dans ces dernières années, des perfectionnements successifs de la part de MM. Besnier-Duchaussois (1832), Lembert et Fontaine (1840), Boland (1847), dont le pétrisseur à lames hélicoïdes multiples, aujourd'hui généralement connu et adopté par les boulangeries mécaniques, a obtenu, en 1851, la médaille de prix du Jury de la VIe classe. C'est pourquoi je ne crois pas autrement nécessaire d'insister, quel que soit l'intérêt qui s'attache en général aux procédés mécaniques de panification [2].

Puisque j'ai été conduit incidemment à parler des machines à pétrir les argiles et les pâtes, je dois saisir l'occasion, afin de n'avoir plus à y revenir par la suite, de faire observer que des procédés mécaniques plus ou moins analogues sont employés aujourd'hui pour triturer, gâcher les bétons et les mortiers dans les grands chantiers de maçonnerie, où l'on voit des arbres, tantôt verticaux et à manéges, comme ceux dont se servaient, dans les siècles précédents, les de Cessart et les

[1] *Bulletin de la Société d'encouragement*, t. XLVI, p. 696.

[2] A ces noms il faudrait enjoindre une quantité d'autres, d'hommes bien connus, tels que MM. Cavalier frères, Maugeret, Selligue, Ferrand, Lasgorseix, Lahore (1829 à 1830), MM. Mouchot frères et Moret, etc., etc., qui se sont fait successivement délivrer des brevets d'invention ou de perfectionnement pour des appareils de ce genre, plus ou moins compliqués, remplissant plus ou moins bien le but de panification auquel ils étaient destinés, mais qui ont été, les uns après les autres, repoussés ou abandonnés par les maîtres boulangers, dont les essais ne furent pas toujours suffisants, sans doute, pour en constater les qualités ou les vices essentiels. Dans l'impossibilité de m'étendre ici sur ce sujet très-important, je ne puis que renvoyer à la *Publication industrielle* de M. Armengaud aîné, t. IV, p. 267 (1845), où l'on trouvera sur les pétrisseurs mécaniques un excellent article historique, me contentant de faire remarquer qu'aujourd'hui même (1855) l'usage n'en est pas, à beaucoup près, répandu dans toutes les boulangeries de la France et de l'Angleterre, notamment de Paris et de Londres.

Perronet, tantôt horizontaux ou inclinés, munis dans tous les cas de lames, de battes en bois ou en fer, tourner dans des auges annulaires, des tonnelles cylindriques ou coniques, munies d'aspérités intérieures et renfermant pêle-mêle, mais dans des proportions définies, les différents matériaux qui, versés continuellement ou à des intervalles périodiques, doivent constituer un bon mélange, une sorte de combinaison intime très-importante pour le succès des constructions.

D'ailleurs, à ces procédés très-simples en apparence, mais qui entraînent en réalité une grande dépense de force, occasionnée par les frottements inhérents à la machine tournante, on a, depuis un certain temps, assez généralement préféré, sauf dans quelques grands chantiers, ceux de Cherbourg notamment, les roues de voiture à manége ordinaire, accouplées de part et d'autre de l'arbre moteur, roulant circulairement dans un canal entièrement découvert, qui contient les matières à triturer, roues qu'accompagnent, en avant et latéralement, de véritables socs de charrue, des spatules ou versoirs à oreilles, servant à retourner et ramasser perpétuellement les matières, à peu près comme cela se voit aussi dans les moulins à huile et à fabriquer le chocolat, qui seront mentionnés dans l'un des chapitres ci-après et dont le perfectionnement date principalement de l'époque de 1820 à 1825, où les progrès des arts industriels, en France, ont fait généralement rechercher les procédés les plus parfaits et mécaniquement les plus économiques, pour les substituer aux pénibles manutentions jusque-là en usage même dans les travaux publics.

IVe SECTION.

MACHINES A DIVISER ET SÉPARER LES CORPS

EN PARTIES PLUS OU MOINS FINES OU DE FORME DONNÉE.

Cette Section comprend non-seulement les machines à concasser, broyer, moudre, etc., proprement dites, mais aussi leurs accessoires servant à l'épuration des matières premières, à la séparation des produits en diverses qualités ou degrés de finesse, ainsi qu'à la locomotion intérieure et purement automatique de ces matières et produits; objet d'une très-haute importance dans beaucoup d'industries, notamment dans la manutention des blés et la fabrication des farines. L'admirable système de machines et d'appareils automatiques de cette dernière industrie peut, en effet, servir de type à beaucoup d'autres, et mérite d'être étudié dans ses différentes phases ou progrès mécaniques, avec non moins d'intérêt historique ou philosophique que les instruments mêmes du travail et de la fabrication des métaux, dont nous nous sommes spécialement occupés dans la première Section. Ce sera, d'autre part, une excellente occasion, qui s'offrirait difficilement ailleurs, d'attirer l'attention sur le mérite des hommes modestes à qui l'on doit ces ingénieuses combinaisons, en elles-mêmes peu susceptibles de frapper l'esprit, quand on les détache des objets qui en constituent le but essentiel ou le mérite au point de vue de l'utilité générale.

A la fin de cette IVe Section se trouve placée d'ailleurs une autre catégorie de machines ou d'outils qui a une relation très-intime avec la précédente, et qui devrait, à la rigueur, comprendre toutes les machines à scier, tailler, polir et dresser les objets d'une nature plus ou moins analogue à celle des pierres, du bois, etc., sans en excepter les machines à découper, hacher, diviser en morceaux de diverses grosseurs, les matières solides animales ou végétales, préalablement séchées ou torréfiées, et qu'on se propose ensuite de réduire en parties plus ou moins fines. Mais on apercevra sans difficulté que le temps m'a manqué pour donner à cette partie du Rapport le complément indispensable et l'étendue qu'elle comportait dans mes intentions primitives.

CHAPITRE Iᵉʳ.

MACHINES DIVERSES À CONCASSER, TRITURER, PULVÉRISER.

Les machines qui sont l'objet de ce chapitre, considérées même comme de simples outils ou instruments nécessaires à la préparation des plâtres, des chaux, des ciments et des couleurs, employés dans l'agriculture, la bâtisse et les constructions diverses; celles qui servent à la préparation de différentes poudres pharmaceutiques, des pâtes fines de cacao, de cailloutis, de porcelaine ou kaolin, etc., ces machines, dis-je, mériteraient, à cause de leur extrême utilité, d'être étudiées, approfondies avec un soin tout particulier, et je dois regretter encore d'en être réduit à n'y jeter ici qu'un trop rapide et bien insuffisant coup d'œil.

§ Iᵉʳ. — Moulins à pilons, à tonneaux, à gobilles, à cylindres cannelés broyeurs et concasseurs. — *Bélidor, Baader* et *Hachette;* MM. *Ryder* et *Schmerber, Auger, Champy, Davillier, Bret* et *Oliver Evans.*

Les pilons, qui prennent le nom de *bocards* quand ils sont destinés à broyer, concasser grossièrement des corps aussi durs que les minerais et les pierres, armés alors à leur base de masses prismatiques en fonte de fer blanche; les pilons que l'on construit en bronze, sous la forme de poires arrondies par le bas, quand il s'agit de corps moins résistants, plus précieux ou déjà réduits à l'état de poudres grossières, ce genre d'outils, de machines, dis-je, remonte au moins à l'année 1435, où l'on s'en servait à Nuremberg pour pulvériser, sous forme de pâte humide, les composants de la poudre de guerre[1]: les pilons eux-mêmes, surmontés de longs

[1] *Traité d'artillerie théorique et pratique,* par G. Piobert. Paris, 1847, p. 14.

manches verticaux en bois, en bronze, en fer ou en fonte, rangés parallèlement ou dans un même plan, maintenus entre des guides ou prisons horizontales, et munis, à une certaine hauteur, de mentonnets en saillie, étaient alternativement soulevés au moyen de cames également saillantes, distribuées régulièrement en hélices sur le pourtour extérieur d'un gros arbre horizontal, tournant presque toujours, sauf dans le moulin double à poudre de guerre, directement ou sans engrenage intermédiaire, au moyen d'une grande roue hydraulique verticale. Ces machines, si simples et si ingénieuses, n'ont reçu, depuis l'époque où le bon Bélidor les décrivait, vers 1720, dans sa précieuse *Architecture hydraulique,* que de bien faibles modifications ou perfectionnements mécaniques, parmi lesquels il suffira de citer les plus importants.

A l'époque dont il s'agit, et jusqu'à ces derniers temps, on donnait aux cames des formes assez arbitraires, notamment dans les moulins à poudre, où, afin d'éviter les causes d'explosion, elles étaient construites en lames de bois droites, simplement arrondies au bout, implantées perpendiculairement sur les arbres horizontaux du moulin, que menait une grande roue dentée ou hérisson conduisant, de part et d'autre, des lanternes extrêmes, également en bois. Ces arbres ayant une certaine grosseur, et les cames ainsi que les mentonnets présentant de fortes saillies pour accroître la hauteur des levées, le choc se faisait avec une assez grande vitesse, et le soulèvement avec un frottement d'autant plus appréciable qu'il agissait au bout d'un long bras de levier, tout en donnant lieu à des gênes, à des pressions et frottements de glissement analogues sur les appuis latéraux, prisons ou guides des manches de pilons. Cet état de choses dure peut-être encore dans quelques-unes de nos anciennes poudreries de guerre; mais dans les bocards et autres moulins à pilons de l'industrie, où l'on n'a pas d'explosion à craindre, on s'est enfin décidé à remplacer ces levées droites par des cames courbes en fer ou revêtues de lames de fer, tracées, d'après les règles de Rœmer et Delahire, suivant la développante du cercle, qui a la propriété non-seulement de faire agir la puissance dans des conditions rigoureuses d'uniformité, mais aussi en un même point du mentonnet, dans une direction constamment verticale. Or cela a permis plus tard de rapprocher les pilons de l'arbre à cames, et de les faire soulever par leur axe confondu avec la verticale du centre de gravité[1] : cette disposition, un peu plus assujettissante, puisqu'elle oblige à fendre les manches de pilons en leur milieu, pour le passage des cames, a, en revanche, l'avantage d'annuler, pour ainsi dire, les frottements sur les prisons, qu'on avait autrefois tâché de réduire, dans ces machines aussi bien que dans celles à engrenage par lanternes, en se servant de mentonnets et de fuseaux roulants, dont l'usé inégal offrait, comme pour les galets de friction sphériques, coniques, etc., si fort préconisés dans ces derniers temps, des inconvénients dont on ne tarda guère à s'apercevoir.

L'ancien moulin à pilons n'en était pas moins une machine admirable sous le rapport de la distribution, de la répartition régulière de l'action motrice autour des arbres à cames, dont il importe, en effet, de rendre le mouvement aussi uniforme que possible, quand le premier moteur est par lui-même doué de ce genre de mouvement, comme le sont notamment les différentes roues hydrauliques. On y a, il est vrai, suppléé pour les machines modernes, constituées d'un petit nombre de pilons, au moyen du volant régulateur, dont on a eu des exemples à l'Exposition universelle de Londres, par les petites machines à forger de MM. Schmerber et Ryder. Néanmoins, à cause des ébranlements, des grandes pertes de force vive résultant de l'acte même du choc qui se produit doublement dans les anciennes machines à cames et pilons, on doit considérer ces machines et leurs analogues comme peu avanta-

[1] Voyez le *Traité des machines* de M. Hachette, année 1816, et l'ouvrage déjà cité de Baader sur les souffleries (1801), où l'on se sert particulièrement de longues cames diversement disposées et courbées pour produire l'ascension et la descente verticales des tiges de pistons.

geuses en elles-mêmes, et les réserver expressément, ainsi qu'on le fait de nos jours, pour les seules circonstances où il est absolument indispensable d'agir sur les corps par une action vive, brusque ou en quelque sorte instantanée; ce qui est notamment le cas des machines à concasser, plus ou moins grossièrement, les pierres et les minerais, machines dans lesquelles on a vainement cherché jusqu'ici à remplacer les pilons par des systèmes à action continue ou rotative, dont l'énergie n'est nullement en rapport avec la nature dure et cassante de ces matières.

C'est aussi par insuffisance de moyens assez puissants, sans doute, et pour favoriser le rapprochement, l'action moléculaire des parties, peut-être même, dans quelques cas, par erreur de principes, que nos ancêtres employaient les moulins à pilon pour écraser des matières pulvérulentes, telles que le charbon, le soufre et le salpêtre, ou aussi tendres, aussi volatiles que le tan et les substances végétales similaires, au risque d'y mettre le feu par le choc ou de détruire la santé des ouvriers par les émanations poussiéreuses. Qui n'a pas vu les anciens moulins à tan et à pilons, dont il existe peut-être encore des exemples, ne saurait se faire une idée exacte des inconvénients d'un métier où, par raison d'économie sans doute, l'on ne peut ou ne veut pas, à l'instar des pharmaciens et comme l'a tenté, dès 1816, M. Auger, fabricant de chocolat à Paris, dans son ingénieux *bocard vaporisateur,* envelopper les pilons et les mortiers d'un sac de cuir flexible, surmonté ou précédé d'appareils de ventilation, aspirateurs et expulseurs, qui, en s'opposant à toutes les déperditions ou émanations, en débarrassent aussi l'atelier[1].

Ce procédé est-il postérieur ou antérieur au tambour pulvérisateur tournant, à gobilles de bronze, employé dans nos

[1] T. XIX, p. 169, du *Bulletin de la Société d'encouragement.* Le conseil de la Société, en décernant une médaille d'argent à M. Auger (p. 164) pour le développement qu'avait reçu sa fabrication, fait observer que jusqu'en 1820 nous étions restés tributaires des Anglais pour la préparation des poudres pharmaceutiques les plus fines.

poudreries de guerre pour triturer le soufre en bâtons, et dans lequel les poussières les plus ténues sont entraînées au travers de conduits par un courant d'air qui va les déposer dans des cases horizontales placées, à la suite les unes des autres, au milieu d'une chambre close où ces poussières se trouvent naturellement rangées par ordre de finesse, à peu près comme dans le van ou moulinet ventilateur de nos fermiers? Le temps me manque pour lever un pareil doute, et je ferai seulement observer que l'on employait, d'après le procédé de M. Champy père, des tambours à gobilles fermés pour pulvériser le charbon dans les poudreries longtemps avant 1800, et que M. Davillier, à Wesserling, doit être considéré comme le premier qui l'ait appliqué, en France, au broyage de l'indigo, pour l'impression des toiles peintes[1], il est vrai à l'état humide et en substituant des boulets de fonte aux gobilles de bronze, dans une tonne elle-même en fonte. Plus tard, en 1834, M. Bret a également proposé l'application de ce moyen à la pulvérisation du plâtre, dans une tonne horizontale à manivelle, en bois, cerclée de fer extérieurement, surmontée d'une trémie, et munie à sa circonférence d'un grand nombre de châssis grillagés, au travers desquels la poudre, sollicitée par la force centrifuge et son propre poids, tombe sur un plan incliné inférieur, garni d'un tamis [2]. Toutefois, et quoique le tonneau soit muni d'une enveloppe en zinc sur une portion de son pourtour extérieur, pour empêcher les pertes et les émanations, il est douteux que l'usage s'en soit beaucoup répandu, et on paraît généralement lui avoir préféré des moyens à la fois plus simples et plus puissants, tels que les cylindres broyeurs ou lamineurs à trémie et les meules verticales dont il sera question plus loin.

Ces machines ne conviennent guère d'ailleurs à la trituration de matériaux aussi durs que les briques, les tuileaux et autres substances pierreuses dont on fait les pouzzolanes, les

[1] *Bulletin de la Société d'encouragement*, t. VII, p. 170 (année 1808).
[2] *Ibid.*, t. XXXIII, p. 261 (1838).

ciments, etc., matières auxquelles ne conviennent pas davantage, comme on l'a vu, les bocards ou pilons, quand il ne s'agit pas simplement de les concasser grossièrement, mais bien de les amener à l'état de poudre fine, sèche et facilement volatilisable. En considérant, d'autre part, la grande consommation de force motrice qui s'opère dans ces dernières machines, quand on ne veut pas recourir à une combinaison d'organes mécaniques assez compliqués et d'autant plus onéreux qu'ils exigent une installation spéciale et des moteurs puissants, on ne saurait être surpris de voir la persistance avec laquelle on se sert, aujourd'hui encore, de moyens aussi barbares et aussi dangereux que le sont les marteaux, les battes et les rouleaux à va-et-vient manœuvrés si péniblement à bras d'hommes, depuis longtemps supprimés, dit-on, en Angleterre et surtout aux États-Unis d'Amérique, où, grâce à la cherté de la main-d'œuvre et au progrès de la fabrication des machines qui en est la conséquence inévitable, on les aurait complétement remplacés par des procédés purement mécaniques.

Néanmoins, il faut bien le reconnaître, ces industrieux pays ne sont guère plus avancés que le nôtre en fait de machines simples, économiques et d'une installation facile, en dehors des grands ateliers de fabrication et des lieux de grande consommation ou production, tels, par exemple, que le sont, chez nous-mêmes, Montmartre pour le plâtre fin, exporté jusqu'en Amérique; Strasbourg et quelques autres lieux pour les plâtres d'agriculture; Andernach, Pouilly, etc., pour les ciments et les pouzzolanes. En dehors de ces localités et de celles qui sont aussi richement dotées, il serait difficile de rencontrer un ensemble de procédés mécaniques suffisamment complets ou avancés, et je doute fort, notamment, que l'on fasse de longtemps usage, dans nos campagnes, de cylindres, de cônes broyeurs rotatifs à axes horizontaux ou verticaux, recouverts de fortes côtes, de cannelures d'acier, parallèles ou contournées en filets de vis, croisées sous un angle assez aigu, et fonctionnant comme de véritables tenailles ou ciseaux continus, pour écraser, concasser les pierres de nos routes ou même les moellons à plâtre dans nos carrières; machines, dit-on encore, généralement employées aux États-Unis d'Amérique par les agriculteurs, qui, depuis plus d'un demi-siècle, en sont redevables au génie inventif d'Oliver Evans [1], bienfaiteur de ce pays, alors vierge de tant d'autres utiles industries, dont, comme nous le verrons bientôt, il a également enrichi ces vastes contrées, et, on peut le dire, le monde civilisé tout entier.

§ II. — Meules debout, cylindres et cônes tournants ou oscillants, roulants ou traînants, conduits à bras, à manége, etc. — *Les Égyptiens et les Romains; Perronet, Lepère* et *Morlet; MM. Molard, Poincelet* et *Legrand, Humblot-Conté, Auger, Pelletier, Albert* et *Martin.*

Quant aux machines les plus économiques et les plus simples servant à la pulvérisation grossière, par compression et écrasement, des matériaux de construction, tels que le plâtre et le ciment, les anciens, je veux dire les Égyptiens et les Romains, nous ont laissé en ce genre d'utiles modèles dans l'emploi de lourdes meules de grès ou de granit, coniques ou cylindriques, unies ou cannelées, tournant debout ou circulairement, sur un autre cône, sur une plate-forme en pierres dures, autour d'un arbre central et vertical qu'un âne, un bœuf ou un cheval, attelé à de longs bras, conduisait par manége, d'après le système aujourd'hui encore employé en Égypte, comme dans tous les pays, soit pour broyer les matières sèches, déjà concassées au marteau à main, en fragments suffisamment petits ou qui n'ont pu traverser le tamis dans les opérations précédentes; soit pour écraser dans les campagnes les fruits à cidre et les graines oléagineuses, auxquels sont presque exclusivement, comme on sait, consacrées les meules debout et cylindriques. Or, les seuls perfectionnements qu'ait reçus ce genre d'outil ou plutôt les meules d'huileries mécaniques, de la part des constructeurs anglais et de leurs

[1] *Manuel de l'ingénieur mécanicien constructeur*, etc., par Oliver Evans, traduit par H. Doolittle, 2e édition (1825), p. 221, pl. 7.

successeurs chez nous, depuis 1820, les Edwards, les Hallette, les Cazalis et Cordier, tant de fois cités dans la première Section, ces perfectionnements, dis-je, consistent dans une exécution plus exacte de toutes les parties en fer ou en fonte; dans l'emploi de racloires ou spatules postérieures, planes et courbes, servant à retourner, ramener constamment la matière sous la meule; dans l'agrandissement et l'accouplement de deux meules très-voisines, de part et d'autre d'un même arbre vertical, surmonté et conduit par des roues d'angles supérieures, quand on s'est enfin avisé de substituer l'action d'une roue hydraulique ou d'une machine à vapeur aux anciens et impuissants manéges à cheval, etc.

Le plus grave inconvénient des meules debout, à moins de leur donner des dimensions à peu près impossibles, c'est d'être incapables d'amener, sans une série de repassages et de tamisages consécutifs, les matières minérales au degré de finesse nécessaire à beaucoup d'usages; or ceci explique, indépendamment des inconvénients attachés à l'emploi des pierres pour le broyage de certaines substances, comment on en était venu, longtemps même avant 1815, à substituer aux anciennes meules de grès, de marbre ou de granit, des tambours en bois garnis à l'extérieur, ainsi que le fond de l'auge sur laquelle ils cheminent circulairement, de barres de fer rayonnantes ou parallèles à l'axe des cylindres, tandis que leur intérieur recevait des masses de plomb ou de fonte réunies par du plâtre [1]. Mais ces grossiers tambours n'ont pas tardé à être remplacés par d'autres plus parfaits d'exécution, également creux, également chargés de plomb et enveloppés eux-mêmes, comme on l'a vu pour les rouleaux presseurs des pou-

[1] *Bulletin de la Société d'encouragement*, t. VII, p. 124 (1808), et t. XIII, p. 253 (1814). Le premier de ces articles, relatif à la fabrication du plâtre dans le département du Bas-Rhin, par meules debout, lisses ou cannelées, cylindriques ou coniques, fait remonter à l'illustre Perronet l'emploi des roues creuses chargées de matières pesantes pour pulvériser le ciment dans les grands chantiers de construction; feu Morlet père, ancien colonel, directeur du génie à Strasbourg (1808), auteur de ce même article, y pré-

dreries, d'un anneau cylindrique en bronze, afin d'éviter les chances d'explosion dans la trituration des matières.

Il serait inutile d'insister ici sur le moyen, tout au moins singulier, par lequel on a essayé autrefois de donner à la meule debout un mouvement lent de va-et-vient latéral, le long de la barre de manége horizontale autour de laquelle elle tourne, et qui, taillée en forme de vis, avait son propre moyeu pour écrou; ce qu'il y a de positif, c'est que la meule debout, à moins qu'elle ne soit très-étroite, ou arrondie sur les bords, comme c'est d'ailleurs l'usage, n'a pas pour unique effet de comprimer verticalement ou normalement les matières ainsi que le font les rouleaux cheminant en ligne droite sur une aire horizontale, mais bien de les écraser par une rotation relative sur elle-même, d'où résultent, de part et d'autre du milieu de l'arête du contact, des glissements, des traînements analogues à ceux des meules et molettes horizontales dont il sera bientôt parlé; glissements auxquels certains praticiens attachent un grand prix, tandis que d'autres cherchent à les éviter, surtout quand les cylindres broyeurs, offrant une certaine étendue dans le sens de leur axe propre de rotation, doivent en éprouver, sans grand profit pour l'écrasement des matières, une gêne et des résistances qu'on cherche autant que possible à éviter en limitant l'épaisseur des meules et en arrondissant leurs arêtes extérieures. A ce dernier point de vue, on comprend que les anciens, comme les modernes, aient fait usage de cônes à simple roulement, sans traînage, dont les effets, toujours désavantageux au point de vue mécanique, seraient d'ailleurs impossibles pour des rouleaux cannelés.

Si j'insiste sur cette observation, c'est que M. Molard père,

sente, sur les procédés mécaniques alors employés dans le Bas-Rhin pour broyer les plâtres crus, des indications fort intéressantes, ne serait-ce qu'au point de vue historique. On lira avec un intérêt non moindre la seconde notice (p. 127) faisant suite à la précédente, et dans laquelle M. Lepère, ingénieur en chef des ponts et chaussées, donne la description de moyens analogues employés de temps immémorial en Égypte pour broyer le plâtre et le ciment.

homme d'expérience, avait jugé à propos d'imiter, de reproduire même à l'aide d'engrenages assez compliqués, ce traînement ou glissement relatif, dans un projet de cylindres lamineurs horizontaux, surmontés d'une trémie à alimentation continue, qu'il destinait à broyer des matières à l'état humide, telles que les couleurs; voie dans laquelle il a été suivi par MM. Poincelet (1810) et Legrand (1819), à qui l'on doit de très-ingénieuses et élégantes machines à châssis vertical en fer et rouleau horizontal en fonte, oscillant au-dessus d'une table cylindrique, en matière pareille ou en marbre, de manière à imiter le travail à la main des ouvriers alors employés au triturage des pâtes fines de cacao, à Paris. Ces machines, dont la première conception et la construction étaient dues à M. Caillon, l'habile mécanicien déjà mentionné, fonctionnaient ostensiblement chez les principaux épiciers de la même ville, avant l'époque, assez voisine de la nôtre, où ils se décidèrent, comme à l'envi les uns des autres, à adopter le moulin à trois ou six cônes en marbre, surmonté d'une trémie alimentaire supérieure, tournant, ainsi que ces cônes à axes rayonnants, horizontaux ou inclinés, autour d'un arbre central et vertical, convenablement surchargé, tandis que ces mêmes cônes roulent, sans glissement relatif, sur une table horizontale en marbre, plane ou conique, à l'instar des moulins à chocolat, que le comte de Lasteyrie avait vus fonctionner, dès 1819, dans un vaste établissement de la ville de Barcelone, où six d'entre eux, à six cônes de marbre, liés à un plateau de surcharge horizontal, étaient conduits par quatre manéges inférieurs attelés de mules, qui fabriquaient ainsi journellement une masse énorme de pâte de cacao, depuis une époque antérieure peut-être à celle où les petites machines de MM. Poincelet et Legrand étaient si péniblement mues à bras dans la ville de Paris [1].

Toutefois, il résulte du remarquable et savant Rapport fait

[1] *Bulletin de la Société d'encouragement*, t. X, p. 325, et t. XIX, p. 232 et 234. Les moulins de Barcelone ont-ils, comme on le prétend, été construits par M. Calla père, à Paris?

en juin 1820 par feu l'honorable et célèbre Humblot-Conté, à la Société d'encouragement, sur la machine de M. Legrand, que MM. Auger et Pelletier s'étaient dès lors servis d'un manége et d'une machine à vapeur pour broyer le chocolat par des procédés, à ce qu'il paraît, en eux-mêmes assez peu économiques. Or il appartenait au mécanicien pourvoyeur de l'expédition d'Égypte, à l'inventeur de la machine à graver et des procédés expéditifs de fabriquer les crayons, etc.; il appartenait, dis-je, à cet éminent artiste de réduire à leur juste valeur les perfectionnements par lesquels M. Legrand était parvenu, au moyen de pédales à leviers, bielles et varlets, à remplacer, dans la machine de Caillon, l'action des mains par celle des pieds du broyeur de chocolat; de critiquer même l'usage du rouleau à rotation et glissement alternatifs, mal à propos substitué au jeu des meules ou molettes; de préconiser celles-ci, qu'on avait aussi, mais sans trop de succès, appliquées à la fabrication du chocolat; enfin, de rappeler les tentatives déjà faites pour remplacer l'action énervante des hommes par celle de petites machines à vapeur, dont les difficultés d'exécution, au point de vue économique, commençaient à être vaincues, dans Paris même, par des constructeurs mécaniciens aussi habiles que MM. Albert et Martin (1809), que M. Saulnier, de la Monnaie (1819), et que M. Daret, élève de Vaucanson et de Betancourt, dont tout le monde a pu voir fonctionner, vers cette dernière époque, l'élégante machine du système Maudslay dans la fabrique de chocolat de M. Pelletier, alors établie rue de Richelieu, au coin de la rue Neuve-des-Petits-Champs, à Paris.

Pour apprécier les motifs de pareilles observations, il faut se reporter à l'époque antérieure à celle dont il s'agit et à l'influence exercée en France par les enseignements et les exemples d'hommes tels que MM. Molard, Hachette, Borgnis, Christian, etc., qui, à un demi-siècle de distance des Bernoulli, des Desaguilliers, des Coulomb, et cela dans un intérêt humanitaire très-respectable, se préoccupaient avec une particulière sollicitude de varier, de perfectionner le mode d'application de l'homme et des animaux aux différentes machines, sans trop songer encore à les remplacer définitivement et en toutes circonstances par la puissance des moteurs inanimés. C'était aussi l'époque où la société et le Gouvernement, en France, oubliant les exemples de Colbert et de quelques-uns de ses successeurs, étaient imbus de la doctrine, aujourd'hui à peu près abandonnée par tous les économistes, que la concentration des moyens mécaniques dans certains lieux favorables, leur substitution automatique aux anciens procédés de main-d'œuvre, disséminés, répartis entre les populations des villes et des campagnes, étaient en elles-mêmes une chose fâcheuse et d'autant plus condamnable qu'elle allait réduire ces populations à une affreuse misère. C'est alors aussi que notre Société d'encouragement se préoccupa, avec une non moins honorable sollicitude, de répandre en France l'usage économique des petites machines à vapeur, des moulins à bras ou à manége servant à décortiquer les légumes, à émonder l'orge, à moudre les différentes farines, moulins sur lesquels nous aurons plus tard à revenir.

N'avons-nous pas vu dans les années 1816, 1817 et 1818, époque de rénovation mécanique pour notre pays, des industriels, d'ailleurs fort intelligents, entraînés par un mouvement d'enthousiasme irréfléchi, essayer de faire lutter les animaux contre la puissance motrice de la vapeur, voire même des cours d'eau, non pas seulement dans l'établissement de moulins dits *à l'anglaise,* et dont on prétendait faire marcher chaque paire de meules à l'aide, il est vrai, de douze vigoureux chevaux distribués en trois relais par jour et bientôt énervés par la fatigue, mais aussi pour des martinets et des marteaux de forge à manége, établis, il est vrai encore, à la proximité de grandes villes dont ils devaient convertir les riblons et ferrailles en barres rondes ou carrées à l'usage des serruriers? Enfin, chose plus digne de remarque sans doute, n'a-t-on pas vu, en 1818, notre illustre Académie des sciences elle-même décerner des éloges, d'ailleurs bien mérités, à un ingénieur aussi distingué, aussi inventif que feu M. Hubert, pour avoir établi, après d'ingénieuses expériences sur le forgeage à bras, des martinets employés au corroyage des ancres de vaisseaux et autres grosses pièces de fer, dans l'arsenal de Rochefort, en se servant uniquement, pour la manœuvre, de roues à marche, à tambour, dans l'intérieur desquelles agissaient, comme de vrais écureuils, des prisonniers dont, il faut bien le remarquer encore, tous nos bagnes maritimes étaient alors encombrés?

De telles préoccupations montrent assez où en était, au retour de la paix générale, notre industrie mécanique, sinon quant à l'esprit et au génie d'invention, qui n'ont jamais failli, comme on a dû s'en apercevoir dans tout ce qui précède, du moins quant au point de vue économique ou pratique; et elles prouvent mieux qu'aucune autre espèce de raisonnements la pénurie à laquelle la France, aujourd'hui si riche en ressources de ce genre, en était réduite par vingt-cinq années de guerre, au moment même où nos voisins d'outre-Manche sont venus nous initier au bienfait de leur état avancé de civilisation et de prospérité manufacturière ou commerciale.

§ III. — Perfectionnements et progrès accomplis dans la construction des machines à molettes, à galets traînants, tournants, etc., pour la préparation des couleurs et autres pâtes fines. — MM. *Gottorp*, *Rawlison*, *Minton* et *Ch. Taylor*, en Angleterre; *Antiq*, *Menier* et *Adrien*, *Saint-Amans*, *Hubert*, *Pelletier*, *Bourdon*, *Hermann*, etc., en France.

Pour revenir à ce qui concerne, en particulier, le broyage mécanique des poudres fines, dont jusqu'à présent nous n'avons considéré que les machines où l'outil agit par choc ou compression directe sans, pour ainsi dire, aucune action de glissement ou de frottement, je rappellerai que déjà, en 1805, MM. Rawlison et Charles Taylor avaient établi en Angleterre, pour la préparation des couleurs, de très-simples machines rotatives, mues à bras par manivelle : la première, constituée d'un assez fort rouleau en marbre dur, à axe horizontal, tournant sur lui-même et muni d'un racloir postérieur pour ramasser, détacher la pâte humide, qui avait été broyée par glissement ou frottement direct entre ce rouleau et la paroi cylindrique d'une portion d'enveloppe supérieure également en marbre, mobile par charnière et sur laquelle agissait un ressort de pression; la deuxième opérant, entièrement à sec, le broyage de l'indigo dans un mortier ordinaire en pierre dure, recouvert d'un chapeau en bois pour éviter la poussière, assez peu hermétique d'ailleurs et que traversait une sorte de pilon granitique très-lourd, en forme de poire à base hémisphérique, fendue en dessous pour ramasser et distribuer perpétuellement les parties grossières de l'indigo entraînées par la rotation de ce genre de meule, qui, tournant sans choc autour d'un axe vertical à manivelle, constituait en lui-même un instrument fort simple et dont Gottorp se serait déjà servi, dans le siècle précédent, sous le nom de *moulin philosophique*, mais dont l'usage remonte, comme on le verra, à une date beaucoup plus ancienne [1].

On voit par là qu'en 1805 les Anglais n'étaient guère plus avancés que nous, en 1818, dans l'application de la machine à vapeur à l'industrie qui nous occupe. Il y a même des motifs de croire que cet état de choses a continué longtemps encore dans les officines des pharmaciens et des marchands de couleurs à Londres tout comme à Paris, et que, sauf dans les fabriques de toiles peintes, les manufactures de porcelaines ou de faïences dures, on avait peu songé à se servir d'une concentration de moyens mécaniques analogues à ceux qu'on a vu mettre en usage depuis 1825 par MM. Menier et Adrien dans l'établissement qu'ils fondèrent, avec la coopération du mécanicien Antiq, de Paris, à Noisiel-sur-Marne, pour la trituration et le tamisage de diverses matières par des procédés semblables à ceux que l'on connaissait déjà, et où les pilons, tantôt couverts, tantôt découverts, garnis ou non de lames de fer, remplissaient le principal rôle et étaient mis en jeu par de puissantes roues hydrauliques [2].

[1] T. IV, p. 112, du *Bulletin de la Société d'encouragement* (extrait du *Journal anglais de Nicholson*, juin 1807).

[2] *Bulletin de la Société d'encouragement*, t. XXXI, p. 243.

C'est, sans doute, par une telle concentration des procédés économiques ou mécaniques, plus encore que par la supériorité des connaissances physiques, chimiques ou artistiques, que les fabricants de poteries fines anglaises ont fait une concurrence si redoutable aux nôtres dès avant 1822, où ces procédés reçurent un grand développement de la part de M. Minton, à Stockes. Parmi ces moyens, qui comprennent le mélange et la trituration mécanique des terres, la compression énergique des pâtes dans des moules ou des sacs pour les sécher, leur impression même en figures peintes unies ou de relief, je me contenterai de mentionner la grande machine à molettes en quartz dur ou compacte, suspendues aux bras horizontaux d'un arbre vertical qui les fait continuellement glisser, en traînant, contre le fond plan d'une grande cuve pavée en blocs pareils dressés à leur surface et recevant la pâte à triturer, dont les parties ne sont guère moins dures que celles du quartz même [1]. C'est, il faut bien le reconnaître, à l'aide de tels moyens que les Anglais sont parvenus à produire à si bon marché, et dans des proportions si considérables, les belles poteries qu'ils ont présentées à l'Exposition de Londres; poteries que, à notre tour, nous avons pu fabriquer à des conditions moins désavantageuses, grâce aux efforts tentés depuis l'année 1827 ou 1828, sous les auspices de la Société d'encouragement, par MM. Saint-Amans, Grouvelle et Honoré (1833), Talabot (1834) et autres, qui ont imité, perfectionné les procédés mécaniques anglais, peu différents d'ailleurs de ceux qu'on employait déjà dans la même industrie ou ses analogues [2].

La machine à molettes de M. Minton servant à préparer le silex destiné à la couverture des poteries, d'origine améri-

[1] T. XXVI du *Bulletin de la Société d'encouragement*, p. 345 (année 1827).

[2] T. XXVIII, p. 15, du même ouvrage. C'est se montrer ingrat et injuste envers la mémoire du célèbre fondateur de l'établissement de Sarreguemines (Moselle), M. Utschneider, l'ancien émule de Wegdwood en France, que d'oublier tous les services rendus à l'art céramique par ses exemples, ses travaux et des découvertes qui lui ont valu, depuis l'Exposi-

caine, dit-on, et pour laquelle M. Saint-Amans aurait pris un brevet d'importation dès 1822, cette machine paraît avoir donné lieu à un système semblable employé en Angleterre à broyer les couleurs, mais dans lequel les molettes en pierres dures sont remplacées par la fonte; circonstance qui me conduit naturellement à dire quelques mots d'une autre machine assez originale, quoique compliquée, et fondée de même sur le principe du glissement ou traînement.

Cette dernière machine, que M. Lemoine, de Paris, destinait spécialement à broyer les couleurs à l'état humide, consiste dans un couple de meules horizontales en pierres dures et pleines, tournant respectivement, l'une inférieure, la plus grande, sur un arbre à pivot vertical, l'autre supérieure, la plus petite de moitié environ, autour d'un arbre parallèle excentrique par rapport au précédent, lié à une potence supérieure à bascule munie d'une surcharge, dont il reçoit, ainsi que sa meule ou molette inférieure, un mouvement alternatif d'élévation et d'abaissement, qui permet à celle-ci de quitter et reprendre la pâte à des intervalles réguliers, puis de s'en détacher définitivement, après un nombre de révolutions réglé, pour chaque matière, d'après une expérience préalable, et que limite un mécanisme de comptage à sonnerie, pour indiquer l'instant où le jeu de la molette doit s'arrêter et être remplacé par la chute d'une racle servant à ramasser la couleur, etc.

Dans cette même machine, que conduisent des chaînes sans

tion de 1803, les récompenses les plus honorables et les mieux méritées. C'est le même industriel que le fondateur bien connu de l'établissement de Volmerange, près Sarrelouis, M. Villeroi, son élève, appelait, dans son admiration et sa reconnaissance, le *Napoléon de la céramique*. Personne, en effet, avant lui, n'avait pu imiter avec un art aussi parfait les beaux vases antiques de jaspe, de porphyre et de granit, ni approcher à ce point des poteries anglaises en pâte de grès diversement recouvertes ou colorées. L'imperfection des procédés mécaniques avant 1824, notamment en ce qui concerne le polissage de matières aussi dures, enfin la richesse de l'ornementation de ces grands vases antiques, peuvent seules expliquer leur haut prix de revient et la lenteur de leur circulation dans le commerce.

fin imaginées par l'auteur, M. Lemoine s'est évidemment proposé d'imiter le travail manuel de l'ouvrier conduisant si péniblement la molette sur la table de marbre ou de porphyre; mais une telle imitation, toujours difficile, d'une réussite rarement avantageuse ou économique, amène bien souvent avec elle des complications dans le mécanisme. Toutefois, d'après la déclaration du rapporteur de la Société d'encouragement chargé d'apprécier le mérite industriel du moulin de M. Lemoine[1], cette manière de broyer les couleurs offrirait un avantage équivalant à la moitié ou aux deux tiers environ du travail d'un homme exercé et tour à tour appliqué à l'ancienne molette à main ou à la manivelle de la nouvelle machine. L'originalité même de son principe, qui a de l'analogie avec celui dont on se sert notamment pour le dressage des glaces, me conduit à faire remarquer que les points en contact des deux meules à surfaces planes décrivant dans leur mouvement relatif horizontal de véritables épicycloïdes, il devrait être possible, à la rigueur et sans trop modifier les effets, de fixer la meule inférieure qui sert de table à broyer, en obligeant l'axe vertical de l'autre à tourner autour d'un second arbre vertical, également fixe, tout en accomplissant des révolutions plus ou moins rapides autour de sa propre direction; ce qui me paraît d'une réalisation mécanique facile et avantageuse pour tous les cas où la meule inférieure, la table qui porte la matière ou la pièce à travailler, offrirait de très-grandes dimensions, un poids capable d'user promptement la crapaudine qui en supporte le pivot, etc.

Au point de vue de la dépense en travail mécanique, et abstraction faite des exigences du service ou manutentions de l'atelier, il m'a toujours été difficile de comprendre pourquoi, dans certains établissements, on avait préféré à une plate-forme horizontale fixe, recevant, selon l'ancienne manière, des meules debout, mobiles autour d'un axe central, une disposition précisément inverse, où la plate-forme devient tournante

[1] *Bulletin de la Société d'encouragement*, t. XXV, p. 212.

et l'arbre horizontal des meules, fixe. Aurait-on reconnu dans la flexibilité et les vibrations mêmes des parties de la plate-forme, construite alors en fonte, une cause d'amélioration quelconque des effets du broyage, ou bien en sera-t-il résulté quelques avantages précieux sous le rapport de la facilité du service? je l'ignore absolument.

M. Hubert, l'ingénieur maritime dont j'ai déjà si souvent parlé, me paraît être le premier qui, en 1816, ait tenté d'employer de petites meules horizontales en pierres dures, l'une inférieure, fixe ou gisante, l'autre mobile ou volante autour d'un arbre vertical, dans le genre de celle des anciens moulins à blé, pour broyer, dans l'arsenal maritime de Rochefort, les couleurs destinées à la peinture intérieure ou extérieure des navires de guerre. Mais il ne s'agissait là probablement que d'une trituration assez grossière, dont se contenteraient difficilement les peintres un peu difficiles, et la même remarque est également applicable, sans doute, au moulin à petites meules horizontales, de $0^{m},50$ à $0^{m},80$ de diamètre, que M. Pelletier proposait, en 1839, d'employer au broyage du cacao, des couleurs, du verre, de la porcelaine, etc.[1], et qui, monté sur un bâti cylindrique ou beffroi isolé en fonte, allégi par des évidements latéraux, se distingue principalement des anciens moulins à blé en ce que les meules sont armées, au pourtour de leur gorge ou œillard, de disques de fonte cannelés, munis de rainures divergentes, obliques aux rayons, tangentes à un petit cercle intérieur, et qui, en se croisant sous un certain angle, d'une meule à l'autre, supposées mises en place, soumettent tout d'abord la matière à une action semblable à celle des cisailles et des outils tournants à noix, coupants et tranchants. Ces derniers outils, comme on le verra, ne sauraient être confondus avec ceux qui ont pour objet de diviser les matières par simple traînement et écrasement, à l'instar des meules horizontales à blé, dont, ainsi qu'on pourrait bien le croire, on ne s'est

[1] *Bulletin de la Société d'encouragement*, t. XXXVIII, p. 141, 203 et 259.

pas borné autrefois à se servir pour moudre les farines, mais qu'on a aussi employées à pulvériser diverses matières plus ou moins dures, telles que le plâtre, le ciment, le tan, etc., après en avoir grossièrement concassé, divisé les parties étendues et solides, à l'aide de machines d'instruments convenablement appropriés. Cette application se multiplia, se généralisa notamment vers l'époque de 1820, où, à l'exemple des Américains et des Anglais, on abandonna successivement les lourdes et anciennes meules de nos moulins, à surfaces unies ou simplement piquées, pour leur en substituer d'autres cannelées, rayonnées, dont nous tâcherons de faire ressortir ci-après le mérite et les qualités ou propriétés essentielles.

Au surplus, dans l'intervalle même où le moulin de M. Pelletier était essayé, au commencement de 1839, à l'usine de Noisiel-sur-Marne, en concurrence avec les machines à chocolat à cônes tournants et cylindres broyeurs oscillants, un autre établissement, destiné exclusivement à la préparation des couleurs et des poudres fines d'émeri, avait été élevé sur une très-vaste échelle par M. Lefranc, non loin encore de Paris, dans la plaine de Grenelle [1], où l'on voyait fonctionner à la fois quarante petits moulins à meules horizontales, ainsi que des meules debout, des laminoirs-broyeurs en granit et en fonte, etc., établis par MM. Bourdon et Hermann [2], constructeurs de Paris bien connus, dont le dernier n'a cessé depuis de se livrer à la fabrication et au perfectionnement de semblables machines, et l'a fait avec assez de succès et de talent pour mériter la grande médaille dite *de Conseil* à l'Exposition universelle de Londres.

Le Jury de la VIᵉ classe, en décernant à M. Hermann une distinction d'un ordre aussi élevé, a surtout considéré l'importance et le développement futur d'une fabrication qui, encore peu répandue, intéresse néanmoins à un haut degré l'hygiène générale ou privée, tout en appelant l'attention sur

[1] *Bulletin de la Société d'encouragement*, t. XXXVIII, p. 152.

[2] *Ibid.*, p. 145, 207 et 305.

l'ensemble de ses ingénieux procédés mécaniques à triturer les chocolats, les couleurs et les matières pharmaceutiques, au moyen d'appareils qui ont constamment fonctionné sous les yeux du public, et dont les principaux consistent dans une broie avec trémie à compartiments et trois cylindres horizontaux, en fonte ou en granit, comportant un moyen très-simple de régler le parallélisme et le degré de rapprochement des cylindres extrêmes, par rapport au cylindre fixe intermédiaire; cylindres tantôt unis et polis pour la préparation des couleurs à l'huile et autres pâtes ductiles, chaudes ou froides, tantôt munis de cannelures en hélice pour concasser, broyer le cacao, le sucre, le plâtre, le tan et autres matières résistantes d'une certaine grosseur, qu'il s'agit ou non de préparer à une trituration ultérieure plus parfaite ou plus fine encore: cette trituration s'opère, d'ailleurs, soit sous des cylindres exactement polis, en granit ou en fonte; soit sous des pilons en forme de poire, mis en mouvement rotatif et oscillatoire au moyen de roues dentées, de manivelles articulées librement avec le sommet de leur tige, dans des mortiers pareillement en granit ou en fonte de fer, sur le fond desquels roulent quelquefois aussi des galets ou meules debout elliptiques, que suivent des racloirs, des spatules courbes, en bois ou en fer, pour ramasser continuellement la pâte, etc.; soit enfin dans d'autres mortiers analogues, recouverts d'une cloche en verre pour empêcher les émanations dues à la porphyrisation des substances vénéneuses homœopathiques ou autres.

Depuis l'époque de 1851, M. Hermann a d'ailleurs construit de semblables machines pour un grand nombre d'établissements nationaux ou étrangers, parmi lesquels je citerai ceux mêmes de la ville de Barcelone, en Espagne, et la grande fabrique de chocolat de Noisiel-sur-Marne, déjà mentionnée, mais dont le matériel, y compris les moteurs hydrauliques, remplacés par une puissante turbine à axe horizontal et libre circulation ou déviation, du système Girard, vient récemment d'être renouvelé en entier, avec des perfectionnements et un agrandissement de moyens mécaniques qui paraissent attester la supériorité acquise par notre industrie dans ce genre de fabrication.

CHAPITRE II.

DES MOULINS À BLÉ OU À FARINE.

§ Ier. — Procédés mécaniques de mouture chez les Grecs et les Romains : moulins à bras, à manége, à eau et à vent. — *Myles* ou *Mileta*, *Mithridate* de Pont, *Pilumnus* et *Pison*, *Vitrave* et *Perrault*, *Lagarouste*, *Gallon* et *Dubost*.

Le moulin à blé, comme toutes les machines destinées à satisfaire aux plus incessants besoins des hommes vivant en société, remonte à une époque extrêmement reculée; c'est aussi la machine qui, dans tous les temps, a le plus exercé la patience et le génie inventif des peuples civilisés. Elle est, probablement encore, la première de toutes qui ait reçu, dans l'accomplissement des fonctions de ses principaux organes, un caractère véritablement automatique; mais, ainsi que pour les machines de force et d'équilibre où les anciens se montraient pourtant si habiles, on en est ici réduit, sur beaucoup de points, à des conjectures plus ou moins plausibles, quant à la nature des moyens mécaniques qu'ils mettaient en œuvre; moyens fort simples sans doute, presque primitifs, mais, je le répète, par cela même, bien souvent les plus ingénieux de tous.

On sait notamment, par des passages de la Bible et d'Homère, que les plus anciennes machines à réduire le blé en farine, originaires, à ce qu'il paraît, de l'Égypte, consistaient en de petites meules cylindriques en pierres dures que des esclaves, des femmes ou des hommes de peine faisaient tourner l'une au-dessus de l'autre. Mais quelles étaient, dans ces instruments primitifs, la disposition du mécanisme et la forme précise des meules verticales, horizontales, etc? Voilà ce qu'on paraît ignorer à peu près complétement. Doit-on supposer que la mouture à bras dans l'intérieur des familles s'exécutait, dès ces temps reculés, par des procédés identiques à ceux qui aujourd'hui même sont en usage dans quelques pays arriérés, et qu'une longue captivité à la suite de la campagne de 1812 m'a, en particulier, permis d'observer à loisir dans les chaumières enfumées du moujick russe, où ils servent à moudre et émonder les blés de différentes espèces, tels que seigle, froment, orge, avoine, sarrasin et millet? L'origine, tout asiatique, des habitants du Volga, du Don, du Dniéper, et l'état peu avancé de leur civilisation permettraient de le supposer sans trop d'invraisemblance. Or, la mouture à bras s'opère généralement, dans ce pays, au moyen de petites meules horizontales superposées, de $0^m,50$ à $0^m,60$ de diamètre sur $0^m,10$ à $0^m,15$ d'épaisseur, dont l'une fixe, ou gisante sur une forte table, est taillée en dessus, suivant un cône très-ouvert, offrant une certaine pente à l'écoulement du grain; l'autre mobile ou *volante*, concave en dessous, est taillée aussi coniquement, mais sous un angle un peu moins ouvert, pour faciliter l'introduction des grains de blé entre les deux cônes, dont l'intervalle va ainsi sans cesse en augmentant de la circonférence au centre, où la meule volante est percée d'un œil ou *œillard* cylindrique vertical, dans lequel l'ouvrier, ordinairement une femme, verse peu à peu le grain de la main gauche, tandis qu'il fait tourner sur elle-même, et avec une certaine rapidité, cette même meule en appliquant la main droite à un long bâton arrondi que terminent, aux deux bouts, des lanières en cuir fixées, l'une à la circonférence extérieure de cette meule, l'autre à un point du plancher supérieur correspondant verticalement au centre de l'œillard.

Ce système, dont on se sert aujourd'hui encore dans le midi de la France et dans la Bretagne pour moudre le sarrasin, mais où l'on substitue quelquefois aux lanières de cuir de petits trous dans lesquels s'engage de part et d'autre le bâton à main; ce système, qu'emploient également les fabricants de moutarde fine, constitue sans contredit le plus simple, le plus économique et, mécaniquement parlant, le plus avantageux des moulins à bras, d'autant que la séparation des pellicules du son d'avec la farine, je veux dire le blutage, s'opère après coup, au moyen de *sas* à mains, de tamis en crin, circulaires et cylindriques, dont le degré de finesse est approprié, dans chaque cas, au but à remplir[1].

Quelques auteurs prétendent que jusqu'à leurs conquêtes d'Asie les Romains en étaient réduits à concasser le blé, légèrement torréfié, dans des mortiers en pierre dure, dont les pilons de bois étaient armés de clous sur leur surface agissante; mais ces instruments à choc, employés dans les premiers temps de la république, n'auraient pas tardé à être remplacés par d'autres semblables à ceux dont se servent aujourd'hui encore leurs descendants de l'Algérie pour préparer la farine grossière du *couscoussou,* et dont le lourd et gros pilon, à base hémisphérique, tourne en traînant et oscillant

[1] En écrivant à la hâte ce passage et le suivant, je n'avais pas sous la main l'ouvrage de Beguillet intitulé : *Discours sur la mouture économique* (Paris, 1775), qui renferme quelques indications précieuses relativement au système de mouture des anciens, et dont le sentiment sur la nature des premiers moulins à bras est conforme à celui que je viens moi-même d'émettre. Le pilon en bois, garni de clous pour résister au choc, dit cet auteur, employé chez les anciens Romains à broyer les grains dans des mortiers en pierre dure, a été inventé par un certain *Pilumnus,* dont le nom fut ainsi consacré par la reconnaissance des gens de la campagne, et ce même sentiment de reconnaissance aurait été attaché à l'antique et illustre famille des *Pison* pour les perfectionnements apportés par leurs ancêtres aux mêmes instruments, devenus probablement le type du pilon hémisphérique tournant dont je parle dans le texte, et que Plaute, le célèbre comique, aurait d'abord été réduit à manœuvrer péniblement pour gagner sa vie.

Quant aux moulins à petites meules horizontales, tournés à bras au moyen d'un bâton, le savant avocat au parlement, correspondant de l'ancienne Académie des inscriptions et belles-lettres de Paris, Beguillet, n'hésite pas, d'après l'usage qu'en faisaient de son temps encore les *Levantins,* à en reporter l'origine aux temps bibliques et homériques : ce moulin, ajoute-t-il, qui ne coûte dans le Levant qu'une pistole (environ 9 francs), procurait un pain de meilleur goût, plus savoureux que celui qu'on fabrique avec la farine du moulin à eau ou à vent, et l'on s'en servait encore en France sous les rois de la première race, malgré l'existence des moulins à eau. Mais, quoiqu'il s'agît là d'un travail imposé à des criminels, l'auteur n'en conclut pas

dans un mortier de même forme, au moyen d'un mécanisme à main très-simple, et que rappelle l'un des instruments de M. Hermann, mentionné dans le chapitre précédent. Il paraît aussi qu'avant comme après l'époque impériale, les Romains se servirent simultanément de moulins à petites ou à grandes meules (*molæ jumentariæ, molæ asininæ*), marchant par manivelle, cabestan ou manége, et que conduisaient des animaux ou des prisonniers condamnés à la flétrissure; moulins qui d'ailleurs devaient avoir plus ou moins de rapports avec ceux dont, comme on l'a vu, les Égyptiens faisaient usage pour écraser le plâtre et les ciments.

Enfin, on sait encore que les moulins à eau remontent également à une époque très-ancienne[1]. Vitruve, en effet, dans son célèbre *Traité d'architecture*, dédié à Auguste, en parle comme d'une chose assez connue de son temps pour qu'il ait

moins que le moulin à bras en question serait encore le meilleur de tous ceux auxquels on devrait recourir dans le cas où les moulins ordinaires feraient complétement défaut, et c'est aussi, comme on le verra plus loin, mon sentiment personnel, malgré toutes les tentatives faites dans ces dernières années pour perfectionner le système des petites meules, tentatives louables sans doute, mais où l'on ne tient pas assez compte parfois du principe de mécanique en vertu duquel le travail pour amener les grains du blé à un état de division donné a une limite inférieure absolue, relative à l'état de cohésion des molécules.

[1] Les auteurs grecs anciens attribuent l'invention du moulin à bras à *Myles* (ou Mileta), fils de *Lelex*, premier roi de Laconie; mais, outre qu'ils ne nous apprennent rien concernant le mécanisme de ces moulins, il est probable qu'il s'agissait là encore d'une importation, d'un simple perfectionnement du moulin biblique ou égyptien.

Plutarque cite un refrain satirique chanté par les malheureux occupés à faire tourner les meules à moudre le blé, et qui en ferait remonter l'usage en Grèce à une très-haute antiquité : «Moulez, meules, moulez; Pittacus, qui règne dans l'antique Mytilène, a aussi moulu.» (579 à 649 avant J.-C.)

Les Romains n'auraient connu la meule qu'à leur retour de l'Asie, vers 191 avant J.-C. (*Journal des Savants*, 1779, p. 504.)

Enfin Mithridate, d'après Strabon, possédait des moulins à eau près de la ville de Cabire, qui prouvent que si l'invention n'en est pas due à l'un des nombreux ancêtres de cet infortuné roi de Pont, elle était tout au moins considérée comme ayant pris naissance dans l'Asie Mineure. D'ailleurs

cru pouvoir se dispenser d'entrer dans aucun de ces détails qu'il serait aujourd'hui si intéressant de connaître sous le rapport historique et philosophique. Il en dit assez néanmoins pour montrer que ces antiques moulins ne différaient pas, autant qu'on pourrait et paraît assez généralement le croire, de ceux qui sont encore répandus dans nos campagnes, et qu'a si bien décrits et étudiés notre vieux Bélidor dans le premier volume (livre II, chapitre 1ᵉʳ) de son *Architecture hydraulique,* publiée à Paris en 1735. Il suffit, pour cela, de se reporter au texte latin, malheureusement si laconique, de l'ouvrage de Vitruve, où il dit positivement : que des roues verticales à ailettes, poussées par le courant de l'eau et montées sur un arbre horizontal portant à l'extrémité intérieure ou opposée une roue plane dentée, perpendiculaire à cet arbre, servaient à faire tourner une autre roue horizontale, également dentée, montée sur l'axe vertical[1] qui contient et entraîne, au moyen d'une pièce de fer en forme de *hache double*[2],

Lucrèce, qui vivait 75 ans avant l'ère chrétienne, parle des mêmes moulins, dont Antipater de Thessalonique avait déjà vanté l'utilité auparavant dans ses vers : « Ils dispenseront les femmes de se fatiguer les bras à moudre. Les naïades obéissantes, s'élançant du haut d'une roue, font tourner un essieu muni de rayons et mouvoir avec vélocité les lourdes meules creuses. » Voyez l'*Encyclopédie méthodique. Antiquités,* t. IV, art. *Moulins,* p. 192, édition de 1792.

[1] Nommé par nos ancêtres *paufer, gros fer* ou simplement *le fer*.

[2] L'*anille,* à laquelle on a depuis donné la forme d'un X à branches courbes. Le célèbre traducteur et commentateur de Vitruve, qui écrivait dans la seconde moitié du XVIIᵉ siècle, Perrault, fait observer, avec juste raison, que les copistes ont appliqué à tort l'épithète de *majus* à la roue dentée, plane et horizontale du *fer,* qui devait nécessairement tourner le plus vite ; mais il se trompe sans doute quand il prétend que les dents de ce même pignon, au lieu d'être disposées en hérisson, ainsi que celles de l'autre roue verticale, devaient, comme dans nos plus anciens moulins, constituer autant de fuseaux cylindriques parallèles à l'axe du fer et assemblés, entre deux tourteaux, suivant la forme d'une lanterne conduite, à son tour, par une roue à denture latérale ou de *champ,* nommée *rouet.* Perrault n'aurait pas insisté sur cette prétendue erreur du texte de Vitruve, s'il avait su que les plus anciens moulins à tordre la soie présentaient, ce dont il est encore des exemples aujourd'hui, de véritables roues d'angle,

la meule supérieure ou volante, servant à moudre le blé, que lui verse une *trémie*[1] suspendue au-dessus de cette meule.

Le rapprochement que Vitruve établit, dans le même passage, entre la roue hydraulique ci-dessus et celles qui servaient aussi, de son temps, à puiser, sans moteur étranger, l'eau des courants au moyen de pots ou auges appliqués extérieurement à cette roue, prouve assez qu'il ne s'agissait là

se poussant au moyen de chevilles de bois rayonnantes, cylindriques comme les fuseaux, libres et arrondis à l'un des bouts, mais implantés par l'autre dans la couronne extérieure de chacune des deux roues; mode d'engrènement d'une simplicité tout à fait primitive, mais d'où résultent de très-légères, très-courtes et périodiques variations dans la vitesse angulaire de la meule, qui entraînent des variations correspondantes dans la pression et les frottements tangentiels des dents. Le texte latin de Vitruve, imprimé en 1511 à Lyon et en 1543 à Strasbourg, montre d'ailleurs, par les figures qui l'accompagnent et qui sont probablement étrangères à l'original, que l'engrenage à lanterne, s'il ne remontait à l'époque romaine ou de Vitruve, datait tout au moins du XIVe siècle.

[1] Ce mot, l'un des plus anciens de notre langue technique, dérive évidemment du latin *tremens* (tremblant), comme le fait observer Beguillet, et, à cet égard, il ne saurait être considéré comme la traduction exacte du texte de Vitruve, qui désigne le récipient distributeur du blé aux meules par les mots *impendens infundibulum*, indiquant tout au plus un vase sans fond, suspendu librement ou par des cordes au-dessus des meules, et non l'ingénieux et simple mécanisme distributeur ou régulateur constitué de l'*auget* branlant sous les coups alternatifs du *frayon* ou *babillard* de nos plus vieux moulins. Les figures qui accompagnent les éditions ci-dessus de Vitruve ne peuvent rien nous apprendre de positif à cet égard, non plus qu'à plusieurs autres concernant l'archure ou enveloppe des meules, le palier, la bluterie; et si M. le général Piobert, en décrivant, à la p. 78 du t. X des *Comptes rendus des séances de l'Académie des sciences* (1840), les moulins de la ville de Constantine, qui doivent remonter à une époque voisine de l'occupation romaine, ne nous a point entretenus de ces importants accessoires, c'est sans doute à cause de l'état de détérioration ou de barbarie du mécanisme principal destiné à la fabrication du couscoussou, véritable brouet des Arabes, et qui offre cela de particulier, que la meule gisante est inclinée de 30 à 40° sur l'horizon pour faciliter la sortie des produits, tandis que la meule volante, suspendue avec la liberté de jeu nécessaire à l'extrémité supérieure du gros fer vertical, reçoit directement l'impulsion de roues à cuillers, sortes de turbines horizontales dont il existe un bon nombre encore dans le midi de la France.

que de moulins établis en pleine rivière ou à *nef*, dont le modèle existait probablement à Rome même, sur le Tibre, quoiqu'en petit nombre, si l'on en croit un passage contesté de Pline, et non pas de retenues d'eau, de moulins à écluses, tels qu'on en vit, quelques siècles après, s'élever sur les moindres ruisseaux en Italie et dans toutes les Gaules, si l'on en juge encore d'après le texte de la célèbre loi salique, rendue sous Clovis dans le ve siècle de l'ère chrétienne.

Je ne saurais ici m'étendre sur cette matière, qui mériterait d'être un peu mieux approfondie au point de vué technique, historique et philosophique, par nos savants de l'Académie des inscriptions et belles-lettres; je me bornerai à rappeler qu'il est, pour ainsi dire, généralement admis que de petits moulins à vent, servant à moudre le blé, existaient de temps immémorial dans l'Inde et la Perse, d'où, selon l'opinion commune, ils se seraient répandus en Europe au retour des premières croisades; mais il est plus probable encore que cela eut lieu, à une époque antérieure, par les contrées septentrionales de l'Asie et de l'Europe[1]. C'est en effet de ces moulins, ayant de 5 à 7^m de hauteur seulement, et dont nos voisins les Hollandais et les Flamands ont si prodigieusement augmenté les dimensions, perfectionné le mécanisme et développé l'application industrielle, qu'on se sert encore de nos jours en Russie et en Pologne, concurremment avec les petits moulins à bras précédemment décrits, et avec ceux que font mouvoir des bœufs attelés à des barres de manége ou cheminant sur un plancher circulaire lié à un arbre tournant incliné, et qui,

[1] L'auteur de l'article déjà cité de l'*Encyclopédie méthodique* combat l'opinion qui ne fait remonter l'introduction des moulins à vent en Europe qu'à l'époque des premières croisades; il nie que ce genre de moulin ait jamais existé dans l'Asie Mineure, en Égypte et même en Perse. En effet, il n'y aurait nul motif pour que de là ils ne se fussent répandus, avec les moulins à eau, dans le midi de l'Europe; ce qui n'est pas. Selon le même auteur, la Hongrie en possédait dès l'année 718, et un acte de Guillaume, comte de Mortain, aurait permis à un certain abbé Vital d'en établir à Bayeux, Évreux et Coutances.

en se dérobant sans cesse sous leurs pas, entraîne le grand rouet et les pignons ou lanternes montés sur les arbres verticaux d'une double paire de petites meules; car la rareté des cours d'eau ou plutôt des chutes naturelles dans ces contrées ne permet guère d'y multiplier les roues hydrauliques, qui, dans de telles circonstances, entraînent presque toujours de grands frais d'installation ou de construction.

Au surplus, il ne faut pas confondre, sous la dénomination générale de *moulin*, le moteur avec la machine à moudre, comme l'ont fait trop souvent les anciens auteurs, notamment Lagarouste, qui a proposé, en 1707, d'employer son levier à cliquets pour mouvoir à bras deux ou trois paires de petites meules destinées à cet usage; puis, en 1732 et 1741, Gallon et Dubost [1], qui se sont uniquement préoccupés du perfectionnement des moulins tournant à tout vent, et dont l'axe moteur est muni de grandes ailes verticales, recevant l'action latérale du courant dirigé par une série de cloisons convergentes, disposées circulairement au pourtour extérieur de ces ailes, de manière à tirer le meilleur parti possible des directions diverses du vent; machines plus particulièrement connues sous le nom de *moulins à la polonaise*, qui avaient dès 1699 attiré l'attention de Duquet et de Couplet, dont la théorie a aussi occupé des savants de notre époque, et auxquelles Gallon et Dubost n'auraient ainsi fait subir que de simples changements ou perfectionnements dans le tracé et les détails.

C'est pourquoi, sans m'inquiéter désormais si le moulin est mû à bras ou à manége, par le vent, l'eau ou la vapeur, je me restreindrai principalement à ce qui concerne les organes de la machine à moudre proprement dite, dont, sans contredit, le dispositif des meules constitue la partie la plus essentielle.

[1] Voir, pour ces diverses citations, le *Recueil des machines approuvées par l'Académie des sciences*, aux années correspondantes. Quant aux *panémores* de Duquet et de Couplet, on les trouvera décrites aux p. 105 et 107 du t. Ier de ce même Recueil, publié en 1785 par Gallon.

§ II. — Formes, proportions et mode d'action des meules antiques ou modernes. — *Bélidor, Oliver Evans, Andrew Gray, Olynthus Gregory, Lambert, Montgolfier, Coulomb, Navier,* etc.

Vitruve ne nous apprenant rien à cet égard, on est obligé d'interroger les ruines des monuments romains pour se former une idée un peu exacte de l'état des choses à son époque ou postérieurement. Or, quelques récentes découvertes, faites en France, permettent de supposer que les grandes meules à moudre de nos ancêtres, les Gallo-Romains, du moins celles qui se rapprochent le plus des meules actuellement en usage, appartenaient à deux systèmes distincts. Dans l'un, la meule gisante, taillée en creux et en forme de cône renversé, dans de gros blocs granitiques, sous un angle, au sommet, voisin de 60°[1], devait être accompagnée d'une meule volante, ayant une forme convexe analogue, mais d'une plus petite ouverture, pour faciliter l'introduction et le broiement progressif du grain dans l'intervalle, de plus en plus rétréci, compris entre les deux meules, dont la dernière, montée sur un fer vertical, comme dans le moulin de Vitruve, reposait sans doute à pivot inférieur sur une crapaudine en bronze, que soutenait une pièce de bois horizontale, susceptible, comme dans nos plus vieux moulins, où cette pièce porte le nom de *palier,* d'être élevée ou abaissée par un des bouts, soit au moyen de simples cales ou coins, soit peut-être, vu l'ancienneté du procédé, au moyen d'une tringle verticale que le meunier faisait manœuvrer, de l'étage supérieur, par un second levier horizontal muni d'une cheville d'arrêt; ce qui permettait de régler l'écartement de la meule volante par rap-

[1] Il y a plus de trente ans que des fouilles exécutées dans l'un des jardins de Tivoli, près Metz, ont mis à nu un tel bloc parfaitement cubique et d'environ $0^m,70$ de côté, piqué régulièrement ou à petits coups en dedans, et qui, vu son éloignement de la rivière de Seille ou de toute chute d'eau, a dû appartenir à un simple moulin à manége, conduit par un bœuf ou un âne, d'une force suffisante pour mener sa petite meule conique, dont malheureusement les débris avaient cessé d'exister.

port à la meule gisante, selon la nature, la qualité de la farine ou du grain à moudre : ce système à meules renversées et fortement coniques, dont le similaire se nomme aujourd'hui *moulin à boisseau*, exigeant assez peu de force, devait être d'ailleurs simplement et directement mû par manége.

L'autre système, à larges meules horizontales, marchant à eau comme dans le moulin de Vitruve, devait, au contraire, se rapprocher beaucoup du moulin rustique qui nous a été transmis d'âge en âge, sauf que les cônes de meules, placés debout, auraient offert au sommet un angle bien moins ouvert que pour le précédent, de 140° environ[1]; angle qui, dans les derniers temps et par la succession des idées pratiques ou de l'expérience acquise des siècles, qu'il paraît naturel de considérer comme un progrès, a été porté jusqu'à 180°, de manière à faire ainsi disparaître toute conicité pour la remplacer par une combinaison de rayures, dont je puis d'autant moins me dispenser de dire un mot ici, que des mécaniciens, entraînés sans doute par l'exemple des anciens, tentent depuis plusieurs années à revenir, mais sans trop de succès, aux meules coniques, à médiocre ouverture, droites ou renversées, rayées ou piquées à coups perdus, meules dont la gisante est, comme on en verra des exemples dans l'un des chapitres suivants, placée tantôt au-dessous, tantôt au-dessus de la meule volante, etc.

Pour apprécier le mérite de semblables combinaisons, il faut remarquer que le grain, engagé entre deux meules dont

[1] Des meules de ce genre ont été découvertes récemment dans la propriété de M. Jomard à Lozère, sur la rivière d'Yvette, près Paris, lors des fouilles entreprises pour le chemin de fer d'Orsay. Ces meules, dont les dimensions, fort grandes, dit-on, n'étaient pas indiquées, et qui présentaient des cônes ouverts d'environ 140° au sommet, munies de stries rayonnées ou convergentes, devant appartenir à un puissant moulin à eau, il est vraiment regrettable que le *Bulletin de la Société d'encouragement* de novembre 1854, où se trouve consignée une aussi intéressante découverte, n'en ait pas donné une description assez exacte pour faire apprécier le système de mouture des anciens, mieux que ne l'ont permis jusqu'à présent les vagues et incomplètes descriptions des amateurs d'antiquités.

l'intervalle, ainsi qu'on l'a dit, va sans cesse en se rétrécissant à partir de l'entrée, est soumis : 1° à son propre poids, qui tend à le faire descendre, le long des génératrices correspondantes ou voisines des deux cônes, avec une énergie qui dépend de l'inclinaison plus ou moins grande de ces génératrices; 2° à la force centrifuge, qui croît très-rapidement avec la vitesse d'entraînement circulaire que ce grain subit entre les cônes, c'est-à-dire à peu près proportionnellement à son poids, à sa distance à l'axe de rotation et au carré de la vitesse angulaire de cet axe; 3° à la pression normale ou perpendiculaire à chaque cône, tendant à écraser le grain sur lui-même, et qui provient du poids décomposé de la meule volante, agissant comme un véritable coin quand elle est supportée par un palier élastique oscillant et vibrant, ou de l'effort additionnel exercé dans le sens de son axe, quand le palier ou la crapaudine à pivot des meules doit être considéré comme à peu près rigide, l'écartement de ces meules étant alors réglé d'une manière invariable par des vis de soutien ou de pression; 4° enfin, à un frottement latéral qui, dans les meules non rayées ou sillonnées, tend à le faire rouler sur lui-même, glisser tangentiellement, et décrire, à partir du centre, une hélice ou sorte de spirale, en le débarrassant d'abord du son ou de l'écorce, puis le déchirant, l'usant progressivement, au fur et à mesure que ses particules s'engagent dans l'intervalle, de plus en plus étroit, compris entre les deux meules.

Dans le système à boisseau ou à cônes renversés, ouverts sous un angle au sommet généralement assez petit, de manière à faire prédominer l'action du coin, le poids des grains conserve la majeure partie de son intensité relative, pour faciliter, accélérer sa descente; mais la force centrifuge, décomposée dans le sens des génératrices, s'oppose à cet entraînement avec une énergie qui décroît, il est vrai, à mesure que les particules se rapprochent du sommet des cônes, sans pour cela en donner moins lieu, à la sortie comme à l'entrée, à de fréquents engorgements, qui réclament des dispositifs spéciaux, surtout quand le poids de la meule volante est assez faible pour nécessiter une pression supplémentaire au moyen de vis, etc. Aussi emploie-t-on rarement aujourd'hui ce genre d'outils, sans le munir de nervures, de côtes saillantes en fer aciéré, disposées en hélice, et qui, sous le nom de moulins à *noix*, en font, comme on l'a déjà fait observer, de véritables machines à hacher et concasser grossièrement les grains, soumis alors, pour éviter l'empâtement, à un certain degré de dessiccation ou même de torréfaction, dont on a des exemples dans les moulins à poivre, à café, etc.

Le système des meules à cônes debout et très-ouverts est, à tous égards, dans des conditions beaucoup meilleures, quoique le poids des grains y joue un rôle très-faible, pour ne pas dire entièrement nul, attendu que la hauteur, le relief qui limite la surface supérieure de la meule gisante, est à peine de 3 centimètres, sous un diamètre de base qui dépasse souvent 2 mètres dans les anciens moulins, ceux notamment qu'a décrits, à l'endroit déjà cité de l'*Architecture hydraulique*, Bélidor, à qui l'on doit la première appréciation un peu exacte des effets mécaniques de ce genre d'outils, appréciation complétée, rectifiée en plusieurs points par son savant annotateur et commentateur, feu Navier, dans l'édition approuvée en 1819 par l'Académie des sciences. Là, en s'appuyant des données de calcul et d'observations empruntées en partie à Desaguliers, à Bélidor, Coulomb, Lambert, Fenwick et Montgolfier, ce savant ingénieur conclut, dans la note (*di*), page 401 de l'ouvrage précité, du rapprochement de toutes ces données, que pour une certaine nature de grains, le froment par exemple : 1° le poids de la meule volante doit être proportionnel à l'étendue de sa surface agissante (700 à 900 kilogrammes par mètre superficiel); 2° que la vitesse moyenne, estimée aux deux tiers du rayon, ne doit pas excéder une certaine limite (4 mètres environ par seconde), afin d'éviter le trop grand échauffement des meules et de la farine, limite sous laquelle néanmoins la force centrifuge peut s'élever jusqu'au quadruple du poids de chaque particule; 3° que l'affluence du grain entre les meules, son volume par minute ou par seconde, doit être réglé proportionnellement à la vitesse, au diamètre et à la masse de la meule volante, la résistance, évaluée aux 2/3 du rayon, étant alors le 1/22 environ du poids de cette meule et de son équipage; 4° enfin, que le travail moteur à dépenser sur l'axe pour moudre *à la grosse* 1 kilogramme de blé ordinaire, c'est-à-dire sans repassage des gruaux et du son, équivaut à celui de 5 000 à 6 000 kilogrammes, qui seraient élevés à la hauteur de 1 mètre, n'importe dans quel temps.

De tels résultats ou règles, déduits du calcul et de l'observation, quoique purement approximatifs, n'en sont pas moins très-importants et très-utiles quand il s'agit de fixer à l'avance les meilleures bases d'établissement d'une machine telle que celle dont il s'agit, et qu'on ne prétend ni se livrer aux chances du hasard ni demeurer un simple copiste. En généralisant, on peut dire qu'il est peu de machines et d'outils mécaniques pour lesquels la vitesse, la pression ou la charge, les dimensions relatives ou absolues, la résistance utile elle-même, enfin le rapport du travail moteur au travail effectivement transmis, ne soient assujettis à de certaines limites et proportions que l'expérience ou le calcul permettent seuls de découvrir, et dont la connaissance préalable, ignorée du public et du possesseur même de la machine, mais convenablement acquise par les ingénieurs ou constructeurs, rend journellement les plus grands services, sous le rapport du perfectionnement et du développement de notre industrie. C'est pour ce motif aussi que j'ai cru devoir saisir l'occasion du plus ancien, du plus indispensable de tous les outils, pour appeler l'attention des esprits réfléchis et amoureux du progrès sur la valeur de semblables règles ou principes, et sur le mérite des hommes qui les ont les premiers entrevus ou propagés dans l'industrie; mérite généralement peu apprécié de ceux qui, occupés exclusivement de pratique, d'économie commerciale, agricole ou politique, consentent rarement à descendre de ce point de vue trop spécial ou trop élevé à l'appréciation réelle et approfondie des choses, de celles qui constituent les véritables éléments de succès dans les diverses branches d'industrie soumises aux lois de la mécanique.

On remarquera, au surplus, que les données qui viennent d'être rapportées, d'après le savant et regrettable M. Navier, sont non-seulement applicables aux grandes meules repiquées à coups perdus ou rayonnées, en allant du centre à la circonférence, selon l'ancien système de mouture dite *économique* ou de *remoulage* [1], mais encore aux meules de moyenne dimension (1^m,30 à 1^m,40 de diamètre), dont les surfaces agissantes, planes, si ce n'est peut-être dans les parties voisines du *boîtard,* sont partagées, d'après le système américain, en un certain nombre de triangles égaux ou secteurs circulaires par des sillons rectilignes légèrement excentriques ou inclinés aux rayons correspondants, secteurs que subdivisent à leur tour, en bandes respectivement parallèles à l'un des côtés homologues, d'autres sillons également rectilignes, mais indépendants des premiers, creusés comme eux et approfondis au droit de l'arête correspondante à ce côté d'une quantité au moins égale à celle des grains à moudre, près de l'œillard et du boîtard, et qui va progressivement en diminuant de profondeur, non pas seulement du centre à la circonférence des meules, où elle est réduite à l'épaisseur d'un cheveu, mais bien plus rapidement encore de l'arête aiguë de chaque sillon jusqu'à l'arête opposée, où elle devient aussi presque nulle et détermine un angle très-obtus.

Dans cette admirable et savante combinaison, aujourd'hui presque généralement adoptée, et dont l'ingénieux auteur, grâce à l'ingratitude des contemporains, paraît entièrement inconnu, si l'on en juge d'après le silence vraiment inexplicable d'Oliver Evans et de l'ingénieur anglais Andrew Gray, dont les écrits laissent à désirer à divers égards [2]; dans cette remarquable combinaison, dis-je, les sillons des meules, tail-

[1] Voir l'ouvrage déjà cité de Beguillet, p. 199 et 202.

[2] L'ouvrage de Gray, intitulé : *Experienced mill-wright,* dont la 2e édition a été publiée en 1806 à Édimbourg, ne contient (p. 55, pl. 40) qu'une courte

lés de la même manière et dans le même sens, sont tels que, venant à se croiser lors du travail sous un angle variable de 30 à 60 degrés, leurs profils superposés forment un parallélogramme dans lequel l'arête obtuse, pour la meule volante, correspond à l'arête aiguë pour l'autre, et marche constam-

indication relative au dispositif général des sillons droits et obliques, où leur action est comparée à celle des ciseaux, sans affirmer pourtant, comme le fait Olynthus Gregory dans son *Traité de mécanique* (3e vol., t. II, p. 190, 1815), peut-être d'après le texte de la 1re édition (1804) de l'ouvrage précité, que les arêtes aiguës de ces sillons opéraient à la manière de véritables *tranchants;* opinion que Gray paraît, à son tour, avoir empruntée au livre d'Evans, publié la première fois en 1795, sous le titre modeste : *The young mill-wright and miller's guide,* et dont la 5e édition, imprimée en 1826 à Philadelphie, a été traduite en français par M. Benoît, ancien officier d'état-major, qui s'est lui-même beaucoup occupé de mécanique pratique ou industrielle. Ce dernier livre contient, en effet (chap. Ier, 4e sect.), un article entièrement consacré à la mouture, dans lequel l'auteur débute par poser d'une manière absolue, ou en principe, que le blé doit être amené à l'état de farine fine sous la plus petite pression possible, afin d'éviter l'élévation de la température, dont on connaît les fâcheux effets; il est évident, ajoute-t-il, que cela ne peut être obtenu sans le secours d'instruments tranchants. En conséquence, il considère les sillons des meules comme de véritables ciseaux à deux branches qui, pendant le travail, doivent se croiser sous un angle assez petit et toujours le même; contrairement à ce qui a lieu dans le système des sillons rectilignes et obliques, dont Évans et son collaborateur Th. Ellicott parlent comme d'une chose déjà connue, même à l'époque de 1790, où ce dernier construisait les célèbres moulins à six paires de meules, dans un système économique que nous mentionnerons plus loin. De ces idées théoriques, contraires sans doute à celles qui ont guidé les anciens constructeurs de meules à sillons droits et obliques ou croisés, dont l'invention est peut-être allemande ou hollandaise, Evans déduit un tracé curviligne se rapprochant beaucoup de celui d'une spirale logarithmique, et qui, bien que très-simple, ne paraît pas avoir été suivi par son compatriote et les autres constructeurs praticiens de l'Amérique ou de l'Angleterre, comme le montre l'ouvrage cité d'Andrew Gray.

Au surplus, la juste célébrité acquise par Oliver Evans, l'émule de Watt en Amérique, tient beaucoup moins à ses vues théoriques sur la taille des meules qu'à ses ingénieuses découvertes relatives aux machines à vapeur à haute pression, ainsi qu'à ses projets d'amélioration du système de manutention et d'aménagement des blés ou des farines dans les moulins, en usage jusqu'à son époque, projets dont il sera parlé dans un autre chapitre.

ment, de cette dernière arête vers l'arête adoucie opposée. De là il résulte que les sillons supérieurs, tout en conservant leur tendance à repousser au dehors, comme de véritables branches de ciseaux, les grains ou particules farineuses engagés entre les deux meules et entraînés avec l'air dans le tourbillon centrifuge, loin d'être cisaillés, hachés, ce qui aurait l'inconvénient de diviser à l'infini les pellicules du son et de rougir la farine, se trouvent simplement roulés, frottés et pressés entre les faces inclinées des sillons, dont ils tendent à remonter le talus pour être réduits progressivement à l'état de poudre impalpable entre les parties planes ou saillantes des deux meules, piquées à l'ancienne manière ou à petits coups, serrés en ligne parallèle aux arêtes adjacentes des sillons, sans qu'à aucun de ces instants l'action centrifuge des particules et l'action plus énergique encore de la charge correspondante de la meule mobile cessent de jouer le rôle précédemment indiqué : les effets généraux de trituration et d'entraînement des grains demeurant ainsi soumis, à peu près, aux mêmes lois que dans le système de mouture ordinaire, si ce n'est que, d'après les données de l'expérience, il faudrait un peu moins de force dans le premier de ces systèmes que dans le second, fait qui n'a pas jusqu'ici été suffisamment constaté.

En réalité et sauf encore l'amélioration des procédés de rhabillage des meules et de mouture en grosse, assujettis à des règles fixes et indépendantes du caprice ou de l'ignorance des meuniers, l'avantage du système américain n'est pas précisément là, mais bien dans la possibilité de tirer le même poids de farine des petites meules que des grandes, et cela sans risque d'un plus grand échauffement ou engorgement, en conservant aux meules de faible diamètre la même charge par mètre superficiel ou la même épaisseur ($0^{m},27$ à $0,^{m}35$), tandis que, conformément aux préceptes de Bélidor et de Navier, la vitesse angulaire est accrue à peu près en raison inverse du diamètre, de manière, par exemple, à passer, de 70 à 80 révolutions par minute qu'elle était autrefois, pour le moulage accéléré des grandes meules de 2 mètres et plus de diamètre, à 100 et même 120 révolutions pour celles du nouveau système, ayant environ 1^{m},30; ce qui produit, à la circonférence par où la mouture s'échappe, des vitesses effectives à peu près égales dans les deux cas, soit environ 6 mètres par seconde, outre une facilité plus grande offerte à l'air et à la farine pour circuler à l'intérieur des petites meules, et en sortir dans la direction oblique de leurs sillons ou canaux rectilignes.

On conçoit parfaitement, d'un autre côté, le motif pour lequel les Anglais et, un peu avant eux, les Américains ont été amenés des premiers à substituer les petites meules ainsi organisées aux grandes, quand on réfléchit : 1° que, malgré de longues et incessantes tentatives qui se perpétuent même de nos jours, on n'est point parvenu encore à remplacer le silex blanc et caverneux de la Ferté-sous-Jouarre par d'autres pierres naturelles ou factices, et même par la fonte blanche ou dure, sillonnée diversement, rhabillée ou non de lames d'acier, du moins de façon à en obtenir des produits en farines blanches de même qualité et parfaitement identiques; 2° que l'abaissement du prix des petites meules, comparativement à celui des grandes, devenait d'autant plus appréciable qu'elles furent, à dater de cette époque, construites de pièces et de morceaux, réunis par du plâtre et des cercles de fer avec assez d'art pour composer un tout plus homogène, mieux assorti, sous le rapport de la dureté et de la finesse croissant du centre à la circonférence, que ne l'étaient les anciennes meules constituées d'informes blocs tirés de carrières déjà fort épuisées; 3° que les constructeurs anglais et américains, ayant précédé les nôtres dans la construction des machines en fer, s'étaient familiarisés de bonne heure avec les moyens pratiques qui permettent d'imprimer aux rouages de ces machines de très-grandes vitesses sans courir aucune des chances d'échauffement, de vibration, provenant tantôt de la mauvaise qualité des matériaux, tantôt de l'imperfection même du mode de graissage et de montage des pièces ; 4° enfin que les petites meules, occupant moins d'espace horizontal, purent être groupées symétriquement, jusqu'au nombre de six ou huit, autour d'un même arbre vertical à grand hérisson, dans des moulins qui étaient peu connus en France et même en Amérique avant 1815, et dont l'initiative appartient incontestablement aux constructeurs anglais.

§ III. — Principaux organes mécaniques des grands moulins à blé ou à farine. — *Watt* et *Boulton*, *Rennie*, *Woolf*, *Maudslay*, etc., en Angleterre; *Aitken* et *Steele*, *Eck* et *Chamgarnier*, *Feray* d'Essonne et *Calla* fils, *Cartier* et *Armengaud*, etc., en France.

Si je ne me trompe, le célèbre moulin d'Albion, érigé à Londres, vers 1789, par Watt et Boulton, aurait offert le premier exemple d'un certain nombre de meules groupées autour d'un même arbre vertical et central, que faisait mouvoir une puissante machine à vapeur de leur système à double effet, et dont les rouages, comme on l'a vu p. 5 de ce Rapport, auraient été entièrement construits en fer et en fonte, puis bientôt imités, perfectionnés, par leurs successeurs, les Rennie, les Woolf, les Maudslay, etc. Toutefois, d'après l'ouvrage déjà cité d'Andrew Gray, il ne paraît pas que le système de construction des moulins anglais fût, même au commencement de notre siècle, aussi parfait que pourrait le faire supposer l'immense réputation des ateliers de Soho; car on voit dans cet intéressant ouvrage que les moulins à farine, à doubles et à triples tournants mus au moyen de grandes roues hydrauliques, comportaient encore un bon nombre de grosses pièces en bois, tels que : arbres de couche ou debout, couronne et bras de rouet faisant mouvoir des lanternes ou pignons, etc., disposés entre eux comme le furent pendant si longtemps les moulins de France et d'Allemagne. Ce serait une plus grande erreur de croire que les États-Unis d'Amérique eussent devancé l'Angleterre sous le rapport purement mécanique qui nous occupe : si l'on consulte, en effet, les écrits d'Evans et d'Ellicott, antérieurs, comme on l'a vu, à celui de Gray, on y trouvera que, sauf le système d'aménagement et de manutention des grands moulins à farine marchande, sur lequel j'aurai bientôt à revenir, les constructeurs américains n'étaient guère plus avancés que les nôtres quant au dispositif et à l'installation des principaux organes du mécanisme.

Tout cela donc conduit à penser, faute de renseignements plus précis, que le système de construction des moulins dits *à l'anglaise*, importé en France vers 1816 ou 1817, ne saurait remonter beaucoup au delà de cette époque, du moins en l'état de perfection où l'on a pu le voir exécuté dans l'établissement modèle érigé par M. Benoist à Saint-Denis, près Paris, et dont les machines, construites avec tant de soin et de perfection par MM. Aitken et Steele, fonctionnèrent conjointement avec l'ancien système à grandes meules, plus spécialement destinées à la mouture française sur gruaux ou économique, meules que faisaient mouvoir, dans un local séparé, de puissantes roues hydrauliques [1].

Je ne puis entrer ici dans aucun détail sur ces machines, et je me contenterai de rappeler que toutes les parties de leur mécanisme, y compris les colonnes creuses de support du beffroi et de l'étage des meules, la plate-forme évidée ou cuvette de soutien et de réglage de la meule dormante, enfin les grosses vis d'appui des crapaudines mobiles, à coulisses verticales et cylindriques, sur lesquelles pivotent les arbres de meules, etc., étaient entièrement construites en fer et en fonte; de sorte que, notamment, le palier élastique et vibrant des vieux moulins se trouvait remplacé par un système infiniment plus rigide, et qui, pour être soulevé, ainsi que la meule volante, à la hauteur que réclame chaque genre de mouture, exigeait un équipage de roues dentées et de manivelles appliqué à l'écrou des vis verticales de support dont il s'agit; les pignons horizontaux qui reçoivent, du grand hérisson monté sur l'arbre moteur ou central, le mouvement uniforme pour le transmettre aux *gros fers* respectifs des meules, ces pignons, montés d'ailleurs à clefs, à tenons d'embrayage sur les parties tronconiques correspondantes de ces

[1] *Bulletin de la Société d'encouragement*, t. XXVI, p. 101 (1827).

fers, étaient eux-mêmes susceptibles d'être soulevés au moyen de mécanismes à vis analogues, appliqués à un égal nombre de systèmes de tiges, d'étriers verticaux surmontés de platines annulaires horizontales, qui, venant pousser en dessous le moyeu à boîte également conique des pignons, permettaient d'en dégager complétement les dents de celles du hérisson, et de suspendre ainsi, au besoin, le travail de l'une quelconque des meules, lors d'un repiquage ou rhabillage amené par l'état d'usure des surfaces agissantes. Mais, quelle que fût l'élégance de ces combinaisons, d'ailleurs fort coûteuses, puisqu'elles devaient être répétées pour les diverses paires de meules, elles laissaient regretter les procédés si simples et si ingénieux employés dans les anciens moulins, notamment pour soulever la meule volante à l'aide du système de leviers et de tringles déjà mentionné, et qui permettait au meunier d'opérer, sans déplacement, du haut de l'étage de cette meule.

Aussi, dans des établissements postérieurs à celui de Saint-Denis (1835), et dont l'heureuse disposition était due à M. Cartier, ancien mécanicien de Paris, associé à M. Armengaud aîné[1], on s'en est rapproché autant que le comporte l'emploi du fer et de la fonte, en faisant usage d'un court *palier* horizontal dont la tringle verticale de soulèvement, passant dans l'intérieur de la colonne voisine du beffroi, est surmontée d'une petite vis à écrou de réglage. Ces mêmes ingénieurs ont montré que, moyennant certains perfectionnements apportés aux machines à diviser et tailler les roues, on pouvait éviter, dans ce genre de moulins, les vibrations et les ébranlements, dus peut-être moins encore aux imperfections de la denture qu'aux violents soubresauts éprouvés par la meule volante, en l'absence des anciens paliers; ce qui dispensait ainsi de recourir aux supports en pierre de taille ou en bois pour la consolidation du beffroi, qu'avaient précédemment proposés et exécutés quel-

[1] Voyez la p. 248 du t. I (1841) de la grande *Publication industrielle* de ce dernier ingénieur.

ques propriétaires ou constructeurs de moulins, notamment MM. Eck et Chamgarnier[1].

Quant au débrayage des pignons, on a beaucoup simplifié dans ces derniers temps le système primitif anglais, en employant un petit instrument portatif à vis nommé *cric,* dont l'inventeur n'est pas désigné dans l'ouvrage cité de M. Armengaud, d'ailleurs si scrupuleux à l'endroit des citations, et où ne se trouve pas non plus indiqué le nom de l'ingénieur qui, le premier en France, a eu l'idée de substituer au beffroi anglais à rouages distribués circulairement autour d'un arbre moteur unique deux rangées parallèles et rectilignes de fers de meules, placés symétriquement aussi de part et d'autre des arbres moteurs verticaux qui les conduisent au moyen de larges poulies à courroies sans fin horizontales, dont le dispositif fut d'abord appliqué, dit-on[2], aux moulins de M. Darblay à Corbeil, construits par M. Feray, d'Essonne, moulins dans lesquels le débrayage devint ainsi on ne peut plus facile, et le système de transmission beaucoup plus doux, sinon plus

[1] *Bulletin de la Société d'encouragement,* tome XXXVIII, p. 15 (1839).

[2] Les Anglais, comme on l'a vu dans la Ire Section, avaient, dès la fin du XVIIIe siècle, appliqué à leur grande filature de coton les courroies sans fin, passées d'abord sur de grands tambours en bois, puis sur des poulies en fonte, à couronnes minces et convexes, système qu'un peu plus tard, vers 1800, ils ont, comme on le verra, également employé dans leurs bluteries et cribles mécaniques, où elles ont remplacé les anciennes chaînes, cordes et poulies à gorge évidée, dont on continua à se servir en France, longtemps après 1820, alors même que l'on commençait déjà en Angleterre à tenter l'application des courroies à de puissantes machines, telles que martinets de forge et scieries, où les arbres moteurs devaient être munis de volants régulateurs, assez puissants d'ailleurs pour empêcher le glissement accidentel des courroies sur les poulies. Déjà, en effet, j'avais eu occasion en 1825 de voir marcher par de tels moyens, dans les ateliers de construction des célèbres usines d'Anzin, de belles scieries à lames multiples, construites par M. Edwards, à Paris, d'après le système de Brunel père, et qui, sur mes indications, furent ensuite (1826 à 1827) imitées et exécutées, avec moins de perfection sans doute, dans l'un des moulins de la ville de Metz, par un jeune et intelligent charpentier, M. Herder, au service de M. de Niceville, fermier de ces moulins, à qui l'on est également redevable de la première

régulier, que celui des équipages de roues dentées, quelque parfaits d'exécution qu'on les suppose. A ce système où les meules volantes remplissent par elles-mêmes les fonctions de véritables volants pour entretenir l'uniformité du mouvement, M. Calla fils, de Paris, a d'ailleurs apporté depuis quelques perfectionnements de détail[1], relatifs aux rouleaux de guide ou de support et à ceux de tension ou d'embrayage, etc., dans des moulins construits pour la ville d'Odessa, et comportant douze paires de meules sur deux rangs parallèles, conduites par une machine à vapeur de 50 chevaux.

Enfin, dans le magnifique établissement de M. Darblay, à Saint-Maur, postérieur à celui déjà cité de Corbeil (1835 à 1837), le système des courroies aurait été remplacé par un autre à engrenages, dans lequel les meules, placées au niveau du rez-de-chaussée, reçoivent le mouvement de gros fers qui, en descendant de la partie supérieure du beffroi, sont convenablement articulés avec l'anille de chacune des meules correspondantes, suspendue à pivot sur l'extrémité d'un autre

application sérieuse de la roue hydraulique verticale à aubes courbes à la même scierie marchant par courroie sans fin. Mais cet industriel, éminemment actif et ami du progrès, ne s'en tint pas là dans ses projets d'amélioration des moulins de la ville de Metz : il ne craignit pas d'appliquer au mouvement très-rapide de leurs roues à rodets un système de transmission analogue pour faire marcher, aux étages supérieurs, un tire-sac et les tarares dont il sera parlé plus loin, d'un mécanisme assez puissant pour exiger des efforts de tension considérables de la part des courroies motrices. Il y a plus, dans un Mémoire adressé en 1831 à la Société d'encouragement de Paris (tome XXXI du *Bulletin*, p. 148), M. de Niceville n'hésite pas à se prononcer pour la substitution des courroies même aux grands rouages moteurs des moulins, et c'est ce dont il a offert, dans le Mémoire précité, un exemple appliqué au système de trois paires de meules, avec des moyens de solution analogues à celui que présente le mécanisme des tire-sacs à rouleau de tension et courroie sans fin, probablement aussi importé d'Angleterre à une époque qui, d'après ce qu'on verra dans l'un des paragraphes suivants, ne doit pas remonter au delà des années 1815 ou 1816.

[1] *Bulletin de la Société d'encouragement*, t. XLIX, p. 152, année 1850. Voyez aussi, sur ces perfectionnements divers, le t. I, p. 1, de l'ouvrage déjà cité de M. Armengaud (1843).

petit fer qui remplace l'ancien au centre de la meule dormante, et, comme tel, devient susceptible d'être soulevé par un mécanisme à vis et écrou fort simple, il est vrai, mais dont les avantages n'ont pas paru assez considérables pour faire renoncer à l'ancienne disposition du beffroi. Ajoutons que M. W. Fairbairn, dans des moulins construits pour l'Égypte et la Turquie, a aussi remplacé le système ordinaire à meules disposées circulairement par de petits moulins isolés en fonte dont il sera parlé au sujet de l'Exposition universelle, et qui, rangés en ligne droite, sont respectivement conduits par des roues d'angle à débrayage, engrenant une à une dans leurs correspondantes, montées sur un long arbre de couche horizontal en fer.

L'*archure* ou tambour en bois, ouvert à la partie supérieure pour l'introduction de l'air et du blé, qui enveloppe entièrement les meules à une assez petite distance, afin de maintenir la force du courant, et d'où le son et la farine, après avoir tourbillonné avec l'air aspiré comme dans un véritable ventilateur, s'échappent pêle-mêle au travers de deux orifices pratiqués à la partie basse du cylindre extérieur, pour tomber finalement dans des sacs ou dans des coffres nommés *huches*, qui la reçoivent provisoirement; d'un autre côté, le *boitard*, ou système de coins qui ferment hermétiquement l'œil de la meule fixe pour y laisser passer, à frottement doux ou onctueux, le gros fer arrondi, système qu'on recouvre aujourd'hui d'une plaque métallique polie; l'*anille* en fer qui supporte, entraîne la meule volante par l'extrémité supérieure, et qu'on a tantôt bombée, relevée au-dessus de la surface agissante, de manière à laisser à cette meule, comme dans les anciens moulins, toute la liberté de jeu nécessaire pour osciller autour du point d'appui du fer, en établissant, à posteriori, au moyen de petits culots de plomb fondu, son équilibre purement *statique*, ou, ce qui vaut mieux, son parfait équilibre *dynamique* pendant le mouvement, comme l'a fait en dernier lieu un savant ingénieur, M. Belanger, dans les moulins cités de Corbeil, tantôt liée (l'anille) invariablement au gros fer, en obligeant ainsi la surface agissante de la meule à tourner dans un plan horizontal rigoureusement parallèle à celui de la meule dormante, afin, dit-on, d'éviter le trop grand échauffement de la farine sur les parties accidentellement en contact de ces meules; enfin le *frayon* en bois qui, dans les premiers moulins anglais établis en France, surmontait l'anille dans le prolongement du gros fer et portait le cylindre cannelé ou *babillard*, frappant périodiquement l'un des côtés de l'auget vacillant et distributeur du blé, versé, reçu directement de la trémie supérieure fixe, et que supportaient librement trois cordelles, dont deux postérieures liées au chevalet de cette trémie, la troisième antérieure s'enroulant sur un tourniquet horizontal de la quantité nécessaire pour régler, dans chaque cas, les pentes du fond de ce même auget ou l'afflux du blé dans l'œillard de la meule volante : tous ces petits mécanismes, indispensables pour le jeu automatique de la machine, en y ajoutant même le système à vis de réglage horizontales, servant à fixer la position exacte de la crapaudine du fer sur son palier, système qu'on retrouve dans d'anciens moulins dont nous aurons à parler plus loin; tous ces petits mécanismes, dis-je, aussi bien que les petites grues à vis pour soulever, mettre debout la meule volante lors du rhabillage et remplaçant le treuil ordinaire à cabestan, n'offraient, au point de vue de l'invention et abstraction faite d'un meilleur mode de construction, rien de bien neuf ou original par rapport aux ingénieux moyens de solution qui, depuis tant de siècles, étaient employés dans les vieux moulins à simple ou à double tournant, dont les diverses fonctions s'accomplissaient d'une manière plus automatique peut-être que dans le système anglais tel, je le répète, qu'on l'exécutait en France aux époques voisines de l'année 1818.

Ainsi, par exemple, les anciens meuniers remplissant à comble la trémie du blé à *moudre à façon, par parcelles*, et par conséquent d'un volume toujours limité, faisaient arriver le grain dans l'auget distributeur, ou *bailleur de blé*, par une ouverture pratiquée au bas de l'une des faces en talus de cette trémie, munie d'une petite vanne ou planchette en bois retenue par la pression ou le frottement, à une hauteur convenable, pendant la durée de l'alimentation, et que son poids entraînait quand la trémie venait à se vider; ce qui mettait en mouvement un cordon de sonnerie ou d'alarme, qu'on peut voir aujourd'hui encore appliqué à tous les moulins de campagne travaillant à façon, mais qui devient inutile dans les grands établissements de meunerie moderne, où la trémie est alimentée d'une manière continue par divers procédés dont nous nous occuperons plus tard. Il ne peut être d'ailleurs ici question des moyens par lesquels on a quelquefois tenté d'obliger la vanne des moulins à eau de se fermer spontanément, ou de régler l'ouverture des pertuis, soit par un système de bascule à contre-poids et à déclic, soit au moyen du pendule conique à boule centrifuge, dont, ainsi qu'on en verra un exemple plus loin, on avait prétendu se servir comme régulateur pour hausser ou baisser la meule volante dans les instants où l'afflux du blé devenait ou trop lent ou trop rapide, par suite des variations correspondantes dans l'action motrice ou dans la vitesse du récepteur : ce sont là des palliatifs ingénieux sans doute, mais qui s'appliquent moins au perfectionnement de l'opérateur ou de l'outil qu'au régime irrégulier ou variable de la puissance motrice du cours d'eau, du vent, etc., et, comme tels, appartiennent plus spécialement au Jury de la Ve classe.

Des réflexions analogues sont applicables encore au système automatique des anciennes bluteries, composées de deux longs sacs ou *chausses* inclinés à l'horizon, fortement tendus entre leurs châssis extrêmes, et formés de toile de canevas, à mailles plus ou moins serrées, que la mouture, en s'échappant des orifices inférieurs de l'archure, traverse lentement sous les violentes secousses de leviers agitateurs horizontaux, tirant leur mouvement oscillatoire transversal des mentonnets à choc dont est munie la lanterne ou le fer même qui supporte la meule volante, tandis que les pellicules de son et les autres débris trop gros pour traverser les tamis, sollicités par le courant d'air et la pesanteur, continuent à descendre vers la partie des chausses la plus basse, extérieure aux petites chambres ou huches que ces tamis traversent dans le sens de la longueur, et qui sont hermétiquement closes, sauf sur l'une des faces latérales, munie d'un épais rideau pour empêcher la trop grande évaporation de la folle farine.

CHAPITRE III.

APPAREILS ACCESSOIRES ET PROCÉDÉS MÉCANIQUES DIVERS EMPLOYÉS DANS LES MOULINS À FARINE.

§ Ier. — Des anciens systèmes de mouture (1616 à 1775) et de leurs accessoires mécaniques. — *Muller*, de Leipsick; *Pigeaut* et *Buquet* de Senlis, *Malisset* de Paris, *Beguillet*, *Genyer*, *Vve Detours*, *Knopperf*, etc.

Sauf le bruit étourdissant, le manque d'espace ou de lumière et la grossière installation des supports ou principaux appuis en bois ou en pierre du beffroi et des meules; sauf encore les émanations farineuses obstruant tout le mécanisme, recouvrant les murs et les charpentes assez peu stables ou assurées contre les ébranlements, l'ancien moulin, que je viens de décrire dans ses fonctions essentielles, constituait certes une machine aussi simple qu'économique, dont tous les organes étaient convenablement appropriés au but à remplir, et je ne sache pas que l'on ait rien fait de plus ingénieux, automatiquement parlant, depuis l'époque où nos pères s'en servaient pour moudre à la grosse dans le moulin seigneurial ou banal, et moyennant 1/16 ou plus de redevance en nature, leur blé, qui y affluait de quelques lieues à la ronde.

Ces moulins constituaient aussi dès cette époque, et sans doute plus anciennement encore en remontant le cours des siècles, une sorte de monopole auquel celui des moulins à l'anglaise, établis sur une beaucoup plus vaste échelle et dans des conditions de fabrication souvent meilleures, est venu, depuis 1825, faire une rude et dangereuse concurrence, dont il sera désormais difficile d'affranchir nos campagnes, quand bien même on y adopterait de point en point le nouveau système avec toute la perfection mécanique qu'il comporte : car son principal avantage, ses bénéfices si l'on veut, résident essentiellement dans la masse des produits manufacturés, dans l'épargne des mains-d'œuvre ou manutentions intérieures et dans la réduction de la part du prix de revient afférente aux frais généraux de tout grand établissement de cette espèce; je n'ose dire dans les résultats de combinaisons commerciales intelligentes et habiles, mais étrangères aux progrès réels de cette mère et importante branche d'industrie. C'est en effet là, comme on va le voir, bien plus que dans le perfectionnement des procédés mécaniques de mouture, que gît la supériorité du système américain ou anglais, travaillant d'une manière continue pour le commerce ou l'importation, et qu'avaient de longtemps précédé les grands moulins à vent hollandais ou flamands, les célèbres moulins à eau établis à Gray sur la Saône, ainsi que les 32 moulins à rodets ou turbines horizontales rangés à la file au *Basacle* de Toulouse, et consacrés depuis des siècles à la *minoterie* ou fabrication des farines destinées à nos colonies maritimes.

Dans l'ancien système de mouture française *en grosse*, les meules, serrées aussi de très-près comme dans celui dont il s'agit, fabriquaient la farine dans une seule opération, suivie du blutage mécanique quand les particuliers ou boulangers faisant moudre à façon ne jugeaient pas à propos d'opérer chez eux la séparation du son d'avec les farines, divisées elles-mêmes en qualités plus ou moins pures, plus ou moins fines, dans des blutoirs ou sas à main. Pendant l'intervalle écoulé entre l'enlèvement des produits immédiats de la mouture et le remplacement, dans la trémie, d'une nouvelle charge de blé appartenant presque toujours à un propriétaire différent, les grandes meules, qui d'ailleurs ne faisaient guère au delà de 60 révolutions à la minute, avaient le temps de se rafraîchir en majeure partie, de manière à ne pas brûler ou échauffer trop la farine soumise à un blutage immédiat.

A plus forte raison en était-il ainsi quand le blutage devait s'opérer chez les particuliers, ou quand les meules, d'abord peu serrées ou rapprochées entre elles et fonctionnant d'après le système *économique*, étaient employées principalement à détacher les grosses pellicules du blé, à en écraser et rompre le cœur ou noyau en parties plus ou moins fines, passées consécutivement dans un premier bluteau oscillant à étamine de laine, fortement serrée, pour en extraire la fleur de farine, suivant l'ancien procédé, puis dans une étamine cylindrique à secousses ou *dodinage*, à jours ou mailles échelonnés et croissant de dimension à partir de l'archure des meules, de manière à obtenir, dans autant de cases ou huches séparées, d'abord une certaine portion de seconde farine, puis des semoules, recoupes, gruaux et gros sons, dont les parties les plus grosses étaient, séparément aussi, soumises à des repassages successifs, au travers de meules de plus en plus serrées, mais de moins en moins vives, enfin, comme nous le verrons, de blutoirs cylindriques tournants, à étamines graduées, selon le genre et la qualité des produits qu'on voulait obtenir. Grâce à un redoublement de précautions et de manutentions, on arrivait ainsi à une quantité notablement plus grande de farine superfine et blanche, c'est-à-dire non rougie, agglutinée, susceptible de fermentation, etc., en un mot, d'une supériorité incontestable pour la fabrication des pains de luxe, outre diverses autres farines, d'une qualité moindre, destinées à l'usage des classes inférieures, et qu'on obtenait par le mélange des premières.

Mais ce procédé, dans lequel on séparait et remoulait les gruaux à plusieurs reprises, déjà pratiqué chez les Romains, dit-on; que Muller décrivait d'une manière spéciale dans un ouvrage allemand publié à Leipsick en 1616; qui était connu et usité à Paris et dans les environs, notamment à Senlis, dès le XVIe siècle, par le meunier Pigeaut; ce procédé, dont on faisait encore mystère en 1750, pour échapper aux malencontreuses et absurdes interdictions des vieilles ordonnances de 1546; ce procédé enfin, dont le gouvernement de France, mieux éclairé et provoqué par Malisset, célèbre boulanger de Paris, s'efforça, à dater de 1760, de répandre la connaissance dans les hospices et les établissements publics des principales villes du royaume par l'intermédiaire du non moins célèbre meunier et mécanicien de Senlis Charles Buquet, auteur de plusieurs ouvrages sur la meunerie[1]; la mouture économique, en un mot, telle qu'on l'exécutait autrefois, au moyen de meules rayonnées, en France, en Saxe, en Suisse et même en Italie, où elle servait à la fabrication des pâtes fines; ce genre de mouture avait, sous le rapport mécanique, l'immense inconvénient d'être lent, compliqué et onéreux dans ses manutentions et sa dépense en travail moteur; en un mot, il n'était ni assez expéditif ni assez avantageux au point de vue commercial ou de la fabrication des farines marchandes.

On ne doit donc nullement être surpris de l'espèce de défaveur qu'il a subie chez nous lors de la première apparition, en 1817 ou 1818, du système anglais à mouture forcée et accélérée, dont on n'avait eu jusque-là qu'un exemple bien imparfait dans les anciennes minoteries du midi de la France (Lot, Tarn-et-Garonne, etc.), où des meules épaisses, d'environ 2 mètres de diamètre, faisaient jusqu'à 80 révolutions à la minute, en fonctionnant, pour ainsi dire, toujours en charge; ce qui obligeait, dès lors, à laisser écouler entre l'instant de la mouture *en grosse*, reçue directement dans des sacs, puis transportée dans des chambres closes boisées nommées *rafraîchissoirs*, et celui du blutage, opéré dans des cylindres tournants, garnis d'étamine suffisamment fine ou serrée, un intervalle de temps quelquefois très-long (plusieurs semaines), pendant lequel la farine, convenablement étalée ou mise en *rame*, se refroidissait lentement au contact de l'air, s'améliorait même, dit-on, en qualité, par une sorte de fermentation intérieure, quand elle était peu ou point remuée,

[1] *Manuel du meunier et du constructeur de moulins*, nouvelle édition (1790, p. 96), dont la première, publiée sous le nom de Beguillet, a reçu, en avril 1775, l'approbation de l'ancienne Académie des sciences de Paris.

ou du moins se prédisposait à une plus facile séparation d'avec le petit son (*recoupe*), à une plus exacte division de ses propres parties, lors du dernier blutage, que d'ailleurs suivait bientôt la mise en sacs définitive ou dans des tonnes nommées *minots* et destinées à l'exportation[1].

Dans les plus anciens établissements de cette espèce, de même que dans la mouture rustique ou bourgeoise, c'est-à-dire par *parcelles* ou *à façon,* on se contentait, la plupart du temps, de vanner et cribler les blés dans des instruments à bras, tels qu'en employaient alors les laboureurs et les fermiers; souvent même, dans ces derniers genres de mouture, on se dispensait de tout nettoyage du blé, quoiqu'il y restât bien des substances étrangères plus ou moins nuisibles à la santé, et qui, dans tous les cas, tendaient à altérer la qualité et la blancheur des farines. Quant au transport horizontal ou vertical de ces blés du rez-de-chaussée des moulins au grenier ou à la trémie des meules, il s'effectuait, ainsi que celui des farines ensachées de la huche au rafraîchissoir, etc., par des procédés extrêmement pénibles pour les hommes de service, et qui entraînaient, lors de la mise en sac, du versement ou du remuage des farines, bien des mains-d'œuvre et des déchets[2], moins appréciables cependant que celui auquel donnait lieu, dans cette ancienne industrie et dans la mou-

[1] Pour ces différentes considérations ou notions historiques relatives aux anciens procédés de mouture en grosse, économique et de minoterie, voyez l'ouvrage déjà cité de Beguillet, p. 148 et suiv.

[2] D'après une notice beaucoup trop écourtée et sans nom d'auteur insérée à la p. 299 du t. II (1812) du *Bulletin de la Société d'encouragement,* il ne paraît pas que le système de minoterie du midi de la France fût aussi dépourvu de moyens mécaniques que le feraient supposer d'anciens ouvrages. Mme veuve Detours, dit l'auteur, possède à Moissac une fabrique déjà connue en 1760, où l'on fait usage de machines qui diminuent beaucoup les frais de main-d'œuvre; M. Genyer aîné, de la même ville, aurait obtenu *d'une mécanique* des résultats équivalents à ceux qu'il retirait du travail de 15 ouvriers. S'agissait-il là de moyens plus ou moins analogues à ceux qu'Oliver Evans a introduits aux États-Unis d'Amérique? C'est possible; mais dans le vague où l'auteur se renferme et paraît se complaire par

ture à façon, la perte des gruaux et l'imparfait dépouillement des sons, presque toujours employés à l'engraissement des bestiaux et de la volaille, quand ils n'étaient pas immédiatement livrés aux fabricants d'amidon, mieux éclairés sur l'excellent parti commercial qu'il était possible d'en tirer.

Dans la mouture économique, au contraire, telle qu'elle était exécutée jadis à Corbeil, à Senlis, etc., on avait apporté à ces opérations préliminaires, ainsi qu'au système de blutage lui-même, de très-grands soins et divers perfectionnements mécaniques, consistant principalement : 1° dans des instruments assez puissants, empruntés en partie à l'Allemagne (le crible à plan incliné et à fils de fer horizontaux ou parallèles), en partie à la Hollande (le tarare ventilateur ou van mécanique cribleur[1]), pour nettoyer, épurer à fond le

calcul ou par ignorance, il n'est pas permis d'aller au delà du doute, à moins de recourir à des sources plus authentiques. En revanche, l'auteur, plus statisticien encore que mécanicien, nous apprend que le département de Tarn-et-Garonne employait, à l'époque de 1812, 696 ouvriers à la minoterie et fabriquait annuellement pour 2 580 000 francs de marchandises ; ce qui intéresse assez peu, en effet, l'histoire des progrès accomplis chez nous dans cette branche vitale d'industrie.

[1] Le principal de ces instruments, mû à bras ou à manivelle, aujourd'hui généralement répandu dans nos campagnes sous le nom de *tarare* ou *van mécanique*, constitue, pour ainsi dire, une véritable machine pouvant se suffire à elle-même, et formée en quelque sorte de quatre ou cinq instruments distincts, dont l'ingénieuse combinaison ne paraît pas remonter beaucoup au delà de 1716, époque à laquelle un certain baron de Knopperf en donna communication à l'ancienne Académie des sciences (*Machines approuvées*, t. III, p. 101 et 103). Cette machine, qu'on employait dès lors en Flandre pour le nettoyage des blés, mais dont les Anglais attribuent l'invention à la Hollande, était réellement parvenue à un état de perfection qui la rapprochait beaucoup de celle, à longue caisse ou chambre en partie fermée, que nous connaissons aujourd'hui : on y remarquait, en effet, déjà le *baille-blé*, à trémie supérieure et auget oscillant, imité des anciens moulins à farine ; le crible ou sas horizontal à secousses, en treillis de fil de fer à grosses-mailles, dont le plan à rebords retenait les balles de blé et les pailles chassées au loin par le courant d'air inférieur ; le volant à quatre ailettes planes qui produit ce courant en tournant rapidement autour d'un axe horizontal muni d'un petit pignon en fer, que conduit une roue dentée

blé à son arrivée au moulin, soit au rez-de-chaussée, dans un local séparé du beffroi, soit à l'étage supérieur des combles, où, d'abord élevé par le procédé mécanique dont il sera parlé ci-après, il en descendait, comme dans les anciens moulins de M. Malisset à Corbeil, en traversant tantôt de longues caisses verticales en bois munies de chevilles armées de clous ou de planchettes en tôle, piquées, disposées par cascades inclinées et formant râpe; tantôt de nouveaux cribles d'Allemagne ou de nouveaux tarares hollandais, faisant suite aux précédents, qui souvent occupaient la hauteur de plusieurs étages; tantôt enfin, en traversant de longs tambours inclinés, revêtus intérieurement de fils de fer parallèles, nommés *cribles cylindriques,* ou de feuilles de tôle percées du dehors au de-

pareille, dont l'axe porte la manivelle motrice ou extérieure, etc. Ce volant ou *ventilateur,* anciennement employé en Saxe pour renouveler l'air au fond des mines, à l'aide du porte-vent (*Georgii Agricolæ de re metallicâ,* lib. XII, p. 162, Basileæ, 1561), est ici d'ailleurs accompagné d'un crible inférieur, à plan incliné, sur lequel viennent tomber les grains de blé ou autres parties denses que le courant d'air n'a pu entraîner; crible formé de fils métalliques horizontaux parallèles, convenablement espacés, et dont on attribue l'invention à l'Allemagne; crible qui laisse, comme on sait, échapper en dessous le blé et les corps étrangers de même grosseur, tandis que les pierres ou mottes de terre un peu fortes roulent et glissent à la partie inférieure où, dès l'époque de Buquet, elles tombaient dans un réceptacle en cuir, appelé *émotteux.*

Il est, sans doute, peu nécessaire de rappeler que, dans cette remarquable machine, le mouvement de secousse était, comme aujourd'hui, donné à l'auget et au treillis du sas supérieur par les oscillations d'un levier latéral à ressort que frappaient des cames ou dents triangulaires à échappement montées sur l'arbre du volant à ailettes; mais il importe, au contraire, d'ajouter que, dans sa communication à l'Académie des sciences, le baron de Knopperf indique, tout d'abord, l'usage qu'on pourrait faire de ce même ventilateur, comme d'un véritable tarare propre à battre et nettoyer le blé tombant d'une trémie sur ses planchettes, d'où il serait lancé et chassé, ainsi que les pailles, à des distances diverses correspondant à autant de cases séparées, etc. Toutefois, il s'agissait là d'un simple projet, qui n'a pu, comme cela est arrivé pour les machines ci-dessus, servir de modèle aux divers et ingénieux systèmes de tarares employés depuis.

Enfin, pour compléter le sujet de cette note historique, il est tout aussi

dans de trous en forme de râpes, appelées *cribles des Chartreux*[1], et que suivaient, à leur tour, des ventilateurs à ailettes recevant, ainsi qu'eux, une rotation plus ou moins rapide, autour de leurs arbres respectifs, conduits par des procédés purement automatiques, c'est-à-dire au moyen de chaînes à la Vaucanson ou de cordes sans fin, de poulies à gorge angulaire, etc., auxquelles l'action motrice était transmise par l'arbre horizontal d'une lanterne appliquée au grand rouet de la roue hydraulique; 2° dans de longues buses ouvertes ou couloirs obliques, précédés d'une tuyère fermée, nommée

utile de faire observer que, afin de dépouiller plus parfaitement encore le blé des poussières et barbes qu'il peut retenir, on se servait depuis non moins de temps en Saxe, au lieu des tarares ci-dessus ou du cylindre tournant des chartreux à râpe en fer-blanc, de meules ordinaires convenablement écartées et ayant pour objet d'épointer, d'écorcer légèrement les grains avant de les soumettre à l'action du ventilateur mécanique. Pour plus de détails encore, voyez l'ouvrage de feu M. Rollet sur la meunerie, la boulangerie, etc., publié en 1846 à Paris, chez Carilian-Gœury et Victor Dalmont, sous les auspices et par les ordres de l'administration maritime : c'est certainement un des livres les plus considérables qui aient paru, dans ces derniers temps, sur les diverses branches d'industries mécaniques. Composé de plus de 600 pages in-4°, d'un texte serré, et de près de 80 planches, grand atlas ou autres, gravées par M. Lemaître, il a dû exiger de nombreuses recherches de la part de l'auteur, qui ne s'est pas seulement montré écrivain habile et consciencieux, mais aussi, en beaucoup de points, inventeur ingénieux. Quoique cet ouvrage, dont je dois la communication à l'obligeance de l'honorable M. Boulay (de la Meurthe), laisse peut-être à désirer sous le rapport historique et critique, je n'en éprouve pas moins un vif regret de n'avoir pu le consulter qu'après l'achèvement presque complet de mon propre travail, et, par conséquent, après des recherches souvent infructueuses, toujours longues et pénibles.

[1] Les Hollandais, dit-on, employèrent les premiers des caisses oscillantes en tôle piquée, servant de râpes, pour nettoyer les blés mouchetés. On a aussi mis en usage depuis non-seulement les meules écartées à la manière saxonne, le sas oscillant et le crible normand ou des chartreux, mais encore les meules en bois cannelées, recouvertes de tôle piquée, de treillis en fil d'archal, etc., remplissant également la fonction de râpe pour frotter, polir, écorcer, perler même les graines de blé, de riz, d'orge, d'avoine et autres légumes; appareils dont il nous est absolument impossible de nous occuper ici, à cause de leur variété jointe à leur extrême simplicité.

anche, et dont le fond incliné, remplissant la fonction d'un dernier crible d'Allemagne à fils parallèles serrés, était accompagné, en dessous, d'un réceptacle en cuir recevant les petits grains étrangers que le blé, sortant des machines précédentes, pouvait retenir encore, avant d'arriver à la partie supérieure de ces buses, et d'où il s'écoulait finalement dans la trémie des meules, assez peu rapprochées, comme on l'a vu; 3° dans un système de bluterie composé d'un premier et long bluteau, à chausse et à secousses transversales, selon l'ancienne manière, recevant immédiatement, de l'anche inclinée et courbe fixée à l'archure de ces meules, la grosse mouture, qu'il n'était pas ainsi nécessaire de rafraîchir, et qui se trouvait de suite partagée en fine farine d'une part, puis en sons, gruaux, etc., versés à leur tour, par un mouvement de descente continu, dans l'anche supérieure d'un blutoir cylindrique ou *dodinage*, formé de cerceaux isolés, à étamines lâches et de finesse graduée, comme on l'a vu encore; blutoir conduit par une lanterne montée sur son arbre incliné, et qui engrenait directement, avec jeu et secousses, dans le grand rouet du moulin; 4° dans d'autres blutoirs cylindriques, à rotation lente, recouverts les uns, comme l'avait déjà tenté M. Malisset avant 1785, d'étamine en soie très-fine, mais dont les mailles, peu arrêtées, avaient alors l'inconvénient de s'engorger lors du passage des farines grasses ou de gruaux; les autres, munis d'étamines en laine de Reims ou d'Auvergne, échelonnées de grosseurs pour la séparation des gruaux d'avec les *sons gras* préalablement séchés; machines d'ailleurs placées à l'étage supérieur des meules, et conduites également par des chaînes à la Vaucanson ou des cordes sans fin; 5° enfin, dans des mécanismes élévateurs, nommés *tire-sacs*, conduits de même automatiquement, et servant à monter le blé ou les différentes moutures dans les étages supérieurs du moulin, pour y subir les opérations successives dont il vient d'être parlé.

Ce dernier mécanisme est, à coup sûr, l'un des instruments de locomotion le plus utiles dont on se serve aujourd'hui encore dans toutes les grandes manufactures, où il a subi des perfectionnements divers. A ce point de vue, il mérite que nous nous y arrêtions quelques instants, d'autant que c'est dans les moulins à blé mêmes de la Hollande et de la Flandre qu'il a pris naissance, sans qu'on puisse néanmoins en assigner la véritable origine ni le modeste inventeur, demeuré complétement ignoré aussi bien que ceux auxquels on doit le tarare ventilateur, les cribles, les sas et bluteries mécaniques dont il vient d'être parlé, d'une date sans doute relativement plus moderne.

Le tire-sac, en effet, employé depuis plus de deux siècles peut-être dans les moulins à vent hollandais et flamands, pour monter ou descendre, à l'aide d'un frein, les sacs de blé de farine, etc., consistait essentiellement en un petit treuil horizontal autour duquel s'enroulait la corde de suspension du fardeau, et qui était muni d'une roue ou couronne en bois, tantôt conique, tantôt cylindrique, que mettait, au besoin et momentanément, en action une autre petite roue, montée sur un arbre convergent ou parallèle, à contre-poids de recul, tirant directement son mouvement du moteur principal ou secondaire du moulin, mais tournant à vide tant que le meunier, agissant sur un cordon vertical, ne l'obligeait pas à se rapprocher de celui du treuil et à l'entraîner, soit par l'embrayage immédiat des dentures, soit par simple frottement ou engrènement naturel des couronnes en contact; cas auquel il devenait souvent nécessaire d'exercer sur la corde de manœuvre un effort considérable, au moyen d'un système funiculaire ou à levier dont le moulin de Senlis décrit dans le *Manuel* cité de Buquet ou Beguillet offre un exemple d'autant plus remarquable, que le meunier agissait du haut des combles, pour embrayer, dans le grand rouet du beffroi situé au rez-de-chaussée, une lanterne horizontale montée sur l'arbre même du treuil, non sans entraîner, il est vrai, d'assez graves inconvénients entre des mains inexpérimentées, attendu la rapidité de mouvement du rouet, placé ici directement sur l'arbre d'une roue hydraulique frappée en dessous.

Les difficultés d'exécution et de manœuvre d'un pareil système d'embrayage expliquent comment l'usage du tire-sac ne s'est pas propagé davantage en France, à partir de 1775, dans les grands moulins à mouture marchande; car la plupart d'entre eux, à quelques exceptions près, celle, par exemple, du moulin de Dunkerque décrit par Belidor, étaient construits à un seul tournant, et n'offraient, vu la construction défectueuse du beffroi, aucun moyen simple et alors connu de prolonger jusqu'aux étages supérieurs le gros fer des meules, pour y porter directement le mouvement moteur et en tirer, comme dans les moulins à vent, l'action nécessaire non-seulement au tire-sac, mais encore aux divers systèmes de tarares, bluteries et cribles mécaniques, à moins d'y employer une assez grande complication de poulies de renvoi et de cordes sans fin partant de l'étage inférieur du beffroi : c'est, en effet, ce qui a été pratiqué par Buquet dans le moulin déjà cité de Senlis, pris comme spécimen des transformations à faire subir aux vieux moulins à simple tournant pour les approprier à la mouture économique.

Ces difficultés, ces obstacles, qui n'ont pourtant pas arrêté ce célèbre meunier dans ses idées de propagation et de perfectionnement, étant, pour ainsi dire, nuls dans les moulins à vent et ceux à tournants multiples groupés autour d'un même arbre central, on ne doit pas être surpris que la plupart des accessoires mécaniques dont il vient d'être parlé non-seulement aient pris naissance dans les moulins flamands ou hollandais, mais encore que, durant la longue période de temps écoulé entre 1775 et 1816, ils soient restés à peu près stationnaires chez nous, comme en Allemagne, tandis qu'ils recevaient un développement très-appréciable en Angleterre et aux États-Unis d'Amérique.

§ II. — Systèmes anciens de mouture, anglais et américains, comparés aux nôtres sous le rapport des appareils et mécanismes accessoires. — *Andrew Gray, Olynthus Gregory* et *Hamel,* en Angleterre; *Oliver Evans* et *Thomas Ellicott,* en Amérique; *Buquet, Dransy* et *Gravier d'Annet,* en France.

Pour en acquérir une idée exacte sans sortir de l'époque remarquable dont il s'agit, il est nécessaire de consulter, dans ces deux derniers pays, les auteurs qui ont écrit sur les moulins pendant le même intervalle, et que j'ai déjà cités au sujet de la taille des meules et du système général de construction des organes qui donnent le mouvement à ces meules et aux diverses pièces accessoires, organes dont il ne saurait plus être question ici. Or, si l'on interroge, en premier lieu, l'ouvrage d'Andrew Gray [1], qui se rapporte à l'intervalle de 1795 à 1816, postérieur par conséquent de beaucoup à celle où écrivaient Buquet et Beguillet, on n'aura pas de peine à reconnaître que, sauf les progrès accomplis dès lors en Angleterre dans l'exécution matérielle des pièces et la substitution des meules à sillons obliques aux meules simplement piquées ou rayonnées; sauf l'emploi de grands coffres horizontaux et de grandes trémies à buses inclinées ou conductrices, servant à emmagasiner, recueillir temporairement dans les étages supérieurs les blés tantôt bruts, tantôt épurés par leur passage au travers d'appareils ventilateurs, cribleurs, etc., qui ne diffèrent guère de ceux de l'ancien système français qu'en ce que les tarares et cylindres à râpes sont remplacés, selon la méthode saxonne, par une paire de meules à épointer, écorcer légèrement les grains avant de les soumettre au tarare hollandais placé au rez-de-chaussée, et d'où ils ont besoin d'être élevés de nouveau, à l'aide de tire-sacs, dans les coffres à grenier, pour de là être conduits par les buses obliques dans la trémie de meules fortement serrées; sauf encore la mise en sac de la mouture chaude, son ascension verticale et son refroidissement plus ou moins long dans d'autres coffres dé-

[1] *The experienced mill-wright,* édit. de 1816, pl. XXIV à XXXI.

couverts établis sous les combles suivant les procédés qu rappellent ceux des minoteries marchandes du midi de la France sauf enfin l'usage, pour ainsi dire exclusif, des blutoirs cylindriques tournant par tambours et courroies sans fin, blutoirs recouverts, les uns de toiles métalliques, les autres de canevas à finesse graduée, mais dont l'ingénieur Gray, plus mécanicien encore que meunier, ne nous fait pas bien connaître la disposition et le but spécial; sauf ces différences, dis-je, le système de moulins anglais, d'ailleurs fort embarrassé et encombrant, n'offre dans les procédés automatiques de locomotion, ainsi que dans le mode mécanique de préparation, de division ou épuration des blés et des farines, aucune supériorité bien marquée sur ceux des anciens moulins de Senlis et de Corbeil.

Ainsi notamment, dans les moulins à un tournant décrits par Gray, la manœuvre du tire-sac s'opère encore au moyen de l'embrayage du grand rouet situé au beffroi du rez-de-chaussée, avec une lanterne horizontale à contre-poids de recul, en s'aidant d'une combinaison de leviers, de cordes et de poulies de renvoi établis sous les combles du bâtiment. Néanmoins, dans les moulins anglais à deux tournants, contenus dans des locaux distincts servant l'un à la manutention et au nettoyage des blés, l'autre à la mouture proprement dite, il arrive aussi que les treuils et les roues d'embrayage des tire-sacs respectifs sont rapprochés ou réunis; mais alors, chose remarquable pour l'époque (1806), les gros fers de meules sont prolongés jusqu'à l'étage de ces roues en traversant la meule volante, dont l'œillard est, par suite, surmonté d'un couloir pyramidal alimentaire en bois recevant incessamment le blé d'une petite trémie supérieure avec laquelle il fait corps, et qui le reçoit elle-même d'un autre petit vase ou appareil à crible horizontal oscillant, muni d'un émotteux, etc., système dans lequel l'auget à babillard régulateur se trouve ainsi supprimé, sans qu'on aperçoive nettement le dispositif qui le remplace, le blé étant simplement délivré ici par la buse inclinée d'un grenier en trémie ordinaire.

Enfin, on peut voir, par la description du moulin à vent de M. Hamel [1], à orientation et régulation automatiques, qu'à une époque beaucoup plus rapprochée de nous (1818) le système de mouture anglais n'était, quant aux appareils accessoires, guère plus perfectionné que celui d'Andrew Gray, si ce n'est que des cônes à simple friction y avaient remplacé l'embrayage à lanternes ou à roues d'angle dentées dont il vient d'être parlé; que l'écartement des meules et par conséquent leur vitesse y étaient réglés par l'appareil à boules centrifuges, probablement aux dépens de la qualité propre de la mouture; qu'enfin, chose plus recommandable sans doute, aux anciens blutoirs métalliques à finesse graduée et à tambour tournant on en avait substitué d'autres immobiles, mais que parcouraient intérieurement des brosses montées sur un arbre central à rotation rapide, et qui, en agitant, relevant sans cesse la farine pendant sa descente le long du talus naturel ou ligne de plus grande pente du tambour, opéraient, au dire de l'auteur, un tamisage bien plus prompt que dans les anciens blutoirs à cylindre mobile.

En réalité, on avait su éviter dans les moulins français, ou le système économique de Buquet, tout aussi bien et mieux peut-être que dans ceux décrits par Gray la trop grande répétition de la mise en sacs des divers produits, de leurs décharge et ascension mécaniques, ainsi que des autres manutentions dans les coffres ou rafraîchissoirs, inhérentes aux procédés de mouture marchande, qui ont plus spécialement préoccupé cet ingénieur et divers autres auteurs anglais du commencement de ce siècle; procédés dont les frais considérables de main-d'œuvre se trouvent aujourd'hui, pour ainsi dire, entièrement supprimés par l'adoption et le perfectionnement, en France, du système d'Oliver Evans. Mais, avant d'entreprendre la rapide description de cet ingénieux et important système, il ne sera peut-être pas inutile de faire remarquer dès à présent qu'il fut patenté en Amérique et

[1] *Bulletin de la Société d'encouragement*, t. XVIII, p. 245, année 1819.

fonctionnait même plusieurs années avant la première édition du *Guide du meunier,* imprimée en 1795 à Philadelphie; ce que constatent les certificats, datés de 1790, dont elle était accompagnée, et qui plus tard furent supprimés comme inutiles, ainsi que beaucoup d'autres passages intéressant l'histoire philosophique des progrès accomplis dans cette branche d'industrie, où l'Angleterre elle-même, comme on l'a vu, était restée si fort en arrière, malgré les avertissements éclairés du célèbre professeur de l'École militaire de Woolwich, Gregory; avertissements arrivés un peu tard, il est vrai, puisque dans la troisième édition anglaise de son *Traité de mécanique,* publié en 1815 (article *Moulin à farine,* t. II, p. 188), il n'en était point encore fait mention, et qu'on y présentait même comme un modèle le moulin à double tournant décrit dans la planche XXX de l'ouvrage de Gray, qui n'offre d'ailleurs aucune trace du système américain dans ses quatorze planches in-folio, du reste fort remarquables pour l'époque sous le rapport de la grandeur de l'échelle, de la précision et de la beauté de l'exécution, auxquelles ne nous avaient guère habitués jusqu'alors les ouvrages de technologie et de mécanique industrielle, anglais ou français.

Par le fait, Evans et d'après lui Ellicott, dans son moulin à trois roues hydrauliques et à six paires de meules déjà cité, n'ont rien moins que prétendu faire éprouver, subir au blé, depuis son entrée au moulin, où du haut des voitures il était versé par un entonnoir dans une trémie suspendue au fléau d'une balance servant à le peser, jusqu'à la mise en tonne des farines à l'autre extrémité de l'édifice qui contenait ces meules et leurs accessoires, à faire subir, dis-je, au blé toutes les transformations et opérations de nettoyage, moulage, transport horizontal ou vertical, et autres manutentions exigées pour le refroidissement de la farine, etc., à l'aide de procédés purement mécaniques et à ce point automatiques, que les différents mouvements pussent s'accomplir successivement, dans un ordre régulier et progressif, sans, pour ainsi dire, d'autres secours que celui des hommes employés à la décharge du blé des voitures, à la mise en tonne des farines, ainsi qu'à la surveillance et à la direction ou mise en train des divers mécanismes intérieurs.

Dans ce but, Evans se sert de deux moyens principaux et distincts de locomotion continue, qui, pour offrir une certaine analogie avec ceux employés dans l'hydraulique pratique à l'épuisement ou l'ascension des eaux, n'en ont pas moins ici le mérite d'une ingénieuse et très-utile application.

Le premier de ces moyens, nommé par l'auteur *convoyeur,* est établi dans une direction horizontale ou un peu inclinée, pour favoriser, par l'action de la gravité, le transport du blé et de la farine d'une extrémité à l'autre d'un tube ou canal fermé dans lequel tourne un petit arbre central conduit, à l'extrémité la plus haute, par un système de poulies à courroies sans fin, et qui est muni tantôt d'ailes métalliques très-minces, hélicoïdes et continues, d'après le système des vis hollandaises à double filet, ici spécialement destiné à charrier le blé épuré ou non épuré de l'auge ou trémie où il est versé à celle d'où il doit être extrait et élevé; tantôt d'ailettes distinctes et détachées les unes des autres, quoique distribuées non moins régulièrement, selon la forme hélicoïde, autour de l'arbre central ou moteur dont il s'agit. Ce second système est principalement destiné à conduire la mouture en grosse sortant des meules au point d'où elle doit être pareillement élevée, tout en l'agitant et la rafraîchissant sans cesse par son contact avec l'air atmosphérique; mais le but en serait mieux atteint encore, selon l'auteur, si l'on faisait alterner les planchettes en hélice avec d'autres en couronnes, dirigées dans le sens même des rayons ou plans méridiens.

L'autre moyen de locomotion, plus ou moins voisin de la direction verticale, et qu'Evans nomme, selon les cas, *élévateur* ou *descendeur,* est formé d'une courroie sans fin, munie, comme certaines norias, de petits vases ou godets en fer-blanc, convenablement disposés, passant sur des rouleaux extrêmes, que conduisent, aussi très-lentement, un arbre horizontal et des rouages d'angle placés dans le haut de l'étage où doit se rendre, soit le blé puisé au magasin des convoyeurs et destiné à passer au tarare hollandais ou van ordinaire, pour de là descendre librement le long de buses et de trémies qui le distribuent aux différentes meules après un premier épointage, selon le système saxon, bientôt suivi d'un nouveau nettoyage au ventilateur à ailettes et au crible rotatif, simple ou double, revêtu de toile métallique; soit la mouture encore chaude sortant des meules fortement serrées, et qui, par de petites buses pivotantes, doit être dirigée dans un mécanisme rafraîchisseur, que d'autres petites buses inclinées livrent à un premier blutoir cylindrique à étamine serrée, versant la fleur de farine dans une huche séparée et retenant les sons, les gruaux, etc., pour les diriger pêle-mêle dans un second blutoir situé au-dessous du premier, blutoir à étamines graduées, décroissant de finesse et à chacune desquelles correspondent autant de huches distinctes, dont les produits sont, ou immédiatement ensachés, embarillés, pour les livrer au commerce, ou recueillis isolément pour les faire passer de nouveau, et séparément encore, sous les meules, de manière à obtenir par des mélanges diverses qualités de farine, ou enfin, comme le propose Oliver Evans pour les plus grossiers d'entre eux, reportés sous ces mêmes meules, en certaines proportions, avec le blé non encore moulu, mais convenablement épuré.

Ces procédés, comme on voit, rappellent ceux de l'ancienne mouture française ou économique, sauf peut-être en quelques points de détail sur lesquels il conviendrait peu ici d'insister, mon principal but étant de montrer l'état d'avancement, de perfectionnement, où se trouvait la fabrication mécanique des farines marchandes aux États-Unis d'Amérique vers 1790, et l'intervalle appréciable qui la séparait, soit de la mouture française, soit de la mouture anglaise, etc.

Sous ce rapport, je ne saurais me dispenser d'ajouter quelques indications rapides à celles qui précèdent, concernant plusieurs ingénieux mécanismes décrits avec soin dans les patentes d'Evans, la plupart adoptés depuis, et dont je n'ai point encore parlé ou sur lesquels j'ai passé trop légèrement. Tel est notamment le *rafraîchisseur* de la mouture première ou en grosse, qui, à libre descente ou suspension et formé d'un arbre vertical à rotation lente, porte à sa partie basse un certain nombre de bras horizontaux munis, en dessous, de planchettes verticales diversement dirigées, de manière à distribuer circulairement, dans une grande auge à fond plat, la mouture versée à sa circonférence extérieure, à la retourner et rapprocher progressivement du centre, où, arrivée suffisamment rafraîchie, elle tombe dans une buse qui la dirige vers l'ouverture du premier des blutoirs rotatifs dont il a déjà été parlé.

Tel est aussi le tarare servant, dans l'un des greniers, à vanner, cribler le blé destiné à la mouture marchande, et qui consiste essentiellement dans deux cylindres à toile métallique, tournant, l'un dans l'autre, solidairement autour d'un même arbre incliné, et dont le plus petit en diamètre ou intérieur, mais le plus long dans le sens de l'axe, est revêtu d'une toile métallique qui offre des jours assez grands pour laisser passer le blé, mais non les pailles, les herbes, etc., immédiatement rejetées au dehors du bâtiment, tandis que le cylindre extérieur, le plus grand, retenant le blé pour le verser à son ouverture la plus basse, laisse au contraire passer les criblures et petits grains qui tombent avec le bon blé dans des cases ou compartiments distincts, en traversant un canal rectangulaire, étroit et profond, que parcourt un violent courant d'air produit par un ventilateur à ailettes placé à l'un des bouts du porte-vent, et qui chasse au dehors les parties les plus légères contenues dans la criblure et le bon grain, lequel, ainsi qu'on l'a dit, est immédiatement dirigé dans la trémie des meules à épointer, écorcer, etc.

Tels sont, enfin, les appareils nommés par Oliver Evans *descendeurs* et *ramasseurs,* dont le premier consiste en une *noria* semblable à celle de l'élévateur, mais employée ici à la descente, quelquefois spontanée, des farines lors de leur mise en tonne sous l'action d'une presse-refouloir à bras; et le second, imité du chapelet ordinaire à épuiser, est muni de planchettes adaptées à une chaîne sans fin, et qui servent à pousser la farine comprise entre elles le long d'auges plus ou moins inclinées à l'horizon, etc. Quant aux procédés très-ingénieux proposés par Oliver Evans pour la mouture automatique des blés, par *parcelles* plus ou moins petites, que des particuliers viendraient apporter au moulin, et que nous avons nommée mouture *à façon*, ils sont trop compliqués et encombrants pour qu'on puisse croire qu'ils aient été adoptés aux États-Unis ou ailleurs.

Les diverses patentes délivrées à Oliver Evans, tant pour les moulins à farine, à broyer le plâtre, à scier les bois, etc., que pour les machines à vapeur à haute pression de son système, ces patentes, dis-je, attestent le savoir, la fécondité et le génie inventif de ce célèbre mécanicien, mort, comme tant d'autres, à la peine (1819) après une carrière honorable[1], consacrée au bien de son pays, dont les premiers magistrats, Washington et Jefferson en tête, ne dédaignèrent pas de se ranger au nombre des souscripteurs à la première édition de son précieux livre sur les moulins. Quant à l'appendice intitulé : *The pratical mill-wright,* que cet homme éminemment modeste consentit à laisser imprimer à la suite du même ouvrage, il nous apprend seulement que son auteur, Thomas Ellicott, était, de longue date, un excellent charpentier constructeur de moulins aux États-Unis, où, suivant sa propre affirmation, il aurait, le premier, établi des bluteries, des cribles et tarares rotatifs, des élévateurs, des rafraîchisseurs, etc., marchant mécaniquement ou par roues hydrauliques, selon les dernières inventions d'Oliver Evans, qui, d'abord établi dans le Delaware, s'était en dernier lieu transporté à Philadelphie : la planche et le texte explicatifs des nouveaux procédés appliqués par Ellicott au moulin de la rivière d'Occoquam, et dont la publication postérieure dans le *Repertory of arts* et le

[1] Voyez la *notice historique* publiée en tête du *Manuel de l'ingénieur mécanicien, etc.,* d'Evans, traduit en français par son compatriote L. Doolittle, des États-Unis d'Amérique. (2e édition, 1825, chez Bachelier, à Paris.)

t. IX des *Annales des arts et manufactures* d'O'Reilly (1802) a produit quelque sensation en Europe, cette planche et ce texte ne contiennent cependant rien qui ne ressorte des patentes ou du livre d'Evans, d'où ils étaient simplement extraits après plus de six ans écoulés.

La seule chose qu'on puisse conclure, tant des minutieux détails de construction qui les accompagnent dans le même ouvrage que des diverses autres indications dues à Evans, c'est que, en Amérique, les tambours rotatifs circulaires ou à six pans, ordinairement simples et mus par engrenages dans les grands moulins, tambours que recouvrait une toile métallique posée par bandes parallèles distinctes ou roulée en hélice continue, ces cylindres étaient, à l'époque dont il s'agit (1794), uniquement consacrés, comme en France, au nettoyage ou criblage des blés, tandis que les tambours analogues, recouverts d'étamines à finesse graduée, demeuraient, comme en France encore, spécialement réservés au blutage des diverses farines, pour lequel les meuniers anglais, au contraire, préféraient dès lors se servir des toiles métalliques que leur fournissait leur belle industrie, imitée depuis chez nous avec tant de succès par la famille des Roswag, dont on a pu admirer les produits à l'Exposition universelle de Londres.

La finesse de ces toiles métalliques, on le sait, égale presque celle de la gaze de soie, que les Hollandais et les Suisses avaient, jusque dans les derniers temps, eu seuls le privilége de fabriquer avec la perfection et la solidité désirables, tandis que les Américains, si l'on en croit les annonces et certificats insérés à la fin de la première édition du livre d'Evans, seraient parvenus, dès 1794, à la fabriquer avec assez de succès pour en recouvrir leurs blutoirs à farine superfine, dont, je le répète, le système de graduation avait plus d'un rapport avec celui de la mouture économique ou française. Or ce système, partiellement adopté dans les moulins à farine marchande des États-Unis, aurait été emprunté à l'Angleterre, si l'on en croit encore une note annexée par Oliver Evans au bas de la page 170 de son Traité (1re édition), note supprimée depuis dans les éditions subséquentes, ainsi que beaucoup d'autres passages qui intéressent l'histoire des moulins, et dont précédemment nous avons mis à profit quelques exemples.

D'autre part, si l'on se place au point de vue économique d'une plus complète transformation ou utilisation de la matière première, mais surtout de la perfection des procédés de nettoyage des blés et de la qualité des produits, l'ancienne mouture française, telle qu'elle existait et que l'avaient propagée, en la perfectionnant vers 1775, Buquet, Malisset et Beguillet, dans certaines localités de la France, en trop petit nombre sans doute pour en constituer une industrie véritablement nationale, cet ancien système de mouture, d'ailleurs si lent, offrait une supériorité réelle et incontestable sur ceux alors suivis en Amérique et en Angleterre, supériorité qu'il n'a pas dû perdre entièrement dans les années suivantes, malgré le malheur des temps et les perfectionnements apportés aux procédés mécaniques de ces derniers pays, où, en opérant essentiellement en grosse et pour le commerce ainsi que nos minotiers du Midi, on visait bien plus à l'accroissement des bénéfices qu'à celui de la qualité des produits.

Grâce à Dieu, ici encore on ne s'est pas trop écarté en France du caractère qui distingue notre industrie dans les différentes branches de fabrication, et l'on doit particulièrement se féliciter de ce que lors de l'introduction, en 1816, du système de construction anglais, loin d'abandonner les anciens et recommandables procédés de mouture économique, on les ait de plus en plus perfectionnés, en les faisant en quelque sorte marcher de pair avec ceux des moutures marchandes anglaises et américaines, auxquelles la nôtre n'a véritablement emprunté qu'un meilleur système d'installation mécanique; et c'est notoirement ainsi que nos meuniers les plus distingués se sont, depuis un certain temps, placés en tête de ceux des pays étrangers, en y comprenant même la Grande-Bretagne et les États-Unis d'Amérique, où le haut prix de la main-d'œuvre, en faisant négliger un peu trop peut-être les moyens d'épuration et de remoulage des blés, avait, par compensation, stimulé de longue date le génie inventif des habitants, sous le rapport des procédés automatiques.

A cet important point de vue, nous devons, avant de clore la période intéressante qui nous occupe, mentionner les perfectionnements apportés chez nous au système des anciens tarares ou moyens d'épuration des blés, d'une part, en 1785, par l'ingénieur Dransy, dont l'invention, fort appréciée en son temps, consistait principalement dans l'adjonction au van hollandais ou ordinaire d'un crible rotatif octogone, en treillis d'archal serré, et dont l'arbre était muni de traverses, de fuseaux recouverts de tôle piquée, remplissant la fonction de râpe; d'autre part, en 1807, par M. Gravier d'Annet (Seine-et-Marne), dont l'idée principale résidait dans l'emploi de volants à ailettes garnies de même, tournant rapidement les uns au-dessus des autres dans de petites chambres ou caisses en forme de trémies, closes en dessus, et dont les parois inclinées remplissaient, à leur tour, la fonction de râpe à l'égard des grains de blé, qui y étaient violemment projetés, sous le choc des ailettes, pendant leur chute verticale ou oblique du haut de la tuyère, en forme d'anche, ou de la fente horizontale pratiquée au bas de chacune des trémies, y compris la trémie supérieure alimentaire.

Ce tarare, qui rappelle en quelques points le dispositif assez grossier du baron de Knopperf[1], et que termine vers le bas une caisse à embouchure ingénieusement disposée, dans laquelle tournait rapidement un ventilateur ordinaire pour débarrasser des ordures les plus légères le bon grain, qui de là tombait sur un crible plat incliné comme dans l'ancien van hollandais; le tarare Gravier, dis-je, a rendu pendant longtemps d'utiles services dans tous les établissements de meunerie où l'on tenait à un parfait nettoyage des blés, l'une des opérations les plus délicates, et qui avec le battage en gerbes a, depuis le commencement de ce siècle, peut-être le plus

[1] Voir la note au bas de la p. 332 ci-dessus, et, pour le tarare Gravier, le t. IV, p. 123, des *Brevets expirés*.

exercé la patience et l'esprit d'invention de nos meuniers et de nos artistes mécaniciens.

CHAPITRE IV.

PROGRÈS DIVERS ACCOMPLIS, EN FRANCE OU À L'ÉTRANGER, DANS LE SYSTÈME AUTOMATIQUE DE LA GRANDE ET DE LA PETITE MOUTURE.

§ Ier. — Introduction et perfectionnement des procédés anglais et américains de locomotion et d'épuration des blés. — MM. *Tramois*, *Rennie*, *Fairbairn*, *Maudslay*, *Aitkin* et *Steele*, *de Nicéville*, *Corrége*, *Cartier*, *David*, *Lasseron*, etc.

MM. Tramois sont, à ce qu'il paraît, les premiers chez nous[1] qui, dans leurs anciens et puissants moulins à farine marchande établis à Gray, sur la Saône, se soient servis, en remplacement de l'ancien tire-sac automatique, de vis d'Archimède, non pour transporter horizontalement comme le faisait Oliver Evans, mais bien pour élever, dans des tuyaux cylindriques fortement inclinés, les grains aux étages supérieurs du bâtiment, où ils étaient soumis d'abord à des machines à vanner et cribler, puis à une autre machine de cette dernière espèce servant à *lotir* ou séparer les grains en diverses grosseurs, pour les moudre finalement sous des meules diversement écartées ou *soulagées*. Cet élévateur, déjà employé, dit-on, vers l'époque de 1817 dans les brasseries de l'Allemagne et de l'Angleterre, différait principalement du convoyeur horizontal d'Evans en ce que les filets de vis, entourés d'un cylindre à râpe ou toile métallique, remplissaient simultanément la fonction d'un véritable crible, où les grains étaient « non-seulement nettoyés, mais encore en partie *déballés* et *polis*. » Or cet appareil, établi dans un local séparé, que j'ai vu moi-même fonctionner en 1825, et qui occasionnait une grande dépense de force motrice, jointe à un encombrement fâcheux de poussière, cet appareil n'a pas,

[1] *Annales des mines*, t. II (1817), p. 481.

que je sache, été adopté en France ailleurs que dans les moulins de Gray, où se trouvait employé simultanément le système saxon ou d'épointage du blé entre les meules, système généralement repoussé par nos meuniers à cause des déchets en farine qu'il occasionne, mais qui, malgré cet inconvénient, compensé sans doute par certains avantages, a jusqu'en ces derniers temps continué à être mis en usage dans les grands établissements anglais construits par MM. Rennie et Fairbairn à Portsmouth, à Deptford, à Millford, etc., établissements où, en conservant l'élévateur à tire-sac et embrayage à frottement direct, on a cependant introduit (1829) les convoyeurs horizontaux en hélice, pour nettoyer et cribler le blé, tout en le faisant cheminer plus ou moins obliquement, à la manière d'Oliver Evans.

Il est d'autant moins surprenant que l'on n'ait point adopté chez nous ce genre d'appareil, du moins comme simple moyen de locomotion ou de transport, qu'Evans lui-même et ses successeurs aux États-Unis ont cherché à en limiter l'emploi de manière à se rapprocher de plus en plus du système anglais[1], généralement repoussé en France, à larges trémies ou greniers pyramidaux munis de buses allongées pour la descente du blé vers la trémie même des meules, l'élévateur à godets ayant, en quelque sorte, été seul conservé, comme dans nos propres usines, tandis que, d'un autre côté, le système de construction des rouages en fer et en fonte allait aussi se rapprochant de plus en plus de celui des Anglais, système d'ailleurs que MM. Aitkin et Steele, comme on l'a vu, avaient, huit ans auparavant (1818), appliqué aux moulins de M. Benoist à Saint-Denis[2].

[1] Voir la 5e édition posthume de l'ouvrage d'Oliver Evans, publiée en 1826, et dont l'appendice renferme la description d'un moulin marchand à quatre tournants, tels que les construisaient alors les fils de cet illustre ingénieur.

[2] M. Maudslay père, de Londres, paraît être le premier qui ait introduit ce système de construction en France, dans des moulins à farine établis, en 1816, dans la ville de Saint-Quentin.

Le mémoire déjà cité, qui donne la description de ce bel établissement tel qu'il existait en 1827, et la traduction française du livre d'Evans en 1830, par M. Benoît, qui contient d'utiles documents sur le système mixte de mouture, française et anglaise, des mêmes moulins et de leurs accessoires[1], ces écrits semblent prouver que, si les procédés américains de manutention automatique des blés et des farines étaient bien connus chez nous aux époques précitées, ils n'y avaient pourtant point encore été utilisés, même dans les grands établissements de mouture marchande. En revanche, on y avait mis à profit les divers perfectionnements apportés récemment, soit en France, soit ailleurs, aux mécanismes des tire-sacs, des tarares et des bluteries, sous le rapport des organes de transmission du mouvement. Ainsi notamment, dans les moulins de Saint-Denis, aux anciens tire-sacs à embrayage par friction ou par roues dentées on avait substitué l'embrayage à courroie sans fin, embrassant les couronnes convexes de deux poulies en fonte, montées, l'une sur l'arbre horizontal du treuil élévateur, l'autre sur l'arbre parallèle moteur, courroie qu'une bascule à levier, armée d'un rouleau de tension, permettait, au moyen d'un cordon à main, de serrer contre les poulies avec plus ou moins de force, afin d'y déterminer un frottement capable, à son tour, d'entraîner le treuil et sa charge, etc.

On avait fait subir des transformations semblables aux anciens modes de transmission des dodinages et blutoirs tournants à étamines de soie, conservés pour le système de mouture économique ou à gruaux, et, tout en adoptant pour la mouture en grosse sortie des meules sillonnées le système expéditif, aujourd'hui assez peu goûté chez nous, des bluteries anglaises à brosses et rotation rapide dans un cylindre fixe, recouvert intérieurement de toiles métalliques à trois degrés de finesse, on en avait disposé le mécanisme de manière que ce cylindre tournât simultanément avec les brosses, mais en

[1] *Additions* à la traduction d'Oliver Evans, p. 566, n° 180.

sens contraire; ce qui, outre l'avantage d'un meilleur retournement et détachement des sons d'avec la farine, ainsi qu'une plus exacte division des particules mêmes de la grosse mouture, offrait encore la facilité de réduire, dans un certain rapport, la trop grande vitesse de transmission ou de rotation des axes, à laquelle on n'était guère habitué en France, même à l'époque de 1830, où l'ingénieur Benoît écrivait ses intéressantes notes sur les machines de Saint-Denis.

Cette combinaison, appliquée ici à un système de bluterie à gaze métallique très-fine et susceptible de s'engorger promptement, aurait été bien mieux utilisée encore, dans les anciens moulins dont il s'agit, si l'on y avait adopté les cylindres à brosses de soie de sanglier, tournant avec une vitesse de 270 révolutions à la minute, dont on se servait alors en Angleterre pour cribler et lisser les grains de blé, en les faisant ainsi frotter violemment contre les fortes toiles en fil de fer qui les recouvrent. Mais à ce procédé de nettoyage, en lui-même peu efficace, et qui, dans cet industrieux pays, était, comme on l'a vu, toujours précédé de l'action autrement énergique de l'épointage entre des meules, on avait préféré le tarare Gravier, plus généralement employé en France, et qui depuis sa première apparition, en 1807, n'avait subi que des perfectionnements ou modifications trop peu importants pour qu'il soit nécessaire de les indiquer ici; d'autant que l'on trouve ces tarares décrits avec beaucoup de soin et de détails dans un grand nombre d'ouvrages, mais plus spécialement dans les additions que M. Benoît a jointes à sa traduction d'Oliver Evans, et qui doivent être considérées comme faisant connaître le véritable état de la meunerie en France à l'époque de son apparition, en 1830.

Ce fut, en effet, seulement dans les années de 1830 à 1832 que les *Mémoires de la Société royale de Metz* et le *Bulletin de la Société d'encouragement de Paris*[1] donnèrent la description

[1] *Bulletin de la Société d'encouragement*, t. XXXI, p. 140 (1832) : Rapport de feu Voisard, de Metz, jeune professeur plein d'avenir et mort à la fleur

des nouveaux procédés d'épuration du blé, proposés par M. de Nicéville, et qu'il avait appliqués, dès 1830, aux moulins de la ville de Metz; procédés dont il suffira également ici de faire connaître le caractère par lequel ils se distinguent principalement de celui de M. Gravier, dont nous avons précédemment donné un court aperçu. Au lieu de volants à ailettes tournant rapidement autour d'autant d'axes horizontaux (ordinairement deux), étagés les uns au-dessus des autres, M. de Nicéville, en effet, se servait d'un appareil cylindrique d'une hauteur non moins considérable, dont l'arbre vertical, recevant jusqu'à 372 révolutions à la minute d'un système de courroies sans fin, portait une suite de râpes coniques, pareillement étagées (trois), à pente assez raide, munies de palettes triangulaires centrifuges, dont les parois rugueuses, dirigées dans le sens des plans méridiens, lançaient obliquement le blé contre celles du cylindre extérieur, immobile et concentrique à l'arbre, à parois également formées de feuilles de fer-blanc, percées de trous du dehors au dedans, elles-mêmes munies de côtes tronconiques à talus rapide, qui renvoyaient perpétuellement les grains de blé vers les râpes tournantes intérieures, tandis que le cylindre enveloppe remplissait, à l'égard des petits grains de sable et de poussière, la fonction d'un véritable crible à tourbillon centrifuge.

Dans cette combinaison, le blé, après avoir été frotté, vanné, criblé, en traversant des appareils inférieurs, composés d'un crible à plan incliné, d'un ventilateur ordinaire à axe vertical et d'un dernier crible tournant incliné à l'horizon, munis séparément des buses ou anches directrices indispensables; dans cette combinaison, dis-je, le blé se trouvait constamment relevé, puis versé dans la trémie supérieure de l'appareil vertical centrifuge, au moyen d'une chaîne à godets placée

de l'âge, regretté des nombreux élèves qui suivaient ses utiles leçons à l'hôtel de ville de Metz, ainsi que de tous les géomètres qui avaient pu apprécier ses beaux travaux d'analyse, jugés par l'Institut de France dignes de l'insertion dans le *Recueil des savants étrangers*.

en dehors et légèrement inclinée par rapport à l'arbre de cet appareil.

Je ne saurais m'étendre davantage sur ce sujet en essayant de décrire ici d'autres tarares verticaux également très-rapides, munis de râpes cylindriques, coniques, planes ou en surface gauche, entraînant aussi l'air et le blé dans des tourbillons centrifuges; tarares imaginés depuis 1832 par MM. Corrége, Cartier, David, Lasseron, Legrand, etc., mais qui, tout en offrant des combinaisons plus ou moins ingénieuses, reposent sur des principes analogues à celui du tarare Nicéville, et dont l'application a été faite avec succès à divers moulins en France, parmi lesquels on distingue ceux du Canal près Saint-Denis, de Saint-Maur près Paris, de Niort, de Poitiers, etc.

J'en dirai tout autant des ramoneries à brosses fixées, tantôt à des plateaux ou disques horizontaux tournant au-dessus d'une meule ordinaire, alimentée par une trémie supérieure et qu'accompagne un ventilateur à ailettes; tantôt à des arbres horizontaux oscillant ou tournant d'une manière également rapide dans l'intérieur d'un cylindre ou d'un cône fixe, recouvert d'une forte toile ou d'une râpe métallique, piquée à jours pour laisser échapper les petits grains et la poussière. Ces systèmes, imités des cribles à brosses anglais et principalement employés par la meunerie belge, ont reçu divers perfectionnements de MM. Michels, Chauvelot et Rollet; néamoins les brosses ont l'inconvénient non-seulement d'occasionner de grandes résistances sans remuer, soulever et frotter convenablement entre eux les grains, mais encore de s'user au bout de peu de temps, de se couvrir de leur poussière noire, et de devenir ainsi incapables de continuer un bon nettoyage et, ce qui est très-important, la désobstruction des ouvertures des cribles ou des râpes.

Les différents tarares dont il vient d'être parlé, mais principalement ceux à râpes tournantes et à tourbillons centrifuges, sont quelquefois combinés entre eux, avec les cribles à plans ou cylindres inclinés et leurs ventilateurs, les uns au-dessus des autres, de manière à occuper, dans les grandes usines, une certaine portion de la hauteur entière des bâtiments, comme cela avait lieu notamment dans les anciens moulins de Malisset à Corbeil, sauf le genre des tarares où le grain, on se le rappelle, agissait contre les râpes, sous la seule impulsion de son propre poids, et était relevé aux trémies supérieures pour subir, au besoin, un nouveau nettoyage, par des procédés qui, exigeant la mise en sac, sont aujourd'hui généralement remplacés en France, avec de grands avantages, par l'élévateur à godets d'Oliver Evans, à peu près comme dans le tarare Nicéville. Néanmoins, il faut bien le reconnaître, tous ces appareils et procédés, qui témoignent de la haute importance que les meuniers de notre époque attachent à la bonne fabrication des farines commerciales, étant appliqués à sec, sont accompagnés d'inconvénients très-graves, provenant de l'accumulation des débris et poussières de toute espèce sur les parties fixes ou mobiles des appareils; encombrement qui amène des interruptions ou nettoyages perpétuels, d'autant plus fâcheux que la poussière vient tapisser également les murs et les charpentes de l'édifice, d'où elle s'échappe au moindre souffle pour retomber sur les grains déjà épurés, et, ce qui est pis encore, dans les lieux mêmes où se prépare la farine.

Par ce motif, l'établissement consacré à la mouture proprement dite devrait être complétement isolé de celui qui sert à l'épuration des blés, où, à défaut de courants d'air naturels extérieurs convenablement dirigés, on devrait au moins mettre en œuvre quelque puissant moyen mécanique de ventilation au travers d'enveloppes, de buses d'évacuation, analogue à celui qui depuis longtemps avait été indiqué par Oliver Evans; l'excédant de dépense auquel on serait ainsi entraîné ne saurait être un motif suffisant d'abstention pour les grands établissements de mouture marchande, où l'extrême propreté, si nécessaire à la santé des ouvriers et à la perfection des produits, ne doit pas être moins appréciée que dans les filatures de coton, par exemple, dont les machines de première préparation, sortes de tarares analogues à ceux des blés, sont aujourd'hui généralement munies de cheminées d'appel à ventilation forcée, auxquelles on pourrait joindre, dans des circonstances favorables, le passage des résidus de l'épuration au travers de masses d'eau mobiles ou stagnantes, qui en absorberaient, entraîneraient les parties non volatiles.

Peut-être aussi doit-on comprendre ces graves inconvénients au nombre de ceux qui, depuis quelques années, ont fait songer, dans le nord de la France, à laver et battre les blés dans des machines certainement très-ingénieuses et dont je regrette de ne pouvoir offrir ici au moins une idée [1], mais qui ne paraissent pas jusqu'à présent remplir complétement leur but, à cause de la difficulté du séchage par des moyens artificiels assez économiques pour suppléer ceux que la nature a départis aux habitants du midi de la France, et qui y sont effectivement mis à profit. Or, cette circonstance est d'autant plus fâcheuse, que la simple projection du blé dans l'eau, quelquefois pratiquée en agriculture pour le choix des semences, serait le moyen le plus efficace de se débarrasser des grains étrangers, avariés, de densité inférieure, et par conséquent impropres à faire de la bonne mouture.

[1] MM. Cartier, Maupeou, Lasseron et Rollet en France, M. Hubert en Angleterre, ont imaginé, de 1835 à 1840, des appareils rotatifs à laver, battre et étuver ou sécher le blé par des courants d'air chaud; mais l'expérience ne semble pas s'être entièrement prononcée en leur faveur. Cependant l'honorable M. Bouchotte, successeur de M. de Nicéville aux moulins de la ville de Metz, aurait réussi, en 1841, à obtenir de bons résultats d'un système dans lequel le blé, immergé et frotté entre deux surfaces rugueuses à la manière saxonne, puis soumis à un agitateur, à des secousses énergiques qui le débarrassent, en partie, de l'eau superficielle, est enfin transporté dans un séchoir artificiel à ventilateur centrifuge, qui doit ressembler beaucoup à ceux qu'on emploie dans les moulins à poudre (ouvrage cité de M. Rollet sur la meunerie, 1846, p. 80 à 97). Peut-être aurait-on atteint le but plus économiquement encore, si déjà on ne l'a fait, en se servant de la machine à rotation rapide et également centrifuge employée pour le séchage du linge, de la cassonade, etc.

§ II. — Perfectionnement, en France, des appareils à trier, distribuer et conserver les blés. — MM. *Vachon*, *Conty*, *Feray*, *Cartier*, *Giraudon*, etc.; *Duhamel*, *Terrasses des Billons*, *Dartigue*, *Vallery*, *Philippe de Girard* et *H. Huart*, de Cambrai.

Les tentatives qui ont été faites par nos grands établissements de meunerie pour le nettoyage des blés ne se bornent pas, comme on sait, aux précédentes; on y a redoublé d'efforts pour séparer, des grains déjà épurés par les divers moyens indiqués, non pas seulement les poussières ou champignons parasites qui les recouvrent et y sont retenus avec une ténacité extraordinaire, mais aussi les petites pierres, mottes ou autres corps fragiles de la même grosseur qui les accompagnent constamment dans les différentes épreuves. A cet effet, se servant d'une succession de cribles métalliques à interstices gradués de forme et de dimension, parmi lesquels on distingue les ingénieux *trieurs mécaniques* de M. Vachon à Lyon, ils ont subdivisé les grains eux-mêmes, comme les anciens moulins de Gray en offraient déjà l'exemple en 1816, en divers échantillons ou grosseurs, que, en désespoir de cause, ils ont soumis séparément à l'action de petits laminoirs horizontaux en acier poli, surmontés d'une trémie à registre ou *tirette* inférieure, analogue à celle des moulins antiques, et de cylindres cannelés, alimentaires ou distributeurs, qui, en comprimant les grains de blé de même échantillon, sans pour cela les écraser ou déchirer, font éclater, diviser les corps étrangers fragiles, dont un crible ventilateur, situé au-dessous, fait disparaître immédiatement les débris, en retenant les bons grains, qui de là tombent dans un magasin d'où, sollicités par la seule action de la pesanteur, ils descendent spontanément, par des conduits verticaux ou obliques, vers l'œillard des meules, naguère encore surmontées de l'antique distributeur à trémie, auget et babillard, système auquel on a substitué en France, depuis 1837 ou 1838, l'appareil à *engréneur* ou *distributeur* de M. Conty.

Ce dernier appareil, très-simple et très-ingénieux, est composé, comme on sait, d'un petit tube vertical en cuivre que surmonte un vase ou réservoir pareil, dans lequel le blé épuré se rend obliquement par d'autres tubes en fer-blanc, munis à l'entrée supérieure d'une soupape d'admission à clef ou tournante, tandis que le bout inférieur de l'engréneur verse constamment le blé dans une coupe hémisphérique fixée à l'anille de la meule volante et tournant rapidement avec elle, de manière à le projeter circulairement dans l'œillard, par une action centrifuge directe, mais dont la régularité, ou, pour mieux dire, le débit en blé, dépend essentiellement de la distance du fond de la cuvette au débouché de l'orifice inférieur de l'appareil, soutenu, monté sur une bascule horizontale dont la hauteur est réglée à la main, en soulevant ainsi une colonne de blé plus ou moins considérable; inconvénient que MM. Vachon, Paradis et d'autres ont évité, en enveloppant le petit tube distributeur servant d'ajutage d'un manchon ou fourreau intérieur, mobile par glissement, et que soutient également un petit levier régulateur placé sous l'archure des meules, etc.

Quant aux cylindres *comprimeurs* que M. Feray, d'Essonne, a tenté de faire servir comme d'appareil distributeur du blé aux meules travaillantes, après que ce blé a été reçu dans autant de petites capacités qu'il y a de ces meules, et qui sont alimentées par les subdivisions correspondantes de cylindres cannelés, ces laminoirs, dis-je, ont été diversement perfectionnés ou modifiés dans les détails d'exécution depuis l'année 1836 à 1837, où pour la première fois, si je ne me trompe, ils ont occupé nos plus habiles constructeurs de moulins, tels que MM. Cartier, Giraudon, Corrège, Calla fils, etc., sans qu'il me soit possible d'indiquer exactement, grâce au mutisme volontaire ou obligé des auteurs, la marche progressive des idées ou des inventions dans l'établissement de ces organes aujourd'hui essentiels de toute fabrication des farines marchandes, fondée sur le système automatique[1].

[1] Voy., pour la description de ces divers appareils, le *Mémoire sur la meu-*

Je ne m'étendrai pas davantage sur les mécanismes employés à l'épuration et à la distribution du blé, que l'on est quelquefois obligé de sécher dans des étuves quand il est resté humide, ou de mouiller légèrement dans d'ingénieux appareils de mélange et de remuage quand il arrive, des pays d'outre-mer, assez sec ou durci par une sorte de torréfaction, pour que le son ne puisse facilement s'en détacher. Je ne dirai rien non plus des moyens dont on se sert quelquefois et dont on devrait toujours se servir pour épurer les blés à la campagne, à l'aide de machines à battre, cribler, vanner, trier, échantillonner même ces blés; machines dans la construction desquelles l'habile M. Hoffmann, charpentier mécanicien de Nancy, s'était depuis longues années acquis une réputation justement méritée. Je me bornerai à constater qu'ici comme dans toutes les grandes industries, celles notamment où l'on file, tisse la laine et le coton, le lin et le chanvre, etc., le principal talent, la principale source de bénéfice des meuniers consiste dans le choix, le triage exact des diverses qualités de blés et leurs traitements respectifs par des procédés d'épuration exactement appropriés à chacune d'elles, de manière à éviter toute cause inutile de déchets sur la matière première, ou d'excédant de travail moteur, provenant soit de la nature trop compliquée des mécanismes, soit de leur mauvais choix ou emploi : l'extrême variété actuelle de ces mécanismes, si elle n'est pas le signe d'un état industriel encore peu avancé, prouve tout au moins la difficulté qu'il y a, dans la fabrication des farines, d'approprier une seule machine aux diverses natures ou qualités des blés.

Toutefois, je ne crois pas pouvoir passer entièrement sous silence le système d'emmagasinement et de conservation des blés dans les greniers en silos des grandes manutentions de l'État et des particuliers; système dont le perfectionnement a

nerie, etc., de M. Rollet, p. 188 et suiv., et, plus particulièrement, le t. III (1843), p. 515, et le t. V (1847), p. 176, 320 et suiv., de la *Publication industrielle* de M. Armengaud.

tant préoccupé les esprits depuis l'époque où Duhamel du Monceau tentait, en France, l'établissement d'étuves à trémie inférieure munie de tirettes horizontales pour laisser écouler, à certains intervalles, le blé qu'on relevait péniblement, dans des sacs, à la partie supérieure des silos, dès lors entièrement fermés à l'accès de l'air et des hommes. Cette tentative d'ailleurs pourrait bien avoir donné lieu aux tourailles à étuves des brasseurs de la Hollande et de l'Angleterre, si elle-même n'en a été précédée de quelques années, chose difficile et peu importante à vérifier pour l'objet de ce chapitre. Je me contenterai donc de rappeler que si, dans les contrées méridionales, on a constamment fait usage de silos creusés en terre et mis complétement à l'abri du contact de l'air et des variations de la température extérieure, dans les contrées du Nord, moins favorablement situées, on a, au contraire, eu généralement recours aux greniers ouverts et ventilés, dans lesquels le remuage et les autres manutentions s'opéraient à bras d'homme jusqu'à l'époque où M. Vallery imagina son *magasin-tonneau*, à compartiments intérieurs et double enveloppe grillagée, tournant sur lui-même autour d'un axe horizontal, et soutenu par des galets inférieurs à tourillons fixes, pendant qu'on le faisait mouvoir lentement au moyen d'une machine à vapeur, et que l'air du dehors y pénétrait par les interstices des tissus métalliques entre lesquels la nappe de blé se trouvait comprise, et d'où cet air était sans cesse soutiré par un ventilateur centrifuge appliqué à l'un des disques extrêmes de la capacité interne entièrement vide de blé[1].

Le but de cet appareil, comme on sait, consistait principalement à détruire les charançons par un mouvement et un aérage perpétuels, ou du moins à les empêcher de jamais se reproduire et se développer; but que Duhamel, en 1753, n'avait nullement atteint par son ingénieux système d'étuves, pas plus que le moulin *insecticide* de Terrasses des Billons, formé de vis d'Archimède à nappes hélicoïdes rentrantes,

[1] *Comptes rendus des séances de l'Académie des sciences*, t. VI, p. 27, 1838.

que recouvrait extérieurement une toile métallique. En outre, M. Vallery se proposait, par là, de mettre le blé à l'abri de toutes soustractions frauduleuses; condition que n'avait pas non plus remplie l'appareil à trémies superposées de l'ingénieur Dartigue.

Le grenier rafraîchisseur et mobile de Vallery étant d'un prix fort élevé, et occupant un assez grand espace eu égard au volume du blé, cela donna à Philippe de Girard l'idée, qu'il avait déjà réalisée en Pologne avant son retour en France en 1844, d'établir à la suite les uns des autres, au milieu des bâtiments consacrés à l'approvisionnement des blés, une ou deux rangées de silos suspendus ou grands coffres verticaux en bois, fermés vers le bas par autant de trémies pyramidales très-obtuses, en tôle et à tirettes, reposant sur des voûtes ou de longues poutres horizontales. Ces trémies à parois inclinées étaient munies de planchettes grillagées, par lesquelles l'air pouvait être insufflé ou aspiré, au moyen de longues buses horizontales où il était mis en mouvement par un ventilateur extérieur, pendant que le blé lui-même était constamment déplacé, à l'intérieur des silos, par un dispositif ingénieux, fondé principalement sur l'emploi d'un coffre prismatique, vertical et central, dont les parois, descendant, à un décimètre près, jusqu'à celles de la trémie, contenaient dans leur vide intérieur une noria à godets analogue à celle depuis longtemps mise en usage dans les moulins à blé, et qui, se mouvant avec lenteur, ainsi que ses semblables, sous l'action d'une machine à vapeur de 5 à 6 chevaux, servait à relever constamment à la partie supérieure le blé qu'elle puisait dans le fond de la trémie correspondante, où ce blé arrivait latéralement, sur tout le pourtour annulaire compris entre le coffre intérieur et le coffre extérieur : cet intervalle, plus ou moins rétréci, devait contenir, près de chaque trémie, des planchettes inclinées diversement, afin d'obliger les grains de blé à se partager, à se mouvoir dans toute l'épaisseur de leur masse verticale, constamment alimentée ou renouvelée par des couloirs ou augets conducteurs et distributeurs établis au sommet de la noria. Ce projet, dont les dessins, présentés à l'Exposition française de 1844, n'ont point été mentionnés par le Jury et se sont même perdus depuis, n'a jamais, je crois, été exécuté en France, où il a pu, quelques années après, conduire à une combinaison de coffres, de silos en charpente plus ou moins analogue, et satisfaisant mieux à certaines exigences pratiques, sans que la mémoire de Philippe de Girard, qui avait généreusement mis ses idées au service du gouvernement et du public, doive aucunement en souffrir; d'autant que son système répondait à d'autres besoins, notamment à ceux que des hommes tels que Duhamel et Vallery avaient, avant lui, tenté de satisfaire par des moyens très-différents, moins parfaits ou plus onéreux.

Le nouveau système de silos ou coffres isolés et suspendus, tel qu'il a récemment (1854) été exécuté sous les auspices de l'Administration de la guerre, dans le grand établissement de la manutention des vivres à Paris, par M. Henri Huart, négociant en grains de Cambrai; ce système, d'après le rapport de M. le maréchal Vaillant, approuvé par l'Académie des sciences de l'Institut[1], offrirait, en effet, sur celui de Philippe de Girard des avantages réels et considérés comme d'autant plus précieux, que le remuage du blé s'y opère à l'air libre, au moyen de norias verticales, de cribles et de ventilateurs centrifuges placés en dehors et à la partie supérieure des coffres-magasins, c'est-à-dire par des procédés analogues à ceux que l'expérience semble avoir généralement consacrés jusqu'à ce jour pour l'entretien des greniers d'abondance, tandis que l'intérieur des mêmes coffres, alimenté par la pluie de blé épuré tombant incessamment de chacun des cribles respectifs, en est entièrement rempli sans aucun vide, tel qu'il pourrait s'en établir dans l'intervalle du double coffrage du système Girard. L'écoulement vers le bas est d'ailleurs assuré ici au moyen d'un dispositif particulier, formé d'une trémie à angle dièdre renversé, de 90° d'ouverture,

[1] *Comptes rendus*, séance du 5 février 1855, t. XL, p. 270.

servant également de limite à la partie inférieure des silos, et dont les faces sont munies de petits clapets-vannes s'ouvrant plus ou moins et correspondant, en quelque sorte, à chacune des tranches verticales du magasin, de manière à en provoquer isolément la descente, tout en assurant à leur masse entière un mouvement parallèle ou simultané, qui n'aurait pas lieu sans cet ingénieux artifice : près des parois du coffrage, en effet, les couches devenues adhérentes et s'arc-boutant en vertu des frottements, ne tarderaient pas à s'immobiliser, de proche en proche, jusque dans l'intérieur des sections, si l'écoulement s'opérait par un seul orifice rétréci, fût-il placé dans l'axe du silo. Ajoutons que le blé, ainsi écoulé, se déverse dans un auget inférieur, où de petites vis d'Archimède horizontales le conduisent, par glissement et retournement, à la trémie où plongent les godets de l'élévateur, etc.

En terminant cet important sujet, nous rappellerons que l'alucite, dont le germe est déposé dans les grains du blé à l'instant même de la maturation des épis, n'est pas aussi facile à détruire, à faire avorter subséquemment que le charançon, et qu'il ne meurt qu'au moyen de chocs vifs, fréquemment et longtemps répétés, comme l'a le premier établi, en 1836 et 1842, M. Herpin, de Metz, qui, tout récemment encore, a partagé avec un autre savant docteur, M. Doyère, le prix Montyon relatif aux arts insalubres, pour des ventilateurs à percussion, qui rappellent certains tarares, et paraissent avoir déjà rendu des services à l'agriculture.

§ III. — Perfectionnements des appareils à bluter, transporter, rafraîchir et conserver les farines. — MM. *Hennecart*, *Manvielle* et *François Giraud*, *Cartier*, *Huck*, *Feray*, *Darblay*, *Corrège*, *Gosme*, *Damy*, *Cabanes*, *Train*, etc.

Depuis l'époque où le système de mouture américaine et anglaise a été introduit en France, le mécanisme des bluteries n'a pas subi de modifications ou perfectionnements bien importants. Nous avons même vu déjà que les bluteries anglaises, à brosses et toiles métalliques, n'y avaient point généralement été adoptées, du moins pour les farines blanches superfines, et que l'on continua à s'y servir de gazes en soie, dans la fabrication desquelles, à ce qu'il paraît, nous étions restés tributaires de la Suisse et de la Hollande jusque vers 1832, où elle s'établit dans le midi de la France, principalement à Bordeaux, puis à Saint-Quentin, dans la fabrique de M. Hennecart, dont les produits ont mérité, en 1838, les éloges de la Société d'encouragement de Paris, qui, à quelques mois de distance, en adressait d'autres à M. Manvielle pour un perfectionnement qui consiste à remplacer la couture des lés de gaze des blutoirs par des lacets formés d'œillets métalliques, permettant de tendre uniformément et à volonté la gaze sans crainte de la déchirer [1].

Il serait peut-être difficile de fixer la date précise à laquelle les blutoirs à pans ou polygonaux, dont les avantages, bien appréciés, consistent à remuer, retourner brusquement et fréquemment la boulange, ont été substitués aux blutoirs cylindriques. Je suis pareillement hors d'état de pouvoir indiquer l'époque à laquelle ces mêmes blutoirs ont été munis de batteurs à ressorts agissant sur le cercle à crans de l'une de leurs extrémités, ou de frappeurs à billes qui, en tournant et glissant le long des rayons de l'axe polygonal en bois léger de ces blutoirs, vont choquer, tour à tour et périodiquement, les nervures longitudinales et parallèles à cet axe employées à soutenir les bandes de tissus de gaze ou d'étamine qui les entourent extérieurement, et remplissent la fonction de tamis gradués pour le passage des divers produits de la mouture. Les auteurs ont généralement dédaigné de nous éclairer sur ces détails importants et susceptibles d'exercer une très-grande influence sur les résultats de la fabrication. Ils nous apprennent seulement que M. Manvielle, à Meaux, et M. François Giraud, à Paris [2], s'étaient, dès avant 1846, acquis une grande

[1] Tome XXXVI du *Bulletin*, pages 199 et 408. Rapports de MM. Amédée Durand et Darblay. Malheureusement ces Rapports ne nous apprennent rien sur la forme et le mécanisme des bluteries à l'époque contemporaine (1838).

[2] Rollet, *Mémoire sur la meunerie*, page 218.

réputation dans le montage des bluteries en général; mais, d'après ce qu'on a vu, il serait plus exact peut-être de faire remonter aux meuniers des États-Unis d'Amérique l'honneur d'avoir les premiers imaginé et mis en usage ce genre de bluteries, qui a complétement aujourd'hui remplacé, dans les grands établissements, les anciens bluteaux à chausses et à battes, les dodinages oscillants à tissus lâches et même les appareils nommés *lanturelus*, dans lesquels des roues à ailettes, inclinées en sens divers, placées les unes au-dessus des autres sur le même arbre vertical, achevaient de dépouiller les gruaux de qualité inférieure, provenant de précédentes opérations, des pellicules légères de son qu'ils pouvaient encore retenir, au moyen de chocs réitérés et d'une ventilation forcée, qui rappellent ceux des tarares, des vans et sas à main ordinaires.

Il convient également de rappeler que l'usage de ces derniers instruments n'est point entièrement abandonné dans les moulins de France où l'on se propose d'opérer le départ exact des diverses qualités de farine, et que, depuis un certain temps, ils ont donné lieu non-seulement au sas à ventilateur qui était encore employé, en 1846, chez M. Benoist, à Saint-Denis, dont, comme on sait, l'établissement a cessé d'exister depuis, mais aussi au tamis-bluteau à main de M. Cartier, avec tamiseurs inclinés à contre-sens en forme de sacs et composés de tissus de soie ou de peau criblés de trous; enfin, au sasseur mécanique à gruaux du même constructeur, également composé de deux tamis en cuir, horizontaux, superposés, avec cloisons intérieures en spirales pour limiter l'excursion des gruaux, et qui sont animés à la fois de trois mouvements oscillatoires imitant ceux que produit la main de l'homme appliquée au sas ordinaire[1], etc.

En dernier lieu, je citerai, comme un perfectionnement très-important apporté à l'ancien système de blutoir cylindrique, les augets ou trémies à réglettes placés au-dessus de

[1] Rollet, pages 221 à 223.

l'entrée supérieure de ces blutoirs, et dont le fond, rapidement agité par une roue à came, etc., est partiellement formé d'une toile métallique qui, en laissant passer la mouture plus ou moins fine, rejette au dehors les parties agglomérées qui obstrueraient et fatigueraient inutilement les soies de la bluterie. Ces trémies, analogues aux émotteurs des vans ordinaires et dont l'auteur m'est inconnu, ont, à ce qu'il paraît, été remplacées depuis par une sorte d'engreneur offrant beaucoup d'analogie avec celui du système Conty, qui sert à distribuer le blé aux meules[1].

Mais si le système de bluterie dont on a vu, à l'Exposition universelle de Londres, M. Huck, de Paris, faire une aussi utile et ingénieuse application à la préparation des fécules de pommes de terre, pour laquelle il a été récompensé par une médaille de prix, si ce système de bluterie n'a pas, dans ces derniers temps, subi en France des modifications ou perfectionnements essentiels, il n'en a point été ainsi des autres appareils mécaniques qui servent à la manutention et aux préparations diverses des farines dans l'intérieur des moulins. Non-seulement, à l'imitation d'Oliver Evans, on a mis en usage le râteau rafraîchisseur horizontal, tournant, dans un cabinet du dernier étage, autour d'un arbre vertical suspendu à des cordes à contre-poids ou à une vis qui lui permet de suivre, par une sorte d'équilibre flottant, le niveau supérieur des boulanges qui y arrivent des étages inférieurs; non-seulement on a adapté aux minoteries et principaux moulins marchands les conduits fermés dans lesquels circulent des chaînes à godets verticales ou tournent des arbres horizontaux munis de palettes, de nappes hélicoïdes, servant à conduire ces boulanges, des huches où elles sont versées par les meules, aux élévateurs et à la chambre à râteaux; mais on a aussi tenté, par des combinaisons ingénieuses et nouvelles, d'opérer le rafraîchissement de la mouture à partir de la région même de ces meules, afin d'éviter la production de

[1] *Publication industrielle* de M. Armengaud, tome VI, page 337.

la folle farine et les émanations alcooliques et humides qui, en se condensant le long des divers conduits ou des archures, y produisent des concrétions qui les obstruent, et dégagent, par la fermentation, des vapeurs délétères capables de compromettre la santé des aides de moulin, outre qu'elles sont la source d'un déchet de farine plus ou moins appréciable, dépendant essentiellement de la nature du dispositif des meules. Y a-t-on parfaitement réussi, et les moyens mêmes par lesquels on a prétendu clore toutes les issues et empêcher l'élévation de la température intérieure ont-ils atteint parfaitement le but? Voilà ce que, dans mon incompétence, jointe à la variété des combinaisons ou tentatives de perfectionnement et au manque fâcheux de constatation dans les résultats, il me serait vraiment impossible d'affirmer en ce moment, quoiqu'il soit à peu près certain que, dans nos principaux établissements de meunerie, le rendement en farine se soit élevé, en dernier lieu, jusqu'à 75 et 80 p. 100, en gagnant sensiblement en qualité et en supériorité, par rapport aux produits de l'Amérique ou de l'Angleterre, et sans accroître la dépense en travail moteur, qu'on prétend au contraire avoir été réduite.

Il serait difficile de fixer avec quelque précision l'époque où l'on commença à se servir en France du système des convoyeurs, élévateurs et rafraîchisseurs d'Oliver Evans: il paraît bien, par la traduction de l'ingénieur Benoît, que ce ne fut guère avant l'année 1830, et, d'après la disposition circulaire donnée originairement aux beffrois des nouveaux moulins, il est douteux que l'on ait fait usage de huches isolées et encombrantes à l'instar de celles de l'Amérique; huches d'où la farine, tombée des meules au travers d'anches obliques, aurait ensuite été conduite horizontalement et verticalement jusqu'aux chambres à râteau refroidisseur. M. Feray, d'Essonne, paraît être le premier qui se soit fait breveter en France (27 mars 1833) pour l'invention d'un récipient circulaire horizontal, mobile et refroidisseur, établi au rez-de-chaussée du moulin; récipient dans lequel la farine, tombant directement de l'anche inclinée des diverses meules, se refroidissait partiellement à l'air libre, puis versée, poussée au moyen d'un râteau tournant, si je ne me trompe, dans un récipient commun, en était enlevée par le système de chaîne sans fin à godets ordinaires. Mais ce système, qui fut remplacé plus tard dans les moulins à courroies et à beffroi rectiligne de M. Darblay, à Corbeil, par des nappes de toiles sans fin où la boulange, également soumise à l'action refroidissante de l'air, était reçue directement des anches de meules, ce système, dis-je, avait le grave inconvénient de provoquer l'émanation des farines folles et des vapeurs alcooliques, dont les inconvénients viennent d'être mentionnés [1].

La combinaison à auge ou récipient circulaire provisoire de M. Feray donna lieu, sans doute, au brevet d'invention pris en mai 1836 par M. Vallod (Joseph), de Paris (*Brevets expirés*, t. XXXIX, p. 244), dans lequel la boulange tombe des archures, par cascades, en parcourant la hauteur des colonnes creuses de support du beffroi, pour se déposer également dans le récipient mobile et circulaire établi sous les dalles du rez-de-chaussée, d'où elle s'échappait par un conduit latéral oblique, pour, de là, être conduite et élevée aux étages supérieurs

[1] Les récepteurs à toile sans fin et à air libre sont encore aujourd'hui employés dans l'usine de M. Darblay fils, à Corbeil, à ce qu'il paraît sans graves inconvénients sous le rapport des déchets en farine ; ce qui peut provenir soit de la nature particulière ou du choix des blés, soit de l'emploi de calorifères dans les temps humides ou pour les blés imparfaitement séchés. On conçoit que la circulation de l'air sec et chaud au travers des conduits de la boulange puisse s'opposer aux effets de la condensation des folles farines et à la formation des pâtes dures qui s'attachent à ces conduits et jusqu'aux archures des meules ; mais ce procédé, en lui-même fort dispendieux, et qui se concilie mal avec la nécessité du refroidissement de la boulange avant son passage aux bluteries, ne paraît pas avoir été adopté par les autres meuniers, si même il a été conservé par M. Darblay, postérieurement à l'époque de 1841 ou 1842, où il fonctionnait dans les moulins de Corbeil, sans doute sous des conditions économiques fort distinctes de celles où nous les voyons aujourd'hui, et qui n'ont pas été suffisamment indiquées, par les auteurs de l'époque. (*Publication industrielle* de M. Armengaud aîné, t. III, p. 3, 2e édition, 1843).

par des moyens qui n'offrent de particulier que leur double enveloppe cylindrique en zinc et leur double hélice de même axe, dont celle du dehors, munie de lisières en drap mouillé, sert uniquement à abaisser la température du conduit intérieur, tandis que celle du dedans contient, charrie la boulange, qu'accompagne, dans l'ascension vers les chambres du refroidisseur, un courant d'air partant des archures et aboutissant à un ventilateur situé au-dessus de cette chambre; hermétiquement close, ainsi que les divers conduits. Mais cette disposition, qui ne manquait pas d'un certain caractère d'originalité, était beaucoup trop compliquée, trop coûteuse, pour avoir jamais été mise en pratique, et pour que son auteur lui-même n'ait pas dû promptement y renoncer.

L'évaporation de la farine, dans les anciens *moulins* de la *Réserve,* construits par MM. Cartier et Armengaud, à Corbeil, aurait été sensiblement moindre que dans le dispositif précédent, et ils se proposaient de l'éviter presque entièrement en plaçant au-dessus du récipient un large tuyau aboutissant à un ventilateur aspirant, situé au deuxième étage du moulin, d'où les émanations étaient élevées ensuite jusqu'à la hauteur de la chambre du refroidisseur. Mais ce projet, qui rappelle en quelques points celui de M. Vallod, indiqué ci-dessus, ne reçut pareillement aucune exécution matérielle, à cause des transformations subies en 1842 par le même établissement, sous les inspirations du nouveau propriétaire, M. Darblay père, qui substitua le système des beffrois rectilignes et à courroies au système circulaire et les turbines Fourneyron à la roue de côté précédemment établie avec succès par les ingénieurs dont il vient d'être parlé[1].

J'ai rappelé cette dernière circonstance, parce qu'elle explique comment, M. Cartier ayant renoncé à ses premières idées de perfectionnement, il devint loisible à MM. Eck et Chamgarnier d'appliquer à leur moulin de Duvy, près Crespy (Oise), construit par l'ingénieur mécanicien Corrége, de

[1] *Publication industrielle*, tome I, pages 267 et 270, 2ᵉ édition, 1843.

Paris, le système de récipient annulaire pour lequel M. Cartier avait été breveté, et qui ici, en tôle de fer mobile, avec repousseurs et contre-récipient fixe, offre diverses modifications de détail essentielles, consistant principalement : d'une part, dans l'emploi de brosses appliquées aux meules volantes, qui ramassent et projettent la boulange de la cuvette des meules au récipient général ; de l'autre, dans la séparation de la mouture des meules à gruau d'avec celle des meules à boulange, etc.[1].

Plus tard encore, M. Cartier (1837) et M. Feray (1840) ont apporté à leurs primitifs systèmes de récipient annulaire de nouveaux perfectionnements, qui consistèrent principalement à donner à la boulange une issue sur le pourtour entier de la meule gisante, au moyen d'une cuvette annulaire en fonte, d'où elle est poussée circulairement vers l'orifice d'évacuation, dans le récipient mobile inférieur, au moyen de râteaux recevant du gros fer un mouvement concentrique suffisamment ralenti, mais qui ne paraît pas, à cause de la complication du mécanisme, avoir reçu beaucoup d'applications, malgré les avantages que pouvait offrir, dans les idées de l'auteur, une plus facile évacuation de la boulange, et, par suite, un plus grand abaissement de sa température[2].

Ces différents dispositifs, trop compliqués ou inefficaces pour produire les effets désirés, ont donné lieu, à partir de 1840, à des tentatives variées, à d'autres combinaisons, parmi lesquelles on remarque principalement : 1° celles de M. Gosme, près Coulommiers, dont les meules, dites *aérifères*, contenues dans des cuvettes en fonte, sont réduites à un simple anneau de $0^m,22$ de largeur dans leur partie agissante, tandis que leur noyau, évidé pour la meule volante, recouvert d'une calotte conique en tôle pour la meule dormante, offre un diamètre d'environ $0^m,80$ dans œuvre ; 2° celles de M. Damy fils,

[1] *Bulletin de la Société d'encouragement*, tome XXXVIII, page 19 (janvier 1839).

[2] *Publication industrielle*, tome I, page 271, 2e édition.

à Berry-Saint-Christophe (Aisne, 1841 et 1842), qui, par des conduits courbes et un ventilateur aspirant placé sous les meules, obligent l'air du dehors à affluer, de la partie supérieure de l'archure fermée, dans l'intervalle des surfaces travaillantes, pour les refroidir dans sa traversée; 3° celles, fort analogues, de M. Corrège (février 1842), où l'air est introduit par refoulement du dessous en dessus et se dégage par un conduit vertical surmontant l'archure des meules; 4° enfin celles de M. Cabanes, habile meunier à Bordeaux, dont le système fort simple, breveté en mai 1845 et nommé *accélérateur,* n'avait pas pour but avoué, comme les précédentes, de mettre obstacle à l'échauffement des meules ou de la boulange, mais bien d'accélérer le travail même de la mouture, en faisant parcourir l'intervalle de ces meules par un fort courant d'air, qui, partant d'un ventilateur latéral à ailettes planes verticales, en est refoulé horizontalement, dans des tubes extérieurs à celui de l'engreneur, pour descendre de là sous la calotte destinée, dans ce système, à recouvrir hermétiquement l'œillard de la meule volante.

Des expériences entreprises à la manutention des vivres, à Paris, par les ordres de l'Administration de la guerre, où l'on avait vu les meules de ce dernier système écraser pendant le même temps beaucoup au delà du double de blé que dans l'ancien système, et avec une économie sensible de travail moteur, à produit égal, ces expériences, dis-je, ont donné une certaine célébrité à l'accélérateur Cabanes[1], auquel on a seulement reproché de fournir des sons coupés trop fin et de la farine trop ronde ou grossière. C'est ce qui aura sans doute amené peu après (Exposition belge de 1847) les nouvelles tentatives de M. Ulric Débeaune, de Jemmapes, près Mons, dont le système *accélérateur-refroidisseur* ne diffère guère du précédent qu'en ce que l'air est refoulé entre la paire de meules par de petits tubes ascendants, dirigés au travers du boîtard de la meule dormante, et que cet appareil, non

[1] *Publication industrielle*, tome V, page 271 (1847).

moins facilement applicable aux anciens moulins existants qu'à l'accélérateur Cabanes même, est, en réalité, adapté à un moulin à beffrois ou supports de meules, cylindriques, isolés et évidés du système de MM. Christian fils et Gosset, successeurs de M. Cartier, à Paris; qu'enfin, il se trouve, de plus, accompagné d'un appareil *humecteur* spécialement adapté aux blés étrangers qui auraient été soumis à la dessiccation artificielle dont il a été parlé, pour en faciliter la conservation ou le transport maritime[1].

Que sont devenues ces séduisantes tentatives de perfectionnement des moulins à blé? Qu'est-il résulté des meules à échancrures, à cornets, à entonnoirs, à ailettes, de M. Train (1842), de M. Petit (1843), de MM. Riby-Lecomte, Newton de Londres, Bailly, etc., qu'on a vues se reproduire, pour la plupart, à l'Exposition universelle de 1851? Que reste-t-il des projets de MM. Hureau et Michalon, de Troyes; de MM. Champgarnier et Corrége, Lemoine de Hallines, Tramois de Gray, Holcroft, Demeuse, Gendebien, etc., qui, à leur tour, ont essayé d'opérer le refroidissement des meules ou de la mouture par des appareils à refouler ou aspirer l'air? Enfin, que doit-on croire et espérer des moulins bitournants ou à deux meules mobiles excentriques ou concentriques, marchant dans le même sens ou en sens contraire, par MM. Brewster, de Rouen; Feray, d'Essonne (1836); Reinhart, de Strasbourg (1837); Songis, Canard et Chappelaine, de Troyes; Christian et Gosset[2]? Je n'en sais absolument rien, et je crains fort que la bonne et rude expérience de nos meuniers n'ait laissé perdre, en majeure partie, le fruit de tant de laborieuses investigations, où les ingénieurs et les mécaniciens constructeurs des divers pays ont peut-être trop négligé, dédaigné les avertissements de la science et l'inexorable maxime d'après laquelle tout perfectionnement véritable dans les arts, comme

[1] *Publication industrielle*, tome VII, 1851, pages 29 et suivantes.

[2] J'emprunte ces noms et citations, ainsi que les précédentes, au *Recueil*, tant de fois cité, de M. Armengaud aîné, tome V, page 256 à 272.

dans les travaux de l'esprit, ne peut être que le fruit du temps, d'efforts accumulés et de persévérantes veilles.

En visitant le vaste et bel établissement de la manutention militaire des vivres, à Paris, dont il a déjà été parlé et qui comporte vingt et un tournants rangés, sept par sept, en ligne droite, et conduits, au rez-de-chaussée, par de larges courroies et couronnes motrices, établissement dont la reconstruction toute récente, quant aux principales installations mécaniques, est due à M. Feray, d'Essonne, le célèbre constructeur tant de fois cité, on y verra des meules de $1^{m},30$ de diamètre, cannelées selon la manière hollandaise, en arcs de cercle peu rapprochés et divergents à partir du vide intérieur porté ici à $0^{m},50$ de diamètre, on y verra, dis-je, les meules enfermées, à l'étage, dans des archures ou tambours en bois, dont la boulange tombe en divers points d'une auge longitudinale couverte, où tourne une vis horizontale hollandaise qui la ramasse, au droit de chaque meule, pour la transporter au rafraîchisseur à râteau du quatrième étage par des chaînes verticales à godets. On y verra pareillement des ventilateurs centrifuges à rotation rapide, placés sous les combles de l'édifice, aspirer les vapeurs chaudes des archures entièrement closes par autant de petits conduits latéraux aboutissant à une auge horizontale, commune à la même rangée de paires de meules, de manière à obliger l'air froid qui afflue naturellement avec le blé des divers engreneurs, distributeurs et comprimeurs du système Darblay, à traverser les vides ou canaux curvilignes des meules, et à maintenir ainsi la boulange à une température qui ne paraît pas excéder sensiblement 35 à 40 degrés centigrades; d'autant qu'on s'est bien gardé ici, malgré l'action rafraîchissante et accélératrice des ventilateurs, de pousser le débit des meules au delà de 90 à 100 kilogrammes de blé, moulu en grosse, par heure. Enfin, on verra encore aux étages supérieurs du même édifice, outre la chambre à râteau rafraîchisseur dont il a été parlé, quatre bluteries à six pans et à batteurs, surmontées de leurs augets ou trémies à cribles agitateurs; une bluterie cylindrique à brosses tournant très-vite pour le dépouillement des sons; des tarares à blé, des cribles à plan incliné d'Allemagne, des émotteurs, etc., disposés dans des chambres isolées, hermétiquement closes, et dont les poussières sont journellement enlevées, de manière à éviter tout encombrement nuisible.

J'ai cité la grande manutention militaire du quai de Billy, non-seulement parce que depuis sa création, en 1838, l'Administration de la guerre, inspirée par l'esprit industrieux et inventif du garde du génie Lespinasse, n'a pas cessé d'apporter aux différentes branches de fabrication et d'aménagement des blés, du pain ou des farines, diverses améliorations qui en font un établissement modèle, si ce n'est peut-être en ce qui concerne les farines à gruaux blancs et les pains de luxe qui exigent des manutentions particulières, mais aussi pour montrer jusqu'à quel point on a jusqu'ici mis à profit, dans la plus importante de nos industries, les tentatives de perfectionnements, si variées et parfois si bizarres, dont je n'ai offert qu'une bien imparfaite esquisse dans ce qui précède; tentatives qui, pour la plupart, ont été soumises à des expériences suivies dans le bâtiment modèle du quai de Billy, pour de là se répandre dans les manutentions secondaires confiées à la même administration, dont la sollicitude, vraiment paternelle, envers le soldat de notre nationale et patriotique armée est digne de tous nos éloges.

Quant aux divers procédés mécaniques à l'aide desquels on est parvenu à aménager, conserver et préparer la farine pour les expéditions maritimes lointaines, depuis l'époque où l'illustre Duhamel-Dumonceau créait les étuves destinées à la sécher artificiellement, jusqu'à nos jours, où l'on a su mettre à profit l'ancienne expérience des minotiers du midi de la France et des États-Unis d'Amérique, ainsi que les perfectionnements apportés par Oliver Evans à l'embarillement des farines au moyen de l'ingénieuse et simple presse à levier d'abatage et à piston fouloir qui lui est due, etc.; quant à ces procédés mécaniques divers, je ne puis mieux faire que de renvoyer à l'important *Mémoire sur la meunerie* publié, en

1846, sous les auspices du Ministère de la marine, par M. Rollet, directeur des subsistances à Rochefort; ouvrage qui renferme des documents précieux, et que j'ai eu souvent occasion de citer ou de mettre à profit dans ce qui précède[1].

Enfin, quel que soit le désir que j'éprouve d'en finir avec le sujet, d'ailleurs si intéressant, des moulins à blé, je ne puis me dispenser de jeter un rapide et dernier coup d'œil sur quelques autres tentatives isolées de perfectionnement qui, se rapportant aux petits mécanismes de cette espèce, sont devenues souvent la source de progrès ultérieurs pour les grands établissements de minoterie et les industries d'un genre plus ou moins analogue; ce dont les machines à broyer les couleurs, le cacao, etc., elles-mêmes, nous ont déjà offert quelques remarquables exemples.

§ IV. — Tentatives diverses de perfectionnements appliqués aux petits moulins à bras, à manége, etc.; leur apparition à l'Exposition de Londres au milieu d'objets similaires. — *Bélidor* et *Coulomb*, *C. Albert* et *Regnier*, *Lescure*, *Teste-Laverdet*, *Saniewski*, *Pecantin*, *Reinhardt*, *Bouchon*, *Mesnier* et *Cartier*, *Legrand*, *Dard*, *Touaillon* et *Mauzaize*, *Huck* et *Hennecart*, de France; *Houyet* et *Danneau*, de Belgique; *Landau*, d'Allemagne; *Ross*, d'Amérique; *Corcoran*, *Westrap* et *W. Fairbairn*, *Hurwood*, *Crosskill* et *Adams*, *Hunt*, *Bedford* et *Blackmore*, de la Grande-Bretagne.

J'ai déjà fait remarquer (chap. III de cette Section, p. 327) combien il serait difficile, à moins de découvertes inespérées, d'affranchir nos campagnes de la concurrence des grands établissements où l'on fabrique la mouture marchande sous des conditions économiques que ne sauraient atteindre les petits moulins à bras, à manége, à eau même, du genre de ceux qui ont été décrits dans les ouvrages de Bélidor et quelques autres plus modernes ou plus anciens encore; moulins qui ne se distinguent guère entre eux que par la variété même des

[1] Voyez aussi, dans le tome IV, page 261, des *Publications industrielles* de M. Armengaud, une notice intéressante sur le même sujet, par MM. Championnière et Thibaud.

applications du moteur à l'outil, et dont on a vu précédemment des exemples sur lesquels je ne reviendrai pas, mais où, trop souvent sans doute, on énervait les facultés physiques de l'homme et des animaux dans le vain espoir d'obtenir, à l'aide de combinaisons mécaniques plus ou moins ingénieuses, des effets presque toujours démentis par une longue et suffisante expérience.

Il est évident que de tels procédés, qui n'ont pas peu contribué à faire tomber en discrédit la véritable science mécanique aux yeux des personnes non suffisamment éclairées, ces procédés, dis-je, quelque parfaits qu'on les suppose, ne pourront jamais devenir d'un usage général, et seront toujours limités à quelques industries ou à quelques circonstances locales et exceptionnelles, comme les petites brasseries, certaines exploitations rurales, les hospices, les maisons pénitentiaires, les manutentions de vivres militaires isolées ou en campagne, etc., éprouvant le besoin de moudre leurs céréales dans des conditions spéciales et déterminées. A cet égard, les perfectionnements divers apportés aux petites machines à moudre, considérées en elles-mêmes, peuvent offrir un très-grand intérêt, et par conséquent il ne nous serait guère permis de les passer entièrement sous silence.

C'est à ce titre que je mentionnerai, tout d'abord, un ingénieux et très-simple encliquetage à ressort ou rochet d'une seule dent, appliqué de part et d'autre des tourteaux de la lanterne supérieure d'un moulin à manége et à meule ordinaire que j'ai vu fonctionner, il y a plus de quarante ans, chez les brasseurs de la ville de Metz; encliquetage qui a pour objet d'éviter l'entraînement du cheval par la meule, lors des interruptions forcées ou accidentelles du travail, et qui consiste principalement en une barre de fer traversant librement des mortaises pratiquées aux tourteaux en bois de la lanterne, montés à frottement doux sur l'arbre qui porte, de part et d'autre, les colliers à dent et doucine contre lesquels viennent buter ou glisser en frottant, selon le sens du mouvement, la barre d'embrayage ci-dessus, pressée à ses extrémités par des tiges, des lames de ressort flexibles qui la traversent en prenant appui à leurs bouts opposés contre les revers extérieurs des tourteaux.

On sait d'ailleurs que l'encliquetage à rochet denté, très-anciennement connu des horlogers, a été remplacé en 1815 par un ingénieux mécanicien, M. Dobo, de Paris[1], au moyen de butoirs à ressorts repousseurs, sans dents ni cliquets, agissant à simple frottement, par un double système de leviers articulés, monté sur l'arbre moteur où il prend appui en se raidissant, s'arc-boutant contre la surface intérieure de la couronne d'une roue dentée indépendante, concentrique à cet arbre, quand il tourne dans un certain sens, ou fléchissant sur lui-même, sans produire autre chose qu'un léger frottement des butoirs à ressorts sur la même surface, quand l'arbre vient à tourner dans un sens précisément contraire. Ce mécanisme, d'ailleurs véritable embrayage à frottement de recul, applicable à un grand nombre de circonstances, a déjà rendu, comme on sait, plus d'un service dans les machines à manivelles ou autres, et je n'en ai parlé ici que pour mémoire.

Je citerai encore les heureuses simplifications et transformations que l'on a fait subir, depuis 1815, aux moulins à manége, dont l'arbre vertical n'a plus besoin d'être appuyé, comme autrefois, vers le haut par un système de charpente souvent impossible ou encombrant, mais prend, ainsi que pour les grues modernes, son point d'appui dans un renfoncement pratiqué sous le sol, qui reçoit également le système des principaux rouages de commande ou de transmission, d'après des combinaisons dont l'Exposition universelle de Londres offrait d'intéressantes variétés, ressortant plus spécialement du Jury de la VIe classe.

Enfin je citerai, comme exemple bien connu des progrès accomplis dans l'application même de l'homme aux machines à moudre, les roues à marches extérieures, employées naguère, et peut-être aujourd'hui encore, dans les maisons péni-

[1] *Bulletin de la Société d'encouragement*, tome XIV, page 12.

tentiaires des États-Unis d'Amérique, roues qui, en effet, font obtenir des hommes agissant en grand nombre, et pour ainsi dire coude à coude, non loin du sommet de ces roues, un produit en farine, un travail dynamique à peu près double de celui qu'on retirerait des mêmes hommes appliqués aux balanciers, manivelles, pédales, tiraudes, etc. Encore n'est-ce pas sans compromettre dangereusement la santé des individus soumis à ce rude exercice, dont les avantages mécaniques et économiques reposent d'ailleurs, ainsi que d'autres plus ou moins analogues, sur une observation déjà ancienne de l'illustre Coulomb, relative à la *quantité d'action journalière* de l'homme employé à soulever directement son propre poids le long de rampes diversement inclinées.

On remarquera que Bélidor, en s'occupant autant qu'il l'a fait, dans son *Architecture hydraulique de 1735*, des moulins à manége et à bras, avait principalement en vue le service de mouture des armées et des places fortes en temps de guerre; question qui n'a pas cessé d'attirer l'attention de nos ingénieurs militaires et de nos artistes mécaniciens, sans néanmoins conduire à des résultats complétement satisfaisants sous le rapport de la simplicité, de la locomobilité ou de la bonté des produits. Lors de la campagne de 1812 notamment, où l'on craignait sans doute de trouver la Russie dépourvue des petits moulins dont il a été parlé au commencement du chap. II de cette Section, MM. Regnier et C. Albert, mécaniciens de Paris bien connus, avaient confectionné un grand nombre de moulins portatifs, dans lesquels les meules ordinaires étaient remplacées par des noix en fer trempé ou aciéré, tournant dans un boisseau à nervures pareilles, qu'on adaptait comme le moulin à café, au moyen de pinces à griffes ou étriers, à une table solide, et qu'un homme faisait mouvoir à la manivelle directement ou par l'intermédiaire d'engrenages en fer[1].

Quant au blutage, il s'opérait à part, soit dans un petit

[1] *Bulletin de la Société d'encouragement*, t. XII, p. 156 et 279 (1813).

tambour à axe horizontal recouvert extérieurement d'une feuille cylindrique de fer-blanc garnie de trous très-fins, serrés et poinçonnés comme aux passoires ordinaires, et dans lequel la mouture était introduite à la main, soit dans un cylindre octogone incliné, recouvert d'une étamine en soie fine pour empêcher le son de passer; ce cylindre et le précédent recevant le mouvement d'une manivelle distincte, susceptible d'être remplacée par un jeu de poulies à cordons de renvoi sans fin, adapté à l'équipage même de la noix, qui, dans le moulin perfectionné d'Albert, versait directement la mouture à l'extrémité la plus haute du bluteau, au moyen d'une anche ou tuyau courbe, à peu près comme dans l'ancien système de mouture économique, sauf les améliorations apportées au système agitateur, et qui pourraient servir, jusqu'à un certain point, à montrer où l'on en était dans cette partie importante de la mouture, si l'on ne savait qu'il s'agissait là d'appareils construits à la hâte et par centaines pour le service des armées. Dans le moulin Albert, notamment, un mouvement oscillatoire et longitudinal était imprimé à l'axe du bluteau octogone par un plateau à cames latérales, analogue à celui de l'agitateur du crible ou van mécanique ordinaire, tandis que dans le blutoir à tambour fermé de l'ingénieur Regnier, que traversaient intérieurement de petites bandes de bois pour battre et retourner la boulange versée et retirée alternativement à la main, le même service était rempli au moyen d'un ressort à cliquet latéral qui, en frappant périodiquement sur le tambour, en détachait sans cesse la fine farine : évidemment il n'y avait pas là progrès, relativement aux anciens procédés de Buquet.

Les moulins à noix, très-portatifs, peu coûteux et d'un mécanisme extrêmement simple, avaient, comme on le pense bien, l'inconvénient fort grave de triturer grossièrement les grains, de laisser passer, avec les sons, une grande partie de la meilleure farine sous la forme de gruaux, etc., et je doute fort qu'ils aient rendu de grands services lors de la campagne de Russie. D'ailleurs, on a pu voir à cette même époque, et il existe probablement encore dans les magasins de l'arsenal du génie à Metz, un modèle de moulin beaucoup plus parfait, plus complet que les précédents, lequel, monté sur une voiture à quatre roues, comportait une paire de petites meules en silex ordinaire, avec blutoir tournant à châssis octogone, etc., le tout simultanément mis en action par deux hommes établis, de part et d'autre des brancards, sur des marchepieds, et qui, appliqués aux extrémités d'un arbre horizontal à manivelle coudée, relayés au besoin pendant la marche même du véhicule, pouvaient facilement moudre assez de blé pour assurer la subsistance d'un bataillon chaque jour. Mais bien qu'un tel moulin, dont je regrette de ne pouvoir indiquer l'auteur, fût susceptible, au besoin, de fonctionner sous la seule action des chevaux attelés à la voiture, il n'en a pas moins été considéré comme trop encombrant pour le service des armées en campagne, traînant forcément à leur suite un immense matériel de guerre, que l'état des chemins oblige souvent à laisser en arrière, comme cela s'est vu notamment en Pologne et en Russie.

Après ce qui précède, je crois peu nécessaire de m'étendre sur le moulin à noix proposé pour le même objet, en 1818, par M. Pecantin, arquebusier à Orléans, et dans lequel, néanmoins, les nervures étaient contournées de manière, non à hacher, mais à écraser le blé, à en détacher le son sous de larges pellicules, comme le font les bonnes meules ordinaires. J'en agirai de même à l'égard d'un autre moulin à nettoyer le blé de sarrasin[1], au moyen de petites meules horizontales surmontées d'un système à noix et boisseau semblable à celui dont on se servait déjà dans les moulins à bras de la basse Normandie, sauf qu'il était ici accompagné d'un ventilateur à ailettes pour chasser les pellicules du sarrasin avant son introduction entre les meules, d'après un système également présenté en 1823, à la Société d'encouragement de Paris, par M. Lescure,

[1] Voyez le tome XVII, page 309, et le tome XXII, p. 255, pour la description de ces moulins respectifs.

serrurier à la Palisse (Corrèze), à l'occasion du concours relatif à la découverte d'un procédé économique et mécanique d'écorcer, décortiquer les légumes secs; concours ouvert en 1817, et dont le prix n'a que partiellement été remporté, 1° en 1826 et 1827, par M. Lamotte, de Paris, pour un mécanisme à petites meules ordinaires convenablement écartées, piquées ou rayonnées; 2° par M. Teste-Laverdet, de Saint-Saulge, près Nevers, pour un moulin à bras avec meules en marbre poli et rayures en spirales recroisées; 3° enfin, en 1838, par M. Saniewski, à Paris, pour un petit moulin à la russe ou à la polonaise[1], conforme à celui que nous avons déjà décrit, et qui opérait soit le décortiquage, soit la mouture du sarrasin. Le résultat de ce concours est venu prouver, une fois de plus, que tous les moulins convenablement dirigés ou disposés sont propres à opérer soit le simple émondage des légumes secs, soit leur réduction en farine plus ou moins fine; mais il n'en a pas moins appelé l'attention des marchands de comestibles sur l'importance du décortiquage de quelques-uns de ces légumes, tels que pois, haricots, etc.; les récompenses accordées, toutes faibles qu'elles puissent paraître, ont elles-mêmes contribué à exciter le zèle et l'esprit d'invention des constructeurs de moulins ainsi que des divers fabricants ou tailleurs de meules.

C'est ainsi, notamment, que M. Reinhardt, de Strasbourg, a tenté, en 1840, de se servir, pour moudre les grains, d'un petit cylindre en pierres de lave, à rayures hélicoïdes, muni de brosses fines pour en détacher la mouture, oscillant dans le sens longitudinal et tournant rapidement autour d'un axe horizontal, dans l'intérieur d'une coquille latérale ou quart de cylindre pareil, d'où la mouture tombait dans un blutoir inférieur[2], etc.

C'est encore ainsi que M. Bouchon, fabricant de meules

[1] Voyez la description de ces différents moulins aux années correspondantes du *Bulletin de la Société d'encouragement*, et, plus spécialement, le tome XXIX, page 284, pour le moulin de M. Teste-Laverdet.

[2] Même *Bulletin*, tome XXXIX, page 394.

à la Ferté-sous-Jouarre, a présenté, en 1844, à la Société d'encouragement de Paris un moulin à blé portatif, à double manivelle et engrenage d'angle [1]; à cela près, d'une construction assez simple, et qui se distingue principalement des anciens systèmes en ce que, la meule horizontale supérieure étant fixe, la meule inférieure mobile s'y trouve précédée d'une petite noix, en fer, servant à concasser préalablement les grains. Primitivement destiné au service de l'armée d'Afrique, ce moulin, accompagné d'une bluterie cylindrique, a, depuis, été présenté par M. Bouchon à l'Exposition universelle de Londres, avec divers échantillons de meules de la Ferté-sous-Jouarre, d'une excellente qualité ou exécution, mais qui disparaissaient, en quelque sorte, au milieu du grand nombre des produits ou objets similaires que renfermaient les compartiments français, anglais, américains, belges et allemands, où l'on remarquait principalement les meules aérifères, munies de canaux courbes, de tubes en cornets, présentées par MM. Hughes et fils, de Londres, et par MM. Toms, Bailey et Cie, d'après le système de M. Hanon, de Lille, patenté en 1850 pour la Grande-Bretagne. Mais les tentatives de ce genre faites dans ce dernier pays n'auront probablement guère été plus heureuses que celles qui les avaient précédées en France, et dont aucune ne se trouvait représentée à l'Exposition universelle, quoique les meules en pierre de MM. Gaillard, Petit, Bouchon, Guévin, Montcharmont, Roger, etc., n'y eussent pas fait défaut et témoignassent, par leur présence, du développement remarquable que tendaient à prendre chez nous et ailleurs la bonne fabrication, l'excellente application mécanique de cet antique et précieux outil.

Le système de ventilation forcée, entre les surfaces travaillantes des meules, a seulement été représenté, pour la Belgique, par les petits modèles de moulins de MM. Houyet, de Bruxelles, et Debeaume, d'Anvers; pour la France, par

[1] *Bulletin de la Société d'encouragement*, tome XLIII, page 231.

MM. Mesnier et Cartier, qui ont exposé un moulin portatif à manége complet, de petite dimension, dans lequel la meule inférieure est mobile, et qui, accompagné d'une noix en fer servant à préparer le blé à l'opération de la mouture, contient une disposition spéciale pour l'introduction de l'air extérieur entre les surfaces travaillantes.

Le Jury de la VIe classe n'a pas pensé qu'il y eût lieu d'accorder des récompenses à aucun des nombreux exposants qui se sont occupés du moyen de rafraîchir artificiellement les meules ou de les remplacer par des systèmes métalliques diversement cannelés et dirigés, tels notamment que ceux exposés dans la partie anglaise par MM. Hurwood, Crosskill et Adams; systèmes qui conviennent peu d'ailleurs à la mouture du blé, et sur lesquels l'expérience n'a pas jusqu'ici suffisamment prononcé pour les autres graines farineuses. Le Jury s'est borné à accorder une médaille de prix à M. Touaillon, habile monteur de moulins français, qui représentait aussi, il faut bien le dire, les intérêts de M. Mauzaize aîné, de Chartres, auteur d'un ingénieux mécanisme propre à débrayer directement la meule volante, sans secousse et dérangement de la mouture; c'est-à-dire à isoler son mouvement de celui de l'arbre moteur sans suspendre la marche de l'un ou de l'autre: ce mécanisme, qui doit offrir quelque analogie avec ceux dont il a été parlé au commencement de ce paragraphe, n'a pu être suffisamment apprécié par le Jury de la VIe classe, à cause de l'absence de l'inventeur et de l'impossibilité de le soumettre à l'épreuve. En votant plus spécialement une récompense à M. Touaillon, le Jury n'a pas tant considéré peut-être les perfectionnements apportés par cet industriel à l'instrument à marteau servant à repiquer, suivant des lignes rayonnantes, avec précision et sans trop de danger pour l'ouvrier, les parties planes des meules taillées dans l'ancien système à rayures rectilignes, que les divers services rendus par l'auteur à la meunerie, tant anglaise que française, dans le montage des parties essentielles du nouveau système de moulin.

Non-seulement, en effet, cet habile monteur des moulins

de Saint-Maur, près Paris, a eu pour concurrent, à l'Exposition de Londres, M. Parsons de la Ve classe, qui s'est préoccupé des moyens de préserver les yeux de l'ouvrier repiqueur de toute atteinte, mais on sait encore que MM. Leistenschneider et Noirot, en 1840, M. Legrand, de Bar-le-Duc, en 1841, et M. Dard fils, de Troyes, en 1842 ou 1843, avec le concours du mécanicien Camus, à Paris, se sont spécialement occupés de perfectionner les moyens mécaniques de piquer, rhabiller la surface des meules [1], sans y avoir, à ce qu'il paraît, complétement réussi encore à cette époque.

Quant aux moulins portatifs et autres de faibles dimensions, dont un grand nombre avaient été exposés en 1851 à Londres, le Jury a plus particulièrement distingué, indépendamment de ceux de MM. Bouchon, Mesnier et Cartier dont il a déjà été parlé, les petits moulins dits d'*émigrants*, présentés dans la partie anglaise par MM. Corcoran et Cie, par M. Tootal, enfin par M. W. Westrup, dont le modèle, parfaitement construit, à Londres, dans les ateliers de T. Middleton, a valu à l'inventeur une *médaille de conseil*, qui s'appliquait particulièrement à l'originalité de la conception et des combinaisons mécaniques.

Ce moulin, à double effet, offre une double paire de meules coniques, placées, l'une au-dessus de l'autre, sur un même fer ou arbre occupant l'axe d'un cylindre qui enveloppe tout l'espace vertical compris entre les deux paires de meules, et se trouve recouvert d'une gaze métallique à brosses tournantes, servant à opérer le blutage de la farine projetée, de toutes parts et circulairement, au sortir des meules supérieures, tandis que les parties les plus grossières de la mouture, sons et gruaux, tombant dans la trémie du bas, sont soumises, entre les meules correspondantes, à un remoulage immédiat, par conséquent dans des circonstances de fabrication dont il serait impossible de prévoir à l'avance les effets économiques. Depuis que ce moulin a été soumis au Jury

[1] *Publication industrielle*, tome III, page 19 (1843).

de l'Exposition universelle de 1851, l'intelligence des dispositifs d'ensemble ou de détail, paraît avoir attiré vivement l'attention des meuniers anglais, du moins ceux de la ville de Londres, si l'on en croit le prospectus publié en 1853 par l'inventeur, fondé d'ailleurs sur la déclaration du bureau des patentes. J'ajouterai, relativement au système du moulin de M. Westrup, que la surface agissante des meules, concave pour celles qui sont fixes, convexe pour les autres, offre une pente d'environ 35° à l'horizon, laquelle facilite beaucoup la sortie des moutures, et se rapproche ainsi, en quelques points, de la disposition adoptée par les anciens.

L'absence, dans cette branche intéressante de machines, de petits moulins applicables aux armées en campagne ou aux colonies agricoles, faisait complétement défaut pour la partie allemande de l'Exposition universelle, et il n'en existait dans la section de l'Amérique qu'un seul spécimen, appartenant à M. Ross, de Rochester, état de New-York, malgré le grand usage qui doit en être fait par les nombreux émigrants dont viennent annuellement se peupler les contrées agricoles de cet immense et industrieux pays.

Enfin, M. William Fairbairn a exposé, dans la partie anglaise, un autre remarquable spécimen de moulin isolé, construit entièrement en fonte, pour ainsi dire tout d'une pièce, et dont le support, évidé en forme de piédouche, traversé par le gros fer, recevait directement, à sa base, le système de commande de l'arbre de couche moteur, avec les roues d'angle, tandis qu'il portait à son sommet évasé les deux petites meules du moulin, installées dans leur cuvette en fonte, qu'environnait l'archure, surmontée de la trémie et de l'appareil alimentaire oscillant. La simplicité et la bonne exécution de l'ensemble de ce petit moulin à blé sont en tout dignes du célèbre mécanicien de Manchester, et répondent bien à l'application qu'on se proposait d'en faire aux fertiles plaines de l'Égypte, cet antique berceau des sciences et des arts, qui paraît vouloir se ranimer enfin au souffle de la civilisation et de l'industrie modernes.

Indépendamment de ces modèles de moulins à farine proprement dits, le Palais de Cristal renfermait encore une belle collection d'appareils accessoires, destinés au nettoyage des blés et au blutage des farines plus ou moins fines. Tels étaient notamment, dans la partie anglaise, le blutoir vertical à brosses, de M. Hunt, pour fleur de farine; le cylindre incliné revêtu de gaze métallique de M. Bedford, que des brosses tournantes extérieures servaient aussi à désobstruer sans cesse; le modèle de bluterie de M. Blackmore, recouvert d'étamine sans couture et muni extérieurement de membranes en gutta-percha, tournantes et destinées également au nettoyage de l'étamine; le blutoir cylindrique de M. Shore, à gaze métallique et à ailes extérieures tournantes, formées de lames d'acier au lieu de brosses, etc. Le caractère principal de ces mécanismes réside, comme on le voit, dans la fixité de l'appareil bluteur et la mobilité relative de l'instrument nettoyeur; caractère qui s'écarte notablement de celui de notre manière de traiter les fleurs de farine, et dont le maintien en Angleterre, jusqu'en 1851, n'est peut-être pas suffisamment justifié, je le répète, par l'extrême perfection des toiles métalliques.

En comparant ces mêmes appareils et quelques autres pour le nettoyage du blé avec ceux de MM. Hennecart, de Paris, à couverture en gaze de soie pour fleurs de farine, ceux de MM. Vachon père et fils, de Lyon, pour l'épuration, le triage des grains de meunerie et d'agriculture, enfin de M. Huck, à Paris, dont l'ingénieux appareil, déjà mentionné comme ayant obtenu la médaille de prix, entièrement construit d'ailleurs en fer, en fonte et en cuivre, est disposé de manière à accomplir simultanément le râpage, le lavage, le séchage et le blutage des fécules de pomme de terre d'une manière en quelque sorte automatique; en faisant, dis-je, cette comparaison, on ne pouvait méconnaître les progrès accomplis dans notre pays pour tout ce qui concerne cette importante et fondamentale branche d'industrie, où la Belgique, de son côté, était représentée par M. Houyet, pour une machine à émonder le riz, et par M. Danneau, pour un cylindre à cribler les grains, tandis que l'Allemagne, dont on connaît l'antique réputation dans la préparation des farines, avait pour unique représentant M. Landau, d'Andernach, dont l'exposition se bornait à un simple échantillon de meules en pierre de lave originaire des rives de la Moselle.

Ve SECTION.

MACHINES OPÉRANT LA DIVISION DES CORPS

ET LA SÉPARATION DES PARTIES,

SPÉCIALEMENT À L'AIDE D'OUTILS COUPANTS, DÉCHIRANTS, DENTELÉS, ETC.

La IVe Section concerne proprement les machines qui servent à opérer la division des corps par choc, pression normale ou glissement tangentiel, subsidiairement par épuration, séparation et classification des produits. Conformément à l'avis placé en tête de cette Section, elle devait être accompagnée d'un chapitre contenant seulement une indication rapide des machines à découper, hacher, scier, etc., les diverses substances animales ou végétales. Mais le haut intérêt qui s'attache à ce genre particulier et si varié de machines, joint à des circonstances plus favorables que je ne l'espérais, m'ont permis de détacher cet immense chapitre sous la forme de deux nouvelles Sections, et de lui donner un développement plus conforme à l'étendue effective de ses applications à l'industrie manufacturière et aux arts de construction.

Cette même IVe Section et les divers chapitres de la Ire et de la IIe, relatifs au travail des métaux, nous ont, il est vrai, déjà offert de nombreux exemples de machines qui, appartenant à des branches distinctes de fabrication, se rattachent d'une manière intime à celles dont il va être ici question; mais l'ordre, la nature et l'étendue des matières m'ayant contraint d'en passer sous silence une quantité d'autres non moins utiles, non moins admirables, ressortant du VIe jury de l'Exposition universelle et opérant à l'aide de couteaux, de biseaux tranchants simples ou accouplés, combinés entre eux en vue d'atteindre, dans chaque cas, le but de la manière la plus favorable, la plus économique possible, soit sous le rapport de la perfection des produits, soit sous celui de l'épargne du travail moteur, il m'a paru indispensable de présenter ici tout d'abord, pour ce genre particulier d'outils, une sorte d'aperçu général et historique propre à fixer l'attention des esprits éclairés sur un sujet jusqu'ici délaissé, demeuré dans une obscurité beaucoup trop grande eu égard à sa haute importance dans les arts mécaniques.

CHAPITRE Ier.

MACHINES À COUTEAUX D'ORIGINE RELATIVEMENT ANCIENNE.

§ Ier. — Considérations générales, historiques, philosophiques et théoriques sur les outils simples ou combinés appartenant à cette classe. — Antiquité et perfection comparée des outils à main : les tarières et la charrue, les sondes et les scies. — Insuffisance de la théorie. — *Vaucanson* et le mécanicien *Church;* MM. *Garnier, Mulot, Degousée* et *Kind;* MM. *Sir-Henry* et *Charrière père,* en France; *Savigny, Philp* et *Coxeter,* en Angleterre.

L'histoire des perfectionnements lents et successifs des instruments et machines à outils tranchants, perforants, etc., se lie aux progrès mêmes de la civilisation chez les différents peuples, et cette histoire, considérée au point de vue philosophique, critique et descriptif, serait, comme celle des machines à moudre et de quelques autres non moins essentielles, du plus haut intérêt pour l'avancement, le progrès futur des arts mécaniques; car il n'est aucun organe dans la classe des opérateurs qui offre des combinaisons aussi ingénieuses, aussi originales et aussi variées, sous le rapport de la forme et des effets physiques, j'ajouterai même, aussi parfaites et qui approchent autant des œuvres du Créateur, dans les instruments naturels de travail ou de conservation répartis aux divers animaux, instruments dont l'homme fut en quelque sorte entièrement dépourvu, et auxquels il dut suppléer par son intelligence, en les prenant parfois pour modèles et pour types d'imitation. Depuis l'origine des sociétés, en effet, où, à l'état sauvage, il s'est créé, avec le silex et les débris solides des animaux et des végétaux, des armes pour la pêche, la chasse, la guerre, etc., jusqu'à nos jours, où l'on a tant perfectionné, multiplié l'emploi du fer et de l'acier dans une foule d'opérations réclamées par l'état avancé des industries humanitaires ou civilisatrices, les outils coupants ou perforants ont subi les plus étonnantes et les plus admirables transformations, qui toutes ont eu pour point de départ essentiel l'expérience et l'observation, mais où le raisonnement et une sorte de théorie instinctive chez les plus habiles artistes ont exercé une influence non moindre et toujours active.

Qu'y a-t-il, notamment, de plus ingénieux que les ciseaux, les gouges à couteaux courbes, les varlopes, les bouvets servant à creuser, dresser le bois pour y pratiquer des rainures, des languettes et des moulures diverses; que les vrilles, les tarières, les vilebrequins à lames courbes en cuiller, en hélices ou tire-bouchons dégorgeoirs, déjà connus de Vaucanson, perfectionnés depuis en Amérique et, en Angleterre, par M. Church, de Birmingham[1]; que les grandes et puissantes mèches dites *anglaises*, à pivot central, à couteaux rectilignes, symétriquement appariés et agissant dans des sens diamétralement contraires pour détacher, du fond plat du trou à forer, des lames en couronnes circulaires ou cylindriques, qui s'élèvent ensuite verticalement sous la forme de nappes hélicoïdes, autour de la tige centrale de l'instrument; mèches qui comportent, en outre, aux extrémités extérieures de leurs couteaux de fond, d'autres petits tranchants perpendiculaires aux précédents, parallèles à la tige centrale, et dont les biseaux aigus détachent incessamment la matière solide des parois latérales du trou cylindrique, par une action qui rappelle celle du coutre avancé de la charrue? Qu'y a-t-il de plus ingénieux encore que ce dernier instrument, réduit à la simplicité d'une ancre chez les anciens, et où l'on remarque aujourd'hui non-seulement ce même coutre, véritable couteau en talus, qui ouvre, fend la terre latéralement et verticalement, mais aussi le soc à sabot

[1] *Bulletin de la Société d'encouragement*, t. XI, p. 104, et t. XXV, p. 80.

triangulaire et appointé qui la tranche horizontalement au fond plan du sillon; le sep en bois qui en maintient postérieurement la direction rectiligne, par son glissement contre les faces horizontale et verticale déjà formées dans ce même sillon; enfin le versoir latéral en surface gauche qui, placé en arrière du coutre et du soc, sert à retourner progressivement la motte de terre déjà détachée en dessous et sur l'un des côtés, de manière à la faire, en quelque sorte, pivoter par glissement et déchirement simultanés, sur le côté opposé encore adhérent au sol?

Quant à l'âge ou longue tige en bois, inclinée et directrice, qui surmonte l'ensemble de ce merveilleux instrument, sans inventeur connu et dont le perfectionnement est le fruit accumulé de l'expérience des siècles, on sait assez qu'il a pour but de régler et d'assurer la marche et le piquage du soc et du coutre, en prenant appui, tantôt sur le joug des bœufs comme chez les anciens, tantôt sur l'avant-train comme chez les modernes, ou restant tout à fait libre comme dans l'araire flamand, dont l'âge est simplement maintenu par de longs mancherons postérieurs, que dirigent les puissantes mains du laboureur, de manière que la résultante des forces actives de tirage, etc., vienne se confondre sans cesse avec celle des résistances du coutre, du soc et du versoir, dans la direction rectiligne même du sillon à ouvrir, grâce à la réglementation préalable de la hauteur du point d'attache des chaînes de tirage dans les meilleures charrues. L'agriculture, nommée avec raison *la mère nourricière des hommes*, la coutellerie et la chirurgie instrumentale, tant perfectionnées par les Sir-Henry, les Charrière, en France, par les Savigny, les Philp et les Coxeter, en Angleterre, pour la satisfaction de besoins également impérieux, nous offriraient d'autres exemples d'outils coupants, mécaniques ou composés, non moins dignes d'intérêt que la charrue, si ingénieuse dans son apparente simplicité, mais en réalité si savante dans ses principales dispositions et combinaisons.

Quoi de plus remarquable encore que l'ensemble des outils

à perforer le sol, aujourd'hui employés dans l'art du fontainier sondeur, et qui, décrits avec tant de soin dans l'ouvrage de notre, savant compatriote l'ingénieur Garnier, ont été si heureusement modifiés, perfectionnés et agrandis en puissance ou en dimension par les Mulot, les Degousée et les Kind, que, à leur aide, on parvient aujourd'hui, par des procédés en quelque sorte automatiques, à percer la terre à des profondeurs de six cents à sept cents mètres, pour y découvrir des sources jaillissantes ou d'autres richesses minérales indispensables à l'existence des modernes sociétés?

Enfin la scie droite elle-même, la scie à main, connue des Égyptiens et d'apparence si simple, si primitive, constitue en réalité un instrument beaucoup plus complexe et plus savant qu'on ne le suppose ordinairement, en raison de la forme triangulaire et prismatique de ses dents à évidements alternatifs pour loger la sciure, à taillants inférieurs obliques et dirigés vers le dehors pour trancher latéralement les fibres du bois, tandis que leurs biseaux inclinés antérieurs et leurs sommets pyramidaux avancés s'y enfoncent, de droite ou de gauche et alternativement, à la manière des clous, des poinçons, pour mordre, déchirer le fond du sillon, en outre élargi au moyen d'une légère inflexion donnée à la pointe de ces mêmes dents, de part et d'autre de l'axe ou du dedans au dehors, ce qui constitue la voie et supprime le frottement, le pincement latéral et postérieur de la lame de scie, et, par suite, son trop grand échauffement. A ces ingénieuses dispositions il faudrait en joindre d'autres non moins essentielles et relatives, soit à la meilleure inclinaison à donner à ces biseaux dirigés de manière, tantôt à agir, tantôt à glisser sur le bois, sans l'entamer pendant le retour de la scie; soit à la forme même des dents de cette scie, susceptible de varier avec la dureté, l'épaisseur de la pièce à débiter, avec la direction des fibres à trancher; avec la possibilité d'opérer dans chacun de ces cas, à simple ou à double effet, en allant et en venant; différences qui s'aperçoivent très-bien dans les scies à crochets courbes et évidés des scieurs de long, dans les scies à dents isocèles et symétriques des menuisiers, dans le passe-partout à dents doubles ou à cornes dont se servent les charpentiers pour le sciage en travers, etc.

Ces dispositions si variées, si intelligentes, et les moyens mécaniques non moins ingénieux adoptés pour le bandage des lames dans leurs châssis rectangulaires, dans leur monture en arc de ressort métallique, en double T servant d'appui intérieur aux membrures extrêmes contre l'action de la vis ou de la corde de tension, ces dispositions originales et simples sont également dignes d'admiration, et elles supposent, de la part des inventeurs méconnus ou ignorés et des ouvriers qui dirigent le travail de tels outils et en soignent l'entretien ou l'affutage, une étude non moins délicate qu'attentive et réfléchie.

D'ailleurs leurs combinaisons multiples, en y comprenant même celles qui concernent les instruments employés au travail du fer, du marbre, etc., ne sont pas aussi étrangères les unes aux autres qu'on pourrait le croire au premier abord, et l'on aura l'occasion de s'en apercevoir plus d'une fois par la suite. Leurs progrès, comme le perfectionnement même des diverses branches d'industries, sont solidaires, et c'est, à coup sûr, une chose fort regrettable en soi et pour ses conséquences probables, que les auteurs aient autant négligé l'étude de leurs propriétés physiques et mécaniques, surtout en ce qui se réfère proprement à la classe des outils coupants, tranchants et perforants; car, on le sait par maints exemples, la vitesse, la masse, les formes et les proportions géométriques de ces outils jouent, en raison de l'inertie, du frottement et de la résistance de la matière à la pénétration[1], un rôle bien défini et non moins essentiel que leur élasticité et

[1] On sait notamment avec quelle facilité un disque mince en tôle de fer, tournant avec une très-grande rapidité dans une direction perpendiculaire à celle d'une barre de ce métal, d'une lime d'acier trempé même, la traverse par une action qui se rapproche beaucoup de celle de la scie à dents, mais où le refroidissement perpétuel de la lame et l'élévation contraire de température de la lime jouent un rôle non moins essentiel que celui de

leur dureté relatives, ou que le degré du poli et le mode de graissage. C'est à tel point, en effet, qu'un simple changement dans l'ouverture, l'inclinaison d'un tranchant, l'altération du poli ou le manque de graissage peuvent occasionner une déperdition, en travail moteur, variant du simple au quadruple, sans compter les déchets en matière première et les malfaçons, qui viennent justifier le proverbe : *On reconnaît l'ouvrier à l'outil.*

On sait, par exemple, qu'il est tel scieur de bois de chauffage qui, par la manière d'affuter, de graisser et conduire sa scie, gagne, avec moins de fatigue journalière, trois ou quatre fois autant que tel autre peu intelligent ou inhabile : ici, il est vrai, l'ouvrier est incessamment averti par sa fatigue même, tandis que, dans les machines conduites automatiquement, rien, pour ainsi dire, ne le guide, s'il n'est pas doué d'un esprit naturel d'observation, de bon vouloir comme surveillant et d'une expérience antérieurement acquise; faute de quoi la machine, malgré la bonté de son installation première, fonctionne mal et dans des conditions très-onéreuses. Or cela prouve, en général, non pas simplement que l'on doit s'imposer un sacrifice pécuniaire, comparativement très-faible, pour s'approprier un excellent conducteur de machines, ce qui paraît assez évident en soi; mais cela démontre surtout l'importance que pourraient avoir des règles théoriques et expérimentales sur la forme, les proportions, la vitesse, etc., les plus avantageuses à donner, dans chaque cas, aux outils coupants; règles que des expériences en bloc sur l'ensemble d'une machine, telles qu'on en entreprend quelquefois en agriculture ou ailleurs, ne sauraient que bien rarement suppléer et contribuer à établir.

l'inertie des molécules attaquantes ou attaquées. Or, les effets de cette inertie se révèlent bien mieux encore dans l'action rapide par laquelle un outil médiocrement tranchant, un bâton arrondi, par exemple, ou la balle de plomb du fusil, parviennent à pénétrer, à rompre, trancher nettement des objets plus ou moins durs ou flexibles, sans en ébranler la masse entière d'une manière appréciable au premier instant.

Ces règles, en effet, dont on possède quelques-unes pour les outils à choc ou à compression, à roulement et glissement directs, n'auraient pas moins d'utilité pratique que celles qui se rapportent aux récepteurs ou moteurs inanimés dont les Bernoulli, les Euler, les Parent, les Deparcieux, les Smeaton, se sont tant préoccupés à partir de la première moitié du dernier siècle; car, par une instruction anticipée, elles serviraient tout au moins à abréger la durée de l'apprentissage des ouvriers, des contre-maîtres et des mécaniciens, sinon à préparer les meilleures bases et conditions d'établissement des machines en projet.

A la vérité, on a depuis longtemps fait la remarque capitale que tous les outils tranchants, perforants, etc., participent plus ou moins des propriétés et de la forme du coin; mais, malheureusement, la théorie de cette machine simple est exposée dans les traités de statique à un point de vue purement abstrait, c'est-à-dire sans égard aux qualités physiques de la matière ou des parties en contact, notamment à l'adhérence et au frottement qui croissent très-rapidement à mesure que l'angle au sommet du coin diminue, tandis que l'inverse a lieu par rapport à la résistance que l'élasticité et la cohésion de la matière opposent à la séparation des parties le long de ses côtés. Or, la considération des mêmes forces inséparables des effets physiques du coin conduit, dans chaque cas d'application, à d'intéressantes études théoriques et pratiques, relatives au minimum de dépense ou de travail mécanique nécessaire pour atteindre un but déterminé; problème qui se reproduit pour tous les outils tranchants composés, et forme le pendant de celui qui concerne le maximum même d'effet utile des récepteurs dans les machines, mais dont les éléments de calcul ou d'appréciation manquent presque entièrement[1] pour la classe d'opérateurs qui nous occupe : l'éta-

[1] Les leçons données, à partir de 1825 et 1827, aux élèves de l'École d'application et des Cours industriels de la ville de Metz contiennent quelques appréciations rapides et d'ailleurs incomplètes sur l'influence particulière exercée par le frottement dans les outils à coin ou biseaux

blissement mécanique en est effectivement demeuré aujourd'hui même, et pour beaucoup de cas, une affaire d'expériences incertaines, de tâtonnements empiriques et onéreux dans les ateliers qui prétendent sortir des voies de la routine ou d'une simple et servile imitation.

Ces dernières réflexions s'appliquent essentiellement aux machines à découper, hacher, déchirer, pulvériser plus ou moins grossièrement les matières végétales et animales, fibreuses, granuleuses, etc., réduites, amenées, pour certaines d'entre elles, à un état de siccité convenable, au moyen d'appareils à torréfier dont on a vu seulement quelques modèles à l'Exposition universelle de Londres, beaucoup plus riche en machines à scier, à tailler, à travailler diversement les bois, les métaux, les pierres et autres corps durs, à l'aide d'outils parvenus à un degré de perfection fort avancé, parce que, appartenant à des industries déjà anciennes, le besoin s'en est fait aussi plus vivement sentir en raison de la puissance des moyens à employer, de l'excessive fatigue qu'ils occasionnent et de la cherté relative des mains-d'œuvre.

L'expérience a depuis longtemps appris, par exemple, que, dans le travail des métaux et des corps les plus durs, l'angle des taillants doit, à cause de la solidité, être très-voisin de 90°; que, pour les bois, cet angle se rapproche plus ou moins de 30°, et qu'il doit décroître ou le biseau s'effiler progressivement à mesure que la substance animale, végétale ou minérale est plus molle, plus mince, plus flexible ou plus déliée. En outre, pour ces dernières substances, et à moins que, agglomérées, elles ne soient très-fortement comprimées les unes sur les autres, cas auquel elles se comportent à peu près comme les solides d'une nature analogue, la vitesse et, jusqu'à un certain point, la masse même de l'outil convenablement acéré, doivent croître avec la flexibilité, de manière à mettre à profit la résis-

tranchants; mais, malgré quelques utiles applications aux emporte-pièces, aux cisailles et aux fenderies de fer, une étude suffisamment approfondie de ce genre d'opérateurs est encore à désirer pour les progrès futurs de la Mécanique industrielle.

tance due à l'inertie, en joignant, dans tous les cas, à l'action normale ou directe du coin celle du glissement longitudinal du tranchant au travers de la matière à couper, c'est-à-dire de manière à opérer à la façon des scies véritables, dont, comme on sait, les dents sont, même pour les lames de rasoirs, remplacées par une série de crans imperceptibles, donnant lieu à de véritables arrachements et sans lesquels ils ne couperaient que bien difficilement. Ces dentelures microscopiques, comme l'expérience l'apprend encore, ne doivent pas être confondues avec ce qu'on nomme ordinairement le *morfil*, dont les barbes ou aspérités métalliques, irrégulières et extérieures au véritable tranchant, proviennent d'un premier repassage sur des pierres trop vives, et disparaissent par un second repassage des deux faces sur des matières plus fines, plus onctueuses, mais assez grenues néanmoins pour produire, dans des directions anguleuses et convergentes d'une face à l'autre, bien que parallèles sur chacune d'elles, les dentelures microscopiques dont il vient d'être parlé et qui constituent le véritable mordant de la lame. Enfin, on sait que l'inclinaison du tranchant par rapport à la direction naturelle des fibres de certaines substances et sa courbure même peuvent, dans quelques cas, exercer une très-grande influence pour empêcher la matière d'être attaquée sur trop de points à la fois, ou de glisser, d'échapper à l'action, à la pression directe, exercée par l'arête aiguë de ce tranchant. C'est ce qui arrive notamment dans les ciseaux à double branche des jardiniers et des ferblantiers, dans certaines cisailles à couper le fer, la paille, etc., où les biseaux doivent se rencontrer sous des angles dont le maximum dépend essentiellement de celui du frottement des substances en contact, et qui doivent, selon les cas, demeurer constants ou varier seulement entre des limites déterminées.

§ II. — Anciennes machines à hacher, pulvériser le tabac, le poivre, le café, etc. — *Deparcieux* et *Andrew Gray;* MM. *Bouguereau*, à la Rochelle, *Hoyau*, à Paris, *Naylor, Snowden, Gardner*, etc., en Angleterre; *Lejeune, Coulaux, Johnson* et *Goldemberg*, en France.

Il ne peut être ici question de revenir sur les moulins dont les outils, munis de cannelures, de nervures ou côtes aciérées plus ou moins tranchantes, ont été, à diverses époques, employées à réduire expéditivement en farines, en poudres excessivement fines, les diverses céréales, le cacao, les couleurs, les ciments, le plâtre même. Nous avons vu combien peu de tels outils, dont un bon nombre furent exposés en 1851 à Londres, sont aptes à remplir un pareil but avec toute la perfection désirable et que comportent les meules, les cylindres et les galets qui, en roulant, traînant ou glissant, procèdent par une action, normale ou tangentielle, nommée *porphyrisante* lorsqu'elle atteint l'extrême limite de la division, par le poli, la dureté des surfaces agissantes, en permettant ainsi de tirer le plus grand parti possible, pour les arts, des dernières particules matérielles des substances solides, sans recourir aux agents chimiques ou physiques, c'est-à-dire à la dissolution, à la vaporisation, à la ventilation, qui constituent, au fond, d'autres modes d'application des forces ou du travail mécanique, susceptibles parfois de modifier, altérer plus ou moins l'état moléculaire des particules, et, par suite, les propriétés utiles des produits.

La pulvérisation qui résulte des outils à biseaux tranchants multiples et croisés, toujours imparfaite à cause de l'impossibilité d'accroître le rapprochement et la finesse des couteaux au delà d'une certaine limite, cette pulvérisation peut, au contraire, suffire, être même plus avantageuse dans quelques circonstances et par des motifs fondés sur la nature particulière du but à remplir. C'est ainsi, notamment, que le poivre, le café, la racine de chicorée, le tabac, etc., qui doivent être consommés à l'état de poudres odorantes ou stimulantes, au lieu de pâtes nutritives ou d'enduits cohérents et recouvrants, n'ont besoin que d'être amenés à un certain degré de ténuité au delà duquel leur usage deviendrait souvent plus nuisible qu'utile. Il en est de même aussi, à ce qu'il paraît, des bois de teinture, des os employés à la fertilisation des terres ou à la fabrication du noir animal, des poudres de tan [1], des pulpes de chiffons pour la papeterie, etc., et de tant d'autres substances solides employées également dans l'agriculture ou l'industrie manufacturière.

Quelquefois, cependant, il arrive que, pour certaines de ces substances, on pousse la division des parties à un degré beaucoup plus élevé, en recourant alors, non sans une grande perte de temps et de travail mécanique, aux procédés de porphyrisation dont il a d'abord été parlé. C'est ainsi, par exemple, qu'on en agit en Orient et dans les contrées méridionales de l'Europe, en Espagne notamment, à l'égard du tabac à priser, dont les feuilles, convenablement fermentées, séchées, puis grossièrement hachées dans des auges horizontales mobiles, circulaires ou rectilignes, sous des pilons armés de couteaux aciérés, sont ensuite soumises à des meules, des galets ou d'autres pilons à tête arrondie, roulant, traînant dans l'intérieur de mortiers qui rappellent la mouture antique conservée par les Arabes de l'Algérie. Or, ce dernier genre de fabrication a subsisté pendant longtemps, et subsiste peut-être encore, dans les moulins à tabac de l'Angleterre, beaucoup plus puissants, il est vrai, et mis en action d'une manière purement automatique, comme on peut le voir dans

[1] Il y a longtemps qu'on a reconnu, en France et ailleurs, que la poudre de tan obtenue par compression sous de lourdes meules de pierres perd de sa force par l'*échauffement*, l'*évaporation*, ce qui doit s'entendre sans doute de l'extrême division des parties, division que, dans les anciens moulins d'Essonne, près Paris, on évitait soigneusement en se servant, malgré les inconvénients qu'ils comportent, de pilons en bois armés de lames tranchantes par le bas; tout comme en Angleterre, où l'on employait de lourdes meules debout à manége, on ne manquait pas de pratiquer à leur circonférence des cannelures et des sillons coupants ou tranchants. (Voy. dans la description des *Arts et métiers*, par l'ancienne Académie des Sciences, l'*Art du tanneur*, par le célèbre de Lalande, année 1764.)

l'ouvrage souvent cité d'Andrew Gray[1]. Mais de tels procédés employés à l'extrême division du tabac et auxquels on n'a jamais eu recours chez nous, si ce n'est peut-être dans l'origine, partiellement ou dans des conditions exceptionnelles, offrent par eux-mêmes d'assez graves inconvénients sous le rapport de la production ou de la consommation, pour qu'on ait généralement préféré, en Europe, aux poudres extra-fines qui en proviennent, celles de l'ancienne ferme de France, tirées de la méthode lente, probablement hollandaise ou flamande, de la mise en carottes et du râpage à la main, des feuilles convenablement fermentées et comprimées; méthode à laquelle on a substitué finalement, mais non sans hésitations ni réclamations, dans nos grandes manufactures de Régie, des procédés mécaniques bien autrement expéditifs et propres à atteindre à peu près le même but.

Nous lisons, en effet, dans l'*Encyclopédie méthodique*, art. *Tabac* (t. VIII, 1791, p. 10 et 11), que la substitution du *moulinage* au râpage, dans les manufactures royales de Cette et de la Bretagne, ont donné lieu à des murmures, à des émeutes même, qui ont provoqué de sérieuses enquêtes, à la suite desquelles est intervenu un arrêt de 1786 en faveur des nouveaux *moulins à râper*. Ces moulins, placés à la file, sur deux rangs, le long des murs du premier étage, étaient, selon l'article cité, surmontés d'une poche ou long sac de toile vertical, par lequel le tabac arrivait dans une trémie en tôle, déjà préalablement haché et fermenté, pour être trituré, affiné, vers le bas, et tomber sur des blutoirs ou tamisoirs, d'où les parties fines étaient relevées et déposées en *masse* dans de grandes chambres closes, pour après subir une *mouillade* de sel marin, une nouvelle et lente fermentation, et des retournements ou déplacements successifs.

Mais quels étaient la nature et le mode d'action de ces moulins? Voilà ce dont l'Encyclopédie de Diderot paraît vouloir faire mystère, ainsi que d'une machine à hacher les

[1] *Experienced mill wright* (1806), p. 42, pl. XVII.

feuilles de tabac inventée par le célèbre Deparcieux, de l'ancienne Académie des sciences, machine à l'égard de laquelle l'Encyclopédie, tout en lui accordant d'ailleurs des éloges et la déclarant digne de son savant auteur, se borne à nous apprendre qu'elle consistait dans une grande roue verticale faisant mouvoir une large hache à coupant horizontal, guidée dans des coulisses et tombant sur les feuilles, au-dessus d'un plateau poussé par une vis postérieure.

Cette même machine, que conduisait un homme appliqué à une simple manivelle, aura sans doute remplacé l'ancien hachoir à levier mobile autour d'un axe horizontal, qu'un ouvrier soulevait à l'autre bout, en l'abattant sur un plateau fixe, chargé de tabac à la main; système qui, perfectionné à son tour, aura donné lieu au hachoir hollandais employé jusque vers ces derniers temps dans quelques-unes de nos manufactures de tabac, et dont le couteau, sorte de hache, de couperet droit encore, constituait, en effet, un simple levier d'abatage retombant sous des angles rapidement décroissants sur la couche épaisse de tabac, qu'il tendait à refouler latéralement dans des conditions où la largeur et la résistance étaient, à l'inverse, croissantes; le couteau finissant, comme dans le hachoir Deparcieux, par attaquer à angle droit et ruiner assez promptement le plateau mobile, ici conduit par des vis à encliquetage, le long d'un coffre ou canal recouvert, à la partie supérieure, d'un autre plateau mobile verticalement, et serré, chaque fois, à vis contre la couche horizontale du tabac, afin de favoriser l'action du couteau en s'opposant au libre déplacement des feuilles.

Il serait difficile de préciser l'époque à laquelle ce genre de hachoir a fait place à ceux où le tranchant, adapté à un levier, agit dans l'affleurement même du bout de l'auget, garni d'un châssis vertical en fer, dont le fond, véritable couteau d'appui, représente la branche inférieure fixe des cisailles de ferblantiers ou de serruriers, dont il remplit exactement la fonction. Il y a tout lieu de croire que cette ingénieuse disposition aura été primitivement appliquée en Allemagne, vers la fin du dernier siècle, aux hachoirs à leviers armés de lames, de faux ou de scies, et servant à découper par petits bouts, pour la nourriture des chevaux, la paille que l'ouvrier poussait, par intervalle, de sa main gauche armée d'une fourche, dans la lunette de l'auget horizontal, où, immédiatement comprimée par une planchette supérieure à pédale de serrage, elle était ensuite tranchée par l'abatage du levier manœuvré de l'autre main.

Ce système de hachoirs, fort simple mais d'une manœuvre si pénible, est devenu, ainsi que les précédents, vers la fin du dernier siècle ou le commencement de celui-ci, le point de départ de nombreux perfectionnements dus à MM. Naylor, Palmer, Lester, Sawdon, Snowden, Gardner, etc., en Angleterre, bientôt suivis, en 1815, par M. Hoyau, du Conservatoire des arts et métiers de Paris[1], et, en 1817, par M. Bouguereau, membre de la Société d'agriculture de la Rochelle[2], qui, tout en cherchant à faire accomplir aux hache-pailles diverses fonctions automatiques propres à alléger la fatigue, s'éloignèrent plus ou moins du caractère de simplicité de l'instrument allemand, lequel, à son tour, aurait subi, vers 1818, à Neusohl et à Bromberg, des modifications propres à lui permettre de fonctionner automatiquement au moyen de simples leviers à marches ou d'un manége à cheval[3].

Le perfectionnement principal apporté par les constructeurs anglais et M. Hoyau à l'ancien hachoir d'Allemagne consiste dans l'application de cylindres alimentaires, cannelés ou armés de pointes, pour presser et faire avancer alternativement la paille sous le couteau à levier, qui, dans le hachoir de M. Bouguereau, dépourvu pour la simplicité de tels cylindres, est remplacé par un appareil à manivelle et volant, conduisant

[1] *Bulletin de la Société d'encouragement*, tome XIV (1815), p. 294, et t. XVI (1817), p. 16.

[2] *Ibid.*, tome XVII, p. 224 sans figures, et avec figures, t. XIV, p. 50, pl. 1 du *Recueil des brevets expirés.*

[3] *Bulletin de la Société d'encouragement*, tome XVII, p. 253, et t. XXI, p. 293, *Correspondance du baron de Fahnenberg.*

automatiquement, comme dans l'ancien hachoir à tabac de Deparcieux, un châssis vertical à bielle oscillant, muni d'un couteau horizontal légèrement courbé aux deux bouts, et agissant sur la paille par sa concavité, à laquelle correspond celle du couteau support fixe, etc.

Au surplus, le système à volant, manivelle ou roue motrice, paraît bien avoir été employé dès 1814 ou 1815, simultanément avec celui des cylindres pousseurs ou alimentaires, dans des hachoirs automatiques complets construits en Angleterre, mais d'un prix beaucoup plus élevé, et qui devaient ressembler en plusieurs points à ceux dont nous aurons à parler ci-après, à l'occasion de machines modernes employées à la fabrication du tan et du tabac. Quant aux moulins dont parle l'Encyclopédie, le peu qui en est dit à l'endroit cité suffit pour convaincre qu'il ne s'agissait là ni de mortiers à pilons ni de meules ou galets roulants, dans le genre de ceux employés en Espagne et en Angleterre, mais bien de moulins à noix et cuvettes coniques, à couteaux droits, aciérés, multiples et croisés sous un certain angle, tels qu'il en existe aujourd'hui même dans nos manufactures impériales, marchant à bras dans d'assez faibles proportions et dimensions, en un mot offrant une certaine analogie avec ceux dont il a été déjà parlé à l'occasion de la mouture des céréales[1] : ces moulins, d'ailleurs, ont dû suivre ceux, d'un genre analogue, teès-anciennement déjà employés, en France et en Hollande, à pulvériser le tan ou à réduire les chiffons en pulpes pour la fabrication des pâtes

[1] En parlant des moulins à bras ou à manége dans la IVe Section de ce travail, j'aurais dû renvoyer aux pages 187 et suivantes du t. XIV (1828) du *Dictionnaire technologique*, qui contient sur les machines de cette espèce, anciennes ou modernes, des indications pleines d'intérêt au point de vue historique, et pouvant servir à compléter le petit nombre des renseignements que j'ai moi-même rapportés sur ce sujet. Telles sont notamment les citations, trop succinctes, relatives aux meules creusées en hyperboloïde des Romains; aux moulins de Ch. Albert (1775), à petites meules ordinaires; à ceux des serruriers Durand père et fils, de Paris (1790), qui pourraient bien être les auteurs du moulin sur chariot de l'arsenal du génie à Metz; aux moulins économiques à quatre tournants construits au Bazacle,

à papier, comme nous le verrons encore mieux aux endroits consacrés à ce genre de machines, qui, fonctionnant dans des conditions tout à fait spéciales, appartiennent aussi à des branches d'industrie très-distinctes et très-importantes par leur étendue.

C'est particulièrement dans le moulin à poivre ou à café de nos ménagères et de nos épiciers, dont l'usage a dû suivre immédiatement l'introduction de ces substances exotiques en Europe, qu'il faut rechercher le type primitif et véritablement savant, quoique grossier d'exécution, des outils à noix employés, peu après ou simultanément peut-être, à la mouture des céréales, mais dans un but restreint (la nourriture des bestiaux), et sous une forme un peu différente par la grandeur des proportions et la disposition, tantôt horizontale, tantôt verticale, de l'axe de ces outils[1]. Les moulins à café et à poivre, d'ailleurs, ont, à leur tour, pu avoir pour point de départ ceux à boisseaux des anciens, exclusivement en pierre; en outre, leur noix offre une grande analogie de construction avec celle de certaines fraises à dents d'acier, dont la rotation rapide autour de l'axe d'un vilebrequin sert à pratiquer, dans les métaux ou autres corps durs, des cavités tronconiques, cylindriques, hémisphériques, etc.

Les plus anciens moulins à café ou à poivre, dont la noix et la coquille sont entièrement en fer aciéré, présentent un caractère qui leur est exclusivement propre, et qu'on ne retrouve pas dans les instruments analogues servant à pulvériser de plus petits grains. Cette noix, montée sur un arbre vertical à pivot et manivelle, y est, ainsi que sa cuvette, réellement composée de troncs de cône opposés, réunis par leurs bases internes, et dont les parties inférieures, offrant un

à Toulouse, par l'habile mécanicien Ovide (1814); enfin, aux petits moulins à noix et boisseau en acier commandés en 1808, pour l'Espagne, par le maréchal Marmont, etc.

[1] Voyez la *Grande Encyclopédie*, tome II (1751), article *Café*, p. 528; tome X (1765), p. 810, *Moulins à bras*, et *Recueil de planches*, t. I (1762), pl. 9, t. V (1777), pl. 3.

faible jeu, sont armées de dents obliques et en hélices très-fines, très-multipliées, de sens contraire et formant entre elles, ainsi que les faces de leurs biseaux aigus, un angle assez ouvert; tandis que les parties supérieures, qui vont en s'évasant sous la forme de trémie, sont armées de dents d'une courbure plus prononcée, d'une saillie et d'une largeur beaucoup plus fortes mais croisées toujours sous un angle d'environ 36°; ce qui leur permet d'agir également à la manière des ciseaux à double branche : leur principal objet étant de broyer, concasser grossièrement d'abord, tout en attirant et entraînant progressivement dans leur intervalle les grains assez gros du café et du poivre; par quoi, en réalité, l'ingénieux moulin dont il s'agit remplit une double fonction rarement réunie, ainsi qu'on le verra, dans les machines à pulvériser les plus modernes.

Malgré l'utilité et la simplicité apparente de cet appareil, devenu depuis longtemps un objet de pure quincaillerie, assez grossièrement exécuté, je le répète, faute d'outils mécaniques appropriés, la France est restée tributaire de l'Allemagne, plus particulièrement de l'usine de Remscheid, jusqu'en 1818, où M. Lejeune, de Paris, se livra à cette fabrication avec un succès qui a mérité les éloges de la Société d'encouragement (t. XVII, p. 140); éloges que cette philanthropique Société décerna plus tard également (t. XXXIX, p. 416, année 1840) à MM. Coulaux, de Molsheim, pour des perfectionnements de détail, dont le principal consiste dans l'application, à ce genre de moulins, de petites vis verticales à levier ou manettes servant à régler l'écartement relatif des couteaux par le déplacement du pivot inférieur de l'arbre de la noix; vis dont les moulins à café de Remscheid et de l'usine Goldemberg étaient dépourvus, quoiqu'elles existassent déjà dans les plus anciennes machines à noix de cette espèce, comme on peut le voir aux endroits cités de l'ancienne Encyclopédie.

Au surplus, et sauf peut-être encore les perfectionnements de détail dans la construction ou la taille des noix coniques, tels qu'en a tenté notamment M. Johnson, de New-York, breveté en France (22 janvier 1831[1]) pour un moulin à café dont l'arbre offre la disposition horizontale, je ne vois pas que ce genre de machines ait subi chez nous ou ailleurs aucune transformation par elle-même digne d'intérêt sous le rapport mécanique, et je n'en excepterai pas même les différents petits moulins à poivre, à café, etc., qui ont été présentés par des constructeurs anglais à l'Exposition universelle de Londres. Mais il en est tout autrement, comme on le verra ci-après, des combinaisons qui ont eu pour but l'application des noix à couteaux à la pulvérisation du tan et du tabac; application qui doit remonter à une époque de très-peu postérieure à celle de 1747, où l'Académie des sciences donnait son approbation au moulin à papier et à cône renversé de Gensanne, sur lequel j'aurai à revenir par la suite et dont se rapprochent beaucoup les moulins à tabac modernes; tandis que ceux à poivre et à café ont plus particulièrement servi de type aux moulins à cônes debout, beaucoup plus complexes, employés à la fabrication de la poudre de tan, et dont nous allons tout d'abord nous occuper.

§ III. — Hachoirs et moulins à noix ou à cloche, servant spécialement au découpage et à la pulvérisation du tan. — *Borgnis*[2] et *James Weldon;* MM. *Douglas, Hook* et *Farcot, Picard, Barratte* et *Bouvet.*

Quoique l'on ait continué pendant longtemps, en France et en Angleterre, à se servir de moulins à pilons et à meules debout pour la pulvérisation des écorces de tan, on ne saurait mettre en doute qu'il n'en ait existé de très-bonne heure d'autres dans le genre de ceux dont il vient d'être question en dernier lieu. On peut voir, en effet, dans l'ouvrage de Bor-

[1] Tome XXXIII, p. 108, du *Recueil des brevets expirés.*

[2] Je place ici le nom de M. Borgnis, en attendant qu'on ait pu retrouver celui du véritable inventeur de la machine à noix décrite par cet auteur et servant à pulvériser les écorces du tan, machine qui, je le répète, doit être de très-peu postérieure à celle de Gensanne, destinée, comme on le verra, à la trituration des chiffons à papier.

gnis[1], sans nom d'auteur ni date d'invention, mais probablement extraite de quelqu'une de nos collections académiques du dernier siècle, une description relative à un très-ancien moulin à noix tronconique en bois, à base inférieure élargie, tournant horizontalement sur un pivot à crapaudine, réglée, soutenue en dessous par une vis à manette, et dont l'arbre vertical était mis en action à l'aide d'engrenages conduits par un moteur quelconque. La partie extérieure de ce tronc de cône était armée, comme cela se voit encore aujourd'hui, de petites lames tranchantes en fonte ou en fer aciéré, probablement entaillées dans l'épaisseur même du bois et se recroisant sous un certain angle avec celles de l'enveloppe concave de la cuvette, qui, surmontée d'une trémie en tôle pour recevoir le tan, préalablement découpé en petits morceaux, constituait par elle-même un cône extérieur sensiblement moins ouvert au sommet que le précédent, de manière que ses lames, retenues aux deux bouts par des colliers en fer, allaient graduellement en se rapprochant, du haut vers le bas, de celles du cône mobile intérieur servant de noix au moulin.

C'est cette ancienne machine, d'une constitution si simple par rapport aux moulins à noix en fer et acier de l'Encyclopédie, qui aura donné naissance à celle de l'ingénieur anglais James Weldon, décrite dans une patente qui porte la date du 22 décembre 1797[2], elle-même construite entièrement en fer et en fonte, et dans laquelle la surface conique de la noix était prolongée jusqu'à l'arbre moteur, mis directement en action par la barre inclinée d'un manége : elle ne différait en réalité de la précédente qu'en ce que l'enveloppe extérieure fixe y était composée de deux parties distinctes : l'une supérieure, cylindrique et verticale, surmontée immédiatement de la trémie évasée et armée de fortes lames obliques correspondant à celles de la portion la plus élevée du cône de la

[1] Tome VI (1819), p. 252, pl. 89, *Machines employées dans diverses fabrications.*

[2] Tome X, p. 77, pl. 6, du *Repertory of arts and manufactures. London*, 1799.

noix; l'autre, conique, inférieure et emboîtant exactement, sur une petite étendue, la zone la plus basse de cette noix, revêtue, intermédiairement aux précédentes, de lames également droites ou hélicoïdes plus fines, resserrées entre elles et évidemment établies en vue de se rapprocher davantage de l'ingénieuse combinaison des anciens moulins à poivre ou à café. C'était là un véritable progrès; néanmoins, la denture en fonte devait s'user vite, se rompre fréquemment, et la machine entière était assez grossièrement établie sur des supports en charpente de chêne.

M. Douglas, ingénieur mécanicien à Paris, paraît être le premier, en France (brevet d'importation du 19 juin 1821[1]), qui se soit occupé du perfectionnement du moulin à tan dont il vient d'être parlé, et qu'il construisait également en fer et fonte, en surmontant la noix d'un dôme qui la faisait ressembler à une cloche debout, dont la partie inférieure tronconique, terminée, comme dans la machine de Weldon, d'une zone à lames resserrées, mais beaucoup plus large et plus haute, rasait, pour ainsi dire, la portion tronconique correspondante ou la plus basse de l'enveloppe surmontée, à son tour, d'un cylindre vertical que couronnait la trémie alimentaire remplie de morceaux de tan découpé, versés dans l'intervalle béant compris entre le cylindre et le haut de la noix; disposition qui rappellerait parfaitement celle du moulin à café, si la noix n'était entièrement dépourvue de couteaux broyeurs à la partie qui correspond au dôme.

D'ailleurs, cette noix, douée d'un mouvement rotatoire continu produit par des rouages supérieurs et qui versait directement la poudre de tan sur un tamis placé, comme dans la machine de Weldon, au-dessous de la crapaudine et du pivot, cette noix était maintenue écartée à la distance nécessaire de son enveloppe, non plus par une vis verticale de réglage, mais bien à l'instar de ce qui avait lieu dans les anciens moulins à blé, au moyen d'un tourniquet latéral à vis et tringles

[1] Tome XXI, p. 273, du *Recueil des brevets expirés.*

articulées, servant à soulever l'extrémité de la traverse inférieure qui, employée ici comme support de la crapaudine du pivot, devait, en raison même de sa longueur, jouir d'une partie des propriétés vibratoires de l'ancien palier; ce qu'on doit considérer comme un défaut, lorsqu'il ne s'agit pas d'opérer par la compression mutuelle des surfaces travaillantes, et que leur détachement momentané peut faciliter le passage des matières échappées à l'action de couteaux naturellement très-peu inclinés sur la verticale ou les génératrices correspondantes des deux cônes.

C'est sans doute parce que la forme des parties supérieures de la noix et de l'enveloppe dans ces machines se prêtait difficilement à l'application des couteaux, et ne pouvait, en aucune façon, servir à préparer les plus gros morceaux d'écorce à une pulvérisation ultérieure; c'est parce qu'il devenait nécessaire de recourir à un découpage assez fin et tel qu'en comportent les hachoirs dont il sera plus tard parlé, mais formant, en quelque sorte, un double emploi relativement à ce qui a lieu en particulier, dans le moulin à café; c'est, dis-je, par ces différents motifs que les mécaniciens ont été conduits, déjà anciennement, à quelques tentatives de perfectionnement, parmi lesquelles se distingue plus spécialement, et dans l'ordre de date, la machine à cylindres cannelés alimentaires et broyeurs, inventée et importée en France (1830) par l'ingénieur anglais Hook (Jean Harper[1]); cylindres qui, mis en action par un équipage de poulies et de cordes ou courroies sans fin, obligeaient les écorces brutes du tan, rangées dans une auge horizontale, à glisser sur son fond et à se présenter, en partie brisées, à l'action d'un fort tambour antérieur, armé de lames d'acier à dents de scie, tournant avec une grande rapidité autour d'un arbre horizontal fixe. Mais ce projet, dans lequel les cylindres cannelés broyeurs devaient être multipliés en raison de la finesse qu'il s'agissait de donner à la poudre de tan, n'offrait, quant aux idées, rien d'absolument

[1] Tome XXIX, p. 179, pl. 20, du *Recueil des brevets expirés.*

neuf pour l'époque, et n'aura probablement reçu aucune suite ou exécution immédiate, du moins en France, où l'on s'attacha surtout à perfectionner l'ancien moulin à noix, de manière à en rapprocher davantage encore les propriétés de celles des moulins à poivre et à café.

C'est à M. Farcot, de Paris, le célèbre et ingénieux constructeur de machines à vapeur, que les tanneurs, plus particulièrement ceux du XIIe arrondissement, sont redevables, depuis 1831 ou 1832[1], de moulins à pulvériser le tan, exempts des divers inconvénients inhérents aux machines encore imparfaites de Hook et de Douglas. Ainsi, notamment, M. Farcot arma la partie supérieure de ses cloches en fonte de couteaux propres à concasser progressivement les morceaux du tan en parties de plus en plus fines, et il substitua aux lames dentées du hachoir à tambour de Hook d'autres lames droites, à biseau continu, qui venaient, dans leur mouvement rapide, frapper, trancher obliquement l'extrémité des écorces attirées, comprimées entre deux cylindres cannelés alimentaires, dont le supérieur était pressé contre l'autre à l'aide d'une bascule à contre-poids variable au besoin, tandis que l'extrémité extérieure des écorces, tranchées consécutivement par les lames obliques, reposait solidement sur une entretoise extérieure et horizontale, à biseau aciéré, remplissant la fonction de la branche rectiligne fixe d'une cisaille. Ce système, calqué en majeure partie, comme on le verra, sur les machines américaines ou anglaises à hacher la paille et le tabac, était susceptible de préparer une quantité d'écorces suffisante pour alimenter deux ou trois moulins à noix de forte dimension.

De pareils outils que conduisait une machine à vapeur de douze chevaux, également établie par M. Farcot dans les ateliers de M. Salleran, à Paris, et faisant marcher quatre moulins à cloches, à raison de vingt-cinq révolutions par minute, produisaient jusqu'à 50 kilogrammes de poudre de tan par cheval et par heure. Mais, le contact trop répété du

[1] *Dictionnaire technologique*, t. XX, p. 255, publié en 1832.

fer contre le tan ayant fait naître chez quelques tanneurs des craintes relatives à la qualité des produits, cet habile artiste a tenté plus tard (1841 à 1842[1]) de couper et pulvériser les écorces de chêne dans une seule opération et par une seule machine, dont le dispositif général se rapprochait un peu plus de celui du hachoir pulvérisateur de Hook, en ce sens que, avant de s'engager entre les taillants de l'outil tournant, l'écorce, couchée dans le sens de sa longueur, passait entre cinq paires de rouleaux briseurs et compresseurs, parallèles et horizontaux, placés au-dessus d'une longue table en fonte dont les échancrures cylindriques étaient destinées à recevoir, aux trois quarts, les cylindres inférieurs. Non-seulement ici les cylindres broyeurs, au lieu d'être simples et de marcher par des systèmes de cordes et de poulies de renvoi, sont doubles et conduits par des engrenages à vis sans fin montées sur des arbres de directions obliques, de manière à réduire progressivement la distance entre les cylindres de chaque couple et à accroître ainsi leur action sur la nappe d'écorces; non-seulement celle-ci est amenée sous les cylindres au moyen d'une toile alimentaire sans fin postérieure, guidée par des chaînes pareilles et soutenue intermédiairement par une planche horizontale, mais encore les lames dentées du tambour pulvérisateur de Hook sont, comme dans la coupeuse précédente, remplacées par des couteaux courbes à tranchants légèrement obliques ou en hélices, sauf qu'au lieu de former autant de lames continues dans le sens parallèle à l'axe du tambour, ils se subdivisent en couteaux de petite longueur, alternant d'un manchon-support à un autre, de manière à former autant de fraises tournantes, montées sur un même arbre horizontal, et serrées entre elles à vis et écrous.

Sans entrer dans de plus longs détails, on aperçoit que, dans l'intervalle écoulé (1830 à 1842) entre l'informe projet du mécanicien Hook et la réalisation des ingénieux perfectionne-

[1] Tome III (1843), page 159, de la *Publication industrielle* de M. Armengaud.

ments de M. Farcot, la construction des machines à découper, tailler les substances de la contexture du bois, devait avoir subi d'utiles améliorations, devenues, par l'usage, familières aux divers ateliers, et c'est ce que nous verrons en effet plus loin. Contentons-nous de faire remarquer ici que jusqu'à l'époque de 1843, et probablement jusqu'à celle de l'Exposition universelle de Londres, qui ne contenait rien de bien remarquable à ce sujet, les moulins à découper et pulvériser le tan ne semblent pas avoir reçu de perfectionnnements notables, si ce n'est peut-être ceux à noix ou à cloche, qui d'abord, comme on l'a dit, entièrement construits en fonte de fer dure, dont les couteaux subissaient une prompte détérioration, l'ont été tantôt avec de simples rainures recevant des lames d'acier serrées par de longues cales en bois; tantôt avec de véritables garnitures ou enveloppes continues en bois recevant de même les lames de couteaux; tantôt, enfin, en y pratiquant du dedans au dehors, ainsi que l'a fait un autre mécanicien de Paris, M. Picard, des cavités étroites pour servir d'issues anticipées à la poudre suffisamment fine du tan, capable d'amener des engorgements fâcheux, plus particulièrement observés dans l'application que ce constructeur voulut faire des moulins à noix pour pulvériser le plâtre [1], en remplacement des anciens systèmes de meules, de cylindres cannelés, lamineurs, etc., qu'on y avait précédemment employés.

Je rappellerai d'ailleurs, au sujet de cette dernière tentative de M. Picard, que MM. Barratte et Bouvet, de Paris, essayèrent à leur tour, vers 1841 [2], de remplacer par un cylindre broyeur horizontal en fer, muni de fortes côtes aciérées en hélices, recroisées à angles droits et tournant dans l'intérieur d'une trémie à gros plâtre, au-dessus d'une grille longitudinale et cylindrique, munie de fortes barres en fonte, qui, l'emboîtant avec facilité, pour l'entrée et la sortie, sur une portion

[1] Tome III (1843), p. 161, de la *Publication industrielle* de M. Armengaud.

[2] *Ibid.*, tome II (1841), p. 158, pl. 10.

de son contour inférieur, versait le plâtre broyé dans une buse pyramidale, d'où il s'écoulait, par une anche coudée, à la partie supérieure ouverte d'un blutoir également rotatif emprunté aux moulins à farine : la vis double et broyante offrant elle-même une imitation perfectionnée des anciennes broies mécaniques à hélices, employées en Amérique, d'après le système d'Oliver Evans, déjà mentionné au commencement de la IIIe Section de ce Rapport.

CHAPITRE II.

MACHINES ET OUTILS SPÉCIALEMENT CONSACRÉS À LA FABRICATION DU TABAC DANS LES MANUFACTURES IMPÉRIALES DE FRANCE.

La fabrication du tabac à priser et à fumer a pris dans ces derniers temps, chez nous, un si grand développement sous l'empire du monopole, que j'ai cru devoir y consacrer un chapitre tout entier, sans crainte de faire pour cela un double emploi avec ce qui en a déjà été dit dans le chapitre précédent, puisqu'il s'agissait là uniquement des plus anciennes machines employées dans le XVIIIe siècle à cette fabrication.

§ Ier. — Principaux perfectionnements introduits dans la préparation mécanique du tabac en France, avant l'époque de 1830. — Anciens moulins à trictrac; machines à râper de *Rooy* et *Dubroca;* les mécaniciens anglais *Manby, Wilson* et *Holcroft,* à la Manufacture impériale de Paris.

Les considérations exposées à la fin du chapitre précédent, essentiellement applicables aux substances denses et sèches, ne sauraient évidemment convenir aux matières végétales, filandreuses et poissantes de la nature des feuilles de tabac, même après la fermentation en masse qu'on leur fait subir dans nos manufactures, avant de les convertir en poudre à priser par le râpage, auquel on applique aujourd'hui presque exclusivement les moulins en troncs de cône renversé, ou à noix et cuvettes, terminés respectivement par un dôme et un évasement supérieur, garnis intérieurement de fortes enveloppes en bois d'orme tortillard, dont les rainures rectilignes, dirigées selon les génératrices du cône pour la cuvette et dans un sens oblique pour le cône extérieur de la noix, reçoivent des lames droites en acier, inclinées les unes sur les autres, sous un très-petit angle (18° environ), et maintenues au moyen de cales qui permettent de rétablir la saillie des tranchants au fur et à mesure de l'usé, assez rapide, qu'ils éprouvent par le travail. Mais ici le prompt encrassement des couteaux, l'échauffement très-nuisible qui résulterait de la rotation accélérée et continue de la noix, enfin le pelotonnement même de la matière des feuilles préalablement découpées, de gros, en bandes de 1 centimètre de largeur, ont fait donner à cette noix un mouvement de va-et-vient rotatoire, qui n'offre pas, à beaucoup près, les mêmes inconvénients, quoiqu'ils soient encore assez prononcés pour exiger non-seulement trois ou quatre démontages ou nettoyages des couteaux chaque jour, mais aussi pour rendre indispensable l'usage d'un double système de moulins, les uns à lames écartées ou *dégrossisseurs*, recevant directement le tabac haché d'une trémie supérieure, prolongée en dessous par un long sac venant coiffer hermétiquement le haut de la cuvette, et remplissant ainsi la fonction d'une buse d'écoulement; les autres, à lames serrées ou *raffineurs*, dans lesquels les plus forts débris échappés aux précédents tamisages peuvent repasser jusqu'à dix fois à ce genre de moulin avant d'atteindre le degré de finesse jugé dans chaque cas nécessaire.

D'après le passage cité de l'Encyclopédie[1], on doit supposer que les anciens moulins dont il y est parlé étaient, en effet, fondés sur un principe analogue. Ce qui tendrait surtout à le prouver, c'est que, jusqu'à nos jours, on s'est servi dans nos manufactures de petits moulins en bois de ce genre : les uns, employés pour le tabac extra-fin, à volants et manivelles, dont l'arbre de la noix à lames peu saillantes, multiples et fortement inclinées, était disposé horizontalement et serré latéralement par une vis à étriers, comme dans certains moulins à poivre ou

[1] Voyez la page 400, § II du chapitre précédent.

à café; les autres, nommés *trictracs*, à vis de serrage et bride supérieure, qui étaient manœuvrés par des hommes agissant directement à l'extrémité de leviers fixés au sommet de l'arbre vertical de la noix. Néanmoins, il s'en faut de beaucoup que ce mode de râpage à balancement ou trictrac, dans lequel un homme produisait au plus 15 kilogrammes de poudre de tabac par journée de dix heures d'un travail continu et pénible, ait été, à aucune époque, généralement employé dans nos grandes manufactures, même dans celles entièrement dépourvues de ces moteurs hydrauliques à l'aide desquels on a continué jusque dans ces derniers temps (à Toulouse et à Illkirch, près Strasbourg) à pulvériser le tabac par la méthode lente, imparfaite, d'abord mentionnée, des pilons à lames tranchantes et à auges fixes ou mobiles d'après le système attribué aux Hollandais. Pour satisfaire, en effet, au goût des consommateurs, la Régie n'a pas aujourd'hui encore renoncé absolument à la fabrication des carottes, pour le râpage desquelles M. Rooy, sellier à Villeneuve (Lot-et-Garonne), avait imaginé, dès 1807, une ingénieuse machine à tambour denté et manivelle, qui, par sa rotation rapide autour d'un axe horizontal fixe, attaquait, par la base, à la fois seize carottes placées verticalement au-dessus de la génératrice supérieure du cylindre râpeur, et qui, maintenues convenablement par autant de fourreaux en ferblanc dans le sens horizontal, descendaient, avec le jeu nécessaire, sous la pression d'une surcharge supérieure[1].

Cette machine, d'ailleurs, avait été précédée d'une autre beaucoup plus compliquée, quoique très-originale, et due au sieur Dubroca, habitant le département des Landes, pour laquelle il avait obtenu un brevet de quinze ans, à la date du 25 avril 1792[2]: cinq carottes convénablement ficelées en hélices régulières, soutenues, à un bout, au moyen de lunettes pratiquées dans une mince platine verticale qu'elles traversaient, de

[1] Voy. la description très-nette et très-lucide de cet appareil à la p. 155, t. IV, du *Recueil des brevets expirés*, pl. 9.

[2] *Ibid.*, t. II, p. 154, pl. 36.

l'autre, par une platine à trois griffes tournant à l'aide d'autant de petites roues métalliques dentées, distribuées sur le pourtour d'une roue pareille, mais plus grande; ces cinq carottes, dis-je, étaient soumises, au ras de la platine-support à lunettes, à l'action d'une roue verticale très-mince, armée de soixante-quatre lames d'acier à dents fines et serrées, qui en sciaient les extrémités au fur et à mesure de la rotation et de l'avancement qu'elles recevaient de petites roues placées à leurs extrémités opposées et dont la platine de support, également mince, était liée au mouvement translatoire d'un treuil à contrepoids, le long d'une vis à filets carrés et à volant tournant par manivelle.

Malgré tout le génie d'invention que suppose la combinaison de Dubroca, et la certitude que les dessins et le texte descriptif du brevet ne peuvent appartenir qu'à une machine exécutée et opérant jadis avec succès, il serait hors de propos d'expliquer comment, par un autre ingénieux mécanisme, les carottes de tabac étaient préalablement déficelées à la main à cause des nœuds, puis reficelées régulièrement et mécaniquement, et enfin déficelées de rechef par la machine ci-dessus, au fur et à mesure de l'avancement du râpage. Il ne serait pas moins inopportun de nous arrêter sur les opérations à l'aide desquelles on roulait et comprimait mécaniquement les carottes, d'après la méthode hollandaise, entre des cylindres parallèles, etc. Car ces anciens procédés ne tardèrent pas à être généralement remplacés par le râpage des feuilles hachées dans de grands moulins à noix de 40 jusqu'à 70 centimètres de largeur à la plus forte base, et que mettaient en action des machines à vapeur ou des roues hydrauliques.

Ce n'est guère avant l'année 1827, que les 500 petits moulins à trictrac possédés par la manufacture centrale des tabacs à Paris firent place à ceux dont il s'agit, au nombre de 40 et dont l'arbre vertical, prolongé en dessus, était conduit à la partie supérieure par une bielle horizontale à tringles, articulée avec l'extrémité d'un long bras perpendiculaire à cet arbre, au moyen d'un joint universel hollandais ou de Cardan permettant à ce bras et à cette bielle de recevoir, sans trop de gêne, le mouvement oscillatoire transversal d'une excentrique circulaire de $0^m,17$ de rayon, embrassée par l'anneau de la bielle, mais occasionnant une déperdition de travail généralement proportionnelle à l'étendue de l'arc de glissement[1], et s'élevant ici aux 2/5 environ du travail utilement transmis à la noix. Ce système, emprunté au mécanisme des tiroirs de la machine à vapeur, où il n'offre pas à beaucoup près les mêmes inconvénients, s'adaptait fort mal, d'ailleurs, au cas présent, à cause de la perpendicularité des axes de la noix et de l'excentrique dont l'arbre de couche moteur, appliqué à la partie supérieure d'une rangée de moulins pareils, recevait par engrenage un mouvement rotatoire continu de puissantes machines à vapeur à basse pression d'une force de 48 chevaux environ : ces machines, mal à propos accouplées dans l'origine, avaient été construites, ainsi que les moulins et leurs accessoires, dans les célèbres ateliers de MM. Manby et Wilson, à Charenton, à qui la France fut, à partir de 1820, redevable, comme on l'a vu, d'un très-grand nombre d'autres puissantes machines importées d'Angleterre, mais auxquelles on a, peut-être avec raison, reproché un manque d'économie dans la matière première et le mode de production ou de transmission de la force motrice.

Les moulins dont il s'agit étaient surmontés de longs sacs en forte toile, qui y amenaient, de l'étage supérieur, les matières à pulvériser. Établis en fer et en fonte, rangés sur une même ligne, dans l'usine du Gros-Caillou, à Paris, ces moulins avaient reçu, pour tout moyen de réglementation de la hauteur des noix ou des pivots, une vis inférieure à tourniquet, manœuvrée à la main quand il s'agissait de détacher plus ou moins cette noix de sa cuvette, ou de la soulever entièrement en cas de réparation, de changement des lames usées ou rompues ; or, par des motifs que nous ferons bientôt connaître, cela arrivait fréquemment à l'origine : d'où une manœuvre d'autant plus

[1] IIe section du *Cours de l'École d'application de Metz* (1826 à 1830).

pénible et embarrassante qu'elle devait s'opérer, à l'extrémité supérieure de l'arbre, par une forte bascule agissant d'une manière oblique sur cet arbre. D'un autre côté, le pivot, la crapaudine et son support, ainsi que les collets d'appui de l'arbre et leurs vis de réglage près de la noix, enfermés dans une sorte de huche, de coffre inférieur, étaient obstrués par la poudre de tabac, qui, s'échappant de cette noix, allait tomber sur un petit plan incliné, en forme d'auge, d'où elle glissait sur une toile sans fin horizontale, chargée elle-même de la transporter jusqu'à l'élévateur à godets, alimentant, à l'étage supérieur, des tamisoirs à caisses rectangulaires, librement suspendues aux extrémités basses de quatre courroies verticales à boucles; caisses auxquelles un mouvement oscillatoire légèrement excentrique était imprimé dans un plan horizontal, au moyen d'une petite manivelle de 9 centimètres de rayon, exécutant jusqu'à 120 révolutions à la minute. Ce mouvement, imité de celui du crible à main, obligeait la poudre fine à traverser les mailles du tamis, tandis que les parties les plus grossières, restées à la surface, descendaient graduellement le long du plan incliné partant du point supérieur de versement pour aboutir, par une pente insensible, au côté opposé et ouvert de la caisse, d'où ces parties étaient versées dans des tonnes roulées, par une manœuvre aussi lente que pénible, jusqu'aux diverses trémies des moulins à affiner. Quant à la poudre fine, elle était obligée de traverser un second tamis fixé au-dessous du précédent, et disposé de même pour séparer les parties pailleuses, qui, se présentant verticalement aux orifices et cédant à une trop forte charge, avaient échappé à ce premier tamis. La poudre fine ou *râpé sec,* ainsi obtenue, tombait sur une auge inclinée, qui la versait immédiatement dans des sacs élevés et transportés ensuite, par divers moyens, dans des chambres à compartiments, pour lui faire subir bientôt de nouvelles *mouillades* et fermentations, accompagnées de transvasements, etc.

Pour compléter cette imparfaite description des procédés mécaniques employés vers 1827 à la manufacture des tabacs de Paris, et après avoir parlé des tamisoirs, dont les tissus ont, comme ceux des moulins à farine, subi des transformations et améliorations successives qui ne les empêchent pas néanmoins de s'encrasser et d'exiger des lavages répétés, sinon de doubles tamis, il me resterait à dire quelques mots touchant les hachoirs qui servent à couper les feuilles de tabac en bandes plus ou moins larges, destinées à la poudre à priser ou au *scaferlati* à fumer, ce dernier nécessitant d'ailleurs une torréfaction dans des appareils qui ont également subi, depuis l'époque précitée, des améliorations très-notables; mais les renseignements qu'il m'a jusqu'ici été possible de me procurer sur le genre d'outils mécaniques que MM. Manby et Wilson auraient importés de l'Angleterre en France, ces renseignements sont trop incertains pour que je puisse entrer à cet égard dans des détails circonstanciés et précis.

On sait seulement que, en 1827, la manufacture de Paris contenait: 1° des hachoirs à cylindre ou *tambour* horizontal, animés d'une vitesse de 110 tours à la minute et armés de 6 lames, en hélice, tournant au devant d'une embouchure rectangulaire dans laquelle les feuilles de tabac, régulièrement superposées le long d'une auge horizontale postérieure, étaient poussées au moyen de deux cylindres cannelés mis en action par la machine, qui produisait, par heure, jusqu'à 900 kilogrammes de tabac découpé *de gros*, en bandes de 1 centimètre de largeur; 2° des hachoirs à scaferlati ou tabac à fumer, d'une exécution et d'une mise en action beaucoup plus délicates, plus précises, attendu que les bandes doivent recevoir tout au plus 1 millimètre de largeur, être d'une coupure nette et franche; ce qu'on obtient à l'aide d'un couteau à tranchant fin et à vis de réglage, incliné sous un angle d'environ 30° à l'horizon : ce couteau, appartenant à la classe des instruments à guillotine, sur laquelle nous aurons à revenir plus loin, est animé, par bielle et manivelle, d'un va-et-vient rectiligne dans des coulisses verticales assez justes pour lui permettre de raser, avec une précision en quelque sorte mathématique, le châssis antérieur d'une embouchure quadrangulaire de 30 centimètres de largeur horizontale, dans laquelle les feuilles sont amenées sous une épaisseur de 12 à 15 centimètres, entre des toiles sans fin alimentaires, pressées par une série de couples de rouleaux lamineurs, dont l'intervalle diminue de l'arrière à l'avant. Ces derniers cylindres étant soumis à l'action d'un fort contre-poids à bascule, tandis que le mouvement progressif intermittent est donné à l'équipage entier, au moyen d'un *pied de biche* à rochet, imité de celui des scieries, cela rend la machine entièrement automatique, si ce n'est que les lames de couteaux doivent en être changées fréquemment (tous les quarts d'heure au moins) pour les nettoyages, repassages et réparations indispensables [1]. Mais cette machine compliquée, malgré les modifications diverses qu'elle a subies, n'a jamais fonctionné d'une manière entièrement satisfaisante à la manufacture des tabacs de Paris, et, indépendamment de plusieurs vices de détail, on ne saurait y approuver l'emploi du balancier supérieur à courtes bielles et manivelle pour manœuvrer le porte-outil d'après un système probablement emprunté à l'une des scieries de Cochot, qui sera décrite en son lieu; il en est ainsi encore du système des rouages employés à faire mouvoir les différentes pièces, dont les articulations multiples et les vibrations sont surtout nuisibles dans une machine à oscillations aussi rapides, et qui réclame autant de précision dans les ajustements de l'outil et du mécanisme alimentaire.

On reconnaît également dans ce dernier mécanisme quelques-uns des éléments constitutifs des machines à couper le tan, qui nous ont précédemment occupés et dont, comme on l'a vu, l'origine première serait véritablement anglaise, quoique, d'ailleurs, elles eussent reçu des perfectionnements divers en France. Enfin, des remarques analogues sont applicables, à certains égards, à quelques-unes des petites machines à hacher aujourd'hui employées dans plusieurs de nos manu-

[1] Voyez la description de cette machine dans la Collection in-fol. de M. Leblanc, 3e partie, 11e livraison, pl. 66.

factures de tabac; mais, comme elles appartiennent également à d'autres branches d'industrie, je m'abstiendrai d'en parler ici pour y revenir d'une manière générale et sommaire dans le chapitre suivant. C'est pourquoi je reprends l'exposé historique des principaux perfectionnements apportés dans ces manufactures aux grandes machines automatiques.

§ II. — Réformes mécaniques apportées aux manufactures de tabacs, en France, à partir de 1830. — MM. *Holcroft, Rudler* et *Edwards*. — Réformes administratives capitales. — MM. *Pasquier, Lacave-Laplagne*, vicomte *Siméon* et *Gréterin*.

L'établissement de MM. Manby et Wilson, à Charenton, avait chargé l'un de ses contre-maîtres, M. Holcroft, du soin de suivre, en 1827, les travaux d'installation ou de montage des machines de la manufacture de Paris; bientôt aussi il fut employé par l'Administration supérieure des tabacs comme conservateur des machines, puis, un peu plus tard, comme ingénieur ayant sous sa direction M. Rudler, ancien élève de l'École des arts et métiers de Châlons, dont l'utile coopération, mais surtout celle de l'habile directeur des ateliers de Chaillot, feu M. Edwards, lui permirent d'apporter plusieurs changements ou rectifications au système général de construction établi par ses anciens patrons.

C'est ainsi notamment que M. Holcroft fut conduit à apporter aux machines de fabrication diverses améliorations, dont l'une des plus importantes consiste à remplacer le réglage arbitraire et trop absolu de la hauteur des noix de moulins au moyen de l'ancien appareil à vis par un ingénieux système de bascule, de décharge inférieure à levier horizontal, dont la fourche, opposée au contre-poids et soutenant par articulation la crapaudine et le pivot de l'arbre, maintenait cette noix, qui pesait avec son équipage près de 200 kilogrammes, dans une sorte d'équilibre réglable à volonté contre l'action de la pesanteur, c'est-à-dire en la soulageant d'une fraction déterminée de son poids (160 kilogrammes environ) et lui permettant de céder jusqu'à un certain point, en se soulevant, à l'action d'un choc brusque, de manière à éviter les accidents jusque-là trop fréquents et qui provenaient d'engorgements quelconques des lames de couteaux.

C'est ainsi encore que M. Holcroft, adoptant vers la même époque (1832) pour le Havre le système général de construction employé à Paris, remplaça le transport en tonnes des gros débris de la pulvérisation par un système de distributeurs à buses ou plans inclinés en usage alors dans les moulins à farine anglais; débris qui au deuxième étage, où les avaient élevés des norias verticales, étaient dirigés séparément vers les trémies des moulins raffineurs, non sans occasionner, il est vrai, un certain encombrement à l'étage supérieur de ces moulins.

C'est ainsi, enfin, que le même ingénieur, continuant en 1837 et 1838 à appliquer, avec une superfétation de luxe onéreuse, à la manufacture d'Illkirch, près Strasbourg, et à celle de Toulouse, un système de machines et de convoyeurs à toile sans fin, d'élévateurs et de distributeurs analogues à ceux de la manufacture de Paris, imagina de se rapprocher encore plus du dispositif des moulins à farine anglais, en distribuant circulairement les noix à pulvériser autour d'un arbre vertical et central moteur, portant une grande roue horizontale en fonte de $3^{m},50$ de diamètre, à segments dentés, qui imprimait aux pignons des divers arbres verticaux de ces noix le mouvement oscillatoire simultané, naturellement très-brusque et très-rude, que l'arbre moteur lui-même recevait d'une excentrique à bielle oblique au plan même de cette roue : excentrique dont la parfaite régularisation eût exigé un volant d'autant plus puissant que les alternatives d'action des noix étaient loin de se contre-balancer, de se compenser réciproquement ni accidentellement, dans le nouveau dispositif, d'ailleurs soumis à de graves inconvénients au point de vue des pertes de force vive, des déperditions du travail moteur, des accidents de rupture, etc.

L'Administration supérieure qui, sous des ministres des finances éclairés, avait senti de longue date, comme on vient de le voir, la nécessité d'apporter d'utiles, d'économiques réformes dans l'ancienne et routinière fabrication des tabacs, demeurée en arrière des récents progrès accomplis en mécanique, avait sagement séparé, par une ordonnance du 5 janvier 1831, la fabrication proprement dite de la partie purement fiscale ou financière, en lui donnant pour directeur spécial M. Pasquier, auquel succéda, en 1842, M. le vicomte Siméon, assisté de deux sous-directeurs et d'un Conseil. Ce sont ces deux administrateurs distingués qui, malgré des préjugés contraires et de nombreux obstacles, imprimèrent une vigoureuse impulsion à la fabrication des tabacs, en appelant, à partir de l'année 1831, les élèves de l'École polytechnique à y prendre une part active, et en créant simultanément une École d'application dont l'enseignement fut dirigé par des professeurs appartenant à l'Académie des sciences.

Néanmoins, quels que fussent le mérite et l'utilité de cette primitive organisation, la puissance des préjugés et d'autres motifs qu'il serait inutile de caractériser, faillirent, en 1848, d'en compromettre sérieusement le sort, malgré les importants et incontestables services qu'elle avait déjà rendus. Aucun élève, en effet, appartenant à l'École polytechnique ne fut alors admis dans l'Administration des tabacs; et, chose plus inconcevable encore, sous l'empire des aveugles passions du moment, on osa s'attaquer à l'institution même de cette mère École, qui ne put être protégée efficacement qu'au moyen de réformes réclamées, il est vrai, à diverses époques, par les Laplace, les Arago, les Poisson, les Thénard, etc., réformes dirigées vers un but un peu plus pratique que ne le comportaient les programmes, le genre d'études et d'exercices suivis dans les derniers temps par les élèves, contrairement à l'esprit de la primitive institution et aux intentions formelles de ses illustres fondateurs.

C'est par suite encore de ces mauvais vouloirs, déguisés sous le prétexte d'une apparente économie, que la direction générale des tabacs fut supprimée et confondue avec celle de la Régie des contributions indirectes, sous un titre où l'on semble trop oublier, peut-être, que si cet important monopole, appliqué à des besoins sans doute plutôt factices que de première nécessité, s'est fait admettre sans réclamations ni préventions sérieuses au nombre des plus profitables sources du revenu public, c'est moins en vertu de la moralité de l'impôt et des progrès qu'il aurait fait faire à la culture nationale du tabac qu'à la supériorité et à l'honnêteté, si je puis m'exprimer ainsi, des procédés mécaniques ou chimiques mis en œuvre pour procurer à nos concitoyens l'usage d'un produit sain, salubre, en un mot exempt des fraudes, des falsifications ou adultérations déplorables et multiples qui déshonorent cette fabrication chez nos voisins, où elle est entièrement abandonnée à l'arbitraire de commerçants intéressés; falsifications dont on pourra prendre une légère idée dans l'enquête parlementaire faite vers 1843 en Angleterre à ce sujet[1]; falsifications, enfin, qui malheureusement semblent vouloir s'étendre, même chez nous, à un grand nombre d'autres branches d'industrie libres, pour lesquelles on est tenté de regretter, avec l'honorable M. Jobard, la *marque d'origine* ou *de fabrique* rendue absolument *obligatoire.*

J'ignore quels sont les avantages fiscaux résultant jusqu'ici de la réforme précitée, où, contrairement à l'esprit formel du décret impérial, en date du 12 janvier 1811, constitutif et organique du monopole, la fabrication des tabacs est essentiellement subordonnée à l'Administration des droits réunis; mais, à coup sûr, la destinée de cette fabrication eût été gravement compromise si le Gouvernement de Napoléon III n'avait placé à la tête de la nouvelle administration un homme aussi bienveillant, aussi éclairé que M. Gréterin, qui, loin d'épouser en toute rigueur l'esprit exclusivement fiscal et rétrograde de la nouvelle organisation, continua les errements de ses prédécesseurs le vicomte Siméon, ex-directeur des tabacs, et le ministre Lacave-Laplagne, lui-même ancien

[1] *Supplement to Dʳ Ure Dictionary of arts, manufactures and mines,* 1845, p. 244.

élève de l'École polytechnique, en recourant à des mesures propres à pallier jusqu'ici les conséquences trop évidentes de la subordination absolue d'un service essentiellement industriel à une administration dont les préoccupations principales tendent à se concentrer sur la perception de l'impôt et les moyens de répression de la fraude.

Il ne peut entrer dans le cadre de cet ouvrage de rechercher quelle part la chimie, l'agriculture et l'administration chargée de l'achat et du mélange des matières premières ont pu acquérir à l'estime des consommateurs pour les améliorations apportées à la qualité des différentes espèces de tabacs. Quant aux procédés mécaniques de fabrication, on ne risque pas trop de s'aventurer en affirmant qu'ils ont amené et sont de plus en plus en voie de réaliser, dans l'établissement des machines ou appareils divers, des économies qui, bien qu'elles portent sur un capital relativement minime, si on le compare au produit considérable de l'impôt, n'en constituent pas moins, par l'amélioration même des produits, la réduction des déchets et des frais de main-d'œuvre ou de manutention, une portion beaucoup plus appréciable qu'on ne se l'imagine de l'accroissement des revenus dans une branche d'industrie devenue nationale par ses développements, ses progrès mécaniques, et le grand nombre des consommateurs indigènes ou étrangers à qui elle s'adresse [1].

§ III. — Perfectionnements divers apportés, depuis 1840, au système automatique des tamisoirs et des moulins à tabac, ainsi qu'à leur mode intérieur continu de transmission, de locomotion et d'alimentation. — MM. *Daubanel, Ambert, Rudler, E. Rolland, Mesmer,* de Graffenstaden, etc.

Nous avons vu comment, par un ingénieux système de bascule à décharge inférieure, on était parvenu à maintenir les noix de moulins dans une sorte d'état mixte d'équilibre,

[1] Les tabacs de France, connus sous le nom de tabacs de la ferme, par la constance, la supériorité de leur fabrication appliquée à des matières premières diverses et souvent médiocres, sans aucune addition de jus ni de

c'est-à-dire à une hauteur, à une distance susceptibles de varier, de grandir en oscillant quand il survient des obstructions et des engorgements accidentels. Mais cet appareil, quelque précieux qu'il soit, ne suffirait pas seul, et malgré la présence des ouvriers que le bruit avertit, pour empêcher les accidents, si l'on n'y avait apporté des remèdes plus efficaces encore, d'une part, en adoptant le double système de moulins dégrossisseurs et raffineurs, d'une autre, en disposant le système des tamisoirs de manière à éviter, au moins dans les repassages, la présence d'obstacles matériels, tels que clous ou autres débris solides provenant des caisses à emballer les feuilles de tabac et échappés au hachage de gros, qu'ils compromettent d'ailleurs gravement.

Dans l'ancien système de fabrication, où les noix étaient conduites à la main aussi bien que les tamisoirs à va-et-vient glissant dans des coulisses horizontales, ces accidents ne pouvaient guère arriver sous la surveillance immédiate des ouvriers, ou, du moins, ils n'entraînaient que des temps d'arrêt, des détournements passagers de manivelles, sans faire courir le risque de voir rompre les couteaux et voler en éclats la garniture même des noix sous l'action puissante et rapide (50 à 60 révolutions par minute) de bielles à excentriques conduites automatiquement.

Pour mettre obstacle au passage de pareils débris le long du premier tamis, dont naturellement ils tendaient à occuper le fond, on avait d'abord imaginé d'y appliquer des traverses en saillie, que ces clous et ces débris ne tardaient pas à franchir en vertu même de leur plus grande densité ou résistance d'inertie.

D'autres moyens plus efficaces avaient également été tentés par le contre-maître mécanicien Daubanel, de la manufacture de Strasbourg, à qui l'on doit une ingénieuse machine à couper les vignettes par l'action d'une lame circulaire à rotation con-

sauce, se vendent avec une très-grande faveur dans les pays les plus éloignés, où ils sont justement appréciés des amateurs pour leur arôme et leurs qualités naturelles.

tinue, lorsque M. Ambert, élève de l'École polytechnique, admis des premiers, avec M. Coppinger, dans l'Administration des tabacs, en 1831, s'avisa vers 1848, lorsqu'il était inspecteur de l'importante manufacture de Lyon, de placer en tête du tamis supérieur, sous le débouché du canal alimentaire, une caisse faisant corps avec ce tamis, oscillante, profonde de 6 centimètres et dont les clous, gagnant incessamment la partie la plus basse, s'y arrêtaient pour en être de loin en loin enlevés par le surveillant, tandis que la poudre elle-même, échappée à la trituration du moulin dégrossisseur, fuyait, déversée lentement et régulièrement à la superficie ouverte de la caisse, pour retomber sur ce premier tamis, qui, dans ces derniers temps, demeura seul, grâce à la substitution des plaques métalliques perforées du mécanicien Calard, de Paris, aux anciens et imparfaits tissus à tamiser, métalliques ou non métalliques.

Un autre élève distingué de l'École polytechnique, M. Rolland (Eugène), lorsqu'il était, en 1843, contrôleur de la manufacture des tabacs de Strasbourg, proposa à l'Administration de remplacer l'excentrique circulaire qui servait à mener obliquement la grande roue d'Illkirch par un arbre coudé horizontal, dont la bielle, à faibles excursions, agissait moyennement dans le plan même de rotation de cette roue; ce qui réduisit de plus de 25 p. o/o la perte en travail moteur, comme l'indiquait le calcul, confirmé par des expériences au frein.

Des résultats analogues ont été obtenus par l'application de cet équipage, qui fut transporté à l'établissement de Toulouse à l'époque de 1851, où la manufacture de Strasbourg dut subir un déplacement et une rénovation complète d'après les projets de M. Rolland, qui antérieurement déjà avait été appelé à projeter et diriger l'installation mécanique de celle de Lyon en qualité d'ingénieur inspecteur, fonction à laquelle M. Siméon l'avait élevé dès 1844, et dont les premières années furent consacrées à cette installation, terminée en 1847, grâce au concours actif des ateliers de Graffenstaden, dirigés par l'habile M. Mesmer, que j'ai déjà cité en d'autres occasions pour ses importants travaux mécaniques.

Ici le système d'excentrique à grand rayon, faisant mouvoir séparément les arbres verticaux des noix, est complétement supprimé, aussi bien que les prolongements supérieurs de ces arbres et leurs systèmes encombrants de transmission, de manœuvre ou soulèvement en cas de réparation. Prolongés, au contraire, vers le bas, les arbres des nouveaux moulins viennent aboutir à un soubassement inébranlable, placé à l'étage inférieur de l'établissement, où se trouvent aussi les bras de manivelles calés sur ces arbres respectifs, leurs bielles horizontales et les traverses servant de supports aux colliers ou coussinets latéraux à vis de réglage, qui, voisins du manchon de calage de ces manivelles, maintiennent avec une grande exactitude la verticalité des arbres, dont les pivots reposent d'ailleurs sur un système de crapaudine à bascule pareil à celui dont il a déjà été parlé. Chacun de ces mêmes arbres est, en outre, tenu à l'ordinaire, vers le haut, par d'autres collets fixes, à vis de réglage, placés tout près de l'épaulement ou renflement qui sert d'appui à la couronne inférieure de la noix, dont le corps, traversé par le prolongement de l'arbre et lié vers la tête par une simple clef transversale, peut, lors des réparations, être soulevé au-dessus de son siége, simultanément avec cet arbre ou isolément, au moyen d'une chaîne verticale et d'un petit treuil à manivelle, mis sous la main de l'ouvrier, de manière à tenir la noix suspendue à une hauteur quelconque au-dessus de la cuvette et à permettre de la remplacer, au besoin, par un calibre tournant, en forme de trapèze, servant à régulariser et vérifier la saillie des couteaux sur les génératrices du cône de la cuvette.

Quant au mouvement oscillatoire de la noix, il est ici encore imprimé directement au bras de la manivelle par la bielle ci-dessus, que conduit un arbre coudé vertical, dont la manette reçoit une seconde bielle horizontale faisant marcher un autre moulin, et formant avec la précédente un angle à peu près droit, de manière à renfermer en d'étroites limites les variations du mouvement rotatoire continu de cet arbre coudé, qui reçoit, comme ses semblables, par des roues d'angle le mouvement de l'arbre de couche horizontal moteur, régnant dans la longueur entière de l'atelier. Quant au désembrayage, il s'opère, pour chacune des noix, en soulevant, par un système à vis et écrous, un cône de friction susceptible de glisser le long de nervures ou clefs en saillie sur l'arbre vertical de cette noix, et qui, dans sa descente ou lors de l'embrayage, vient coiffer un autre cône tournant, au contraire, à frottement doux autour de l'arbre, et portant en l'un de ses points le bouton vertical à manivelle.

Enfin les engrains, la poudre de tabac, après avoir traversé dans leur chute verticale une huche disposée à l'ordinaire, mais que l'arbre de la noix, enveloppé d'un fourreau, traverse lui-même librement, ces engrains dis-je, rencontrent un plan fortement incliné qui, situé au-dessus du mécanisme inférieur de la noix, les empêche d'obstruer la crapaudine et les conduit, par un prolongement en buse, dans une trémie servant à alimenter, hors du contact de l'air extérieur, une vis sans fin horizontale d'après le système d'Oliver Evans : substituée ici avec avantage à la toile sans fin de la manufacture de Paris, déjà employée à Toulouse par M. Holcroft, après l'essai d'autres moyens proposés pour la disposition circulaire des moulins à farine, cette vis, par une combinaison fort simple et fort heureuse, due à M. Rolland, qui l'appliquait à l'étage supérieur des tamisoirs, a reçu dans les manufactures de Lyon et de Strasbourg une seconde destination plus importante encore, consistant à conduire directement au-dessus des différentes trémies de moulins raffineurs les poudres échappées au tamisage et destinées à une nouvelle trituration. A cet effet, l'enveloppe horizontale dans laquelle elle tourne porte, en face de chacune de ces trémies, une ouverture inférieure prolongée par une buse et le sac alimentaire correspondant; ouverture susceptible d'être fermée par une trappe, en cas de besoin ou de réparation du moulin, et dans laquelle le tabac, incessamment poussé par la nappe hélicoïde de la vis, après avoir rempli la trémie sous-jacente, est refoulé vers la trémie suivante, qu'il remplit à son tour, et ainsi de proche en proche; de sorte que l'alimentation se fait ici par les différentes vis et leurs norias élévatrices, sans aucun embarras, d'une manière continue vraiment automatique, plus parfaite même que dans les moulins à farine et, à fortiori, que dans le système à buses inclinées de la manufacture du Havre.

Au surplus, M. Rolland, en appliquant, en 1853, son système de construction à ce dernier établissement, fit plus encore: il adopta, pour le remplissage même des sacs de poudre fine, le procédé qui vient d'être décrit à l'égard des trémies, et évita ainsi le gaspillage qui résultait toujours de l'emploi du système ordinaire, soumis uniquement à la surveillance d'ouvriers souvent inattentifs.

Mais là ne sont pas les plus remarquables transformations que ce savant ingénieur a fait subir au système général de construction des moulins à tabac, transformations partiellement appliquées depuis à la manufacture impériale de Paris, et dont j'ai pu admirer en 1852, dans son ensemble, la belle et économique disposition à Lyon. Chargé, en 1847, de la reconstruction entière de la manufacture de Strasbourg, complétement terminée en 1851, M. Rolland, d'une part, peu satisfait du mode d'embrayage à cône de friction, ainsi que de l'invariabilité absolue du système de transmission employé pour changer le mouvement continu du grand arbre de couche en un mouvement alternatif des arbres de moulins; d'une autre, appréciant plus que jamais, selon les saines notions de mécanique, la nécessité d'éviter les secousses, les accidents et pertes de force vive résultant des irrégularités d'action de la résistance et du mode même, trop absolu, d'après lequel jusque-là elle se trouvait vaincue par l'arbre de couche moteur ou principal, imagina de transmettre le mouvement de ce dernier aux bielles de moulins, non plus directement, mais par l'intermédiaire d'autres petits arbres à manivelles coudées à angle droit, horizontaux, parallèles au précédent et que conduisaient autant de courroies sans fin à doubles poulies d'embrayage, montées sur leurs milieux respectifs. Par ces changements, en effet, on a évité plusieurs des inconvénients inhérents aux anciennes dispositions des moulins, dont ils suppriment les excentriques circulaires à grand rayon, tout en simplifiant le système à double articulation des bielles, etc.; ce qui, depuis plus de quatre ans, place la nouvelle manufacture de tabacs de Strasbourg dans des conditions de fonctionnement économique, régulier, exempt de tout bruit, et d'une conduite on ne peut plus facile; d'autant qu'aux anciennes machines accouplées du système de Watt, source de tant d'accidents et d'interruptions de travail dans la manufacture impériale de Paris, M. Rolland fut, dès 1848, autorisé par l'Administration à substituer des machines à moyenne pression et à détente variable, construites par les établissements de MM. Meyer, Farcot, etc., machines dont les avantages, sous divers rapports, sont aujourd'hui généralement connus et appréciés de l'industrie.

§ IV. — Système spécial de transmission par courroies; élévateurs et descendeurs à tire-sacs, à freins ou butoirs; moyens de sûreté divers employés dans les manufactures de tabac ou autres. — *Claude Perrault* et *Dobo;* MM. *Rudler* et *Eugène Rolland, Machecourt, Fontaine, Sainte-Preuve, Warrocquié,* etc.

En se guidant d'après des considérations analogues à celles exposées en dernier lieu, le conservateur des machines à la manufacture impériale de Paris, M. Rudler, qui avait eu précédemment l'occasion de construire des moulins à farine mus par courroies d'après le système de MM. Darblay et Feray, d'Essonne, proposa et obtint, en 1849, de substituer à l'ancien système d'excentrique à bielle et joint universel l'équipage supérieur de grandes poulies de renvoi et d'embrayage à courroies sans fin horizontales qui se trouve décrit dans l'ouvrage de M. Armengaud aîné[1], et qui nécessite

[1] *Publication industrielle,* tome VIII, p. 1 et pl. 1re (1853).

entre l'arbre de couche supérieur et celui de chacune des noix deux arbres verticaux portant ces diverses poulies, et dont l'un reçoit directement, par roues d'angles, le mouvement de cet arbre de couche, tandis que l'autre imprime le va-et-vient au bras de la noix correspondante par un bouton excentrique et une bielle horizontale agissant dans le plan même de ce bras; mais ce système de transmission, quoiqu'il remplisse avec douceur le but au point de vue théorique, a le grave défaut d'être trop compliqué, trop onéreux, et d'encombrer inutilement de poulies, de courroies horizontales, la partie supérieure de l'étage, assez bas, des moulins. Dans cette simple restauration, terminée en 1850, ces moulins n'ont d'ailleurs subi aucune transformation essentielle, et laissent toujours à désirer moins d'inégalités dans le mode de transmission de la force motrice, inégalités accrues encore ici par le raccourcissement des bielles, un plus facile écoulement des matières pulvérisées, enfin une manœuvre moins pénible des noix et de leurs arbres en cas d'accidents passagers, de réparations ou de nettoyages.

Je n'insisterai d'ailleurs ni sur le système tendeur des courroies à rouleau et levier de pression, monté sur l'arbre même de la poulie de transmission, voisine de la noix, système également proposé par M. Rudler[1], et qui, malgré sa simplicité apparente, a l'inconvénient de faire naître un frottement additionnel inutile; ni sur le système de frein, bien connu, à lame d'acier circulaire et action spontanée, dont il s'est servi en dernier lieu, dans la manufacture de tabacs à Paris, pour empêcher l'accélération de la descente des caisses chargées et suspendues à des cordes enroulées sur un treuil horizontal portant l'anneau à gorge en fonte, qu'embrasse la lame de ce frein, constamment tendue par une bascule à contre-poids, dont le soulèvement, dû à l'abatage d'un cordon de manœuvre, peut seul donner au treuil la liberté de céder à l'action de la charge par la suppression totale ou partielle de la tension et

[1] Ouvrage précédemment cité, t. VIII, p. 14 et 16.

du frottement de la lame qui n'entre, à l'inverse, en fonction que quand, par inadvertance ou excès de fatigue, l'ouvrier vient à lâcher ce cordon.

Je ne m'étendrai pas davantage sur une autre ingénieuse application du frein à collier, bride et bascule à contre-poids, faite par M. Rolland aux tire-sacs de la manufacture impériale des tabacs à Strasbourg; système dans lequel la charge, maintenue également en équilibre par le contre-poids ou le frottement du frein, n'est soumise à l'action élévatrice du treuil où le câble de suspension s'enroule à la manière ordinaire, que parce que la tirette ou tiraude de manœuvre, qui fait appuyer le rouleau tendeur sur la courroie motrice et sans fin du treuil, vient préalablement soulever le contre-poids de ce frein, en dégageant sa lame frottante pendant toute la durée du tirage, dont la cessation, volontaire ou accidentelle, suspend aussitôt la marche ascensionnelle du fardeau et en empêche ou modère la chute; tout comme dans l'appareil précédent, qui ne remplit d'ailleurs qu'un seul but: la descente des caisses pleines contre-balancées, en partie, par des caisses montant à vide.

On se rappellera, au surplus, à ce sujet, que les roues à déclics et à rochet, d'un usage si ancien, les butoirs à ressorts d'encliquetage si ingénieusement disposés par M. Dobo, etc., constituent autant de moyens de s'opposer au mouvement de recul, par une action spontanée du mécanisme, résultant de l'arc-boutement énergique des tasseaux, lequel donne lieu, comme le montre la théorie du frottement, à une résistance bien autrement absolue que n'en comportent les freins modérateurs ci-dessus, dont le dispositif, emprunté aux anciens moulins à vent, présente aussi, en raison de l'étendue, de la continuité des surfaces d'appui, de la sûreté et de la facilité de la manœuvre en l'un ou l'autre sens, de bien grands avantages dans l'application nouvelle qu'en a faite l'ingénieur Rolland. D'autre part, je ne dois pas laisser échapper l'occasion de faire remarquer que, déjà en 1721, Claude Perrault proposait, en termes assez obscurs il est vrai, sous le nom de *main mécanique,* d'*analemme* [1], un système de tasseaux-butoirs qui, en s'arc-boutant de part et d'autre sur une corde verticale en charge, l'empêchent de rétrograder d'une manière absolue, tout en lui laissant la liberté de cheminer en sens contraire : le seul cas où la corde devient complétement libre correspondant à celui où l'homme de service, appliqué à une tiraude verticale, oblige les tasseaux à s'ouvrir, contre l'action de ressorts, d'un angle que limitent d'ailleurs des brides transversales unissant, avec jeu, les têtes ou sommets butants de ces tasseaux.

Enfin, il faut bien le rappeler encore, il existe dans les grands établissements de filature des appareils de locomotion et de sûreté analogues destinés à monter ou descendre les hommes de service, et dans lesquels le tambour du treuil marche au moyen d'une vis sans fin à pas serrés, donnant lieu, contrairement à ce qui arrive dans le tire-sac élévateur, à une énorme dépense de travail moteur, occasionnée par le frottement des filets, servant ici de frein naturel contre toute tendance à la rétrogradation de la charge : de plus, par un ingénieux et très-simple mécanisme, on est parvenu, dans ces derniers temps, à se mettre à l'abri même des accidents de rupture du câble de soutien de la caisse où les hommes sont placés; celle-ci étant, à cet effet, recouverte d'un bouclier armé de patins, de crampons à ressorts repoussoirs, que la

[1] *Œuvres diverses,* édit. de Leyde, p. 698, pl. II, fig. 4 (*Recueil de plusieurs machines*). Je dois l'indication de l'analemme de Perrault au savant professeur à l'université de Cambridge M. Willis; mais l'usage que j'en ai fait ici n'ôte rien au mérite de l'ingénieuse combinaison, à double levier tournant, mentionnée dans un précédent chapitre comme appartenant exclusivement à feu Dobo, et dont M. Claire, habile constructeur de modèles de machines à Paris, vient de faire une non moins ingénieuse application à de petits appareils enregistreurs, compteurs ou totalisateurs du travail mécanique, à action continue, intermittente ou alternative; appareils où deux roues indépendantes, conduites en sens contraire sur le même arbre, par les filets d'une vis sans fin, impriment un mouvement progressif, très-doux et régulier, à l'aiguille indicatrice qui surmonte cet arbre, quel que soit, d'ailleurs, le sens du mouvement.

tension du câble maintient écartés de leurs glissières ou guides verticaux en bois, dans l'état normal ou ordinaire, tandis qu'elle les presse, les y implante avec une énergie convenable en cas de rupture du câble, dont la masse supérieure vient, en tombant, simplement recouvrir le bouclier.

Ce dernier appareil, véritable parachute, appliqué en 1845 par M. Machecourt aux mines de Decize (Nièvre), perfectionné en 1849 par M. Fontaine, chef de l'atelier des mines d'Anzin, avait rendu, dès 1853, assez de services pour mériter les encouragements de l'Académie des sciences, sans rien ôter d'ailleurs au mérite de l'idée, fort simple, due à l'initiative de M. Sainte-Preuve [1], et pour laquelle il proposait, en 1839 de substituer à l'ancien couple de tringles articulées à plate-formes alternativement montantes et descendantes, déjà employées dans les mines de Saxe et perfectionnées par M. Varocquié en Belgique, une sorte de *cliquets* appliqués de part et d'autre à la partie supérieure de la tonne, et qui, en cas de rupture du câble, poussés en dehors, viendraient, non sans un léger choc, porter sur des obstacles ménagés de distance en distance le long de la charpente du puits. Des appareils de sûreté de cette espèce, perfectionnés, modifiés par l'emploi des butoirs de Perrault, accouplés sur une ou plusieurs tiges de fer ou combinés avec l'ingénieux système d'engrenage à coin de M. Minotto [2], paraissent appelés à rendre, dans les chemins de fer à plans inclinés, des services non moins éminents, plus efficaces peut-être, que ceux que l'on doit déjà au frein Laignel et à ses ingénieux dérivés marchant d'une manière automatique.

[1] *Notions sur la physique, la chimie et les machines*, 2e édition (1840), page 99.

[2] *Comptes rendus de l'Académie des sciences*, t. XXXVII, p. 934 (18 septembre 1853); rapport sur l'ouvrage intitulé : *Sul vantaggi del cuneo, etc.*; Torino, 1852.

§ V. — Perfectionnements des embarilleurs à pilons, des torréfacteurs, pyro-régulateurs et sécheurs mécaniques, applicables à l'industrie en général, et, plus particulièrement, aux manufactures impériales de tabacs. — *Oliver Evans, Gay-Lussac, Manby* et *Wilson*; l'ingénieur *E. Rolland* et le contrôleur *Girard*; MM. *Sorel, Péclet, Michels, Behrr, Bransoulié, Rollet* et *Lasseron*, en Belgique ou en France; MM. *Law, Dakin, Collier, Adorno*, à l'Exposition universelle de Londres.

J'ai insisté sur les appareils de sûreté, élévatoires ou descendeurs, employés dans les manufactures de tabacs à Paris et à Strasbourg, afin de montrer qu'aussitôt que l'Administration centrale, poussée par de louables motifs d'humanité et d'économie, le voudra, ces établissements et leurs semblables en France pourront rivaliser de tous points avec ceux de la grande meunerie, et que, bien loin d'être restés en arrière des progrès mécaniques récemment accomplis dans cette dernière branche d'industrie, ces mêmes établissements ont, à beaucoup d'égards, marché en avant. C'est ce dont on me permettra, malgré l'étendue déjà acquise par ce chapitre, d'offrir quelques derniers et importants exemples, dont l'Administration des tabacs est particulièrement redevable encore à l'ingénieur Rolland.

Telle est, notamment, la très-simple et très-utile machine servant à embariller automatiquement la poudre à priser dans des tonnes verticales découvertes et susceptibles de prendre, sur une plate-forme horizontale tournante, un déplacement discontinu ou intermittant, sous un jet constant de cette poudre, affluant d'un tamis qui la distribue uniformément pendant que le pilon, armé d'une tête horizontale en fonte, un peu plus étroite que l'orifice supérieur du tonneau, mais qui doit tout au plus occuper le quart de sa superficie, est lui-même élevé entre quatre galets de guide, à une hauteur constante au-dessus du niveau du tabac, par un couple de poulies de friction à gorge cylindrique embrassant cette tige sur ses faces planes opposées : formées de deux demi-cercles inégaux, accolées par leurs diamètres, ces poulies ou cames saisissent et lâchent alternativement la tige du pilon sous l'influence successive des frottements dus à leur compression réciproque et à leur jeu par rapport à cette tige, qui, d'ailleurs, pourrait être conduite avec une plus grande facilité ou une moindre pression encore, si l'on substituait aux galets cylindriques des galets tronconiques dont les emboîtements mutuels et avec la tige du pilon rempliraient la fonction de coins, d'après le système déjà cité de l'ingénieur italien Minotto.

Depuis l'époque où Oliver Evans imaginait, en Amérique, l'ingénieux fouloir à bras et à hauteur de chute constante, aujourd'hui encore généralement en usage dans les minoteries de France, on a fait diverses tentatives pour le remplacer par la presse hydraulique ou d'autres fouloirs, qui, agissant avec lenteur sur une épaisse couche de farine et mettant en jeu, sous des arc-boutements inévitables, l'élasticité de l'enveloppe et de l'air interposé entre les molécules, ne doivent transmettre que bien difficilement la pression, de la surface aux couches inférieures. Mais, quels que soient les avantages résultant de l'application de la presse à pilons de M. Rolland à l'embarillement des tabacs dans la manufacture impériale de Strasbourg, ils ne peuvent être comparés aux services que sont destinés à rendre ses appareils mécaniques à torréfier, dessécher, à une température constante et exactement réglée, les tabacs à fumer ou scaferlatis ; appareils qui fonctionnent depuis plus de quatre ans à la manufacture dont il s'agit, et ne tarderont pas, sans doute, à recevoir d'utiles, de nombreuses applications à d'autres branches d'industrie, notamment à l'agriculture et à la meunerie, aux minoteries, féculeries, chocolateries et sucreries de betteraves, aux fabriques de chicorée, de conserves alimentaires, etc., etc.

Avant l'époque de 1827, où MM. Manby et Wilson établirent les machines de la manufacture du Gros-Caillou, à Paris, le scaferlati était torréfié, pour ainsi dire à feu nu, sur des plaques de tôle placées au-dessus d'un foyer, et retourné à bras, d'une manière fort inégale, par des hommes presque entièrement nus, ruisselant de sueur et respirant les émanations piquantes et malsaines de ce tabac. Ces constructeurs substituèrent simplement aux plaques une longue caisse prismatique allongée, en tôle de fer mince, dans l'intérieur de laquelle circulait la vapeur d'eau à 100° environ de température, exigeant une atmosphère et quart de pression dans la chaudière. Mais ce dispositif, qui n'apportait aucun soulagement au labeur pénible et délétère des ouvriers, fut bientôt, à cause des fréquentes réparations occasionnées par les fuites, remplacé, d'après les conseils de l'illustre Gay-Lussac, par un autre système où la caisse prismatique fut, à son tour, remplacée par des tubes ou cylindres dans lesquels circulait de la vapeur à plusieurs atmosphères; ce qui obligea d'en remplir les intervalles évidés par des plaques de plomb fondu, sans rien changer aux autres particularités ou inconvénients de l'appareil, qui n'offrait sur l'ancien et grossier mode de torréfaction que l'avantage d'une température constante, entraînant d'ailleurs une notable complication de tuyaux d'amenée ou de fuite de la vapeur et de l'eau de condensation [1]. Peu de temps après son entrée au service de la manufacture des tabacs de Strasbourg, vers 1840, M. Rolland songea à remplacer ces divers systèmes par un appareil torréfacteur marchant d'une manière purement automatique, dans des conditions de continuité régulière et économique; problème extrêmement délicat, compliqué, qu'on n'avait pas jusque-là, à beaucoup près, résolu d'une manière satisfaisante, et qui exigea des essais, des tâtonnements divers, répétés pendant plus de douze années avec le concours actif et éclairé de M. E. Girard, ancien élève de l'École polytechnique, alors contrôleur de la manufacture des tabacs de Strasbourg.

Sans entrer ici dans les détails qui seraient indispensables pour la parfaite intelligence de la belle et puissante machine dont M. Rolland a doté l'industrie, il suffira de dire qu'elle se compose essentiellement d'un cylindre, en tôle, de 5ᵐ,50 de longueur, 0ᵐ,90 de diamètre, ouvert aux deux bouts, rou-

[1] Voy. le t. II du *Traité de la chaleur appliquée aux arts*, par M. Péclet.

lant extérieurement sur des galets cylindriques, à raison de 6 à 8 tours par minute, et disposé horizontalement au-dessus d'un four à double foyer couvert, qui l'enveloppe de toutes parts, sauf aux deux extrémités, où il est fermé par des tambours en fonte dont les nervures circulaires, à évidements alternes et multiples, sont destinées à recevoir par emboîtement les nervures pareilles du cylindre tournant, de manière à empêcher, sous le plus petit jeu possible, les fuites de la fumée du foyer ainsi que la rentrée de l'air extérieur. Le fourneau est d'ailleurs maintenu à une température à peine variable d'un degré, au moyen d'un ingénieux appareil de réglementation également automatique, rendu indépendant des variations barométriques de l'atmosphère, et fondé sur le rigoureux équilibre, aux extrémités du fléau d'une balance, entre la tension d'une masse d'air intérieur dilatable par la chaleur et un appareil à flotteur et bascule agissant sur la soupape à deux vantaux qui règle l'arrivée de l'air extérieur dans le foyer; système qui, nommé par son savant auteur, *thermo-régulateur,* constitue à lui seul un nouvel et précieux appareil, dont jusqu'à présent il n'existait dans les diverses industries que des exemples peu satisfaisants, peu précis et fondés sur de tout autres principes.

Le torréfacteur cylindrique lui-même est armé intérieurement de nappes hélicoïdes adhérentes, d'une largeur de 15 centimètres, égale au tiers du rayon, d'un pas très-allongé pour favoriser le cheminement et le retournement continus et progressifs du scaferlati; lequel, réduit à l'état de matière filamenteuse, ne manquerait pas de se pelotonner, de s'emmêler, si des fourches ou grappins, habilement disposés sur le pourtour de ces nappes et calculés d'après les données de l'expérience, ne venaient les désunir dans leur chute graduelle et successive du haut de l'appareil rotatif, qui, recevant à l'une des extrémités la matière par un alimentateur continu à trémie, peigne diviseur, roue à ailettes tournantes et soupapes étagées mues par des cames, le déverse, par l'autre extrémité, dans une caisse munie, à son fond, d'une double trappe à bascule et contre-poids, s'ouvrant spontanément, du dedans au dehors, sous la charge accumulée du scaferlati, et se refermant aussitôt sans introduction sensible de l'air extérieur. L'émission du scaferlati vers le dehors du cylindre ne s'opère d'ailleurs qu'au fur et à mesure qu'il y a été assez desséché, torréfié à l'aide de la chaleur, pour le débarrasser des agents fermentescibles qu'il renferme, et dont la vapeur, jointe à celle de l'humidité du tabac, se rend dans une haute cheminée d'appel, entraînée par un courant d'air chaud qui, après avoir léché les enveloppes du foyer et du torréfacteur, afflue à l'intérieur de ce dernier en même temps que la matière, qu'il contribue ainsi à dessécher plus rapidement encore.

Cette machine, qui a produit dans la manufacture impériale de Strasbourg une économie de plus des quatre cinquièmes sur les frais de main-d'œuvre des anciens fours, et du double au quadruple sur la consommation de combustible, soit environ 300 000 à 400 000 francs de bénéfices annuels, dans l'hypothèse d'une application générale aux établissements de la Régie, cette machine, convenablement simplifiée et modifiée, peut non-seulement servir au grillage continu, uniforme, des matières végétales les plus diverses, et dont aucune ne doit offrir les mêmes difficultés que les feuilles de tabac haché fin, mais elle peut être employée aussi à leur dessiccation graduelle par des courants d'air froids ou chauds traversant le cylindre alors en bois de l'appareil au moyen de ventilateurs à ailettes : c'est notamment ainsi que M. Rolland s'y prend pour abaisser rapidement, d'environ 50°, la température du scaferlati sortant du précédent appareil; abaissement qu'on obtenait autrefois par des manutentions fort lentes et l'étalage sur des planchers ou claies à jour du tabac, lequel ici se trouve simultanément débarrassé de ses menus débris et poussières par le courant rapide de l'air.

Pour se convaincre d'ailleurs de l'immense avenir réservé à ces dernières conceptions, dont l'importance peut servir d'excuse aux développements qui viennent de leur être accordés, il suffira de rappeler les tentatives variées faites jusqu'ici en vue de sécher les blés, les farines, les drèches ou orges germées, etc., dans des étuves fermées, chauffées par des calorifères avec ou sans courant d'air, munies d'étagères à coulisses, à basculement, à secousses, à plans diversement inclinés, d'un retournement intermittent, fort imparfait, effectué presque toujours à bras d'hommes; étuves auxquelles MM. Péclet, Michels, Behrr, Bransoulié, Rollet et Lasseron, en Belgique ou en France, ont vainement tenté, plus tard, de substituer des séchoirs ou rafraîchissoirs artificiels continus et d'un service automatique assuré, à l'aide de courants d'air chauffés indirectement par des calorifères ou directement par l'application d'un circuit de vapeur traversant la double enveloppe métallique, où la matière chemine, tantôt sur des toiles sans fin mobiles, tantôt dans des convoyeurs à hélice horizontaux, tandis que, dans d'autres cas, elle est agitée, dans sa descente verticale ou oblique, par des râteaux circulaires étagés, munis de palettes diversement inclinées, pour retomber ensuite dans des cylindres en tôle étamés, rafraîchis extérieurement par des éponges mouillées, etc.: ces systèmes, en effet, sont d'une combinaison compliquée, peu sûre, et l'on en pourra prendre une idée dans le *Mémoire sur la meunerie* de M. Rollet[1], où se trouve aussi décrit l'appareil régulateur de la température, le pyrostat de M. Sorel, à eau et à vases communiquant en dessous par des tubes, l'un fermé, l'autre découvert et contenant un flotteur ordinaire, lié par une corde à poulie au registre de la cheminée.

J'ajouterai, pour en finir sur cette matière, que, parmi un assez grand nombre d'appareils à moudre et brûler le café présentés par MM. Law, Dakin, Collier, Keith, etc., l'Exposition universelle de Londres offrait le spécimen d'un grand torréfacteur à cylindre, tournant, par machine à vapeur, dans l'intérieur d'un four fermé, dont un côté, muni d'une porte, pouvait s'ouvrir pour y introduire ou en retirer alternative-

[1] IIe partie, chapitre IV, p. 224 à 246, pl. 21 et 22.

ment le cylindre, par glissement horizontal, etc, dont le dispositif rappelle, à quelques particularités près, celui des brûloirs à café des épiciers.

D'autre part, je rappellerai, comme se rattachant immédiatement à l'objet de ce chapitre, qu'il a été présenté à la même Exposition par M. Adorno, mécanicien du Mexique, breveté à cet effet en Angleterre, une petite machine à fabriquer automatiquement les cigarettes, dont l'enveloppe, en papier, est successivement découpée dans une longue bande alimentaire, ployée rectangulairement, garnie et plissée au moyen d'une chaîne sans fin à alvéoles et refouloirs mobiles, etc. Cette machine, ingénieusement disposée, remplissant assez bien le but et composée d'un grand nombre d'organes délicats, susceptibles de fréquents dérangements, ressemblait, sous ce rapport, à beaucoup d'autres, d'une espèce analogue et déjà anciennes, par lesquelles on a vainement jusqu'ici tenté d'imiter le travail des ouvriers chargés de fabriquer à la main les cigares ordinaires, simplement enroulés, comme on sait, d'une feuille mince de tabac à fumer.

CHAPITRE III.

MACHINES DIVERSES À DÉCOUPER, LACÉRER, OUVRIR, APPRÊTER LES MATIÈRES VÉGÉTALES OU ANIMALES, LES TISSUS, ETC.

§ Ier. — Sur l'origine des hachoirs mécaniques à lames obliques, coupant et sciant en glissant, employés à divers usages dans l'agriculture ou l'industrie manufacturière. — *Guillotin*, *Antoine Louis* et *Smidt;* MM. *Francis Snowden* et *Bouguereau*, *G. Bass*, de Boston, *Ellis* et *Degrand*, à Marseille.

Le grand nombre, la variété d'application de ces machines aux arts rendent leur examen historique et comparatif on ne peut plus douteux et difficile; je me contenterai donc d'y jeter un rapide coup d'œil, sans prétendre à un ordre d'idées ou de dates rigoureux.

On sait que les anciens possédaient des chars armés de faux, de lames tranchantes tournant ou non avec les roues, chars poussés en avant par des chevaux, et qu'ils lançaient au travers des masses ennemies. Est-il vrai, comme on le prétend, que les Perses et les Romains aient fait usage d'instruments tranchants de cette espèce pour couper leurs moissons par des procédés qui auraient ainsi une certaine analogie avec les moissonneuses à chars modernes? C'est ce qu'il importe d'autant moins d'examiner que le principal rôle de telles machines n'est pas d'abattre plus ou moins grossièrement les tiges du blé, mais bien d'imiter le travail, d'ailleurs si pénible, du moissonneur accroupi, qui doit les maintenir debout en les sciant et les couchant ensuite avec ordre, le long des sillons sans leur imprimer des ébranlements fâcheux; fonctions qu'aujourd'hui même les moissonneuses américaines de Manny et de Mac-Cormick sont encore loin, dit-on, d'accomplir avec la perfection désirable. D'ailleurs ce n'est que depuis bien peu de temps que l'on commence à s'occuper du perfectionnement de ce genre de machines, qui ressortent plus particulièrement du Jury de la IXe classe, et dont, pour ce motif, nous n'aurions à parler ici qu'autant qu'elles constitueraient un nouveau type ou élément d'outil susceptible de s'appliquer à beaucoup d'autres industries, comme le hache-paille, par exemple, ou le coupe-racines.

Ainsi qu'on l'a vu, ce n'est guère avant la fin du dernier siècle ou le commencement de celui-ci qu'on s'occupa, même en Angleterre, d'établir de semblables machines agricoles en vue de diviser, de préparer la nourriture des bestiaux, industrie précédée de plusieurs autres moins importantes peut-être, mais plus concentrées ou plus riches: telle est notamment celle qui concerne le coupage, le râpage et la pulvérisation mécanique des feuilles du tabac. Il en coûterait sans doute beaucoup pour découvrir, dans le dédale des patentes anglaises, la trace des idées originales appartenant à cette classe d'outils et de machines, et l'on doit admettre, jusqu'à preuve contraire, qu'avant l'époque de 1789, où Guillotin, mû par un sentiment honorable d'humanité, proposa à la Constituante le célèbre instrument de supplice qui porte son nom et dont le secrétaire de l'Académie de chirurgie, Antoine Louis, arrêta le plan de concert avec le mécanicien Smidt, de Paris[1], on ne se servait guère que de machines à couteaux droits agissant par le choc à la manière du coin, comme dans le hachoir à tabac de Deparcieux; car je n'entends point ici parler des outils à main ni du soc triangulaire ou du coutre incliné de la charrue, qui offrent les plus anciens exemples, sans doute, des couteaux à action oblique et longitudinale. Je n'entreprendrai pas même de rechercher quel est, de Guillotin, de Smidt et de l'illustre Antoine Louis, le véritable inventeur de la machine; je prétends seulement appeler l'attention non sur le dispositif général ou accessoire du mécanisme, dont la ville de Gênes aurait déjà offert, en 1507, un premier exemple selon l'historien Jean d'Anton, mais bien sur le principe relatif à l'inclinaison du tranchant par rapport à la direction rectiligne du mouvement; inclinaison dont l'angle, plus ou moins voisin de 45°, dépend forcément de celui du frottement des surfaces en contact, et procure au tranchant une vitesse relative de glissement longitudinal comparable à la vitesse translatoire même de l'outil; ce qui le fait opérer à la fois à la manière du coin et de la scie, ou, si l'on veut, de la hache et de la faux des laboureurs, c'est-à-dire le plus favorablement possible. Or ce principe, qu'on retrouve également dans les gouges, la mèche anglaise, etc., est devenu, depuis un certain temps, le fondement d'un grand nombre d'utiles, de puissantes ou délicates machines employées dans les industries les plus diverses, et dont les dispositions essentielles ne sont ni aussi variées ni aussi étrangères les unes aux autres qu'on pourrait le croire, puisqu'elles se rapportent toutes au type continu ou discontinu, rotatif ou oscillatoire.

Le hache-paille à secteur vertical oscillant, dont la base supérieure est formée d'une lame mince, courbe et excentrique par rapport à l'axe inférieur de rotation, imaginé en

[1] *Dictionnaire universel d'histoire et de géographie*, par Bouillet, 3e édition (1845).

1808 par l'Anglais Francis Snowden, et agissant à la manière de la faux à bras des agriculteurs[1]; celui que M. Bouguereau, de la Rochelle, proposa lui-même en 1817, et dont les deux couteaux, à extrémités courbes ou inclinées, servaient principalement à retenir et attaquer obliquement les dehors de la nappe de paille comprise entre leurs concavités opposées; ces machines ne sauraient être considérées comme des dérivations exactes du principe des couteaux en guillotine; mais il en est autrement de la machine à châssis vertical oscillant et du cylindre horizontal à lames rotatives, obliques, mis en usage par MM. Farcot, Manby et Wilson, à Paris, pour le hachage des écorces de tan et du scaferlati.

Ces machines, en effet, dont nous avons donné une idée dans les chapitres I et II de cette Section, avaient été, depuis un certain temps, précédées d'autres fondées sur des principes analogues et non moins dignes d'intérêt par le but auquel elles étaient destinées. C'est ainsi notamment que, vers 1817 ou 1818, on voyait fonctionner déjà dans le moulin de la Haute-Seille, à Metz, une grande machine à couteau oblique, animé de va-et-vient, dans des coulisses verticales, au moyen d'un équipage à bielle et manivelle que conduisait une roue hydraulique, et qui servait à couper les écorces de chêne, soumises ensuite à des meules horizontales ordinaires, convenablement écartées et accompagnées de leurs trémies et blutoirs.

C'est ainsi encore que le hachoir à tambour ou cylindre rotatif à lames obliques peut fort bien n'être qu'une imparfaite imitation de la tondeuse hélicoïde de Georges Bass, de Boston, importée en France par Ellis en juillet 1812 (t. XIV, p. 327, du *Recueil des brevets expirés*), le même qui y fit connaître l'ingénieuse machine à fabriquer les cardes de l'Américain Amos Whittmore. Cette tondeuse, dont nous avons déjà parlé à propos des outils de quincaillerie (p. 90 de ce Rapport), et qui est destinée à raser le poil des draps par une action rotative, automatique et continue, a reçu progressivement en

[1] *Repertory of arts*, t. XV, p. 257 (2e série), patente de février 1810.

France et en Angleterre, sous le rapport de la disposition mécanique et de la fabrication, des perfectionnements qui, par la finesse d'exécution et la trempe, la font ressembler à une véritable lame de rasoir, et sortir ainsi de la classe des outils, comparativement grossiers, dont nous nous sommes précédemment occupés; mais ces derniers outils n'en offrent pas moins de très-grandes difficultés dans l'exécution, l'installation et le fonctionnement, si l'on a égard à la nature particulière, souvent rebelle, des matières auxquelles on les applique, ainsi qu'à la nécessité de concilier l'économie avec le degré de précision et de solidité indispensable.

La tondeuse à lames hélicoïdes continues, sur laquelle nous aurons encore à revenir comme machine automatique se rattachant à des industries spéciales, cette tondeuse, en elle-même si délicate et si savante, aurait-elle, à son tour, été précédée en Amérique de quelque autre machine rotative moins parfaite, à lames transversales isolées et obliques, servant à apprêter les peaux, les draps, ou à hacher simplement la paille, le tabac, etc.? C'est très-probable, et je n'en veux actuellement pour preuve que le brevet d'importation délivré le 23 juin 1810, c'est-à-dire plus de deux ans avant celui du mécanicien Bass, de Boston, à M. Degrand, de Marseille[1], pour une tondeuse à tambour horizontal, muni de huit lames cylindriques en hélice, destinées à raser le poil des peaux à

[1] Ce genre de hache-paille, non breveté en France, et dont les lames sont montées sur deux anneaux en fer parallèles établis sur un arbre à rotation rapide, a été, je crois, décrit pour la première fois, vers 1828, dans les feuilles de M. Leblanc (Ire partie), ouvrage qui a rendu des services réels à l'industrie française, mais que jusqu'ici j'ai eu peu d'occasions de citer, parce que, ne renfermant ni noms ni dates d'origine, il est en outre dépourvu de la critique indispensable pour éclairer la conscience des lecteurs. Précédé du *Traité de mécanique industrielle* et dogmatique de M. Christian, l'ancien directeur du Conservatoire des arts et métiers, cette immense collection de planches in-folio, de dessins, supérieurement levés d'après des machines existantes, exécutés et gravés par les premiers artistes de Paris, fut bientôt remplacée avec avantage par la *Publication industrielle* de M. Armengaud aîné, où j'ai, au contraire, souvent puisé mes citations, et

l'usage des chapeliers, et tournant, dans ce but, en face d'une paire de rouleaux compresseurs à toile sans fin alimentaire, que précède un couteau horizontal fixe, pour ainsi dire tangent au cylindre de ces lames : cette machine, en effet, qui présente déjà un état relatif de perfectionnement, aura bien pu précéder quelque autre tambour à couteaux moins délicats, tel que le hache-paille; mais je ne saurais en éclaircir le fait pour le moment[1].

Au reste, les divers outils dont il vient d'être parlé ne sont pas les seuls, ni les premiers de ceux à lames obliques et multiples, dont l'agriculture ou l'industrie manufacturière ait fait usage en vue de trancher les substances fibreuses, végétales et animales en parties plus ou moins fines ou minces. Il est

qui, si je ne me trompe, doit être, à son tour, envisagée comme la continuation d'une autre entreprise connue sous le titre de *Portefeuille du Conservatoire des arts et métiers.* Mais l'éphémère existence de ce dernier recueil n'a servi qu'à rendre plus regrettables encore les restrictions apportées depuis à la publication des riches documents que possède notre national établissement, dont le plus précieux privilége doit être de maintenir et rehausser la gloire que notre pays s'est acquise par ses principes de libéralité, d'initiation et de divulgation, dans le domaine de la science, du goût, de l'esprit et de l'imagination.

Pour cela, il eût fallu que les successeurs de Vaucanson n'eussent pas autant dédaigné l'héritage du passé, la religieuse tradition des noms et des dates d'invention, la conservation matérielle même des archives et anciens modèles, mal catalogués il est vrai, mais la plupart regrettables sous leur forme grossière et naïve, au point de vue de l'histoire du progrès des idées mécaniques dans le siècle dernier : modèles aujourd'hui disparus en grand nombre, faute, sans doute, de renseignements sur leur genre particulier de mérite, je n'ose dire par trop d'indifférence de l'honneur qui pourrait en rejaillir un jour sur notre industrie. Jadis privée de toute législation de brevets, elle n'offrait, en effet, aux inventeurs d'autre garantie que l'approbation de l'ancienne Académie des sciences et le dépôt des modèles, mémoires ou dessins dans ses archives, devenues, ainsi que beaucoup d'autres collections précieuses, celle de Vaucanson notamment, le primitif noyau du Conservatoire actuel des arts et métiers. Espérons que, grâce aux salutaires et récentes réformes entreprises sous des ministres éclairés, la nouvelle administration, plus vigilante et mieux inspirée, se hâtera de réparer de plus en plus les erreurs et les négligences du passé.

[1] T. XII, p. 53, pl. IX du *Recueil des brevets expirés.*

certain, par exemple, qu'à une époque qui doit être antérieure même à l'année 1800, on se servait en Allemagne aussi bien qu'en France, dans l'Alsace et la Lorraine entre autres, d'instruments destinés au hachage à la main de la choucroute, par le va-et-vient rectiligne d'un châssis à coulisses horizontales, muni de plusieurs lames tranchantes, parallèles, obliques à la direction du mouvement et légèrement inclinées sur son plan, de manière à se démasquer réciproquement, à laisser entre elles l'espace nécessaire pour l'échappement des tranches minces de gros choux cabus, accumulés dans une trémie surmontant les lames de couteaux, et que l'ouvrier pressait fortement des deux mains en leur imprimant directement le mouvement alternatif dans sa coulisse horizontale.

§ II. — Des hachoirs à volant et à couteaux, droits ou courbes, servant à découper les racines, les légumes et la viande. — MM. *Burette, Chaussenot, de Valcourt, Rolland, Girard* et *Fouet,* en France; *Gardner* et *W. Davis,* en Angleterre; *Eckardt,* en Allemagne.

L'ingénieux et simple instrument dont il vient d'être parlé, et que des ouvriers habiles promenaient de village en village, aura fort bien pu donner naissance, en Allemagne ou ailleurs, à quelque machine à disque rotatif ou à châssis oscillant munis également d'un plus ou moins grand nombre de lames obliques et droites; mais je n'en ai aucune connaissance, et l'on doit, en attendant des renseignements plus positifs à cet égard, supposer que c'est l'instrument à main de cette espèce qui a donné, en 1817 ou 1818, au mécanicien français Burette, de Paris[1], l'idée de ses coupe-racines à lames obliques multiples : l'un dont le châssis, à 4 lames parallèles glissant dans des coulisses verticales, reçoit le mouvement de va-et-vient d'un balancier articulé, latéral et incliné, mû à bras d'homme dans un plan vertical; l'autre, qui constitue un véritable volant vertical à manivelle, et dont la couronne est munie de 20 lames droites, assez rapprochées, excentriques

[1] *Bulletin de la Société d'encouragement,* t. XVII, p. 312 (octobre 1818).

et inclinées, sur les rayons moyens correspondants, d'un angle d'environ 30°; lames dont la multiplicité même semble prouver que le volant recevait ici une assez faible vitesse angulaire. Dans l'une et l'autre de ces machines, d'ailleurs, les racines diverses, accumulées, serrées dans une auge ou trémie pyramidale à couloir inférieur fortement incliné et aboutissant en un point favorable au jeu des couteaux, sont découpées en tranches plus ou moins minces, selon la multiplication ou le rapprochement des lames.

Pour obtenir une plus grande division encore des racines, division que M. Burette considérait comme très-avantageuse à la nourriture des bestiaux, il plaçait, intermédiairement aux lames du volant, de petits couteaux dont l'action précédait la leur propre, dans une direction perpendiculaire ou tangentielle à celle du mouvement rotatoire, et qui y produisait des subdivisions d'une forme parallélipipédique. Or, cette ingénieuse et très-simple disposition a depuis été imitée par M. Chaussenot jeune, de Paris [1], dans une machine à volant destinée au découpage des betteraves, selon la méthode par dessiccation de Schutzenbach, pour la fabrication du sucre indigène: dans cette machine entièrement établie en fer ou en fonte, les couteaux, pareillement droits, réduits au nombre de 6, soutenus par des vis à tête arasée contre des épaulements en saillie, à évasement postérieur, étaient, ainsi que les lames, dirigés dans le sens même des rayons; ce qui les faisait agir à la manière des haches ou du coin, et non plus par simple glissement ou fauchement, sans doute en vue d'éviter quelque inconvénient ou difficulté d'exécution qu'il m'a été impossible de deviner à priori.

L'auteur, bien connu, des *Mémoires sur l'agriculture, etc.*, feu M. de Valcourt [2], non moins agronome que mécanicien, persuadé, contrairement à l'opinion de M. Burette, que les

[1] Tome XXXIX, p. 43, pl. 786 du *Bulletin de la Société d'encouragement.*

[2] Voyez la page 153 et la pl. xx de cet ouvrage, publié en 1841 chez Bouchard-Huzard, libraire à Paris.

racines destinées à la nourriture des bestiaux devaient être coupées en tranches d'épaisseur assez forte, mais variable avec l'espèce, avait imaginé de réduire la machine dont il se servait depuis 1820 à sa plus simple expression, en appliquant à un volant circulaire à plateau plein et continu deux couteaux droits opposés et légèrement excentriques, soutenus aux extrémités par des cales à vis de serrage propres à les maintenir parallèlement au plateau et à la distance réclamée par l'épaisseur assignée, dans chaque cas, aux tranches planes des racines, qui, descendant, à l'ordinaire, le long d'un auget latéral en talus, étaient tour à tour, et graduellement, repoussées, sous l'influence de leur charge accumulée, contre la face plane correspondante du volant, guidé, soutenu par des galets fixes et roulant sur sa face opposée, pour amortir les effets de la pression des racines.

Sans méconnaître le mérite mécanique inhérent à l'ingénieuse simplicité du dispositif adopté par M. de Valcourt pour son coupe-racines à rotation nécessairement très-rapide, ainsi que pour son hache-paille, fondé sur un principe analogue, mais où l'on aperçoit, de plus, des rouleaux cannelés alimentaires mis en action par un système de manivelles, de bielles et balanciers à déclic, on peut au moins douter que de telles simplifications, en en supposant l'idée sans précédents avant l'année 1840, et en les considérant dans leur état vraiment rustique, aient été bien profitables à l'agriculture pratique, qui ne cessera de viser à l'économie par d'aussi pauvres moyens d'exécution que quand, entré en possession d'instruments en quelque sorte parfaits et longtemps éprouvés, on se sera mis en mesure, par un agrandissement convenable et spécial de l'outillage des ateliers, de fabriquer ces instruments par procédés mécaniques et aux moindres frais possibles de main-d'œuvre. C'est ce qui est arrivé notamment pour les machines à battre et quelques autres instruments agricoles justement appréciés, répandus et dont un grand nombre se trouvaient exposés à Londres, en 1851, dans une catégorie étrangère au Jury de la VIe classe, comprenant divers instruments à hacher la paille et les légumes, dont nous n'avons parlé ici que parce qu'ils sont véritablement, au point de vue historique des idées et des inventions, inséparables de l'objet de ce chapitre et du précédent, comme on l'a vu plus particulièrement par les machines-outils servant à hacher le tabac en feuilles.

Il est notoire, en effet, et l'on s'en sera déjà aperçu en plus d'une occasion, que les progrès futurs de ce dernier genre de machines sont étroitement liés à ceux de leurs similaires agricoles : tel est plus particulièrement le hachoir à volant vertical, muni d'un simple couteau courbe à évolution rapide, mais d'un faible diamètre, alimenté par une toile sans fin et une paire de cylindres cannelés aboutissant à une embouchure quadrangulaire en fer, dont le côté supérieur mobile vient presser la paille par l'intermédiaire d'un ressort qui en prévient l'arrachement et en facilite le coupage; ce hachoir, introduit en 1840, par M. Rolland, dans la manufacture des tabacs de Strasbourg pour le découpage de gros des feuilles destinées à la pulvérisation, le fut ensuite dans celle de Toulouse par le même ingénieur, qui, en recourant aux ateliers de l'usine de Graffenstaden, dut apporter diverses modifications essentielles au hache-paille à couteau courbe allant de l'arbre à l'anneau du volant, que déjà, cette importante usine livrait à l'agriculture, mais produisant moitié moins d'ouvrage (70 kilogrammes par jour) et qu'elle avait emprunté à l'Allemagne à une époque très-probablement postérieure de plusieurs années à celle où le mécanicien Burette construisait pour la première fois son coupe-racines à lames droites et multiples montées sur volant; instrument dont le principe, n'ayant jamais été breveté en France, doit appartenir, en effet, à quelque mécanicien allemand ou anglais.

Quant à l'idée originale et savante de courber les lames des hachoirs à volant vertical suivant une forme qui s'approche plus ou moins de celle de la logarithmique, jouissant seule, comme on sait, de la propriété de former un angle constant avec ses différents rayons vecteurs, il serait sans doute difficile d'en découvrir l'origine, le véritable inventeur, et il faut, pour le moment, nous contenter de savoir que le mécanicien anglais Gardner (James), de Banbury, comté d'Oxford, dont les premières patentes relatives aux machines à hacher la paille, le foin, les turneps ou autres racines, datent de 1815 et se sont succédé au nombre de sept jusqu'en 1843, a pris, à cette dernière époque, une nouvelle patente dans laquelle, réduisant la machine, entièrement en fer et en fonte[1], à sa forme définitive, très-simple et très-solide, il place extérieurement, à l'extrémité de l'arbre horizontal et principal, trois fortes lames courbes isolées, ramassées autour de cet arbre, contrairement au principe adopté par MM. Burette, Chaussenot et de Valcourt. Ajoutons que ces lames, dans leur rotation rapide, agissent alternativement en descendant et en remontant, par leur convexité tranchante, sous des angles sensiblement constants et de la manière la plus favorable possible, contre les prismes de paille ou de foin régulièrement amenés par un double auget alimentaire et deux couples de cylindres cannelés que conduit, de part et d'autre, un engrenage à vis sans fin établie sur le prolongement intérieur même de l'arbre moteur, qui porte, en dehors, l'anneau du volant régulateur, et peut aussi recevoir un double équipage de couteaux courbes. Mais ce dispositif, quelque ingénieux et parfait qu'il paraisse d'ailleurs, serait, sans doute, difficilement appliqué au hachage régulier et en lanières étroites du scaferlati, si l'on n'apportait à la forme des couteaux et au mode intermittent d'alimentation divers perfectionnements qui mériteraient de la part des ingénieurs ou constructeurs, au point de vue expérimental ou théorique, une étude approfondie et dont la principale difficulté, quant au découpage du tabac, réside, comme on l'a vu, dans l'encrassement même et la déformation rapide des couteaux, souvent accom-

[1] Voyez, à la page 564 du tome XLII du *Bulletin de la Société d'encouragement*, une description très-succincte et très-nette de cette machine, extraite par l'honorable M. Daclin du *Repertory of patent inventions* (juillet 1843).

pagnés d'une *racle* ou lame de ressort frottante, qui, en retardant leur démontage, a aussi l'inconvénient d'en user promptement le tranchant; ainsi qu'on a pu le remarquer dans une machine de ce genre construite pour la manufacture de Strasbourg d'après les plans de M. Girard, le contrôleur dont les travaux ont déjà été cités précédemment.

Les machines à hacher les viandes, les graisses et les herbages pour la charcuterie n'ont pas, à beaucoup près, l'importance des précédentes; peu en usage chez nous, quoiqu'elles y aient particulièrement exercé le génie d'invention de nos mécaniciens dans l'intervalle de 1840 à 1848 [1], si fertile en brevets d'invention et de perfectionnement de toute espèce, ces petites machines, presque toujours mues à bras et à manivelle, mais quelquefois à manége ou par machine à vapeur, sont, au contraire, depuis fort longtemps employées par les bouchers et les charcutiers de Londres, qui dès 1820 possédaient des appareils de ce genre, imaginés par le mécanicien William Davis et composés d'un double rang de lames tranchantes, de couperets verticaux, parallèles dans chaque rang, mais formant un certain angle d'un rang à l'autre : les manches de ces couperets, fixés à vis et écrous sur une traverse horizontale supérieure, recevaient, de deux bielles verticales articulées à ses bouts et d'un arbre à manivelle inférieur un mouvement oscillatoire ascendant et descendant, pendant que l'auge contenant la substance à hacher, soumise à l'action rapide et incessante des couteaux, recevait elle-même un mouvement d'allée et de retour fort analogue à celui des auges à pilons des anciens hachoirs anglais à tabac, au moyen d'un pignon engrenant dans une crémaillère double ou continue [2], qui rappelle également les anciennes machines à imprimer de Kœnig et de Bauer.

Postérieurement (1826), M. Eckardt, serrurier à Gotha, a substitué aux couperets verticaux de Davis des lames tran-

[1] *Publication industrielle* de M. Armengaud aîné, t. VI (1848), p. 247.
[2] *Bulletin de la Société d'encouragement*, t. XX, page 8, pl. 200.

chantes fixées sur le pourtour d'un long cylindre horizontal tournant au-dessus d'une table à découper qui peut aussi servir à hacher le tabac[1]; enfin M. Fouet a proposé, dans le même but (brevet de 1846), de placer sur un arbre horizontal tournant plusieurs volants parallèles armés de lames d'acier tranchantes, courbées sous la forme de la *développante du cercle*, et dans l'intervalle desquelles agit une sorte de peigne pour empêcher les substances d'être enlevées au-dessus du billot à hacher, etc. Mais ces machines, je le répète, jusqu'ici peu répandues en France, n'offrent d'intérêt que sous le rapport de la variété de leurs combinaisons mécaniques[2].

§ III. — Machines à découper le papier, les enveloppes de lettres, les chiffons, etc.; tondeuses pour les draps, délisseuses, affileuses et raffineuses des pâtes à papier. — MM. *Rémond* et *Warren de La Rue; Donkin, Warall, Middleton* et *Elwell, Wilson, Bottier*, etc., à l'Exposition universelle de Londres; MM. *Verdat* et *Legrand, Massiquot, Lefranc, Monin, Daubrée* et *Abraham Poupart*, en France. — Les anciennes papeteries de Serdam et de Langlée; l'astronome *Lalande* et les encyclopédistes hollandais *Zyl, Natrus, Pully* et *Vaurer;* les ingénieurs ou constructeurs *Genssane, Mean* et *Destriches*.

Les différentes machines ou instruments à découper à jour et par emporte-pièce le papier sont d'une constitution trop simple pour s'y arrêter dans cette rapide esquisse historique. Quant aux machines à faire des enveloppes, immédiatement repliées et collées sur trois côtés, par le jeu du mécanisme, telles qu'il en a été exposé fonctionnant, en 1851, sous les yeux du public, à Londres, par MM. Rémond et Warren de La Rue, ces machines, remarquables par leur extrême précision, ne sont que d'ingénieux perfectionnements de leurs similaires précédemment inventées en France, et qui, à l'exception de celles de M. Verdat, du Tremblay (1845), et Legrand (1847), de Paris, n'accomplissaient qu'en partie leurs fonctions d'une manière automatique[3].

[1] *Bulletin de la Société d'encouragement*, t. XXV, p. 235.
[2] *Ibid.*, t. XLVII, p. 606.
[3] Voyez, au sujet des machines à fabriquer mécaniquement les enve-

Les instruments, les machines à cisailles circulaires ou continues pour couper dans le sens de la longueur, les couteaux hélicoïdes pour découper transversalement en feuilles les extrémités des longues bandes de papier sorties fraîchement des cuves de fabrication, instruments dont il a déjà été incidemment parlé dans le chapitre II de la IIe section; les machines exposées en 1851, à Londres, par l'ingénieur anglais Donkin et par MM. Warall, Middleton et Elwell, de Paris; les instruments non moins remarquables présentés par MM. Wilson (Angleterre) et Bottier (France) pour couper verticalement ou diagonalement des piles de papier fortement pressées, à l'aide de tranchants obliques, d'après le principe de Guillotin, et qui opèrent avec une précision, une rapidité et une supériorité incontestables, relativement aux anciens couperets en *langue de carpe*, servant à rogner les livres à la main, par un mouvement à va-et-vient de rabot; ces instruments que, plusieurs années avant l'Exposition universelle de Londres (1844 et 1846), MM. Massiquot, Lefranc et Monin en France[1], avaient déjà remplacés par des outils à tranchants obliques semblables; les anciennes forces mécaniques (J. Douglas et Wathier, 1802[2]), à deux lames minces tranchantes, l'une *femelle*, reposant sur le drap, l'autre *mâle*, rasant la précédente dans ses oscillations transversales dépendant de la marche même du chariot-support; les tondeuses à lames droites pareillement accouplées, à double effet, multiples et à balancier oscillant, d'Abraham Poupart (1822)[3]; les ton-

loppes, devenues depuis une dixaine d'années d'une si haute importance commerciale, les intéressants articles publiés aux p. 422, t. VII, et p. 293, t. VIII de la grande publication de M. Armengaud.

[1] *Publication industrielle*, t. V, p. 420.

[2] *Recueil des brevets expirés*, t. III, p. 3, 15 et 36.

[3] Cette machine compliquée, mais fort ingénieuse, et qui montre bien l'état relativement avancé de notre industrie mécanique en ce qui se rattache à la fabrication des draps vers l'époque de 1820 à 1822; cette machine, aujourd'hui complétement abandonnée, je crois, pour la tondeuse hélicoïde, se trouve décrite avec beaucoup de soins et de détails dans le t. XXIV, p. 175, pl. XVI, de la collection déjà précédemment citée.

deuses hélicoïdes horizontales, munies de brosses dans l'intervalle des lames, animées d'un mouvement de rotation rapide ainsi que d'une translation parallèle, absolue ou relative, comparativement lente, tantôt longitudinale, tantôt transversale à la pièce de drap, contre laquelle s'appuie également, en accompagnant l'hélicoïde tournante, une lame femelle, droite, rasante et relativement fixe, mais qu'elle croise sous un très-petit angle invariable; cette machine déjà plusieurs fois citée comme exemple ou terme de comparaison, ordinairement attribuée à Lewis et John Collier, pour les perfectionnements qu'ils y ont apportés en 1821 [1], par conséquent, longtemps après l'Américain Bass; la grande tondeuse circulaire horizontale, à lames rayonnantes légèrement courbes, imaginée également par M. Poupart de Sedan (mai 1820), et qui, ressemblant au coupe-racines de Burette, était susceptible de tondre quatre pièces de drap à la fois; toutes ces machines et quelques autres plus ou moins analogues, que le temps ne me permet ni de citer ni de mettre dans l'ordre méthodique et historique des idées, mais attestant le génie inventif des artistes et mécaniciens français; toutes ces machines, dis-je, appartiennent évidemment à la catégorie de celles qui nous occupent, et il faut y joindre, en outre, les machines diverses servant à découper ou *délisser*, à *effilocher*, *effiler* ou réduire en pulpe les chiffons destinés à la fabrication du papier, aujourd'hui si importantes par les développements, les perfectionnements qu'elles ont reçus dans toute l'Europe depuis l'année 1835. Mais, quel que soit l'intérêt qui se rattache, au point de vue mécanique, à ces utiles et anciennes machines, dont aucun modèle n'existait à l'Exposition de Londres, il nous sera impossible d'entrer à leur égard dans les explications qui seraient indispensables pour en bien préciser l'origine, l'étendue d'applications et tous les perfectionnements successifs.

Je ne citerai notamment que pour mémoire la délisseuse de

[1] Tome XXX des *Brevets expirés*, p. 305, pl. 39.

M. Daubrée[1], perfectionnée par M. Middleton[2], à Paris, sorte de hache-paille à tambour, muni de courtes lames, les unes obliques ou en hélice, les autres droites et verticales, agissant à la manière des faux, tournant à raison de trois à quatre cents tours à la minute, pour découper en petits carreaux les chiffons de linge que leur présentent, convenablement superposés et étalés, des rouleaux de pression et une toile, un cuir sans fin, alimentaires, conduits ici par la machine elle-même, remplaçant, il est vrai, le travail des ouvrières ou délisseuses auparavant employées à cet objet, mais ne dispensant nullement de l'opération préalable et si importante du triage à la main, du battage ou époussetage, sans lesquels on n'obtiendrait que du papier de médiocre qualité, tout en risquant d'endommager les couteaux de la machine à tambour dont il vient d'être parlé, et, ce qui est bien plus grave encore, ceux des moulins à préparer la pâte, à réduire les chiffons en pulpe plus ou moins fine.

Jusque vers 1815, on continuait à se servir en France, pour la fabrication des pâtes à papier, de maillets à longues pannes verticales en bois, garnies de lames, de clous aciérés, dont les manches horizontaux étaient soulevés à la tête par autant de cames, et qui, en retombant sur le fond d'auges oblongues en bois, garnies de plaques de fonte ou de bronze, servaient à triturer les chiffons sous l'affluence d'un jet liquide permanent, tandis que l'eau salie s'échappait, un peu au-dessus du fond, par des ouvertures grillagées. Mais, à partir de cette même époque, on leur substitua généralement, et avec un grand avantage pour la célérité et l'économie de la fabrication, sans pour cela abandonner l'ancienne méthode à la cuve ou à la forme, les cylindres à la hollandaise, effilocheurs, dégrossisseurs et affineurs à volonté, qui datent, à ce qu'il paraît, de la dernière moitié du XVIIe siècle, mais dont l'inventeur est resté complétement inconnu, si l'on en juge par le silence de ceux

[1] *Brevets expirés*, t. XXXV, p. 128, pl. 23 (mars 1834).

[2] *Publication industrielle*, tome V (1843), p. 232, pl. 18.

des auteurs contemporains qui en ont donné la description dans des ouvrages hollandais ou français [1].

Ces anciens cylindres, véritables types, comme on l'a vu, des moulins à tan et à tabac, construits généralement en bois dur, armés de lames d'acier droites à doubles biseaux ou tranchants, munies de cannelures parallèles à l'axe et retenues solidement, comme aujourd'hui, entre des platines métalliques aux deux bouts : fortement encastrés, serrés dans ou contre le noyau plein par des cales, des coins en bois ou en fer, ces

[1] Voyez p. 2 de la préface et p. 27 de l'*Art de faire le papier*, par le célèbre astronome Lalande, imprimé en 1762, sous les auspices de l'ancienne Académie des sciences, dans la belle *Collection des arts et métiers*, dont les planches ont souvent été calquées par les auteurs de notre première Encyclopédie, sans indication d'origine, comme on peut le voir par le volume de 1767; ce qui est une indigne tromperie, trop fréquente encore de nos jours. Dans cet ouvrage, qui contient une histoire curieuse et approfondie de la fabrication du papier, Lalande, qui, pas plus que l'Académie, n'appartenait à la catégorie des spéculateurs, et dont l'amour du progrès était le seul mobile, Lalande nous apprend, aux endroits cités, que les moulins à cylindres ont été gravés, avec un texte insuffisant, dans deux *Recueils de machines* publiés à Amsterdam en 1734 et 1736 : le premier, de 54 planches in-f°, composé par Natrus, Polly et Vaurer, gravé par Jean Punt; le second, de 55 planches, en même format, intitulé : *Theatrum universale*, par Zyl et gravé par Schenck; tous deux sans détails, rédigés d'une manière obscure et incomplète, en vue de cacher l'*intelligence des procédés*, selon l'esprit des Hollandais d'alors, qui, par exemple, *défendaient, sous peine de mort*, la sortie des formes à papier fabriquées chez eux, sans doute pour le vélin ou d'autres papiers forts à grain fin à dessiner, papiers qu'ils ont su produire avant nous, par des moyens analogues à ceux qui leur permettaient de bluter au tamis de soie les plus fines fleurs de farine.

A l'égard des moulins à cylindres, qui ont, dit Lalande, l'avantage de produire en trois fois moins de temps une pâte plus égale et mieux liée que ne le faisaient les anciennes piles à maillets, certaines personnes les supposaient d'origine française, les Hollandais ne possédant presque aucune fabrique de papier au commencement du XVIIIe siècle (p. 81) et continuant à s'approvisionner jusqu'en 1723 en France. Lalande nous apprend encore que les perfectionnements, apportés à ces mêmes moulins dans l'établissement de Serdam ont conduit, dès 1730 ou 1732, l'ingénieur J.-B. Mean (voy. p. 42) à en construire plusieurs à Arras, à Dinant, à Huy et à Dalhem; moulins dont cet ingénieur aurait communiqué la méthode à

cylindres, ces lames montées sur un puissant arbre horizontal en fer et à lanterne pareille, tournaient, avec une vitesse de 60 à 80 tours à la minute, transversalement dans une cuve horizonale oblongue, revêtue de plomb, arrondie aux deux bouts, que partageait en son milieu, dans le sens longitudinal, une courte cloison verticale, interrompue à une certaine distance de ces bouts et séparant la partie active où opère le cylindre de l'autre moitié de la cuve, remplie d'une eau limpide, qui, emportée dans le courant à circuit ou tourbillon provoqué par la rotation rapide du cylindre effilo-

M. de Genssane, qui non-seulement les fit connaître en France, mais chercha aussi à les perfectionner en leur donnant la forme conique dont il sera parlé vers la fin de ce paragraphe. Enfin Lalande donne, dans de très-belles planches gravées par Patte en 1761, une description complète de la grande manufacture de papier établie, en 1740, à Langlée, près Montargis, dans le système hollandais, et dont les cylindres, entre autres, furent construits en fer et en fonte, avec certaines modifications, par Destriches, maître serrurier de Paris, à qui on devait d'ailleurs plusieurs remarquables travaux de cette espèce.

On peut voir encore, dans cet important et consciencieux Traité sur l'*Art de faire le papier*, l'impulsion que l'Académie et le Gouvernement s'efforçaient, vers 1760, d'imprimer aux diverses branches de l'industrie manufacturière, sans s'arrêter au prétendu danger d'éclairer les autres peuples dans la voie des progrès accomplis en France, et dont Lalande présageait dès lors le futur développement (Préface). A l'égard des machines servant spécialement à la fabrication du papier, déjà si répandues dans diverses parties de la France dès le XVIIe siècle, on peut voir aussi, par les planches de l'ouvrage qui nous occupe, que des roues hydrauliques, construites entièrement en fer (p. 124) et emboîtées ainsi que leurs aubes en forme de cuiller, sans aucun jeu sensible, dans des coursiers circulaires, fermés même à la partie supérieure sauf pour le passage des bras, que ces roues, dis-je, et d'autres roues de *côté*, construites d'après le principe dont Deparcieux avait déjà posé les bases, faisaient mouvoir, à raison de 80 (système hollandais), de 150 (système français) révolutions à la minute, des cylindres, les uns en bois, les autres en fonte creuse, selon le système du serrurier Destriches. Enfin on y voit que l'illustre astronome se préoccupait déjà de disposer l'arbre horizontal en fer de ces mêmes cylindres de manière à éviter les inconvénients inhérents au soulèvement oblique qu'on était obligé de leur faire subir dans le système hollandais, quand il s'agissait de changer l'écartement des couteaux, etc.

cheur, entraînait les flocons de matière en partie désagrégée, pour les ramener incessamment entre les couteaux de ce cylindre et ceux, légèrement obliques à l'axe, dont se trouvait également armée, sur une petite étendue, la platine de fond d'une sorte de coursier circulaire emboîtant, vers le bas, la partie postérieure de ce cylindre, sur le quart environ de sa circonférence; coursier dont l'entrée était raccordée par une pente douce avec le fond même de la cuve pour faciliter l'arrivée du liquide, tandis que sa sortie, son sommet, l'était par un talus très-roide pour accélérer la vitesse d'échappement de l'eau et contre-battre le remous postérieur.

J'ai quelque peu insisté sur les détails de cette ingénieuse et admirable disposition, pour bien montrer qu'elle n'a subi depuis 1760 aucune modification essentielle[1], si ce n'est dans le nombre des révolutions du cylindre, qui de 80 par minute qu'il était alors, d'après le système hollandais, est passé successivement à 150 et 200, ou peut-être encore dans l'application d'une cavité transversale au talus doux d'arrivée du liquide, cavité recouverte d'un grillage serré pour mettre obstacle à l'ascension ultérieure des matières étrangères telles que le sable, etc., qui, en vertu de leur densité spécifique, viennent s'y déposer; encore cette addition n'a-t-elle eu lieu

[1] En comparant la pl. XLII, p. 67 de l'ouvrage in-f° de Gray souvent cité (*Expérienced millwright*, 1806), avec leurs correspondantes de l'ouvrage de Lalande ou de l'*Encyclopédie méthodique* (1767, *Supplément*), il sera facile de reconnaître que le système de construction anglais ne différait pas autant qu'on pourrait le supposer de celui qui était suivi, cinquante ans auparavant, dans la grande papeterie de Langlée. En considérant, de plus, l'état de perfectionnement, relativement avancé, des moulins à triturer la pâte de chiffons dans ce dernier établissement, et la publication qui en avait été faite dès 1762, on ne peut qu'être surpris de voir avec quelle lenteur ce genre de machines s'est propagé en France, où il en existait à peine quelques-unes en 1814; mais on doit observer que, indépendamment des orages politiques et de l'état de guerre où notre pays a été pendant si longtemps plongé, le besoin de ce genre expéditif d'outils ne devait guère se faire sentir avant l'époque où l'on s'est enfin rendu maître du procédé de blanchiment des pâtes inventé par Berthollet, et de la fabrication du papier continu au moyen de la machine de Louis Robert.

que depuis l'époque où, en vue d'épargner les frais de main-d'œuvre et d'utiliser toute espèce de chiffons, on a cru pouvoir supprimer les trieuses et épousseteuses dans les modernes fabriques de papier continu.

J'ajouterai que, dans l'ancienne papeterie de Langlée, les cylindres étaient, comme aujourd'hui, recouverts d'un chapiteau en bois pour empêcher la projection au dehors du liquide, chapiteau d'où il s'échappait néanmoins par les ouvertures mentionnées ci-après; que la traverse horizontale d'appui du tourillon extérieur voisin du cylindre était susceptible d'être soulevée légèrement au moyen d'un petit cric latéral également extérieur, afin de régler l'écartement des couteaux en s'aidant, à défaut d'un cliquet d'arrêt, d'un coin de bois chassé au-dessous de cette traverse, mobile à l'extrémité opposée, autour d'une cheville horizontale; que l'eau, arrivée pure dans la cuve, s'en échappait continuellement salie, au travers d'ouvertures placées à l'un des bouts du chapiteau et précédées, pour retenir les effiloches de la pâte, de châssis grillagés en toile métallique ou de crin, versant cette eau dans des gouttières transversales suivies d'un entonnoir recouvert, avec tuyau d'écoulement vers le dehors; que la masse d'eau chargée de la pâte suffisamment effilochée et lavée passait, comme aujourd'hui encore, dans une cuve de décharge et dépôt inférieure; qu'enfin le mouvement rapide était donné aux cylindres par un équipage à double harnais, dont le grand rouet horizontal et supérieur engrenait, en trois points différents, dans les lanternes respectives de ces cylindres; système que, à partir de 1830, on a remplacé par des rouages d'angle en fonte, et, plus tard encore (1840 à 1845), par de larges courroies sans fin à poulies d'embrayage, susceptibles de céder en cas d'obstacles ou d'engorgements accidentels.

Cette dernière amélioration, ainsi que beaucoup d'autres de détail, est due à MM. Callon père et fils, habiles ingénieurs à Paris, à qui l'on doit notamment d'avoir remplacé l'action oblique du cric servant à régler le jeu, l'écartement relatif des couteaux, par un petit arbre supérieur horizontal à vis sans fin opérant, comme dans les laminoirs à plomb, simultanément et parallèlement, le soulèvement des coussinets du gros arbre des cylindres, etc.[1].

C'est ici également le cas de rappeler les tentatives infructueuses faites anciennement par de Genssane[2] pour substituer au système primitif à cylindres, si simple et si ingénieux, des moulins à noix coniques verticales armées de lames tranchantes, opérant contre d'autres lames obliques se croisant avec les premières, et fixées contre deux plans inclinés entre lesquels cette noix tournait avec une certaine rapidité, en entraînant, par une action centrifuge, l'eau et les effiloches de la base vers le sommet, etc. Ces mêmes tentatives ont d'ailleurs conduit à d'autres systèmes à effilocher les chiffons, d'un genre plus ou moins analogue, c'est-à-dire à cuvettes coniques, mais simplement recouvertes de tôle piquée en forme de râpe, etc. Mais ces différents systèmes ne paraissent pas avoir obtenu des succès plus durables, si ce n'est peut-être pour la réduction en pâte des rognures de vieux papiers destinées à fabriquer le carton[3].

Je ne quitterai pas ce sujet sans faire remarquer encore que c'est à Genssane, le correspondant de l'ancienne Académie des sciences, que l'on doit le perfectionnement des premières machines automatiques à couteaux propres à remplacer les anciennes délisseuses, à faux fixes, servant à découper les chiffons à la main, et qu'on avait déjà tenté de faire tourner rapidement vis-à-vis d'un autre couteau immobile et parallèle à l'arbre de la machine : déjà, en effet, dans son mémoire de 1747, ce savant ingénieur propose de se servir d'un cylindre en une seule pièce de fonte, à lames triangulaires en dents de scie, fendues transversalement pour le passage de couperets également triangulaires, analogues aux tranchets des cordon-

[1] *Publication industrielle* de M. Armengaud, t. IV (1845), p. 125, pl. 11.

[2] *Machines approuvées par l'Académie*, tome VII (1742), p. 201 ; *Art de faire le papier*, par Lalande (1762), p. 41 et suiv.

[3] Borgnis, tome VI (1819), *Machines employées à diverses fabrications*, p. 211 et 229.

niers, et fixés normalement à une portion de couronne cylindrique qui emboîtait les lames, à la manière des moulins à platine et cylindres effilocheurs, dont cette ancienne délisseuse imitait exactement le travail sur l'une des moitiés d'une cuve à remou ou tourbillonnement d'eau[1].

§ IV. — Machines à râper les fruits, les légumes, les os et les bois de teinture; à découper, apprêter, ouvrir les cuirs, les baies de coton, etc. — MM. *Burette*, *Lilly*, *Oliver Evans*, *Vauquelin*, *Poole*, *Nossiter* et *Pecqueur*; *Green*, *Duval*, *Berendorf*, etc.; *Brunel*, *Gengembre* et *Jolichère*; enfin MM. *Dumerey*, *Waite* et *Mansell*, à l'Exposition de Londres; les frères *Ternaux* et MM. *Vallery*, *Raymond*, etc., précédemment, en France.

Les râpes poinçonnées, refoulées ou piquées, les limes mêmes, munies de leurs aspérités crochues, tranchantes et régulières, ne sauraient être d'un bon usage dans les machines à mouvement rapide, à cause de leur prompte usure et de leur facile engorgement, fussent-elles simplement employées à lacérer, déchirer en pulpes grossières les substances molles végétales, telles que les racines et les légumes. Mais il en est autrement de celles qui sont formées de lames découpées en dents de scie et ajustées solidement avec intervalles autour de cylindres en bois ou en fonte, de manière à agir isolément, directement et sans autre intermédiaire, comme nous en avons déjà eu des exemples (p. 125) à propos de machines servant à pressurer les pulpes de pommes de terre et de betteraves. La facilité avec laquelle ce dernier genre de machines s'est répandu dans les campagnes de la Lorraine, dès l'année 1817, prouve assez le mérite des services rendus à l'industrie par leur inventeur, M. Burette, et ses successeurs[2]. Jusque-là,

[1] Voyez les p. 43 et 44 de l'*Art de faire le papier*, où l'on voit aussi, p. 39, que les Hollandais se servaient, en outre, de cylindres *affleurants*, en bois, à cannelures profondes et écartées, nommés par Lalande *émoussoirs*, et qui avaient pour objet de délayer les pâtes de chiffons tassées, pour les faire ensuite écouler, au moyen de tuyaux de conduite, dans les diverses cuves de fabrication.

[2] *Bulletin de la Société d'encouragement*, tome XVIII, p. 80 et 279, année 1817.

en effet, on s'était principalement servi des râpes cylindriques en fer-blanc, percées de trous refoulés au poinçon, et qui elles-mêmes avaient remplacé la grande râpe à anneau horizontal, garni de lames obliques dentelées passant rapidement sous une trémie à betteraves, dans la machine établie à la sucrerie de Sauer-Schwabenheim [1].

La machine à diviser les os, pour l'agriculture, au moyen d'une râpe cylindrique en acier munie d'aspérités, de dents disposées en hélice, cette machine, employée de temps immémorial à Thiers [2] pour utiliser les résidus de la coutellerie, appartient évidemment à la classe de celles qui nous occupent, et il en est ainsi encore des machines à arbre tournant horizontal, muni, suivant des plans équidistants perpendiculaires à cet arbre, de disques ou de lames de scie circulaires à crochets aigus, dont on se sert aux États-Unis d'Amérique, notamment à la Louisiane, depuis Oliver Evans, leur premier inventeur si je ne me trompe [3], pour ouvrir, égrener, éplucher les baies à coton, contenues dans une trémie fermée latéralement par une grille en fer, dont les barreaux courbes laissent passer la partie dentée des disques ou lames de scie entraînant les fibres du coton au côté opposé, où elles sont soumises à l'action de brosses tournant d'un mouvement relatif plus rapide encore, qui les accrochent, les enlèvent au fur et à mesure du détachement des flocons de leurs coques brisées. Ces machines, comme on le voit, très-simples et très-ingé-

[1] *Bulletin de la Société d'encouragement*, tome XII, p. 161, année 1813.

[2] *Ibid.*, t. XXV, p. 276, année 1826.

[3] Je cite de souvenir; mais ce qu'il y a de certain, c'est que l'illustre mécanicien s'occupait, dès 1777, de machines à fabriquer les cardes à laine et à coton (voy. l'ouvrage de Doolittle, p. 12, édit. de 1825). D'autre part, je trouve à la page 382 de l'ouvrage intitulé : *The american polytechnic journal* (t. I), par Greenough et Fleischmann, un intéressant article dû à ce dernier, et où l'invention des machines à ouvrir le coton (*cotton-gin*) est attribuée à Eleuzer Carver, de Plymouth (Massachusetts), qui aurait commencé à s'en occuper dès 1807, et auquel auraient succédé Will. Backer en 1838, Will. Whittemmore, Henry Couklin, John Beath, en 1839, etc., pour des perfectionnements divers.

nieuses, et qui ont été successivement améliorées depuis 1813 aux États-Unis, avaient, jusqu'en 1819, manqué à la colonie du Sénégal, lorsque la Société d'encouragement de Paris s'occupa enfin de les lui procurer, sur la demande de notre administration maritime (t. XXI, p. 19 et 121).

Les anciennes machines cylindriques ou coniques à ouvrir le coton en balles, appelées *loup*, *diable*, *willow* (panier à salade), *batteur-éplucheur, etc.*, perfectionnées d'abord par l'Anglais Lilly; les machines plus ou moins analogues servant à ouvrir, battre et peigner même la laine, le lin, les étoupes et la bourre de soie, toutes les machines à hérisson enfin, armées de dents ou de pointes distribuées diversement sur des pièces à mouvement rapide, telles que chaînes ou cuirs sans fin, tambours ou volants à bras et traverses détachées, par cela seul qu'elles tendent à diviser, séparer les matières; toutes ces machines ou outils, dis-je, sans en excepter les broies mécaniques du chanvre et les cardes de divers genres, appartiennent incontestablement à l'objet de ce paragraphe, et elles ont reçu, depuis 1815, des perfectionnements d'autant plus remarquables qu'on y est parvenu non-seulement à séparer les fibres des matières qui leur sont étrangères, mais aussi, qu'on me permette de le redire, à débarrasser les ateliers des poussières qui les obstruaient autrefois et nuisaient si malheureusement à la santé des ouvriers. On comprend, du reste, que ce ne serait point ici le lieu d'entrer dans aucune explication, dans aucun détail concernant la découverte et les perfectionnements successifs de ces différentes machines.

J'en dirai à fortiori autant des machines à préparer expéditivement, trop expéditivement peut-être, les peaux de tannerie, imaginées et employées par MM. Vauquelin, Poole, Nossiter et autres[1]; de celles à fendre, ouvrir les cuirs, les feutres et les tissus doubles dans le sens de leur épaisseur, au moyen de fraises, de couteaux tournants ou oscillants, machines parmi

[1] *Bulletin de la Société d'encouragement*, t. XL, p. 415; t. XLI, p. 51, et t. XLIV, p. 440.

lesquelles on distingue surtout celles de M. Pecqueur, à longues lames tranchantes, guidées dans leurs excursions angulaires par des gabarits appropriés à chaque genre de produits[1]; des machines ou instruments à percer, découper, presser, battre et laminer également les cuirs forts, par MM. Green, Duval, P. Saulnier, Levadoux, Cox, Sterlingue et Bérendorf[2]; enfin des machines à fabriquer les bottes et les souliers d'une seule ou de plusieurs pièces, à semelles sans coutures, avec des rivets ou des vis, par procédés mécaniques, tels qu'étirage, battage, perçage, découpage à l'emporte-pièce, refendage, etc.: ces procédés avaient déjà préoccupé Brunel père, à Londres, dans une patente de 1810, reproduite en France, à quelques exceptions près, par MM. Gengembre et Joliclère en 1816[3]; modifiés en divers points, ils ont acquis un degré de perfection dont on a pu prendre une idée à l'Exposition universelle de 1851, d'après MM. Dumerey, de Paris, Waite, de Londres, et Mansell, de Birmingham.

J'aurais dû, à propos de l'ancienne méthode de pulvériser les os dans la ville de Thiers, parler de diverses autres machines ayant un but analogue, mais appliquées spécialement aux bois destinés à la teinture, et qu'on *affilait*, réduisait autrefois en copeaux minces, au moyen du rabot, pour les broyer ensuite à l'aide des meules, des pilons ordinaires; machines qui ont suivi les mêmes phases de perfectionnement que celles ayant

[1] *Publication industrielle*, t. VI, p. 422, et t. VII, p. 199, où l'on trouvera d'intéressantes notices historiques sur ce genre d'outils ou de machines pour lesquelles il a été pris, dès 1809 un brevet, probablement d'*importation*, dont, si je ne me trompe, le but doit offrir quelque analogie avec celui que s'était proposé antérieurement Warren Revers, de Boston, et qui fut enregistré sous le nom de M. Degrand, de Marseille, si souvent cité comme l'initiateur de notre pays dans l'industrie américaine; initiateur intéressé, il est vrai, mais qui n'en a pas moins rendu de réels services à la mère patrie à une époque où elle aspirait à renaître aux bienfaits de la civilisation et de la richesse publique.

[2] *Bulletin de la Société d'encouragement*, tome XIX, p. 28, 42, 43 et 44; *Publication industrielle* de M. Armengaud, t. III, p. 319.

[3] *Recueil des brevets expirés*, t. XI, p. 309 à 327, pl. 30 et 31.

pour objet la pulvérisation du tan et le travail des bois en général, à cela près néanmoins de la différence du but à remplir et de la variété de forme et de contexture des matières soumises, dans chaque cas, à l'action de l'outil. C'est ainsi, notamment, que dès juin 1810 les frères Ternaux prenaient, à Paris, un brevet d'invention pour une machine à cylindre armé de couteaux obliques, agissant latéralement, par leurs extrémités extérieures, comme de véritables gouges, et tournant rapidement, en face du morceau de bois à affiler, solidement maintenu sur un chariot à contre-poids, l'un de recul, l'autre d'avance ou de pressage, moyennant quoi, la pièce était de proche en proche débitée en copeaux très-minces, dans le sens transversal ou de son épaisseur.

C'est ainsi encore que M. Legrand, de Marseille, se faisait délivrer, peu de jours après, deux brevets d'importation, probablement américains, l'un (en 1810) dont il a déjà été parlé et ayant pour objet une machine à tambour et lames courbes obliques, servant à raser les peaux à l'usage des chapeliers, la première peut-être de son espèce; l'autre (même date), concernant une machine très-ingénieuse, mais aussi fort compliquée et dans laquelle une scie segmentée en portions de spirale rentrante, était substituée aux cylindres à couteaux pour réduire directement le bois de teinture en parties fines. Ces brevets furent d'ailleurs suivis, à quatorze ans de distance, par celui de M. Coutagne aîné, de Vienne (Isère), pour un cylindre tournant à couteaux rayonnés, tranchants et obliques, muni d'un volant extérieur de grand diamètre, et qui devait remplacer avec avantage le travail, *à la hache,* des bois de teinture, tenus ici à la main contre l'outil[1]; système en quelque sorte primitif et qu'un sieur Lechien, serrurier près Rouen, a perfectionné vers 1829, en dentelant transversalement les couteaux obliques pour *papilloter* les copeaux, dont il aurait ainsi obtenu 15 p. o/o de plus, à la teinture.

[1] *Recueil des brevets expirés,* t. XII, p. 49; t. VIII, p. 157; t. XXXIX, p. 429, et t. XXIX, p. 214, pour les machines de MM. Ternaux, Degrand, Coutagne, respectivement.

Dix ans après encore, l'ingénieux auteur du silo mobile, M. Vallery, obtenait de notre Société d'encouragement une médaille d'or pour une fort belle et puissante machine à poulie motrice, tout en fonte et en fer, dans laquelle la pièce de bois, portée par un chariot que conduisait une crémaillère à roues d'angle et vis sans fin, était découpée, sciée par des couteaux dentelés que des mâchoires solides maintenaient contre le plan extérieur d'un plateau vertical, à des distances graduelles du centre, dans un sens perpendiculaire ou légèrement oblique aux rayons correspondants; enfin MM. Raymond, Philippe et Berendorf, de Paris (1839), ont apporté des modifications ou perfectionnements divers aux mêmes machines, mais en prenant pour base fondamentale les outils à lames dentelées, auxquels M. Berendorf substituait, d'un autre côté, le moulin à noix quand il s'agissait de pulvériser de très-petits bois irréguliers[1].

Quant aux machines à scier proprement dites, à tourner, tailler, dresser, façonner diversement les pierres, les bois, etc., machines qui se rattachent intimement aux précédentes, et leur ont souvent servi de type, leur importance dans les arts de construction et d'ameublement mérite que nous leur consacrions une Section spéciale, ne serait-ce qu'en raison de leur variété même, et des nombreux, des ingénieux perfectionnements dont elles ont été l'objet dans ces derniers temps.

[1] Voyez le *Bulletin de la Société d'encouragement*, tome XXXVIII, p. 317 et 367 (année 1839), et la *Publication industrielle* de M. Armengaud, t. II 1841), p. 226, 1re édition.

VIe SECTION.

MACHINES ET INSTRUMENTS

SERVANT À TRAVAILLER, DIVISER, FAÇONNER SOUS DES FORMES DIVERSES ET PRÉCISES LA PIERRE, LE BOIS ET LES CORPS ANALOGUES.

Cette Section pourrait être considérée comme une suite de la précédente, en tant qu'elle traite de machines où l'on se sert également d'outils tranchants, perforants, etc.; mais on remarquera que, à l'exception de quelques instruments peu importants et servant au découpage du papier et du cuir suivant une figure donnée, il ne s'agit là, en général, que de la division des matières en parties plus ou moins fines, dont la forme est à peu près indifférente en soi. Les machines de la présente Section, au contraire, ont pour but de donner aux corps solides des formes, une figure déterminées et précises, géométriques ou artistiques, telles qu'en procurent les différents tours, les machines à scier, à chantourner, polir ou dresser. C'est pourquoi, et vu surtout leur grand nombre, leur diversité et l'importance même de leur application aux arts, j'ai été conduit à leur consacrer plusieurs chapitres et subdivisions distinctes de ce Rapport, où je pouvais d'autant moins d'ailleurs passer sous silence les tours figurés ou à portraits, que les machines à sculpter et à graver, aujourd'hui d'un usage si général, s'y rattachent, comme on le verra, de la manière la plus intime au point de vue historique et artistique.

CHAPITRE Iᵉʳ.

SUR LES TOURS ET LES MACHINES À ÉQUIPAGES MOBILES, PORTE-OUTILS OU OBJETS, SERVANT À ARRONDIR, PROFILER, GUILLOCHER, DIVISER, GRAVER ET SCULPTER LES CORPS DE NATURES DIVERSES.

---

§ Iᵉʳ. — Notions générales relatives à ce sujet et aux principaux auteurs ou écrits qui en ont traité scientifiquement ou pratiquement. — *Léonard de Vinci* et *Jacques Besson*; *Salomon de Caus*; *Descartes*, *Pascal* et *Roberval*; *Bernoulli*, etc.; *de Lahire*, *de Lacondamine* et *Clairault*; *Suardi*, *Lanz* et *de Bétancourt*; les tourneurs ou auteurs *Moxon*, *Oldfield* et *Holtzappfel*, en Angleterre; *Plumier*, *Hulot*, *Bergeron* et *Paulin Désormeaux*, en France.

Le tour usuel à pointes et poupées-supports fixes, le tour à mandrin et à collets ou lunettes d'appui, qui se réfèrent plus particulièrement à la rotation des corps autour d'un axe fixe ou changeant; les divers chariots mécaniques, les chariots à va-et-vient cheminant sur galets, rails ou coulisses, qui, d'autre part, se réfèrent plus spécialement au glissement, à la translation rectiligne ou curviligne; les tours et les chariots, dis-je, considérés isolément, soit comme porte-objets destinés à être façonnés diversement, soit comme porte-outils coupant, rabotant, rodant, sciant, etc.; les tours et les chariots enfin, tantôt simples, tantôt combinés entre eux ou avec eux-mêmes, constituent, comme on a déjà pu le remarquer dans ce qui précède, les instruments de travail par excellence, des outils pour ainsi dire universels. Ce sont surtout des instruments de précision pour dresser les surfaces planes ou cannelées, façonner les corps ronds et même les surfaces obliques ou rampantes, autour d'un axe rectiligne. Ces dernières surfaces, en effet, bien que privées du caractère rigoureux de symétrie qu'on observe dans les corps de révolution, n'en sont pas moins susceptibles d'être exécutées avec régularité et promptitude, au moyen des organes élémentaires dont il vient d'être parlé, aidés de dispositions plus ou moins savantes et délicates, qui se laissent apercevoir dans les machines à raboter, à mortaiser, perforer, polir ou dresser; dans les machines à scier, débiter les pierres ou les bois, en dalles, en planches plus ou moins minces; mais plus particulièrement encore, dans les tours à guillocher, graver et sculpter, nommés *tours à combinaisons, à portraits* ou *figurés:* ces tours, dont je n'ai point eu jusqu'à présent l'occasion de parler, ont joui autrefois, en effet, d'une grande célébrité, et, bien qu'ils offrent aujourd'hui des applications plus restreintes, je ne puis me dispenser d'en dire ici quelques mots, au moins sous forme de généralités.

Ces derniers tours, munis de mandrins porte-objets, comme le *tour en l'air* proprement dit, s'en distinguent, on le sait, non-seulement parce que le mandrin n'y est point simplement fixé au bout ou *bec* de l'arbre tournant, et comporte quelquefois une combinaison de pièces nommées *ovales, excentriques,* pour sculpter, tailler les objets suivant des formes elliptiques et épicycloïdales, mais en ce que l'arbre lui-même est susceptible de se mouvoir longitudinalement ou par glissement dans ses collets à poupées-supports fixes, ou transversalement et parallèlement, avec ces collets et leurs poupées, par glissement, translation directe ou rotation sur un châssis-support à charnières inférieures, elles-mêmes fixes. A cet effet, les tours dont il s'agit comportent extérieurement ou intermédiairement, tantôt à l'extrémité opposée de l'arbre, tantôt transversalement à sa direction, des repoussoirs formés jadis de contre-poids, aujourd'hui principalement de ressorts qui obligent cet arbre à s'appuyer sans cesse par une touche émoussée, soit contre des plans obliques ou des surfaces taillées en hélice, pour exécuter les surfaces rampantes, biaises, torses, etc., soit contre des gabarits à couronnes de champ, à rosettes ondulées latéralement ou extérieurement, et qui, montés transversalement sur l'arbre même du tour, obligent le mandrin à subir divers mouvements, indépendants de celui de sa rotation propre, en face de l'outil tranchant, dont les biseaux variés, à support intérieur ou latéral immobile, parcourent l'objet, le taillent suivant des contours ou des formes nommés proprement *guillochis.*

Mais ces différents tours, qui rentrent tous essentiellement dans la catégorie de ceux à combinaisons, ne sont pas uniquement employés pour l'exécution rigoureuse de formes mathématiquement définies; ils le sont encore pour le tracé, la copie et la réduction de figures artistiques, sur le plan ou le relief, au moyen de procédés qui constituent de véritables transformations géométriques de ces figures, et nécessitent, par là même, des transformations correspondantes de mouvement, rentrant plus spécialement dans le domaine de cette partie de la science que notre illustre Ampère a nommée *Cinématique;* transformations et combinaisons qui, à dater du xve siècle, ont aussi exercé le génie inventif du grand peintre Léonard de Vinci et des célèbres académiciens ou géomètres de Lahire, de Lacondamine et Clairault[1]. C'est que, en effet,

[1] On consultera avec intérêt, pour la partie scientifique, les écrits de Lacondamine sur le tour à *rosettes* et à *portraits,* dans les *Mémoires de l'ancienne Académie des sciences,* pour l'année 1734, p. 216 et 303 : « Une règle à coulisse tournante ou relativement fixe dans un plan, armée, à un bout, d'une pointe traçante, et, à l'autre, d'une touche à ressort repoussoir, destinée à suivre le contour de la rosette, sorte de *gabarit,* de *patron,* contre le relief extérieur duquel s'appuie cette touche liée, avec la règle à coulisse et le burin ou poinçon, par un système de rouages solidaires, tandis que le plan même de la figure reste, à l'inverse, ou fixe ou tournant sur lui-même »; telle est la base des solutions proposées par de Lacondamine, et qui se rapportent essentiellement à la théorie des conchoïdes envisagées d'une manière générale et propre à fournir, pour le tour ordinaire sans glissement longitudinal de l'arbre, le profil extérieur d'une rosette ou platine dirigée, ainsi que la touche, perpendiculairement à cet arbre et correspondant à une figure donnée, ou inversement.

Des solutions analogues, relatives à la translation parallèle de l'arbre, donneraient les rosettes latérales nommées *couronnes,* en saillie sur le *champ* de leur platine, ou, si l'on veut, tracées sur un cylindre circulaire, concentrique à cet arbre, ici parallèle à la touche directrice ou repoussoir. Mais, comme l'observe de Lacondamine, l'intersection commune des cylindres de projection des deux courbes qui seraient tracées séparément, dans le sens parallèle ou perpendiculaire à l'axe, en faisant abstraction du mouvement opéré dans l'autre sens, cette intersection fournirait, d'après la méthode de Clairault, les courbes à doubles courbures tracées, d'un mouvement relatif dans l'espace, par l'outil fixe, sur l'objet.

Ces solutions ont été modifiées, en quelques points, dans l'ouvrage de

ces tours et leurs analogues offrent un sujet intéressant d'études pour la richesse et l'élégance des solutions géométriques auxquelles ils donnent lieu, et qui se rattachent, comme on sait, à l'antique problème des épicycles, des courbes mécaniques et des mouvements relatifs sur le plan ou dans l'espace; solutions dont les tours automates à graver, dessiner linéairement, au poinçon, la surface extérieure des cylindres pour l'impression, à creuser intérieurement la surface annu-

Lanz et Bétancourt (première édition, 1808, p. 86 et suiv.), par la considération des coordonnées rectangulaires ou obliques, de longueurs variables, que représentent des règles à coulisses armées de touches, de poinçons et glissant dans un plan commun à la figure primitive et à la figure transformée, toutes deux susceptibles de tourner dans ce plan. Mais ces solutions, qui se rattachent aux précédentes et à ce qu'on nomme improprement *machine carrée* dans l'art du guillocheur, parce que, selon quelques-uns, elle serait due à un géomètre ou mécanicien du nom de *Carré*, ces solutions, qu'on pourrait étendre au cas du relief ou des trois dimensions, n'offrent aucun caractère pratique, et conduiraient à des complications qu'on a su éviter, dans les tours modernes, par d'ingénieux artifices dont il sera dit un mot au paragraphe ci-après. Quant à de Lahire, ses solutions concernent uniquement le tracé, l'exécution mécanique des figures à contours rectilignes et à angles vifs. Enfin Léonard de Vinci (1470 à 1520), Jacques Besson (1578) et Clairault (*Mémoire* de 1740) se sont principalement occupés du tracé mécanique des ovales ou ellipses servant à conduire automatiquement le mandrin porte-objet, ou la barre à coulisses porte-outil, dans les plus anciens tours à combinaisons.

La description mécanique et organique des courbes a, d'ailleurs, beaucoup occupé les géomètres des siècles derniers : Descartes, Pascal, Roberval, de Lahire, Réaumur, Newton, Mac-Laurin, etc.; mais, au fond, cette étude n'avait qu'un rapport fort indirect avec celle qui se rattache aux tours figurés, et l'on en peut dire tout autant des compas à *figures ovales* et *spirales* de J. Besson, ainsi que de la plume géométrique de J.-B. Suardi, pour décrire les figures épicycloïdales (voyez p. 93 et 97 de l'ouvrage de Lanz et Bétancourt), quoique, d'après la remarque ingénieuse de Roberval, Jean ou Jacques Bernoulli, je ne sais au juste, la question des épicycloïdes, envisagée dans le roulement d'une courbe plane continue et quelconque sur une autre courbe pareille, se rattache à celle du tour, non-seulement en ce que toute courbe continue et plane de cette espèce peut être ainsi reproduite par un style traçant, mais aussi en ce qu'elle offre le moyen de reproduire le mouvement quelconque d'une figure dans un plan, par le roulement réciproque de deux autres figures ou courbes déterminables graphiquement, et

laire des machines à vapeur rotatives, constituent de remarquables et modernes exemples que nous avons déjà mentionnés dans ce qui précède[1].

Enfin, il ne faut pas oublier que le tour et ses dérivés, considérés comme simples organes de machines ou de transmission des forces, c'est-à-dire abstraction faite du rôle qu'ils remplissent comme outils ou instruments propres à exécuter certains ouvrages, offrent, en vertu de l'inertie et du mode de distribution des masses autour de leur axe de rotation, le moyen le plus énergique, le seul efficace, mécaniquement parlant, de propager et entretenir le mouvement uniforme, sinon d'une manière absolue, du moins dans des conditions de périodicité très-convenables pour la régularité et l'économie du travail moteur. Néanmoins, cette propriété particulière du tour, dont nous avons vu précédemment de nombreuses applications, est étrangère au but réel de ce chapitre, où il ne saurait davantage être question des machines à façonner, travailler spécialement les métaux, qui nous ont occupés dans

dont l'une est liée à ce plan qu'elle entraîne autour de l'autre censé fixe. Or, ce dernier problème se rattache intimement à celui du tour à ovales, où, d'après Léonard de Vinci, le plan porte-objet, entraîné par le disque ou mandrin monté sur le *nez* du tour, est susceptible de glisser, à l'aide de guides rectilignes, de coulisses rectangulaires liées, l'une à ce disque, l'autre à ce plan, dans des directions passant respectivement par l'axe invariable du tour et le centre d'un cercle qui, fixé excentriquement à sa poupée antérieure, agit contre les épaulements de cette dernière coulisse, tandis que sa lunette est elle-même maintenue dans des guides rectilignes appartenant au disque-mandrin et diversement orientés, par rapport aux précédents, à l'aide d'une roue graduée ou dentée, nommée *diviseur*.

On reconnaît ici le principe de l'appareil qui constitue ce qu'on nomme aujourd'hui même le *tour à ovales*, anglais ou français, tour si longuement, si obscurément décrit par Plumier et Bergeron. On trouvera enfin dans les remarquables travaux géométriques de M. Chasles (*Aperçu historique sur l'origine, etc.*, page 410) des indications théoriques relatives à quelques-uns des sujets qui viennent de nous occuper.

[1] Tels sont notamment le tour excentrique de feu Pecqueur, dont, je crois, la description n'existe nulle part, et le tour à guillocher les rouleaux d'impression des étoffes, par M. Charles Dolfus, de Cernay (*Recueil des brevets expirés*, t. XXIV, p. 277; brevet d'invention du 8 juin 1827).

les deux premières Sections de cet ouvrage, non plus que des artifices ingénieux à l'aide desquels les amateurs d'autrefois charmaient leurs loisirs en produisant, pour le plaisir des yeux ou le mérite de la difficulté vaincue, ces fragiles chefs-d'œuvre de patience, en buis, en ivoire, etc., que l'on admire encore dans quelques cabinets ou musées d'artistes, et dont MM. Holtzappfel, dans un ouvrage anglais malheureusement inachevé, ainsi que dans leur petit et remarquable atelier à l'Exposition universelle de Londres, sont venus offrir au public un curieux spécimen, servant en quelque sorte de résumé, non pas seulement à l'ouvrage incomplet de l'Anglais Moxon (1680), qui, en conservant la mémoire du fabricant d'outils Thomas Oldfield, a de plus montré où en était, au XVIIe siècle, l'art de tourner à Londres[1], mais aussi aux prolixes et obscurs traités[2] que, à des époques plus récentes, ont fait paraître en France le minime Charles Plumier (1701 et 1749), le célèbre tourneur Hulot (1776), les auteurs de la première encyclopédie (1772), et, plus près de nous encore, MM. Bergeron (1795 et 1816), Paulin Désormeaux et d'autres, qui, en entretenant parmi les artistes de notre pays le sentiment et l'habitude de la précision dans les travaux manuels, c'est-à-dire de la rigoureuse exécution, de la fidèle reproduction des formes géométriques ou artistiques, ont exercé une utile

[1] On lira avec intérêt, sur ce point, les quelques lignes insérées par M. R. Willis dans une leçon professée à Cambridge en 1852, et insérée p. 305 et 306 de l'ouvrage intitulé : *Lectures on the results of the great exhibition 1851*, London, David Bogue.

[2] Ces défauts, pardonnables à l'époque où Plumier écrivait pour de simples amateurs, ne le sont guère à l'égard de ses successeurs ou imitateurs, et il est vraiment regrettable que l'on ne se soit pas jusqu'ici occupé d'apporter à ces collections de recettes, de procédés secrets ou mystérieux, les lumières de la géométrie ou de la cinématique dont elles sont entièrement dépourvues. Sous ce rapport, sans doute, on doit non moins regretter qu'une mort prématurée nous ait privés de la suite du Traité de Hulot sur l'*Art du tourneur mécanicien*, entrepris sous les auspices de l'ancienne Académie des Sciences, après que l'auteur se fut acquis une grande célébrité par ses inventions en France, en Angleterre et en Allemagne.

influence sur les récents progrès de notre industrie mécanique.

L'ouvrage du père Plumier, qui le premier a traité le sujet au long, en l'accompagnant d'une multitude de planches de format in-folio, nous révèle, dans sa préface, le nom d'un grand nombre d'auteurs et d'amateurs qui, à son époque ou auparavant, s'étaient occupés avec prédilection et succès du perfectionnement des divers tours figurés, dont on faisait alors un grand mystère; mais il nous laisse malheureusement ignorer le nom des premiers inventeurs des combinaisons les plus utiles et les plus essentielles, et je ne pourrai, à cet égard, apporter ici que des documents bien peu satisfaisants et tels qu'on en possède en général sur l'origine de nos arts mécaniques, en laissant en outre de côté, comme dans tout ce qui précède, les objets de pure curiosité, et m'attachant exclusivement aux outils et aux machines d'une application générale dans les ateliers de fabrication.

§ II. — Des plus anciens tours simples ou composés, à ovales et excentriques, à rosettes ou couronnes, pour guillocher, et principalement du tour à portraits servant à copier, réduire les médailles, et des tours à vis et à roues de rechange. — *Vitruve*, *Léonard de Vinci*, *Jacques Besson*, *Salomon de Caus*, *Jérôme Cardan*; *Breitkopf* et *Teubers*, en Allemagne; *Merklein*, le P. *Magnan*, *Grandjean*, *Hulot*, père, en France; *Hooke*, *Hindley*, *Henry Sully* et *Ramsden*, en Angleterre.

Le tour, envisagé dans son primitif état de simplicité, celui où une pièce déjà dégrossie ou arrondie, tournée par une impulsion plus ou moins directe, sur des appuis fixes horizontaux ou verticaux, en présence et sous l'action lente d'un outil que l'ouvrier transporte, promène successivement le long d'un support fixe, parallèle à l'axe de rotation; dans cet état de simplicité, dis-je, le tour a dû être connu dès la plus haute antiquité, et c'est ce qu'attesteraient, au besoin, divers passages de Vitruve[1], en tant qu'il s'agisse d'instruments à travailler les objets de petites dimensions. Mais s'en servait-on

[1] Voyez notamment le liv. X, ch. XIII, p. 222, de la traduction de Per-

également pour arrondir le fût de certaines colonnes monolithes, les arbres de moulins ou enfin les vases précieux que nous ont légués les Grecs, les Romains, les Chinois mêmes des époques contemporaines? Cela est tout aussi probable, pourvu encore qu'il s'agisse d'outils, de procédés mécaniques analogues à ceux généralement employés aujourd'hui dans l'art du charpentier, du marbrier ou du potier; soit que d'ailleurs la pièce elle-même tourne sous l'impulsion directe de manivelles à bielle, ou de tiraudes à main, de roues, de volants à pédales, etc.; soit que, au contraire, cette pièce restant fixe, l'outil soit dirigé au moyen d'un châssis à gabarit, à profil tournant sur l'axe de symétrie de cette pièce.

Quant aux tours figurés et à combinaisons, nécessaires pour exécuter les surfaces rampantes, excentriques, ovales, à guillochis, etc., leur usage ne doit guère remonter au delà du xve siècle, où le célèbre Léonard de Vinci, suivi à un siècle de distance par le Lyonnais Jacques Besson [1] et par Salomon de Caus [2], l'ingénieur français des princes palatins, y ajouta divers perfectionnements ou artifices auxquels le célèbre mathématicien et médecin Jérôme Cardan lui-même [3] n'aurait point été étranger, d'après les auteurs italiens, et qui prouvent tout au moins qu'on avait senti dès le xvie siècle le besoin de découvrir quelque procédé mécanique pour exécuter sur le tour les objets d'une forme différente de celles des corps de révolution, notamment, comme on l'a vu dans le paragraphe précédent, les surfaces rampantes et à sections elliptiques quelconques.

rault, où il est question de l'orgue hydraulique des anciens, dont les tuyaux cylindriques et coniques étaient, en effet, exécutés au tour.

[1] *Theatrum machinarum novum* (1569 et 1578, à Lyon).

[2] *Les raisons des forces mouvantes* (1515), problème 21, où Salomon de Caus, qui s'intitule ingénieur et architecte, prétend avoir, le premier, substitué le tour à action continue, ou à poulie et corde sans fin, au tour à simple pédale et ressort supérieur de recul, agissant d'une manière alternative, mais inapplicable aux grosses pièces, et, à cause des vibrations et des pertes de temps, toujours désavantageux à l'exécution des petites.

[3] Voyez la préface de l'*Art du tourneur*, par Plumier.

Au surplus, la plupart des tours à combinaisons, avec axes et mandrins diversement mobiles et tels qu'on en employait dans les deux derniers siècles, ces tours rentrent dans la classe de ceux qui étaient bien plutôt destinés à exercer la patience de nos ancêtres qu'à développer leur industrie manufacturière ou artistique, et, si l'on en juge par les modèles exposés au Conservatoire des arts et métiers, ainsi que par les planches des ouvrages de Plumier, de Bergeron et du tome X (1772) de la grande Encyclopédie, il est tout au moins douteux qu'ils aient appliqué le tour rampant à d'autres matières que l'ivoire, le buis, etc., dans des proportions naturellement très-petites; ce qui doit s'entendre également des tours à rosettes et à couronnes servant à guillocher, et où l'on employait exclusivement les supports à outil fixes. On peut voir dans ces ouvrages ce qu'étaient devenus, à la fin du dernier siècle ou au commencement de celui-ci, ces différents tours, et combien on était loin encore d'y faire marcher automatiquement l'outil, comme Besson l'avait anciennement tenté[1], au moyen d'une longue barre horizontale supérieure et parallèle à l'axe de rotation, portant une coulisse ondulée où l'outil pouvait occuper des positions diverses, tandis que la barre elle-même, susceptible de descendre et de monter alternativement dans d'autres coulisses verticales, y était animée d'un va-et-vient horizontal, déterminé par des guides ou platines de soutien tournantes, découpées en rosettes, en ovales, de dimensions et situations identiques, et dont les plans inclinés, parallèles, étaient fixés sur l'arbre même du tour, extérieurement et symétriquement, par rapport à ses poupées.

L'obscurité des termes et de la figure explique le dédain qu'en a fait Plumier dans la préface de son Traité sur le tour, dont la seconde édition contient d'ailleurs, sous forme d'appendice, les mémoires déjà cités de Lacondamine, ainsi que la description du rabot servant à guillocher les manches de couteaux, attribué aux Anglais[2], et dont le porte-outil, conduit

[1] Ouvrage latin précédemment cité, pl. 7, texte.

[2] L'*Art du tourneur*, p. 154, pl. 54 et 55, édit. de 1749.

par une longue vis suivant l'angle de la pièce ou du manche monté sur un arbre à rayon et cadran diviseur, est dirigé dans ses excursions verticales par un gabarit qui offre quelque analogie avec le dispositif, un peu vague, adopté par Besson. On a bien plus lieu encore d'être surpris que Plumier et son imitateur Bergeron aient accordé si peu d'attention aux tours à outils mobiles, véritablement automatiques et dont il existait pourtant à leur époque un remarquable exemple dans la machine à copier et réduire les médailles, d'origine très-ancienne, incontestablement allemande, mais qu'ils mentionnent à peine, et dont les pl. 43 et suivantes de l'Encyclopédie de 1772 offrent un spécimen d'autant plus digne d'intérêt qu'elles appartiennent à une forte machine construite entièrement en fer, avec la perfection que comportaient les tours à plusieurs fins ou à combinaisons multiples dont on voit divers modèles au Conservatoire des arts et métiers de Paris : parmi ces modèles, on admire surtout le tour à guillocher de Merklein, construit en 1780 pour Louis XVI, et celui à portraits donné par le czar Pierre le Grand, sans autre indication d'origine, mais qui, remontant à une date de beaucoup antérieure, peut servir à constater le point où en était déjà arrivée la construction de ce genre d'outils en Allemagne.

Le tour à portraits dont il s'agit, à peine connu en France à l'époque de 1749, où parut la 2e édition de Plumier, était déjà mentionné en 1733 dans le second mémoire de Lacondamine, et ce fut, si je ne me trompe, seulement dans la traduction allemande de ces ouvrages, que fit paraître, en 1776, l'imprimeur Breitkopf à Leipsick (p. 45 à 49), que se trouve reproduite, d'une manière à la vérité imparfaite, la description d'un tour à médailles (*contrefait-werks*), extraite d'un autre livre publié en 1740, par Jean-Martin Teubers, de Ratisbonne, dont la famille s'était, depuis plus d'un siècle déjà, acquis une certaine célébrité dans l'art du tourneur au guillochis, art qui s'était singulièrement propagé à Nuremberg, la patrie des jouets mécaniques, etc. On y aperçoit, en effet (Pl. 80), l'arbre à roue motrice, cordon sans fin, etc., parallèle à celui du mandrin, muni à ses extrémités de la médaille à copier et du disque à graver; les deux tambours, à diamètres inégaux d'après l'échelle de réduction, où s'enroulent les petites chaînes horizontales qui servent à faire mouvoir, avec la lenteur indispensable et du centre à la circonférence des médailles, la touche-repoussoir de l'arbre du mandrin, lui-même retenu par une lame de ressort horizontale, et l'outil à grain d'orge servant à entailler circulairement ou en spirale l'objet fixé au bout opposé; enfin les petits chariots ou traîneaux porte-touche et porte-outil, glissant, de part et d'autre de l'arbre du tour, dans des coulisses horizontales parallèles, et que sollicitent des contre-poids de recul remplacés par des bascules à ressort dans le tour moderne et plus parfait de l'Encyclopédie. Ce dernier tour comporte en outre, comme je l'ai dit, des équipages de rosettes ou de couronnes multiples, le tout surmonté, vers le haut, d'une roue motrice verticale, à cordon sans fin croisé et vis de tension, avec volant régulateur et manivelle conduite par une tiraude qui sert à donner le mouvement automatique à l'ensemble, muni d'ailleurs d'un équipage de roues dentées et de vis sans fin, enfermées dans une boîte, sur l'un des côtés de la machine, pour ralentir au besoin, et dans une proportion convenable, la vitesse relative des divers organes du tour à portraits : des combinaisons analogues, mais sous des conditions mécaniques moins parfaites, existent dans les tours de Martin Teubers et de Pierre le Grand, qui, sans nul doute, ont donné lieu aux tours à guillocher, à graver, à sculpter modernes, où, à l'inverse de ce qui se faisait auparavant, l'outil est conduit d'une manière purement automatique, tandis que l'arbre du mandrin, tournant sur lui-même, est maintenu immobile dans ses collets.

Au surplus, je ne dois pas laisser échapper l'occasion de faire remarquer, avec M. Willis[1], que les planches 37, 38, 84, 85 et 86 de l'Encyclopédie (t. X, 1772) comportent une

[1] Voyez la *Leçon*, déjà citée, de ce professeur, p. 307.

collection de porte-outils tournant, glissant en différents sens et munis de coulisses, de manivelle, de vis de réglage, etc., qui montrent que ce n'est point aux artistes de l'Angleterre, aux célèbres Joseph Bramah et Henry Maudslay notamment, que nos ateliers sont redevables de ces ingénieux et utiles appareils, qui, susceptibles d'être adaptés à vis et écrou en un point quelconque de l'établi d'un tour, rendent à cet égard les plus grands services; mais ce qui paraît leur appartenir en propre, c'est, il faut bien le reconnaître, l'usage de ce même appareil comme support à chariot (*slide-rest*), glissant le long de tiges ou coulisses en fer, dans les tours parallèles à travailler les métaux; encore doit-on ne pas perdre de vue qu'on s'est servi dans le dernier siècle, en France, de moyens analogues pour diriger spontanément la course du chariot porte-outil; moyens dont M. Willis fait remonter le premier exemple à l'année 1648, où le R. P. Magnan, Minime de Toulouse, le même dont Plumier parle avec éloge dans la préface de l'*Art du tourneur* sans en citer les ouvrages, publia à Rome les dessins de deux tours fort curieux, pour exécuter automatiquement les surfaces de miroirs métalliques, sphériques, hyperboliques ou plans[1]. Or, les Anglais ont eu l'incontestable mérite d'étendre les applications de ce genre d'outils à leurs grandes machines à aléser, tourner, fileter les fortes pièces de fonte ou de fer, machines dans lesquelles, ainsi qu'on l'a vu (1re Section), l'équipage à chariot est conduit parallèlement, d'une manière vraiment spontanée, par un système d'engrenages à roues fixes de rechange ou quadrature, à crémaillère ou à chaîne sans fin; mais cela n'ôte rien au mérite des originales conceptions des Nicolas Focq, des Lelièvre, des Gédéon Duval, des Taillemard, des Ferdinand Berthoud et des Caillon, que nous avons cités en leur lieu, ni même à celui des combinaisons, en quelque sorte inverses, par

[1] *Perspectiva horaria*, p. 689 (Rome, 1648). Cet ouvrage ne pouvait être entièrement inconnu à Plumier; mais, comme le témoigne sa préface, il portait peu d'intérêt aux tours à outils automates.

lesquelles les Plumier, les Grandjean[1], les Frédéric Japy et autres ont imaginé de tailler de petites vis cylindriques ou coniques, en imprimant à l'arbre du tour un mouvement direct, en hélice, au moyen de vis mères, de plans inclinés mobiles avec la roue motrice, etc.

D'après M. Willis encore, l'horloger Hindley d'York, aurait le premier, en 1741, fait usage du tour automate à fileter les vis métalliques, au moyen de roues de rechange permettant de faire varier à volonté le pas, à gauche ou à droite, de la vis qui sert de type; système bientôt adopté par Ramsden, mais inconnu aux auteurs français de l'époque, dit ce savant professeur, qui affirme, de plus, que les horlogers en relation directe avec Hindley furent aussi les premiers qui se servirent de *machines spéciales* dans leur fabrication; que la machine à fendre à l'aide d'une fraise ou outil tournant et coupant (*wheel cutting engine*) est, en Angleterre, attribuée au docteur Hooke (vers 1655), et s'est rapidement répandue sur le continent, où elle a reçu divers perfectionnements auxquels les artistes anglais ne seraient point restés étrangers, quoique l'horloger Henry Sully, à son retour de Paris, en 1718, ait rapporté, parmi d'excellents outils, une semblable machine, qui excita une grande admiration en Angleterre; qu'enfin, l'instrument actuellement usité en France est dérivé de la machine de Hulot (vers 1763), tandis que la machine anglaise, où le plateau diviseur est remplacé par un train de roues de rechange (*change-wheels*), disposé de manière à nécessiter une révolution entière de la manivelle à chaque reprise, en empêchant ainsi toute erreur, est, au contraire, dérivée de celle que Hindley montra, en 1741, à l'illustre Smeaton, machine finalement passée dans les mains de M. Reid, d'Édimbourg. Néanmoins, les preuves, plutôt traditionnelles qu'écrites, apportées par M. Willis pour justifier sa manière de voir paraîtront aux esprits sévères insuffisantes pour ca-

[1] Membre de l'ancienne Académie des Sciences (*Machines approuvées*, t. V, 1729, n° 336).

ractériser nettement les titres de priorité de Hooke et de Hindley, relativement à ceux des ingénieurs français du siècle dernier; d'autant que ce savant professeur reconnaît, en terminant, que nos anciens tours d'horlogerie à tailler les fusées de montre ont dû contribuer pour beaucoup au perfectionnement des machines à travailler automatiquement les grandes pièces métalliques.

En revenant sur ces détails historiques, à propos de l'équipage à chariot des anciens tours plus spécialement appropriés au travail du fer, j'ai seulement voulu ajouter à ce qui en est dit dans la première Section, d'après M. G. Rennie, les documents que M. Willis est venu récemment apporter dans cette obscure matière, en me mettant ainsi à même de rendre une plus complète justice encore aux habiles mécaniciens de la Grande-Bretagne, justice que le silence ou l'indifférence des auteurs français ne m'a pas permis de revendiquer d'une manière plus formelle en faveur de nos propres artistes ou horlogers des siècles derniers.

§ III. — De quelques tours et instruments modernes servant à guillocher, buriner, graver et diviser; plus spécialement des machines destinées à la reproduction imprimée des médailles de la numismatique. — MM. *Holtzappfel* et *Deyerlein*, *Ibbetson*, *Perkins*, *Turrell*, *Bate* et *Babbage*, en Angleterre; *Collart*, *Conté* et *Gallet*, *Collas*, *Barrère*, *Perreaux*, en France.

La limite que je me suis imposée, relativement aux anciens tours à guillocher, dont l'usage, remontant au moins au XVIIe siècle, fut, pour ainsi dire, délaissé vers la fin du XVIIIe, à cause de leur extrême complication, puis repris au commencement de celui-ci, sous des formes et des combinaisons plus simples, plus délicates et jouissant d'un véritable caractère automatique; cette limite ne doit pas m'empêcher de rappeler ici, d'après le témoignage de notre collègue, M. Séguier, aussi habile qu'éclairé dans l'art difficile de tourner, que MM. Holtzappfel et Deyerlein, de Londres, avaient, en 1825, fait un excellent usage du support à chariot porte-foret des anciens tours pour guillocher et sculpter, par des recoupements réguliers[1], variés à l'infini au gré de l'artiste, divers objets de tabletterie, au moyen d'outils trempés, de formes diverses et tournant avec vivacité sous l'action d'un cordonnet sans fin substitué à la manivelle motrice autrefois directement conduite à la main. Mais ce qui distingue particulièrement ce nouveau genre d'outils des anciens et puissants tours à guillocher, c'est que l'équipage à chariot y est dirigé, orienté d'une manière précise et géométrique, par une règle à coulisse graduée, une vis micrométrique et un cercle ou plateau diviseur, qui, sous la main d'un intelligent artiste, lui permettent d'occuper toutes les positions obliques ou symétriques par rapport à la matière qu'il s'agit d'attaquer, montée elle-même sur un tour ou porte-objet ordinaire, et par là découpée en creux ou en relief, d'après des combinaisons fort remarquables, mais également géométriques.

D'ailleurs, cet instrument, nommé, improprement peut-être, *tour anglais,* avait été précédé ou suivi de quelques autres appareils ou *chariots géométriques* analogues, proposés par J. H. Ibbetson[2], en vue de graver, buriner légèrement, sur différentes matières, des figures en ovales, en conchoïdes, en épicycloïdes, etc., entrecoupées, recroisées de diverses manières, et qui rappellent celles obtenues autrefois sur le tour excentrique ou les instruments traceurs de Lacondamine, de Suardi (*plame géométrique*), etc.; chariots, on doit le dire, entièrement dirigés à la main, et dont M. Ibbetson prétend avoir réalisé les combinaisons principales, de 1817 à 1820, pour s'opposer à la contrefaçon des billets de banque, mais qui ayant été par lui communiquées en 1829 à MM. Holtzappfel et Cie, de Londres, auraient été ajoutées à leurs catalogues de tours d'amateurs.

L'Américain Perkins, à qui l'on doit, comme on l'a vu, après Gengembre[3], les moyens de reproduction indéfinie des

[1] *Manuel du tourneur* de Bergeron, t. II, p. 378 et suiv.; éd. de 1816.

[2] Voyez une note publiée à ce sujet, d'après l'auteur, dans le t. III, p. 1, du *Manuel du tourneur* de l'Encyclopédie-Roret (éd. de 1848).

[3] Consultez une autre note de la p. 209 du t. XIX du *Bulletin de la*

matrices ou clichés en acier des billets de banque, devait se servir de quelque procédé analogue pour y graver des figures en lignes continues et recroisées, telles qu'on peut en obtenir sur le tour au guillochis; mais le caractère essentiellement géométrique de ces lignes plus ou moins déliées et d'une certaine étendue n'ayant pas semblé offrir une garantie absolue ou suffisante contre le talent d'imitation ou de reproduction de quelques dessinateurs exceptionnels, dont la main et le coup d'œil acquièrent, à la longue, un sentiment instinctif de la continuité et de la courbure des lignes, c'est, comme on l'a vu, précisément ce qui a donné à M. Grimpé et à d'autres artistes habiles l'idée des figures étoilées polygonales, à angles vifs et d'une petitesse microscopique, pour la fabrication des papiers de sûreté. Ce sont aussi ces figures, obtenues par des procédés et dans des degrés de précision divers, que le mécanicien Barrère, à Paris, depuis l'époque où s'ouvrait le concours relatif à cette fabrication, a tenté de produire d'une manière plus parfaite encore, sur la pierre lithographique et sur l'acier, à l'aide d'une charmante et délicate petite machine jusqu'ici inédite, mais dont les produits ont figuré à l'Exposition française de 1849[1], avec d'autres non moins remarquables, d'un caractère différent, et obtenus par des mécanismes sur lesquels je ne manquerai pas de revenir ci-après.

La machine de M. Barrère, ex-apprenti horloger à Toulouse, qui doit tout à lui-même et dont nous aurons souvent à citer les travaux, constitue, en effet, un véritable tour automate, dont l'arbre vertical, à fourreaux ou manchons emboîtés les uns dans les autres à diverses fins, porte, vers le bas, une aiguille de centrage très-déliée, et, vers le milieu de sa hauteur, des roues d'angle motrices que conduit un mécanisme d'horlogerie, à roues d'échappement et mentonnets de rencontre, trop complexe pour en donner ici même

Société d'encouragement, où l'on renvoie à l'ouvrage de M. Camus, intitulé : *Histoire et procédés du polytypage*, etc., p. 77, 87, 93 et 94. Enfin j'apprends que Perkins, de son côté, a publié un écrit sur le tour à guillocher.

[1] Voyez le rapport de M. Froment, t. II, p. 561.

une simple idée, mais dont le but spécial est de mettre en action, par un renvoi de bascules et de tringles, les divers organes de la machine : tels sont, notamment, et les rosettes à fourreaux-enveloppes de l'arbre central, destinées à faire mouvoir extérieurement les touches, et les pantographes de réduction à ressorts-repoussoirs, qui font aller, à leur tour, les quatre aiguilles fixes à pointes diamantées et inclinées, traçant sur le vernis de la plaque d'acier ou cliché à graver autant d'étoiles microscopiques, groupées symétriquement autour de chacune des positions relatives et distinctes données à l'aiguille directrice ou centrale, je veux dire au mécanisme entier de l'équipage, susceptible de prendre automatiquement et successivement diverses positions parallèles aux côtés rectangulaires de cette même plaque immobile sur la plate-forme d'un tour ovale ou excentrique, munie, en outre, de diviseurs universels fonctionnant d'une manière également automatique.

L'ensemble de cette délicate machine, aussi bien conçue qu'exécutée, et dont les multiples combinaisons constituent un véritable tour de force mécanique, est le fruit de dix années de persévérants efforts pour la production de figures étoilées, de bordures régulières vraiment identiques, mais, par cela même, d'une imitation pour ainsi dire impossible. C'est, si l'on veut encore, le dernier mot d'une série d'ingénieuses tentatives pour améliorer le système des machines destinées à la gravure des billets d'échange ou de commerce, et dont M. Barrère avait, avec une louable perfection, précédemment fabriqué des modèles pour les graveurs des banques du Brésil, de Constantinople, de Madrid, etc.

On remarquera, à ce sujet, que le point de départ réel des anciennes machines à graver est dans l'appareil à châssis vertical rectangulaire, porte-plaque ou objet, doublement mobile dans des coulisses perpendiculaires entre elles, à orientations diverses autour de son centre, et dont les artistes tourneurs, Bergeron notamment[1], reportent la première idée aux

[1] T. II, p. 413 et 419 (édit. de 1816, revue, si je ne me trompe, par Rivet).

académiciens de Lahire, de Lacondamine et Dufay, mais qu'ils nomment *machine carrée*, peut-être aussi parce que la plaque à buriner au guillochis, contenue par des vis de serrage dans un châssis en fer pareil à celui des formes d'imprimerie, est animée de ce double mouvement rectangulaire avec ce châssis ou coffre, dont le fond plat peut, comme dans le tour à ovales, prendre diverses inclinaisons autour de l'axe d'une roue dentée et graduée, remplissant la fonction de cercle diviseur. Cette roue, ce châssis, sont, pour cette fin, montés sur un plateau vertical en bois, véritable chariot ou traîneau à coulisses horizontales, montées sur un second plateau lui-même à coulisses verticales, le long desquelles il est élevé, au moyen d'une vis à manivelle, traversant un chapeau supérieur, tandis que le précédent est soumis, d'une part, à l'action horizontale d'un ressort-repoussoir, d'une autre, à celle d'une touche à pointe mousse, qui, en s'appuyant contre les ondulations d'une réglette verticale parallèle au côté correspondant du chariot porte-châssis ou objet, imprime à celui-ci, pendant son ascension, un mouvement horizontal oscillatoire en face de l'outil traceur ou burineur, monté sur un support à coulisse et vis de serrage, immobile au-dessus d'un établi solide servant aussi de point d'appui à la machine.

Ce lourd équipage, à double plateau vertical et glissant, d'ailleurs soulagé dans son ascension par un contre-poids à corde et poulie de renvoi, est, comme on voit, fondé sur le principe des anciens tours à mandrin mobile et outil fixe. Employé autrefois principalement à guillocher les faces planes des tabatières, des boîtes de montre et objets similaires, il ne tarda pas à l'être à la gravure en taille-douce des planches de cuivre pour l'impression des étoffes peintes; gravure dont il a été parlé en son lieu, et qui, née en France ou en Suisse, fut bientôt, comme on l'a vu encore, étendue, perfectionnée dans ses applications aux manufactures de l'Angleterre. Malheureusement la 2e édition du *Manuel de Bergeron*, publiée peu après l'époque où s'opérait une si utile transformation, ne contient sur ce sujet que des indications fort vagues et tout à fait insuffisantes, dans les Sections III et IV du chapitre VIII (p. 413 à 423), où, en donnant dans la planche 51[1] un spécimen de ce que, en 1816, l'on savait faire de mieux en ce genre au moyen du tour à guillochis et de la *machine carrée,* le texte nous apprend que l'auteur de cette planche, feu Collart, l'un des artistes guillocheurs les plus distingués d'alors, en avait obtenu des figures gravées directement sur le cuivre, par des procédés divers, dont le plus remarquable était sans contredit celui de la figure 16, destinée à représenter deux têtes en bas-relief, au moyen de tailles, de traits également fins, ondulés suivant la forme et la saillie du modèle. Ce procédé, purement mécanique, est indiqué par Collart même, en ces termes: « Le profil, figure 16, se fait « sur la machine carrée au moyen d'une vis de rappel adaptée « au porte-touche et divisée comme la vis de rappel du « support. En faisant avancer la touche sur une médaille mise « en place de la règle, et dans la même proportion que l'outil « qui coupe, on peut couper en taille-douce toute sorte de su- « jets. Non-seulement ce moyen est propre à figurer le plan « des sujets qu'il représente, mais il a l'avantage de figurer les « bas-reliefs par *l'illusion des effets de la lumière.* »

Il est évident qu'ici Collart entend parler d'une machine restée inédite, d'une constitution fort simple, dont l'outil et la touche marchaient automatiquement, et non pas de la machine carrée, que Bergeron avait précédemment (1793 à 1796) décrite dans la première édition du Manuel. Cela, joint au peu d'encouragement commercial que ce genre de produits reçut avant ou après l'édition de 1816, explique comment la gravure en taille-douce d'après le relief, improprement nommée aujourd'hui *gravure numismatique*, est demeurée en oubli pendant plus de quinze années, au bout desquelles l'apathie du public et des artistes fut enfin stimulée chez nous par le succès des Américains et des Anglais

[1] Cette planche est signée *Collart,* guillocheur, et non pas Collard, comme on l'a écrit depuis.

dans ce nouvel art, qui, sauf le perfectionnement des outils et du mécanisme des machines, ne paraît pas avoir subi des modifications bien essentielles.

Quant à l'ancienne et soi-disant machine carrée, réduite au simple rôle de buriner des lignes droites ou ondulées sur des plaques de cuivre, elle ne pouvait être préférée par les graveurs en taille-douce à l'ingénieux et léger instrument imaginé en 1805 par Conté, réalisé par Gallet, pour l'exécution des planches du grand ouvrage sur l'Égypte, dont les ciels, les eaux, les faces de monuments, exigeaient le tracé d'une multitude de lignes droites ou ondulées équidistantes, à écartements et finesse gradués; instrument constitué[1] d'une simple équerre en cuivre à deux branches, dont l'une, dirigée par une vis à cadran et aiguille micrométrique, marche parallèlement à l'un des côtés de la table, tandis que l'autre chemine perpendiculairement, munie d'un chariot à coulisses portant, selon les cas, ou le diamant pour enlever légèrement le vernis à la surface de la planche exactement maintenue, ou la pointe sèche à ressort pousseur pour entamer le métal à la profondeur voulue, ou enfin la molette à lignes ondulées, bientôt remplacée à moins de frais par une réglette en cuivre servant à diriger le porte-outil du chariot; réglette aujourd'hui fabriquée expéditivement et avec beaucoup de précision au moyen d'une petite machine automatique, tout au moins perfectionnée par M. Barrère, et dont la fraise et le porte-outil tournant exécutent des révolutions très-rapides en face de plusieurs de ces lames superposées, serrées entre les mâchoires d'un chariot à coulisses mené, horizontalement et transversalement à la fraise, par une longue vis, dont l'exécution a besoin d'être parfaite pour la succession régulière et identique des diverses branches sinusoïdes des lames, variables à l'infini de forme et de proportion, au moyen d'un compteur servant à régler les avancements du chariot, etc.

[1] *Bulletin de la Société d'encouragement*, t. XXII, p. 169, Rapport de M. Jomard, daté de juin 1822, et description, p. 176.

Toutefois, l'ingénieux instrument de Conté, qui a rendu tant de services aux graveurs, a été depuis modifié avantageusement par M. Collas et par d'autres[1], en faisant mouvoir à l'inverse, comme l'avait déjà tenté, en 1810, feu Petitpierre[2], le plateau qui porte la planche à graver, tandis que la surcharge du burin ou l'intensité des traits varie suivant une loi réglable à volonté par de petits poids gradués, par des ressorts à vis et cadran indicateur, etc. Un habile artiste de Paris, notamment M. Perreaux, de l'Orne, qui en 1836, âgé de dix-huit ans, s'était fait remarquer par l'invention d'un fusil de six coups, pour lequel la Chambre des députés d'alors lui vota une récompense pécuniaire et l'admission gratuite à l'École des arts et métiers de Châlons, M. Perreaux a, de son côté, construit des instruments servant à diviser et tracer, avec une grande précision, des lignes droites, parallèles ou convergentes, également espacées entre elles, sur des planches de cuivre ou des pierres lithographiques; genre d'instruments dont on se sert depuis 1846 à l'Imprimerie impériale dans des buts divers, tels que la subdivision des planches en carreaux et figures régulières microscopiques, suivant un système déjà précédemment employé par M. Neuber lors du concours relatif aux papiers infalsifiables; système enfin au-

[1] On trouvera, à la p. 459 du t. XXVIII (1829) du *Bulletin de la Société d'encouragement*, la description d'une machine à tracer inventée par M. Turrell, graveur à Londres, fondée sur un principe de géométrie, bien connu des dessinateurs, pour le tracé des parallèles au moyen de longues équerres à angles égaux et sommet très-aigu, qu'on fait glisser l'une sur l'autre par leurs hypoténuses. Mais cet instrument, où le déplacement parallèle des équerres, est également réglé, à chaque taille ou reprise, par une vis à compteur, tandis que le burin à poids est promené à la main, sur le long côté de l'une des équerres, au moyen d'un petit chariot, etc., cet instrument ne semble ni plus simple ni plus commode que ceux de Conté, de Gallet et de M. Collas dont les épreuves en taille-douce parurent au Louvre en 1823.

[2] *Bulletin de la Société d'encouragement*, t. IX, p. 138, où l'on trouve aussi l'indication des autres machines inventées par Petitpierre pour diviser la ligne droite et le cercle, tailler les dents de roues, etc., machines dont la dernière est décrite à la p. 182 du t. XIII, même ouvrage.

quel M. Perreaux a cherché à donner un plus grand degré de précision et, au besoin, un caractère automatique.

Tout en conservant le chariot porte-poinçon de la machine de Conté et sa barre de guide qu'il fait mouvoir transversalement, le long de coulisses rectilignes, parallèles et à grains d'orge, au moyen d'une vis micrométrique à cadran ou cylindre diviseur, taillé lui-même en hélice, pour atteindre les plus petites subdivisions, M. Perreaux applique, d'une part, à ce cadran servant de tête de vis une roue à rochet et déclic, conduite à la main à chacune des alternatives du chariot de la machine; d'une autre, au porte-poinçon, un contre-poids de recul qui, venant buter contre le plan incliné d'un curseur fixé à vis et servant à limiter arbitrairement, mais une fois pour toutes, la course du porte-outil, le maintient soulevé pour l'empêcher de mordre pendant son retour accéléré vers la position nouvelle, déterminée par un second curseur, et l'avance que le rochet a imprimée parallèlement à la barre du chariot, dont le poinçon, dès lors spontanément abaissé par le mécanisme même de la machine, trace une ligne droite au moyen d'un renvoi de cordon à manivelle conduit également à la main.

Je ne dois pas d'ailleurs négliger de dire que la pierre lithographique, reposant sur un plateau en fonte, à vis de réglage et de soutien qui permettent de l'élever et niveler à volonté, est, en outre, susceptible d'être orientée à la main autour d'un arbre vertical. En supposant d'ailleurs cet arbre conduit par une vis sans fin horizontale, à filets aigus, manivelle et cadran directeur, tangente au plateau circulaire denté, servant de soutien au coffre de la pierre, dispositif qui rappelle celui de l'ingénieuse et très-ancienne machine à diviser de Ramsden (1774), on retombe sur la combinaison adoptée par Neuber dans une petite machine de l'Imprimerie impériale et qui, à l'aide d'un centrage approprié et plus ou moins laborieux, permet de diviser aussi l'espace angulairement, en parties égales d'une petitesse en quelque sorte arbitraire, au moyen de droites rayonnant autour d'un point repéré de la pierre. Enfin, il ne faut pas oublier que la principale difficulté d'exécution des instruments à diviser directement la ligne droite ou le cercle en parties égales réside dans la parfaite exécution même des vis micrométriques, la rigoureuse uniformité de leurs pas ou hélices, comme aussi dans le centrage rigoureux des pièces à diviser, et la suppression, pour ainsi dire absolue, de tout jeu dans leurs divers autres organes. C'est là, comme on sait, le véritable caractère des travaux de Ramsden à Londres, des Reichenbach et des Frauenhofer à Munich, des Fortin, des Lenoir, des Savart père et des Gambey en France. Ce sont ces mêmes travaux que, à son tour, M. Perreaux a cherché à imiter, en les perfectionnant, dans des machines à diviser les instruments de physique, qui déjà, en 1847, 1848 et 1849, lui ont valu les éloges ou récompenses de la Société d'encouragement, de l'Académie des sciences et du Jury de l'Exposition nationale [1], récompenses auxquelles est venue se joindre, en 1851, la médaille de prix que lui a décernée le Xe Jury de l'Exposition universelle de Londres [2].

Je n'ai parlé ici des machines à diviser les instruments de physique que pour faire mieux apprécier le caractère de précision que M. Perreaux a su apporter à sa machine à graver de l'Imprimerie impériale, dont il a aussi disposé le mécanisme de manière à pouvoir, au besoin, obtenir très-facilement, par le tracé de l'outil mobile, la représentation, en plans, des bas-reliefs, que d'autres avaient depuis longtemps tentée avec succès, d'après l'ingénieux système de Collart. Ce système, de même que l'instrument traceur de Conté et ses dérivés immédiats,

[1] Voy. le t. XLVI, p. 113, pl. 1020, du *Bulletin de la Société d'encouragement*, le t. XXVIII, p. 528 et 529, des *Comptes rendus de l'Académie des Sciences*, et le t. II, p. 554, du *Rapport du Jury central* de 1849.

[2] Rapport de M. Mathieu, t. III, p. 67, *Travaux de la Commission française*. On lira avec intérêt dans le *Dictionnaire d'Appleton*, t. II, p. 669 à 704, une notice historique sur l'invention des machines à diviser et autres machines-outils, principalement écrite au point de vue anglais, et qui paraît être en partie empruntée à un ouvrage publié à Glasgow par *Blackin et fils*.

ne constituaient pas en eux-mêmes des machines automatiques, et il faut remonter à l'époque de 1830 à 1832 pour les États-Unis d'Amérique ou l'Angleterre, et à celle de 1833 à 1834 pour la France, afin de retrouver la trace, si longtemps perdue, des anciens travaux de Collart[1]; travaux que M. Collas, l'un des plus ingénieux artistes tourneurs de Paris, a remis en honneur chez nous dans l'importante publication du *Trésor de numismatique;* ouvrage où les médailles sont imitées par la taille-douce avec une vérité d'expression, une dégradation de nuances et de tons, généralement admirées des amateurs qui, s'attachant exclusivement au résultat final et artistique, s'inquiètent assez peu de savoir si les figures tracées au diamant ont reçu, après coup, des retouches au burin, des applications d'ombres par l'approfondissement de certains traits à l'eau-forte, ni même si elles n'ont pas subi une légère déformation résultant du déplacement général des saillies du relief, de la droite vers la gauche, ou de la gauche vers la droite, etc., selon le sens même dans lequel s'effectue l'opération mécanique qui, en réalité, consiste en un rabattement de diverses tranches parallèles du relief ou profils perpendiculaires au fond plan de la médaille. Dans toutes les machines en usage, celle-ci, marchant parallèlement à elle-même et de quantités égales, sous l'action intermittente d'une vis à pas micrométrique, est, en effet, parcourue, à chaque fois, transversalement et rectilignement, par une touche à pointe mousse et ressort pousseur, dont les alternatives d'abaissement ou d'élévation, le long du relief, mettent en jeu un système de tringles, de bascules à leviers coudés oscillant, tournant autour de leurs axes d'appui respectifs; alternatives elles-mêmes transmises au porte-fourreau du burin, à pointe diamantée traçante, placé à l'autre bout de l'appareil, où il décrit une série correspondante de lignes ondulées sur la planche à graver, qui, à son tour, marche parallèlement, de quantités ri-

[1] Voyez, à ce sujet, un rapport fort intéressant de M. Amédée Durand, t. XXXIII, p. 223, du *Bulletin de la Société d'encouragement* (avril 1834).

goureusement égales aux précédentes et subordonnées à la marche même de la vis micrométrique principale, à déclic et rochet, dont les propres alternatives sont mises en harmonie avec le va-et-vient du chariot porte-touche.

Dans le système anglais qu'indique l'ouvrage si connu de M. Babbage[1], la médaille et le cuivre à graver, mus toujours et respectivement de quantités égales et parallèles, étaient placés dans des plans différents, rectangulaires entre eux, et l'opticien John Bate, de Londres, s'était, à ce qu'il paraît, dès 1831, créé une méthode pour éviter les inconvénients résultant d'une trop grande saillie du relief. Mais, d'après le peu qu'en dit le savant professeur de l'Université de Cambridge, rien ne prouve qu'il s'agît là d'autre chose que d'un procédé restreint de correction obtenue par un tâtonnement tel que l'expérience en suggère aux artistes habiles, et ressortant des moyens mêmes fournis par la marche de l'outil ou de la touche à inclinaison variable dans cette sorte de machine. Ce qui tendrait à le prouver, c'est, d'une part, que M. Freebairn a publié en 1840, c'est-à-dire huit ans après l'apparition de l'ouvrage ci-dessus, une grande carte topographique représentant le relief des Pyrénées, et qui, exécutée d'après les procédés de M. Bate[2], paraît offrir encore partiellement le caractère de déformation dont il vient d'être parlé; d'autre part, c'est que M. Babbage n'a pas cru superflu d'indiquer un moyen d'atténuer, dans un rapport variable, les trop grandes saillies du relief ou des tranches rabattues, tout en insistant sur d'autres modes de représentation, qui consistent, soit dans un système à pantographe où la largeur des traits, l'enfoncement du burin, varieraient proportionnellement aux saillies du modèle, soit dans la reproduction du relief, au moyen de

[1] *Traité sur l'économie des machines* (1832), p. 138 de la traduction française de 1833, par M. Edmond Biot.

[2] La patente anglaise de cet artiste porte la date du 9 avril 1832, et n'a, si je ne me trompe, été suivie d'aucune autre. (Voyez les tables des patentes et inventions publiées en 1854 par ordre du Gouvernement anglais.)

tranches planes horizontales et équidistantes, d'après le principe des ingénieurs topographes.

Toutefois, il semble qu'on obtiendrait plus de chances encore de succès, si l'on substituait au système des tranches horizontales, dont il vient d'être parlé, la projection, sur le plan qui sert de base au relief, de tranches également équidistantes, mais inclinées toutes, d'un même angle approprié à la saillie et à la nature des objets. Sauf en effet les difficultés d'exécution mécanique, les résultats d'une telle méthode, déjà anciennement soumise à des essais purement graphiques, par un ingénieux et savant professeur de dessin aux Écoles de services publics, M. Bardin, de tels résultats seraient particulièrement aptes à représenter les ondulations du relief des corps, en évitant cette déformation, ce déplacement apparent de leur ensemble, qui, pour les médailles à saillies un peu prononcées, mais surtout pour les objets d'ornements à formes régulières ou mathématiques, devient intolérable dans le système ordinaire de la gravure dite numismatique, où le resserrement naturel des lignes du dessin dans la descente de la touche, et leur écartement dans son ascension sur les parties en relief, donnent lieu à une opposition naturelle d'ombre et de lumière d'un effet vraiment merveilleux, mais qui ne se reproduirait plus aussi bien pour la projection orthogonale de tranches planes obliques.

Quant à la machine réalisée en 1833 par M. Collas, elle se distingue des précédentes à plans rectangulaires, en ce que le bas-relief et la planche à graver sont mobiles parallèlement, de sens contraires, sur un plan horizontal, formant le dessus d'une table solide surmontée de la barre à coulisse fixe, dont le chariot à va-et-vient entraîne aussi parallèlement les équipages de la touche et du burin; ce qui amène, pour tous les cas, une très-grande simplification dans le jeu des divers organes mis en action, d'un côté par une manivelle, d'un autre, par l'appareil à rochet et divisions, conduit à la main. Cette machine comporte d'ailleurs des moyens, non moins simples, de soulever le poinçon aux retours du chariot, et de faire varier, entre certaines limites, et l'inclinaison du porte-touche ou des tranches planes du relief, et la proportion des saillies ou ordonnées de ces tranches par rapport à celles qui les représentent sur le dessin : un simple déplacement des porte-touche et burin sur le levier à bascule qui règle les excursions permet ainsi de changer à volonté le mode de représentation du relief par le rabattement, le transport parallèle de ses tranches.

D'un autre côté, M. Barrère, l'habile mécanicien dont j'ai plusieurs fois parlé, adoptant, il y a près de quinze ans, le système ancien à deux plans rectangulaires conduits, parallèlement à leur intersection commune, par des vis à action intermittente, graduelle et solidaire, l'un, horizontal, portant la planche ou le marbre à graver, l'autre, vertical, portant la médaille ou sa copie, M. Barrère, dis-je, imitant en cela le système des petites planeuses de Whitworth à fourche oscillante que conduit un bouton de manivelle à curseur, imprime, au chariot à coulisses horizontales soutenant à la fois la touche et le burin, un retour accéléré qui produit une notable économie de temps et s'applique, de même, au va-et-vient parallèle du chariot à coulisse et porte-planche inférieur, par une seconde tringle ou bielle, dont l'articulation, fixée plus près ou plus loin du centre d'oscillations de la fourche, permet de faire varier, dans un rapport donné, l'étendue relative de la course de ces deux chariots, et par conséquent la grandeur même des réductions qu'on n'obtenait auparavant qu'à l'aide d'une réduction préalable des médailles par les moyens qui seront indiqués ci-après.

Ajoutons que le chariot porte-touche et outil est surmonté de deux volets à charnières et à ressorts-repoussoirs, dont les châssis mobiles, liés entre eux parallélogrammiquement, reçoivent séparément, à leurs traverses supérieures, la touche et le burin, également susceptibles de diverses inclinaisons pour le refouillement des creux, mais incapables, d'après la nature du système, d'apporter aucun changement appréciable dans le mode de représentation des tranches planes du relief. Néanmoins, ici encore, la saillie de ces tranches peut être réduite sur le dessin, dans un rapport arbitraire, par le rapprochement du porte-touche à l'égard de la charnière de rotation; rapprochement indispensable dans la machine Barrère, quand il s'agit d'opérer la réduction même des médailles sur la planche à graver.

En se reportant à ce qui a été dit ci-dessus des avantages géométriques inhérents à la projection rectangulaire d'un système de sections obliques et équidistantes, qu'on obtiendrait sur le relief en inclinant, d'un angle invariable convenablement fixé pour chaque cas, soit le plan même de la médaille, s'il s'agit de la machine Barrère, soit la direction propre de l'axe du porte-touche, s'il s'agit de la tige conductrice à leviers coudés de la machine Collas, il est facile d'apercevoir comment le moyen de réduction dont il vient d'être parlé en dernier lieu pourrait faire obtenir, sur le plan même du dessin ou du cuivre à graver, non le rabattement, mais cette projection exacte des tranches obliques du modèle, dont on diminuerait les saillies ou ordonnées respectives dans la proportion constante de l'unité au cosinus de leur angle d'inclinaison sur le plan du bas-relief. Or, on arriverait à ce résultat par des modifications très-simples apportées au jeu de l'une ou de l'autre des machines ci-dessus, sans que pour cela, évidemment, il soit nécessaire de rien changer au mode ni à l'égalité des avancements parallèles des deux plans sous l'action intermittente et simultanée de leurs vis, poulies ou chaînes conductrices, non plus qu'aux oscillations transversales du porte-outil et du porte-touche. Il y a plus, au lieu de recourir à la réduction des ordonnées, ou déplacements obliques de la touche d'après la proportion du cosinus, on pourrait terminer l'extrémité postérieure de l'équipage de cette touche par un talon ou retour rectiligne, dirigé perpendiculairement au plan du bas-relief, et qui imprimerait à une tige parallèle à ce même plan un mouvement ondulatoire dont les excursions seraient répétées par l'outil, au moyen d'un mécanisme approprié à la nature de la machine.

En terminant ce qui concerne ce sujet, dont l'importance, au point de vue géométrique et artistique, ne saurait être mise en doute, je ferai observer que, dans la machine Collas, l'inclinaison à 45° du porte-touche sur le plan horizontal du relief est aussi susceptible de donner une projection exacte des tranches correspondantes; ce qu'explique la nature particulière de l'appareil, dans lequel les excursions de la touche sont transmises au burin par une tringle munie de deux leviers égaux et coudés à angles droits. Pour toute autre inclinaison du porte-touche, la proportion de la saillie des tranches à celle des rabattements est altérée dans un rapport invariable, il est vrai, mais différent de celui de l'unité au cosinus de l'angle de cette inclinaison; et c'est ce qui avait lieu aussi, à ce qu'il paraît, dans la machine de Bate, où la transmission des déplacements de la touche au burin se faisait par des combinaisons fondées principalement sur un système de poulies et de cordons ou chaînettes de renvoi.

Enfin, je ne saurais passer sous silence une autre petite et élégante machine à deux pointes diamantées, servant, à volonté, à graver sur pierre ou sur cuivre des lignes parallèles droites ou ondulées, des figures de médailles, des bordures à entrecoupements microscopiques, etc., due au talent inventif de M. Barrère : elle offre une remarquable simplification de ses conceptions antérieures relatives à la gravure des billets de banque, et, à ce titre comme à celui de la facilité de conduite, du bas prix et de l'excellente exécution, elle paraît aujourd'hui assez généralement adoptée par les lithographes et les graveurs en France et à l'étranger, à qui elle rend les plus grands services.

Pour la caractériser en deux mots, il me suffira de dire que le corps de cette machine, établi au-dessus du mandrin horizontal d'un tour, rendu à volonté fixe, ovale ou excentrique, comprend la planche ordinaire à chariot vertical, porte-modèle ou bas-relief, le chariot porte-touche et outil, ainsi que leurs équipages accessoires ou moteurs, le tout monté sur des rails à coulisses transversales fixes, et accompagné latéralement d'un petit équipage à roues dentées de rechange, faisant mouvoir horizontalement, au sommet, un bouton d'excentrique, qui, au moyen d'un système de tringles et de bascules de renvoi, transmet à l'équipage même du porte-outil le mouvement oscillatoire destiné à produire les vignettes, etc.

Aucune des ingénieuses et élégantes machines de M. Barrère n'a paru à l'Exposition de Londres, où elles auraient probablement été jugées dignes de la *médaille de conseil* par le Jury de la VIe classe. Leurs admirables produits, relégués parmi ceux de l'imprimerie et de la librairie (XVIIe classe), ont été récompensés de la *médaille de prix*, motivée simplement « sur le grand mérite artistique des gravures de M. Barrère, d'après le procédé Collas. » C'est qu'en effet le concours ouvert, à Londres même, pour la gravure des médailles sur les diplômes décernés aux exposants avait démontré la grande supériorité des procédés mécaniques de notre ingénieux compatriote par rapport à ceux des artistes anglais, restés stationnaires depuis l'époque de 1832.

§ III. — Perfectionnement du tour à portraits; machines à sculpter, etc. — *Hulot fils* et *Bergeron*; MM. *Poterat, Contamin* et *Dupeyrat, Collas* et *Barrère, James Watt* et *Hawkins*, en France ou en Angleterre; *M. Blanchard*, en Amérique; MM. *Sauvage, Collas* et *Barbedienne, Dutel* et *Contzen, Philippe de Girard, Grimpé, Barros* et *Decoster*, en France.

La gravure dite numismatique, sur laquelle nous avons beaucoup insisté à cause de la célébrité qui lui a été justement acquise par les travaux de l'ingénieux M. Collas, plus intelligent et habile artiste encore que mécanicien et constructeur, ce genre de gravure nous ramène forcément au tour automate à portraits de l'Encyclopédie. Or, il est à remarquer qu'à à l'époque de 1772, et postérieurement encore, son emploi offrait de grandes imperfections, tant à cause des difficultés du pointage rigoureux de la touche et du poinçon burineur, par rapport aux centres de rotation des médailles en coïncidence exacte avec l'axe mathématique commun aux mandrins opposés du tour, qu'en raison de la surveillance continuelle exigée de la part d'un ouvrier intelligent, habile même, pour faire avancer graduellement, à l'aide d'une vis micrométrique, le taillant de l'outil, qui, malgré tous ses soins, laissait sur les médailles une suite d'empreintes, d'inégalités spirales, qu'on ne pouvait faire disparaître qu'après coup, au moyen d'un rodage à la brosse et de retouches qui ne sont pas sans exemple, aujourd'hui encore dans les tours perfectionnés de cette espèce. Ces derniers tours, d'ailleurs, s'ils n'ont plus l'inconvénient de ne fournir que la contre-épreuve des coins et médailles comme les machines allemandes, en conservent d'autres assez fâcheux au point de vue artistique, mais nonobstant lesquels ils continuent, bien plus qu'on ne se l'imagine ordinairement, à être employés dans les ateliers monétaires, tout au moins pour la reproduction, réduite ou amplifiée et en ébauche, du burin de nos plus célèbres artistes.

Je ne m'étendrai pas ici sur l'ancien tour à portraits de Lacondamine, qui ne peut guère servir qu'à tracer isolément et linéairement des figures planes au moyen de platines, de rosettes cylindriques, biaises ou droites, si ce n'est pour faire remarquer que ce tour constitue véritablement par lui-même une machine à outil automate, qui, d'après la combinaison de ses rouages et la rotation distincte des deux figures dans un même plan, a pu conduire au tour moderne à réduire les médailles, le même que Hamelin-Bergeron attribue[1], on ne sait trop pourquoi, au fils du célèbre P.-C. Hulot qui laissa inachevé l'*Art du tourneur-mécanicien,* dont, comme on l'a vu, la première partie seulement fut publiée en 1776 par l'Académie des sciences, tandis que le fils, attiré en Angleterre par Georges III, vers 1766, en aurait reçu la commande d'un tour à guillocher et d'un tour à portraits, dont, s'il avait vécu, Hulot père nous eût entretenus dans la seconde partie de son Traité. Ainsi c'est dans le Manuel de Bergeron encore, qu'il faut aller puiser des notions un peu certaines sur cette der-

[1] Voy. la p. x de l'Introduction du *Manuel,* édit. de 1816.

nière machine, où la médaille et sa copie étaient non plus simplement montées, comme dans celle de Martin Teubers, etc., aux bouts d'un arbre de tour à deux mandrins, mais bien disposées dans un même plan vertical, perpendiculairement aux extrémités de deux arbres horizontaux parallèles, conduits par un troisième arbre transversal à double engrenage sans fin et situés à la hauteur et en face d'une forte barre de fer qui, horizontale dans sa position moyenne, sert de guide, de soutien, à la touche et au burin. Ceux-ci, montés horizontalement sur des poupées ou supports curseurs à vis de serrage et de centrage, sont fixés sur la barre mobile, comme les arbres mêmes du tour sur leurs traverses supérieures horizontales, dans des positions dépendantes de la grandeur des réductions à opérer, grandeur elle-même évidemment variable en raison des distances respectives de l'outil et de la touche par rapport à la charnière de rotation de la barre, articulée doublement, au moyen d'un genou à la Cardan, avec un arbre-support, parallèle à ceux des mandrins et situé à l'extrémité gauche de la machine. D'un autre côté, cette barre tournante, soumise à l'action d'un ressort d'acier qui tend à presser simultanément le burin et le porte-touche contre les reliefs respectifs des médailles animées d'un mouvement égal et uniforme de rotation, s'abaisse lentement et graduellement vers l'extrémité opposée à sa charnière, où elle est munie, parallèlement à sa direction, d'une couple de petits rouleaux d'acier entre lesquels passe une cheville horizontale qui leur sert de guide et de soutien pendant la descente de la barre seulement. Enfin, cette cheville elle-même est liée à un écrou, à coulisses latérales fixées au bâti, mobile le long d'une vis verticale dont l'arbre, de direction invariable, est conduit par un système de vis sans fin et d'engrenages extérieurs qui empruntent leur mouvement propre à l'arbre du mandrin porte-modèle, et, par suite, au système à volant, poulies et cordons sans fin, servant de moteur à toute la machine rendue ainsi parfaitement automatique.

Il n'est pas hors de propos de rappeler ici que l'admirable

machine de Hulot fils[1], dont la date, au dire de Bergeron, serait antérieure à 1766, a été exécutée en fer, sans changement notable, mais sous de fortes proportions, pour le Conservatoire impérial des arts et métiers, qui depuis l'apparition de la 2ᵐᵉ édition du *Manuel du tourneur*, en 1816, en a commandé le modèle à l'habile M. Collas, auquel sont dues de nouvelles applications de la machine à la reproduction, amplifiée ou réduite, des bas-reliefs sur des matières tendres et plastiques, par des procédés dont il sera parlé ci-après, et qui ont exigé des modifications essentielles dans le système de la barre porte-touche et outil, système par trop rigide pour des matières de cette espèce. D'ailleurs, si le tour à deux arbres de Hulot offre l'avantage de faire éviter le changement du creux en relief ou réciproquement, il présente, en revanche, l'inconvénient que la touche et le taillant n'y marchent plus rectilignement, mais bien sur des arcs de cercle partant de chacun des centres de médailles, et dont la courbure, à la vérité peu appréciable pour de faibles diamètres, ne permet pas de renverser le sens de la rotation de l'un des mandrins, afin d'obtenir la contre-partie du profil de la médaille à copier, sans amener des altérations plus ou moins sensibles, dues au déplacement angulaire relatif des spirales tracées par la touche et le burin, sorte de distorsion qui croît avec leur éloignement des centres respectifs de rotation. D'un autre côté, les difficultés du centrage des médailles étaient restées les mêmes que dans l'ancien tour allemand; et si le mécanisme de la barre porte-outil permettait de régler à volonté la saillie proportionnelle du relief de la copie, au moyen d'une petite tringle latérale à vis de réglage ajustée sur cette barre et conduisant la tête de l'outil dans une po-

[1] Ce tourneur, dont les biographes se sont encore moins occupés que du célèbre Hulot, ne doit pas être confondu avec un autre artiste habile, M. Hulot, graveur à la Monnaie de Paris, récompensé d'une médaille d'argent à l'Exposition française de 1849 (t. III, p. 516), et plus particulièrement connu pour la reproduction des clichés de billets de banque par la galvanoplastie.

sition telle que la ligne droite qui l'unit à celle de la touche eût l'inclinaison jugée nécessaire sur le plan vertical commun aux deux médailles, il n'en est pas moins vrai que, d'une part, l'égalité, l'invariabilité, à tous les instants, de la vitesse angulaire des arbres de mandrins, d'où résultaient des inégalités considérables dans la vitesse même de travail du burin aux diverses distances du centre; d'une autre, la rapidité trop grande de la descente de la barre; enfin le prompt échauffement de l'outil en acier, travaillant pour ainsi dire à sec, et par conséquent susceptible de s'user, de se détremper promptement; ces différentes causes, dis-je, amenaient des difficultés, des défauts d'exécution très-fâcheux, et qu'on n'évitait que bien imparfaitement en recourant à des passes successives, à des affûtages et remontages répétés de l'outil; nouvelles sources de pertes de temps et de déformations qui ne permettaient pas aux artistes, de considérer les résultats comme autre chose que des ébauches en elles-mêmes peu satisfaisantes, et impropres à servir de coins pour le frappage des monnaies ou des médailles.

Parmi les perfectionnements qu'ont subis les tours à portraits, il en est un surtout de la plus haute importance, et qui en a fait tripler, quadrupler les produits: c'est celui par lequel on a remplacé l'ancien burin à pointe d'acier fixe par une fraise à rotation rapide, dont quelques personnes attribuent la première application, en 1816, à un sieur Poterat, de Paris, comme aussi elles accordent à M. Contamin l'invention du procédé par lequel la mobilité de la touche et du burin le long de la barre directrice corrige les défauts qu'on observait dans l'ancien système lorsqu'on voulait obtenir, sans altération sensible, le retournement symétrique de la figure, de la gauche à la droite, ou son contre-profil, en faisant tourner les mandrins en sens opposé[1]. Mais quels que soient les avantages de ce dernier procédé, qui valut au tour à portraits de

[1] *Bulletin de la Société d'encouragement*, t. XV, p. 199, et t. XL, p. 368, année 1841.

M. Contamin les honneurs de l'Exposition de 1839 et une utile application à la monnaie de Munich, leur importance et leur mérite ne sauraient être comparés à ceux des perfectionnements divers que M. Collas, vers la même époque, et M. Barrère, postérieurement, ont introduits dans le mécanisme des machines à portraits. Malheureusement, ces perfectionnements ne se trouvant décrits nulle part, il règne, à leur sujet, une sorte de doute ou de mystère dont les estimables travaux de Gambey, de Grimpé et de plusieurs autres artistes habiles ont offert des exemples d'autant plus fâcheux, que ces travaux, en leur supposant une supériorité mécanique incontestable, seront à peu près perdus pour l'avancement et le progrès industriel de notre pays.

A l'égard du tour Contamin en particulier, il faut se contenter de savoir, d'après M. Amédée Durand[1], que l'outil et la touche possédaient, sur la barre, des mouvements qui leur étaient propres, et dont les arcs respectifs avaient des *centres différents;* la touche étant d'ailleurs montée sur un manchon à poupée glissant le long de la barre, de manière à décrire un arc de cercle opposé à celui que parcourt le porte-outil.

La modification la plus importante apportée par M. Collas à l'ancien tour à portraits de Hulot consiste, sans contredit, dans l'application, déjà mentionnée ci-dessus, qu'il en a faite à la réduction ou à l'amplification même des bas-reliefs ou médaillons de grandes dimensions, en matière plastique destinée à des moulages ultérieurs. Cette application, en effet, a conduit notre honorable et modeste artiste à allonger notablement la barre porte-touche et outil du tour Hulot, à la rejeter en dehors de l'établi, à une distance variable avec l'épaisseur du modèle et de la copie; ce qui permet d'abaisser à volonté le chiffre de la réduction, et doit s'entendre également du mécanisme à vis sans fin, etc., qui règle le mouvement de cette barre. D'un autre côté, l'arbre horizontal à manchons filetés qui mène les deux roues taraudées des mandrins ver-

[1] *Bulletin* précédemment cité, t. XL, p. 370 (année 1841).

ticaux se trouve ici placé au sommet de ces roues, de manière à retenir constamment l'huile qui sert à en lubrifier les dentures. Enfin M. Collas, dont les premiers travaux en ce genre remonteraient à 1835, a su appliquer au système de la touche et de l'outil un mécanisme en vertu duquel ils décrivent non plus des arcs de cercles concentriques, mais bien des parallèles verticales, quand il s'agit de contre-profils d'une certaine dimension, et tout cela sans ôter à l'ensemble du tour son caractère automatique primitif, attendu que les modèles, reproduits au besoin en plâtre, etc., sont capables de résister à la pression douce et élastique de la touche qui détermine les déviations horizontales de l'outil.

Quant à M. Barrère, il s'est plus particulièrement attaché à modifier le tour à portraits, de manière à le rendre apte non plus simplement à ébaucher, mais à finir entièrement, et sans retouches subséquentes, les coins d'acier et les médaillons ou camées en pierres dures, telles que l'agate et la cornaline, dont ce mécanicien a offert, à l'Exposition française de 1849, des échantillons fort admirés du public, lesquels lui ont valu les éloges mérités du Jury[1] et des nombreux artistes graveurs de timbres ou de médailles, qui n'ont pas cessé depuis de recourir à l'usage expéditif de ses machines toutes les fois qu'il est devenu nécessaire d'obtenir des réductions d'une perfection suffisante quoique sans retouches.

Non-seulement M. Barrère a substitué aux anciens burins fixes, en acier trempé, des burins en diamant montés d'après le procédé qui lui est propre; non-seulement il a pu les faire tourner sur leur axe avec une vitesse qui s'élève de deux à trois mille tours par minute, en les maintenant, ainsi que leur boîte à pivot supérieur, constamment baignés dans un liquide rafraîchissant, sans lequel le diamant lui-même se briserait en éclats; mais, de plus, il a disposé les choses de manière que les vitesses angulaires des mandrins et de la barre

[1] Voir le rapport déjà cité de M. Froment, juge, comme on le sait, très-compétent dans la matière.

porte-touche et outil décroissent en raison réciproque du rayon des diverses branches spirales, dont la finesse et le rapprochement offrent une continuité, un caractère microscopique qui expliquent la perfection des produits, en même temps que l'extrême vitesse rotatoire imprimée au diamant explique, malgré le ralentissement graduel de la vitesse des mandrins, l'accélération du travail dans une proportion au moins triple de ce qui avait lieu auparavant, en un mot telle qu'il devient possible de terminer automatiquement, ou sans aide étranger, le coin d'une petite médaille dans un intervalle de quinze à vingt heures, au plus.

La machine qui produit de tels résultats mériterait bien, à cause de l'originalité de ses combinaisons, d'être décrite avec le plus grand soin, et l'on peut, à juste raison, s'étonner que cela n'ait point eu lieu jusqu'ici. Il me suffira de dire que les arbres de mandrins, au lieu de la position horizontale ordinairement adoptée pour le tour à portraits, sont disposés verticalement et mus par un équipage de roues et de vis sans fin inférieur, qui offre un moyen de débrayage ingénieux pour changer le sens de la rotation du modèle, lorsqu'il s'agit d'en obtenir le contre-profil; que la vitesse angulaire des mêmes arbres de mandrins est rendue variable dans les conditions ci-dessus, au moyen d'une couple de cônes alternes ou différentiels à courroie sans fin, conduite par une griffe dont la position varie solidairement avec celle de la barre directrice de la touche et du burin; que cette barre est mobile dans un plan horizontal au-dessus du plan supérieur et parallèle de l'établi, affleuré par les mandrins des médailles; ce qui offre de grandes facilités pour le centrage, et la faculté de maintenir le mandrin à rebord de la pièce à buriner constamment recouvert d'huile; que cette même barre, articulée doublement à son pivot, l'est aussi, à l'extrémité opposée, avec deux petites pièces transversales agissant horizontalement de chacun des côtés de sa direction, de manière que l'une, à libre pivotement vers son bout extérieur, tend à la soulager d'une portion arbitraire de son poids par un ressort transversal inférieur fixe, tandis que l'autre, véritable arbre tournant, est conduit par un engrenage sans fin, à vis et écrou micrométriques, dont la rotation et la translation excessivement lentes, mises en rapport avec la rotation propre des mandrins ou des cônes alternes, sert à imprimer à la barre de guide supérieure le mouvement horizontal, circulaire et concentrique, qui écarte progressivement la touche et le burin des centres respectifs de leurs médailles, etc.

Serait-il vrai que la disposition horizontale des mandrins du tour à portraits, ici impérieusement exigée pour le rafraîchissement perpétuel de l'outil, eût déjà fort anciennement été mise en usage par feu Dupeyrat, graveur et guillocheur à Charenton près Paris, qui, vers 1830, inventa pour les billets de banque les timbres *coïncidents*, au sujet desquels il obtint les éloges de la Société d'encouragement[1]? Cela paraît d'autant plus difficile à vérifier que les procédés mécaniques de ce graveur ont été tenus secrets, comme ceux de tant d'autres artistes français éminents. Quant à l'usage que l'on a pu faire de cette même horizontalité des mandrins pour imprimer simultanément la rotation au modèle et à la copie en ronde bosse à sculpter, il n'a avec le tour de M. Barrère qu'un rapport fort indirect, et sur lequel il serait d'autant moins nécessaire d'insister que les outils y remplissent un rôle tout différent, étant conduits par des systèmes de tringles à mouvements parallélogrammiques, dans le genre de ceux des machines à dessiner ou à graver.

M. Babbage nous apprend, dans le livre déjà cité (p. 132 et 133), que James Watt s'amusa, il y a fort longtemps, à construire une pareille machine, demeurée inédite, et que, antérieurement à l'année 1832, l'Anglais Hawkins en aurait inventé une autre qui, entre les mains d'un artiste de Londres, a servi à faire les copies en ivoire d'un grand nombre de bustes[2].

[1] *Bulletin de la Société d'encouragement*, t. XXX, p. 37, rapport de M. Francœur.

[2] M. Carez (J.), de Toul, a aussi pris, en mars 1827, un brevet d'*importation* pour un procédé à graver en relief, appelé *pantographie*.

De semblables moyens de reproduction ou de réduction ont été également tentés aux États-Unis d'Amérique et en France à une date postérieure. Je me contenterai de citer, comme étant les plus connus, ceux inventés ou perfectionnés dans notre pays par M. Sauvage (mai 1836, 1840 et 1844), par M. Dutel (novembre 1836 et 1844), par M. Collas (mars 1837 et 1844), enfin par M. Alexandre Contzen, successeur de M. Dutel, en 1844, pour la copie, en ébauche, des grandes statues de marbre[1]. Les moyens automatiques notamment employés par M. Collas pour opérer, sur le tour à portraits de Hulot, la réduction et l'amplification des médaillons et bas-reliefs; ses procédés, d'un genre différent, pour réduire les bustes et les statues de rondes bosses destinés au moulage en bronze; ces moyens ou procédés en particulier ont obtenu, tant par les travaux de cet artiste que par l'intelligente et consciencieuse coopération de son associé M. Barbedienne, un assez grand succès commercial pour qu'il ne soit pas superflu de le rappeler ici, en faisant observer toutefois que la forme de certains modèles se prête difficilement à l'application des procédés mécaniques sans démontage des parties, les bras, les jambes, etc., et que, à cet égard, ils ont beaucoup à redouter des récents perfectionnements de la galvanoplastie. En outre, il ne faut pas oublier qu'il s'agit là d'un sculptage mécanique appliqué à des matières plastiques, telles que le plâtre, l'argile, le savon, la craie, servant ensuite de modèles pour le moulage du plâtre même, de la fonte de fer, du zinc et du bronze; modèles qui, en raison de leur perfectionnement et de leur bon marché relatifs, ont rendu des services réels aux arts, en mettant à la portée du grand nombre des copies de chefs-d'œuvre propres à répandre et développer le goût du beau, en se substituant, dans les objets d'ameublement, à de pâles et médiocres copies de l'antique.

Quant à l'art de sculpter la pierre et le bois en général,

[1] *Rapport sur les Expositions françaises* de 1839 et 1844. *Dictionnaire des arts et manufactures*, t. II (1847), p. 3242 à 3252: article dû à M. Rouget de Lisle.

peut-être serait-ce une illusion de croire que l'on possède aujourd'hui même des procédés mécaniques vraiment satisfaisants, et propres à exécuter autre chose que des ornements d'architecture, quelques bas-reliefs très-simples, etc., etc. On a, il est vrai, des moyens expéditifs d'ébaucher, copier et réduire même les grandes statues de marbre, à l'aide de fraises ou forets à rotation rapide, dont l'enfoncement, les positions successives, sont réglés d'après les formes, les proportions du modèle, sur lequel la main de l'artiste ou le mécanisme même de la machine, comme l'a tenté en 1844 M. Contzen, promène délicatement une touche à pointe mousse, liée aux articulations d'une ingénieuse combinaison de pantographes articulés, mobiles dans les trois dimensions du relief, au moyen d'un genou à la Cardan, et qui servent à diriger, à l'autre extrémité de l'appareil, le porte-foret ou burin, non sans donner lieu, il est vrai, à de légères altérations de forme, provenant de la vibration, du fléchissement des tiges du pantographe, et telles qu'on en observe pour le tracé des figures sur un plan parfaitement uni, notamment dans le cas de la ligne droite[1].

On se rappelle les tentatives, déjà anciennes et assez peu fructueuses faites par divers ingénieurs ou artistes distingués, notamment par Philippe de Girard (1830), par M. Grimpé (1839) et par MM. Barros et Decoster (1848), pour sculpter, fabriquer des bois de fusil, des bas-reliefs ou autres objets similaires, au moyen de gouges, de fraises tournantes conduites automatiquement par des gabarits, des patrons en

[1] Le pantographe à copier et réduire les dessins a reçu depuis son invention, en 1600, par le Père Scheiner, géomètre-astronome d'Allemagne, des applications et perfectionnements successifs dont les principaux sont dus à Samuel de Marolais (1628), au géomètre anglais Hales (1710), à Langlois (1743), etc. Voyez, à la p. 420, t. XLIII (1844), *Bulletin de la Société d'encouragement*, une excellente *Notice chronologique sur les diverses méthodes abrégées de reproduire ou de multiplier les dessins*, par M. Rouget de Lisle, notice qui malheureusement laisse à désirer une indication au moins sommaire de la nature et du genre des perfectionnements accomplis aux diverses époques.

fonte ou d'autres bas-reliefs découpés ou non à jour, et servant, comme dans les tours à guillocher ou à portraits, de repoussoirs à un équipage de porte-touches coniques, annulaires, etc., muni, ainsi que le porte-outil, de ressorts, de moyens d'avance convenables et également susceptibles, dans certains cas, d'être dirigés par des pantographes de réduction, analogues à ceux employés par MM. Sauvage, Collas, Dutel, etc. Il serait fort inutile de rechercher la cause du faible succès commercial de ce genre de machines ailleurs que dans la complication même des procédés ou la difficulté de surveiller, faire fonctionner rapidement et d'une manière durable un équipage multiple d'outils en acier, fût-ce dans le bois le plus tendre, sans les voir se détériorer promptement, et sans être obligé par conséquent à un entretien, à des pertes de temps, très-onéreux si l'on ne veut pas se contenter de produits grossièrement ébauchés, tels qu'en donneront toujours des fraises tournantes coupant les fibres du bois dans tous les sens et non sous l'inclinaison, la vitesse et l'intermittence d'action les plus favorables, qui se font remarquer dans les instruments à main ou certains outils automates.

Tout en applaudissant aux efforts ingénieux tentés à cet égard par M. Decoster dans les machines publiées récemment en son nom et en celui de l'ingénieur portugais M. de Barros[1], machines qui forment comme le complément de celles de leurs nombreux prédécesseurs, il n'en est pas moins regrettable que l'on en soit encore réduit à de simples conjectures relativement aux procédés mécaniques de sculpture

[1] *Publications industrielles* de M. Armengaud aîné, t. VII (1850), p. 113. On trouvera dans le *Dictionnaire d'Appleton*, édité par le professeur Olivier Byrne, t. II, p. 164 et 165 (1852), la description et les figures de deux tours d'une constitution assez simple et ingénieuse, inventés par M. Blanchard, d'Amérique, pour sculpter automatiquement les objets en bois de la nature des formes de souliers, des manches d'outils, des rames, etc. Ici le gabarit et le corps à sculpter sont montés sur un axe commun à châssis-support oscillant par suspension, ou sur des axes parallèles fixes et tournant en présence de la roue porte-outil et du porte-touche montés, à leur tour, sur un chariot à roulettes ou à coulisses, etc.

de Philippe de Girard et autres, d'autant que M. Collas paraît être sur la voie d'obtenir d'heureux résultats de la substitution des fraises à diamant brut aux fraises tournantes en acier, pour la taille ou gravure superficielle des bois destinés à l'incrustation d'ornements, etc.

Remarquons enfin que nous n'avons point à nous préoccuper ici des machines qui servent à donner au bois et à la pierre certaines formes géométriques simples et régulières, puisque ces machines seront l'objet des chapitres suivants.

CHAPITRE II.

MACHINES SPÉCIALEMENT DESTINÉES À TRAVAILLER ET FAÇONNER LES CORPS OU SOLIDES DE NATURE MINÉRALE.

---

§ Ier. — Tournage, forage et sculptage des pierres, des marbres, etc., chez les anciens et les modernes. — *Perronet* et *Puiseux*, *Utzschneider*, *Wallin* et *Hutin*; MM. *Géruzet* et *Colin*, *Moreau* et *Seguin*, *Chevolot*, *Decoster*, etc., en France; *Georges Wright*, *Murdock*, etc., en Angleterre.

L'art de profiler, de pousser des moulures, des cannelures droites ou courbes, de dresser, d'ajuster avec une précision si remarquable les faces planes et jusqu'aux joints des pierres dures qui servent au soutien ou à l'ornementation des édifices de l'ancienne Rome, art qui ne s'est maintenu qu'imparfaitement dans la Rome moderne, et dont malheureusement Vitruve ne nous a rien transmis[1]; cet art devait également offrir quelques-uns des procédés mécaniques très-simples que nous y voyons employer, depuis un certain temps, par nos marbriers, nos sculpteurs et nos lapidaires, parvenus, après bien

[1] En citant cet auteur pour le tour antique à tuyaux d'orgues, j'ai passé, à tort, sous silence ce distique bien connu des *Géorgiques* de Virgile (*Lib.* II):

Nec tiliæ leves, aut torno rasile buxum,
Non formam accipiunt, ferroque cavantur acuto;

Distique que Delille, dans sa traduction, a rendu par celui-ci :

Le tilleul cependant cède au fer qui le creuse;
Le bois au gré du tour prend une forme heureuse.

des essais, à travailler, façonner, polir avec économie, et dans la rigoureuse précision que comporte l'art antique, le marbre, le granit, le porphyre, le jaspe, etc., en y employant comme outils les débris mêmes d'autres pierres dures, la poudre d'émeri, de diamant, par exemple, et le diamant noir en roche sous la forme de burin enchâssé invariablement dans un culot d'acier, d'après le procédé attribué à M. Barrère, dont j'ai fait connaître les travaux dans une spécialité différente. Ce procédé, en effet, a servi récemment à M. Hermann, de Paris, pour tourner extérieurement ou intérieurement, avec une rapidité et une économie de temps remarquables, les cylindres granitiques de ses machines à broyer les couleurs ou le cacao, ainsi que de grandes vasques en pierres fines, imitées de l'antique, mais dont les produits en ce genre avaient été, il faut bien le redire, sauf toujours la rapidité des moyens d'exécution, précédés par ceux de beaucoup d'artistes ou industriels de notre pays : les Utzschneider, à Sarreguemines, opérant sur des pierres factices peut-être plus dures que le porphyre et le granit naturels; les Géruzet, à Bagnères-de-Bigorre, travaillant le marbre des Pyrénées dans leurs beaux ateliers à moteurs hydrauliques; les Wallin et les Hutin [1], à Paris, si habiles dans la glyptique, le travail des pierres les plus dures et les plus fines, etc.

[1] *Bulletin de la Société d'encouragement*, tome XIX, p. 159, et t. XL, p. 397. Dans ces articles, sans dessins ni descriptions de machines, on apprend seulement : 1° qu'en 1820, Wallin fils, sous le patronage éclairé de Choiseul-Gouffier, dédoublait, jusqu'au nombre de quatre, les petites colonnes de porphyre oriental appartenant à lord Seymour, au moyen d'un tour perforateur offrant *une ingénieuse combinaison de la sonde et du trépan;* 2° que M. Hutin, ancien militaire sans fortune, après avoir créé dans Paris une industrie rivale de celle des bords du Rhin pour les brunissoirs et molettes de grande dimension en pierres dures, établit (1840) dans l'usine hydraulique de M. Delamotte, à la Bastille, une scierie à lames multiples, droites et circulaires, alimentées d'eau, de grès fin ou de poudre d'émeri par une vis d'Archimède, qui la relevait sans cesse automatiquement, de manière à donner à ces lames, minces et entièrement unies, le mordant nécessaire pour fendre le jaspe, l'agate et autres pierres fines, en feuilles peu épaisses, de 0m,50 de longueur sur 0m,30 de largeur.

Au surplus, il y a déjà fort longtemps que l'on se sert, en divers pays, de machines pour tourner, forer, scier et polir les pierres de la nature du marbre et du porphyre : telles sont notamment les machines de la manufacture d'Elfredalem, en Suède, citées sans indications spéciales dans l'ouvrage de M. Borgnis[1]; les machines de l'Anglais Georges Wright, patenté en 1805, pour l'extraction de cylindres ou de cônes, dans un bloc de pierre, par un mécanisme à scie tournante, dont l'idée est empruntée au tome Ier (1699), p. 169, du *Recueil des machines approuvées par l'Académie ;* enfin la machine employée, d'après l'Anglais Murdock (1801), pour forer les tuyaux de conduite en pierre des fontaines de la ville de Manchester et qui consiste en des cylindres verticaux en tôle de fer, animés, comme dans la précédente, d'un va-et-vient rotatif. Telles sont encore les machines à lames cylindriques, alternantes et verticales, tournant d'un mouvement rotatoire continu autour d'un arbre central en fer, et qui, sans nom indiqué d'inventeur ou de constructeur, ont servi au sciage des tronçons de colonnes de la Bourse de Paris[2]; les machines, moins parfaites sans doute, employées vers le milieu du dernier siècle par l'architecte du Roi Puiseux : les unes pour tourner extérieurement, à manége et par couple, les bases de colonnes montées sur pivot et roulettes; les autres à percer verticalement les grosses pierres, au foret ou trépan, par un système imparfait de va-et-vient à corde horizontale de renvoi, foret dont la tige verticale était surmontée d'une bascule à contre-poids de pression[3]. Telle est enfin la machine à manivelle, cames, balancier et barre à mine suspendue, dont l'illustre Perronet s'était servi, de 1768 à 1774, pour creuser les gargouilles du pont de Neuilly, près Paris.

Mais ces machines ne sont ni les plus anciennes ni les plus

[1] Tome III (1818), *Constructions diverses*, p. 70.

[2] *Architecture hydraulique de Bélidor,* nouvelle édition; additions de M. Navier, p. 534 et suiv.

[3] *Encyclopédie* in-f°. *Recueil de planches,* t. Ier (1762), art. *Architecture,* pl. IV, faisant suite au moulin à scier les pierres.

intéressantes de celles qui ont été employées, chez les modernes, à travailler ou plutôt terminer, roder et polir les pierres par des procédés mécaniques. Je n'en veux pour preuve que les balustres, les vasques droites ou rampantes, les colonnes torses, elliptiques, etc., dont l'application aux églises, aux palais et châteaux, remonte au moins à l'époque de la Renaissance, où l'on se complaisait également à construire des meubles, des boîtes ou autres objets d'une forme similaire, et qui ne pouvaient guère recevoir une exécution rigoureuse sans recourir aux procédés mécaniques décrits dans le précédent chapitre : je veux dire aux tours à ovale, à plan oblique, à hélice, à gabarits repousseurs ou directeurs, pour conduire l'objet ou l'outil, sinon d'une manière automatique, du moins à la main, dans l'exécution et le finissage de formes aussi compliquées, quoique géométriquement définies.

Nous n'avons pas d'ailleurs à nous préoccuper ici des procédés spéciaux, et souvent pénibles, par lesquels les sculpteurs et marbriers parviennent à *mettre au point* leurs ébauches ou rondes-bosses. Quant aux moyens dont ils se servent pour donner aux profils, aux moulures et ornements divers, les formes strictement réclamées par l'imitation parfaite du modèle, il suffit ici de constater qu'un emploi de plus en plus intelligent du tour et des mécanismes à rabot, à fraises ou forets tournants, les a conduits à abaisser considérablement le prix de revient des objets de marbrerie et de glyptique, sans trop nuire à la pureté du goût et à la précision de forme des produits ou copies; caractère qui distingue éminemment les travaux présentés, à partir de 1839, aux diverses Expositions françaises de l'industrie par nos plus célèbres marbriers: les Géruzet, à Bagnères-de-Bigorre; les Colin, à Épinal; les Moreau et les Séguin, à Paris, etc.

M. Moreau, en particulier, a eu la très-heureuse idée (novembre 1838) de se servir d'un moule ou matrice en fonte de fer pour exécuter automatiquement, au moins en ébauche, les ornements de consoles, les volutes, les médaillons et bas-reliefs quelconques, en l'adaptant à l'extrémité d'un manche horizontal, et le faisant agir à la manière des martinets de forge, mais à coups très-petits et très-multipliés (600 au moins à la minute), et en opérant sur le marbre par l'injection continue d'un filet d'eau mélangée de sable, d'émeri, etc., versée de haut, d'une trémie à augets, dans des ouvertures évasées, pratiquées en certains points propices du moule percuteur : cette eau, en se répandant entre les deux surfaces, use celle du marbre, y imprime une multitude de cavités, dont la finesse dépend de celle des grains de la poudre usante et de la hauteur de chute du marteau soumis, vers la tête, à un système de tringles et de leviers articulés que met en action une roue verticale à dents de rochet, aiguës et multipliées[1].

Ce même instrument, dont les produits avaient été présentés par M. Moreau à l'Exposition de 1839, a reçu de l'habile M. Séguin, auquel, beaucoup plus tard, fut confiée l'exécution du mausolée de Napoléon Ier, dans l'église des Invalides, à Paris, des améliorations et perfectionnements, qui consistent principalement dans le mode de transmettre l'action du moteur à l'outil non plus d'en bas, mais d'en haut, par un mécanisme à va-et-vient dérivé d'une tringle horizontale oscillante, agissant sur plusieurs marteaux à la fois. Ces améliorations et quelques autres, étendues à l'ensemble des procédés mécaniques de fabrication, ont permis à M. Séguin de reproduire avec une remarquable perfection, et sur les pierres les plus dures, les rondes-bosses, les ornements d'une grande précision ou délicatesse, et jusqu'aux inscriptions monumentales elles-mêmes[2].

M. Chevolot, associé de M. Féneon, marbrier à Dijon, avait présenté à l'Exposition de 1844[3] des détails de rosaces d'église à jour, des corniches, des encadrements courbes et rectilignes, exécutés à la mécanique, et qui avaient vivement

[1] Voyez l'article précédemment cité du *Dictionnaire des arts et manufactures*, p. 3251.

[2] *Rapports des jurys* de 1844, t. III, p. 230, et de 1849, t. II, p. 437 et 441.

[3] Même ouvrage, t. III, p. 233.

attiré l'attention du Jury par la netteté et la précision des contours : c'était le produit d'une machine à découper et guillocher les pierres, brevetée en septembre 1842, et à laquelle est venue s'ajouter, en 1844, une machine à raboter du système de Whitworth.

Un peu plus tard (1846), l'ingénieux mécanicien Decoster exécuta pour l'établissement Bérard, à Paris, sous la direction de M. Chevolot, un ensemble de fort belles machines ayant pour objet de tailler, tourner, percer, aléser, mortaiser, etc., les marbres et autres matières dures, suivant des formes ou contours déterminés; machines dont les dispositions diverses rappellent leurs analogues relatives au travail du fer et de la fonte, et parmi lesquelles notamment on remarquait une heureuse disposition de machine radiale à colonne, munie d'un équipage à chariot porte-fraise ou foret, mobile le long du bras horizontal de la volée, à la manière ordinaire, mais que l'auteur nomme, improprement peut-être, *plume géométrique*, à cause de la facilité qu'il offre à l'outil, sans cesse en mouvement sous l'action de rouage à poulies de renvoi, d'être élevé ou abaissé verticalement et de prendre, dans le sens horizontal, toutes les positions nécessaires pour caresser les contours des parties à enlever ou à creuser, sans que, pour cela, les cordons sans fin qui transmettent le mouvement rotatoire à cet outil cessent d'être tendus, etc.[1]. D'ailleurs, dans cette ingénieuse combinaison, la pièce à découper, placée sur un plateau que soutenait une plate-forme, en fonte, mobile autour de la colonne centrale, pouvait prendre elle-même une infinité de positions par rapport à celle du chariot porte-outil.

La dissolution de la compagnie Bérard, le transport d'une partie des machines dans une carrière d'Angers, l'application qu'on fit subséquemment encore des machines de M. Decoster aux ardoisières de Chatemoue et à celles que M. Larivière dirige actuellement sur une si grande échelle près d'Angers,

[1] *Publication industrielle* de M. Armengaud, t. VII, p. 1 (1851).

toutes ces circonstances semblent démontrer que la constitution de ces mêmes machines est bien appropriée à la nature des pierres d'un grain fin et homogène, dans le genre de celles que M. Chevolot avait originairement soumises à l'essai sur certains calcaires des environs de Dijon. Mais il est pour le moins douteux qu'elles puissent s'appliquer également aux marbres durs, bien que l'expérience démontre que des fraises cylindriques tournantes, en acier fondu, taillées en lime ou autrement, puissent sans difficulté servir à creuser, même à sec, des rainures à contours curvilignes continus, sur des pièces en fonte douce, conduites par le tour ordinaire à guillocher, comme on peut en voir dans l'atelier de M. Barrère, à Paris, un exemple d'autant plus remarquable, que, s'appliquant au cylindre à onde des petites machines à coudre du système Seymour, la fraise y avance et s'arrête d'une manière parfaitement automatique.

Quant aux machines à raboter, à dresser les pierres, elles rentrent plus particulièrement dans la classe de celles qui font l'objet du paragraphe suivant.

§ II. — Machines à scier, dresser, tailler, user et polir diversement les pierres, les cristaux et autres corps durs. — *Ramelli, Duquet* et *Fonsjean, Moret* et *Bélidor;* MM. *Lépine, Barbier, Coutan, Sauvage,* etc., en France; *Brown* et *Marve, J. Tulloch*, etc., en Angleterre; *Randell* et *Saunders, Hunter, Eastman, Morey* et *Cochran*, à l'Exposition universelle de Londres.

Le grand usage que les Romains ont fait, du temps de l'empire, du marbre en dalles dans leurs édifices publics et particuliers, leur connaissance des moteurs à manége et à eau, permettent de supposer qu'ils savaient aussi appliquer ces moteurs au sciage mécanique des pierres, qui, avec le tournage, le dressage et le sculptage, constitue toute l'industrie marbrière et lapidaire; mais il ne nous en est absolument rien parvenu. On est, de plus, forcé de reconnaître que les scieries mécaniques, armées de plusieurs lames montées par étriers, sur un châssis horizontal en bois à va-et-vient alternatif, n'ont point aujourd'hui encore atteint toute la perfection désirable, à cause de la flexibilité ou faible tension des lames et des oscillations transversales mêmes du châssis et de ses armures. Toutefois, ce genre de machines doit sans nul doute remonter au delà de 1588, époque où l'ingénieur italien Ramelli[1] en décrivait une à quatre lames et à manége, dont le châssis était poussé par un lourd équipage de bielles, de tringles et varlets oscillants, conduits par une manivelle montée sur l'arbre d'une lanterne souterraine.

A ce grossier système automatique ont succédé d'abord les scieries de Duquet et de Fonsjean, qu'on trouve décrites dans le t. Ier (1699 et 1700) du *Recueil des machines approuvées par l'Académie,* où les cames sont substituées aux varlets à manivelle, etc.; puis la scierie à crémaillère et engrenages discontinus d'un sieur Moret, citée par Bélidor (1735), scierie que les chocs rendaient plus mauvaise encore que les précédentes, mais qui, à son tour, fut remplacée par d'autres moins imparfaites[2], et dont le caractère principal consiste dans l'emploi d'un équipage à bielle mis en action par un galet circulaire excentrique, sorte de manivelle montée sur un arbre à mouvement uniforme, pour donner le va-et-vient à l'armure, au châssis porte-lames, horizontal, agissant sur un système d'étriers verticaux plus ou moins bien disposés, et qui permet à cette armure de descendre sans trop de gêne, par son propre poids, le long de coulisses verticales oscillantes, au fur et à mesure de l'avancement du sciage ou de la descente des lames non dentées, dont le mordant, comme on sait, est essentiellement produit par l'action de l'eau et du sable versés de haut au moyen du mécanisme même de la machine.

Sans entrer dans de longs détails, je me bornerai à dire, au point de vue historique, que vers 1825 il existait à Créteil, près Paris, une scierie de marbre appartenant au cé-

[1] *Le diverse et artificiose machine*, Chap. CXXXIV, p. 210.

[2] Tome Ier (1762) du *Recueil des planches* de la grande Encyclopédie, article *Architecture*, où l'on voit ces scieries mises en action par les ailes d'un moulin à vent; ce qui laisserait supposer qu'elles sont d'origine flamande ou hollandaise.

lèbre horloger Lépine, dont le mécanisme, construit par M. Edwards, de Chaillot, comportait 110 lames et 6 châssis horizontaux, à longs guides verticaux de suspension, mis en oscillation par une machine à vapeur de 8 chevaux, dont l'arbre horizontal à volant, en agissant sur d'autres tiges verticales de suspension par un mécanisme imité de celui des tiroirs de machines à vapeur, faisait marcher les bielles horizontales des armures, au moyen d'excentriques circulaires de 50 à 60 centimètres de diamètre, qui, par l'énorme dépense de travail en frottement, rappellent le dispositif analogue des moulins à noix établis par MM. Manby et Wilson à la manufacture des tabacs de Paris. J'ajouterai que, peu après 1825, cette scierie mécanique, établie dans des conditions aussi onéreuses, fut transférée sur le canal de Saint-Denis, où l'on ne tarda guère à en construire plusieurs autres, mues par de simples roues hydrauliques, et dont le nombre, croissant d'année en année, suffit pour attester le développement progressif qu'a pris, à dater de cette époque, l'emploi du marbre dans la ville de Paris. Enfin, je rappellerai que le perfectionnement du sciage automatique des pierres a successivement préoccupé MM. Barbier (1810), Coutan (1811), Sauvage (1823), Labarre et Grenier (1825), en France, et qu'il a aussi reçu des améliorations diverses de MM. Brown et Marve, célèbres marbriers à Derby et à Londres (1818), John et James Tulloch (1824 et 1826), etc., en Angleterre[1].

Néanmoins, les machines de cette espèce, même celles des

[1] Consultez le t. Ier de l'*Architecture hydraulique* de Bélidor, *Additions* de M. Navier (p. 534), pour MM. Brown et Marve, et les brevets contemporains pour les autres. Voy. aussi un intéressant article inachevé, t. III, 1825, p. 253, du *Bulletin des sciences technologiques* de Férussac, et, enfin, le *Dictionnaire d'Appleton*, t. Ier, p. 310 à 313, où sont représentées les différentes machines dont M. Tulloch se servait jusqu'en ces dernières années, dans ses beaux ateliers de Londres, pour scier ou dresser les tables et colonnes de marbre ou de pierres fines; machines dont le caractère principal est une installation très-solide, tout en fonte, et dont les très-lourds châssis horizontaux porte-armures sont mis dans un état d'équilibre convenable au moyen d'un système de contre-poids.

environs de Paris, même celles où l'armure est maintenue dans une sorte d'équilibre par des contre-poids, laissent encore beaucoup à désirer, à cause de la difficulté qu'il y a de concilier la libre suspension et descente du châssis avec le mode de communication du mouvement oscillatoire; difficulté que présente également le sciage en travers des gros bois de charpente, dont il sera question dans les chapitres ci-après. Je crois d'ailleurs inutile de parler ici des scieries à lames dentées verticales, quelquefois employées pour le débit des pierres en dalles, parce qu'elles ne s'appliquent qu'aux pierres tendres, d'un assez faible échantillon, portées sur un chariot qui ressemble à celui des scieries à bois ordinaires.

On a pu voir à l'Exposition universelle de Londres plusieurs ingénieux modèles de machines à scier la pierre, à châssis horizontaux ou inclinés, représentant, en petit, celles que MM. Randell et Saunders emploient depuis fort longtemps dans leurs carrières de Corsham, près Bath, en Angleterre; machines dont la plus remarquable se rapporte à un système à 8 lames, de 7ᵐ 30 de longueur, sciant sur place la roche naturelle disposée en talus à gradins. On y a vu avec un égal intérêt la machine à scier, dresser les pierres par M. Cochran, de New-York, ainsi que le modèle de celle de M. J. Hunter[1], depuis longtemps connue en Angleterre, mais plus spécialement à Arbroath, en Écosse, où elle est employée dans les carrières de Leysmill à la taille des plus gros blocs de pierres calcaires ou de grès, placés sur un chariot de scierie ordinaire, dont des équipages massifs en fonte de fer, oscillants et armés d'outils à pointe ou à taillants, labourent, écorchent et planent grossièrement la surface supérieure, dans les allées et venues que leur imprime le châssis au milieu duquel ces blocs sont fixés ou suspendus latéralement.

Enfin, une autre machine fonctionnant, fort originale,

[1] La patente de ce mécanicien date du 18 mars 1835; elle a été insérée dans le numéro d'octobre suivant du *Mechanic's magazine*, dont on trouvera la traduction à la p. 11 du t. XXXV du *Bulletin de la Société d'encouragement*.

mais qui trouverait difficilement, quant à présent, son emploi en France, a été présentée également par M. Morey, de Boston, mandataire de M. Castman, patenté aux États-Unis d'Amérique, pour le dégrossissage et le dressage des pierres, au moyen de galets en fonte trempée, arrondis, striés transversalement, et qu'un manchon vertical, à rotation excessivement rapide, entraîne circulairement en même temps que la pierre, posée sur un chariot mobile horizontalement, en reçoit l'empreinte profonde, sous forme de sillons, de cannelures, dont les débris écailleux et la poussière sont projetés fort au loin[1].

Cette dernière machine participe, comme on le voit, tout à la fois, et du caractère des machines à couteaux tournants et de celui des meules ou molettes à aiguiser, à user, dresser, tailler, polir les métaux et les minéraux divers, tels que outils et bijoux en acier ou en pierres dures, verres et cristaux; instruments à rotation excessivement rapide en effet, et dont les inconvénients bien connus, surtout en ce qui concerne les grandes et lourdes meules de grès des aiguiseries à moteurs inanimés, ont été dans ces derniers temps, de la part de MM. Eugène Pihet et Jules Peujot[2], l'objet de préoccupations philanthropiques d'autant plus recommandables que les moyens sanitaires ou préventifs d'accidents d'un genre plus ou moins analogue, tels que le recouvrement des roues d'engrenages, etc., sont loin d'avoir encore acquis dans les ateliers ou manufactures, malgré la sollicitude des gouvernements et des sociétés savantes, toute l'extension désirable; moyens dont trop souvent même ils sont entièrement dépourvus.

Au surplus, les équipages de meules de divers degrés de finesse, constitution ou dimension, employées à aiguiser, à polir, à tailler les outils tranchants, les pierres fines et les

[1] Rapport de M. Willis, p. 194, et *Rapports* anglais sur l'Exposition universelle de Londres.

[2] *Comptes rendus de l'Académie des Sciences*, t. XXX, p. 231 (1850); t. XXIX, p. 739, et t. XXV, p. 1 et 28 (1848), notice de M. le général Morin.

cristaux, ne paraissent pas avoir subi depuis 1815 de grandes modifications, si ce n'est peut-être que, au lieu d'être conduits comme autrefois, isolément, à l'aide de manivelles, de pédales, etc., par des ouvriers, ils marchent automatiquement par un système de courroies à poulies d'embrayage rangées sur une même ligne, dans de longs ateliers, et conduites par un même moteur; équipages que, dans ces derniers temps seulement, M. Coursier, habile mécanicien de Paris, a songé à disposer circulairement autour d'un arbre à tambour central, dans un lapidaire à 8 places qu'il construisit vers 1847 pour les ateliers de M. Molteni, fabricant d'instruments d'optique et de mathématiques dans la même ville[1].

§ III. — Machines à molettes et à chariot, spécialement employées à dresser et doucir les grandes glaces et les miroirs. — MM. *Barrows* et *Hall de Dartford*, en Angleterre; *Darligues*, *Petit-Jean* et *Mangin*, *Hoyau* et *Chevalier*, *Ranvez*, *Pihet* et *Carillion*, *Tournant* et *Radiguet*, en France.

Malgré les remarquables progrès qu'a faits chez nous depuis un certain temps la taille superficielle ou profonde des verres et cristaux de luxe dans les grands établissements de Saint-Louis, de Baccarat et de Clichy, on ne saurait affirmer que nous ayons acquis sur nos voisins de la Bohême et de l'Angle-

[1] *Publication industrielle*, tome VI (1848), p. 202, pl. 14. L'art de graver, sculpter, au tour, le verre et les cristaux, si fort avancé en Allemagne à cause du bas prix de la main-d'œuvre, ne paraît pas avoir subi des perfectionnements notables depuis l'époque (1816) où Bergeron en décrivait les outils dans son *Manuel du tourneur* (t. II, p. 438, pl. 53). Il s'agit toujours de molettes de diverses formes et dimensions, enduites de pâtes d'émeri, de potée d'étain, etc., tournant, avec une extrême rapidité, en présence de la matière soutenue, dirigée en tous sens par les mains de l'ouvrier; néanmoins il paraît difficile d'admettre qu'on n'y ait point encore essayé des procédés mécaniques analogues à ceux dont se servent MM. Barrère, Hermann et quelques autres artistes distingués pour tailler directement le verre au diamant noir ou graphite cristallisé, tournant ou non sur son axe, en guise de fraise. Quant à la taille unie des verres d'optique, elle continuera longtemps encore sans doute à s'opérer par frottement tangentiel ou rodage, avec poudre usante; sur des surfaces métalliques préalablement tournées sous la forme mathématiquement voulue.

terre une supériorité artistique incontestée; mais il en est tout autrement à l'égard de la fabrication et du travail mécanique des grandes glaces des manufactures de Saint-Gobain, de Cirey et de Montluçon, dont on a vu les magnifiques produits aux diverses Expositions françaises, et seulement en faible partie à celle de Londres, où malheureusement ils arrivèrent trop tard pour être justement et impartialement appréciés par le Jury de la XXIVe classe. D'ailleurs, si cette dernière Exposition n'offrait aucun spécimen de machines à doucir et polir les grandes surfaces de glaces ou de marbre, on n'en saurait attribuer le motif à l'état encore peu avancé de cette branche d'industrie mécanique, quoique trop longtemps, il est vrai, on se soit contenté, en fait de précision, d'un à peu près capable de tromper des yeux peu exercés, mais qui n'eût peut-être pas toujours satisfait les architectes romains, même dans le dressage de leurs pierres monumentales, ajustées les unes au-dessus des autres, sans aucune interposition de mortier, de ciment ou de plomb propre à en pallier les défauts : ce dressage s'opérait probablement, comme aujourd'hui chez certains de nos marbriers et fabricants de miroirs, en faisant osciller, mouvoir en tous sens, rectilignement et circulairement, avec interposition d'eau et de sable ou de poudre usante quelconque, à divers degrés de finesse, une pierre, une dalle de même nature mais de moindre échantillon, nommée *moellon,* à la surface supérieure horizontale de la pièce principale, mise en place ou calée, scellée au besoin avec du plâtre, sur une table, une plate-forme d'appui solide, dont la surface doit être elle-même parfaitement dressée, quand on la destine à recevoir une ou plusieurs dalles minces et jointives, telles que des glaces de miroirs, par exemple.

Dans la marbrerie ordinaire, comme on sait, mais surtout quand le sciage mécanique ou à bras a été bien exécuté, on se contente aujourd'hui encore de dresser, doucir ainsi, sans beaucoup de frais, la surface supérieure des pierres par le frottage d'un petit moellon dont la rotation sur lui-même est indispensable pour éviter le creusement mutuel des surfaces qui, dans le simple glissement rectiligne, amène le milieu plus fréquemment en contact que les extrémités. Mais, quand il s'agit d'obtenir des surfaces parfaitement planes, ces moyens deviennent insuffisants, et c'est ce qui a lieu notamment pour le dressage des pierres lithographiques, où l'on se sert d'un petit moellon à châssis en fonte, percé à jour pour recevoir, à la surface supérieure, le mélange d'eau et de poudre de grès, versé de loin en loin par l'ouvrier, qui en même temps promène et fait pirouetter le châssis moellon en agissant sur la manette excentrique dont il est surmonté verticalement. Toutefois, le résultat de ce long et pénible travail serait imparfait encore si l'on ne faisait frotter l'une sur l'autre, dans des conditions pareilles et avec des poudres usantes extra-fines, etc., deux pierres lithographiques déjà préparées isolément à l'aide de cet ingénieux procédé.

Sauf l'état plus avancé du dégrossissement préalable des surfaces et les moyens de vérification, de repérage par la coloration et l'application de règles parfaitement vérifiées, c'est aussi, si je ne me trompe, le procédé employé aujourd'hui même pour le finissage, le moirage ou le polissage de surfaces métalliques obtenues à l'aide des planeuses à outil fixe et chariot porte-pièce mobile dans le genre de celles exposées à Londres par M. Whitworth, notamment quand il s'agit de *marbres*, de platines à dresser les formes d'imprimerie, etc., dont, comme on l'a vu, cet habile ingénieur a mis de remarquables spécimens sous les yeux du public. Mais les procédés facilement applicables aux surfaces épaisses et résistantes de la fonte ne sauraient évidemment convenir au dressage de très-grandes plaques minces et fragiles.

Pour les grandes glaces en particulier, le moellon ou traîneau à doucir, autrefois composé d'un châssis mobile en charpente, convenablement chargé et muni en dessous de sa petite glace, etc., se trouvait lié à une large jante circulaire par des rais en bois léger, constituant la *table à roue*, que deux hommes vigoureux promenaient et faisaient tourner sur elle-même le long de la grande table-support ou banc fixe, dont les rebords, parfaitement dressés dans un même plan, servaient à diriger par glissement les rais et les jantes de la roue. Cette manœuvre, en apparence grossière quand elle n'est point accompagnée, lors du retournement de la glace, de moyens de vérification et de repérage indispensables pour assurer le parallélisme, le parfait dégauchissement des deux faces, cette manœuvre était employée longtemps après 1809 au faubourg Saint-Antoine, à Paris, dans un établissement appartenant à la manufacture des glaces de Saint-Gobain, bien qu'on se servît déjà à Saint-Ildéfonse, en Espagne, et sans doute ailleurs encore [1], de diverses machines à moteurs hydrauliques, dont le principal caractère consistait à procurer à un traîneau unique ou à une série de petits moellons, surmontés de manettes excentriques, rangés en lignes droites, à côté ou au-dessus les uns des autres, un mouvement de glissement et de rotation simultanés, le long des tables ou bancs à dresser, au moyen d'équipages de tringles, de tirants ou bielles à manivelles, compris dans des plans verticaux distincts et dont le va-et-vient était transmis à l'axe du traîneau ou aux manettes des moellons, tantôt par d'autres tringles transversales, tantôt par des cordons croisés sur un tambour central, tantôt enfin par un rochet à *dent de loup*, de manière à obtenir automatiquement une série de passes et repasses successives. Les résultats de celles-ci, vérifiés de loin en loin et en différents sens, par des procédés suffisants peut-être pour des glaces d'une petite étendue, ne l'étaient pas à beaucoup près pour de plus grandes, surtout à l'égard du gauchissement général ou du manque de parallélisme des faces, dont les fâcheux reflets, joints à ceux que produisaient de nombreuses stries ou

[1] Borgnis, t. III, *Constructions diverses* (1818)' p. 68. Lanz et Bétancourt : *Essai sur la composition des machines*, 1re édition (1808), revue par Hachette, p. 99 et 100 (K 10 et L 10) : la dernière de ces deux machines, munie d'un rochet à dent dont le va-et-vient imprime la rotation intermittente au polissoir, est attribuée à un M. Barrows ; décrite au t. II, p. 142 de l'ouvrage de M. Mabyn Bailez, elle se trouve représentée en modèle au Conservatoire de la rue Saint-Martin.

ondulations, n'accusaient que trop les imperfections du dressage aux yeux les moins exercés.

M. Dartigues, l'ancien membre du bureau consultatif des arts et manufactures, fondateur des cristalleries de Vonèche et de Baccarat, paraît être le premier, en France, qui se soit préoccupé, au point de vue mécanique, d'améliorer cet état de choses, dans un brevet d'invention du 13 mai 1820[1], rédigé d'une manière incomplète et obscure, mais dans lequel on aperçoit cependant l'intention de procurer au traîneau ou rodoir le mouvement épicycloïdal indispensable, en le surmontant d'un petit pignon placé entre deux crémaillères parallèles, établies transversalement sur les bords supérieurs et opposés du banc-support, l'une momentanément fixe, l'autre mobile par va-et-vient longitudinal; toutes deux susceptibles de glisser parallèlement sur des guides ou règles de soutien en fer fixées sur les longs côtés du banc, à une hauteur exactement repérée au moyen d'une vis à cadran, et correspondant à l'épaisseur qu'il s'agit de donner successivement et définitivement à la glace doucie ou polie[2].

C'est aussi vers cette époque que la manufacture de Saint-Gobain, dirigée par les conseils de feu Clément Désormes, le célèbre professeur de chimie industrielle au Conservatoire des arts et métiers de Paris, munit ses ateliers de machines à dresser construites en Angleterre par le mécanicien Hall de Dartford, d'après un système plus ou moins analogue à ceux dont il vient d'être parlé, mais qu'il me serait impossible de préciser, grâce au mystère dont ce profitable monopole aime aujourd'hui encore à s'envelopper.

[1] *Brevets expirés*, t. XXXI, p. 135, pl. 22.

[2] Je ne cite pas le brevet pris le 7 février 1821 par MM. Petit-Jean et Mangin, à Paris, pour une machine à doucir les glaces, fort compliquée de rouages à chaînes sans fin, faisant tourner le moellon suspendu par son arbre à un châssis supérieur à coulisses horizontales dirigées, transversalement au banc, par un ouvrier chargé en même temps de conduire à la hauteur de ses rebords fixes les rouages à manivelle et pignon qui impriment à la crémaillère du chariot à roulettes porte-glace le mouvement d'avance horizontal dans le sens des longs côtés de ce banc.

Dans un projet ou brevet en date de mars 1826[1], M. Hoyau, l'ingénieur mécanicien et graveur déjà plusieurs fois cité, mais plus particulièrement connu pour son ingénieuse petite machine à fabriquer les agrafes en fer étamé, s'est proposé d'obtenir un dressage plus parfait des grandes glaces au moyen d'une machine dont l'idée principale, applicable même au dressage des surfaces métalliques et à la taille des verres d'optique de forme sphérique, conique ou cylindrique, consiste dans la rotation rapide d'un outil rodant quelconque, et, plus spécialement, d'un moellon ou disque frottant, mobile autour d'un axe emporté lui-même circulairement autour d'un axe parallèle ou convergent, fixe ou lié à un dernier système d'axes pareil, tandis que la pièce à raboter ou dresser, placée sur un chariot-support à rotation excentrique par rapport au système précédent, présente successivement tous ses points à l'action de l'outil. C'est, comme on voit, la généralisation du principe du tour figuré, appliqué au dressage mathématique des plus grandes surfaces solides.

Dans le cas spécialement réalisé par l'auteur, des glaces de miroir ou dalles de marbre brutes sont placées sur un disque circulaire horizontal en fonte, tournant à l'extrémité supérieure d'un arbre conique ou support vertical à pivot fixe, tandis que le moellon, pareillement horizontal, mais surmonté d'une trémie alimentaire d'eau et de sable, est animé, au-dessus de ce disque, d'un double mouvement rotatoire, l'un autour d'un arbre vertical situé à l'extrémité extérieure d'un volet ou châssis trapézoïde mobile sur charnières ou colliers, l'autre autour de l'arbre en fer vertical et fixe qui, servant d'axe inébranlable à ces colliers, est situé au-dessus et extérieurement par rapport au plateau-support de la pièce à dresser. L'arbre mobile du moellon-rodoir demeurant d'ailleurs à une distance invariable de l'arbre excentrique et parallèle du vantail tournant, on conçoit comment il devient possible de

[1] *Brevets expirés*, t. XXX, p. 227, pl. 34 et 35; réimprimé textuellement à la page 153 du t. XXXVII du *Bulletin de la Société d'encouragement.*

communiquer simultanément à ce rodoir et au disque-support, et cela pour toutes les positions arbitrairement données au vantail, le mouvement rotatoire continu, tiré de celui d'un arbre moteur vertical et également extérieur au disque-support, par le moyen de roues dentées horizontales, de poulies à courroies sans fin, partant de ces arbres respectifs; ce qui rappelle le dispositif analogue de la machine à broyer les couleurs pour laquelle M. Lemoine, de Paris, avait été breveté quelques années auparavant[1], et qui se trouve brièvement décrite à la p. 297 du présent Rapport.

Toutefois, la disposition par laquelle l'arbre du rodoir et son équipage sont susceptibles d'être élevés, soutenus, à différentes hauteurs, au-dessus du disque-support, par le moyen d'une romaine à contre-poids de décharge et d'un appareil à vis micrométrique en relation avec un cadran dont les divisions correspondent aux épaisseurs de la glace à dresser, cette disposition, il faut le dire, présentait, quant à la solidité, à la précision des ajustements, de sérieuses difficultés ou imperfections auxquelles devaient se joindre d'autres inconvénients relatifs à la mobilité, à l'instabilité du plateau ou chariot-support. Ces inconvénients, dont il a été dit quelques mots par anticipation à l'endroit précité, expliquent la cause probable de l'abandon du système, malgré l'accueil qu'il a reçu en 1838 de notre Société d'encouragement[2]; accueil fondé, sans doute, sur le mérite des idées théoriques de l'auteur et les résultats de quelques expériences favorables, exécutées, les unes sur des dalles granitiques destinées au péristyle du Panthéon, les autres sur des pierres lithographiques de grandes dimensions présentées par M. Chevalier à l'Exposition française de 1834, enfin, les dernières sur divers morceaux de glaces de rebut, d'inégales épaisseurs, et qui, juxtaposées et scellées sur la plate-forme ou table tournante de la ma-

[1] *Recueil des brevets expirés*, t. XXIV, p. 160 : brevet d'invention de 10 ans, délivré le 3 août 1822.

[2] *Bulletin*, etc., t. XXXVII, page 153; rapport de M. Olivier.

chine, furent promptement redressées, dégrossies par le moellon-rodoir.

Quant à appliquer un mécanisme aussi compliqué, aussi lourd et aussi colossal en hauteur et largeur, au rabotage des grandes pièces de fonte ou au douci des grandes et fragiles glaces de miroirs, cela devait offrir plus d'un genre de difficultés, qui n'ont pourtant pas empêché, si mes informations sont exactes, le mécanicien Ranvez d'en faire une application plus ou moins étendue au dressage des glaces de Cirey (Meurthe).

Ces difficultés expliquent, d'un autre côté, comment M. Carillion, l'ancien et très-estimable garde du génie à la brigade topographique, devenu, après 1815, le collaborateur des Dartigues et des Clément Desormes[1], aujourd'hui ingénieur constructeur très-distingué à Paris, a été conduit, plusieurs années avant 1848, à composer pour les manufactures de glaces, en France et en Belgique, une machine à doucir qui réunit les avantages des anciennes planeuses à raboter la fonte de fer à ceux des rodoirs ordinairement employés au dressage des glaces; je veux dire des moellons tournant sur eux-mêmes pendant la translation qu'ils éprouvent longitudinalement ou transversalement à la pièce à dresser, dont les dimensions, souvent portées à 3 mètres de largeur sur 6 et 7 mètres de longueur, devaient exclure toute idée de mettre en œuvre les planeuses anglaises à chariot porte-pièce, rectiligne et mobile, pour y substituer le système à table ou banc fixe, d'après le principe déjà appliqué, comme on l'a vu, par MM. de Lamo-

[1] Voyez t. XLIX, p. 542, du *Bulletin de la Société d'encouragement*, l'intéressante notice, par l'ingénieur Benoît, sur les travaux industriels ou scientifiques de M. Carillion, qui, sous la direction habile de l'excellent commandant Clerc, de regrettable mémoire, a pris part à cet immense travail grâce auquel nos frontières, à commencer par la Spezzia, le mont Cenis et les îles d'Hyères, furent couvertes d'admirables cartes levées et nivelées par courbes horizontales, avec une précision jusque-là inconnue : le colossal relief, notamment, de la Spezzia excita l'enthousiasme du vainqueur de Marengo, qui voulut décorer de sa propre main M. Clerc, alors capitaine de mineurs, anciennement secrétaire du ministre Carnot.

rinière et Mariotte[1], au dressage des longues tables de fonte employées au coulage même des glaces dans la manufacture de Saint-Gobain. Ce banc, en effet, est ici composé d'un lit horizontal de pierres de taille jointives, dressées à leur superficie avec tout le soin possible, au moyen de la machine elle-même, pour y recevoir les glaces sur le côté uni, par lequel elles reposaient primitivement sur la sole plane de la table à couler, et être dégrossies ensuite parallèlement sur la face opposée, venue du coulage, plissée, ondulée irrégulièrement, malgré l'espèce de laminage qu'elle a primitivement subi, sur cette même table, au moyen de lourds cylindres en fonte.

Le banc en pierre dont il s'agit, porté sur des supports à châssis-consoles en fonte[2], reliés par des entretoises pareilles, est entouré d'escarpements, de rigoles également en fonte, où le résidu de l'eau et de la poudre usante va se rendre de toutes parts, en s'échappant du dessous du rodoir; ses longs côtés sont accompagnés, extérieurement et à une petite distance, de rails ou règles triangulaires placées debout et servant à guider, soutenir des patins à coulisse que surmontent les flasques verticales en fonte et à entretoises solides de l'équipage à chariot, mobile longitudinalement, qui porte à la fois les rouages et le système, mobile transversalement, du rodoir horizontal à trémie alimentaire et auget oscillant, susceptible, au moyen d'une romaine ou bascule à contre-poids curseur, d'être maintenu dans une sorte d'équilibre à la hauteur minimum réclamée par l'épaisseur de la glace ou l'avancement du rodage aux divers instants du travail de la machine; hauteur réglée d'ailleurs par le moyen de dentures et de vis micrométriques à cadran qui permettent d'atteindre jusqu'aux fractions de 15 centièmes de millimètre. D'autre part, à l'aide d'un solide et ingénieux dispositif de support à plaque verticale et coulisses horizontales en fonte régnant dans tout l'in-

[1] Voyez plus spécialement, à l'égard de ce dernier constructeur, le rapport fait par M. Calla fils à la *Société d'encouragement* dans sa séance du 30 juin 1841, t. XL, p. 400, du *Bulletin*.

[2] *Bulletin* déjà cité, t. XLIX (1850), p. 421, pl. 1155, 1556 et 1157.

tervalle compris entre les flasques de l'équipage à chariot, le porte-rodoir lui-même, la roue d'angle qui en surmonte l'arbre vertical, leurs chaises ou porte-coussinets, ceux mêmes de la romaine ou bascule de décharge et du pignon engrené dans cette roue, dont le manchon, la boîte glisse, à rainure et languette, le long de l'arbre horizontal supérieur qui reçoit, spontanément ou automatiquement, le mouvement rotatoire du mécanisme à embrayage de friction de la machine; tout cet ensemble, dis-je, reçoit d'une crémaillère horizontale à fuseaux et pignon oscillant, qui rappelle celle des presses à calandres et d'imprimerie automatique, un mouvement parallèle transversal très-lent, dépendant du mouvement translatoire même du chariot le long de son banc à coulisses, et s'étendant à l'intervalle entier compris entre l'un et l'autre de ses flasques ou supports, c'est-à-dire de manière que le rodoir puisse atteindre successivement, comme l'outil des planeuses ordinaires, toutes les parties ou bandes rectilignes parallèles dans lesquelles on peut concevoir la glace décomposée dans le sens de la longueur du banc.

Quant au mécanisme qui imprime le mouvement à l'équipage et aux divers organes du chariot, il consiste dans un courant de lanières ou cordons sans fin passant sur une paire de poulies verticales fixes, l'une motrice, l'autre de renvoi, placées en dehors et aux deux extrémités du banc ou de la course du chariot, et venant embrasser, extérieurement et intérieurement, deux autres poulies verticales sans gorge, dont les arbres horizontaux, montés sur ce chariot parallèlement à ses entretoises et cheminant avec lui le long des rails ou du banc, impriment le mouvement rotatif, d'un côté, au manchon d'embrayage de l'arbre moteur horizontal du rodoir, de l'autre, à un équipage de roues dentées ou à courroies motrices, dont les arbres, parallèles aux précédents, donnent le va-et-vient, soit intérieurement à la crémaillère à chevilles du porte-rodoir glissant sur ses coulisses horizontales, soit extérieurement aux flasques à patins du chariot, par des roues d'angle qui mettent en action de petits pignons à arbres verticaux engrenant le long de crémaillères dentées horizontales, fixées latéralement ou extérieurement aux chapeaux des consoles de soutien du banc à dresser, et par lesquelles la marche, progressive ou rétrograde, mais très-lente, est imprimée au chariot, tandis que ses alternatives d'aller et de retour sont réglées par les basculements d'un auget à boule roulante, que des cliquets à cames fixes ou *tocs*, placés aux extrémités de sa course, viennent alternativement pousser.

Il serait nécessaire de compléter cette rapide description par celle de plusieurs autres ingénieuses dispositions de détail qui, ne se rencontrant pas dans les anciennes planeuses anglaises ou françaises, offraient toutes de très-grandes difficultés à vaincre dans la nouvelle combinaison des pièces; mais cette description, tout imparfaite qu'elle soit, doit suffire, sans autre démonstration, pour convaincre que ce genre de machines, d'une puissance et d'une précision très-remarquables, a atteint une supériorité incontestable entre les mains habiles et savantes de M. Carillion, jugé digne de la médaille d'or à l'Exposition française de 1849, pour l'ensemble de ses travaux, et qui, successeur en quelque sorte de l'honorable M. Pihet, le vétéran de nos grands constructeurs de machines, a rendu de particuliers services aux manufactures de glaces, en les dotant d'utiles appareils pour le laminage, le transport, le retournement de ces glaces, sources, jusque-là, de tant de fatigues et de dangers pour les ouvriers.

Quoique beaucoup d'établissements, en France ou à l'étranger, soient tentés de n'accorder qu'un assez faible intérêt ou mérite industriel à des perfectionnements de cette espèce, parce qu'ils apportent, comme la machine même ci-dessus, plutôt des moyens de sûreté et de précision mathématique qu'une forte et appréciable réduction de prix dans les travaux et les produits des manufactures, néanmoins on doit espérer que le sentiment public et le goût de plus en plus sévère et épuré des consommateurs ne tarderont pas à répandre, à consacrer les belles et utiles conceptions mécaniques de l'ingénieur Carillion, qu'il est regrettable de n'avoir pas vu figurer, à

Londres, auprès des machines de M. Whitworth, destinées plus spécialement au rabotage des métaux : elles en sont à mes yeux, en effet, le complément indispensable pour les grandes pièces, qui exigent une précision, un fini d'exécution exceptionnels; d'autant plus que je n'ai point entendu parler ici des moyens mécaniques par lesquels les opticiens anglais ou français, MM. Tournant et Radiguet notamment, sont depuis longtemps parvenus à dresser, avec une précision pour ainsi dire mathématique, les deux faces parallèles des petites glaces d'instruments d'optique (t. XXXI, p. 9, du *Bulletin de la Société d'encouragement,* janv. 1832).

CHAPITRE III.

MACHINES SPÉCIALEMENT EMPLOYÉES À TRAVAILLER ET FAÇONNER GÉOMÉTRIQUEMENT LES BOIS AVANT L'ÉPOQUE DE 1820.

§ Ier. — Premier établissement des grandes scieries hydrauliques à lames verticales en Europe. — *L'évêque d'Ely, Jacques Besson, Ramelli, Salomon de Caus, Bélidor* et *Navier,* etc.

Un manuscrit du XIIIe siècle, cité par M. Willis comme appartenant à la bibliothèque impériale de Paris [1], semble permettre de faire remonter l'invention des scieries hydrauliques beaucoup au delà, et par conséquent à une époque tout au moins très-voisine de celle de l'occupation romaine dans notre pays. D'après d'autres écrits, peut-être moins authentiques et trop vaguement indiqués par les auteurs, un moulin à scier le bois aurait, en effet, été érigé dès le IVe siècle sur la rivière de Rœur, en Allemagne, et on s'était servi de semblables machines en 1420, lors de la découverte de Madère, pour scier les excellents bois de cette île; enfin il en aurait aussi existé vers cette époque à Breslau et à Erfurt; mais l'usage en était peu répandu en Angleterre avant l'année 1555, où l'évêque d'Ely, ambassadeur de la reine Marie à

[1] *Lectures on the results of the great exhibition,* etc., p. 305.

Rome, en mentionne une qu'il avait vue pour la première fois dans cette ville[1].

Comment étaient disposées cette dernière scierie et les précédentes? On s'est abstenu de l'indiquer, et, pour prendre une idée de l'état des choses à ces époques reculées, il serait nécessaire de puiser à des sources historiques plus positives. Or, on remarquera que la date de 1555 s'accorde assez avec celle où le Lyonnais Jacques Besson (1569 et 1578) en décrivait une d'autant plus remarquable qu'elle possédait plusieurs lames contenues dans un châssis vertical que faisait mouvoir, sans coulisses de guide, un système parallélogrammique articulé, rappelant celui des anciens ponts-levis à flèches, sauf qu'ici le prolongement de la bascule supérieure y était mis en action par une bielle verticale, à manivelle fixée au bout de l'arbre horizontal tournant d'une roue hydraulique : ce système rappelle, à son tour, le dernier dispositif des machines à vapeur de Watt, et on a tenté de le reproduire de nos jours sans grand succès; mais probablement c'était une pure conception du célèbre auteur du *Theatrum instrumentorum et machinarum.* Il y a bien plus lieu de croire que les moulins à scier de cette époque, et, *a fortiori*, ceux des époques antérieures, ressemblaient, jusqu'à un certain point, aux plus anciennes et plus grossières scieries que nous connaissions, notamment à celles qu'on voyait naguère et qu'on voit aujourd'hui encore servir dans les montagnes des Vosges, de la Forêt-Noire, du Mont-Dore, etc., à débiter en madriers et en planches les gros arbres de pins ou de sapins, au moyen de châssis de scie à coulisses verticales, soulevés vers le bas, à l'instar des pilons, par un arbre à cames que fait mouvoir directement une petite roue hydraulique à augets, exécutant jusqu'à trente révolutions à la minute.

Dans ces grossières machines, tout en charpente et dont la

[1] Ces données historiques, empruntées sans doute à des ouvrages allemands qu'il m'a été impossible de consulter, sont tirées de la collection intitulée : *The american polytechnic Journal*, par MM. Greenhough et Fleischmann, t. Ier (1853), p. 98.

scie *à plomb* retombe lourdement sur un monceau de sciures, la pièce est montée sur un chariot à roulettes de support et guides latéraux; chariot quelquefois incliné à l'horizon, et remontant contre le tranchant des lames pour faciliter ensuite le retour de la pièce à vide, mais plus généralement établi de niveau et muni, sous l'un des brancards au moins, de longues crémaillères en bois poussées en avant, ou vers la scie, au moyen de petites lanternes à fuseaux établies sur un arbre inférieur horizontal et transversal, portant en outre, extérieurement, la grande roue à anneau en fer vertical, nommée à *minutes*, à cause de ses 360 dents; véritable rochet muni de cliquets contre le recul, et que faisait, comme aujourd'hui, tourner d'un, de deux ou de trois crans, une fourche à *pied de biche*, fixée à l'extrémité d'un long manche ou hampe en bois qui, inclinée à l'horizon, reçoit à l'autre bout, par une fourche à boulonnet, le mouvement alternatif d'avance et de retrait, au moyen d'un petit levier ou poussoir à trous gradués monté sur un arbre horizontal oscillant : ce dernier arbre, placé tantôt vers le bas, tantôt vers le haut et parallèlement au châssis de scie, était lui-même mis en action par un long bras articulé à genouillère, avec l'entretoise du haut ou du bas de ce châssis, vers lequel le chariot et la pièce à débiter étaient ainsi incessamment poussés; le retour à vide s'opérant en soulevant les cliquets et en agissant, du pied ou de la main, contre les chevilles dont se trouvait armée latéralement la jante en bois de la roue à minutes.

L'ingénieux mécanisme du pied de biche et de sa roue à déclic, dont l'auteur est demeuré inconnu, a été religieusement conservé dans les divers systèmes de scieries et de machines, plus ou moins analogues, dont nous avons eu précédemment maints exemples; il a très-probablement été la source commune à laquelle Lagarouste lui-même aura puisé son levier à double cliquet oscillant, et il constitue en réalité le type des plus anciens systèmes de scieries automatiques.

Ce qui prouve d'ailleurs que la scierie à balancier supérieur, décrite par Jacques Besson, n'était qu'un simple projet et non pas un système généralement suivi et adopté de son temps, c'est que Ramelli, qui écrivait peu après cet auteur (1588), n'en parle pas, et décrit, au contraire, avec beaucoup de soin (chap. CXXXVI, p. 112) une scierie à bois toute différente et se rapprochant beaucoup de celles universellement mises en usage dans le XVIIIe siècle d'après Bélidor, qui, vers 1736, en construisait une pour l'arsenal de la Fère. On y remarque, en effet, non-seulement le système du pied de biche et du chariot, ici horizontal, porté sur une file de rouleaux cylindriques parallèles, et où la contre-pente est remplacée par des poids à suspension de recul, que soulève le pied de biche pendant l'avance du chariot; mais on y voit de plus le châssis, au lieu d'être élevé verticalement par des cames à chocs successifs, recevoir le va-et-vient continu d'une courte bielle inférieure montée sur la manivelle en fer de l'arbre coudé horizontal d'une roue hydraulique, à grande vitesse et à action directe, comme celle dont il vient d'être parlé.

Inutile sans doute d'ajouter qu'ici, comme dans les scieries à la Bélidor, le chariot porte, dans l'intervalle de ses entretoises extrêmes, un chevet ou sellette en bois, mobile à volonté pour recevoir le bout de la pièce appuyée contre les dents de la scie préalablement engagée entre ce bout et le fond de la sellette, fendue à cet effet et munie d'ailleurs, ainsi que le siége fixé à l'autre bout du chariot, de crampons, de clameaux ou de brides à chapeaux de formes diverses, pour assujettir la pièce contre l'action verticale des lames dentées, dont la voie s'élevait jadis, jusqu'à 9 ou 10 millimètres (4 lignes), attendu que ces lames, en étoffe de fer et d'acier, étaient simplement forgées au martinet et tout au plus dégrossies à la meule ou à la lime : d'où une perte de bois s'élevant jusqu'au tiers du volume entier de la pièce quand il s'agissait de gros arbres à débiter en planches de 30 millimètres au plus d'épaisseur; ce dont nos exploitations isolées de forêts offrent aujourd'hui encore de fâcheux exemples.

Une circonstance qu'il est surtout nécessaire de faire remarquer, c'est que le système de rochets à pied de biche pousseur des scieries décrites dans les *Diverse ed artificiose machine del capitano Augustino Ramelli*, de tous points conforme à celui décrit ci-dessus, est disposé de manière à pousser en avant le chariot et la pièce de bois pendant la levée même du châssis, précisément comme le veut Bélidor[1] et d'autres anciens auteurs, mais non pas durant la descente, ainsi qu'on l'admet volontiers aujourd'hui, d'après des considérations fort rationnelles, mais où l'on ne tient pas assez compte peut-être de l'influence inévitable de l'élasticité, de la flexibilité et du jeu de toutes les parties dans ces anciennes machines, où la pression contre les lames de scie peut varier suivant une loi impossible à découvrir à priori, et très-différente d'ailleurs de celle qui répondrait à l'hypothèse de la rigidité parfaite, de l'absence de tout jeu : ce calcul est ici d'autant plus superflu que la direction antérieure des dents de la scie se trouve, dans ces mêmes scieries, légèrement inclinée sur la verticale en vue d'en favoriser le rapide dégagement pendant la montée. Ajoutons que le châssis vertical de cette scie est muni, entre ses traverses extrêmes horizontales, d'une entretoise mobile sur coulisses et portant l'étrier supérieur de la lame de scie, bandée au moyen de deux fortes vis verticales descendant du chapeau supérieur, muni à cet effet d'écrous de serrage.

Après l'ouvrage de l'Italien Ramelli, publié à Paris sous le patronage de Henri IV, vient, dans l'ordre des dates, *les Raisons des forces mouvantes*, de Salomon de Caus (1615 à 1634), qui, dans le *Probl.* 18 du livre 1er, donne la description d'une scierie à trois lames communément employée en Suisse pour le débit en planches des billes de sapin; scierie munie, comme la précédente, d'une roue à minutes pour faire avancer la pièce, dont, suivant les indications de l'auteur, le chariot devait être accompagné de contre-poids de recul à câbles et poulies de renvoi pour faciliter le retour à vide de cette pièce, tandis que le châssis lui-même était mené par une longue bielle ou chasse verticale en bois et une forte mani-

[1] *Architecture hydraulique*, t. Ier, dernière édition, p. 495, n° 691.

velle en fer, adaptée au bout de l'arbre pareil d'une grosse lanterne à fuseaux cylindriques, que conduisait un grand hérisson monté sur l'arbre, également en bois, d'une roue hydraulique à vitesse comparativement lente.

Ce système, qu'accompagne ordinairement un fort volant en bois dans les anciennes scieries allemandes, se rapproche, comme on voit, beaucoup de celui qui a été suivi postérieurement, d'après Bélidor, et où la suspension entière du mouvement s'opère par l'abaissement de la vanne motrice, mise en relation avec la marche du chariot par un système de leviers ou varlets tournants, à contre-poids, cordons et poulies de renvoi, dont la branche verticale, pendante vers l'extrémité de la course de ce chariot, porte un anneau engagé dans le bras horizontal d'une tige coudée en fer fixée sur le sol, et que vient dégager, en le poussant latéralement, l'entretoise postérieure de ce même chariot.

Enfin, dans ce genre ancien de scierie comme dans celui des moulins à vent hollandais [1], comportant trois châssis verticaux à entretoises intermédiaires de bandage, suspendus à

[1] Voy. l'ouvrage hollandais déjà mentionné à la p. 458 de ce Rapport : *Theatrum machinarum universale*, 1736, dernières planches. J'ai vainement compulsé, d'ailleurs, les deux volumes in-folio de cet ouvrage pour y découvrir une trace des machines à scies circulaires, dont plusieurs auteurs attribuent l'invention ou la première application aux Hollandais, qui auraient aussi les premiers scié mécaniquement l'acajou en feuilles servant au placage des meubles, mais sous des épaisseurs très-fortes relativement à celles qu'on voit aujourd'hui employées en France. Quant aux moulins à lames droites, on peut lire, à la p. 167 du t. VII du *Bulletin de la Société d'encouragement* (ann. 1809), un intéressant mémoire présenté, en l'an X, au ministre Chaptal par M. Molard, l'ancien administrateur du Conservatoire des arts et métiers; ce mémoire montre bien l'état arriéré de l'industrie du sciage des bois dans notre pays, d'où les fleuves riverains les descendaient en Hollande pour y être débités dans de puissants moulins à vent ou à eau et nous revenir ensuite par diverses voies : commerce ruineux que, à l'époque de notre première République, on tenta de faire cesser, ainsi que celui de la mouture des farines, par la création en divers points de la France, à Metz notamment, d'un certain nombre de moulins de cette espèce, qui ne continuèrent pas longtemps à subsister, même dans les ports de Brest et de Lorient, où ils pouvaient rendre de si grands services.

des chasses ou bielles renversées que fait mouvoir un arbre en fer, à manivelles triples, coudées sous des angles respectifs de 120°, et dont chacun conduit jusqu'à 10 lames, maintenues et bandées séparément, au moyen d'étriers ou brides à cales de serrage, embrassant à l'ordinaire l'entretoise intermédiaire mobile à vis et écrous; dans cet ancien genre de scierie, dis-je, le service des pièces à l'entrée ou à la sortie de l'usine est opéré au moyen de câbles passant sur des poulies de renvoi, et aboutissant, d'une part, au petit chariot ou traîneau qui porte ces pièces, d'une autre, à un treuil d'enroulement que fait mouvoir le rouet moteur de la machine dans le système décrit par Bélidor, ou une simple roue à rochet, déclic et pied de biche mise en action par le va-et-vient du châssis, dans les moulins à scier hollandais, qui font ainsi une double application du système moteur attribué à Lagarouste.

Bélidor, qui appartenait à l'école des Amontons, des Mariotte, des Parent, des Lahire et des Varignon, ne manque pas de soumettre au calcul les résistances diverses auxquelles donne lieu la scierie de l'arsenal de la Fère; mais les résultats et les conséquences tirés de ce calcul, à l'endroit précité de *l'Architecture hydraulique*, étant ou peu exacts ou entièrement erronés, sont devenus de la part de son savant commentateur, M. Navier, lui-même disciple des Bernoulli, des Euler, des Borda, des Coulomb, des Carnot et des Lagrange, l'objet de rectifications théoriques diverses fondées sur le principe des forces vives, et qu'accompagnent aussi d'utiles règles ou appréciations numériques sur l'établissement des grandes scieries mécaniques; règles qui sont venues s'ajouter aux quelques remarques, d'ailleurs fort simples, qui avaient occupé le grand Euler dans les *Mémoires de l'académie des sciences de Berlin, pour* 1756[1].

[1] Ces règles, qui veulent que l'étendue de la partie dentée des lames soit le double au moins de celle de leur course ou de l'épaisseur de la pièce à débiter, tandis que le poids du châssis et de son équipage soit sensiblement égal à la moitié de la résistance du sciage; ces règles, dont l'une se rapporte à la régularité du mouvement de la machine et l'autre au facile dégagement

Mais M. Navier ne s'est pas borné à une plus rigoureuse appréciation du travail dynamique absorbé par les résistances diverses de ce genre de machines, et nécessaire pour effectuer le sciage sur l'unité superficielle du bois de chêne, etc., appréciations et calculs que d'autres sont venus compléter depuis l'apparition, en 1819, de la nouvelle édition du livre de Bélidor[1]; cet illustre académicien, suivant en cela l'exemple de notre éminent collègue et président M. le baron Charles Dupin, n'a pas laissé échapper cette occasion d'éclairer le pays sur l'état relativement avancé de perfectionnement où étaient parvenues chez nos voisins non-seulement les scieries qui nous occupent, mais, en général, les diverses machines destinées au travail mécanique du bois; machines dont, à mon grand regret, je ne pourrai donner ici qu'une insuffisante idée au point de vue historique.

de la sciure, n'ont pas toujours été observées dans la pratique, où l'on a recours à divers artifices, tels que volants, soufflleries, brosses, etc.

[1] Dans des leçons de mécanique données en 1828 et 1829 à l'École d'application de Metz, j'avais exposé des formules pour apprécier directement les diverses résistances et proportions des scieries à bielles, manivelles et volants, conduites par des poulies à courroies sans fin motrices, etc.; ces formules étaient accompagnées de résultats d'observations directes et de calculs obtenus, par différents moyens, sur le travail exigé par le sciage du mètre carré des diverses essences de bois dans des conditions variables avec le mode même du sciage, la nature de l'outil, etc.; résultats reproduits dans un ouvrage publié en 1842, simultanément, et en quelque sorte pêle-mêle, avec ceux obtenus par d'autres observateurs dans des conditions physiques distinctes. Or, cette manière de procéder, trop souvent employée dans les Traités de mécanique pratique, est, je ne crains pas de le dire, fort peu propre à hâter les progrès de cette science, et l'on devrait enfin s'en abstenir toutes les fois qu'on manque des documents ou moyens d'appréciation indispensables.

§ II. — Données historiques relatives à l'établissement ancien de diverses machines à scier, forer, raboter, façonner les bois de poulie, etc., en France et principalement en Angleterre. — *Gray* et *Gregory*, *Morel* et *J. Howel*; *Labelly*, *Devoglie*, *Perronet*, *de Cessart* et *Vauvilliers*; *Taylor*, de Southampton, *Samuel Bentham* et *Joseph Bramah*; *C. A. Albert*, à Paris, enfin *Brunel* et *Maudslay*, *Bevan* et *Swart*, à Londres.

Remarquons d'abord que, pendant tout le cours du XVIIIe siècle, la construction des scieries mécaniques à mouvement vertical alternatif ne paraît pas avoir reçu en Angleterre des perfectionnements notables relativement à celles de Bélidor, du moins si l'on en juge d'après les descriptions qui en ont été données, en 1806, dans l'ouvrage souvent cité de Gray, dont la planche incomplète, reproduite dans le *Traité de mécanique* de Gregory (tome II, 1815, p. 346), montre que le système des constructeurs de ce pays se rapprochait, du moins quant aux mécanismes accessoires, encore plus de celui des moulins à vent de la Hollande que de celui des scieries à la Bélidor.

J'en dirai tout autant des anciennes machines à forer les tuyaux en bois au moyen de tarières, notamment de celle à chariot horizontal porte-pièce, crémaillère et pied de biche pousseur, que décrit le professeur Gregory dans l'ouvrage précité (p. 295, pl. 22). Cette machine, en effet, où la pièce de bois marche à l'encontre de l'outil tournant sur lui-même, au moyen d'un équipage de roues dentées verticales ou horizontales, n'est autre que le moulin à percer les tuyaux de bois décrit par Bélidor, à la page 621 de l'*Architecture hydraulique*, comme ayant été inventé, ou du moins perfectionné, par le mécanicien Morel, le même dont il a été précédemment parlé à l'occasion des scieries de marbre.

Le vice de cette machine, qui ainsi a plus d'un siècle d'existence, provenant principalement des pertes de temps très-fréquentes entraînées par le recul allongé de la pièce pour dégorger la tarière, cela aura probablement donné lieu à la machine du même genre pour laquelle le mécanicien John Howell a été patenté en Angleterre (mai 1796), et qui consiste simplement[1] dans la substitution, aux tarières horizontales, d'instruments formés d'un tube de fer vertical tournant, dont l'extrémité supérieure est armée d'un tranchant d'acier denté offrant, sans doute, des intervalles vides ou inertes; or une telle machine, par sa disposition verticale et renversée, rappelle les anciennes foreries de canons pleins avant l'époque de 1750, où l'aïeul des Maritz, de Strasbourg, les ramena à la disposition horizontale dans l'application qu'il en fit à l'ancienne fonderie de Lyon.

Qu'on me permette, avant d'aller plus loin, de citer, seulement pour mémoire, les divers instruments ou machines inventés, perfectionnés et employés dans le cours du dernier siècle[2] par les Labelly, les Devoglie, les Perronet, les de Cessart, etc., pour recéper sous l'eau, à l'aide de scies à lames rectilignes agissant d'une manière alternative[3], les pilots de fondation des grands ponts, qui font, aujourd'hui encore, la gloire et l'ornement de la France et de l'Angleterre, Les fonctions multiples, délicates, que ces machines étaient appelées à remplir doivent les faire ranger au nombre des plus ingénieuses conceptions destinées au travail du bois, sans néanmoins appartenir à la catégorie des machines à mouvements automatiques, qui ont rendu depuis de si grands services pour économiser la main-d'œuvre dans les ateliers de charpenterie, de menuiserie, de poulierie, etc.

[1] *Architecture hydraulique*, p. 533, *Additions* de M. Navier, art. 4, où cet ingénieur indique, à défaut de renseignements plus précis, le système d'après lequel on pourrait réaliser ce genre de machine, qui sera rarement appliqué aujourd'hui, où les tuyaux de fontaine et de drainage sont généralement établis en poterie, en fonte ou en plomb.

[2] Voy. plus particulièrement les Recueils de MM. Lesage, Hachette et Borgnis.

[3] M. Vauvilliers, devenu depuis inspecteur des ponts et chaussées, a substitué, en 1812, la scie circulaire aux scies rectilignes, dans l'établissement du pont de Bordeaux. Cette scie, de 1m,30 de diamètre, suspendue à l'extrémité inférieure d'un châssis vertical locomobile, est, à proprement parler, un simple instrument à main, manœuvré directement et lentement, du haut d'un échafaudage, au moyen d'un treuil à manége.

Parmi les anciens ateliers de ce genre consacrés essentiellement au travail des menus objets en bois, les auteurs anglais citent celui de Taylor, de Southampton, dont la veuve prit, en mars 1763, une patente[1] pour un assortiment, alors nouveau, *d'instruments, de machines (engine) et autres appareils pour fabriquer les blocs, chapes ou caisses, les poulies et boulons en usage dans la marine,* assortiment qui, déjà essayé en 1759, avait, dit la patente, obtenu les éloges des officiers de l'amirauté anglaise à Deptford, pour sa supériorité sur les procédés jusque-là existants. Tout ce qu'il est permis de conclure du texte fort vague de cette patente, c'est qu'on y faisait usage de différents tours mus à bras, à manége ou par roue hydraulique; de forets ou tarières tournantes agissant perpendiculairement aux blocs fixés sur de petits chariots, sans doute conduits à la main, et dont on se servait également pour opérer le découpage de ces blocs et des rouets de poulies, au moyen d'équipages de scies, etc.

Rien ne précisant, dans cet écrit, le mode d'action ou de mouvement des outils pour creuser les mortaises et les gorges extérieures des caisses à poulies, arrondir leurs surfaces latérales, on conçoit comment Samuel Bentham, qui, apprenti pendant sept ans en Russie, s'est élevé au rang de brigadier général chargé des travaux de construction de l'arsenal de Woolwich, ait pu écrire 70 pages d'un style vague, le même dont se servait la veuve Élisabeth Taylor, pour exposer dans une patente sans planches, délivrée le 23 avril 1793, ses

[1] Voyez la *Collection des patentes anglaises,* publiée, en vertu d'un acte du Parlement de 1852, par M. Prosser, de Birmingham, qui les livre *in extenso* en cahiers détachés, format in-8°, avec figures lithographiées. Je dois à l'obligeante amitié de MM. Willis et Fothergill, mes honorables collègues au VIe Jury de l'Exposition de Londres, la connaissance récente de cette précieuse collection et de celle des tables alphabétiques, chronologiques, etc., dont la publication, à partir de 1854, rendra désormais possible, sinon très-facile, l'étude historique des différentes phases de l'industrie britannique, et ne manquera pas d'exercer une utile influence sur le progrès des arts chimiques et mécaniques, ne serait-ce que pour faire éviter d'interminables recherches et de ruineuses procédures.

propres inventions ou perfectionnements relatifs aux machines à travailler diversement le bois, les métaux, etc.; patente qui pourrait, au besoin, donner une idée de l'état de l'outillage des ateliers anglais à cette époque, si l'auteur avait voulu se restreindre aux choses présentes, réalisées par lui ou par d'autres, et non pas embrasser une variété infinie de combinaisons idéales souvent peu applicables, mais qui témoignent d'ailleurs de la fertilité de son esprit et de l'étendue de ses connaissances pratiques.

Parmi les choses qui méritent un intérêt spécial dans cette patente de Bentham, je citerai les galets ou poulies de frictions à gorges, les rails, languettes et coulisses de guide rectangulaires ou à grains d'orge, pour faciliter, assurer le mouvement des montants de grandes scies, et qu'il recommande à défaut du parallélogramme articulé de Watt; les coins ou petits rouleaux pour maintenir latéralement les lames de scies de rive, dans le débit de multiples et minces planches de placage; plus généralement, les peignes métalliques ou système de coins pour maintenir les lames en dessus et en dessous de la pièce à débiter; enfin les brosses tournantes ou souffleries à air, pour projeter la sciure au dehors, déjà anciennement tentées, comme correctifs, sans doute, d'une installation vicieuse de la denture ou du manque de longueur des lames, dont Bentham recommande surtout l'épaississement postérieur, pour en accroître la force ou résistance.

Il indique encore, comme préférable la combinaison, inverse de celle jusque-là adoptée, ou consistant à faire avancer le chariot porte-pièce quand la scie descend, sans désormais incliner la denture; l'addition, au châssis principal des scieries ordinaires, d'un autre châssis en potence ou perpendiculaire à son plan, et reportant au dehors, une lame destinée à couper les bois en travers, disposition déjà indiquée dans la patente d'Élisabeth Taylor, mais où le chariot porte-pièce est pourvu de supports-guides, de heurtoirs propres à régler l'inclinaison et la profondeur individuelle des traits de scie, droits ou courbes, qui servent à fabriquer les tenons et les jantes circulaires de roues; enfin la patente indique le dispositif même par lequel, dans ce dernier cas, le chariot, sorte de compas ouvert à deux branches, est guidé par une paire de calibres ronds glissant sur le banc ou plancher d'appui, en même temps qu'il tourne sur son centre ou sommet, au moyen d'une denture extérieure mise en action par une crémaillère concentrique à ces calibres, etc.

Dans la crainte de m'égarer, avec l'auteur de la patente, au milieu des multiples combinaisons servant à scier les bois selon des formes elliptiques, des courbes quelconques où la pièce est guidée par des gabarits, des rainures à chevilles, etc., je me bornerai à faire observer que ces différentes combinaisons et plusieurs autres rappellent le mécanisme des scies à chantourner et de certains tours à combinaisons décrits dans les ouvrages de Plumier ou de Bergeron, mécanisme dont l'usage est depuis longtemps connu en France, mais plus spécialement pratiqué dans les ateliers d'ébénisterie du faubourg Saint-Antoine, à Paris. Quant à la proposition de faire marcher par va-et-vient, ou d'une manière continue et rotative, soit le porte-pièce, soit les taillants et coupants montés sur l'arbre d'un tour ordinaire à pointe ou à mandrin, etc., la généralité, la variété même des moyens indiqués par Bentham, et dont le vague aurait pu disparaître à l'aide de figures, cette exubérance, dis-je, ne prouve certes pas qu'il s'agît là d'autre chose que de machines en projet et encore peu arrêtées, si ce n'est, peut-être, d'essais isolés, effectués sur de simples outils fonctionnant d'une manière plus ou moins satisfaisante; car c'est surtout dans cette catégorie de machines qu'il faut soigneusement distinguer les conceptions théoriques de leur réalisation effective et pratique.

Ce que Bentham dit, notamment, de l'emploi des scies circulaires à lames minces d'acier, renforcées au centre par des disques plans ou segmentées en plusieurs pièces à la circonférence, pour couper rectilignement, perpendiculairement ou obliquement des morceaux de bois sur un banc d'établi fendu et muni de guides mobiles parallèlement à la scie;

ce qu'il dit encore des arbres ou cylindres tournants, armés de couteaux isolés et rappelant les anciennes fraises à fendre les roues d'horlogerie, instruments qui auraient servi à l'auteur pour pratiquer, dans des châssis de fenêtres à coulisses, des rainures ou languettes droites; ce qu'il dit enfin des forets ou tarières à mèches, à trépans, etc., pour percer les tuyaux en bois des fontaines, par des procédés plus ou moins analogues à ceux qui étaient antérieurement connus; pour ébaucher diversement, dans les grosses pièces, des mortaises terminées ensuite à l'aide d'outils en forme de limes, de ciseaux rectangulaires évidés à va-et-vient et glissant dans des coulisses rectilignes; tous ces engins et instruments, qui témoignent, je le répète, du génie inventif de l'illustre brigadier général, avaient-ils ou ont-ils reçu la sanction de l'expérience, et notamment possédaient-ils le caractère automatique qui les rend si précieux dans l'industrie manufacturière de nos jours? Voilà ce qu'il serait difficile de prouver, le contraire même paraissant résulter des aveux qui terminent la longue patente de Bentham. Mais, tout en admettant que plusieurs de ces conceptions aient été réalisées, appliquées partiellement par l'auteur, avant la fin du dernier siècle, dans les arsenaux maritimes de l'Angleterre ou ailleurs, on n'en saurait certes inférer que Brunel fût le simple continuateur, l'habile et ingénieux contre-maître, en quelque sorte, du général Bentham, lorsque, en 1802, le nouveau système de poulieries fut introduit dans l'arsenal de Portsmouth, ni que le non moins célèbre mécanicien constructeur Henry Maudslay ait, avec Brunel et Bentham, une part égale aux succès de cette création.

S'il en était ainsi, en effet, et connaissant d'ailleurs le caractère absolu de la législation anglaise, comment expliquer l'octroi d'une nouvelle patente en faveur de l'ingénieur Brunel en février 1801, c'est-à-dire après huit ans à peine écoulés depuis l'époque où il en avait été délivré une autre, non encore expirée, pour des objets similaires, à Samuel Bentham, alors devenu inspecteur des arsenaux maritimes de l'Angleterre? Il faut bien admettre que l'identité du but et l'analogie même des moyens n'entraînaient nullement une identité de solutions et de procédés mécaniques, portés d'ailleurs par Brunel à un état de perfection qui suffit, indépendamment du mérite de l'installation, de l'organisation et de l'ordre établis dans la succession des travaux manuels d'aussi vastes ateliers, pour expliquer l'énorme économie résultant de leur introduction dans l'arsenal de Portsmouth, ainsi que la récompense pécuniaire octroyée par l'Amirauté et le Parlement britanniques à un ingénieur étranger, fraîchement naturalisé, plutôt comme Américain que comme Français[1]; récompense qui, par cela même sans doute, eut un immense retentissement en Angleterre et consacra promptement la réputation de Brunel comme ingénieur et homme de génie dans toute l'Europe, mais plus particulièrement dans le pays qui, l'ayant vu naître, fut d'autant plus jaloux de revendiquer la gloire de sa renommée, que cette

[1] Brunel (Marc-Isambard), né le 25 avril 1769 à Hacqueville, paroisse du Vexin normand, est mort à Londres le 12 septembre 1849, vice-président de la Société royale, correspondant de l'Institut de France (1829), chevalier de la Légion d'honneur, etc., parvenu à une fortune et à une réputation justement méritées. Entré dans la marine française en 1788, après avoir terminé ses études mathématiques et physiques à Rouen, il la quitta en 1793, pour se livrer à la carrière d'ingénieur civil aux États-Unis d'Amérique. En 1799, il présenta ses plans de poulieries au Gouvernement anglais, qui les accepta et les fit exécuter, avec des perfectionnements divers, dans les docks de Portsmouth, sous l'inspection du brigadier Bentham, devenu le protecteur généreux de Brunel. Plusieurs années après 1806, où ces travaux étaient terminés, Brunel fut employé par le Gouvernement anglais à l'établissement de ses nouvelles scieries dans les arsenaux de Chatham et de Woolwich : c'est particulièrement à Chatham qu'on admirait ces manœuvres de force automatiques dont il a été parlé au chap. III de la 2e Section. Bientôt, après avoir créé le bel établissement commercial de Battersea pour le débit du bois précieux de placage, Brunel se livra à cette série de gigantesques travaux auxquels il dut sa réputation en Europe, non moins qu'à ses poulieries et scieries, dont les premiers succès furent si généreusement gratifiés par le Gouvernement anglais. (*The annual Register*, etc., Londres, 1849, p. 297; *Notice biographique* par M. de Beaurepaire, extraite de l'*Annuaire normand* pour 1852.)

gloire avait été acquise chez un peuple étranger devenu alors l'objet de l'admiration du monde entier pour ses progrès dans les arts mécaniques.

Cette patente de 1801, écrite avec une clarté propre à servir d'exemple, comporte quatre objets distincts : 1° une petite machine, entièrement établie en fer et en fonte, dans laquelle le mouvement vertical alternatif, par manivelle et bielle à *fourche* renversée, est donné à une traverse horizontale armée en dessous de deux ciseaux en bec-d'âne, évidés intérieurement pour le passage des copeaux remontants; machine où le bloc, préalablement scié, équarri et percé de deux trous à tarière pour servir d'amorces, d'après les procédés ordinaires, repose sur un chariot horizontal à coulisses, qu'une vis à rochet et pied-de-biche conduit pendant que ce bloc reçoit l'action excessivement rapide des deux outils, creusant progressivement, et d'une extrémité à l'autre, chacune des mortaises, à peu près comme dans les machines à mortaiser la fonte de fer, auxquelles celle-ci aura pu servir de point de départ ou type d'imitation; 2° une autre petite machine à découper cylindriquement les longs côtés du bloc au moyen d'une scie en potence et à châssis en fer, rappelant celle de Taylor et de Bentham, sauf d'ingénieux et remarquables perfectionnements; 3° un tour muni d'un mandrin à fourche ou griffes pour présenter, sous diverses directions réglées par un cliquet à rochet denté, le bloc ou caisse de poulies à l'action soit d'un foret à mèche fixe, dans le sens de l'axe commun au boulon des rouets de poulies, soit d'un couteau oblique, conduit par un gabarit transversal et postérieur, pour tailler, arrondir les grandes faces extérieures du bloc, suivant la forme elliptique; 4° enfin, un dernier tour, muni également d'un porte-mandrin à fourche, mais dont la platine, l'anneau, destiné à recevoir le disque en gaïac, non encore arrondi, des rouets de poulies, sert à présenter ce plateau fixe, successivement, à l'action des mèches qui doivent en percer transversalement l'œil ou trou de boulon, ainsi que les encastrements de platines minces ou dés de cuivre, affleurant les faces extérieures des rouets pour en adoucir le frottement contre les cloisons de la chape; encastrements dont les lunules excentriques et circulaires, au nombre de trois, sont obtenues par la rotation d'un outil monté sur un support à chariot et que conduit un système de poulies à cordon sans fin.

Cette première patente de Brunel, dont les dessins et la description n'ont été publiés dans aucun de nos recueils français, ne comportait, comme on voit, ni les tours ni les fraises et forets à rotation rapide servant à arrondir les boulons, à percer les trous et creuser extérieurement les gorges de manœuvre ou de soutien des cordes dans les rouets de poulies et les blocs destinés à leur servir de chapes : de telles machines ou instruments, presque tous conduits à la main et qu'on trouve décrits dans un article du *Dictionnaire des arts et manufactures*, traduit de celui du docteur Ure (art. *Poulies*), n'offraient sans doute rien d'absolument neuf, et constituaient probablement, ainsi que les petites scies circulaires servant à dégrossir, évider les blocs et les madriers de poulies, une partie essentielle de l'outillage, déjà ancien, des arsenaux maritimes anglais, si vaguement, si longuement décrit dans la patente de Bentham.

Quant à la machine rotative de Brunel, qui, dans l'arsenal de Portsmouth, servait à façonner extérieurement, à la fois et suivant la forme de segments circulaires ou elliptiques révolutifs, dix blocs ou caisses de poulies, machine dont M. Ch. Dupin eut, en 1818, l'occasion d'admirer la belle et ingénieuse disposition sur place; elle faisait probablement encore l'objet de quelqu'une des patentes de Brunel, dont il m'a jusqu'ici été impossible de prendre une complète connaissance, mais dont, fort heureusement, le résumé très-clair se retrouve dans l'Encyclopédie anglaise de Rees[1]. On y voit, entre autres, que la curieuse machine dont il s'agit consistait principalement dans un couple d'anneaux ou volants à rotation rapide

[1] *The Cyclopœdia*, t. XXII (1819), art. *Machinery : the shaping engine*, pl. 6.

autour d'un arbre horizontal, anneaux entre lesquels les dix blocs, préalablement dégrossis, étaient montés comme sur autant de tours à poupées dont les arbres parallèles, séparément munis d'une pointe à un bout et d'un petit pignon à l'autre, recevaient de l'arbre moteur même, par de légers systèmes d'engrenages extérieurs, une rotation propre qui les faisait ressembler à autant de satellites accomplissant sur eux-mêmes une demi-révolution pendant la révolution entière du volant, de manière à présenter alternativement les faces opposées de chaque bloc, déjà allégi par ses mortaises, à l'action d'une gouge évidée, inclinée et placée en face de ce volant, sur un support à chariot, muni de coulisses, de patrons ou gabarits directeurs et pousseurs de différentes formes ou courbures : conduits à l'aide de leviers à main par l'ouvrier, et offrant plusieurs dispositions de détail, bien que leurs similaires se retrouvent dans d'anciens tours à tailler les pièces d'horlogerie, ces accessoires n'en doivent pas moins être considérés comme un complément ingénieux de la machine principale, disposée de manière à pouvoir tourner des blocs de différentes formes et dimensions.

Quel que soit le mérite de cette remarquable machine, il est fort douteux qu'elle ait continué jusqu'ici à être mise en usage dans l'arsenal de Portsmouth, avec d'autant plus de motifs que le Dictionnaire de Rees nous apprend, à la fin de l'article cité, qu'elle avait dû être entourée d'une grille en barreaux de fer, afin d'éviter les accidents résultant de la rupture des petits arbres des blocs lancés, comme des boulets, à de grandes distances du rapide appareil, et qui, chose surprenante, allèrent, dans les premiers temps, traverser, les uns après les autres, au même point, l'une des fenêtres de l'édifice qui le contenait.

D'ailleurs, on doit se rappeler que des machines d'un genre analogue, destinées au rabotage, au dressage des surfaces planes, celles des flasques d'affût notamment, avaient été l'objet d'une patente publiée peu après la précédente (octobre 1802) par Joseph Bramah, ce célèbre constructeur mécanicien dont nous avons si souvent mentionné les travaux, et qui fut, comme nous l'apprend M. Willis, le maître du non moins célèbre Henry Maudslay, pendant les années de 1789 à 1796, où ce dernier le chargea de confectionner les outils qui servirent à fabriquer les premières serrures à combinaisons ou de sûreté. La machine qui fait l'objet de cette dernière patente ayant été soigneusement décrite par M. Ch. Dupin, telle qu'elle fonctionnait dans le grand arsenal de Woolwich, je me contenterai de rappeler qu'elle consistait en une grande roue horizontale, armée de 32 gouges échelonnées et de deux rabots diamétralement opposés, dont les tranchants venaient araser les plateaux de bois à dresser, posés sur un chariot horizontal que la presse hydraulique de l'inventeur faisait cheminer en avant, rectilignement, au fur et à mesure de l'avancement du travail des gouges et des rabots, dont, à son tour, le volant porte-outils était susceptible d'être abaissé ou élevé, parallèlement et à volonté, par l'action d'une seconde presse hydraulique.

On remarquera, au sujet de cette colossale machine, qu'elle s'écarte notablement du caractère qui appartient aux modernes planeuses à dresser le fer, le marbre, les glaces, etc., et que, par conséquent, elle ne saurait leur avoir servi de point de départ, pas plus que les anciennes raboteuses de l'horloger mécanicien Focq et de Caillon, décrites dans la 1re Section de ce Rapport, et dont l'outil, bien que doué d'un mouvement translatoire spontané, avait besoin d'être avancé à la main à chaque reprise; ce qu'il eût été pourtant si facile d'éviter en faisant mouvoir la pièce elle-même sur un chariot conduit par un engrenage à vis, dont la machine carrée des tourneurs a, je crois, offert le premier exemple. A cet égard, je suis entièrement de l'avis de M. Willis[1], les machines de cette espèce ne méritent aucunement le nom de *planeuses;* ce sont simplement des machines à raboter, exécuter des rainures, des moulures longitudinales, dont l'ancienne machine

[1] Ouvrage souvent cité, *Lecture* VIIIe, p. 313.

à rabot oscillant de James Bevan[1], pour profiler les bois, offrait un autre exemple assez peu satisfaisant, et qui semble prouver que, malgré la patente de Samuel Bentham, cet art, considéré mécaniquement, était encore peu avancé en 1804 dans la ville de Londres. Il reste donc à découvrir quel est l'auteur de la première machine à planer, où l'outil et le chariot porte-pièce auraient été simultanément ou séparément animés d'un mouvement relatif dans deux sens rectangulaires entre eux, machine dont les planeuses à doucir les glaces pourraient bien avoir offert les plus anciennes tentatives, comme aussi elles en seraient le dernier mot si l'on considère leur rigoureuse précision.

Il est peu probable que Brunel se soit jamais occupé de machines à planer les bois, et le motif fort simple en est que les améliorations diverses apportées par cet illustre et fécond ingénieur aux scieries mécaniques alternatives ou continues ont amené dans le sciage lui-même une perfection telle que le travail au rabot est devenu pour ainsi dire superflu, et c'est ce qui est arrivé, notamment pour les feuilles de placage de l'ébénisterie en bois exotiques précieux, dont les Hollandais auraient eu pendant longtemps le monopole (Voy. la note de la p. 538), et qu'ils fabriquaient, dit-on, principalement au moyen de scies circulaires en acier, accouplées sur un même arbre à rotation rapide, mais sous des épaisseurs et avec des déchets fort onéreux pour l'industrie des peuples auxquels ils les vendaient. Le peu que nous en a appris la patente de Bentham s'appliquait principalement, comme on l'a vu, aux petites scies d'une seule pièce, isolées et servant à débiter des bois de faibles échantillons, poussés à la main, en les faisant glisser, le long d'un établi fendu, contre une pièce d'épaulement latéral, parallèle au plan de la scie; ce peu suffit néanmoins pour démontrer d'une manière évidente que Brunel n'est pas le premier qui, en Angleterre, ait songé à se

[1] *Bulletin de la Société d'encouragement*, t. III, an XIII, p. 182 (extrait du *Repertory of arts*, février 1804).

servir de ce genre de scies pour couper les bois de fil ou en travers.

Il paraît d'ailleurs que M. Smart, de Londres, en faisait de remarquables applications dans ses ateliers pour le découpage, sous différents angles ou inclinaisons, des tenons qui entraient dans la constitution de son ingénieux système de mâts creux, vers l'époque même (mai 1805) où Brunel prenait sa patente relative aux scies circulaires de moyenne dimension, simples ou accouplées parallèlement sur un même arbre tournant, que des poulies à courroies sans fin mettaient en action, pendant que la pièce, posée sur un chariot horizontal à roulettes, était poussée, à la main ou autrement, contre ces scies suivies de minces coins glissant ou pivotant, en forme de peignes, pour maintenir l'écartement des planches; l'arbre tournant, dans le cas d'une scie unique, étant susceptible d'un déplacement longitudinal, au moyen d'une vis qui servait à régler successivement l'épaisseur des planches à débiter dans la pièce fixée sur les traversines du chariot[1].

Mais, ce qu'on semble oublier, même en France, où l'on a quelquefois attribué l'invention de la scie circulaire à Brunel[2], que d'autres font remonter au célèbre Hooke, contemporain de Newton à la Société royale de Londres, c'est que le mécanicien A. C. Albert, de Paris, le même qui, en 1804, perfectionna le système des grues du quai d'Orsay et s'associa plus tard (juin 1809) à M. Martin pour la construction des machines à vapeur à double effet, c'est que l'ingénieur Albert, dis-je, prit, en septembre 1799, un brevet d'invention de 15 ans pour des *scies sans fin*[3], composées de plusieurs segments de cercles en acier, dentés, serrés entre d'autres segments circulaires en tôle de fer, montés sur un arbre horizontal muni de rondelles à boulons de serrage, et tournant directement, par une poulie à corde sans fin, au travers de la pièce de bois

[1] *Architecture hydraulique de Bélidor*, par Navier, p. 507; Gregory, t. II, p. 251, etc.

[2] *Bulletin de la Société d'encouragement*, t. XVIII, p. 72 et 126.

[3] *Recueil des brevets expirés*, tome V, page 121.

posée et conduite sur un chariot, à peu près comme cela vient d'être indiqué précédemment, sauf qu'ici ce chariot cheminait automatiquement par un système latéral d'engrenages agissant d'une manière continue sur une crémaillère centrale et inférieure, à peu près comme dans les scieries à action alternative. Quelque habile et ingénieux que fût le mécanicien Albert, il est difficile d'admettre que Brunel lui ait rien emprunté; ce qui serait supposer que ce dernier et célèbre ingénieur ait au moins visité la France à son retour d'Amérique, au milieu des préliminaires de la paix d'Amiens, où alors, sans doute, il songeait fort peu à revendiquer le titre de citoyen français. Cela paraît d'autant moins présumable, que la scie segmentée d'Albert ne devait pas comporter un système de fabrication et d'assemblage par onglets bien parfait, et comparable notamment à celui des scies en acier laminé qu'on a pu voir à l'Exposition universelle de Londres, et qui seront plus tard mentionnées.

D'ailleurs, M. Brunel n'en est pas resté là; il s'est servi de la scie circulaire, non plus simplement pour couper transversalement des tenons et autres petites pièces de charpente, comme le faisait précédemment Bentham, mais bien les plus gros corps d'arbre, en faisant parcourir à cette scie, maintenue par un équipage à suspension mobile très-ingénieux, le contour entier de cet arbre[1], et dispensant ainsi de recourir à des scies circulaires de trop grandes dimensions. Les inconvénients de la scie circulaire employée dans des conditions pareilles sont faciles à saisir, et auront sans doute plus tard conduit l'auteur à établir, dans l'arsenal de Portsmouth, un autre système à châssis horizontal et mouvement alternatif, qui offre, relativement à ceux jusque-là employés dans les ateliers de marbrerie, une remarquable simplicité[2], sans laquelle il serait difficile de faire admettre ce genre de machines, même

[1] Voy. la description complète de ce genre de scierie, à l'endroit précédemment cité de la nouvelle édition de *Bélidor*.

[2] *Ibid. Additions*, p. 523.

dans les circonstances rares où l'on a à scier transversalement un grand nombre de grosses billes de bois de charpente.

Rappelons enfin que, dans ses patentes de 1806, 1808, 1812 et 1813, époques voisines de celle où la patente de Bentham expirait, Brunel n'a pas cessé de s'occuper du perfectionnement des scieries, à lames droites ou circulaires, pour le débit des grosses pièces en planches d'une faible épaisseur, destinées à la menuiserie et à l'ébénisterie; perfectionnements successivement réalisés dans les arsenaux de Woolwich, puis à Chatham et à Battersea, près de Londres, où de remarquables ateliers, fonctionnant par de puissantes machines à vapeur, fabriquèrent pendant longtemps et produisent peut-être encore, pour le commerce intérieur ou extérieur, de larges feuilles de placage, débitées au moyen de scies segmentées, très-minces, maintenues par des vis à têtes affleurées contre l'épaulement intérieur de couronnes en cuivre, à congé et doucine extérieurs, pour faciliter l'écartement, le glissement de la feuille détachée. Ces couronnes, comme on sait, montées sur la jante d'une grande roue en fonte à face plane d'un côté et à renfort de l'autre, offraient jusqu'à 6 mètres de diamètre[1], de manière à permettre de scier à la fois en écharpe, tantôt un, tantôt deux larges plateaux ou madriers collés contre un brancard vertical à jour, allongé dans le sens horizontal, et remplissant la fonction de chariot, qu'un équipage de roues dentées à crémaillère inférieure conduisait par courroie sans fin, ainsi que le volant même de la scie, monté sur l'arbre horizontal moteur.

Quant aux scieries alternatives à plusieurs lames, elles étaient au nombre de quatre dans l'établissement de Battersea, munies chacune d'un volant, indépendamment de celui de la machine à vapeur qui donnait le mouvement à l'ensemble, au moyen de grandes poulies en fonte à larges courroies en cuir fort, suffisamment tendues pour éviter le glissement dans les circonstances ordinaires, susceptibles néanmoins

[1] Dupin, *Voyage dans la Grande-Bretagne, force navale*, 1817, p. 15.

de céder à l'action des secousses produites par un nœud, un obstacle quelconque, et constituant, à tous égards, une grave innovation dans les machines à action alternative puissante; innovation qui, bientôt imitée par d'autres mécaniciens de la Grande-Bretagne, ne se répandit sur le continent que longtemps après l'époque de 1813. Ces scieries, entièrement établies en fer et en fonte, avec une élégance et une précision remarquables, par l'habile Henry Maudslay, sous la direction de l'ingénieur Brunel, se distinguaient encore de celle de Bélidor par plusieurs points essentiels : 1° le rochet à déclic et pied-de-biche recevait l'action d'une came ou onde adaptée au bras même de la manivelle au moyen d'un système de leviers articulés qui faisaient avancer le chariot porte-pièce pendant la descente même du châssis de la scie, lequel avait de plus la faculté de se retirer légèrement en arrière pour éviter l'accrochement des dents pendant la montée; 2° le châssis lui-même était monté sur une courte bielle oscillante, à fourche droite ou inférieure, et ce châssis était muni latéralement de forts montants cylindriques en fer, évidés, remplis de bois élastique, et glissant dans des œillères vers leurs extrémités supérieures ou inférieures; 3° les lames de scies, verticales et parallèles, étaient maintenues, haut et bas, à des distances respectivement égales, au moyen de calibres ou planchettes de bois posées sur des couples de boulons horizontaux parallèles, taraudés et ajustés aux montants de manière à pouvoir, à l'aide d'écrous placés à l'un des bouts, serrer à la fois les calibres et les lames contre les épaulements fixés aux montants de l'autre bout, et, par suite, maintenir dans une position invariable et sans tâtonnements ces mêmes lames de scies, dont les étriers inférieurs ou supérieurs embrassaient, à l'ordinaire, les faces verticales des entretoises correspondantes du châssis; ceux du haut étant terminés, en dessus, par des crochets destinés à être saisis successivement, lors du montage des lames, par la branche la plus courte d'une forte bascule à contre-poids ou romaine locomobile, qui, au moyen de calles transversales glissées entre les étriers et la face supérieure de l'entretoise correspondante, permettait de tendre individuellement ces lames de quantités rigoureusement égales entre elles; 4° enfin, la pièce à débiter était elle-même fixée et retenue sur le chariot au moyen de procédés ingénieux, dont le plus important, sans doute, consistait dans deux forts étriers à montants articulés couronnés de chapeaux, etc., qui maintenaient cette pièce en dessus, en avant et en arrière, comme cela s'est vu depuis, en France, dans plusieurs des établissements dont il sera plus tard parlé.

J'ai insisté un peu sur ces ingénieuses dispositions, non pas seulement parce qu'elles sont éminemment propres à mettre en relief le génie inventif et l'esprit de rectitude géométrique de Brunel, mais aussi parce que beaucoup de constructeurs modernes se sont écartés, en divers points, de ces dispositions originales, aujourd'hui même peu connues ou adoptées en France, soit qu'on y manque de descriptions exactes de ces grandes et anciennes scieries[1], soit à cause des difficultés inhérentes à leur exécution. Ainsi, par exemple, l'égalité de tension des lames accouplées, en plus ou moins grand nombre, sur un même châssis dont l'ancienne entretoise mobile ou de bandage est ici supprimée, ne semble pas avoir été généralement appréciée, et le même but aura été atteint par des procédés divers, moins délicats, moins longs ou pénibles que celui de la romaine dynamométrique de Brunel, plus familiers enfin aux conducteurs intelligents de scieries; par exemple, au moyen des sons que, sous un choc transversal convenable, les lames rendent à mesure qu'on opère le serrage, au moyen de vis ou du petit marteau, des cales supérieures qui servent à leur bandage, etc.

[1] L'addition citée de la p. 524 de Bélidor, par M. Navier, traduite de la *New Cyclopædia* d'Abraham Rees, ne comporte, en effet, aucun dessin, et, pour se faire une idée exacte des principes qui ont dirigé Brunel dans l'établissement de ses scieries, il faudra attendre la publication *in extenso* de ses patentes de 1806, 1808, 1812 et 1813.

§ III. — Où en était en France, vers 1815, le travail mécanique et, plus spécialement, le sciage et le rabotage des bois. — MM. *Ségard*, à Metz; *Hubert*, à Rochefort; *Touroude*, *Roguin frères*, *Cochot*, *Hacks*, à Paris, etc.

Au retour de la paix générale, en 1815, il s'en faut de beaucoup que nos grands arsenaux d'artillerie et de marine fussent aussi avancés que ceux de l'Angleterre sous le rapport du travail mécanique du bois et du fer : la cause peut en être diversement attribuée au long état de guerre, au vil prix des mains-d'œuvre militaires ou autres, et, plus particulièrement encore, à l'usage où l'on est aujourd'hui même en France d'entretenir la main et l'habitude du travail parmi les ouvriers d'art chargés de réparer le matériel en campagne et dans les nombreux établissements de construction distribués sur le vaste pourtour de nos frontières de terre ou de mer; usage qui serait ruineux en temps de paix, funeste même pour les intérêts de la guerre, si, trop absolu, il tendait à perpétuer l'esprit de routine au détriment du progrès, mais qu'il faut respecter quand il est circonscrit dans de justes limites. Ces motifs expliquent suffisamment comment Brunel et d'autres inventeurs sont allés offrir les inspirations de leur génie à l'Amérique et à l'Angleterre, et comment nos arsenaux sont restés plusieurs années même après 1815, sous le rapport du travail mécanique des bois, à très-peu près ce qu'ils étaient du temps de Bélidor; comment, par exemple, on continuait à se servir, dans les usines hydrauliques de l'arsenal d'artillerie à Metz, de moulins à scier dont les épaisses lames étaient simplement forgées au martinet de l'établissement; comment, enfin, les tours à moyeux et à forer les plaques d'affûts en fonte, placés au 2ᵉ étage de ces martinets, exigeaient le concours d'un aide averti par un signal de l'instant où il devait débrayer péniblement, au rez-de-chaussée, la corde sans fin de la roue motrice de ces mêmes tours, etc.

Dans cet état de choses, qui s'étendait alors, il faut bien le redire, à tous les ateliers de constructions civiles du continent, il y avait quelque difficulté, peut-être, à sortir de la route battue, dans un projet d'établissement de l'usine hydraulique du seul arsenal du génie que possède la France, et qui jusqu'en 1815 avait été privé de tout procédé mécanique pour travailler le fer et le bois : il fallait établir toutes ces machines dans un local resserré situé sur la Moselle, en amont de la ville de Metz; usine dont l'ancienne et unique roue à palettes verticales devait suffire pour faire marcher, isolément ou simultanément, y compris les souffleries, un gros et un petit marteau à forger, platiner les fers et riblons, les pelles, pioches, etc., outre une forte cisaille à came, de grandes et de petites meules à aiguiser, des tours à façonner les moyeux des roues de voitures et autres grosses pièces, enfin une grande scierie verticale à action alternative, placée au deuxième étage du bâtiment. C'est à quoi l'on parvint par des combinaisons mécaniques très-simples, il est vrai[1], constituant un progrès réel par rapport à celles des usines similaires de l'artillerie, mais se ressentant encore de l'état peu avancé du système de constructions en charpente alors généralement suivi en Allemagne ou en France, et dont on pourra prendre une idée dans un article du *Bulletin de la Société d'encouragement*[2] qui avait pour principal but d'appeler l'attention sur une ingénieuse disposition ajoutée, en 1821, à la scierie de l'arsenal du génie, pour le débit courbe des jantes de roue, par feu Ségard, ancien et intelligent ouvrier en menuiserie, élevé au rang de garde du génie pour sa remarquable aptitude, et qui, employé, à dater de 1816, à la surveillance des travaux de l'usine, se fit bientôt, pour charmer ses loisirs, horloger habile, en compulsant ardemment l'œuvre immortelle de Ferdinand Berthoud.

[1] Je citerai les débrayages à main des soufflets, de la lanterne en fonte de la scierie et de la corde motrice du tour, à rouleau de tension et double poulie, l'une fixe, l'autre folle. Comme principale amélioration de détail, constituant alors un véritable progrès, je citerai également l'emploi de lames de scie en acier laminé, fournies par M. Poncelet, de Liége, et qui permit de réduire, sans inconvénients, la voie à 5 millimètres de largeur.

[2] Tome XXIII, p. 65 et 68 à 80, pl. 260.

Vers la même époque (1821), on avait établi[1] à Stenay, près Verdun, à Châlons-sur-Marne et à Freyberg en Saxe des scieries à mouvement alternatif, pour débiter les grandes jantes de roues, au moyen d'une lame unique, montée en potence sur le châssis vertical d'une scierie ordinaire, c'est-à-dire dans le système qu'indique la patente de Bentham, aux dimensions près peut-être, et de manière à scier, successivement et trait par trait, le côté extérieur, puis le côté intérieur d'une jante de roue, fixée sur une plate-forme horizontale circulaire tournante, à roulettes de soutien et rainures pour le passage de la scie. L'arbre vertical de ce chariot était placé en dehors des poteaux à coulisses du grand châssis de scie, tandis que la plate-forme elle-même, du moins dans la scierie de Freyberg, munie d'un soufflet pour chasser la sciure, était liée, par une corde à enroulement extérieur, au mécanisme d'un très-grossier équipage à roues, lanterne et pied-de-biche.

Dans le mécanisme imaginé par le garde du génie Ségard, les plateaux en orme, exclusivement destinés aux jantes de roues des voitures ordinaires, se trouvent fixés solidement sur un secteur de cercle, denté extérieurement, ayant pour centre un point situé en dedans, près de l'un des montants de la grande scie, et engrenant dans un bout de crémaillère, monté latéralement sur le brancard opposé du chariot rectiligne de la scierie, sans que, pour cela, il y ait autre chose à faire que de remplacer l'ancienne et large lame de scie par une couple d'autres lames moins longues, plus étroites, parallèles, dispensant ainsi de tout accessoire de potence, et qui, avec le chariot en secteur, monté sur un simple boulon fixé au plancher par un étrier enlevable à volonté, suffit pour débiter toutes les jantes en usage dans les arsenaux militaires, avec une économie et une perfection en vain contestées lors de l'apparition de la machine du garde Ségard.

[1] *Bulletin de la Société d'encouragement*, t. XXII, p. 57 et suiv. (1823). Je ne crois pas me tromper en affirmant que la scierie de Stenay avait été construite par M. Cochot, dont il sera parlé plus loin.

C'est aussi vers l'époque de 1814 à 1816 que M. Hubert établit dans l'arsenal maritime de Rochefort un très-grand moulin à vent, à galerie extérieure, d'après le système hollandais, destiné à faire marcher isolément ou simultanément une scierie à plusieurs lames; une forte drague, espèce de roue à hottes ou augets pour le curage des canaux et avant-cales de navires; des laminoirs; un moulin à quatre meules accouplées deux à deux, pour broyer les couleurs, moulin déjà mentionné dans une autre occasion. Ces machines, qui comportaient des moyens ingénieux d'embrayage sans choc, construites d'ailleurs dans l'ancien système en charpente, n'étaient pas les seules que M. Hubert eût établies à l'arsenal de Rochefort, à l'époque précitée; il y en existait beaucoup d'autres, destinées à travailler diversement le bois, mais réparties dans plusieurs ateliers privés de moteurs mécaniques, et qui pouvaient être considérées comme autant de simplifications du système de poulieries de Brunel : telles sont les machines à forer, au moyen de gouges hémisphériques d'une forme ingénieuse, les parcs à boulets de navires; les machines à percer les trous cylindriques de boulons et les encastrements des dés à lunules des rouets de poulies, rouets ici découpés au tour, simultanément et au nombre de plusieurs, dans de longues billes de bois de gaïac; enfin des machines à mortaiser les caisses ou chappes de poulies, et dans lesquelles l'outil était suspendu verticalement à un levier mis en oscillation par une crémaillère double à pignon moteur denté.

Ces machines, décrites en 1816 dans un mémoire de MM. Dupin et Hubert, qui ne se retrouve plus à l'Institut, quoiqu'il ait été jugé digne de l'insertion dans le recueil des *Savants étrangers*[1], sont particulièrement recommandables par l'ingénieuse forme ou disposition des outils, entre lesquels on remarque surtout les mèches à percer, montées sur des arbres

[1] Voir, aux Archives, le Rapport de M. de Prony, dans la séance du 5 février 1816. On pourra prendre également une idée sommaire des machines de l'ingénieur Hubert dans l'ouvrage de M. Borgnis : *Machines employées dans les constructions* (1818), p. 311, 314 et suiv.

horizontaux de tours à ressorts repousseurs et glissement de recul pour dégorger alternativement les copeaux; tours qui offraient quelque analogie avec l'ancien porte-foret de la machine introduite, vers 1786, par Leturc dans l'arsenal maritime de Brest, sauf que le va-et-vient longitudinal y était directement imprimé à l'outil par l'ouvrier au moyen d'une bricole enveloppant ses reins, et qui, lui laissant la libre disposition des mains, lui permettait d'assujettir les mandrins ou porte-rouets, venus tout préparés d'un autre atelier de la poulierie, dans la position centrale ou excentrique qui leur convient en face du foret. Cette dernière machine, comme les précédentes, était encore en 1825, à l'arsenal de Rochefort, conduite à bras d'hommes agissant sur des manivelles à roues, poulies et cordes sans fin; mais toutes eussent facilement reçu l'application d'une machine à vapeur, si cela fût entré dans les conditions économiques jusque-là imposées à nos grands établissements maritimes, et maintenues bien au delà de l'année 1825, où, parmi les machines dues à M. Hubert et qui se rattachent à l'objet de ce chapitre, on remarquait particulièrement un ingénieux tour servant à façonner les gournables ou longues chevilles en bois de chêne, de $0^m,5$ à 1^m, destinées à relier les membrures et les bordages des vaisseaux.

Ces chevilles, présentées toutes brutes à la machine, y étaient saisies entre les mâchoires ou griffes du mandrin d'un tour à mouvement entièrement automatique, où elles recevaient une forme légèrement conique, raccordée par un congé, vers la tête restée équarrie, au moyen d'une ingénieuse gouge en surface gauche et à double tranchant, montée sur un chariot glissant rapidement entre les poupées et le long des jumelles du tour, tandis que les enfoncements de l'outil lui-même étaient réglés, toujours automatiquement, au moyen d'un gabarit directeur par repoussement en dessous, et susceptible d'être incliné diversement; combinaison originale autant qu'ingénieuse, et dont, je crois, il n'existait point jusque-là d'exemple dans la classe des machines à façonner le bois, si ce n'est peut-être dans quelques outils à gouge, conduits à la main, ou dans le tour même de M. Hubert, à chariot glissant, servant à tailler les grandes vis en fer, tour dont l'établissement remonte à une date antérieure à 1815. J'ignore si cette date s'applique également au tour à gournables dont il vient d'être parlé et à l'aide duquel on parvenait à fabriquer de 500 à 1 000 pièces par jour, selon leur longueur, en appliquant cinq hommes à l'arbre coudé horizontal d'une grande poulie motrice à gorge et corde sans fin, mettant aussi en action le chariot porte-outil par un second système de poulies et de cordons sans fin fondé sur le mécanisme en usage dans les machines à câbles des corderies maritimes. Ce qu'il y a de certain, c'est qu'avant l'époque de 1825, où je visitai l'arsenal de Rochefort et où le tour dont il s'agit servait indifféremment à fabriquer des gournables, des manches d'outil, des hampes de refouloirs, etc., je n'avais rien rencontré d'analogue en France, outre qu'il me paraît supérieur au tour de l'Américain Blanchard, employé à l'exécution de formes analogues, dont il a été parlé dans le chapitre précédent, et qui est comparativement d'une date très-récente.

Je ne connais que MM. Roguin (Marc et Gabriel), de Paris, qui, avant M. Hubert, aient tenté en France de se servir des machines à cylindres et couteaux tournants, non pas pour hacher et pulvériser grossièrement les bois de teinture, comme l'entendaient MM. Ternaux frères, Legrand, Coutagne, Vallery, etc., mais bien pour façonner géométriquement, planer ou bouveter les bois de menuiserie et d'ameublement, comme l'avaient précédemment tenté ou proposé Bentham, Bramah et autres en Angleterre. Dans un premier *brevet d'invention*, en date du 15 mars 1817[1], M. Roguin (Marc) se contente de décrire, comme simple projet ou essai, une machine destinée, soit à raboter des planches posées à plat ou debout sur un chariot horizontal tiré par une paire de cordes enroulées sur un treuil à manivelle, soit à y pratiquer des moulures, des rainures et languettes, au moyen d'outils cylindriques en fonte

[1] Tome XXIII, p. 207, des *Brevets expirés.*

de fer, à profils divers, tournant rapidement au-dessus de la pièce de bois, mais dont les dents à angles aigus, légèrement inclinées sur l'axe, rappelaient les plus anciennes machines à pulvériser les os ou les bois de teinture; en un mot, par leur rapprochement, leur multiplicité même, ces dents constituaient de véritables limes ou fraises tournantes, susceptibles de s'engorger promptement, et peu propres par conséquent à découper, trancher nettement la surface des bois.

Dans un second brevet *de perfectionnement et d'addition*, concernant une machine cette fois exécutée en grand, et qui, sous la date du 30 mars 1818[1], est passée au nom de M. Roguin (Gabriel), la pièce de bois reste fixe sur son banc, et le porte-outil, constitué d'un prisme en fonte à 6 pans, armés de couteaux plats en acier inclinés sous l'angle même de ces pans, contre lesquels ils étaient serrés à plat au moyen de vis et écrous, ce porte-outil, dis-je, tourne sur lui-même par un renvoi de cordons sans fin, enveloppant une poulie à gorge plate ajustée sur le bout de son arbre, tandis qu'un autre renvoi de chaîne sans fin à la Vaucanson met en action un petit treuil en fer, dont l'arbre, monté transversalement et parallèlement sur le chariot supérieur porte-outil, reçoit, aux deux bouts, des pignons qui, en engrenant dans de doubles crémaillères fixées le long du banc, font cheminer le chariot lentement et parallèlement dans l'étendue entière de ce banc ou de la pièce à planer, à bouveter suivant des profils donnés par la forme même des couteaux mobiles.

Cette ingénieuse machine, qui n'offre, comme on voit, qu'un rapport fort éloigné avec la fraise à simple couteau, de Bentham, servant à pratiquer, par divers artifices et des opérations successives, des rainures ou languettes dans une pièce droite poussée à la main comme pour la scie circulaire du même ingénieur; cette machine, dont la table, le porte-pièce horizontal, était, ainsi que dans la planeuse de Bramah, susceptible d'être soulevé à diverses hauteurs au moyen de vis,

1 Tome XXIII des *Brevets expirés*, p. 210, pl. 28.

tandis que le chariot en fonte glissait sur des coulisses en fer, appartient véritablement au type français des machines à chariot porte-outil, spontanément ou automatiquement mobile, et c'est à tort, ce semble, que des écrivains étrangers distingués ont prétendu établir aucune similitude entre ces deux ordres d'idées ou de conceptions[1].

Il convient, toutefois, de remarquer que la raboteuse de MM. Roguin n'était, pas plus que celles de Nicolas Focq, de Caillon et, en général, les divers tours à chariot connus à l'époque de 1818, susceptible de fonctionner automatiquement, du moins en ce qui concerne le mouvement rétrograde de ce chariot, ramené ici à la main après le débrayage facile d'une roue à déclic et rochet. Il serait pareillement inutile de rechercher aucune combinaison de ce genre dans la machine à pratiquer des moulures sur les baguettes à dorer des appartements, pour laquelle il a été pris postérieurement (1823) un brevet d'invention de cinq ans par M. Hacks, habile mécanicien à Paris, qui le premier, je crois, y introduisit l'usage des grandes scies circulaires de Brunel, avec quelques améliorations consistant principalement dans plus de légèreté, plus de vitesse, moins d'épaisseur, et débitant, par conséquent, un plus grand nombre de feuilles de placage unies, dans une épaisseur donnée[2], soit de 12 à 18, au lieu de 8 ou 9.

Cette scierie, que j'ai vue fonctionnant avec beaucoup d'avantages en 1818 au faubourg Saint-Antoine, et dont le caractère essentiel est une construction économique en bois,

[1] *The american polytechnic journal*, par Greenough et Fleischmann, t. Ier (1853), p. 176, 177 et 247, où l'on cite également les mécaniciens John Bennock et Hinman, comme s'étant occupés de machines d'un genre analogue, mais sans en préciser autrement la nature et les fonctions.

[2] Tome XVI des *Brevets expirés*, p. 176, et *Bulletin de la Société d'encouragement*, t. XIX, p. 72 : *Rapport* de M. Humblot-Conté, honorable membre de cette Société, que, à la p. 292, j'ai, par une inadvertance impardonnable, confondu avec le célèbre auteur de la machine à graver, dont il avait épousé la fille et dont il portait, à de si justes titres, le nom comme artiste et chef d'établissement industriel. (Voy. *ibid.*, t. XLIV, p. 82, une *Notice nécrologique* sur Humblot-Conté, par M. Jomard.)

le porte-lames excepté, n'est pas la seule que M. Hacks ait établie avant ou après l'époque dont il s'agit; mais la plupart de celles qu'il livra à l'industrie étaient à mouvements alternatifs, et parmi elles, plusieurs furent spécialement destinées à scier horizontalement les arbres sur pied, ou à les tronçonner après leur abatage : ces deux dernières machines, à volant et à manége, facilement transportables et destinées à l'exploitation des forêts de la Nouvelle-Orléans, ont obtenu les éloges de la Société d'encouragement et l'honneur d'être décrites avec figures dans son Bulletin, sur le rapport de M. Molard père[1]. Principalement construites en charpente, elles sont, comme la précédente, surtout remarquables par le bon marché et la simplicité des solutions : dans la première, l'équipage de la scie, disposée comme celle des menuisiers, c'est-à-dire à supports intermédiaires en double T, à vis extrême de bandage ou de tension, etc., cet équipage est porté sur un chariot mobile horizontalement, poussé vers l'arbre par un contre-poids suspendu à une corde enroulée autour d'un

[1] Tome XXI (1822), p. 179 et 181, et t. XXIV (1825), p. 256. Je ne crois pas devoir passer sous silence le brevet *soi-disant d'invention* pris vers la même époque (3 août 1822) par un sieur Mourey, mécanicien à Paris, pour deux scieries mécaniques ayant absolument le même but, et qui en offrent une contrefaçon d'autant plus blâmable, que le modeste auteur de ces machines, ouvrier habile, mais peu fortuné, a constamment et généreusement livré ses inventions au domaine public. (Voyez t. XI, p. 229, du *Recueil des brevets*, où la déchéance du contrefacteur a été déclarée par ordonnance royale du 24 novembre 1824.)

Je saisirai également cette occasion pour mentionner, malgré leur date de beaucoup postérieure à celle de l'Exposition universelle de Londres, les perfectionnements que M. Boileau, savant professeur à l'École d'application de Metz, a tenté d'apporter aux scieries à tronçonner du mécanicien Hacks, en y mettant à profit tous les progrès jusqu'ici accomplis dans l'art de travailler le fer et la fonte, sans que pourtant il ait réussi entièrement à éviter les gênes et frottements qui s'opposent à la libre descente, au glissement du châssis ou à l'attache de la bielle, dans leurs coulisses, etc.; gênes qui se feraient particulièrement sentir dans l'application du système aux scieries de marbre à plusieurs lames, et laissent désirer que le projet de M. Boileau soit soumis à une suffisante expérience. (Voyez *Instruction pratique sur les scieries*, par l'auteur, Metz, 1855.)

cylindre horizontal; dans l'autre, le même équipage, disposé verticalement, est suspendu à deux bielles supérieures inclinées à contre-sens, articulées et suspendues aux extrémités d'un balancier en forme de T simple, dont la queue verticale est soumise à l'action horizontale d'une bielle motrice, à raison de 80 révolutions par minute, tandis que sa tête, oscillante et qui imprime un mouvement de balancement à va-et-vient au châssis de la scie montée comme on vient de le dire, est susceptible de descendre, non librement, mais graduellement, à l'aide d'une corde de suspension enroulée autour d'un treuil à double déclic et grande roue à rochet ou minute.

M. Hacks, que j'ai vu, en 1825, installé à Lyon, avait été précédé dans l'établissement des scieries portatives, d'abord, en 1806, par un sieur Bourdeux, de Bayonne, pour une scierie à volonté verticale ou horizontale, mais en réalité fort lourde, extraordinairement compliquée, et où l'auteur visait surtout à s'écarter des routes jusque-là battues[1]; ensuite, en 1816, par MM. Brunet et Cochot, de Paris, qui, en en établissant le mécanisme sur un chariot, eurent la singulière idée d'y employer une scie circulaire à segments interrompus et mise en action par un manége à tambour et chaîne sans fin de Vaucanson[2]; machine qui, dans sa rusticité même, prouve seulement qu'on se préoccupait beaucoup, à cette époque, des moyens d'améliorer l'ancien mode de scier les gros bois de charpente au milieu des forêts.

M. A. Cochot, ébéniste à Paris, qui s'était déjà fait connaître, en 1812, pour l'invention d'une jalousie mécanique et avait, à cet effet, imaginé une petite machine à fabriquer les supports en cuivre des bouts de lames[3], M. Cochot est aussi l'un des premiers, le premier peut-être, en France, qui parvint à établir dans des conditions véritablement économiques les scieries à manége pour le débit des petites billes d'acajou en feuilles minces de placage. Jusqu'en 1814, en effet, où cet

[1] *Recueil des brevets expirés*, t. III, p. 239.
[2] *Ibid.* t. XIV, p. 72.
[3] *Ibid.* t. VII, p. 68 (14 avril 1812).

ingénieux artiste se fit délivrer un brevet[1] pour une scierie à placage, dont la monture horizontale, à double T, très-légère, dans le genre de celle des menuisiers, comportait une lame mince de 1 millimètre d'épaisseur au dos, sur un tiers seulement de millimètre à la denture, formée de crochets à becs recourbés et marchant à une vitesse de 150 à 200 coups par minute; jusqu'à cette époque, dis-je, le débit des feuilles de placage en France s'opérait à la scie horizontale à bras, avec des imperfections, un déchet de bois et des prix de revient qui nous rendaient tributaires de l'étranger. Car la scie circulaire dont Albert se servait en l'an VII ne pouvait amener un pareil résultat, et la scie à lames sans fin, incomparablement plus mince et assez flexible pour envelopper une paire de grands rouleaux tournant, à distance, sur des axes parallèles, cette ingénieuse scie, qui fut inventée et déposée au Conservatoire des arts et métiers en septembre 1811 par l'ancien inspecteur des eaux de Paris, M. Touroude, ne constituait encore qu'une informe tentative appliquée, malheureusement, on peut le dire, au débit des petites planchettes hélicoïdes ou gauches de la vis d'Archimède à épuisement : les faces planes de pareilles scies, en effet, quelque étroites qu'on les suppose, ne sauraient, sans gêne ni duplicature, produire autre chose que des surfaces rigoureusement développables, d'une faible courbure, et auxquelles, grâce à de persévérants et récents efforts ou tâtonnements dont il sera parlé en son lieu, on est enfin parvenu à appliquer, avantageusement pour quelques cas, ce genre de scies à ruban, en les guidant convenablement par des éclisses ou des galets à l'entrée et à la sortie de la pièce, ainsi que l'ont fait tous ceux qui ont prétendu se servir de lames de scie très-minces, en vue d'éviter les trop grands déchets de bois.

M. Touroude était d'ailleurs considéré par feu Molard comme le premier qui, à Paris, eût employé les meilleurs procédés pour construire les scies circulaires et les empêcher

[1] *Recueil de brevets expirés*, t. VII, p. 361.

de se voiler ou de vibrer[1], bien que, sans aucun doute, l'épaisseur en surpassât de beaucoup celle des petites scies droites de M. Cochot, dont les dents à crochets aigus, malgré un écartement relatif de 10 millimètres, étaient susceptibles de s'engorger fréquemment; d'où, à l'origine, la nécessité d'employer de fortes brosses agissant de part et d'autre de la lame, transversalement à sa direction, et mises en action par un ingénieux mécanisme à tiges, galets et ressorts repousseurs, aux instants mêmes où la monture de scie atteignait les points-morts de sa course.

Le caractère principal de cette scie à placage, dont quelques personnes font, mal à propos je crois, remonter les premiers essais à l'année 1800, celui qui la distingue de toutes les autres, ce n'est pas l'horizontalité et la légèreté du châssis à va-et-vient produit, à l'ordinaire, par une bielle à manivelle, car Brunel en avait également fait usage pour ébaucher les blocs de poulies; ce ne sont pas non plus les guides verticaux à fourches, en acier, entre lesquels glisse la lame de scie fortement tendue à vis et écrous, ni le couteau horizontal incliné qui dirige et maintient en avant la feuille de placage déjà détachée du bloc de bois; mais bien le dédoublement du porte-outil en un cadre ou châssis ordinaire, à roulettes latérales mobiles entre des guides horizontaux parallèles, et en une membrure légère de scie, fixée à vis sur ce châssis et démontable à volonté, en cas d'usure ou de réparation de la lame dentée; c'est enfin, et surtout, la verticalité même du chariot porte-pièce, dont l'ascension est produite par le mécanisme d'un rochet extérieur double, à dents très-serrées, faisant marcher une crémaillère verticale fixée latéralement à ce chariot, qui lui-même glisse à coulisses verticales sur un fort bâti en charpente, susceptible, à son tour, d'être avancé parallèlement vers la scie, d'une quantité égale à l'épaisseur à donner aux différentes feuilles de placage, au moyen d'une forte vis horizontale, à cadran diviseur et aiguille indicatrice; vis qui

[1] *Bulletin de la Société d'encouragement*, t. XIV (1815), p. 157.

fut bientôt dédoublée et conduite par un système parallélogrammique à action solidaire, ou par une petite chaîne sans fin d'engrenage enveloppant des rouleaux placés extérieurement, en tête des deux vis. D'ailleurs, tout en apportant progressivement divers autres perfectionnements de détail à sa scierie de placage, l'inventeur ne tarda guère à en appliquer le principe aux scieries verticales à débiter les grosses pièces de charpente, comme nous aurons l'occasion de le rappeler dans le chapitre suivant.

C'est à dater de l'époque où M. Cochot établissait et propageait en France son ingénieux et léger système de scieries à mouvement alternatif horizontal, que nos ébénistes parvinrent à s'affranchir complétement du tribut onéreux qu'ils avaient jusque-là payé à l'étranger, et auquel, grâce à des réductions de plus en plus fortes opérées sur le travail moteur et la perte de bois, ils parvinrent à faire une concurrence d'autant plus redoutable que cette réduction était accompagnée d'une perfection remarquable dans le dressage, et, ce qui n'est pas la même chose, dans l'égalité d'épaisseur des feuilles, dont le nombre put être successivement élevé de 9 à 18 et même 20 au pouce ($0^{m},027$), sans compromettre la solidité des recouvrements de meubles en placage. C'est aussi à dater de cette époque que l'ébénisterie parisienne en bois précieux, indigènes ou exotiques, vint à primer celle de toutes les autres contrées de l'Europe, non-seulement pour le goût, mais aussi pour le bon marché relatif.

Il serait, sans doute, hors de propos de m'étendre ici sur les autres inventions de M. Cochot, telles que ses machines à fabriquer les planches à parquets, les bois d'allumettes, etc., qui, à l'exception peut-être de la scierie mécanique à montures verticales dont j'ai, avec intention, ajourné de parler, appartiennent toutes à une époque postérieure à celle qui nous occupe; mais je ne saurais me dispenser de rappeler que c'est grâce encore à ses ingénieux procédés pour travailler le fer et le bois, qu'il est parvenu, en les évidant, en leur donnant les formes de plus grande résistance, à alléger suffisamment le bateau à vapeur *le Parisien*, pour en rendre la navigation, sur la Seine, possible dans les plus basses eaux estivales.

Les brevets d'invention pris en 1817 par M. Lefèvre, à Paris, pour un système de scierie de placage à châssis oscillant entre des bascules supérieures et inférieures articulées en vue d'imiter le travail des scieurs de long, système auquel l'auteur ne tarda pas à substituer de simples guides à coulisses; celui d'importation que se fit délivrer, à la même époque[1], M. Thomas, à Caen, pour des scies circulaires ou autres machines employées à la confection des barils et tonneaux, machines qui devaient offrir une grande ressemblance avec celles dont on se servait à Glasgow dans un but similaire[2]; ces brevets prouvent assez que l'attention était dès lors et de toutes parts, en France, éveillée sur l'importante branche de fabrication qui nous occupe.

CHAPITRE IV.

PROGRÈS DIVERS ACCOMPLIS EN FRANCE, À PARTIR DE 1820, DANS L'ÉTABLISSEMENT DES MACHINES À TRAVAILLER LE BOIS.

---

§ Ier. — Anciens ateliers des mines d'Anzin, de la Gare, à Paris, de M. Nicéville, à Metz, plus spécialement sous le rapport du perfectionnement des grandes scieries mécaniques. — MM. *Edwards*, de Chaillot; *Roguin* et *Calla père*, à Paris; *de Nicéville* et *Herder*, à Metz; *Klispis*, à Paris, et *Galloway*, à Londres.

Ce ne fut guère avant 1821 que notre pays offrit l'exemple d'un grand établissement destiné exclusivement au travail du bois de menuiserie, de charpenterie, etc.; fondé par M. Roguin à la Gare, hors des murs de Paris, il possédait une machine à vapeur de 12 chevaux du système de Woolf, fournie par M. Edwards, de Chaillot, et faisant marcher, indépendamment des bouvets tournants déjà mentionnés, une grande

[1] Tome XXV du *Recueil des brevets*, p. 25 et 39.
[2] *Bulletin de la Société d'encouragement*, t. XVIII, p. 179.

planeuse à gouges échelonnées d'après le système de Bramah, diverses scies circulaires imitées de Brunel, enfin de grandes scieries à lames verticales multiples et mouvements alternatifs construites par Calla père, qui s'était, mal à propos peut-être, écarté en plusieurs points du système de Brunel[1], dont M. Edwards lui-même avait, peu avant 1821, montré une élégante et remarquable application dans l'atelier de construction des mines d'Anzin, où trois scieries à châssis en fer de cette espèce, marchant par courroies sans fin, à poulies d'embrayage en fonte et volants distincts, au moyen d'une machine à vapeur de 24 chevaux, servaient spécialement au débit des madriers et autres pièces de charpente employés au boiselage des puits, etc.[2].

Les châssis de ces trois dernières scieries, portant jusqu'à dix lames et consommant alors chacun le travail dynamique de six chevaux, étaient, en effet, établis d'après le système de Brunel père; mais dans les scieries de la Gare, à Paris, M. Calla, tout en imitant et conservant le surplus du système ingénieux de bandage dynamométrique et de calage des lames, remplaça les guides verticaux cylindriques et évidés des châssis par quatre paires de grandes roulettes à gorges angulaires en fonte, fixées aux poteaux montants, dans un sens perpendiculaire au plan de ce châssis, et embrassant, de part et d'autre les membrures prismatiques verticales, qui, elles-mêmes soumises extérieurement et en leur milieu, au moyen de boutons en saillie, à l'action d'une couple de bielles ou chasses à manivelles inférieures, avaient besoin d'un très-fort équarrissage pour résister, sans torsion ni flexion transversale, aux alternatives obliques et variables de cette action.

Les vices de cette disposition, accrus par la singulière idée

[1] *Bulletin de la Société d'encouragement*, t. XXI (1822), p. 1 et 118, t. XXIII (1824), p. 250, et t. XXV (1826), p. 252, avec description et planche.

[2] Voy. dans le *Bulletin de la Société d'encouragement*, t. XXVI (1827), p. 290, la description du mécanisme de l'une de ces scieries, dont les dessins incomplets ont été relevés sur un petit modèle fourni par feu Edwards lui-même.

de suspendre la pièce de bois brute entre des crampons à étriers et coulisses chassés, aux deux bouts, à grands coups de masse, dans le sens parallèle à l'axe, ces vices n'ont pas tardé à amener des accidents, des ruptures même, qui, joints au système peu économique adopté par M. Roguin pour l'expurgation de la sève par l'eau chaude, etc., n'ont pas médiocrement, sans doute, contribué à compromettre la durée du bel établissement de la Gare, malgré la bonté et la perfection incontestables des machines à bouveter, à rainer, etc., qu'il renfermait, et dont malheureusement on n'appréciait point encore à Paris, même en 1825 où je les ai vues fonctionner, les avantages réels pour la construction des parquets et planchers à petits bois, dont la lente dessiccation dans les magasins (quatre ans au moins) ne paraît pas de sitôt pouvoir être suppléée par des procédés artificiels à la fois économiques et expéditifs. Le bouvetage et le dressage mécaniques des planches à parquets réclament d'ailleurs, comme compléments indispensables, des moyens également expéditifs pour en tenonner, mortaiser et assembler avec précision les extrémités, moyens dont était privée, à ce qu'il paraît, l'usine de la Gare, qui contenait néanmoins, en fait de sciage mécanique, de très-bons exemples, tels, entre autres, que la réduction de l'épaisseur et de la voie des grandes scies, l'emploi d'un butoir postérieur en talus, à coulisse et action spontanée, pour s'opposer au soulèvement de la pièce, butoir d'ailleurs imité de la scierie d'Anzin, enfin la substitution, au moins sur l'un des brancards du chariot porte-pièce, d'une coulisse à grains d'orge en fer et en cuivre au système ordinaire des roulettes verticales et latérales; substitution qui, en assurant la direction rectiligne du chariot, n'entraîne qu'un bien faible excédant de dépense ou perte en travail moteur, attendu l'excessive lenteur de l'avance de la pièce comparativement à la vitesse propre de la scie ou du sciage.

En général, la réussite des établissements de cette espèce ne dépend pas uniquement de la perfection des machines et de l'économie du travail moteur; elle est intimement liée à des conditions favorables de localités et de circonstances commerciales, qui permettent d'établir une exacte et continuelle subordination ou succession de travail entre les différentes machines ou opérations mécaniques, de manière à éviter les chômages inutiles, les déplacements onéreux de matières, capables de troubler cette harmonie de l'ensemble si remarquée dans les grandes factoreries de l'Angleterre, et que comportaient les célèbres ateliers de charpenterie, de menuiserie et d'ébénisterie mécaniques fondés par Brunel dans Portsmouth, Chatham, Woolwich et Battersea ou Chelsea.

Cela peut servir à expliquer le peu de durée de quelques tentatives isolées de ce genre, parmi lesquelles je ne citerai ici que celle de feu Nicéville, à Metz, entreprise, pour ainsi dire, sans but bien déterminé, sauf le sciage à façon dans un local, à la vérité, desservi par une roue hydraulique verticale à aubes courbes, d'une puissance de 8 à 12 chevaux, mais qui, situé sur l'un des bras de la Moselle, n'offrait aucune des conditions d'arrivage et d'installation indispensables au succès commercial d'un tel établissement, plus spécialement construit en vue du concours ouvert en 1826 par la Société d'encouragement pour le perfectionnement et la propagation des machines à travailler, débiter les bois, dans nos départements. A l'imitation de celles d'Anzin et de la Gare, à Paris, que j'avais aussi visitées en 1825, cette scierie contenait quelques éléments utiles, nouveaux ou peu connus en France; la construction en avait été dirigée par le charpentier Herder, déjà honorablement cité à l'occasion des moulins de Metz, et qui, sur de simples indications, les appropria avec une remarquable habileté à l'exiguïté des lieux, au moyen d'un double équipage de roues dentées, de tambours et poulies motrices à courroies sans fin, mettant en action une paire de volants en fonte, à contre-poids équilibrants et manettes extérieures remplissant la fonction de manivelles à l'égard de deux longues bielles motrices qui saisissaient les prolongements extérieurs de l'entretoise du haut, d'un lourd châssis en fer, à plusieurs lames de scies verticales, dans le genre de celui de la Gare, à

Paris, et oscillant non plus entre des galets, mais sur des coulisses angulaires en cuivre et à grains d'orge montées contre les grands poteaux et les potelets parallèles, servant de guides aux couteaux d'acier, accouplés, dont étaient munies, de part et d'autre, les entretoises inférieure et supérieure du châssis[1]. Évidemment, cette disposition des bielles, qui rappelle celle des anciennes machines à vapeur de Maudslay et offre l'avantage de réduire l'espace en hauteur nécessaire quand on veut éviter une trop grande obliquité d'action sur le châssis, ne présentait pas, comme celle des scieries de la Gare, à Paris, l'inconvénient d'imprimer par elle-même des flexions et oscillations transversales aux montants verticaux de ce châssis, quelque solides d'ailleurs qu'on les suppose.

Je n'ai rien dit jusqu'à présent des diverses tentatives qui ont été faites à Paris, pour l'établissement d'ateliers de fabrication des menus objets de menuiserie, tels que plinthes, pan-

[1] *Bulletin de la Société d'encouragement*, t. XXVI (1827), p. 388, *Rapport* de M. Mallet; t. XXVII (1828), p. 275 et 288, description et Rapport, par feu Woisard, à la Société académique de Metz (séance du 1er avril 1827). Ce dernier Rapport, malgré tout son mérite, contient quelques inexactitudes de dates ou de citations qu'il serait bien peu utile de relever ici; je ferai seulement remarquer combien des expériences en bloc, telles qu'il s'en trouve mentionnées dans ce Rapport, sont peu propres à fournir des données exactes sur le travail dynamique consommé par l'unité superficielle du sciage, non plus qu'à décider de la valeur relative des machines où la forme, la taille des dents, la nature et l'état de siccité des bois exercent la plus grande influence, indépendamment du travail absorbé par les frottements des diverses articulations de la machine, et dont on ne saurait se dispenser de tenir compte, sinon par le calcul, du moins par des expériences directes, quand on veut arriver à des résultats véritablement comparables et utiles à la pratique. A cet égard, le second Rapport, publié par un autre savant professeur et officier du génie, M. Gosselin, dans le t. XIII (1831 à 1832), p. 116, des *Mémoires de l'Académie royale de Metz*, paraîtra offrir moins d'incertitude dans les résultats principaux, quoiqu'il laisse également regretter une plus grande suite ou variété dans les données de l'expérience, pour lesquelles l'auteur a été aidé de l'active collaboration de M. Bardin, dont j'ai déjà eu l'occasion de mentionner les utiles travaux de géométrie théorique et pratique, alors professeur de fortification et de levés militaires à l'École d'artillerie de Metz.

neaux divers, parquets à compartiments et mosaïques, parce que l'emploi, pour ainsi dire exclusif, qu'on y fait de petites scies circulaires pour refendre, découper sous différents angles des pièces à contours rectilignes, et y creuser des rainures ou des languettes par des moyens en eux-mêmes très-simples et qui rappellent ceux de la patente de Bentham, n'offrent, quelle que soit leur importance comme procédés industriels ou économiques, qu'un intérêt secondaire au point de vue mécanique. Cependant, je ne saurais passer entièrement sous silence le contenu d'un brevet, fort étendu[1], pris à la date du 30 mars 1822 par M. Klispis, à Paris, pour un ensemble de procédés de cette espèce qui consiste principalement dans l'arrangement de divers établis de menuiserie, pour recevoir les pièces ou étriers mobiles et à vis de serrage servant de guides aux planchettes à recouper, à rainer, etc.; procédés que d'autres habiles constructeurs ont depuis successivement améliorés, simplifiés ou diversifiés dans leurs applications aux ateliers de menuiserie.

On peut voir notamment, à la p. 219 du t. XXII du *Bulletin de la Société d'encouragement,* la description détaillée d'un tour à pédale et à scie circulaire, monté sur un bâti à supports de fonte, que surmonte un établi ou table horizontale mobile verticalement par crémaillère, et dont on se servait en 1823, dans les ateliers de construction de Londres, pour fendre et découper, sous différents angles et des vitesses variables à volonté, des pièces de bois ou de métal glissant à la surface de cet établi, où elles étaient poussées horizontalement, à la main, le long de guides à articulations mobiles et parallélogrammiques. Construits par l'habile mécanicien Galloway, bientôt adoptés par M. Calla, à Paris, puis par M. Ch. Dollfus, à Mulhouse, ces petits tours, à fraises dentées et tournantes, étaient d'une installation fort commode, occupaient très-peu de place, et devaient offrir le perfectionnement de quelqu'une des machines d'ateliers qu'avaient autrefois mis en usage

[1] Tome XIV, p. 31, du *Recueil des brevets*, pl. 4 et 5, fig. 1 à 20.

Samuel Bentham et Brunel, de même que, postérieurement à l'année 1823, ils auront servi, en plusieurs points, de modèles pour l'établissement de nos propres ateliers de scieries circulaires destinées au refendage des petits bois; scieries parmi lesquelles la Société d'encouragement a particulièrement distingué celle que M. Cavaillé fils, facteur d'orgues à Paris, établit en 1834 dans ses intéressants ateliers de la rue Neuve-Saint-Georges (t. LIII, p. 162, du *Bulletin*).

§ II. — Résultats du concours ouvert, en 1826, par la Société d'encouragement de Paris, pour le perfectionnement des scieries à lames droites ou circulaires. — MM. *Bauwens* et *Guérin-Dubourg*, *Joseph Mirault* et *Belot de la Digne*, *de Nicéville*, à Metz; MM. *Eugène Philippe*, à Paris, et *de Manneville*, à Troussebourg, près Honfleur.

La Société d'encouragement, en ouvrant en 1826, pour le perfectionnement des scieries à bois, l'utile concours déjà mentionné ci-dessus et successivement prorogé jusqu'en 1831, avait particulièrement insisté, dans son programme, sur la nécessité d'articuler le châssis des grandes scieries à action alternative avec leur équipage moteur, de manière à imiter le travail des scieurs de long et à supprimer, en quelque sorte, tout frottement, en procurant ainsi à l'outil le balancement observé dans le sciage à bras, par lui-même si avantageux pour faciliter le dégorgement de la sciure. Cette manière de voir avait déjà anciennement amené, comme on l'a dit, quelques tentatives infructueuses, auxquelles il faut joindre celle des frères Bauwens, dont le système à galets excentriques et crémaillères est décrit à la p. 281 du t. XXIV du *Bulletin* de la Société; mais elle repose essentiellement sur l'exagération du rôle attribué au frottement du châssis dans ses coulisses, frottement qui, dans les scieries bien établies et constituées, ajoute à peine un sixième à la résistance effective du sciage, lorsqu'il est effectué sans gêne ou bridement des lames et du châssis.

A cet égard, les intentions de notre patriotique Société ne furent que médiocrement remplies par l'un des concurrents au prix, M. Guérin-Dubourg, dont la machine, bizarrement articulée et construite en charpente, a été décrite postérieurement dans le t. XXXI du *Bulletin*, contenant aussi[1] la description des scieries en charpente d'un autre concurrent, M. Mirault, qui, adoptant principalement le système déjà anciennement appliqué par M. Cochot à une scierie de Verdun, se sert d'un balancier supérieur horizontal à courte bielle ou chasse descendante, rappelant celui des machines à vapeur de Watt, et faisant mouvoir dans des coulisses verticales le châssis à monture légère de rechange dont il a déjà été parlé à l'occasion des scieries horizontales de M. Cochot, sauf qu'il glisse, oscille, à la manière ordinaire, dans des coulisses verticales en charpente. En outre, le chariot horizontal à crémaillère, emprunté, je crois, également à cet ingénieur, et qui maintient la pièce à débiter au moyen d'un dossier latéral à patins retournés horizontalement ou en équerre, ce chariot est ici accompagné, pour le soutien de la face inférieure de la pièce à débiter, d'une file de rouleaux parallèles et horizontaux, mobiles sur eux-mêmes pendant la marche longitudinale de ce même chariot dossier, qui, toujours d'après l'ingénieux système de Cochot, peut être déplacé parallèlement et transversalement avec la pièce, au moyen d'un équipage de quatre vis solidairement conduites par une chaîne sans fin à la Vaucanson, pour régler, à l'aiguille d'un cadran diviseur, l'épaisseur qu'il s'agit, à chaque reprise, de donner à la planche de sciage. On remarquera d'ailleurs que si le système des rouleaux de soutien de la pièce exige que la face inférieure de celle-ci ait été préalablement dressée par un moyen quelconque, il offre, en revanche, l'avantage de garantir cette pièce, jusque tout près des lames de scie, des effets de flexion et de vibration qui s'observent dans les autres systèmes, malgré l'adjonction aux poupées extrêmes d'une cale de soutien glissée sous la pièce, non loin de la scie.

Ce n'était là, comme on voit, qu'un simple perfectionne-

[1] Voy. les p. 410 et 75 du volume cité (année 1832).

ment d'un système déjà ancien, ici appliqué à quatre scieries verticales de l'établissement fondé à Belesta par M. Belot de la Digne; mais ce perfectionnement, publié par la voie du *Bulletin*, a contribué, pour sa part, à propager, tout au moins dans nos grands ateliers de construction et de charpenterie, des idées utiles et jusque-là peu répandues ou appréciées, tout comme cela est incontestablement arrivé aussi pour les machines des trois autres concurrents : M. de Nicéville, à Metz, dont les tentatives d'améliorations ont été déjà mentionnées; M. de Manneville, à Troussebourg, près Honfleur, placé au premier rang des récompenses pour l'ensemble de son établissement à moteur hydraulique, renfermant à la fois et des scieries verticales à action alternative débitant à volonté les pièces droites, courbes, ou naturellement ondulées, et des scieries à tronçonner, des scieries à lames circulaires ou autres outils servant à fabriquer mécaniquement les tonneaux, etc.[1]; enfin M. Eugène Philippe, habile constructeur mécanicien, connu autant par les nombreux modèles qu'il a exécutés pour le Conservatoire des arts et métiers que pour le bel ensemble de machines à fabriquer les roues de voitures qu'il a créé vers 1830 dans la rue du Chemin-Vert, à Paris.

Les scieries de ce dernier avaient pour caractère principal, d'être entièrement établies en fonte, à balancier supérieur, chariot à dossier et rouleaux-supports[2], offrant, ainsi que celles de M. Mirault, le simple perfectionnement des anciennes et originales idées de Cochot, perfectionnement qui a valu à ce système quelquefois l'avantage d'être adopté par les mécaniciens constructeurs, malgré sa cherté relative, plus que compensée d'ailleurs par la facilité des transports et de l'installation, la précision et l'invariabilité des ajustements, qui ne

[1] M. de Manneville (L.-T.), à Gonneville, près Honfleur, a pris en juillet 1840, sous le n° 1218, un brevet de perfectionnement pour une mécanique à tonnellerie, qui devait être la conséquence de ses premières tentatives dans ce genre de fabrication, où il avait pour compétiteur M. Simyan (J.-N.), de Bordeaux, breveté le 6 du même mois, même année.

[2] *Bulletin*, t. XXXII (1833), p. 3, pl. 528 et 529.

laissent rien d'arbitraire dans le montage sur place, tout en supprimant une majeure partie des frais d'entretien.

M. Philippe a d'ailleurs présenté au concours, dans le même système de construction, une scierie à mouvement alternatif et châssis vertical pour le chantournage des jantes de roues, dont le dispositif[1] est une combinaison de celui à chariot circulaire extérieur de la scierie de Freyberg et du système à balancier supérieur ci-dessus de Cochot; sauf que, sans rien changer au genre de châssis et de monture, on y applique deux lames verticales étroites comme dans la scierie à secteur circulaire denté du garde Ségard, en se dispensant ainsi du châssis en potence autrefois employé par Bentham et Brunel. Par les soins donnés à l'ensemble comme aux détails de la construction, les belles machines de M. Philippe, malgré leur apparente complication inhérente au mécanisme nécessaire pour l'avance du madrier et du chariot, à chaque changement d'épaisseur des planches ou de calibre des jantes de roues, ces machines étaient réellement à la hauteur des progrès accomplis depuis 1825 dans l'outillage de nos grands ateliers de serrurerie et de fonderie.

Quant aux grandes scieries verticales alternatives de M. de Manneville, décrites à la p. 26 du t. XXXIII (1834) du *Bulletin* déjà cité, construites entièrement en charpente, elles offraient une combinaison intelligente de l'ancien système des scieries hollandaises à manivelles, longues bielles supérieures ou descendantes, pied-de-biche et roue à rochets, avec quelques-uns des éléments empruntés aux scieries d'Anzin ou de la Gare, tels que griffes horizontales extrêmes pour fixer et suspendre les fortes pièces en grume, boulons verticaux et œillères à coulisses légèrement en surplomb pour assurer la direction un peu oblique du châssis de scies, etc. Mais ce n'est pas là ce qui aura fait accorder à ce concurrent une récompense exceptionnelle, et il faut en rechercher le motif principal dans la combinaison, probablement nouvelle alors,

[1] Volume précédemment cité du Bulletin, p. 7, pl. 530 et 531.

imitée, perfectionnée depuis, et par laquelle M. de Manneville parvenait à débiter, dans le sens naturel des fibres, des bois courbes préalablement dressés, équarris sur leurs faces extérieures, en plaçant librement cette pièce sur une file de rouleaux d'appui horizontaux, sans autre siége ni dossier, et l'obligeant à cheminer vers l'équipage des lames de scies, convenablement réduites de largeur, au moyen de deux cylindres verticaux tournant sur eux-mêmes, disposés en avant et le plus près possible de ces lames : l'un en fonte cannelé, servant à entraîner latéralement la pièce par sa rotation au moyen de rouages conduits à pied-de-biche, etc.; l'autre, plus gros, en bois, agissant, pour presser la face verticale opposée de la pièce, par un système de contre-poids suspendu à des chaînes à poulies de renvoi qui obligeaient les collets des tourillons extrêmes à glisser parallèlement dans des coulisses horizontales. Cette très-ingénieuse et originale combinaison, comme on voit, supprime le chariot ordinaire des scieries, et laisse aux deux bouts du madrier toute liberté de glisser transversalement sur les rouleaux-supports, et à l'équipage des scies, celle de suivre la direction naturelle des fibres ou des faces latérales et verticales du bois.

Je n'ai rien dit jusqu'ici des perfectionnements apportés par les divers concurrents au système des scieries à lames circulaires, parce que leur usage, limité au débit des bois d'un faible échantillon, d'essence tendre et homogène, pour ainsi dire sans nœuds, ne me paraît pas avoir subi des modifications notables depuis l'époque de Brunel, sauf dans des dispositions accessoires plus ou moins importantes au point de vue de la conduite des machines ou du genre de travail : telles que chaînes sans fin de Vaucanson pour conduire, solidairement à la main, par manivelles, les plus fortes pièces de bois, préalablement équarries; guides latéraux à épaulements, montés sur patins ou châssis à parallélogramme articulé, fixés à vis sur l'établi garni ou non de lames de fer; brides ou guides antérieurs à fourche, en métal, en corne, etc., pour empêcher les déviations et oscillations transversales des lames, dont le diamètre dépasse $0^m,50$; éponges mouillées ou nappes d'eau inférieures rafraîchissantes, pour mettre obstacle à l'élévation de température résultant du frottement de ces lames dans le cas des pièces un peu épaisses; enfin, et surtout, excellent dressage, au tour, de ces mêmes lames montées avec précision entre les épaulements de leur propre arbre moteur. Ces perfectionnements, qui se faisaient plus particulièrement remarquer dans les scies tournantes de M. de Manneville, ne tardèrent pas, grâce aux publications successives de la Société d'encouragement, à se propager dans les grands ateliers de construction des messageries et des chemins de fer en France.

§ III. — De quelques modifications ou perfectionnements apportés aux scieries, simultanément ou postérieurement au précédent concours. — M. *Mongin*, fabricant de scies, à Paris; MM. *Orlando Child*, *Philippe*, *Mariotte*, *Guillaume*, *Giraudon*, *Peyod*, *Gendarme* et *Cart*.

Ne craignons pas de le reconnaître ici, et le témoignage unanime des concurrents au prix en fait foi, les perfectionnements introduits depuis 1820 par M. Mongin, de Paris, dans la fabrication des lames de scies doivent entrer pour une bonne part dans les succès obtenus : par ces perfectionnements, en effet, qui ont eu peu de retentissement à nos Expositions quinquennales, parce qu'ils concernaient une industrie circonscrite dans d'étroites limites, et principalement consacrée au finissage des produits d'autres industries plus étendues; par ces perfectionnements, dis-je, il est devenu possible, tout en réduisant l'épaisseur des plus grandes lames de scies, et par conséquent la résistance du sciage et le déchet de bois à la moitié environ de ce qu'ils étaient auparavant, de doubler, tripler même la vitesse de la denture, qui s'est élevée progressivement de $1^m,5$ à $3^m,0$ par seconde, sans provoquer de plus fréquents accidents de rupture des dents de scies, attaches, etc.

Il ne faut pas oublier d'ailleurs que si l'on a vu le nombre des oscillations de ces lames passer sans trop d'inconvénients de 50 à 120 par minute dans les grandes machines à action alternative, ou de 200 à 600, et même 800 révolutions par minute, selon le diamètre, dans les machines à action rotative ou continue, cela tient également aux progrès accomplis, à partir de 1825, dans l'art de construire le système des transmissions par arbres de couche, poulies de renvoi, courroies sans fin, etc., à mouvement rapide, dont, comme on l'a vu, les factoreries anglaises nous ont montré les premiers exemples, bientôt égalés, surpassés même en France par beaucoup d'industries où quelquefois aussi on s'est complu à dépasser le but véritablement utile. Il est pour le moins douteux, en effet, qu'il soit opportun, même dans l'état actuel de perfection des lames de scies circulaires en acier fondu, de porter la vitesse à la circonférence au delà de 12 et 20 mètres par seconde, comme on l'a fait ou proposé dans ces derniers temps, s'agît-il des bois les plus tendres et les plus minces, pour lesquels, il est vrai, on est naturellement conduit, en vue d'utiliser un excédant de force motrice, à compenser la diminution de la résistance par une accélération ou un agrandissement de diamètre correspondants de la lame, nécessairement accompagnés d'un accroissement de l'épaisseur du métal, de la voie ou de la perte de bois, de la résistance de l'air, des frottements, etc.

Les inconvénients des grandes lames circulaires paraissent, entre autres, avoir depuis un certain temps attiré l'attention des ingénieurs américains, si l'on en juge par une patente délivrée en 1850 à M. Orlando Child, de Granville (Ohio), patente dans laquelle[1] on propose, pour le débit des grosses

[1] *Dictionnaire d'Appleton*, par Oliver-Byrne; New-York (1852), t. II, p. 539. Dans une notice déjà citée, M. le capitaine d'artillerie et professeur Boileau s'est également occupé des scies circulaires jumelles destinées au débit des grosses pièces de charpente; mais il l'a fait en homme parfaitement au courant des changements et améliorations que les grandes scieries rectilignes à mouvement alternatif ont subis en France, soit sous le rapport des transmissions, soit sous celui des chariots porte-pièce à crémaillères, roulettes à rails ou à coins, dossiers latéraux à talons, vis d'appui, etc.

pièces de charpente en planches de diverses épaisseurs, de moyennes scies circulaires placées l'une au-dessus de l'autre, mais dans une direction dont l'obliquité, par rapport à la verticale, peut être variée à volonté au moyen d'un support à châssis tournant, de manière que la pièce de bois, poussée entre les deux lames comprises néanmoins dans un même plan vertical, en reçoit deux traits en partie superposés, pour assurer leur commune direction dans ce plan. Cependant, quels que soient les avantages qui puissent résulter de l'emploi d'un pareil système pour le sciage des grosses pièces, il est fort douteux que les ateliers viennent à en adopter l'usage préférablement à celui des scieries à châssis verticaux, d'une installation si sûre et si facile. On peut même croire que les scieries à lames droites ou circulaires, multiples ou accouplées, d'après le système de Brunel, et dont on n'a rien vu à l'Exposition universelle de Londres, seront généralement simplifiées, sinon abandonnées, pour le débit des grosses pièces; comme cela est déjà arrivé en France, où l'on en est venu à préférer, même pour les scieries à châssis verticaux, l'emploi de plusieurs petites machines distinctes et appropriées à chaque genre d'ouvrage, portant un nombre limité et fixe de lames droites à refendre, toujours si difficiles à régler, à conduire et à mettre en harmonie de fonctions, de tension, d'usé, d'entretien, etc.

Telles sont notamment les grandes scieries à une seule lame verticale, pour le débit des bois en grume, construites tout en fer et en fonte, par l'ingénieur Philippe, postérieurement à la fermeture du concours de la Société d'encouragement, et où, en conservant les autres éléments déjà indiqués, mais perfectionnés dans les détails, il renonce au balancier supérieur du système Cochot, pour le remplacer par un équipage de bielles descendantes, à manivelle double, saisissant le châssis en deux points intérieurs de l'entretoise du haut[1]. Telles sont

[1] *Publication industrielle* de M. Armengaud, t. III (1843), p. 236, pl. 18 et 19.

aussi les scieries à débiter les bois préalablement équarris, à rouleaux cannelés et unis, adducteurs ou conducteurs de la pièce par pression latérale, etc.; scieries improprement appelées *machines à cylindres*, et qui rappellent le principal dispositif de la scierie à bois courbes de M. de Manneville, sauf encore les améliorations d'ensemble ou de détail apportées par les nouveaux constructeurs, MM. Mariotte, Guillaume, Giraudon, Peyod, Philippe même, tous habiles mécaniciens de Paris.

Ainsi notamment, dans la scierie de M. Peyod[1], le balancier du système Cochot est directement mis en action par une courte bielle à manivelle inférieure, articulée non plus directement avec l'entretoise correspondante du châssis mobile, mais avec un petit balancier horizontal conducteur, à axe fixe extérieur, qui rappelle la tige directrice du parallélogramme articulé de Watt, et dont le mouvement oscillatoire, reçu de l'extrémité supérieure d'une châsse ou bielle ordinaire, est transmis au porte-scie par l'intermédiaire d'une autre petite bielle dont les déviations, relativement à la verticale, sont ainsi ramenées dans des limites d'autant plus étroites que le rayon de l'arc décrit par la tige directrice est lui-même plus considérable. Dans cette machine, au surplus, les cylindres adducteurs verticaux sont au nombre de quatre, accouplés de part et d'autre de la pièce à débiter, et disposés, en avant du châssis de scie, sur un chariot en fonte à coulisses et crémaillère transversale, de façon à donner à cette pièce, par rapport à la lame de scie, telle position que l'on veut au moyen d'une manivelle à vis sans fin, cadran diviseur, etc., empruntés à l'ancien système de M. Cochot, mais où le chariot ordinaire, servant de support à la pièce, est, comme au système Manneville, remplacé par une série de petits rouleaux parallèles et horizontaux.

D'autre part, on peut voir dans les endroits cités[2] de l'ou-

[1] *Publication industrielle* de M. Armengaud, t. III (1843), p. 163, pl. 12.
[2] *Ibidem*, t. III, p. 236, et t. IV, p. 313 et 321.

vrage de M. Armengaud l'extension et les perfectionnements divers qu'avait reçus, vers 1843 et 1845, en France, et plus spécialement dans les ateliers de MM. Philippe et Gendarme, soit le travail mécanique des vieux bois de démolition, pour en constituer des parquets d'appartements, soit le sciage en feuilles minces des bois précieux pour le placage des meubles. Cette dernière industrie est, comme on sait, principalement concentrée dans le faubourg Saint-Antoine, à Paris, et il peut être utile ici de le rappeler, M. Gendarme, après avoir apporté quelques perfectionnements aux anciennes et grandes scies circulaires segmentées du système de Brunel et de Hacks, paraît avoir donné, en 1845, une préférence exclusive aux petites scieries de placages à lames droites et châssis horizontaux du système Cochot, perfectionné par M. Cart, habile constructeur mécanicien à Paris, qui, en substituant à son tour la fonte et le fer au bois dans les bâtis et ajustements des diverses parties, la bielle exceptée, ainsi que les poulies à courroie sans fin au système invariable des roues d'engrenages, serait parvenu à leur donner tout autant de précision, plus de vitesse encore (180 coups au moins à la minute), sans trop courir les risques d'accidents causés par l'échauffement des lames, la rencontre des nœuds, etc. Par là, au surplus, se trouvaient accrus dans une proportion notable les produits de 8 machines livrées par ce constructeur à l'établissement de M. Gendarme, et que conduisait une puissance de 12 à 15 chevaux-vapeur, appliquée, en outre, à deux grandes scieries à lames verticales, dont l'une à cylindres et l'autre à chariot pour les bois en grume. Tels étaient, d'après M. Armengaud, les progrès accomplis en 1845 dans le sciage de l'acajou en feuilles de 20 au pouce, que, de 1 000 francs les 100 kilogrammes qu'on le payait vingt ans auparavant, il était descendu à 28 francs, soit au 35e environ de son ancien prix.

Ces résultats sont, en effet, à ce point remarquables, qu'il semble bien difficile que l'art du sciage mécanique ait jamais pu les dépasser; et cependant on va voir qu'en suivant, il est vrai, une autre route et d'autres procédés, on était parvenu, même longtemps avant l'époque précitée, à fendre les bois les plus rebelles avec un déchet incomparablement moindre et une perfection telle que le simple polissage des feuilles à la prêle, à la ponce, etc., devenait suffisant pour l'application de ces feuilles au placage des meubles d'ébénisterie.

§ IV. — Machines à scier, trancher, dérouler les bois en feuilles minces, pour ainsi dire sans aucune perte. — MM. *Frentz*, de Metz; *Picot*, de Châlons-sur-Marne; *Pape*, *Faveryer*, *Alessandri*, *Joseph Skinner*, à Paris, Saint-Pétersbourg et New-York; *F. Garand*, à Rosoy-sur-Serre et à Paris, etc.

Les premières tentatives de ce genre me paraissent devoir être reportées à l'année 1823, où l'ébéniste Frentz, de Metz, présentait, à l'Exposition du département de la Moselle, des blocs parallélipipédiques en bois de noyer et d'acajou, de 30 et 50 centimètres de largeur, découpés en feuilles planes de 60 et 40 respectivement au pouce ($0^m,027$), parfaitement unies et d'épaisseur uniforme, avec un déchet s'élevant au tiers seulement pour le passage de la scie, qui devait ainsi présenter au tranchant une épaisseur égale tout au plus à 1/5 de millimètre[1]. Pour constater ces résultats, les feuilles étaient restées adhérentes à la base de chaque bloc; mais elles n'en constituaient pas moins un tour de force du métier, propre seulement à donner une idée du degré de précision que l'auteur avait su procurer à sa mécanique, conduite à manége par un cheval, dans un local caché aux regards du public, et à l'aide de laquelle, depuis quatre ans déjà, l'ébéniste Frentz était occupé, avec sa famille, à scier à façon, dans les épaisseurs ordinaires de 20 à 30 au pouce et un déchet ici

[1] *Mémoires de la Société des lettres, sciences et arts de Metz*, juin 1823, p. 99 : Rapport de la commission chargée de l'examen des produits exposés, et qui était composée de MM. Anspach, Gentil, Gorcy, Savart, Sérullas et Poncelet, rapporteur, auxquels se trouvaient adjoints MM. Herpin, secrétaire, et Thiel, président de la Société, ainsi que MM. Chedeaux, Colin-Comble et Spol, membres de la chambre de commerce de Metz.

égal à 1/10 au plus de l'épaisseur entière, des bois qui lui étaient envoyés de Paris et de Châlons-sur-Marne pour l'usage de l'ébénisterie fine.

La roulure naturelle des feuilles au sortir de la machine, la nécessité de soumettre ces feuilles à l'action de l'eau chaude et de la presse pour les redresser et les rendre applicables aux usages ordinaires, firent croire à beaucoup de personnes qu'il s'agissait là, en réalité, d'un procédé à l'aide duquel les blocs de bois, longtemps macérés dans une telle eau, auraient été amenés à un état de ramollissement comparable à celui des bois en sève, et capable ainsi de faciliter notablement le découpage des feuilles par le tranchant d'une sorte de lame mince de varlope; mais c'était une erreur que démentait l'apparence même des traits de scie, très-serrés et réguliers, dont était tapissée la surface du bois; traits ou rayures qu'on supposait avoir été donnés après coup, en vue de procurer à cette surface la rugosité indispensable au parfait collage des feuilles sur les panneaux en bois blancs dont se compose ordinairement la carcasse de nos plus beaux meubles.

La disposition adoptée par M. Frentz pour sa machine était, au fond, la même que celle de la scierie à placage et châssis horizontal de Cochot, à cela près: 1° du mode d'installation du bois sur le chariot vertical, dont le plancher à languettes longitudinales en fer, guidé par des galets en bronze à ressorts de pression, était susceptible de se plier, jusqu'à un certain point, au gauche du bois et aux exigences du jeu de la scie; 2° de la suppression de la monture amovible de cette scie, remplacée ici par une garniture en fer et acier, serrée aux deux bouts, à vis et écrous, contre la membrure étroite du châssis, dont elle pouvait ainsi être facilement enlevée en cas de réparation; 3° enfin, et ceci est l'important, la scie elle-même, à dents très-fines ayant la forme de celles à doubles cornes des passe-partout, mais amincies à la lime et échancrées en talus du côté du chariot ou de la bille; cette scie, d'une longueur *au moins double* de la plus forte largeur du bois, pour faciliter la sortie de la sciure, cette scie, sans moyen particulier de bandage, était serrée fortement entre deux lames épaisses d'acier, terminées, tout contre la denture, par un biseau très-allongé du côté de la bille, au contraire obtus ou renforcé du côté extérieur, et pressant la lame active avec d'autant plus d'énergie que, séparées entre elles par une étroite bande de zinc à l'extrémité opposée de leur largeur, ces lames de soutien étaient fortement rapprochées dans l'intervalle, au moyen de boulonnets traversant un épais talon en fonte, mobile avec elles et constituant proprement la monture par laquelle elles obéissaient au va-et-vient du châssis à bielle ordinaire. Ajoutons que, au lieu de passer entre les guides extérieurs et fixes du système Cochot, cette monture s'appuyait en frottant dans toute sa longueur, et par le chanfrein obtus de sa lame épaisse, contre celui d'une dernière lame d'acier fortement inclinée, montée également à vis, sur un sabot d'appui ou guide extérieur en fonte, fixé au bâti de la machine, en face et dans la largeur entière du chariot porte-pièce: l'objet principal de cette même lame étant de rejeter au dehors la partie détachée de la feuille, d'empêcher qu'elle frotte contre la lame d'appui mobile, munie d'un petit congé extrême à talon intérieur, pour fermer le joint, où, sans cette précaution, la feuille tendrait incessamment à s'accrocher et à s'introduire.

Tels sont les artifices ingénieux à l'aide desquels M. Frentz était parvenu à scier en feuilles plus ou moins minces les bois les plus rebelles, les loupes, les pattes de noyers, d'ormes ou autres essences à fibres entrelacées, chanvreuses, etc., qui, bien que relativement tendres, fatiguaient et usaient promptement la denture des scies ordinaires à crochets et faisaient le désespoir des scieurs de placage, qui, à l'inverse, trouvaient un grand avantage à se servir de ce genre de scies pour débiter les bois d'essence dure et sèche, tels que l'acajou, le palissandre, le poirier, etc.

Au surplus, M. Frentz avait aussi fait la tentative d'imprimer au chariot porte-pièce de sa machine un très-léger mouvement de balancement transversal, en en montant le bâti sur un cadre horizontal en fonte, surmonté, en dessus et en dessous, de garnitures ou épaulements convenables, et recevant par une courte bielle à manivelle, appliquée au point le plus bas de ce bâti, la facilité d'osciller autour d'un axe fixe horizontal situé en face et à la hauteur de la lame de scie, etc.; mais c'était là introduire de nouvelles complications dans la machine, dont le principal mérite résidait dans l'amincissement de la scie convenablement maintenue ou épaulée, ainsi que dans l'adoption de dents agissant dans les deux sens, sans perte de temps et avec un très-minime déchet de bois; ce qui avait permis à M. Frentz de lutter avantageusement contre ses compétiteurs de Paris, en se faisant payer, outre les prix du transport, à 1 franc le kilogramme le sciage des mêmes feuilles dont, eux, ils ne recevaient que 50 à 60 centimes sur place.

La garniture postérieure des petits miroirs de Nuremberg, constituée d'une mince lame de bois de hêtre découpée au tranchant d'acier, convenablement élargi et effilé, d'une plane ou varlope ordinaire; les enveloppes, non moins minces, de certaines boîtes à chapeaux, à fromages, etc., en bois également tendres et tranchés en pleine sève; d'autres exemples enfin, relatifs au découpage en petit des érables, venus d'Angleterre, d'Amérique, etc., ont amené en France, principalement à Châlons-sur-Marne et à Paris, des tentatives plus ou moins fructueuses, en vue d'opérer mécaniquement le découpage des bois, sans déchets appréciables et en feuilles minces, au moyen de couteaux effilés agissant par une action directe ou rotative, qui rappelle les diverses machines à lames coupantes dont il a été question dans les précédents chapitres, notamment celles à découper les substances fibreuses végétales, le papier, le carton, etc. Mais il serait trop long et peut-être impossible de dérouler avec une suffisante exactitude la filière obscure[1] de ce genre particulier de machines, d'abord

[1] Pour s'en rendre compte, il suffit de considérer la négligence toute particulière et le laconisme désespérant avec lesquels sont catalogués ou ré-

conduites à la main et qui, en dernier lieu, ont abouti à celles que nous voyons ajourd'hui appliquées aux bois indigènes ou exotiques les plus rebelles, de manière à en obtenir, en quelque sorte, des feuilles de placage de toutes qualités et dimensions. Il me suffira d'insister ici sur quelques-uns des points principaux de cette délicate histoire, en commençant par les machines à trancher les bois en les déroulant d'une manière continue, et dont le point de départ authentique, déjà ancien, se trouve dans un brevet d'invention, très-remarquable par l'originalité du principe, délivré le 26 décembre 1826 au célèbre facteur de pianos M. Pape, de Paris, fondateur de la maison de ce nom, « pour une nouvelle machine « propre à débiter, percer les bois de placage, ainsi qu'à « tourner et molleter les bases et chapiteaux des pieds de pianos « ou autres meubles[1]. »

Cette machine consiste essentiellement : 1° dans un procédé pour percer horizontalement et de part en part, au moyen d'une mèche ou tarière mise en action par des rouages, l'axe de la bille de bois à découper en feuilles minces, pour y adapter un tube creux ou sorte de boîte, de fourreau destiné à recevoir l'arbre en fer servant de support à cette bille, que maintiennent, solidairement aux deux bouts, des griffes armées de pointes, et qu'il s'agit préalablement d'arrondir, à la gouge, par le même système de rouage employé comme tour; 2° dans un mécanisme supérieur ou équipage d'outil mobile,

digés la plupart des brevets qui se rapportent à cette intéressante catégorie de machines; brevets où l'objet de la demande, le but et la nature de l'invention, du perfectionnement, sont à peine indiqués dans un texte, des croquis ou dessins remplis d'erreurs et de lacunes, involontaires ou calculées, qui rendent fort souvent illusoire la prétention des auteurs à toute protection de la part des tribunaux, à toute espèce de droits à la priorité, et peuvent, dans tous les cas, nuire considérablement à leurs intérêts, en donnant même à des inventions utiles un cachet de charlatanisme ou de vanité puérile. A l'égard des ouvriers ou artistes privés de moyens pécuniaires et d'instruction, il est certain qu'ils sont loin de trouver dans la loi l'intervention qui pourrait sauvegarder leurs idées et leurs droits.

[1] Tome XXXV des *Brevets expirés*, p. 59, pl. 13.

destiné à découper concentriquement la surface de la bille suivant des nappes minces en spirale, d'égale épaisseur, allant de la circonférence au centre, au moyen d'un large couteau horizontal ou rabot, denté pour les bois durs, agissant au sommet de cette bille et descendant parallèlement, pendant sa lente rotation, le long de coulisses et de tringles verticales servant de guides à sa monture en fonte; véritable soc prismatique triangulaire, pressé par une tringle verticale suspendue à une bascule supérieure à levier horizontal et contrepoids extrême, pour assurer la descente régulière de l'outil, qui occupe la largeur entière du bois; 3.° dans des vis de réglage, tant pour assujettir l'outil avec précision sur son soc ou sabot que pour en maintenir le tranchant abaissé, de la quantité voulue, au-dessous de l'arête supérieure et non encore entamée de la bille à dérouler; le sabot venant reposer par une barre de fer horizontale, parallèle et avancée, sous laquelle cette même bille, quand elle est de bois dur, glisse en tournant et oscillant longitudinalement, au moyen d'un autre système latéral de rouages dentés, muni, à cet effet, d'un excentrique, etc.; 4° enfin, dans des bouvets ou lames d'acier convenablement profilées et substituées au fer droit denté ou non denté, quand, la bille ayant atteint le minimum utile d'épaisseur ou de diamètre, on se propose de la tourner en forme de colonnette à base et chapiteau ornés de moulures diverses, mais concentriques à l'axe.

En parcourant attentivement le texte du brevet, qui comporte d'ailleurs l'indication d'un cylindre supérieur d'enroulement des feuilles débitées et de quelques autres accessoires sur lesquels il serait superflu d'insister, on comprend assez qu'il ne s'agissait là, encore, que d'une machine d'essai, dont les différentes parties, celles notamment qui concernent la disposition et la marche de l'outil, avaient besoin d'être étudiées par une plus longue expérience. On est d'autant plus autorisé à l'admettre, que ce premier brevet de M. Pape ne concernait que des billes de $0^{m},50$ de largeur, et a été immédiatement suivi, en 1827, d'un second brevet d'addition et de perfectionnement, ayant principalement pour objet une scierie à placage destinée au débit des feuilles de $0^{m},80$ ou plus de largeur, et constituée d'une mince lame de scie horizontale dans le genre de certaines scies à manche, bandée à vis sous un arc élastique en fer, dont la manœuvre entre des guides avait lieu par un excentrique qui rappelle l'ancienne machine à débiter les marbres de feu Lépine; la pièce restant fixe ou tournant sur elle-même, tandis que l'équipage du châssis de scie descend par son propre poids ou un système de bascule analogue à celui dont il vient d'être parlé.

Il n'en est pas moins vrai de dire que quand, en 1830, le colonel de Lancry présenta à la Société d'encouragement le modèle de la machine à dérouler les bois de placage dont se servait, à Saint-Pétersbourg, un autre facteur de pianos du nom de Faveryer, et qui fut peut-être l'un des ouvriers ou contremaîtres de M. Pape [1], ce dernier et très-habile fabricant de Paris avait déjà présenté, à l'Exposition de 1827, des pianos dont le dessus était recouvert de grandes et minces feuilles d'ivoire, qui ne pouvaient avoir été obtenues que par une machine à déroulement tangentiel, et en soumettant les dents d'éléphant, naturellement courbes, à l'action de l'eau acidulée, froide ou chaude, pour les ramollir et redresser peut-être avant de les soumettre à la machine; ce dont les

[1] *Bulletin de la Société d'encouragement*, t. XXIX, p. 93 et 96, mars 1830. Il est à remarquer que, lors de la demande par M. Pape de son premier brevet de 1826, le Bureau consultatif des arts et manufactures lui fit observer que, dès l'année précédente, le colonel de Lancry avait importé en France une machine à trancher les bois qui paraissait avoir quelque analogie avec la sienne propre. Malgré cet avis, M. Pape se crut en droit de persévérer dans sa demande d'un brevet d'invention; ce qui semblerait établir l'antériorité de ses tentatives sur celles de Faveryer, dont la machine aurait, dans tous les cas, subi beaucoup plus qu'un simple perfectionnement. Néanmoins, je trouve dans le Répertoire général des patentes anglaises qu'un certain *Faveryear* (Henry), de Londres, intitulé *gentleman*, avait obtenu, le 24 décembre 1818, un privilége de quatorze ans pour une machine à couper les feuilles de placage *(cutting veneers)* dans le bois et les autres substances.

brevets précédemment cités ne font d'ailleurs aucune mention explicite.

Dans la machine à volant de Faveryer[1], les billes cylindriques sont d'abord percées comme ci-dessus, suivant l'axe, d'un trou rond, ensuite échancrées en quatre points rectangulairement, par un outil à crochet spécial, pour recevoir un arbre carré et permettre ainsi de débiter ces billes beaucoup plus près du centre; la marche du couteau, au lieu de dépendre simplement de l'abaissement parallèle d'un sabot triangulaire à leviers et contre-poids, est beaucoup mieux assurée par la descente d'un châssis horizontal, chargé de poids convenables, et dont la traverse antérieure supporte le rabot, réglé, à peu près de la même manière, par une vis et une barre horizontale d'appui, sauf que la traverse postérieure, posée à son tour sur un axe à roulettes d'appui, est susceptible de s'abaisser graduellement, de quantités précisément égales à celles dont le rayon de la bille diminue sous l'action déroulante du couteau. Or, cet effet est produit ici au moyen d'une barre de guide postérieure, inclinée plus ou moins à l'horizon, et qui, soutenant les roulettes du châssis contre les montants verticaux correspondants du bâti, reçoit, ainsi que son support antérieur, un mouvement progressif de recul par une crémaillère horizontale à chariot, dentée et que met en action une bielle à fourche avec ressort et cliquet, à laquelle le va-et-vient est imprimé par un excentrique monté sur l'arbre même de la bille; les feuilles déroulées de celle-ci, convenablement guidées, allant, ainsi que pour le système Pape, envelopper un rouleau supérieur à pans, auquel le mouvement rotatoire est imprimé, non plus comme dans cette primitive machine, par une corde à contre-poids d'horloge, mais bien par une commande de poulies à cordon sans fin et croisé, tirant directement son action du mécanisme moteur; ce qui est d'une réalisation plus délicate encore et à peu près impossible quand il s'agit de dérouler de larges

[1] Voy., à l'endroit cité du *Bulletin*, la légende explicative de la pl. 421.

feuilles, pour lesquelles M. de Lancry se serait simplement contenté d'exposer les billes de bois, pendant quelques jours, à l'humidité d'une cave, afin d'en assouplir les fibres[1].

Quelle que soit, au surplus, la supériorité de cette dernière machine sur celle de M. Pape, sous le rapport des ajustements et de la simplicité résultant de la suppression du va-et-vient de la bille, même dans le cas des bois durs, on ne peut se dissimuler que, appliquée seulement à des feuilles de $0^m,50$ à $0^m,65$ de largeur, elle ne fût loin encore du degré de perfection nécessaire pour le débit des plus longues ou des plus larges feuilles, et le peu que j'en ai dit ci-dessus, joint aux progrès réels qu'avait faits depuis le tranchage à plat des feuilles minces de bois, suffit pour expliquer comment M. Pape lui-même est revenu, après l'expiration de ses premiers brevets, en 1837, 1841 et 1842, sur le perfectionnement dont étaient susceptibles les machines à découper diversement, au couteau droit ou courbe, mobile ou fixe, le bois, l'ivoire et les matières plus ou moins analogues; voie dans laquelle il a été plus particulièrement suivi, du moins quant au découpage de l'ivoire en plaques minces, par l'un de ses plus habiles élèves, M. Alessandri[2], qui s'est fait remarquer pour la beauté des produits aux Expositions de 1844 et 1849.

Dans un premier brevet d'invention pris en octobre 1834[3], M. Picot, de Châlons-sur-Marne, décrit, en effet, une petite machine à volant vertical, munie latéralement, dans une direction légèrement oblique au rayon, d'une lame tranchante venant raser en biais la surface antérieure de la pièce de bois, sur une épaisseur réglée par l'avance parallèle d'un chariot monté sur coulisses, transversalement à un établi horizontal, conduit par une vis à rochet et pied-de-biche; machine à laquelle M. Picot en a substitué, en 1835, une autre dont le couteau était susceptible d'être orienté diversement dans un

[1] T. XXIX du *Bulletin* déjà cité, p. 96 et 97.

[2] *Ibidem*, t. XLIV, p. 419.

[3] *Recueil des brevets expirés*, t. LV, p. 461, pl. 39.

cercle excentrique entraîné avec l'anneau du volant. Les résultats de ces premières machines produisirent, on se le rappelle, une certaine sensation à l'Exposition française de 1839, parce qu'on y parvenait à trancher, sans perte apparente, l'érable, le marronnier, etc., en petites feuilles dont le nombre s'élevait jusqu'à 170 au pouce[1]; mais ces feuilles, que M. Picot et ses imitateurs destinaient principalement à la brosserie, à la tabletterie, à la boissellerie et à la lithographie, ne paraissent pas jusqu'à présent avoir obtenu des applications bien étendues à l'industrie, en raison de leur manque même de solidité ou d'épaisseur, et il faut soigneusement les distinguer de celles qu'on obtenait, sous de plus fortes dimensions et pour d'autres essences, à l'aide de machines à va-et-vient vertical, décrites en des brevets mal à propos, ce semble, intitulés *d'addition et de perfectionnement:* l'un de mars 1838, non publié, quoique le plus intéressant par son antériorité et la nouveauté du principe; l'autre du 30 novembre 1840, imprimé à la p. 491 du t. LXXIII de la collection : ces brevets se trouvent également inscrits sous le nom de Charles Picot, qui, de l'humble rang de garde-moulin, s'était alors élevé à celui de scieur de placage et de mécanicien dans Châlons-sur-Marne, où il a pu mettre à profit les précieuses ressources offertes par les ateliers de l'École des arts et métiers de cette ville.

Malgré une négligence de rédaction et de description vraiment impardonnable, ces deux derniers brevets montrent, tout au moins, que le tranchage des bois au couteau avait fait de très-notables progrès depuis 1835, quoique les feuilles de placage ainsi obtenues, sans déchet, dans des épaisseurs de vingt à trente au pouce, aient eu besoin pendant longtemps, pour se faire admettre par l'ébénisterie commune, de recevoir une préparation artificielle au moyen de lames d'acier, de cylindres striés, cannelés, servant à leur enlever le poli résultant du découpage au couteau, à leur donner l'aspect

[1] *Bulletin de la Société d'encouragement*, t. XXXVI, p. 154, et t. XXXVIII, p. 203 à 206; sans description de procédés ou de machines.

de feuilles débitées à la scie, jusqu'alors considéré comme nécessaire pour la prise de la colle, sans compter que le tranchage des bois d'essence dure, tels que l'acajou, exigeait qu'on les soumît à l'action préalable et prolongée de l'eau bouillante ou de sa vapeur pour en amollir ou distendre les fibres.

Principalement établie en charpente d'assemblage, la nouvelle machine, au lieu d'un volant à couteau rotatif, se composait essentiellement d'un grand châssis vertical, mobile sur coulisses, et dont les côtés servaient d'appui à un anneau circulaire en fer, soutenant diamétralement un large porte-couteau en fonte épaisse, à talon postérieur et double vis de réglage, servant à avancer plus ou moins le tranchant en acier, de $0^m,004$ d'épaisseur, $0^m,200$ de largeur et $1^m,550$ de longueur, appuyé, comme dans les fers à rabots, contre une lame épaisse mais amincie en biseau jusque tout près du tranchant de la précédente, à laquelle elle était unie fortement par des boulonnets qui, traversant des œillères allongées, permettaient d'en changer la position relative en cas d'usé, outre qu'un certain nombre d'entre eux servaient aussi à fixer solidement l'ensemble des deux lames sur le support en fonte à talus, dont la barre ou pièce antérieure, détachée pour constituer la lumière d'échappement, glissait en s'appuyant sur le bois non encore tranché. Telle est du moins, d'après l'imparfaite description des derniers brevets imprimés de M. Picot, l'idée qu'on peut se faire des dispositions essentielles de l'outil, susceptible d'ailleurs de prendre, entre certaines limites, des inclinaisons variables avec la nature des bois à trancher, en faisant tourner, concentriquement et par une petite crémaillère à pignon et manivelle, l'anneau vertical en fer d'abord mentionné, et dont le châssis-support en charpente, équilibré en dessous par une forte bascule horizontale, à charnière, contrepoids et porte-tourillons intermédiaires, recevait le mouvement de va-et-vient vertical à l'aide de doubles crics à manivelles placés de part et d'autre des montants latéraux du bâti, où de petits pignons, montés sur un long arbre horizontal, faisaient marcher parallèlement les deux crémaillères fixées aux montants verticaux du châssis mobile, tantôt dans un sens, tantôt dans l'autre, au moyen d'un système d'embrayage consistant essentiellement dans le glissement longitudinal de l'arbre à manivelles, manœuvré par deux hommes qui, aux extrémités de la course du châssis, engrenaient alternativement les pignons de cet arbre, tantôt directement dans les crémaillères lors de la montée du couteau, tantôt indirectement avec l'arbre antérieur ou auxiliaire du cric lors de la descente ou du travail effectif de ce couteau : celui-ci, selon la remarque du breveté, fonctionne alors avec six fois plus de force et six fois moins de vitesse, conformément à un principe de mécanique bien connu, puisque les choses sont disposées de manière que les hommes, en agissant toujours dans le même sens, emploient à peu près uniformément leur travail moteur ou fatigue journalière disponible.

Tout en accordant des éloges au principe de cette combinaison, sans doute empruntée par M. Picot à d'anciennes machines, je ne puis néanmoins m'empêcher de faire remarquer qu'il en résulte pour le débrayage et l'embrayage des pignons une perte de temps et des à-coups qu'on a vu se reproduire de nos jours, avec des inconvénients plus graves encore, dans les machines dont il sera parlé plus loin, et où l'on a tenté de faire marcher le châssis à couteau à l'aide d'un moteur inanimé. J'en dirai tout autant du mécanisme à butoirs ou taquets, grâce auquel l'auteur était parvenu, dans son dernier brevet de 1840, à éloigner ce même châssis du bâti fixe, de manière à éviter, dans l'ascension, le frottement du couteau contre la face de bois déjà tranchée, et dont la bille est solidement maintenue sur un large chariot vertical formé de madriers horizontaux percés de trous à chevilles, à boulons de serrage, et séparés par des intervalles propres à recevoir des crampons à pattes dentées latérales, nécessaires ici au soutien de cette bille ou épais plateau à débiter. Celui-ci, au surplus, devant s'avancer, comme dans les précédentes machines, de l'épaisseur d'une feuille pendant la levée du couteau, on y parvient toujours par le procédé emprunté aux scieries de MM. Cochot ou Mirault (p. 577 et 578), c'est-à-dire au moyen de quatre fortes vis horizontales et parallèles établies aux quatre angles du chariot, dont elles traversent les écrous, et qui sont conduites solidairement par autant de roues de tête dentées, enveloppées d'une chaîne sans fin de Galle, mais dont l'une des plus basses seulement reçoit l'équipage à manivelle, rochet, déclic et cadran diviseur, susceptible ainsi d'être mené à la main, ou, selon les intentions apparentes de l'auteur, spontanément par le mécanisme même de la machine, c'est-à-dire en mettant à profit les oscillations du châssis à couteau.

Quoique la demande d'un brevet d'addition et de perfectionnement faite en 1840 par M. Picot fût accompagnée de l'envoi d'une loupe de noyer tranchée en feuilles de dix au centimètre, il ne paraît pas que cet artiste ait par lui-même tiré un parti commercial bien avantageux de ses dernières machines, presque entièrement exécutées en charpente. Il en avait néanmoins vendu un certain nombre à divers scieurs de placage, notamment à l'honorable M. Cormier, de Paris, dont les produits en bois exotiques furent remarqués à l'Exposition française de 1844 (t. III, p. 157). Depuis lors, ce dernier et honorable fabricant n'a pas cessé de travailler avec deux des mêmes machines, auxquelles il a su appliquer la puissance de la vapeur, grâce à quelques modifications et simplifications apportées au jeu du couteau et du mécanisme, dont le va-et-vient fut assuré par un embrayage à leviers et griffes simples, conduites à la main, aux deux bouts de l'arbre moteur des pignons et crémaillères du châssis, désormais privé de son grand cercle à support d'outil, que remplacent de petits secteurs dentés d'une étendue suffisante pour en faire varier, au besoin, de quelques degrés l'angle à l'horizon, généralement au-dessous de 18 à 20°, qui paraissent correspondre à très-peu près à l'inclinaison la plus favorable du tranchant sur la direction des fibres parallèles du bois.

Les succès obtenus en France par MM. Picot, Cormier et quelques autres ne tardèrent pas à attirer l'attention sur les machines à trancher à plat le placage; mais, au lieu de les disposer verticalement, elles le furent horizontalement au moyen d'un porte-rabot en fonte, à coulisses et crémaillères, dont le va-et-vient fut réglé, toujours à la main, par un système de leviers et de tringles d'embrayage à double griffe, différant assez peu du précédent quant à l'inconvénient des secousses et à-coups, tandis que la marche graduée et ascensionnelle du porte-pièce, formé d'un plancher horizontal en fonte, continu et percé de trous à chevilles de serrage en bois, était elle-même assurée par le système de vis verticales, munies à l'ordinaire de leurs rochet, cadran diviseur, etc. D'abord établies en charpente et dans de faibles dimensions, M. Raspail, habile scieur du faubourg Saint-Antoine, se serait le premier, dit-on, servi, vers 1846, de telles machines, en renonçant à toute espèce de privilége, parce qu'il en considérait, à tort ou à raison, le principe comme tombé dans le domaine public[1] : elles ne tardèrent pas dès-lors à se ré-

[1] A mon avis, les importantes modifications exigées pour passer de la disposition verticale à la disposition horizontale constituaient à leur auteur, quel qu'il soit, un droit positif à la jouissance d'un brevet d'invention, à moins qu'il n'existât déjà quelque part, en France, des machines à trancher d'une nature analogue; car les insignifiants brevets de décembre 1835 et septembre 1837 délivrés à M. Marion de la Brillantais, banquier à Paris, ne faisant pour ainsi dire qu'énoncer, sans indication de mécanisme, l'emploi possible d'un couteau droit ou oblique, fixe ou mobile, pour trancher horizontalement les bois en feuilles minces, ce brevet ne saurait, au point de vue de la théorie et de la pratique, constituer aucun droit exclusif à l'invention mécanique. Quant au brevet d'importation, en date de juin 1836, pris par M. Truffaut, au nom de Joseph Skinner, de New-York, qui se fit également patenter à Londres, en décembre 1835, pour une petite machine à couteau droit, courbé dans le sens de sa largeur et épaulé par un fer également courbe, attaquant ou effleurant, dans leurs allées et venues horizontales, la face inférieure de la bille serrée latéralement à vis entre des tasseaux, et poussée à sa face supérieure par un plateau horizontal que conduisent quatre vis verticales à rouages dentés supérieurs et solidaires; quant à ce brevet, dis-je, où les mécanismes moteurs manquent entièrement, on ne saurait, malgré l'analogie du but, assimiler ses lents et grossiers moyens de solution à ceux des machines à trancher verticales ou horizontales mentionnées dans le texte ci-dessus.

pandre dans les autres ateliers de Paris, grâce aux perfectionnements divers que leur a fait subir, à partir de 1849, M. Garand (Florentin), sous le rapport du mécanisme automoteur, des dimensions et du dispositif même du rabot à tranchant oblique; perfectionnements auxquels l'avaient précédemment conduit ses ingénieuses et persévérantes tentatives pour améliorer le système des machines à dérouler les bois d'une manière continue.

M. Garand, autrefois ébéniste à Rosoy-sur-Serre, aujourd'hui mécanicien et trancheur de placage à Paris, obtint en effet, successivement, pour de semblables machines, deux brevets, l'un en septembre 1844, l'autre en février 1847, qu'il exploita d'abord pour son propre compte, puis en participation avec la société Pleyel et Cie; mais, par suite de diverses circonstances ou des difficultés inhérentes au découpage continu et pour ainsi dire indéfini de feuilles minces ayant 2 à 3 mètres de largeur, ce n'est guère, à ce qu'il paraît, avant les années 1849 à 1851 que les machines construites par cet artiste, avec une remarquable précision, purent fonctionner couramment et d'une manière vraiment profitable au point de vue commercial[1]; ce qui jusqu'alors n'avait point eu lieu pour les petites machines à dérouler le bois de Pape ou de Faveryer, et ce qu'elles doivent principalement à la disposition ingénieuse du couteau, imitée toujours de celle de la varlope, mais où l'on aperçoit de plus, comme dans la scierie de M. Frentz, l'emploi de deux règles biseautées en fer, serrant fortement entre elles la lame effilée et amincie jusqu'auprès du tranchant, tout en l'empêchant de mordre dans la bille de bois au delà de l'épaisseur jugée dans chaque cas nécessaire. Cette épaisseur est ici d'ailleurs réglée par l'avance continue d'un large chariot horizontal en fonte, à patins et coulisses à grains d'orge, conduit parallèlement par une vis centrale, et portant l'outil soutenu, épaulé de distance en distance, par de forts étriers postérieurs à vis de serrage,

[1] *Publication industrielle* de M. Armengaud, t. VII, p. 91.

cette fois disposé presque verticalement et tangentiellement à la bille de bois, de manière à agir non plus au sommet, mais latéralement à cette bille, qui, en tournant lentement au-dessus d'une bassine à eau chaude, où elle baigne légèrement, est simplement montée, aux deux bouts, sur de fortes pointes de tour, pyramidales et munies de croisillons variables de forme, de dimension, avec le diamètre de cette même bille, à laquelle, selon la couleur, la contexture ou l'essence, l'application de l'eau chaude et le déroulage qui tend à ouvrir intérieurement les fibres lors du redressement permanent des feuilles destinées au placage ne laissent pas que de faire subir certaines modifications plus ou moins favorables, et qui probablement se reproduisent, mais avec moins d'intensité ou de persistance, dans le tranchage à plat des bois.

Quant aux arbres moteurs du tour, ils étaient, dans ces premières machines de M. Garand, mis en rotation de part et d'autre de la bille au moyen de rouages dentés solidaires et symétriquement situés, soutenus par des poupées verticales, l'une entièrement fixe, l'autre, à suspension supérieure, susceptible d'être déplacée latéralement ou horizontalement d'après la longueur de la pièce à dérouler, mais dont l'arbre central, fileté à vis, pouvait lui-même glisser, recevoir un déplacement relatif longitudinal dans l'intérieur du moyeu de la grande roue motrice, enveloppant extérieurement les filets de vis, auxquels il était simplement uni par un tenon glissant dans une feuillure rectiligne pratiquée au travers de la partie carrée et saillante de ces mêmes filets. Il est sans doute peu nécessaire d'ajouter que, dans cette ingénieuse machine, l'avance de la vis horizontale, conductrice du chariot porte-outil le long de ses coulisses, est subordonnée à la rotation même de la bille, au moyen d'engrenages, de poulies à cordons sans fin, dont il est toujours facile de faire varier les rapports de vitesses proportionnellement à l'épaisseur qu'il s'agit de donner aux feuilles de placage à dérouler; mais il importe, au contraire, beaucoup de faire remarquer qu'ici la marche de l'outil, à inclinaison transversale légèrement variable au moyen de vis de rappel, pour régler la profondeur du mordant ou de la prise, ne serait point suffisamment assurée, si, à l'imitation de ce qui avait lieu dans la primitive machine de M. Pape, la partie extérieure ou détachée des feuilles n'était soutenue, au point même où s'opère le déroulement de la bille, à l'aide d'un butoir à talon arrondi dont la position, par rapport au tranchant de l'outil, toujours réglée au moyen de vis de rappel, détermine en réalité l'invariabilité de l'épaisseur des feuilles.

Malgré la complication apparente de la machine à dérouler de M. Garand et sa cherté relative, conséquence inévitable de tout système de construction en fer et en fonte, elle paraît destinée à rendre d'utiles services à l'industrie du placage, du moins si l'on en juge d'après les résultats qu'en obtient depuis plusieurs années M. L. Maréchal dans ses ateliers de la rue de Charonne, à Paris, où une puissance de six chevaux-vapeur, appliquée à une machine de cette espèce, produit journellement, et sans déchet appréciable, des feuilles de plus de 2 mètres de largeur sur 100 mètres de longueur, tirées de billes d'essences diverses, à raison de 30 au pouce, vendues aux ébénistes du faubourg Saint-Antoine et de l'étranger même, sous la forme de rouleaux découpés en volutes ou spirales, et toutes prêtes à recouvrir, par le collage, des surfaces d'une étendue pour ainsi dire quelconque. Un atelier de pareilles machines, dont le couteau et la bille marchent avec une vitesse relative d'environ 8 mètres par minute, serait capable de livrer une majeure partie des feuilles de placage nécessaires à la consommation d'une ville telle que Paris, si la demande ou la vogue s'en mêlaient, et si l'affûtage trop fréquent d'aussi longs outils, pour lequel M. Garand a imaginé une ingénieuse et simple machine où la lame, serrée entre deux mâchoires verticales, passe et repasse horizontalement devant des meules à rotation rapide, n'entraînait des chômages qui ralentissent considérablement la production, quand on vise à obtenir des feuilles nettement tranchées et d'une épaisseur uniforme dans toute leur étendue; ce qui suppose des ouvriers aussi intelligents qu'attentifs, outre un biseau d'acier très-aigu, non cassant et néanmoins assez fortement épaulé pour résister dans toute sa longueur à l'inégalité d'action des fibres du bois.

Dans le fait, le système par déroulement, malgré l'avantage de la rapidité, ne paraît pas destiné à remplacer complétement, pour certains bois, le débit par sections véritablement planes, lequel donne lieu à des effets très-différents, souvent préférables et dépendant essentiellement de la disposition des nœuds ou des veines dans les diverses essences; mais, comme l'emploi des scies dentées entraîne forcément des déchets très-appréciables, on est revenu dans ces derniers temps, avec une nouvelle ardeur, aux machines à trancher à plat, particulièrement favorables aux bois ronceux; soit, comme l'avait tenté en 1847 M. Garand[1], en plaçant, collant les billes de bois équarries, à la circonférence d'un grand tambour tournant sur l'arbre du système ordinaire, ce qui rappelle, avec moins de complication, la machine de Brunel à tourner les blocs de poulies; soit, comme l'a fait plus récemment encore, notre habile et ingénieux constructeur, en perfectionnant, sous le rapport de la puissance et des dimensions, l'ancienne machine à trancher horizontalement ces billes, en les fixant solidement et transversalement sur un large plateau mobile ou chariot en fonte à ascension verticale, de manière à en soumettre la face supérieure à l'action oblique d'un long couteau d'acier, monté sur un support de varlope également en fonte, à vis de réglage, épaulements, etc., d'une solidité à toute épreuve, et auquel M. Garand s'efforce de donner, ainsi qu'au porte-pièce, des mouvements automatiques divers, à l'aide d'embrayages à poulies et courroies sans fin, mieux combinés, plus doux et qui rappellent en quelques points ceux des puissantes machines à dresser le fer, la fonte, etc.

[1] Ouvrage cité de M. Armengaud, t. VII, p. 98.

§ V. — Aperçu rapide sur l'état actuel de perfectionnement des machines d'ateliers de menuiserie et de charpenterie mécaniques. — MM. *de Manneville*, près de Honfleur, et *Sautreuil*, à Fécamp; *Stevens*, *Packham*, *Carpentier*, à Abbeville, à Eu et à Gamaches; MM. *Pauwell*, *Houdouard* et *Corbran*, à Rouen; *Fanzvoll*, *Cartier*, *Baudat*, *Thouard* et *Giraudon*, *Périn*, etc., à Paris.

Les machines qui nous ont occupés en dernier lieu offrent, comme on a pu s'en apercevoir, de nouveaux et remarquables exemples à joindre à tous ceux que nous avons précédemment rencontrés, de la marche lente et graduelle de l'esprit humain dans la route des perfectionnements ou inventions, ainsi que de l'espèce de solidarité qui règne entre toutes les applications d'un même principe mécanique aux diverses branches d'industrie : les machines-outils à travailler le fer et la fonte et celles à façonner le bois n'ont pas, en effet, discontinué, depuis l'époque des Besson, des Magnan, des Martin Teuber, des Hulot, des Focq, des Bramah, des Bentham, des Brunel, etc., à se servir réciproquement de modèles et, en quelques orte, de moyens d'émulation pour l'avancement respectif des arts qui se rapportent aux différents systèmes de constructions privées ou publiques, y compris la construction même des machines. Cependant, il faut bien ici le reconnaître, les machines à travailler le bois, quelque perfectionnées et multipliées qu'elles soient de nos jours, ne sauraient être considérées, comme ayant jusqu'ici atteint leur dernière limite, leur forme et leur organisation définitives; ce qui doit s'entendre plus particulièrement, comme on a pu facilement s'en apercevoir, des machines à raboter, rainer, profiler, mortaiser proprement dites.

Dans l'impossibilité de suivre la trace exacte des divers progrès accomplis dans cette intéressante branche de l'industrie jusqu'à l'époque de l'Exposition universelle de Londres, je me contenterai, après avoir cité les travaux des Cochot, des Hacks, des Roguin, des Manneville, des Philippe et autres habiles chefs d'ateliers, de rappeler brièvement les machines, déjà anciennes, à raboter et bouveter les planches par M. Sautreuil, de Fécamp, dans lesquelles le tambour à couteaux tournants était fixe, et non plus mobile par translation comme dans la machine Roguin, les planches étant, à l'inverse, amenées sous ces couteaux au moyen de cylindres adducteurs, presseurs, etc., diversement disposés, mais rappelant en quelques points les moyens dont s'était servi antérieurement M. de Manneville[1]; la machine un peu compliquée, à double rabot sauteur, animé d'un va-et-vient rectiligne, pour exécuter les frises et baguettes à moulures, par M. Fanzvoll (1835), dont

[1] Les machines présentées en 1830 et 1831, au concours de la Société d'encouragement, par cet ingénieux créateur de l'atelier de menuiserie mécanique de Troussebourg, près de Honfleur, comportaient, outre la scierie dont nous avons parlé, des machines à fabriquer les tonneaux, ainsi qu'à dresser, rainer et languetter les planches à parquet, dont la description a a été vainement annoncée à la page 32 du même *Bulletin*. Cette omission est d'autant plus regrettable que les brevets d'invention et de perfectionnement pris en mars et avril 1825, par M. de Manneville, pour ces dernières machines, n'ont été imprimés, même par extrait, dans aucun des volumes de la collection officielle; ce qui ne peut se justifier que par le laconisme et la négligence vraiment inconcevables avec lesquels ces divers brevets ont été écrits ou dessinés par l'auteur. Tels qu'ils sont, néanmoins, ils suffisent pour assurer à cet estimable industriel, mort comme Brunel plus qu'octogénaire et ayant appartenu à la première émigration, une bonne part de reconnaissance nationale pour avoir doté, à partir de 1812, son pays d'un grand nombre d'idées originales, parmi lesquelles on peut citer, dans ses brevets de 1825, qui ne doivent pour ainsi dire rien aux procédés mécaniques des frères Roguin, l'emploi d'un fort rabot en fonte, à quatre lames disposées rectangulairement autour d'un arbre tournant horizontal; la suppression du chariot ordinaire à galets ou coulisses et son remplacement par des rouleaux de soutien, parallèles et fixes; l'emploi de cylindres verticaux ou horizontaux, adducteurs ou presseurs, munis de romaines ou de leviers faisant ressort, etc.

Quant aux brevets de M. Sautreuil, datés d'avril 1830 et de septembre 1838, publiés *in extenso* dans le t. LVI, p. 507 à 516 de la collection imprimée (pl. 34 et 35), on ne peut certes leur adresser le reproche d'un manque de clarté et de développements indispensables. Tout au contraire, la profusion des moyens mécaniques qu'ils renferment annoncent un constructeur aussi habile qu'exercé; ses solutions, en effet, qu'il me serait bien difficile de caractériser ici brièvemenr et avec netteté, embrassent un système tout entier de scieries à châssis verticaux, sans crémaillère, chaîne, ou chariot, et de machines destinées à dresser, raboter, rainer, bouveter ou

l'établissement, à Paris, fut incendié en 1840 [1]; celle à débiter les coins de bois qui servent à assujettir les rails de chemin de fer sur leurs supports en fonte, par M. Peyod (1843), le même auquel on doit la construction de grandes scieries et autres machines à travailler le bois; la petite machine à taillants de M. Cartier, pour fabriquer expéditivement les dents en bois des roues d'engrenage [2]; enfin, l'ingénieuse machine à fabriquer les planches à parquets de M. Baudat (1849), habile constructeur, à Paris, de scieries à placage, à cylindres ou à dossier pour le débit des bois courbes et en grume [3].

Dans cette machine à parquets, applicable à toute espèce de bois, la planche, couchée sur un établi horizontal, est coupée latéralement de largeur uniforme par de petites scies circulaires verticales, rainée, languettée aussitôt par des fraises latérales à couteaux tournants, puis finalement rabotée ou profilée sur la face supérieure, au moyen de lames disposées obliquement ou en hélice sur un tambour à rotation rapide. Cette planche elle-même, contenue à l'état brut entre deux languettes horizontales et parallèles fixées à un intervalle convenable sur l'établi, est poussée vers les outils au moyen d'un gros cylindre à cannelures dentées, dont les coussinets, à ressorts compressibles, reçoivent l'action de romaines à contrepoids, susceptibles de céder à l'action produite par les moindres sinuosités ou inégalités d'épaisseur des planches, sans que la pression sur ces planches puisse en empêcher le glissement longitudinal, attendu que l'établi, ouvert en cet endroit, laisse passer avec jeu la convexité supérieure d'un autre gros rouleau-support, uni et libre de tourner sur ses coussinets invariables, placés en dessous de cet établi. Enfin, deux autres

profiler les planches et frises à parquet; mais la variété, la diversité même de ces dernières machines, semblent indiquer que, dans l'intervalle de 1830 à 1838, l'auteur n'avait point encore atteint la limite de perfection et de simplicité qu'il a, depuis lors, données à ses utiles travaux mécaniques.

[1] *Bulletin de la Société d'encouragement*, t. XXXIX, p. 243, et t. XLV, p. 442.

[2] *Ibidem*, t. XLVIII, p. 120, et Armengaud, t. I (1843), p. 46 et 53.

[3] *Ibidem*, t. VII, p. 254, pl. 19.

rouleaux-supports pareils, voisins des outils tournants, servent à soutenir la planche ou frise contre la pression exercée par ces outils ou par des rouleaux de pression supérieurs, également munis de romaines à contre-poids, dont le dispositif offre, en général, une analogie frappante avec quelques-uns des moyens mécaniques en usage dans les anciennes machines à calandrer et imprimer les étoffes, à hacher la paille, le tan, etc., machines qui nous ont si longuement occupés dans les Sections précédentes.

Au surplus, les machines à dresser, façonner les planches, dont on voyait aussi un très-bel ensemble à Auteuil, chez M. Trémois, et dans d'autres localités près Paris, existent depuis un certain temps non-seulement dans les ateliers de M. Sautreuil, à Fécamp, mais aussi dans quelques-uns de nos arsenaux maritimes ou établissements plus ou moins voisins des ports de commerce, tels que le Havre, Dieppe, etc., où elles sont principalement alimentées par les bois de sapins, à droits fils, et pour ainsi dire sans nœuds, qui nous arrivent à peu de frais du Danemark, de la Suède et de la Norwége, et se prêtent merveilleusement bien au sciage, au rabotage ou bouvetage mécaniques. On voit notamment à Dieppe même, ou dans les environs, sur la rivière de Scie, de très-beaux établissements où, indépendamment de fraises circulaires à refendre les frises et les planches d'une faible épaisseur, de petites machines oscillantes à châssis verticaux en fer, dans le genre de celles de Brunel, mais à double système de rouleaux-supports et cylindres verticaux adducteurs, ont été établies par MM. Houdouard et Corbran, constructeurs aux Chartreux, près Rouen, et servent depuis longtemps à débiter à la fois, en planches minces, une paire de gros madriers arrivés tout équarris des régions du Nord, et qu'on introduit debout, sans perte de temps, entre leurs cylindres adducteurs respectifs, de part et d'autre de l'axe vertical du châssis, donnant jusqu'à 140 coups à la minute, mais dont la course, en revanche, est réduite à $0^{m},35$, sous des dents à crochets fortement espacées. Ces planches, toujours posées consécutivement, à plat, sur un établi garni de plaques de fer polies, et surmontées de rouleaux presseurs ou adducteurs, sont bientôt soumises à l'action d'une rangée oblique de trois couteaux, de $0^{m},26$ de largeur, qui les blanchissent d'abord en dessous, en même temps que des scies circulaires les dressent latéralement; enfin, elles sont terminées dans une machine à volant muni de quatre larges lames de rabots et précédé de petites fraises horizontales à rainures et languettes, exécutant jusqu'à 1,000 révolutions à la minute.

Ces dernières machines, dont l'analogie avec les précédentes est manifeste [1], ont été établies, dit-on, par un M. Carpentier, de Gamache, d'après un système primitivement emprunté à feu Stevens, lui-même constructeur, en 1838, à Abbeville, après sa sortie des ateliers de M. Packham, à la ville d'Eu [2], et qui aura sans doute mis à profit les idées de MM. de Manneville, Sautreuil, etc. D'autres machines à scier, blanchir et bouveter, par MM. Pauwell et Houdouard, de Rouen, Godrant frères, d'Abbeville, se montent également dans un établissement rival des précédents, à Dieppe, et, si j'ai quelque peu insisté sur ce point, c'est pour prouver que la construction des grandes machines à travailler le bois n'est pas entièrement concentrée à Paris, où le besoin créé par d'immenses travaux s'en fait très-vivement sentir, mais qu'elle se propage avec

[1] Dans le fait, l'emploi de couteaux obliques et fixes placés dans l'épaisseur de l'établi, la substitution à un seul rouleau presseur d'un système, en quelque sorte flexible, de galets verticaux multiples et parallèles, dont les axes sont articulés entre eux de manière à transmettre partiellement à la planche encore brute l'action unique ou résultante qu'ils reçoivent du point d'appui central ou talon d'une romaine supérieure; ces ingénieuses dispositions constituent des innovations d'autant plus remarquables, qu'en donnant à la machine un caractère particulier de simplicité, elles lui permettent de fonctionner avec beaucoup de continuité, de régularité et de douceur.

[2] M. Packham s'est fait délivrer, en avril 1840 (t. LVI, p. 477, de la collection imprimée), un brevet d'invention *pour une machine à faire le plancher,* dont l'imparfaite et insuffisante description permet seulement d'affirmer que cet artiste s'était jeté dans une voie très-distincte de celle qu'ont suivie depuis MM. Carpentier, Godrant et autres.

rapidité au dehors, d'où les produits, tout confectionnés, sont ensuite expédiés avec de notables bénéfices, sur chemins de fer, dans cette immense capitale.

Quant à l'outillage des simples ateliers de menuiserie, il tend également à se développer, depuis un certain nombre d'années, dans toutes les localités où les arrivages des bois de sapins ou autres sont faciles et les populations agglomérées : il nous suffira, à cet égard, de citer les remarquables ateliers mécaniques de M. Lanier, à Paris; de M. Blumer, à Strasbourg, et de M. Poncet neveu, constructeur de métiers à mouliner la soie, à Lyon, qui, notamment, se sert d'une mortaiseuse à mèches tournantes très-expéditive, du système de M. Damont, de l'Ardèche.

Enfin, des perfectionnements divers ont aussi été apportés aux machines à chantourner, découper à jour les bois minces, sur une table fixe ou mobile horizontalement, suivant des contours développables arbitraires : tels sont, entre autres, ceux qu'a reçus, en dernier lieu, la scierie à rubans sans fin de Touroude de la part de MM. Thouard et Giraudon, mécaniciens à Paris[1], auxquels a succédé, après des tentatives remarquables mais demeurées jusqu'alors à peu près infructueuses, M. Périn, très-habile scieur de placage dans la même ville, qui est enfin parvenu à souder entre elles les extrémités des lames fines de ressort et à les faire marcher d'une manière avantageuse et continue sur de grands tambours verticaux garnis convenablement. Maintenues entre des guides appropriés, ces lames, très-étroites, peuvent, dit-on, opérer sous des vitesses de 20 à 25^{m} par seconde, en accélérant ainsi, dans des proportions vraiment surprenantes, le chantournage, le découpage des frises, des ornements de meubles et des modèles de machines en bois léger, sans qu'il soit nécessaire de recourir à des réparations ou soudures fréquentes de l'outil[2], telles qu'en éprouvaient les rubans sans fin, trop larges et trop épais,

[1] Armengaud, t. V (1847), p. 138.

[2] *Bulletin de la Société d'encouragement*, t. LIV, p. 72 et 75; description et planches.

précédemment employés par M. Thouard, qui, tout en recourant aux ingénieux procédés dont MM. Peugeot, Couleaux, etc., s'étaient servis pour le laminage continu des bandes de roues, avait conçu le vain espoir de parvenir à effectuer le sciage même des plus grosses pièces de charpente ou de bois en grume.

Pour compléter cette rapide esquisse relative aux machines à travailler le bois, il resterait bien des choses à dire sur diverses autres tentatives ingénieuses faites en vue de chantourner, tailler mécaniquement, et suivant des formes voulues, les bois de brosses, les bouchons en liége[1], les tenons et mortaises d'assemblage, les pieds et dossiers de chaises ou fauteuils, les cannettes et cylindres de filatures en bois, etc. Mais ces appareils, ces procédés spéciaux, variés à l'infini dans les ateliers, et dont la principale difficulté tient à la forme, à la disposition de l'outil, ne sauraient, malgré toute leur importance industrielle ou commerciale, nous occuper ici, à cause de l'étendue beaucoup trop considérable déjà acquise par l'exposé historique et descriptif des plus puissantes machines à tourner, scier, trancher et raboter diversement les bois; machines dont, malgré les progrès récemment accomplis, l'usage n'est point encore suffisamment répandu dans nos villes départementales, et surtout dans nos grandes exploitations forestières, où le sciage mécanique des pièces en grume est encore abandonné à la routine ruineuse des ouvriers de campagne.

[1] Voyez notamment aux t. XIII, p. 221; XV, p. 73, XXIV, p. 85, et XXXV, p. 16, du *Recueil des brevets expirés*, les machines imaginées par MM. Guyaux, Maupassant de Rancy, Auverny, Tschaggeny, Rolin, etc., à Paris, 1816, 1817, 1821, 1825, 1827, 1845. Consultez également le t. XIII, p. 60, du *Bulletin des sciences technologiques*, par Férussac; enfin les t. XVII, p. 110, t. XXXI, p. 125, t. XLII, p. 44, du *Bulletin de la Société d'encouragement*.

§ VI. — Machines anglaises, américaines et françaises consacrées au travail du bois spécialement, à l'Exposition universelle de Londres. — MM. *Walker, Wood, Ingram, Irwing*, etc., en Angleterre; *J. Bennock, Hinman, Kugler, Barlow*, etc., aux États-Unis d'Amérique; MM. *Woodbury, Furness. Wells* et *Thompson, John Birch, Barker, Cochran, Prosser* et *Hadley, Coats, Wynants, Sautreuil*, etc., exposants à Hyde-Park.

Je n'ai pas mentionné dans ce qui précède les ingénieurs ou constructeurs anglais, tels que MM. Walker, Wood, Ingram, Myrs, Jordon et Irwing, de Londres, dont les noms ont été quelquefois cités à côté de celui de Brunel, parce que, malheureusement, les écrits qui les concernent n'ont été accompagnés d'aucune indication qui puisse servir à caractériser la nature originale et particulière de leurs travaux dans les opérations mécaniques relatives aux façonnages divers des bois[1]. Je témoignerai le même regret à l'égard des machines de cette espèce dont on s'est servi, à partir de 1813, aux États-Unis d'Amérique, où les planeuses de John Bennock et de Hinman ont été suivies de celles de MM. Kugler (1833), Langdon (1838), Woodbury (1848), Allen, Beardslee, Barlow (1849 à 1851)[2].

Il suffira de faire remarquer ici que les machines de ce dernier, comme celles de M. Bixby, fort obscurément décrites aux pages 927 et 929 du tome II du *Dictionnaire d'Appleton*, paru en 1852, sont plus particulièrement fondées sur le principe qui consiste dans l'emploi de gouges et rabots fixes

[1] *Bulletin* cité, t. XLV, p. 442.

[2] *The american polytechnic Journal*, déjà précédemment cité, t. I, p. 176, 177 et 243. A ces noms assez peu connus en France, on doit ajouter celui de M. William Woodsworth (*Journal of the Franklin Institut*, mars 1829, p. 19), dont la patente pour des outils à tambours fixes rappelle les machines de MM. Roguin, de Manneville et Sautreuil. Je citerai également M. James Hamilton, auteur d'une machine à scier les petits bois sous tous les angles et les bois de charpente suivant des surfaces courbes à profil arbitraire; machine essayée sans trop de succès, il y a près de douze ans, dans le port maritime de Toulon, et dont le modèle avait préalablement été déposé à la séance du 24 décembre 1845 de la Société d'encouragement de Paris, qui n'a pas jugé utile de la faire décrire dans son *Bulletin*.

contre lesquels la pièce de bois chemine sous l'action forcée de rouleaux cannelés adducteurs, ou dans l'emploi de chaînes sans fin mobiles, armées pareillement de lames de rabots de forme ou de saillies graduées, appropriées au but à remplir, et qui, sauf la chance d'interruptions ou d'accidents croissant avec le nombre des lames, agissent sur les surfaces à planer ou à bouveter avec une rapidité vraiment effrayante, et dont on a pu voir un très-remarquable exemple à l'Exposition universelle de Londres, sous le n° 443, par M. Woodbury, de Boston (Massachusetts).

Cette machine, en effet, mise en action par une puissance de huit chevaux et constituée d'une chaîne sans fin horizontale, conduisant consécutivement des plateaux en bois de sapin de $0^{m},60$ de largeur sur $0^{m},03$ d'épaisseur, sous une rangée de huit larges lames obliques de couteaux en acier fondu, échelonnées et fixées à un support ou bâti supérieur; cette machine, dis-je, rabotait 36 mètres de longueur, soit 22 mètres carrés environ de surface, dans l'espace d'une minute, en refouillant et dressant le bois sur une assez grande profondeur. Le Jury a jugé digne de la médaille de 2e classe cette puissante machine, qui, dans sa simplicité d'exécution même, sa rapidité et la perfection relative des résultats, montre bien le caractère que la cherté de la main-d'œuvre et le vil prix des plus belles essences de bois tendent à imprimer à l'outillage des ateliers en Amérique.

D'autres machines d'origine américaine étaient exposées dans le compartiment anglais par M. Furness, de Liverpool : parmi elles, on remarquait une élégante mortaiseuse, à pédales et ressort de réaction, opérant successivement au moyen de deux couteaux en becs d'âne : l'un vertical, pour approfondir; l'autre incliné, pour allonger progressivement les mortaises pratiquées dans d'épaisses pièces de bois conduites à la main. Cette intéressante collection, qui s'éloignait du système de construction anglais par un large emploi de bâtis, de supports en charpente, comportait également des machines ou instruments à tailler, scier les tenons, à planer, rainer et languetter les planches ou madriers, soit à bras d'homme, soit par des moyens automatiques; mais ces diverses machines, toutes importées d'Amérique en Angleterre depuis dix ans et plus, n'offraient, quant à l'exécution matérielle et au dispositif, aucune particularité qui mérite d'être citée exceptionnellement.

Un modèle fonctionnant, d'une machine à dresser les douves de tonneaux, d'après la patente de MM. Wells et Thompson, d'Amérique, a été, d'autre part, installé dans la galerie de l'Exposition universelle spécialement destinée aux machines en mouvement; mais ce serait une erreur de croire que cette machine, arrivée trop tard pour être soumise à l'appréciation du Jury de la VIe classe, fût, plus que celles dont il a été précédemment parlé, capable de confectionner dans toutes les parties ces tonneaux en bois de chêne ou de hêtre qui, déjà chez nos ancêtres les Gaulois, servaient à contenir les liquides, et offrent une précision de travail et d'ajustements si remarquable, qu'ils n'ont qu'un bien faible rapport avec les barils en bois blanc exclusivement réservés à l'expédition des marchandises sèches.

Dans la partie anglaise, on remarquait principalement le modèle de la machine à doubles couteaux et scies circulaires à refendre dont s'était servi pour dresser, en une seule opération et sur deux faces à la fois, les madriers employés au soubassement du Palais de l'Exposition universelle, M. John Birch, de Londres, qui, dans l'établissement de cette machine, aurait mis à profit, en le perfectionnant, le procédé décrit dans une patente prise en 1837 par M. Paxton pour la fabrication des meneaux de croisées à coulisses, dont aujourd'hui encore on se sert généralement en Angleterre (Voir le *Catalogue illustré de l'Exposition de Londres*). Le modèle de scierie à lames rectilignes étroites et tournant par crémaillère double dans leur châssis exposé par M. Barker, de la même ville (patente de 1845), pour débiter les bordages courbes de navires, à raison de 120 coups par minute; celui de M. J.-W. Cochran, de New-York (patente de 1847), fondé, s'il m'en souvient, sur un principe analogue; ces modèles ne paraissaient pas appartenir à des machines arrivées encore à une application pratique certaine, et la même remarque est applicable à l'un des modèles destinés principalement, si je ne me trompe, à scier le marbre, par MM. Randell et Saunders, au moyen d'un système dans lequel la monture de scie est susceptible de tourner dans un cadre ou châssis directement conduit par l'arbre coudé de la manivelle. La machine à pédale et à ressort de MM. Prosser et Hadley, pour découper à jour, par une scie animée d'un va-et-vient vertical rapide, des ornements divers dans des feuilles ou planches de bois plus ou moins épaisses et conduites à la main sur une table horizontale percée au centre, cette petite machine, d'une excellente exécution d'ailleurs, n'offrait aucune particularité propre à la distinguer des anciennes scies à chantourner décrites par Bergeron; mais sa récente et utile introduction dans les ateliers d'ébénisterie de Londres a paru aux membres anglais du VIe Jury mériter, comme encouragement spécial, la médaille de prix ou de seconde classe.

Enfin, je citerai encore la petite et usuelle machine de M. Coats pour fabriquer, à raison de 15 à la minute, les bobines de filature en bois blanc, et qui d'abord, sous la forme d'autant de cylindres, descendent par un tube vertical à entonnoir jusqu'à la fraise à couteaux d'un tour conduit par manége ou autrement; néanmoins cette intéressante machine n'a pas été considérée par les mêmes membres comme douée d'un caractère de nouveauté ou d'utilité aussi remarquable, quoique cependant elle ait été jugée digne d'une mention honorable : sa manœuvre expéditive et vraiment automatique rappelle d'ailleurs celle de nos machines françaises à découper les bouchons de liége, et dans lesquelles la matière, saisie et tournée horizontalement entre des couteaux effilés en lames de rasoirs, se présente sous la forme de petits parallélipipèdes préalablement tranchés, sciés, dans de larges plaques d'écorce de chêne-liége; machines qui, à leur tour, doivent offrir certains rapports avec celle dont Humblot-

Conté se servait pour la fabrication expéditive des bois de crayon.

Je n'ai point mentionné quelques autres modèles de machines anglaises à scier, tailler, forer et façonner diversement le bois, parmi lesquelles se faisaient remarquer principalement celles que M. Burrel, exposant de la IXe classe, employait à construire, en douze minutes, dit notre honorable rapporteur, M. Willis, les pièces d'assemblage d'une grille de clôture pour les jardins. L'intérêt qui pouvait, en effet, s'attacher à de pareils instruments était bien affaibli, lorsqu'on songeait aux magnifiques machines-outils à travailler le fer fonctionnant à l'Exposition universelle, ainsi qu'aux belles et anciennes machines dont Brunel avait autrefois doté les arsenaux maritimes de la Grande-Bretagne; machines qui, dit-on, n'auraient reçu que de très-légères modifications ou perfectionnements depuis 1815, de même que celles des ateliers industriels de Battersea, mais dont l'ancienneté ou la nature encombrante ne suffiraient peut-être pas pour expliquer la complète absence à l'Exposition universelle de 1851. A fortiori, pourrait-on être surpris de n'y avoir aperçu aucune des petites machines à scier les bois de placage, à raboter, mortaiser, tenonner, équarrir, bouveter les pièces diverses de menuiserie ou de charpenterie, dont on s'est si fort préoccupé depuis un certain temps en Amérique et en France, si l'on ne réfléchissait qu'il y a à cela divers motifs faciles à pressentir, et dont les plus importants, sans contredit, consistent dans la substitution, de plus en plus prononcée, de la fonte et du fer au bois en Angleterre, dans l'usage presque exclusif des bois exotiques massifs ou en plaques épaisses, pour les objets d'ameublement et de tabletterie; ce que je suis loin de considérer comme un caractère absolu de solidité et de bon goût dans beaucoup de cas, surtout dans ceux où une certaine légèreté doit s'allier au bon marché et à la beauté des formes. Il est bien certain, notamment, que l'exacte superposition de feuilles de bois minces et leur croisement sur des pièces d'assemblage ou parquets exécutés même en bois blanc, mais parfaitement assemblés et séchés, comme on l'a dit, donnent à l'ensemble un caractère de durée et de résistance contre les variations atmosphériques que ne possèdent nullement les mêmes objets en bois très-épais, mais moins exactement dressés ou assemblés.

Ce qui tendrait à confirmer cette manière de voir, c'est l'usage assez général que l'on paraît faire encore en Angleterre de grandes et belles scies circulaires, en acier fondu et laminé, à forte et épaisse denture, de 1^{m},30 et plus de diamètre en une seule pièce, ou de 3 mètres de diamètre en quatre secteurs assemblés à onglets suivant l'ancien système, et telles qu'il en a été présenté à la XXIIe classe par MM. Spear et Jackson, ou par MM. Atkin et fils, à Birmingham, dont la riche collection d'outils d'acier formait avec celle de nos exposants français de quincaillerie un contraste d'autant plus frappant, que la prodigalité du métal entraîne ici presque toujours un déchet dans la matière ouvrée ou une inutile consommation de travail moteur, dont s'accommoderaient difficilement aujourd'hui les fabricants de notre pays. Cette exagération d'épaisseur et de dimension, également remarquée par l'honorable rapporteur de la VIe classe du Jury, M. Willis, dans ses leçons de Cambridge[1], est-elle ou non un signe d'infériorité dans la fabrication? Personne n'oserait l'affirmer; car la même exagération de forme ou de solidité se laisse également apercevoir dans le système de construction des mécaniciens anglais, et l'on s'approcherait peut-être plus de la vérité en l'attribuant encore au bon marché relatif du fer et de l'acier dans ce pays privilégié, sinon à des habitudes de goût invétérées, à des préjugés d'ateliers favorisés par le système de vente et de rémunération du travail au poids, mais qui certes ne sauraient provenir d'aucun dédain pour les doctrines de la mécanique des forces et de la résistance élastique des solides, si bien vérifiées en dernier lieu, dans leurs déductions théoriques principales, par les nombreuses et intéres-

[1] *Lectures on the results*, etc., p. 318.

santes expériences de l'honorable, du savant M. Hodgskinson et de son célèbre ami et compatriote M. William Fairbairn, de Manchester.

Au surplus, si rien ou peu de chose n'est venu à l'Exposition constater les progrès de l'Angleterre dans la construction des machines à travailler les bois, on peut en dire à fortiori autant de notre pays, représenté seulement par M. Sautreuil, de Fécamp, dont la machine à raboter, bouveter, profiler et dresser les planches en sapin, déjà récompensée à l'Exposition française de 1849, a pour principal caractère d'enlever les copeaux à contre-fil, sous une vitesse du porte-lame de 800 à 1 000 révolutions à la minute; ce qui tend, selon l'auteur, à ménager considérablement les outils. L'exécution parfaite de cette machine, la précision de son jeu et surtout la connaissance que le Jury possédait des services rendus par M. Sautreuil aux arsenaux maritimes de la France et à l'industrie privée, pour différentes machines à travailler les bois dont, comme on l'a vu, il avait doté notre pays peu de temps après MM. Roguin et de Manneville, ces motifs, dis-je, ont fait juger cet habile et ingénieux artiste digne de la médaille de prix, après de légères contestations, portant principalement sur l'usage qu'il faisait de simples rouleaux sans chariot pour soutenir la face inférieure encore brute des madriers à dresser.

La Belgique, à son tour, n'était représentée à l'Exposition universelle de Londres que par une petite machine à sculpter le bois et la pierre, due à M. Wynants, de Schaerbeck, mais sans caractère précis d'invention ou de perfectionnement.

Enfin, la Suisse et l'Allemagne, si habiles, comme on sait, dans le travail mécanique ou manuel des bois, étaient complétement absentes à l'Exposition universelle de Londres.

FIN DE LA PREMIÈRE PARTIE.

www.ingramcontent.com/pod-product-compliance
Ingram Content Group UK Ltd.
Pitfield, Milton Keynes, MK11 3LW, UK
UKHW012139240726
13966UKWH00001B/59